烧结砖瓦工艺 800 问

赵镇魁　主编
刘勤锋　副主编
中国砖瓦工业协会　审定

图书在版编目（CIP）数据

烧结砖瓦工艺800问/赵镇魁主编. —北京：中国
建筑工业出版社，2020.5
ISBN 978-7-112-24876-6

Ⅰ.①烧… Ⅱ.①赵… Ⅲ.①砖—烧结—问题解答②
瓦—烧结—问题解答 Ⅳ.①TU522-44

中国版本图书馆CIP数据核字（2020）第028773号

本书详细地介绍了烧结砖瓦的原料采集和制备、坯体成型、坯体干燥、制品焙烧等各工序的生产技术，介绍了烧结砖瓦行业的自动控制、环境保护、燃料及机械设备使用维修的相关知识，并对生产中易出现的问题及其预防、解决的办法作了详细的论述。对有关基础知识也作了简要介绍。

本书内容丰富实用，文字通俗易懂。可用做烧结砖瓦厂的技术人员、管理人员及生产人员岗位培训教材，亦可供科研人员、大专院校师生参考。

责任编辑：王砾瑶　范业庶
责任校对：李美娜
版式设计：泽尔文化

烧结砖瓦工艺800问

赵镇魁　主编
刘勤锋　副主编
中国砖瓦工业协会　审定
*
中国建筑工业出版社出版、发行（北京海淀三里河路9号）
各地新华书店、建筑书店经销
天津翔远印刷有限公司印刷
*
开本：787×1092毫米　1/16　印张：31½　插页：1　字数：783千字
2020年7月第一版　2020年7月第一次印刷
定价：130.00元
ISBN 978－7－112－24876－6
　　　　　（35415）

前　言

　　烧结砖瓦是唯一的最佳综合物理、生态、建筑和美学性能的可持续发展的建筑材料，数千年来，伴随着人类的进化，促进了人类的进步，在人类文明史上占有与粮食和布匹同等重要的地位。

　　烧结砖瓦具有良好的耐久性、永不褪色性、可回收重复使用性、生态的和谐性、隔热保温性、装饰美化性和湿呼吸（可调节室内环境）等多种特性，决定了其千古不衰的命运和美好的前景。

　　我国的烧结砖瓦生产，历史悠久。早在西周，就已经用制作脊瓦、瓦板。砖出现在战国。至今巍峨屹立在群山之巅的万里长城，相当长的一段是和砖砌的；在出土的汉墓中的画像砖，栩栩如生地刻画了当时社会的生产技艺和社会各阶层的生活形象。大量砖砌的楼塔、宫殿、寺庙等建筑，是我国古代历史中的艺术珍品，这些伟大的创造，是我国劳动人民智慧的结晶。

　　虽然我国烧结砖瓦生产有悠久的历史和精湛的技术，但是在中华人民共和国成立以前，由于历代王朝的反动统治和帝国主义的野蛮侵略，烧结砖瓦工业却长期处于极端落后状态。

　　中华人民共和国成立后，尤其是改革开放四十年来，我国的烧结砖瓦工业得到了蓬勃发展，砖瓦厂的装备水平有了大幅度提升，机械化、自动化程度得到了快速发展，工业机器人和大型码坯机不断涌现在烧结多孔砖和空心砌块的生产线上，自动配内燃料、自动配水、自动焙烧控制技术得到了推广运用，成品自动捆扎包装技术日臻成熟，生产工人的劳动条件得到明显改善，产量迅速增加，质量不断提高，产品品种逐步扩大，目前已经有了烧结保温隔热砌块、清水墙装饰砖、装饰陶板、劈离砖、铺路砖、高档烧结装饰屋面瓦等产品，是世界上产量最大、生产厂家最多、最具活力的烧结砖瓦生产国家。现在我国烧结砖瓦工业正处于一个重要转型期，即制砖原料由毁田挖土向利废和开山造田转化、制品由小块向大块转化、由重质向轻质转化、由高能耗向低能耗转化、由劳动强度大而且劳动环境差的轮窑焙烧方式向隧道窑焙烧方式转化，由小规模生产方式向大规模、现代化生产方式转化等。

　　为了适应我国建设建筑工业化对新型烧结砖瓦制品的需求，满足砖瓦行业职业技能培训的需要，在《烧结砖瓦生产应知应会600问》一书的基础上经删改和充实而成这本《烧结砖瓦工艺800问》，如果这本书能为各地烧结砖瓦厂的新建和改建工作起到一点参考作用，能成为业内培训的读本，笔者就感到心满意足了。由于笔者水平有限，本书肯定存在不少缺点和错误，诚恳地希望广大读者批评指正。

　　笔者从事烧结砖瓦厂工艺设计已有半个世纪，在这漫长的岁月里，向砖瓦厂的企业家、技术人员和工人们学到了许多宝贵的生产实践知识，他们是我的恩师。但是在原料制备、坯体成型、坯体干燥和制品焙烧的各个生产环节中，仍有不少问题未找到答案，仍有不少未知数未求出结果，深感知识的浮浅和匮乏。对砖瓦技术的理解和把握可以说是处于初级阶段，要想进入中级阶段乃至高级阶段是多么的不容易。

当我每到一个烧结砖瓦厂，嗅到原料土的芳香，看到金灿灿的砖瓦产品出窑的时候，总有一种回到家里的亲切感，与此同时，一种责任感、使命感油然而生。做砖瓦人真好！

记得在我六十岁生日那天，为了激励自己不要"退役"，不要"卸甲归田"，我写了"六十当十六，花甲正少年"的诗句。

如今已是年过"古稀"了。我的态度如何，请看《砖瓦情》一诗：

砖瓦情

怜砖惜瓦半世纪，

欲罢不能难丢弃。

老马已识夕阳短，

无须扬鞭自奋蹄。

前年，回到了阔别六十年的家乡丹阳，获《返故土》小诗一首，与朋友共享。

返故土

独靠窗前思绪多，

重见故土岁月何？

苍松犹识旧时伴，

风撼枝头带叶歌。

儿子赵文海见《返故土》一诗后，立即回应一首《奔丹阳》。

奔丹阳

西南铁骑日夜忙，

由南向东奔丹阳。

六十春秋离故乡，

凭窗多绪思爹娘，

铁骑抵丹好风光。

作为砖瓦人，为祖国的建设事业添好砖、加好瓦是义不容辞的责任。

为了我们共同的砖瓦事业，努力学习吧！知识就是力量。

许彦明、赵文娟等工程技术人员为本书的编写提供了部分素材，全书由湛轩业教授审读修改。特此感谢。

赵镇魁

2019 年 2 月于重庆

目　　录

第一部分　基础知识………………………………………………………… 1

1.1　我国砖瓦制造业分哪些职业工种？各主要职业工种的工作有哪些？ ……… 1

1.2　砖、瓦生产工应具备哪些相关知识和技能？ …………………………… 1

1.3　烧结砖瓦属于哪一类材料？ ……………………………………………… 2

1.4　烧结砖瓦在陶瓷中的地位如何？ ………………………………………… 2

1.5　如何区别不同档次的陶瓷？ ……………………………………………… 3

1.6　什么是烧结砖瓦工艺？ …………………………………………………… 3

1.7　如何进行砖瓦原料消耗量计算？ ………………………………………… 3

1.8　什么是砖瓦的显微组织？ ………………………………………………… 7

1.9　什么是岩相鉴定？岩相鉴定有什么用处？ ……………………………… 8

1.10　为什么烧结砖瓦中含有莫来石晶体？ …………………………………… 8

1.11　我国烧结砖工艺的发展趋势是什么？ …………………………………… 8

1.12　半工业加工试验的作用是什么？对试验的要求有哪些？ ……………… 8

1.13　烧结砖瓦能耗等级定额如何？ …………………………………………… 10

1.14　什么是材料的真密度（密度）？ ………………………………………… 10

1.15　什么是材料的表观密度（亦称体积密度）？ …………………………… 11

1.16　什么是材料的堆积密度？ ………………………………………………… 11

1.17　什么是比体积？ …………………………………………………………… 12

1.18　什么是材料的密实度？ …………………………………………………… 12

1.19　什么是材料的孔隙率？ …………………………………………………… 12

1.20　什么是相对密度（比重）？ ……………………………………………… 12

1.21　什么是材料的亲水性？ …………………………………………………… 13

1.22　什么是材料的憎水性？ …………………………………………………… 13

1.23　什么是材料的吸水性？ …………………………………………………… 13

1.24　什么是材料的吸湿性？ …………………………………………………… 14

1.25　材料的吸水率和孔隙构造是什么关系？ ………………………………… 14

1.26　什么是饱和系数？ ………………………………………………………… 14

1.27　什么是渗透性？ …………………………………………………………… 15

1.28　什么是材料的耐水性？ …………………………………………………… 15

1.29　什么是比表面积？ ………………………………………………………… 15

1.30　什么是原料土的松散系数？ ……………………………………………… 16

1.31　什么是导热系数？ ………………………………………………………… 16

1.32　什么是保温系数？……………………………………………… 17

1.33　什么是热阻？…………………………………………………… 17

1.34　什么是升华？…………………………………………………… 18

1.35　常用的隔热保温材料的主要性能有哪些？…………………… 18

1.36　什么是材料的热容量？………………………………………… 18

1.37　什么是导温系数？……………………………………………… 19

1.38　什么是热当量？………………………………………………… 19

1.39　什么是蓄热系数？……………………………………………… 19

1.40　什么是换热系数？……………………………………………… 19

1.41　什么是热惰性指标？…………………………………………… 20

1.42　什么是标准状态？……………………………………………… 20

1.43　什么是物体的质量和重力？…………………………………… 20

1.44　什么是质量守恒定律？………………………………………… 20

1.45　什么是能量守恒定律？………………………………………… 21

1.46　什么是当量直径？……………………………………………… 21

1.47　什么是理想气体状态方程？…………………………………… 21

1.48　气体运动的能量来自哪里？…………………………………… 21

1.49　什么是伯努利方程式？………………………………………… 23

1.50　烟囱为什么会产生抽力？……………………………………… 24

1.51　什么是克拉珀龙方程？………………………………………… 25

1.52　什么是阿基米德定律？阿基米德定律如何应用于窑内气体？…… 26

1.53　流体为什么会具有黏性？衡量黏性大小的单位是什么？…… 26

1.54　什么是绝对压力？什么是表压力？…………………………… 26

1.55　什么是真空？什么是真空度？………………………………… 27

1.56　什么是热力学第一定律？……………………………………… 27

1.57　什么是热力学第二定律？……………………………………… 27

1.58　什么是稳定传热？什么是不稳定传热？……………………… 27

1.59　什么是矿物？…………………………………………………… 27

1.60　什么是硅酸盐矿物？什么是硅酸盐工业？…………………… 28

1.61　什么是破碎比？………………………………………………… 28

1.62　什么是pH值？…………………………………………………… 29

1.63　什么是标量？什么是矢量？…………………………………… 29

1.64　什么是摩尔？…………………………………………………… 29

1.65　什么是晶体和非晶体？………………………………………… 30

1.66　什么是熔解热？………………………………………………… 30

1.67　什么是汽化热？………………………………………………… 30

1.68　什么是热膨胀？………………………………………………… 31

1.69　燃烧与灭火的条件有哪些？…………………………………… 31

1.70　什么是无机物？什么是有机物？……………………………… 31

1.71 什么是非金属？什么是金属？ ………………………………………… 32

1.72 什么是轻金属？什么是重金属？ ……………………………………… 32

1.73 什么是黑色金属？什么是有色金属？ ………………………………… 32

1.74 什么是贵金属？ ………………………………………………………… 33

1.75 什么是合金？ …………………………………………………………… 33

1.76 什么是温室效应？ ……………………………………………………… 33

1.77 什么是流体力学？ ……………………………………………………… 33

1.78 什么是弹性形变？什么是塑性形变？ ………………………………… 34

1.79 什么是放射性？ ………………………………………………………… 34

1.80 什么是温度？温度的表示方法有哪些？什么是干球温度、湿球温度和
　　　露点温度？ …………………………………………………………… 35

1.81 什么是绝对湿度、饱和绝对湿度和相对湿度？ ……………………… 36

1.82 什么是热量？热量的单位有哪些？ …………………………………… 38

1.83 什么是传导传热、对流传热和辐射传热？ …………………………… 38

1.84 什么是材料的耐久性？ ………………………………………………… 40

1.85 什么是材料的热膨胀性？ ……………………………………………… 40

1.86 什么是保温隔热性能？保温与隔热两者之间有何不同？ …………… 40

1.87 什么是材料的热惰性指标？ …………………………………………… 41

1.88 什么是傅里叶定律？ …………………………………………………… 41

1.89 什么是传热系数？ ……………………………………………………… 41

1.90 什么是过剩空气系数？ ………………………………………………… 42

1.91 什么是"热桥"？ ……………………………………………………… 42

1.92 什么是介质？ …………………………………………………………… 42

1.93 什么是强度标准值？ …………………………………………………… 42

1.94 什么是丰度？ …………………………………………………………… 42

1.95 什么是低碳经济？ ……………………………………………………… 42

1.96 什么是蒸汽渗透系数？ ………………………………………………… 43

1.97 什么是自动控制？ ……………………………………………………… 43

1.98 砖瓦成品为什么要有一定的堆存面积？ ……………………………… 43

1.99 砌砖前为什么要将砖浸水？ …………………………………………… 44

1.100 什么是烧结砖瓦的湿膨胀？ ………………………………………… 44

1.101 什么是固相反应？ …………………………………………………… 44

1.102 制品烧成线收缩率和总线收缩率如何计算？ ……………………… 44

1.103 什么是体形系数？ …………………………………………………… 45

1.104 理论上讲，干燥和焙烧一块普通实心砖（240mm×115mm×53mm）
　　　　需要消耗多少热量？ ……………………………………………… 45

1.105 什么是变异系数？ …………………………………………………… 45

1.106 什么是吸声系数？ …………………………………………………… 46

1.107 什么是泊松比？ ……………………………………………………… 46

1.108 什么是当量定律？什么是当量浓度？ ································· 47

1.109 风机在砖瓦生产中有什么作用？ ································· 47

1.110 什么是弹性模量？ ································· 47

1.111 什么是不锈钢？ ································· 47

1.112 什么是耐热钢？如何分类？ ································· 48

1.113 轴承润滑剂按形态分为哪几类？其使用性能有什么不同？ ·········· 48

1.114 什么是润滑脂？润滑脂主要适用于哪些场合？ ················· 48

1.115 什么是固体润滑剂？常用的固体润滑剂有哪些？ ················ 48

1.116 我国烧结砖抗风化性的风化区如何划分？ ···················· 49

1.117 什么是绿色建筑？ ································· 49

1.118 齿轮润滑油的作用有哪些？ ································· 49

1.119 什么是碱金属（元素）？什么是碱土金属（元素）？什么是
　　　土金属（元素）？ ································· 50

1.120 什么是高铬铸铁？ ································· 50

1.121 为什么耐磨材料应走系列化、标准化之路？ ·················· 50

第二部分　原材料及处理 ································· 51

2.1 什么是黏土矿物？黏土矿物中包含哪些类型的矿物？ ············· 51

2.2 烧结砖瓦原料的主要矿物成分有哪些？ ····················· 51

2.3 生产砖瓦的原料属哪种岩石？ ····························· 52

2.4 生产砖瓦的原料有哪些？ ································· 53

2.5 什么是黏土？黏土矿物典型的性能有哪些？ ·················· 53

2.6 什么是黏土的结合力？ ································· 54

2.7 什么标准砂？ ································· 54

2.8 什么是黄土？ ································· 54

2.9 什么是红土？ ································· 55

2.10 什么是河泥？ ································· 55

2.11 黏土如何分类？ ································· 55

2.12 什么是页岩？ ································· 57

2.13 什么是砂岩？ ································· 57

2.14 什么是粉砂岩？ ································· 58

2.15 页岩和粉砂岩、砂岩共生时如何命名？ ····················· 59

2.16 什么是煤矸石？为什么要用煤矸石作为生产砖瓦的原料？ ········ 59

2.17 煤矸石中的硫是以何种形式存在的？它的危害作用有哪些？ ······ 59

2.18 煤矸石原料中应剔除哪些物质？ ··························· 60

2.19 如何调整煤矸石原料发热量过高？ ························· 61

2.20 如何调整煤矸石原料含硫量过高？ ························· 61

2.21 什么是粉煤灰和煤渣？ ································· 61

2.22 粉煤灰和煤渣的主要矿物成分有哪些？ ····················· 62

2.23　粉煤灰的颗粒度怎样划分？ ································· 62

2.24　干排粉煤灰的输送方法有哪些？ ······················· 63

2.25　干粉煤灰的储存方法有哪些？ ··························· 63

2.26　湿排粉煤灰的脱水方法有哪些？ ······················· 64

2.27　粉煤灰砖的焙烧特点有哪些？ ··························· 65

2.28　黏土的工艺特性有哪些？ ································· 66

2.29　什么是黏土的分散性？ ··································· 66

2.30　什么是黏土的结合性？ ··································· 66

2.31　什么是黏土的烧结性？ ··································· 66

2.32　什么是泥灰岩 ··· 66

2.33　高含量的石灰石原料能生产烧结砖吗？ ················· 66

2.34　什么是地球的地壳？ ····································· 67

2.35　什么是化学分析？ ······································· 67

2.36　原料的化学成分对制品有何影响？ ······················· 67

2.37　原料的化学成分要求范围是哪些？ ······················· 68

2.38　砖瓦原料常见的黏土矿物主要特征有哪些？ ··············· 69

2.39　黏土物料中最常见的非黏土矿物有哪些？ ················· 69

2.40　制砖原料的矿物组成要求范围是哪些？ ··················· 70

2.41　制瓦原料的矿物组成要求范围是哪些？ ··················· 71

2.42　原料中的矿物成分对工艺性能的影响如何？ ··············· 71

2.43　原料中的矿物成分对产品性能的影响如何？ ··············· 73

2.44　二氧化硅（SiO_2）有几种形态的变化？值得注意的是哪种形态的转化？ 74

2.45　原料的颗粒如何分级？各级颗粒的作用如何？ ············· 75

2.46　原料的颗粒组成要求范围是哪些？ ······················· 75

2.47　什么是材料的细度？ ····································· 76

2.48　什么是原料的可塑性？塑性指数是怎样获得的？ ··········· 77

2.49　如何调整原料的可塑性？ ································· 79

2.50　什么是原料的自然含水率？ ······························· 81

2.51　什么是土壤和岩石的坚固性？如何分类？ ················· 81

2.52　空气以什么状态存在于原料中？它的存在对砖瓦生产有何不利？ 85

2.53　为什么说石灰石是一种有害物质？ ······················· 85

2.54　湿空气中饱和水蒸气的分压是多少？ ····················· 86

2.55　湿空气中饱和水蒸气的密度是多少？ ····················· 86

2.56　原料的热制备作用何在？ ································· 87

2.57　什么是塑化料？塑化料有哪些？ ··························· 89

2.58　什么是瘠性料？瘠性料有哪些？ ··························· 89

2.59　什么是强化料？强化料有哪些？ ··························· 89

2.60　什么是助熔料和抗焙烧变形料？助熔料和抗焙烧变形料有哪些？ ··· 89

2.61　什么是着色料？着色料有哪些？ ··························· 90

2.62　原料中的微孔形成剂的种类有哪些？ ……………………………………… 90

2.63　什么是矿产储藏储量？ …………………………………………………… 92

2.64　黏土和页岩资源如何勘探？ ……………………………………………… 92

2.65　中硬和硬质页岩采用爆破开采时，安全措施有哪些？ ………………… 95

2.66　什么是原料的水力开采和水力运输？ …………………………………… 99

2.67　原料风化的作用是什么？ ………………………………………………… 100

2.68　破碎粉碎发展的方向是什么？为什么要不断改进其结构和提高其
制造质量？ …………………………………………………………………… 100

2.69　为什么要贮存原料？原料贮存的方法有哪些？ ………………………… 101

2.70　陈化的作用是什么？ ……………………………………………………… 106

2.71　什么是原料的"过度"制备？ …………………………………………… 107

2.72　物料成拱的原因有哪些？如何防止？ …………………………………… 107

2.73　什么是原料的干燥线收缩率、烧成线收缩率、总线收缩率？如何计算？ …… 108

2.74　什么是助熔剂？ …………………………………………………………… 109

2.75　什么是筛分效率？ ………………………………………………………… 109

第三部分　产品 ……………………………………………………………………… 110

3.1　什么是烧结砖瓦？ ………………………………………………………… 110

3.2　什么是烧结普通砖？ ……………………………………………………… 110

3.3　什么是烧结多孔砖和多孔砌块？ ………………………………………… 110

3.4　什么是烧结空心砖和空心砌块？ ………………………………………… 112

3.5　空心砖的外周条面拉槽起什么作用？ …………………………………… 113

3.6　什么是烧结保温砖和保温砌块？ ………………………………………… 113

3.7　什么是保温隔热砌块（砖）？ …………………………………………… 114

3.8　什么是烧结复合保温砌块？ ……………………………………………… 115

3.9　什么是无机保温隔热材料填充的烧结砌块？ …………………………… 115

3.10　什么是配砖？ ……………………………………………………………… 116

3.11　什么是清水墙装饰砖？ …………………………………………………… 116

3.12　清水墙装饰砖常用的表面处理方法有哪些？ …………………………… 117

3.13　什么是模数砖？ …………………………………………………………… 119

3.14　什么是拱壳砖？ …………………………………………………………… 119

3.15　什么叫垂直多孔轻质砌块（砖）？ ……………………………………… 120

3.16　如何降低空心砖在施工过程中的损耗？ ………………………………… 120

3.17　什么是烧结砖瓦产品的"呼吸"功能？ ………………………………… 121

3.18　什么是烧结砖瓦产品中的"相移动"？ ………………………………… 121

3.19　什么是内隔墙用空心砖及空心砌块？ …………………………………… 122

3.20　何为制作楼板的空心砌块？ ……………………………………………… 122

3.21　烧结铺路砖与铺地砖有何区别？ ………………………………………… 124

3.22　什么是烧结装饰板？ ……………………………………………………… 126

3.23　什么是海绵城市？……………………………………………………… 127

3.24　什么是透水砖？陶瓷透水砖有哪些优点？…………………………… 127

3.25　烧结屋面瓦有多少种类？……………………………………………… 127

3.26　国内烧结屋面瓦有哪些类别及主要技术性能？……………………… 128

3.27　何为仿古砖瓦及砖雕？………………………………………………… 131

3.28　什么是"劈离砖"？…………………………………………………… 131

3.29　何为烧结景观制品？…………………………………………………… 133

3.30　绿色墙体材料的主要特征有哪些？…………………………………… 133

3.31　烧结砖瓦的颜色是怎样形成的？……………………………………… 134

3.32　冰冻对制品的破坏作用是怎样产生的？……………………………… 135

3.33　砖瓦泛霜的原因是什么？……………………………………………… 135

3.34　砖的色差产生的原因有哪些？………………………………………… 136

3.35　砖瓦泛霜的危害有哪些？……………………………………………… 136

3.36　消除砖瓦泛霜的方法有哪些？………………………………………… 137

3.37　砖瓦石灰石爆裂的原因和危害是什么？……………………………… 139

3.38　消除石灰爆裂的主要措施有哪些？…………………………………… 139

3.39　什么是欠火砖？………………………………………………………… 141

3.40　什么是哑音砖？………………………………………………………… 141

3.41　什么是压花砖？………………………………………………………… 141

3.42　什么是黑头砖？………………………………………………………… 141

3.43　什么是黑心砖？………………………………………………………… 141

3.44　什么是起泡砖？………………………………………………………… 142

3.45　对烧结砖的吸水率有何要求？………………………………………… 142

3.46　与实心砖相比，空心砖有哪些优点？………………………………… 143

3.47　有关人士是如何点评烧结砖瓦的？…………………………………… 143

第四部分　成型 ……………………………………………………………… 145

4.1　砖瓦坯体成型的方法有哪两大类？其发展趋势是什么？…………… 145

4.2　砖坯的挤出成型如何划分软塑、半硬塑和硬塑成型？……………… 145

4.3　砖坯的硬塑挤出成型和软塑挤出成型的优、缺点有哪些？………… 146

4.4　螺旋挤出机成型过程及工艺要点是什么？…………………………… 147

4.5　为什么真空挤出机的转速不宜太高？………………………………… 151

4.6　原料的真空处理作用何在？…………………………………………… 151

4.7　为什么抽真空会造成泥料含水率下降？……………………………… 152

4.8　空心砖坯挤出成型的特点是什么？成型操作有哪些注意事项？挤出
　　机部件和结构对泥条性能的影响程度如何？………………………… 153

4.9　空心砖成型中常见问题、产生原因和处理方法有哪些？…………… 155

4.10　挤出机的故障及排除方法有哪些？…………………………………… 157

4.11　与挤出机的水机口相比，油机口有何优点？………………………… 159

4.12 使挤出机具有高度的适应性和灵活性的措施有哪些？ ················· 159

4.13 机头和机口有什么不同的功能？ ····························· 160

4.14 挤出机主轴转速与电能消耗的关系如何？ ··················· 160

4.15 推杆式切坯机的常见故障及消除方法有哪些？ ··············· 160

4.16 什么是"欧式"挤出机？ ································· 162

4.17 什么是砖坯的半干压成型？它对原料和成型制度有什么要求？成型设备及
使用情况如何？ ·· 162

4.18 什么是烧结瓦坯的软塑挤出成型和硬塑挤出成型？ ··········· 166

4.19 瓦坯挤出成型时，对真空度有何 求？ ····················· 172

4.20 对挤出瓦坯截面的挤出速度有何要求？ ··················· 172

4.21 瓦坯挤出成型时，怎样调整其截面速度？ ··················· 172

4.22 瓦坯挤出成型时，常见缺陷有哪些？如何解决？ ············· 173

4.23 半硬塑挤出瓦常见缺陷有哪些？消除方法有哪些？ ··········· 173

4.24 什么是烧结瓦坯的塑性压制成型和半干压制成型？ ··········· 174

4.25 瓦坯压制成型时，对瓦模的技术要求有哪些？ ··········· 180

第五部分 干燥 ··· 181

5.1 什么是坯体的干燥？ ··· 181

5.2 什么是干燥周期、干燥制度和干燥曲线？ ··················· 181

5.3 根据干球温度和湿球温度，如何从表中查得相对湿度？ ········· 182

5.4 什么是原料（或坯体）的干燥敏感性？ ····················· 183

5.5 什么是坯体的相对含水率和绝对含水率？如何计算？ ········· 184

5.6 什么是干燥速率？什么是对流干燥？ ······················· 185

5.7 排除 1kg 水需多少干空气？ ································· 185

5.8 排除 1kg 水的总湿气量为多少立方米？ ····················· 186

5.9 什么是湿含量？ ··· 186

5.10 什么是露点？ ··· 187

5.11 什么是热含量？ ··· 187

5.12 什么是气？什么是汽？ ····································· 187

5.13 湿坯体中的水分蒸发所需的汽化热是多少？ ················· 188

5.14 什么是焓-湿图（$I\text{-}X$ 图）？ ··························· 188

5.15 在坯体中怎样区分化学结合水、大气吸附水和自由水？ ········· 189

5.16 什么是坯体的干燥收缩？ ··································· 190

5.17 什么是坯体的临界含水率？ ································· 191

5.18 什么是坯体干燥过程中水分的外扩散和内扩散？ ············· 192

5.19 影响坯体干燥速度的因素有哪些？ ························· 193

5.20 什么是隧道干燥室？砖坯隧道干燥室的送风和排潮方式有哪几种？ ······· 194

5.21 砖瓦原料几种主要矿物的干燥线收缩率如何？ ··············· 195

5.22 和实心坯体相比，空心坯体干燥有什么特点？ ··············· 195

5.23 什么是瓦坯隧道干燥室? ………………………………………………… 195

5.24 什么是室式干燥室? ……………………………………………………… 195

5.25 什么是链式干燥室? ……………………………………………………… 196

5.26 怎样通过估算为干燥室选用风机? ……………………………………… 196

5.27 坯体干燥过程分为哪几个阶段? ………………………………………… 197

5.28 介质温度、湿度、流速如何影响坯体干燥过程? ……………………… 198

5.29 气体发生运动的原因是什么? …………………………………………… 199

5.30 和负压排潮相比,隧道干燥室正压排潮的优、缺点有哪些? ………… 201

5.31 在对流干燥中如何加快传热速率? ……………………………………… 201

5.32 什么是空心坯体的对流快速干燥? ……………………………………… 202

5.33 砖瓦坯体干燥时的限制因素有哪些? …………………………………… 202

5.34 水在不同温度下的汽化热是多少? ……………………………………… 202

5.35 隧道干燥室为什么强调必须均匀进车? ………………………………… 203

5.36 负压排潮时隧道干燥室内零压点变化对砖坯干燥有何影响? ………… 203

5.37 负压排潮时干燥车为什么不能停在隧道干燥室的排风口? …………… 203

5.38 干燥室的热源来自何处? ………………………………………………… 204

5.39 焙烧窑供给干燥室余热不足的原因是什么? 如何解决? …………… 204

5.40 在隧道干燥室作业中因设备故障不能进车如何操作? 如停电一段时间
     后又来电如何操作? …………………………………………………… 205

5.41 为什么有的热风温度较高而干燥室的干燥效果不佳? ………………… 205

5.42 砖坯在干燥过程中为什么会出现风裂? 解决的办法有哪些? ……… 205

5.43 砖坯在干燥过程中为什么会出现压、拉裂纹? 解决的办法有哪些? … 206

5.44 怎样避免砖坯在干燥过程中发生酥裂? ………………………………… 206

5.45 怎样预防砖坯在干燥室内出现湿塌现象? ……………………………… 206

5.46 怎样缩小干燥室同一横断面砖坯干燥的不均匀性? …………………… 207

5.47 什么是干燥不均匀系数? ………………………………………………… 207

5.48 为什么有的干燥室配置的送风机已很大,但仍显得风量不足? ……… 207

5.49 有的在同一系统中的干燥室,干燥效果不一样,什么原因? ………… 208

5.50 原料中加入内燃料后,为什么能改善砖坯的干燥性能? ……………… 208

5.51 坯体干燥网状裂纹产生的原因是什么? ………………………………… 208

5.52 什么叫"快速"干燥? …………………………………………………… 209

5.53 快速干燥室的主要特征是什么? ………………………………………… 209

5.54 什么是湿坯体的静停? …………………………………………………… 209

5.55 什么是砖瓦坯体的自然干燥? …………………………………………… 210

5.56 不同温度干空气(烟气)的体积密度及比热容是多少? …………… 211

5.57 发达国家坯体干燥技术发展的重点是什么? …………………………… 212

第六部分 焙烧 ……………………………………………………………………… 214

6.1 什么是砖瓦焙烧? ………………………………………………………… 214

6.2 什么是一次码烧？什么是二次码烧？ ························ 214

6.3 窑炉热工基本知识主要包括哪些内容？ ···················· 214

6.4 什么是流体力学？ ······································· 214

6.5 什么是气体力学？ ······································· 215

6.6 气体在砖瓦焙烧过程中起着什么作用？为什么可以把非压缩性的
    流体力学公式引用到窑炉气体力学中来？ ················ 215

6.7 什么是雷诺准数？ ······································· 216

6.8 什么是层流？ ··· 216

6.9 什么是湍流？ ··· 216

6.10 什么是过渡流？ ·· 216

6.11 什么是稳定流动？什么是不稳定流动？ ·················· 216

6.12 什么是气体分层？ ······································ 216

6.13 1个大气压不同温度的空气密度如何？ ·················· 217

6.14 什么是内燃料？ ·· 217

6.15 砖瓦焙烧的原理是什么？ ································ 217

6.16 什么是传热？传热与窑炉生产的关系如何？传热的基本条件是什么？ ······· 218

6.17 制定烧成制度应遵循的原则是什么？应考虑哪些因素？ ······ 218

6.18 热分析法包括哪些项目？有什么作用？ ·················· 219

6.19 什么是压力制度？ ······································ 219

6.20 什么是负压操作？ ······································ 219

6.21 什么是零压位置？ ······································ 219

6.22 什么是烧成气氛？ ······································ 219

6.23 内燃烧砖有什么好处？ ·································· 219

6.24 对窑炉整体性能要求有哪些？ ·························· 220

6.25 对窑炉基础要求有哪些？ ································ 220

6.26 对隧道窑的窑墙要求有哪些？ ·························· 220

6.27 砌筑窑墙体应注意哪些事项？ ·························· 220

6.28 隧道窑的窑顶作用有哪些？ ···························· 221

6.29 对窑顶要求有哪些？ ···································· 221

6.30 窑炉施工完毕后，必须完成哪些工作？ ·················· 222

6.31 流量、体积流量、质量流量、流速、平均流速的意义有什么不同？
    如何换算？ ·· 222

6.32 什么是压力（压强）？ ·································· 223

6.33 隧道窑的风道有几种形式？ ···························· 223

6.34 什么是显热？ ·· 223

6.35 什么是潜热？ ·· 223

6.36 什么是理论空气量？ ···································· 224

6.37 什么是过剩空气系数？ ·································· 224

6.38 什么是气幕？ ·· 224

6.39 什么是摩擦系数？什么是局部阻力系数？什么是坯垛阻力？ …………… 224

6.40 降低系统总阻力损失有什么意义？如何降低系统总阻力损失？ ………… 225

6.41 窑炉系统内气体流动过程的阻力损失可分为几种？如何计算？ ………… 225

6.42 什么是串联管路？如何计算串联管路的阻力损失？ …………………… 226

6.43 什么是并联管路？如何计算并联的管路损失？ ………………………… 226

6.44 什么是隧道窑的窑车上下压力平衡？ …………………………………… 226

6.45 什么是气体循环？ ………………………………………………………… 226

6.46 窑内气体受哪两种力的作用而发生流动？ ……………………………… 226

6.47 什么是隧道窑？ …………………………………………………………… 227

6.48 什么是隧道窑的工作系统？它与热工制度有什么关系？ ……………… 228

6.49 如何测定隧道窑烧成带的温度？ ………………………………………… 229

6.50 怎样才能实现隧道窑的强化焙烧？ ……………………………………… 229

6.51 黏土质砖瓦焙烧的理论化学反应热是多少？烧出成品的化学
      反应热是多少？ ………………………………………………………… 231

6.52 什么是辊道窑？ …………………………………………………………… 232

6.53 辊道窑的窑墙材料和结构有什么特点？ ………………………………… 232

6.54 隧道窑的基本参数有哪些？ ……………………………………………… 232

6.55 选择或设计隧道窑应符合哪些基本要求？ ……………………………… 233

6.56 轮窑的基本参数有哪些？ ………………………………………………… 233

6.57 如何提高窑的热经济性？ ………………………………………………… 234

6.58 什么是"稀码快烧"？ …………………………………………………… 235

6.59 砖瓦工业窑炉有哪些类型？ ……………………………………………… 237

6.60 隧道窑按形状分为哪两种？ ……………………………………………… 237

6.61 什么是直形隧道窑？ ……………………………………………………… 237

6.62 什么是环形隧道窑？ ……………………………………………………… 238

6.63 和轮窑相比较，环形移动式隧道窑的主要优点有哪些？ ……………… 239

6.64 和直形固定式隧道窑相比较，环形移动式隧道窑的主要优点有哪些？ … 240

6.65 环形移动式隧道窑的特殊性有哪些？ …………………………………… 241

6.66 什么是低码层节能隧道窑？它有哪些优点？ …………………………… 243

6.67 今后隧道窑主要研究课题有哪些？ ……………………………………… 243

6.68 什么是耐火材料？ ………………………………………………………… 244

6.69 耐火材料的主要技术指标有哪些？ ……………………………………… 244

6.70 耐火材料按化学矿物组成如何分类？ …………………………………… 245

6.71 什么是轻质耐火材料？轻质耐火材料有哪些种类？ …………………… 245

6.72 什么是轻质耐火砖的分类温度？它与砖的工作温度有什么不同？ …… 245

6.73 什么是耐火黏土砖？耐火黏土砖有哪些主要性能？ …………………… 245

6.74 什么是不定形耐火材料？有哪些种类？ ………………………………… 246

6.75 什么是耐火浇注料？它有什么优点？耐火浇注料有哪些品种？ ……… 246

6.76 重庆市某耐火材料厂生产的主要几种烧结定形耐火砖的理化性能如何？ …… 246

6.77　什么是水灰比？ ……………………………………………………… 247

6.78　什么是耐火泥？对耐火泥有哪些技术要求？ …………………… 247

6.79　耐火材料如何正确使用与保管？ ………………………………… 248

6.80　耐火混凝土的种类有哪些？耐火混凝土的使用范围及组成材料
　　　配合比如何？ ……………………………………………………… 248

6.81　什么是焦宝石？ …………………………………………………… 251

6.82　传统砖瓦窑炉所用的耐火隔热材料与现代砖瓦窑炉耐火隔热材料
　　　有什么不同？ ……………………………………………………… 251

6.83　什么是陶瓷纤维模块（折叠块)？它用于隧道窑窑顶的主要技术
　　　性能如何？ ………………………………………………………… 252

6.84　什么是耐高温陶瓷固化剂？ ……………………………………… 253

6.85　砖瓦焙烧窑采用耐火纤维炉衬有什么好处？ …………………… 253

6.86　耐火纤维如何分类？ ……………………………………………… 253

6.87　耐火纤维的原料有哪些？ ………………………………………… 253

6.88　如何生产耐火纤维？ ……………………………………………… 254

6.89　耐火纤维的主要特性及炉衬损坏机理是什么？ ………………… 256

6.90　为什么说隧道窑焙烧系统中窑车起着重要作用？ ……………… 258

6.91　什么是装配式隧道窑？ …………………………………………… 259

6.92　什么叫"水密封"隧道窑？ ……………………………………… 259

6.93　窑车的操作和维修要点有哪些？ ………………………………… 259

6.94　隧道窑内钢轨接缝留多大？ ……………………………………… 260

6.95　隧道窑轨道安装应符合哪些设计要求？ ………………………… 260

6.96　如何处理隧道窑的进车和出车、车上和车下这两对矛盾？ …… 261

6.97　制品的烧结过程是怎样进行的？什么是原料的烧成温度范围？ … 261

6.98　中小断面隧道窑操作有哪"十忌"？ …………………………… 262

6.99　为什么微形拱隧道窑的两上边角钢筋混凝土梁在高温作用下会酥裂？ … 264

6.100　如何看待隧道窑的码窑车图？ …………………………………… 264

6.101　什么是轮窑？ ……………………………………………………… 265

6.102　轮窑的结构由哪些部分组成？它们各有什么功能？ …………… 265

6.103　轮窑的工作原理是什么？ ………………………………………… 266

6.104　轮窑焙烧砖瓦包括哪些工序？ …………………………………… 267

6.105　轮窑的预热、焙烧、保温、冷却这四带如何划分？ …………… 268

6.106　什么叫轮窑的部火？如何确定部火数？ ………………………… 268

6.107　什么是轮窑的容积效率？ ………………………………………… 268

6.108　用轮窑焙烧时，气体流动有什么重要性？ ……………………… 269

6.109　哪些因素给轮窑中气流以阻力？ ………………………………… 269

6.110　烧砖时气体怎样在轮窑中流动？ ………………………………… 270

6.111　烟囱为什么会有抽力？ …………………………………………… 270

6.112　烟囱的哪些结构尺寸决定或影响轮窑的抽力？ ………………… 271

6.113 什么是码窑，码窑的重要性是什么？ …………………………………………… 271

6.114 坯垛由哪几部分组成？ …………………………………………………………… 272

6.115 常用的炕腿有哪几种？ …………………………………………………………… 273

6.116 垛身有几种码放形式？ …………………………………………………………… 273

6.117 火眼批坯垛有几种形式？ ………………………………………………………… 274

6.118 内燃烧砖时决定坯垛各部位码窑密度的原则是什么？ ……………………… 274

6.119 什么叫轮窑的哈风拉缝？什么叫弯窑拉缝？它们都有什么作用？ ………… 274

6.120 什么叫火眼脱空？它有什么作用？ …………………………………………… 275

6.121 轮窑的直窑段坯垛全断面形式如何？ ………………………………………… 275

6.122 轮窑的弯窑段的坯垛应怎样码？ ……………………………………………… 275

6.123 瓦坯的码放要点是什么？ ……………………………………………………… 276

6.124 外燃瓦的码轮窑方法是什么？ ………………………………………………… 276

6.125 轮窑的纸挡有什么作用？一部火预热带至少有几道纸挡才能保证
      正常生产？ ……………………………………………………………………… 277

6.126 怎样糊轮窑的纸挡？ …………………………………………………………… 277

6.127 应如何砌轮窑的窑门？它有何重要性？ ……………………………………… 278

6.128 入窑砖坯含水率为什么必须加以限制？ ……………………………………… 278

6.129 轮窑点火前应做哪些准备工作？ ……………………………………………… 280

6.130 坡形点火大灶（坡形大灶）应怎样砌筑？如何用它点火？ ………………… 280

6.131 轮窑点火时怎样快速提高烟囱抽力？ ………………………………………… 281

6.132 用炉灶点火时应注意些什么？ ………………………………………………… 281

6.133 什么是轮窑的焙烧制度？ ……………………………………………………… 281

6.134 风闸的种类有哪些？ …………………………………………………………… 282

6.135 风闸的作用是什么？ …………………………………………………………… 282

6.136 什么叫阶梯式用闸法？它有什么特点？ ……………………………………… 283

6.137 什么叫桥梁式用闸法？它有什么优点？ ……………………………………… 283

6.138 风闸使用的禁忌事项是什么？ ………………………………………………… 283

6.139 什么叫返火？为什么焙烧带后部一定要有返火？ …………………………… 284

6.140 怎样检查提闸高度是否合适？ ………………………………………………… 284

6.141 轮窑怎样除去纸挡？为什么必须将窑下部纸挡去除干净？ ………………… 285

6.142 为什么必须重视掏哈风？ ……………………………………………………… 285

6.143 轮窑应该怎样打窑门？ ………………………………………………………… 286

6.144 隧道窑和轮窑相比较，各有哪些优缺点？ …………………………………… 286

6.145 一次码烧平顶一条龙隧道窑和一次码烧并列式隧道窑相比较，各有
      哪些优缺点？ …………………………………………………………………… 288

6.146 二次码烧隧道窑配干燥室和一次码烧隧道窑相比较，各有哪些优缺点？ … 289

6.147 砖在焙烧时产生裂纹的主要原因是什么？怎样消除？ ……………………… 289

6.148 什么是"穿流"和"环流"焙烧概念？ ………………………………………… 289

6.149 隧道窑坯垛内通道当量直径对流速和流量的影响如何？ …………………… 290

6.150 隧道窑坯垛与窑顶和侧墙的间隙应是多少为好？ ···········290

6.151 与窑墙相比较，为什么对窑顶保温更应加强？ ···········291

6.152 隧道窑码坯形式的基本要求是什么？ ···········291

6.153 清水墙装饰砖在隧道窑中焙烧时，对码车图有什么要求？ ·······292

6.154 窑车主要由哪些部分组成？对窑车性能有什么要求？ ········293

6.155 对窑车的车架和车轮有什么要求？ ···········293

6.156 为什么说要正确选用窑车车面垫层材料？ ···········293

6.157 窑车车面层材料选择时应遵循哪些原则？ ···········294

6.158 隧道窑窑车上下密封的重要性是什么？ ···········295

6.159 砂封槽中应加入什么样的砂？ ···········295

6.160 隧道密窑车烧坏事故是如何产生的？怎样处理？ ·······296

6.161 什么是合理的焙烧曲线？ ···········297

6.162 什么是隧道窑的合理升温时间？ ···········297

6.163 什么是隧道窑的合理保温时间？ ···········298

6.164 什么是隧道窑的合理冷却时间？ ···········299

6.165 坯体原材料中所含矿物成分对焙烧性能有什么样的影响？ ·····300

6.166 隧道窑的基础设计需要哪些资料？常用于基础的材料有哪些？ ···304

6.167 什么是最高允许烧成温度？ ···········305

6.168 对窑炉烘烤前有哪些要求？ ···········305

6.169 新建隧道窑为什么要进行烘烤？隧道窑的焙烧温度制定的依据
是什么？ ···········306

6.170 对砖瓦焙烧窑炉质量评定等级要求有哪些？ ···········308

6.171 隧道窑焙烧过程中为什么会出现窑车坯垛倒塌？ ·······309

6.172 什么原因造成隧道窑内火势上飘、底火差？ ···········309

6.173 隧道窑应怎样蹲火？ ···········309

6.174 1kg标煤完全燃烧后生成多少气体量？ ···········309

6.175 化学结合水、大气吸附水和自由水的结合能是多少？ ·······310

6.176 空气的成分有哪些？它们给占的比例是多少？ ···········310

6.177 常用热电偶有哪些种类？ ···········310

6.178 什么是康铜？ ···········311

6.179 热电偶温度计的工作原理是什么？ ···········311

6.180 热电偶温度计有哪些常见故障？如何处理？ ···········311

6.181 各种温度计测温范围如何？ ···········311

6.182 砖瓦焙烧窑炉喷涂修补耐火材料采用怎样的配合比？ ·······312

6.183 大气压与海拔高度的关系如何？ ···········312

6.184 什么是热工测量？它有什么意义？ ···········313

6.185 砖瓦工业隧道窑热平衡、热效率如何计算？ ···········313

6.186 常用接触式测温仪表有哪些种类？非接触式测温仪表有哪些种类？ ···318

6.187 砖瓦工业隧道窑——干燥室体系热效率、单位热耗、单位煤耗如何计算？ ···319

6.188　什么是砖瓦窑炉的热平衡？什么是窑炉的热效率？ ‥‥‥‥‥‥‥‥‥‥ 321

6.189　窑炉热平衡测定项目有哪些？热平衡测定前应做好哪些准备工作？ ‥‥‥‥ 322

第七部分　自动控制 ‥‥‥‥‥‥‥‥‥‥‥‥‥‥‥‥‥‥‥‥‥‥‥‥‥‥‥‥‥‥‥ 324

7.1　什么是自动配料系统？ ‥‥‥‥‥‥‥‥‥‥‥‥‥‥‥‥‥‥‥‥‥‥‥‥‥‥‥ 324

7.2　什么是自动配水系统？ ‥‥‥‥‥‥‥‥‥‥‥‥‥‥‥‥‥‥‥‥‥‥‥‥‥‥‥ 324

7.3　窑炉自动控制电动单元组合仪表控制系统一般由哪些基本单元组成？ ‥‥‥‥‥ 324

7.4　计算机控制系统一般由哪些基本单元组成？ ‥‥‥‥‥‥‥‥‥‥‥‥‥‥‥‥ 324

7.5　什么是调节作用规律？基本调节作用规律有哪些？ ‥‥‥‥‥‥‥‥‥‥‥‥‥ 325

7.6　什么是比例调节规律？它有什么特点？ ‥‥‥‥‥‥‥‥‥‥‥‥‥‥‥‥‥‥ 325

7.7　什么是积分调节规律？积分调节为什么可以消除余差？ ‥‥‥‥‥‥‥‥‥‥‥ 325

7.8　什么是微分调节？它有什么特点？ ‥‥‥‥‥‥‥‥‥‥‥‥‥‥‥‥‥‥‥‥ 325

7.9　比例积分微分调节规律有什么特点？性能参数有哪些？ ‥‥‥‥‥‥‥‥‥‥‥ 326

7.10　调节系统过度过程的优劣有哪些指标衡量？调节器为什么需要整定？
　　　工程上有哪三种整定方法？ ‥‥‥‥‥‥‥‥‥‥‥‥‥‥‥‥‥‥‥‥‥‥ 326

7.11　如何用经验凑试法整定窑温自控系统？ ‥‥‥‥‥‥‥‥‥‥‥‥‥‥‥‥‥ 326

7.12　如何用临界比例度法整定调节器？ ‥‥‥‥‥‥‥‥‥‥‥‥‥‥‥‥‥‥‥ 327

7.13　什么是串级调节系统？以隧道窑烧成带温度作为主参数，以燃烧室温度
　　　作为副参数的串级温度自动调节系统，是如何克服干扰的？ ‥‥‥‥‥‥‥ 327

7.14　什么是比值调节系统？它有哪些基本类型？ ‥‥‥‥‥‥‥‥‥‥‥‥‥‥‥ 327

7.15　什么是开环比值调节系统？它有什么优缺点？ ‥‥‥‥‥‥‥‥‥‥‥‥‥‥ 327

7.16　以煤气作为主动流量，助燃空气作为从动流量的单闭环比值调节系统
　　　是如何构成的？它是如何克服干扰的？ ‥‥‥‥‥‥‥‥‥‥‥‥‥‥‥‥ 328

7.17　为什么隧道窑和辊道窑的烧嘴燃烧调节适宜采用均压阀燃气空气
　　　比值调节系统？它的结构如何？它是如何实现比例调节作用的？ ‥‥‥‥‥ 328

7.18　DTL-121 型调节器如何进行手动-自动切换？ ‥‥‥‥‥‥‥‥‥‥‥‥‥‥ 329

7.19　DTL-3110 型调节器如何进行软手动-硬手动-自动的相互切换？ ‥‥‥‥‥ 329

7.20　电动执行器有什么作用？常用的电动执行器有哪些种类？ ‥‥‥‥‥‥‥‥‥ 330

7.21　DKJ 型电动执行器的工作原理如何？ ‥‥‥‥‥‥‥‥‥‥‥‥‥‥‥‥‥‥ 330

7.22　目前计算机控制系统有哪几种类型？它们各有什么特点？ ‥‥‥‥‥‥‥‥‥ 330

7.23　隧道窑和辊道窑的测控系统的主要任务是什么？测量控制参数
　　　主要有哪些？ ‥‥‥‥‥‥‥‥‥‥‥‥‥‥‥‥‥‥‥‥‥‥‥‥‥‥‥‥ 330

7.24　隧道窑集散型控制系统上位机与下位机各有哪些基本作用？ ‥‥‥‥‥‥‥‥ 331

7.25　工控机的日常维护要点有哪些？ ‥‥‥‥‥‥‥‥‥‥‥‥‥‥‥‥‥‥‥‥‥ 331

7.26　氧化锆氧量计（探测器）利用什么原理测定烟气中的氧含量？ ‥‥‥‥‥‥‥ 331

7.27　氧化锆氧量计（探测器）直插定温式测量系统由哪些部分组成？各有
　　　什么作用？ ‥‥‥‥‥‥‥‥‥‥‥‥‥‥‥‥‥‥‥‥‥‥‥‥‥‥‥‥‥ 332

7.28　使用氧化锆氧量计（探测器）应注意哪些问题？ ‥‥‥‥‥‥‥‥‥‥‥‥‥ 332

7.29　DH-6 氧化锆氧量计如何使用？ ‥‥‥‥‥‥‥‥‥‥‥‥‥‥‥‥‥‥‥‥‥ 332

7.30 对辊道窑速控系统有哪些要求？ ┄┄┄┄┄┄┄┄┄┄┄┄┄┄┄┄ 332

7.31 长地轴传动系统如何进行速度控制？这种方式主要有什么优缺点？ ┄┄┄ 333

7.32 常用的转速传感器有哪几种？ ┄┄┄┄┄┄┄┄┄┄┄┄┄┄┄┄┄ 333

7.33 什么是仪表和仪器？ ┄┄┄┄┄┄┄┄┄┄┄┄┄┄┄┄┄┄┄┄┄ 333

7.34 什么是工业自动化？ ┄┄┄┄┄┄┄┄┄┄┄┄┄┄┄┄┄┄┄┄┄ 333

7.35 什么是工业自动化仪表？ ┄┄┄┄┄┄┄┄┄┄┄┄┄┄┄┄┄┄┄ 334

7.36 什么是传感器？ ┄┄┄┄┄┄┄┄┄┄┄┄┄┄┄┄┄┄┄┄┄┄┄ 334

7.37 什么是转换器？ ┄┄┄┄┄┄┄┄┄┄┄┄┄┄┄┄┄┄┄┄┄┄┄ 334

7.38 什么是变送器？ ┄┄┄┄┄┄┄┄┄┄┄┄┄┄┄┄┄┄┄┄┄┄┄ 335

7.39 什么是传送器？ ┄┄┄┄┄┄┄┄┄┄┄┄┄┄┄┄┄┄┄┄┄┄┄ 335

7.40 什么是工业电视？ ┄┄┄┄┄┄┄┄┄┄┄┄┄┄┄┄┄┄┄┄┄┄ 335

7.41 什么是荷重传感器？ ┄┄┄┄┄┄┄┄┄┄┄┄┄┄┄┄┄┄┄┄┄ 335

7.42 什么是料斗电子秤？ ┄┄┄┄┄┄┄┄┄┄┄┄┄┄┄┄┄┄┄┄┄ 335

7.43 什么是自动调节？ ┄┄┄┄┄┄┄┄┄┄┄┄┄┄┄┄┄┄┄┄┄┄ 336

7.44 什么是自动控制？ ┄┄┄┄┄┄┄┄┄┄┄┄┄┄┄┄┄┄┄┄┄┄ 336

7.45 什么是在线控制？ ┄┄┄┄┄┄┄┄┄┄┄┄┄┄┄┄┄┄┄┄┄┄ 336

7.46 什么是离线控制？ ┄┄┄┄┄┄┄┄┄┄┄┄┄┄┄┄┄┄┄┄┄┄ 336

7.47 什么是局部控制？ ┄┄┄┄┄┄┄┄┄┄┄┄┄┄┄┄┄┄┄┄┄┄ 336

7.48 什么是集中控制？ ┄┄┄┄┄┄┄┄┄┄┄┄┄┄┄┄┄┄┄┄┄┄ 336

7.49 什么是中央控制室？ ┄┄┄┄┄┄┄┄┄┄┄┄┄┄┄┄┄┄┄┄┄ 337

7.50 什么是顺序控制？ ┄┄┄┄┄┄┄┄┄┄┄┄┄┄┄┄┄┄┄┄┄┄ 337

7.51 什么是遥控？ ┄┄┄┄┄┄┄┄┄┄┄┄┄┄┄┄┄┄┄┄┄┄┄┄ 337

7.52 什么是自动保护装置？ ┄┄┄┄┄┄┄┄┄┄┄┄┄┄┄┄┄┄┄┄ 337

7.53 什么是自动讯号装置？ ┄┄┄┄┄┄┄┄┄┄┄┄┄┄┄┄┄┄┄┄ 337

7.54 什么是事故讯号装置？ ┄┄┄┄┄┄┄┄┄┄┄┄┄┄┄┄┄┄┄┄ 337

7.55 什么是预告讯号装置？ ┄┄┄┄┄┄┄┄┄┄┄┄┄┄┄┄┄┄┄┄ 338

7.56 什么是继电器？ ┄┄┄┄┄┄┄┄┄┄┄┄┄┄┄┄┄┄┄┄┄┄┄ 338

7.57 什么是温度传感器？ ┄┄┄┄┄┄┄┄┄┄┄┄┄┄┄┄┄┄┄┄┄ 338

7.58 什么是砖瓦焙烧的自动控制系统？ ┄┄┄┄┄┄┄┄┄┄┄┄┄┄┄ 338

7.59 什么是窑炉运转系统？ ┄┄┄┄┄┄┄┄┄┄┄┄┄┄┄┄┄┄┄┄ 339

7.60 什么是窑温控制系统？ ┄┄┄┄┄┄┄┄┄┄┄┄┄┄┄┄┄┄┄┄ 339

7.61 什么是皮托管？ ┄┄┄┄┄┄┄┄┄┄┄┄┄┄┄┄┄┄┄┄┄┄┄ 339

7.62 什么是伺服电机？ ┄┄┄┄┄┄┄┄┄┄┄┄┄┄┄┄┄┄┄┄┄┄ 339

7.63 什么是变频器？ ┄┄┄┄┄┄┄┄┄┄┄┄┄┄┄┄┄┄┄┄┄┄┄ 339

7.64 什么是软启动？ ┄┄┄┄┄┄┄┄┄┄┄┄┄┄┄┄┄┄┄┄┄┄┄ 340

7.65 什么是衰减比？ ┄┄┄┄┄┄┄┄┄┄┄┄┄┄┄┄┄┄┄┄┄┄┄ 340

7.66 什么是调节器？ ┄┄┄┄┄┄┄┄┄┄┄┄┄┄┄┄┄┄┄┄┄┄┄ 340

7.67 什么是变送器？ ┄┄┄┄┄┄┄┄┄┄┄┄┄┄┄┄┄┄┄┄┄┄┄ 340

第八部分 环境保护 ··· 341

8.1 砖瓦工业为什么要治理污染物排放？ ·································· 341

8.2 砖瓦企业如何做好防尘工作？ ·· 341

8.3 什么是粉尘？收尘设备有哪些？什么是收尘效率？ ············ 342

8.4 什么是PM2.5？ ··· 342

8.5 排放烟气中有哪些有害物质？ ·· 342

8.6 什么是烟气脱硫？ ··· 343

8.7 常用生产设备的除尘抽风量是多少？ ································ 343

8.8 旋风收尘器的工作原理是什么？使用中应注意哪些问题？ ···· 346

8.9 旋风收尘器的旋风筒直径与净化能力的关系如何？ ············ 346

8.10 袋式收尘器的工作原理是什么？使用中应注意哪些问题？ ···· 346

8.11 什么是湿式收尘器？它有哪些优点？使用中应注意哪些问题？ ···· 347

8.12 泡沫收尘器的工作原理是什么？它的主要技术性能如何？ ···· 347

8.13 沉降室的工作原理是什么？使用中应注意哪些问题？ ········· 347

8.14 GMCS32型和GMCS64型及GMCS96型气箱式脉冲布袋收尘器的类型
及性能如何？ ·· 348

8.15 烟气脱硫的类型有哪些？ ··· 349

8.16 钙基固硫剂的固硫机理是什么？ ······································ 349

8.17 石灰石-石膏湿法烟气脱硫系统由哪些单元构成？及如何运作？ ···· 349

8.18 石灰石-石膏湿法烟气脱硫中SO_2的吸收机埋是什么？ ········· 350

8.19 石灰石-石膏湿法烟气脱硫工艺如何？ ······························ 350

8.20 石灰石-石膏湿法烟气脱硫工艺中为什么要增压风机？ ········· 350

8.21 石灰石（石膏）烟气脱硫系统中，如何确定浆液循环池容量？ ···· 351

8.22 石灰石-石膏湿法烟气脱硫工艺中管道和设备结垢堵塞的原因是什么？
措施有哪些？ ·· 351

8.23 按有关《砖瓦工业大气污染物排放限值》规定，基准含氧量为18%时的
颗粒物排放限值为≤30mg/m³，则不同实测烟气中含氧量的颗粒物排放
限值是多少？ ·· 352

8.24 按有关《砖瓦工业大气污染物排放限值》规定，基准含氧量为18%时的
二氧化碳排放限值为≤150mg/m³，则不同实测烟气中含氧量的二氧化硫
排放限值是多少？ ·· 353

8.25 按有关《砖瓦工业大气污染物排放限值》规定，基准含氧量为18%时的
氮氧化物排放限值为≤200mg/m³，则不同实测烟气中含氧量的氮氧化物
排放限值是多少？ ·· 353

8.26 按有关《砖瓦工业大气污染物排放限值》规定，基准含氧量为18%时的
氟化物排放限值为≤3mg/m³，则不同实测烟气中含氧量的氟化物排放
限值是多少？ ·· 354

8.27 原煤中的硫以哪些形式存在？ ··· 355

8.28 二氧化硫（SO_2）的危害有哪些？ ·· 355
8.29 二氧化硫（SO_2）的形成原因是什么？ ·· 356
8.30 酸雨形成的原因是什么？酸雨的危害有哪些？ ······························ 356
8.31 我国控制酸雨的措施有哪些？ ·· 356
8.32 煤中硫存在的形态有哪些？ ··· 357
8.33 脱硫工艺的评价原则有哪些？ ··· 357
8.34 烟气脱硫设备的腐蚀机理是什么？ ·· 357
8.35 烟气脱硫设备的环境腐蚀因素及影响有哪些？ ······························ 358
8.36 什么是颗粒物污染？ ·· 358
8.37 什么是氮氧化物污染？ ·· 359
8.38 什么是氟化物污染？ ·· 360
8.39 什么是重金属及二噁英污染？ ··· 360
8.40 如何减排生产过程中的颗粒物？ ·· 360
8.41 如何减排烟气中的污染物？ ·· 360
8.42 如何减少无组织排放？ ·· 361
8.43 钠钙双碱法脱硫技术原理是什么？ ·· 361
8.44 钠钙双碱法脱硫反应方程式是什么？ ·· 361
8.45 如何控制和治理砖瓦工业大气污染物排放？ ·································· 362
8.46 第一类水污染物污染当量值是多少？ ·· 366
8.47 大气污染当量值是多少？ ··· 366

第九部分 燃料 ·· 367

9.1 什么是燃料？工业上应用最广泛的燃料有哪些？ ····························· 367
9.2 什么是固体燃料？ ··· 367
9.3 煤是怎样生成的？ ··· 368
9.4 煤的元素组成有哪些？各有什么作用？ ··· 368
9.5 什么是固定碳？ ·· 369
9.6 什么是"标准煤"？ ··· 369
9.7 什么是泥煤？ ··· 369
9.8 什么是焦炭？ ··· 369
9.9 什么是燃料的燃烧？ ·· 369
9.10 燃料燃烧时的产物有哪些？ ·· 369
9.11 1kg的标准煤，完全燃烧后排放出多少二氧化碳？ ·························· 369
9.12 什么是烧砖瓦的煤耗？怎样计算？ ·· 370
9.13 哪些燃料可以用来烧砖瓦？应该怎样选择？ ·································· 370
9.14 固体有机硫的发热量是多少？ ··· 371
9.15 煤的挥发分含量对燃烧性能有什么影响？ ······································ 371
9.16 什么是褐煤？什么是石煤？ ·· 371
9.17 什么是烟煤？ ··· 371

9.18 什么是无烟煤？ …………………………………………………………………… 371

9.19 什么是焦炭？ ………………………………………………………………………… 371

9.20 什么是挥发分？ ……………………………………………………………………… 372

9.21 什么是灰分？ ………………………………………………………………………… 372

9.22 什么是生物质？什么是生物质燃料？ …………………………………………… 372

9.23 什么是生物质气化？什么是生物质炭化？ ……………………………………… 372

9.24 为什么说生物质燃料将成为砖瓦窑的能源优先选择？ ……………………… 373

9.25 如何向窑内也添加生物质燃料？ ………………………………………………… 374

9.26 什么是油页岩（可燃页岩）？ …………………………………………………… 374

9.27 什么是重油？重油分为哪些牌号？ ……………………………………………… 374

9.28 油品的相对密度（比重）有什么意义？什么是油品的比热容？油品的
比热容有什么意义？ ………………………………………………………………… 374

9.29 什么是油品的闪点、燃点和着火温度？它们对燃烧有什么意义？ ………… 375

9.30 为什么要脱除重油中所含的机械水？ …………………………………………… 375

9.31 煤和柴草的贮存与保管应注意些什么？ ………………………………………… 375

9.32 和固体燃料相比，液体燃料有哪些优点？ ……………………………………… 377

9.33 使用重油乳化剂有哪些优点？对重油乳化剂有哪些质量要求？ …………… 377

9.34 重油在管路中运行，回油阀门起什么作用？ …………………………………… 377

9.35 油过滤器起什么作用？ …………………………………………………………… 377

9.36 重油管路为什么要用蒸汽伴管加热？ …………………………………………… 378

9.37 重油管路用蒸汽扫线的目的是什么？ …………………………………………… 378

9.38 开式油罐内，重油加热温度是不是越高越好？为什么？ …………………… 378

9.39 什么是柴油？我国把柴油分为哪些牌号？ ……………………………………… 378

9.40 砖厂的燃油隧道窑有何实例？ …………………………………………………… 378

9.41 什么是气体燃料？ ………………………………………………………………… 378

9.42 气体燃料的组成有什么特点？ …………………………………………………… 378

9.43 气体燃料的优点有哪些？ ………………………………………………………… 379

9.44 气体燃料燃烧过程分为哪三个阶段？影响气体燃料燃烧的主要因素
是什么？ ……………………………………………………………………………… 380

9.45 什么是天然气？ …………………………………………………………………… 380

9.46 什么是石油气？ …………………………………………………………………… 380

9.47 什么是高炉煤气？ ………………………………………………………………… 380

9.48 什么是焦炉煤气？ ………………………………………………………………… 380

9.49 什么是发生炉煤气？ ……………………………………………………………… 380

9.50 什么是水煤气？ …………………………………………………………………… 380

9.51 我国采用天然气燃料焙烧砖瓦进展如何？ ……………………………………… 381

9.52 什么是沼气？ ……………………………………………………………………… 382

9.53 内燃料需经过怎样的制备才能达到使用要求？ ………………………………… 382

9.54 内燃料在坯体内部燃烧的特点是什么？ ………………………………………… 382

9.55 燃料的完全燃烧与不完全燃烧有何区别？ ……………………… 383

9.56 燃料完全燃烧的基本条件有哪些？ …………………………… 384

9.57 加速燃料燃烧的措施有哪些？ ………………………………… 384

9.58 对内燃料有哪些技术要求？ …………………………………… 385

9.59 怎样计算内燃料掺配量？ ……………………………………… 385

9.60 内燃烧砖应抓好哪些关键？ …………………………………… 386

9.61 燃料燃烧过程分成哪两个阶段？要使燃烧阶段正常进行必须有哪些
条件？ …………………………………………………………… 386

9.62 什么是燃料的热值、高位热值、低位热值？ …………………… 387

9.63 燃料完全燃烧所需的空气量和生成的烟气量如何计算？ ……… 387

9.64 什么是挤出机？什么是双级真实挤出机？ …………………… 390

9.65 煤的元素分析和工业分析分别包括哪些项目？煤的成分有哪五种表示
方法？ …………………………………………………………… 390

9.66 燃烧与灭火的条件有哪些？ …………………………………… 392

9.67 碳的燃烧速度主要取决于哪两个因素？为了使窑内的外投煤加速燃烧，
可采取哪些措施？ ……………………………………………… 392

9.68 什么是可再生能源？烧结砖瓦行业中有利用潜力的可再生能源是什么？ …… 392

9.69 能源的当量值和等价值有什么区别？它们各有哪些作用？ …… 393

9.70 单位产品热能消耗准入值是多少？单位产品热能消耗先进值是多少？ …… 393

9.71 各种能源如何折标准煤？ ……………………………………… 393

9.72 耗能工质如何折算热量及折算标准煤？ ……………………… 394

9.73 硫的种类如何划分？ …………………………………………… 395

9.74 焙烧砖瓦的燃料发展方向是什么？ …………………………… 395

第十部分 机械设备 ……………………………………………………… 396

10.1 为什么要进行日常设备维护？维护工作包括哪些内容？ ……… 396

10.2 什么是码坯机？ ………………………………………………… 396

10.3 液压码坯机的维护要点有哪些？ ……………………………… 396

10.4 影响液压油质量的因素有哪些？ ……………………………… 396

10.5 如何合理使用液压油？ ………………………………………… 397

10.6 什么是机器人？ ………………………………………………… 397

10.7 机器人码坯与人工码坯主要差别有哪些？ …………………… 398

10.8 码坯机与机器人有哪些不同之处？ …………………………… 398

10.9 真空挤出机空载试机要求有哪些？ …………………………… 399

10.10 挤出机的操作和维修要点有哪些？ …………………………… 400

10.11 真空挤出机负载试机要求有哪些？ …………………………… 402

10.12 常用真空泵的主要技术性能如何？ …………………………… 402

10.13 水环式真空泵的主要故障及消除方法有哪些？ ……………… 403

10.14 砖瓦原料的主要运输设备有哪些？它们的使用性能如何？ …… 404

10.15　胶带输送机最大允许倾角如何？ …………………………………………… 408

10.16　胶带输送机的优缺点有哪些？ …………………………………………… 408

10.17　操作胶带输送机应注意哪些问题？ ……………………………………… 408

10.18　胶带输送机的主要故障及消除方法有哪些？ ………………………………… 408

10.19　空气输送斜槽的优、缺点如何？它的输送能力如何？ ……………………… 410

10.20　什么是气力输送？气力输送有哪些种类？ …………………………… 410

10.21　什么是斗式提升机？ ………………………………………………………… 411

10.22　斗式提升机的技术性能如何？ ……………………………………………… 411

10.23　GX型螺旋输送机的输送能力如何？ ……………………………………… 412

10.24　给（配）料机起什么作用？它分哪些类型？ …………………………… 412

10.25　什么是箱式给料机？ ………………………………………………………… 413

10.26　箱式给料机的主要技术性能如何？ ……………………………………… 413

10.27　箱式给料机的操作要点有哪些？ ……………………………………… 414

10.28　箱式（链板）给料机的常见故障及消除方法有哪些？ …………………… 414

10.29　板式给料机的主要技术性能如何？ ……………………………………… 415

10.30　圆盘给料机的主要技术性能如何？ ……………………………………… 416

10.31　胶带给料机的主要技术性能如何？ ……………………………………… 416

10.32　电磁振动给料机的主要技术性能如何？ ………………………………… 416

10.33　槽式给料机的主要技术性能如何？ ……………………………………… 417

10.34　如何计算槽式给料机的给料能力？ ……………………………………… 418

10.35　什么是螺旋给料机？它的主要技术性能如何？ ………………………… 418

10.36　什么是叶轮给料机？它的主要技术性能如何？ ………………………… 418

10.37　什么是电子秤？什么是皮带电子秤？ ………………………………… 419

10.38　什么是破碎理论？ …………………………………………………………… 420

10.39　什么是固体物料的破碎？什么是破碎比？ ……………………………… 420

10.40　砖瓦厂常用的破碎设备有哪些？ ……………………………………… 421

10.41　什么是单斗挖掘机？在单斗挖掘机上安装液压破碎锤时如何使用？ …… 421

10.42　什么是多斗挖掘机？多斗挖掘机的操作和维修要点有哪些？ …………… 422

10.43　液压多斗挖掘机的主要故障和消除方法有哪些？ ……………………… 422

10.44　颚式破碎机的主要技术性能如何？它的主要故障及消除方法有哪些？ … 423

10.45　颚式破碎机的操作和维修要点有哪些？ ………………………………… 424

10.46　圆锥破碎机的主要技术性能如何？ ……………………………………… 426

10.47　反击式破碎机的主要技术性能如何？ …………………………………… 426

10.48　电子秤的主要故障及消除方法有哪些？ ………………………………… 427

10.49　反击式破碎机的操作和维修要点有哪些？ ……………………………… 427

10.50　辊式破碎机的主要技术性能如何？ ……………………………………… 428

10.51　细碎对辊机空载试机要求有哪些？ ……………………………………… 433

10.52　细碎对辊机负载试机要求有哪些？ ……………………………………… 433

10.53　细碎对辊机的主要故障及消除方法有哪些？ …………………………… 433

10.54　过滤对辊机的操作和维修要点有哪些？ ································ 434

10.55　对辊机的操作要点有哪些？ ····································· 435

10.56　锤式破碎机的主要技术性能如何？它的主要故障及消除方法有哪些？ ····· 435

10.57　锤式破碎机的操作和维修要点有哪些？ ······················· 437

10.58　笼型粉碎机的主要技术性能如何？ ·························· 437

10.59　轮碾机的工作原理是什么？ ································ 438

10.60　轮碾机的主要技术性能如何？ ····························· 439

10.61　轮碾机的操作和维修要点有哪些？ ··························· 440

10.62　筛式捏合机的主要技术性能如何？ ··························· 441

10.63　球磨机的主要技术性能如何？ ····························· 442

10.64　什么是球磨机的临界转速、一般工作转速和最佳工作转速？ ········· 443

10.65　什么是高效滚式破碎机？ ································· 443

10.66　对球磨机的试运转要求有哪些？ ···························· 444

10.67　球磨机的使用和维修的要点有哪些？ ························· 444

10.68　球磨机的主要故障和消除方法有哪些？ ······················· 446

10.69　悬辊式磨机（雷蒙磨）的工作原理是什么？ ···················· 447

10.70　悬辊式磨机（雷蒙磨）的主要技术性能如何？ ··················· 447

10.71　悬辊式磨机（雷蒙磨）的主要故障及消除方法有哪些？ ············· 448

10.72　什么是立式磨？ ······································· 448

10.73　振动磨的工作原理及特点是什么？ ··························· 449

10.74　振动磨的主要技术性能如何？ ····························· 449

10.75　流能磨的工作原理及特点是什么？ ··························· 450

10.76　原料的筛分设备有哪些？它们的使用性能如何？ ················· 450

10.77　双轴搅拌机的工作原理是什么？它的主要技术性能如何？什么是
　　　　水分自动控制设备？ ······························· 452

10.78　搅拌挤出机的工作原理是什么？ ···························· 453

10.79　双轴搅拌机的操作和维修要点有哪些？ ························ 453

10.80　单轴搅拌挤出机和双轴搅拌挤出机的主要技术性能如何？ ··········· 453

10.81　什么是净化机？XW129 型净化机的主要技术性能如何？ ············· 454

10.82　净化机的操作和维修要点有哪些？ ··························· 454

10.83　如何利用旧挤出机改做净化机？ ···························· 455

10.84　液压顶车机常见故障及消除方法有哪些？ ······················ 455

10.85　如何计算推车机所需要的推力？ ···························· 456

10.86　常用除铁器的种类有哪些？ ································ 456

10.87　常用切条机和切坯机的主要技术性能如何？ ···················· 457

10.88　通风机的种类有哪些？什么是风量、风压？ ···················· 457

10.89　离心通风机的构造及工作原理是什么？轴流通风机的工作原理是什么？ ··· 458

10.90　通风机的转速与风量、全压、功率之间是怎样的比例关系？ ·········· 459

10.91　对运转中的排烟风机，操作工应检查哪些事项？ ················· 459

10.92 干燥室和隧道窑所用的风机为什么应采用变频调速技术？ …………… 459

10.93 隧道干燥室用齿条式推车机的操作和维修要点有哪些？ ………… 460

10.94 对窑炉附属设施有哪些要求？ ………………………………………… 460

10.95 窑车用电托车的操作和维修要点有哪些？ …………………………… 460

10.96 隧道窑用螺旋推车机的操作和维修要点有哪些？ …………………… 461

10.97 隧道窑用液压顶车机的操作和维修要点有哪些？ …………………… 461

10.98 空气压缩机的种类有哪些？ …………………………………………… 461

10.99 常用的空气压缩机的主要技术性能如何？ …………………………… 462

10.100 如何使用空气压缩机？ ………………………………………………… 463

10.101 空气压缩机的常见故障及消除方法有哪些？ ………………………… 464

10.102 什么是砂泵？ …………………………………………………………… 466

10.103 什么是自润滑轴承？ …………………………………………………… 466

10.104 为什么必须对机器进行日常润滑？对设备进行润滑的一般技术要求
有哪些？ ………………………………………………………………… 466

10.105 什么是润滑剂？常用的润滑剂有哪些？ ……………………………… 466

10.106 如何做好设备管理？ …………………………………………………… 466

10.107 如何做好生产安全管理？ ……………………………………………… 467

附录 ……………………………………………………………………………… 468

附表1 物料自然堆积角 …………………………………………………… 468

附表2 常用量的单位换算表 ……………………………………………… 469

附表3 不同地质年代产生的代表性沉积物一览表 ……………………… 470

附表4 我国土壤中的黏土矿物分布 ……………………………………… 471

附表5 几种设备的噪声源强度 …………………………………………… 472

附表6 隧道窑和轮窑发明简史 …………………………………………… 473

附表7 常用物料比热容和导热系数 ……………………………………… 474

参考文献 ………………………………………………………………………… 475

第一部分 基础知识

1.1 我国砖瓦制造业分哪些职业工种？各主要职业工种的工作有哪些？

根据国家职业技能标准《砖、瓦生产工》的规定，砖瓦类职业工种分为：原料制备生产工、坯体成型生产工、坯体干燥生产工和制品焙烧生产工四种。

原料制备生产工的主要工作有：（1）原料配给；（2）原料破碎、粉碎、碾练；（3）原料搅拌；（4）原料陈化；（5）物料输送；（6）维护原料制备工序的设备；（7）处理故障。

坯体成型生产工的主要工作有：（1）泥料挤出；（2）切（压）坯、坯体编组；（3）处理成型的湿坯体缺陷；（4）维护成型工序的设备；（5）处理故障。

坯体干燥生产工的主要工作有：（1）将湿坯体码上干燥车；（2）将装载湿坯体的干燥车送进干燥室；（3）对干燥室运行操作；（4）将干燥后的坯体送出干燥室；（5）处理干燥后的干坯体缺陷；（6）维护干燥室及附属设备；（7）处理故障。

制品焙烧生产工的主要工作有：（1）将干坯体码上窑车；（2）将装载干坯体的窑车送进隧道窑内；（3）对隧道窑运行操作；（4）将焙烧后的产品送出隧道窑；（5）处理焙烧后的产品缺陷；（6）维护隧道窑及附属设备；（7）处理故障。

1.2 砖、瓦生产工应具备哪些相关知识和技能？

1. 原料制备生产工

（1）熟悉常用砖瓦原料性能及其技术要求。

（2）掌握各种原料、内燃料的配料计算。

（3）原料、内燃料制备方法及工艺流程。

（4）常用设备的工作原理及操作规程。

（5）原料制备工序的清洁生产、安全操作及劳动防护知识。

2. 坯体成型生产工

（1）熟悉成型工艺原理及操作技术规范。

（2）掌握成型设备的操作方法。

（3）各种空心模具的使用方法。

（4）成型缺陷的分析与处理。

（5）坯体成型工序的清洁生产、安全操作及劳动防护知识。

3. 坯体干燥生产工

（1）了解干燥原理。

（2）常用的干燥方法和干燥制度。

（3）会操作、维护干燥设备。

（4）干燥缺陷的分析与处理。

（5）坯体干燥工序的清洁生产、安全操作及劳动防护知识。

4. 制品焙烧生产工

（1）熟悉焙烧窑炉热工原理。

（2）烧成工艺知识。

（3）窑炉及附属设备的工作原理及操作。

（4）热工制度的制定方法。

（5）常用热工仪表的原理及使用。

（6）烧成缺陷的分析与处理。

（7）制品焙烧工序的清洁生产、安全操作及劳动防护知识。

1.3 烧结砖瓦属于哪一类材料？

烧结砖瓦属于无机非金属硅酸盐陶瓷材料中的粗陶（或土器），有些（如清水墙装饰砖、陶板等）可归纳为陶瓷材料中的精陶或炻器。

按建筑材料的主要组成成分，可分为无机材料、有机材料和复合材料三大类。具体分类如图1-1所示。

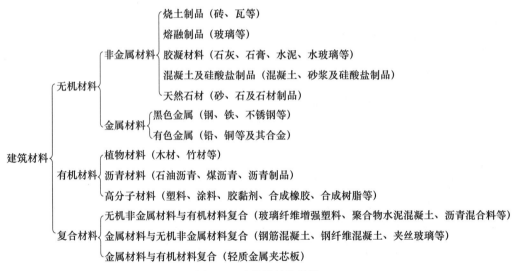

图1-1 建筑材料的分类

1.4 烧结砖瓦在陶瓷中的地位如何？

烧结砖瓦在陶瓷中的地位如图1-2所示。

陶瓷 {
 陶器 {
  粗陶器（包括烧结砖瓦、盆、罐、陶管等）
  精陶器（包括釉面砖、日用精陶、美术陶器、清水墙装饰砖和陶板等）
}
 炻器（包括地砖、锦砖、卫生陶瓷、化工陶瓷、低压电瓷等）
 瓷器 {
  细瓷（包括日用细瓷、美术瓷、高压电瓷、高频装置瓷等）
  特种陶瓷（包括氧化物瓷、氮化物瓷、压电陶瓷、磁性瓷、金属陶瓷等）
}

图1-2 烧结砖瓦在陶瓷中的地位

烧结砖瓦属建筑陶瓷。

1.5 如何区别不同档次的陶瓷？

陶器与瓷器的区别：

（1）陶器未玻化或玻化程度不高，结构不致密，断面粗糙而瓷器玻化程度高，结构致密、细腻，断面呈石状或贝壳状。

（2）陶器不透光，而瓷器透光。

（3）陶器敲击声沉浊，而瓷器声音清脆。

（4）陶器吸水率大于3%，而瓷器吸水率小于3%。

炻器与瓷器和细瓷器的区别：

炻器吸水率为1%～3%，透光性差，制品通常较厚，断面呈石状；细瓷器吸水率为0.5%以下，透光性好，断面细腻，呈贝壳状；普通瓷器吸水率为0.5%～1%，性能介于以上两者之间。

粗陶器、普通陶器和细陶器外观特征的区别：

粗陶器不施釉，制作粗糙；普通陶器断面颗粒较粗，气孔率较小，表面施釉，但制作不够精细；细陶器断面颗粒较细，气孔率较小，结构均匀，制作精细。

陶器按吸水率大小划分为：

粗陶器吸水率一般大于15%；普通陶器吸水率一般为12%～15%；细陶器吸水率一般为小于12%。

1.6 什么是烧结砖瓦工艺？

生产烧结砖瓦制品的工艺过程，称为烧结砖瓦工艺。应根据砖瓦性能要求和原料特点，选择适宜的生产设备并进行合理的工艺布置。

首先是原料处理，包括风化、破碎、粉碎、剔除杂质、粒度分级、配料、干燥和脱水、加水均化、热处理和真空处理、陈化等工序。通常，把原料处理过程称为制备。

制备好的原料按既定要求，制成具有规定形状和尺寸的坯体，这一过程是成型。在生产有装饰功能的制品时，在坯体成型的同时，将制品表面施以纹面或涂刷装饰层。

已成型的坯体需经历一个干燥过程，其目的是脱除湿坯的水分，使坯体硬化，以便进入焙烧阶段。对于原料干燥、敏感性系数偏高和产品形状较复杂的制品来说，干燥是一个困难的过程，如干燥制度不合理，极易使坯体变形、开裂。干燥过程还是一个消耗能量较多的环节。强化干燥过程，改善干燥工艺，不仅可以提高劳动生产率，而且还能有效地降低能耗。

烧成是生产砖瓦的最后一个也是最重要的一个工艺过程。通过焙烧使坯体变为具有相当强度的、耐久的制品。焙烧需在窑内进行，按焙烧过程中气氛环境的特点，可将它分为氧化性焙烧及还原性焙烧工艺；按燃料燃烧方式，还可分为内燃及外燃焙烧工艺。

生产过程中的各工序产量应平衡，前一工序必须充分满足后一工序的要求，切忌中间有"卡"产量的"瓶颈"现象。

1.7 如何进行砖瓦原料消耗量计算？

1963年，我国尚未建设大型页岩砖瓦生产线时，就为阿尔巴尼亚沃拉页岩砖瓦厂作了设想方案，虽然这些方案与现代设计有较大差别，但其"工艺计算书"写得较详细，现特摘录其中的"页岩原料消耗量部分"作参考。

1. 产品方案

1) 产品规格、产量

产品规格、产量如表1-1所示。

产品规格、产量   表1-1

项目名称 产品名称	产品规格（mm）	产量（万块/年）	外观体积（m³/块）	孔洞率（%）
实心砖	250×120×65	1000	0.00195	—
六孔空心砖	200×200×120	1000	0.00528	51.2
四孔空心砖	230×110×80	1000	0.00202	38.4
平瓦	400×240×15	1000	—	—

2) 六孔、四孔空心砖详细尺寸图（略）。

2. 页岩原料平衡计算

1) 工艺参数

（1）工作制度

工作制度如表1-2所示。

工作制度   表1-2

工作制度 车间名称	年工作日（d）	日工作班次（班）	班工作小时（h）	备注
粗碎	210	3	8	实际工作7h
粉碎	210	3	8	实际工作7h
成型	300	3	8	实际工作7h
干燥	300	3	8	实际工作8h
烧成	300	3	8	实际工作8h

（2）成品、半成品率

成品、半成品率如表1-3所示。

成品、半成品率   表1-3

项目名称	单位	实心砖	六孔空心砖	四孔空心砖	平瓦
干燥废品率	%	5	15	10	10
烧成废品率		5	5	5	10

（3）半成品、成品质量（根据试验测定）

半成品、成品质量如表1-4所示。

半成品、成品质量   表 1-4

项目名称	单位	实心砖	六孔空心砖	四孔空心砖	平瓦
湿坯质量		4.12	6.60	3.00	4.48
干坯质量	kg/块	3.50	5.40	2.60	3.80
成品质量		3.00	4.60	2.30	3.60

（4）页岩进厂时自然含水率：5%。

（5）页岩松散时的堆积密度：1.3t/m³。

（6）页岩运输过程中不可回收的损失：5%。

2）产量计算

（1）烧成

①实心砖、六孔空心砖、四孔空心砖：

10000000（块/年）/0.95 = 10530000（块/年）；

10530000（块/年）/300（d/年）= 35100（块/d）；

35100（块/d）/24（h/d）= 1463（块/h）。

②平瓦：

10000000（块/年）/0.9 = 11110000（块/年）；

11110000（块/年）/300（d/年）= 37033（块/d）；

37033（块/d）/24（h/d）= 1543（块/h）。

（2）干燥

①实心砖

10530000（块/年）/0.95 = 11080000（块/年）；

11080000（块/年）/300（d/年）= 36933（块/d）；

36933（块/d）/24（h/d）= 1539（块/h）。

②六孔空心砖

10530000（块/年）/0.85 = 12390000（块/年）；

12390000（块/年）/300（d/年）= 41300（块/d）；

41300（块/d）/24（h/d）= 1721（块/h）。

③四孔空心砖

10530000（块/年）/0.9 = 11700000（块/年）；

11700000（块/年）/300（d/年）= 39000（块/d）；

39000（块/d）/24（h/d）= 1625（块/h）。

④平瓦

11110000（块/年）/0.9 = 12340000（块/年）；

12340000（块/年）/300（d/年）= 41133（块/d）；

41133（块/d）/24（h/d）= 1714（块/h）。

（3）成型

①实心砖

11080000（块/年）；

36933（块/d）；

36933（块/d）/21（h/d）=1759（块/h）。

②六孔空心砖

12390000（块/年）；

41300（块/d）；

41300（块/d）/21（h/d）=1967（块/h）。

③四孔空心砖

11700000（块/年）；

39000（块/d）；

39000（块/d）/21（h/d）=1857（块/h）。

④平瓦

12340000（块/年）；

41133（块/d）；

41133（块/d）/21（h/d）=1959（块/h）。

3）物料消耗量

（1）各种产品每1000块页岩消耗量

已知其自然含水率5%，运输损失5%。

①实心砖

1000（块干坯）×3.5（kg/块干坯）/（0.95×0.95）=3878kg。

②六孔空心砖

1000（块干坯）×5.4（kg/块干坯）/（0.95×0.95）=5983kg。

③四孔空心砖

1000（块干坯）×2.6（kg/块干坯）/（0.95×0.95）=2881kg。

④平瓦

1000（块干坯）×3.8（kg/块干坯）/（0.95×0.95）=4211kg。

（2）各种产品年、天、小时页岩消耗量

①实心砖

3.878（t）×11080=42968（t/年）；

42968（t/年）/210（d/年）=204.6（t/d）；

204.6（t/d）/21（h/d）=9.743（t/h）。

②六孔空心砖

5.983（t）×12390=74129.4（t/年）；

74129.4（t/年）/210（d/年）=353.0（t/d）；

353.0（t/d）/21（h/d）=16.8（t/h）。

③四孔空心砖

2.881（t）×11700=33707.7（t/年）；

33707.7（t/年）/210（d/年）=160.5（t/d）；

160.5（t/d）/21（h/d）=7.643（t/h）。

④平瓦

4.211（t）×12340=51963.7（t/年）；

51963.7（t/年）/210（d/年）=247.4（t/d）；

247.4（t/d）/21（h/d）=11.781（t/h）。

（3）页岩总消耗量

页岩总消耗量如表1-5所示。

页岩总消耗量　　　　　　　　　表1-5

产品名称	页岩消耗量		
	t/年	t/d	t/h
实心砖	42968	204.6	9.743
六孔空心砖	74129.4	353.0	16.809
四孔空心砖	33707.7	160.5	7.643
平瓦	51963.7	247.4	11.781
总计	202768.8	965.5	45.967

注：松散时堆积体积为：202768.8（t/年）/1.3（t/m³）=155976（m³/年）；965.5（t/d）/1.3（t/m³）=742.69（m³/d）；45.967（t/h）/1.3（t/m³）=35.36（m³/h）。

1.8 什么是砖瓦的显微组织？

显微组织是描述砖瓦制品体内各种相的含量、分布情况，以及颗粒大小、形状、排列情况和气孔的含量。砖瓦的物理及使用性能同显微组织的关系十分密切，而显微组织的类型又受许多工艺参数的制约，例如原料的类别、数量、粒度、混合方法、成型方法、干燥和烧成条件等。

砖瓦制品内含有结晶相、玻璃相、气相等。

（1）结晶相

砖瓦是部分烧结材料，因原料的耐火度较低，所以烧成温度较低。固相反应很不完全，除了因固相反应生成的新相外，制品内还常残留有大量来自原料、未发生变化的矿物质，例如石英等。通常，由富石灰质（包括白云石等）原料烧成的制品中，有钙长石、硅灰石、钙黄长石、赤铁矿和石英等结晶相；而由低石灰质原料烧成的制品中，有石灰、冰晶石、方石英、赤铁矿及少量的莫来石。

（2）玻璃相

玻璃相又称液相，砖瓦制品内的玻璃相对强度起重要作用，主要表现为两个方面：其一是由于其表面张力，其将固体颗粒拉近、靠紧并填充孔隙，使制品致密程度提高；其二是熔解矿物颗粒并从熔体中析出新的比较稳定的结晶相。因烧成温度不高，玻璃相的含量仅约占2%。过多的液相量将导致制品在荷载下变形。按陶瓷的烧结定义衡量，砖瓦制品仅为"半烧结"。

玻璃相及少量莫来石的产生和游离石英是砖强度提高的主要原因。

（3）气相

砖瓦制品内有着各种孔径的敞开及封闭气孔，气孔率约为10%～30%。气孔率及孔结构决定或影响制品的许多重要性质。

例如，重庆市六砖厂的页岩砖矿物相有：赤铁矿、石英、方石英、白榴石、尖晶石、透辉石、镁橄榄石、堇青石、磁铁矿、莫来石和玻璃相等。其中玻璃相含1.8%，气孔率为29%（其中，闭气孔为6%，开气孔为23%）。

1.9 什么是岩相鉴定？岩相鉴定有什么用处？

对砖瓦等硅酸盐材料所含各种物相（包括晶体、玻璃相和气相）进行分析，并着重于其中晶相的种类、含量、形态、大小及其分布，这一分析过程、分析方法以及分析结果都称为岩相分析。较为常用的是偏光显微镜分析，其方法有油浸、薄片、光片、光薄片、超薄光薄片和显微化学等。此外，还可以用其他光学显微镜（例如金相显微镜）、电子显微镜、电子衍射和电子探针或离子探针等方法进行分析。

岩相分析对于研究材料的显微（和亚微）结构、指导工艺生产、改进材料性能等方面具有重要意义。根据岩相鉴定结果，对照化学分析数据可以大致判断材料的性能。

1.10 为什么烧结砖瓦中含有莫来石晶体？

在经过精确配料的陶瓷制品坯体中，莫来石的生成温度一般为1200℃以上，但由于砖瓦原料中含有较多的杂质，尤其是比较活跃的钾离子存在，促使莫来石生成，导致约在980℃开始就可以看到莫来石的出现，砖瓦的烧成温度一般为950～1050℃，故其中常含有莫来石晶体。

1.11 我国烧结砖工艺的发展趋势是什么？

由体力型向技能型、由高强度劳动向低强度劳动转化，努力提高机械化和自动化水平，在生产线中采用机器人代替人的作业。

例如，某砖厂原料经加工处理后的工艺流程如下：

真空挤出机→切条机→加速胶带机→自动切坯机→输送机→编组机编组→机器人码坯→（经定位后的）窑车→步进机→电托车→液压顶车机→干燥窑→牵引机→电托车→液压顶车机→焙烧窑→电托车→牵引机→机器人卸砖→板式输送机→机器人拆垛、分拣、编组→托盘→捆扎机和包装机。

1.12 半工业加工试验的作用是什么？对试验的要求有哪些？

1. 试验作用

半工业加工试验是在资源勘探工作的基础上进一步试验采用怎样的工艺流程，既能保证产品质量又能达到经济合理的目的，是确定设备选型、工艺流程、鉴定原料质量的重要依据。

由于资源情况各地不同，原料性能千变万化，往往单从物理化学性能分析中还不能得到完全肯定能否生产砖瓦的依据，特别是对新建厂及新使用的原料，应通过半工业加工试验来确定质量和测定各项设计数据。

2. 试验要求

首先，说明进行半工业加工试验的工艺流程、试验方法及所采用的主要设备；然后，根据拟生产的产品，取得以下工艺数据：

（1）原料处理

①原料需要风化的时间；

②原料的表观密度、松散系数、自然含水率。

（2）成型

①泥料的成型水分；

②湿坯体的规格、质量；

③加与不加蒸汽（热水）对干燥坯体的影响；

④坯体成型时是否需要真空处理。

（3）干燥

①干燥周期；

②干燥室进出口温度、相对湿度，干燥室内风速、风压；

③干坯的规格、质量、含水率；

④半成品率；

⑤干燥收缩率及干燥敏感性系数；

⑥干燥室热源；

⑦干燥热耗；

⑧干燥码坯方式（包括层数、高度、数量）；

⑨干燥过程中坯体的脱水曲线、温度及湿度变化曲线。

（4）焙烧

①焙烧周期及焙烧制度；

②烧成温度及焙烧速度；

③码垛方式及坯垛密度；

④成品率；

⑤焙烧曲线；

⑥焙烧热耗。

（5）成品检验

成品质量检验的试验项目及指标要求按国家有关标准进行。主要检验成品的尺寸偏差、外观质量、强度、抗风化性能、泛霜、石灰爆裂等。

材料强度试验如图 1-3 所示。

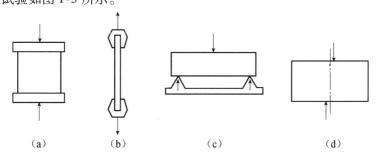

（a）　　　　　（b）　　　　　（c）　　　　　（d）

图 1-3　材料强度试验

（a）压力；（b）拉力；（c）弯曲；（d）剪切

1.13 烧结砖瓦能耗等级定额如何？

烧结砖瓦能耗等级定额按建材行业标准的规定，如表 1-6 所示。

烧结砖瓦单位产品能耗等级定额   表 1-6

级别	一级			二级			合格		
名称	热耗	煤耗	电耗	热耗	煤耗	电耗	热耗	煤耗	电耗
单位 / 工艺形式	kJ/t (kcal/t)	kg 标煤 /t	kW·h /t	kJ/t (kcal/t)	kg 标煤 /t	kW·h /t	kJ/t (kcal/t)	kg 标煤 /t	kW·h /t
自然干燥，轮窑烧成	1050×10^3 (250×10^3)	9.0	6.0	1130×10^3 (270×10^3)	9.6	7.2	1255×10^3 (300×10^3)	16.0	8.0
自然干燥，隧道窑烧成	1150×10^3 (275×10^3)	9.8	7.2	1250×10^3 (300×10^3)	10.8	8.4	1380×10^3 (330×10^3)	18.0	9.2
人工干燥，轮窑烧成	1340×10^3 (320×10^3)	14	10.4	1465×10^3 (350×10^3)	15.2	11.6	1590×10^3 (380×10^3)	20.8	12.4
人工干燥，隧道窑烧成	1465×10^3 (350×10^3)	15.2	12.0	1610×10^3 (385×10^3)	17.6	12.8	1780×10^3 (425×10^3)	23.2	13.6
大、中型断面隧道窑一次码烧	1465×10^3 (350×10^3)	15.2	12.0	1610×10^3 (385×10^3)	17.6	12.8	1780×10^3 (425×10^3)	23.2	13.6
小断面隧道窑一次码烧	1590×10^3 (380×10^3)	16.4	12.8	1755×10^3 (420×10^3)	18.4	13.6	1925×10^3 (460×10^3)	26.0	14.4

注：1. 热耗是由燃料及各种含能工业废渣产生的用于焙烧单位产品所消耗的热量。2. 煤耗是用于焙烧单位产品所消耗的各类燃料折合标煤量。包括内掺和外投用煤、干燥用煤以及为加热原料、制砖机组所需的蒸汽用煤和机修方面的用煤。3. 电耗是从原料制备至成品堆放的全部生产过程的综合电能消耗量。包括各生产工序动力用电、生产照明用电以及办公室、仓库照明用电。不包括生活用电和基本建设用电。4. 确定能耗等级的依据：企业单位产品实际达到的生产能耗等级由经考核确定的热耗和煤耗两项指标任选一项与经考核确定的电耗指标对照表 1-6 确定。热耗（或煤耗）与电耗指标同时达到同一等级时，定为该等级。热耗（或煤耗）与电耗指标不同等级时，按低确定等级。5. 空心砖等级电耗定额修正值 = 等级热耗定额×1.2。6. 烧结瓦：等级热耗定额修正值 = 等级热耗定额×1.2；等级煤耗定额修正值 = 等级煤耗定额×1.2；等级电耗定额修正值 = 等级电耗定额×1.2。7. 硬质原料和硬质燃料等级电耗定额修正值 = 等级电耗定额 + 4.8kW·h/万块×粉磨率。8. 生产高度机械化或自动化，生产工人实物劳动生产率超过 750t/(人·年) 的企业，等级电耗定额修正值 = 等级电耗定额 + 0.24×（生产工人实物劳动生产率 −750）kW·h/t。9. 凡具备多种修正条件的企业，各项能量消耗定额值应按顺序进行累计修正。10. 凡采取环保措施，达到环保要求的企业，可外加等级电耗定额的5%修正其已经累计修正后所确定的等级电耗定额。11. 单位产品实际能耗定额根据全年的统计资料按下式计算：单位产品能耗 = 能源消耗量（kg）/合格品质量（t）。

1.14 什么是材料的真密度（密度）？

真密度（亦称密度）是指材料在绝对密实状态下（不包括孔隙在内），单位体积的质量。用下式表示：

$$\rho = \frac{m}{V}$$

式中 ρ——材料的真密度（g/cm³ 或 kg/m³）；

      m——材料的质量（g 或 kg）；

V——材料在密实状态下的体积（cm^3 或 m^3）。

对不规则的密实材料可用排水体积法求得体积。对于有孔隙的材料，应把干燥后的材料磨成细粉，用李氏瓶法测定其实体积，进行计算。由于材料磨得越细，内部孔隙消除得越完全，越接近绝对密实体积，故测试结果越精确，通常要求粉末材料的粒径小于0.2mm。

烧结砖的真密度为 2400~2800kg/m³。重庆吊水洞煤矿叠叠砖厂生产的煤矸石砖的真密度为 2500kg/m³。

1.15 什么是材料的表观密度（亦称体积密度）？

表观密度（亦称体积密度）是指材料在自然状态下（包括孔隙在内），单位体积的质量。用下式表示：

$$\rho_0 = \frac{m}{V_0}$$

式中　ρ_0——材料的表观密度（g/cm^3 或 kg/m^3）；

　　　m——材料的质量（g 或 kg）；

　　　V_0——材料在自然状态下的体积（cm^3 或 m^3）。

对于烧结砖瓦等有孔隙的材料，如果是规则形状，可根据实际测量的尺寸求得自然体积；如果外形不规则，可用排液法求得，为了防止液体由孔隙渗入材料内部而影响测试值，应在材料表面涂蜡。

材料内常含有水分，材料的质量随材料的含水率而改变，因此表观密度应注明其含水程度。一般用材料在气干状态下的表观密度，即干表观密度。材料的表观密度取决于材料的真密度、构造、孔隙率及含水情况。确定材料表观密度时，应考虑要有较小的导热系数、较高的机械强度和较高的抗震性能等因素。一般情况下，材料的表观密度过大，则气孔率下降，导热系数增大，强度提高；材料的表观密度过小，虽然固相导热能力下降，但气孔中空气对流作用会增大传热损失，最终反而增大导热系数，同时机械强度会大幅度降低。故应选择一个"最佳表观密度"。"最佳表观密度"通常是用测试方法确定的。

重庆吊水洞煤矿叠叠砖厂生产的普通煤矸石砖的表观密度为 1705kg/m³。

注：多数书籍写成表观密度就是体积密度，而有些书籍写成表观密度不等于体积密度。不同之处在于：表观密度是指材料实体积与闭气孔（不包括开气孔）体积之和的单位体积的质量；而体积密度是指材料实体积与全部气孔（闭气孔和开气孔）体积之和的单位体积的质量。

1.16 什么是材料的堆积密度？

堆积密度是散粒材料（粉状、颗粒状）在堆积状态下单位体积的质量。用下式表示：

$$\rho_0' = \frac{m}{V_0'}$$

式中　ρ_0'——材料的堆积密度（g/cm^3 或 kg/m^3）；

　　　m——材料的质量（g 或 kg）；

　　　V_0'——材料的堆积体积（cm^3 或 m^3）。

材料的堆积体积包括所有颗粒的体积以及颗粒之间的空隙体积，它取决于材料颗粒的体积密度和堆积疏密程度。材料的含水状态也会影响堆积密度值。

石英砂的真密度为 $2600 \sim 2650 kg/m^3$，其堆积密度平均为 $1500 kg/m^3$；重庆某电厂排出的干粉煤灰堆积密度为 $560 kg/m^3$。

1.17 什么是比体积？

单位质量物质的体积，是密度的倒数。用符号 V 表示。

1.18 什么是材料的密实度？

密实度是指材料体积内被固体物质充实的程度，即材料的密实体积与总体积之比。材料由固体物质和空隙两部分组成，固体物质的比例越高，材料就越密实，体积密度也就越大。计算式为：

$$D = \frac{V}{V_0} \times 100\%$$

或

$$D = \frac{\rho_0}{\rho} \times 100\%$$

式中　D——材料的密实度（%）。

一般含孔隙的固体材料的密实度均小于1。

例：重庆二砖厂的普通页岩实心砖的 $\rho = 2500 kg/m^3$，$\rho_0 = 1800 kg/m^3$，求其密实度。

解：$D = \frac{\rho_0}{\rho} \times 100\% = \frac{1800 kg/m^3}{2500 kg/m^3} \times 100\% = 72\%$

即该厂的普通页岩实心砖的密实度为72%。

1.19 什么是材料的孔隙率？

孔隙率是材料内孔隙体积所占的比例。孔隙率越大，材料的密实度和表观密度就越小。孔隙率 P 为：

$$P = \left(1 - \frac{\rho_0}{\rho} \right) \times 100\%$$

材料孔隙率和密实度有关，有孔隙的材料，两者之和 $D + P = 1$；完全密实的材料，孔隙率 $P = 0$，密实度 $D = 100\%$。材料的许多性质，如强度、吸水性、抗渗性、抗冻性、导热性、吸声性都与孔隙率有关。

材料的某些性质不但与材料的孔隙率有关，还与材料的孔隙特征有关。材料内部孔隙有连通与封闭之分，连通孔隙不仅贯通而且与外界相通，封闭孔隙不仅彼此不贯通，而且与外界隔绝。材料中的孔隙按其尺寸大小分为极微细孔隙、细小孔隙和较粗大孔隙，孔隙的大小及其分布对材料的性质影响也较大。

由于烧成温度不高，烧结砖中的孔隙主要是连通孔隙（开气孔）只有少量封闭孔隙（闭气孔）。重庆某厂生产的页岩砖，开气孔占83%，闭气孔占17%。

1.20 什么是相对密度（比重)？

固体和液体的相对密度是该物质的真密度（完全密实状态）与在标准大气压、3.98℃

时纯水下的密度（999.972kg/m³）的比值；气体的相对密度是该气体的密度与标准状况下空气密度的比值，是无量纲的（只有数值而没有单位）。

1.21 什么是材料的亲水性？

材料在空气中与水接触时，容易被水润湿的性质，称材料的亲水性。

在水、空气、材料三相交点沿水滴表面的切线与水和材料接触面所成的夹角，为润湿角 θ。

当水分子之间作用力（即表面张力）小于水分子与材料分子之间的相互作用力时，材料易被水润湿，润湿角 $\theta \leqslant 90°$，这种材料为亲水性材料。木材、混凝土、砂石等都属于亲水性材料。

亲水性材料如图 1-4（a）所示。

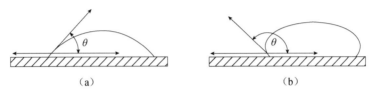

（a）　　　　　　　　　　　（b）

图 1-4　材料润湿示意图
（a）亲水性材料；（b）憎水性材料

1.22 什么是材料的憎水性？

材料不易被水润湿的性质，称为憎水性。

当水分子之间的作用力（即表面张力）大于水分子与材料分子之间的相互作用力时，材料不易被水润湿，润湿角 $\theta > 90°$，这种材料为憎水性材料。钢材、玻璃、塑料、沥青等为憎水性材料。

建筑上使用的防水材料一般为憎水性材料；大多数亲水性材料可通过表面处理而具有憎水性。

憎水性材料如图 1-4（b）所示。

1.23 什么是材料的吸水性？

材料在水中吸收水分的性质称为吸水性。

吸水性可用吸水率表示。吸水率为材料吸水饱和时，水的质量占材料干燥质量的百分率。即：

$$W_{\mathrm{m}} = \frac{m_1 - m_0}{m_0} \times 100\%$$

式中　W_{m}——吸水率（%）；

m_1——材料吸水后的质量（g 或 kg）；

m_0——材料干燥时的质量（g 或 kg）。

材料的吸水率与材料的孔隙率及孔隙特征有关。一般说密实的及具有封闭孔隙的材料是不吸水的；具有粗大孔隙的材料因水分不易存留，其吸水率也不大；而孔隙率较大，且具有细小开口连通孔隙的亲水性材料往往有较大的吸水能力。

砖的吸水率如低于8%，则会大大提高其导热性；如吸水率高于20%，则会明显降低其强度，也可能是制品欠火。砖内有内燃成分的吸水率比没有内燃成分的吸水率要大。

吸水率与烧结温度有关，经重庆市某页岩砖厂试验测定，结果如表1-7所示。

烧结温度与砖的吸水率关系   表1-7

烧结温度（℃）	900	925	950	975	1000	1025	1050
砖的吸水率（%）	20.80	20.25	19.65	18.80	16.80	13.50	9.50

1.24 什么是材料的吸湿性？

吸湿性是材料在空气中吸收水分的性质。

材料中水分的多少可用含水率表示，等于材料吸入水分质量占干燥时质量的百分率。一般来说，开口、孔隙率较大的亲水性材料具有较强的吸湿性。

材料的含水率为：

$$W_含 = \frac{m_含 - m_干}{m_干} \times 100\%$$

式中　$W_含$——材料的含水率（%）；

　　　$m_含$——材料含水时的质量（g 或 kg）；

　　　$m_干$——材料干燥时的质量（g 或 kg）。

材料的含水率受环境条件的影响，它随温度和湿度的变化而变化。材料含水后，不但质量增加，而且强度降低，抗冻性变差，有时还会发生明显的体积膨胀，使材料变形。材料中含水对材料的性质往往是不利的。

在湿空气的作用下，烧结砖能够很快地吸附并达到平衡湿度，吸湿后也不像其他材料那样，使力学等性能急剧下降；而且，当环境湿度变化时，可迅速干燥蒸发而放湿。借助于烧结砖对湿气的这种"呼吸"作用，可以暂时调节房间空气的含湿量，从而改善室内湿环境状况。

1.25 材料的吸水率和孔隙构造是什么关系？

如果材料具有细微而与外界连通的孔隙，则其吸水率较大。若是封闭孔隙，水分不容易渗入。粗大而与外界连通的孔隙水分虽然容易渗入，但仅能润湿孔壁表面，而不易在孔内存留。故封闭或粗大而与外界连通的孔隙材料，其吸水率较低。一般塑性挤出成型的烧结砖与外界连通的孔隙（亦称开气孔）率为23%～27%，封闭孔隙（亦称闭气孔）率为5%～9%。

普通砖的吸水率应不低于8%，也不高于20%。吸水率降低到8%以下会大大提高砖的导热系数；过高的吸水率会使其强度降低，同时也可能是欠火砖。

1.26 什么是饱和系数？

在室温状态下被水饱和时材料的吸水量（24h 吸水）同沸腾状态下被水饱和时材料的吸水量（5h 吸水）之比，称饱和系数。按下式计算：

$$K_s = \frac{W_{s24} - W_d}{W_{b5} - W_d}$$

式中　K_s——饱和系数；

　　　W_{s24}——材料在室温下被水浸泡24h后的湿质量（kg）；

　　　W_d——材料的干质量（kg）；

　　　W_{b5}——材料在沸水中浸泡5h后的湿质量。

饱和系数的物理意义是容易被水充满的孔隙与总的可充满孔隙的比值。如果总孔隙中仅仅有一部分被水占据，就有余地使湿膨胀或冻结膨胀发展而不会使材料破坏。材料在过量湿作用后，如果其中被水充满的孔隙不超过总孔隙的80%，余下的孔隙将能消除由于湿膨胀或冻结膨胀而产生的压力。因而，可以认为饱和系数为0.8是一个界限值。饱和系数小，说明材料较致密，耐久性好；饱和系数大，说明材料"不成熟"，耐久性差。优质砖的饱和系数都小。

1.27　什么是渗透性？

烧结砖瓦中有许多贯穿孔洞，流体（气体或液体）容易穿过这些孔洞，这种性能称为渗透性或贯穿性，用渗透性系数表示。

渗透性系数是黏度为0.1Pa·s的流体，在一定压力差（10Pa）下，单位时间（1s）内，经单位面积（1cm²）穿过材料单位厚度（1cm）的数量（cm³）。

渗透性可分为渗水性和透气性两类指标。对于内墙来说，希望透气性能好些，通常透气性系数为0.35左右。但对于砖、瓦来说，不希望渗水性能好，渗水性能好的砖、瓦会降低使用质量。材料的孔隙率越高，渗透性系数越大。

1.28　什么是材料的耐水性？

材料在水的作用下，不破坏，其强度也不显著降低的性质称为材料的耐水性。

材料含有水分时，由于内部微粒间结合力减弱而强度有所降低，即使致密的材料也会受到影响。若材料中含某些易被水软化的物质（如黏土等），遇水后强度降低就更严重。

材料的耐水性可用软化系数K表示。

$$K = \frac{f_w}{f} \times 100\%$$

式中　K——材料的软化系数；

　　　f_w——材料在吸水饱和状态下的抗压强度（MPa）；

　　　f——材料在干燥状态下的抗压强度（MPa）。

软化系数的范围在0~1之间，软化系数小，材料吸水饱和后强度降低多，耐水性差。经常处于潮湿环境中的重要建筑物或部位，必须选用软化系数不低于0.85~0.90的材料。用于受潮较轻或次要的建筑物，其材料的软化系数也不宜小于0.70~0.85。

上海市由于地下水位较高，为了确保工程质量，在有些建筑物的基础部分（±0.000）以下仍用耐水性好的实心砖砌筑。不采用空心砖的理由是孔洞内充满水后，循环结冰冻胀，对砖不利。

1.29　什么是比表面积？

比表面积是指单位质量物料所具有的总表面积。常用的单位为cm²/g或m²/g。物质的分散度越高或内部细孔越多，比表面积就越大。

1.30 什么是原料土的松散系数?

原料土松动体积（虚方）与原料土在天然密实状态下的体积比值，是反映松散程度的系数，用下式表示：

$$K = V_2/V_1$$

式中　K——松散系数；

　　　V_2——原料土松动体积（m^3）；

　　　V_1——原料土在天然密实状态下的体积（m^3）。

1.31 什么是导热系数?

导热系数（亦称热导率）是衡量物质导热能力的物理量，它是指厚度为1m的材料，当其两侧温度差为1℃时，单位时间内在单位面积上所传递的热量。导热系数可用下式表示：

$$\lambda = \frac{Q\delta}{At(t_1 - t_2)}$$

式中　λ——导热系数〔W/（m·K）〕；

　　　Q——通过材料的热量（J）；

　　　δ——材料的厚度（m）；

　　t_1、t_2——材料两侧的表面温度（℃），$t_1 > t_2$；

　　　A——材料的表面积（m^2）；

　　　t——热量通过材料的时间（h）。

导热系数的单位是：W/（m·K）。

符号含义：W——热负荷（瓦特），m——长度（m），K——温度（开尔文）。

导热系数小于0.23W/（m·K）的材料称为绝热材料；导热系数小于0.05W/（m·K）的材料称为高效保温材料。

几种材料的导热系数如表1-8所示。

几种材料的导热系数　　　　　　　　　　　　　　　　表1-8

材料名称	导热系数〔W/（m·K）〕	材料名称	导热系数〔W/（m·K）〕
普通烧结砖	0.81	松木	0.17 ~ 0.35
烧结多孔砖（矩形孔）	0.469（当量）（孔洞率26%）	烧结空心砖（3大孔）	0.59（当量）（孔洞率47%）
素混凝土	1.28 ~ 1.51	钢材	58.15
泡沫混凝土	0.19 ~ 0.22	普通水泥砂浆	1.1
花岗石	3.49	水（4℃）	0.58
膨胀蛭石	0.1 ~ 0.14	冰	2.3
膨胀珍珠岩	0.06 ~ 0.07	密闭的空气	0.023

由表1-8可见，水和冰的导热系数分别约为空气的25倍和100倍，而冰的导热系数约为水的4倍。

烧结砖、砌块的特点是内部具有较多的孔隙，热量通过材料实体和孔隙两部分进行传递。通过实体的部分是靠固体的传导，而通过孔隙的部分是以辐射和其中介质的传导、对流的复杂方式进行的。因此各种材料的导热系数相差很大，而同一种材料还受结构、湿度、温度等因素的影响。

结构对材料的导热系数影响很大，若结构疏松多孔，则孔隙被气体所充满，气体导热系数远较固体为小，从而降低了导热系数。但是必须注意，细小且封闭的孔隙，才不会引起明显的对流作用，而粗大且连通的孔隙，会因介质对流作用增强，反而使材料的导热能力提高。

材料潮湿其导热系数将会提高，这不仅是因为孔隙中水的导热系数比空气导热系数大，而且因为当水分由高温向低温迁移时也要携带热量，因此湿材料的导热系数比干材料和水的导热系数都要大。例如，干实心砖的 $\lambda = 0.81\mathrm{W/(m \cdot K)}$；水的 $\lambda = 0.58\mathrm{W/(m \cdot K)}$；而湿实心砖的 $\lambda = 1.0\mathrm{W/(m \cdot K)}$。在空气相对湿度为80%时，砖的体积吸水量约为0.5%，导热系数约增加5%。西欧著名的"波罗顿"砖，最先进的导热系数仅为 $0.08 \sim 0.12\mathrm{W/(m \cdot K)}$。

应该说明的是，由于受成型方法的局限（挤出成型产生了特有的方向性），烧结制品是不匀质的，是各向异性的，这种各向异性表现为多种性能的差异。拿抗压强度来讲，垂直于挤出方向仅为挤出方向的70%左右。

各向异性对其导热系数也产生了一定的影响。如在烧结多孔（空心）制品中，既有微观的空隙又有宏观的孔洞，比实心制品复杂。为简化计，采用了"当量导热系数"这个名词，当量导热系数除考虑孔隙和孔洞类型的影响外，是将热流方向上的材料视作完全匀质的。因为烧结多孔砖或空心砖的各向异性，在测定其导热系数时，首先测定出平行热流方向的导热系数，再测定出垂直热流方向的导热系数，最后取其平均值作为多孔砖或空心砖的当量导热系数。在计算或测量制品的热阻时，使用的是当量导热系数。

通常导热系数给出的是在10℃时的数值。在20℃时，烧结砖的导热系数约增加1%。超过600℃后，由于辐射作用而使导热系数有相当大的增加。

1.32 什么是保温系数？

保温系数用符号 R 表示。它是导热系数的倒数。

隔热材料又称保温材料，分为多孔材料和热反射材料两大类。前者利用材料本身所含的孔隙隔热，因为孔隙内的空气或惰性气体的导热系数很低；后者材料具有很高的反射系数，能将热量反射出去。

隔热材料通常指的是导热系数（热导率）小于 $0.23\mathrm{W/(m \cdot K)}$，主要用于防止窑炉、设备热量散失的砌筑或包覆材料。

对砖瓦窑炉来说，隔热材料不仅具有节约能耗的经济意义，而且对于保证烧成制品质量、降低窑炉外壁温度和改善操作环境具有重要意义。

1.33 什么是热阻？

所谓热阻是将导热系数的公式改写成下式：

$$Q = \lambda \frac{At(t_1 - t_2)}{\delta}$$

由该式可以看出，λ/δ 决定了材料在一定的表面温差下，单位时间内通过单位面积热量的大小，于是我们将 λ/δ 的倒数 δ/λ 称为该材料的热阻，用 R 来表示。

$$R = \frac{\delta}{\lambda}$$

式中　　λ——墙体材料的导热系数 [W/(m·K)]；

　　　　δ——墙体的厚度（m）。

其物理意义是：当墙体两侧的温差为 1℃，在 $1m^2$ 的墙体面积上，传出 4.18kJ（1kcal）的热量所需的时间（h），热阻又称热绝缘系数，单位是"$m^2 \cdot K/W$"。

热阻是墙体保温性能的特征值，是衡量其保温性能的主要指标，是传热阻力的一种体现，热阻越大，传出墙体相同热量所需要的时间就越长，当然保温的效果就越好。

热阻的倒数 λ/δ 称为传热系数，用符号 K 表示，即：

$$K = \frac{1}{R} \qquad [W/(m^2 \cdot K)]$$

1.34　什么是升华?

升华是固态（结晶）物质不经过液态而直接转变为气态的现象。升华时吸收热量，不同的物质在不同的温度升华。例如，冰在低温时会升华，硫在加热时会升华。

单位质量的固体直接转变为气体时所需的热量与温度、压力等有关。例如，冰在0℃时的升华热是2834J/g（678cal/g）。

1.35　常用的隔热保温材料的主要性能有哪些?

常用的隔热保温材料的主要性能如表 1-9 所示。

常用的隔热保温材料的主要性能　　　　　　　　　　表 1-9

品种名称	体积密度（kg/m³）	使用温度（℃）	常温导热系数 [W/(m·K)]
硅酸铝纤维毡	150~200	1250	0.035
矿棉毡	100~200	700	0.041
岩棉毡	100~200	700	0.030~0.041
膨胀珍珠岩	80~150	650	0.041~0.052
水泥珍珠岩	<350	650	0.058~0.081
膨胀蛭石	110~200	800	0.052~0.070

1.36　什么是材料的热容量?

材料在加热温度升高时吸收热量，冷却温度降低时放出热量。材料温度升高 1K 所需的热量或温度降低 1K 所放出的热量，称为材料的热容量。质量为 1kg 材料的热容量称为材料的比热容（亦称比热）。

材料在加热（或冷却）时吸收（或放出）的热量可用下式表示：

$$Q = c \cdot m(T_2 - T_1)$$

式中　　Q——材料吸收（或放出）的热量（J）；

　　　　c——材料比热容 [J/(kg·K)]；

m——材料的质量（kg）；

$(T_2 - T_1)$——材料受热（或冷却）前后的温度差（K）。

对于同一种物质热容量大小又与加热时的条件，如温度的高低、压强和体积变化的情况有关。例如水从14.5℃加热到15.5℃时的热容量为4.18J/（g·℃）［1cal/（g·℃）］，而在其他温度时的热容量不是这个数值。但是水的热容量在不同温度时的差别很小。任何其他物质在温度变化时，它们的热容量数值也都有些变化，通常所采用的是平均值。气体在加热时体积保持恒定和压强保持恒定的热容量就不相同（分别称为定容热容量和定压热容量）。而对固体和液体，则因两者的差别很小，不再加以区别。此外，同一种物质在不同物态下，热容量也不同。例如水的热容量为4.18J/（g·℃）［1cal/（g·℃）］，而冰则为2.09J/（g·℃）［0.5cal/（g·℃）］。空气在标准状态下的热容量为0.311×4.18KJ/（N·m³·℃）或0.241×4.18KJ/（kg·℃）（空气的体积密度为1.293kg/Nm³）。

采用热容量较大的材料作为墙体或屋面等围护结构材料对保持室内温度的稳定有很大的意义。

1.37 什么是导温系数？

导温系数又称热扩散系数。表示物体在加热或冷却时，各部分温度趋于一致的能力，即温度的传递能力。材料在不稳定热作用下，内部温度变化的速度与材料的导热系数 λ 成正比，与热容量 C 成反比。即导温系数 $\alpha = \dfrac{\lambda}{C}$（m²/h）。$\alpha$ 值越大，表明温度变化速度越快。

1.38 什么是热当量？

实际燃料的发热量与标准燃料的发热量比值称为热当量。某种燃料的消耗量乘以它的热当量等于标准燃料消耗量。

1.39 什么是蓄热系数？

当某一足够厚的单一材料层一侧受到谐波（正弦波或余弦波）热作用时，表面温度将按同一周期波动。通过表面的热流波幅 A_q 与表面温度波幅 A_τ 的比值，叫作材料的蓄热系数，即蓄热系数 $S = \dfrac{A_q}{A_\tau}$［W/（m²·K）］。在同一周期的波动热流作用下，材料的 S 值越大，表面温度波动越小，材料的热稳定性越好。因此蓄热系数可理解为材料表面对谐波作用敏感程度的指标。一般来说，重质的、导热系数大的材料，S 值大（例如，花岗石 $S_{24} = 21.9$，混凝土 $S_{24} = 11.2$）；轻质的、导热系数小的材料，S 值小（例如，玻璃棉 $S_{24} = 0.72$）。

1.40 什么是换热系数？

流体与固体之间的换热能力。比如说，物体表面与附近空气温差为1K，单位时间单位面积上通过对流与附近空气交换的热量。单位为 W/（m²·K）。表面对流换热系数的数值与换热过程中流体的物理性质，换热表面的形状、部位，表面与流体之间的温差以及流体的流速等都有密切关系。对流换热系数也称对流传热系数，其基本计算公式由牛顿于1701年提出，又称牛顿冷却定律。牛顿指出，流体与固体壁面之间对流传热的热量与它们的温度差成正比，即：

$$q = h(t_{固} - t_{流})$$

$$Q = h \cdot A(t_{固} - t_{流})$$

式中　q——单位面积的固体表面与流体之间在单位时间内的交换热量，称作热流密度，W/m^2；

　　$t_{固}$，$t_{流}$——分别为固体表面和流体的温度，K；

　　　　A——固体表面积，m^2；

　　　　Q——固体表面积上的传热热量，W；

　　　　h——表面对流换热系数，W/(m^2·K)；

对流换热系数的大致量级：空气自然对流，5～25，气体强制对流，20～100，水的自然对流，200～1000，水的强制对流，1000～1500，油的强制对流50～1500，水蒸气的冷凝5000～15000，水的沸腾2500～25000。

1.41　什么是热惰性指标?

表征围护结构对温度波衰减快慢程度的无量纲指标。其值等于材料层热阻与蓄热系数的乘积。

1.42　什么是标准状态?

标准状态是温度为0℃和大气压为1个标准大气压（即101325Pa，或760mmHg，或10332mmH$_2$O）的状态。

所谓标准大气压是指纬度为45°海平面常年平均的大气压，又称物理大气压，为一恒量。

空气在标准状态的体积密度为1.293kg/(N·m^3)；烟气在标准状态下的体积密度为1.300kg/(N·m^3)。

1.43　什么是物体的质量和重力?

质量：物体所含物质的多少叫作质量。

重力：地球上的一切物体都受地球的吸引力作用，这种由于地球的吸引力而使物体受到的力叫作重力。重力不但有大小，而且有方向。重力的方向是和地面垂直的，即竖直向下。规定：质量为1kg的物体在纬度45°的海平面上，它的重量是1kg。

质量是没有方向性的。物体质量的大小不随位置的改变而改变，是个恒量。重量是有方向性的。重量随物体在地球上位置的改变而改变，重量与纬度有关，纬度越高，重量越大。重量还与高度有关，高度越大，重量越小。

重量是质量的习惯叫法。国务院在1984年2月27日发布的《在我国统一实行法定计量单位的命令》附件中指明：在物理量中不再出现重量。这样有利于科学技术的交流和国际贸易的交往。

1.44　什么是质量守恒定律?

参加化学反应的各物质的质量总和等于反应后生成的各物质的质量总和，这个规律叫质量守恒定律。

1.45 什么是能量守恒定律?

能量不会消灭,也不会创生,它只能从一种形式转化成另一种形式,或者从一个物体转移到另一个物体,而能量的总和保持不变。

1.46 什么是当量直径?

当量直径是将非圆形截面当作圆形截面时的直径。在流体流动的计算公式中,常常用到管道直径。对于非圆形截面的管道或炉体,则采用当量直径 D_e,仍可应用有关圆管公式计算。当量直径:

$$D_e = 4R_e = 4\frac{F}{h}$$

式中 R_e 称水力半径(它是流体流动的截面积 F 与流体浸润周边 h 的比值)。

例1:长方形截面的长边为 2m,短边为 1m,则

$$D_e = 4R_e = 4 \times \frac{2m \times 1m}{2m + 2m + 1m + 1m} = \frac{8m^2}{6m} = 1.33m$$

例2:A 孔洞是正方形,边长为 0.4m,则其面积为 $0.4m \times 0.4m = 0.16m^2$,它的当量直径 $D_e = 4 \times \frac{0.4m \times 0.4m}{0.4m + 0.4m + 0.4m + 0.4m} = 4 \times \frac{0.16m^2}{1.6m} = 0.4m$;

B 孔洞是长方形,长边为 0.8m,短边为 0.2m,则其面积为 $0.8m \times 0.2m = 0.16m^2$,和 A 孔洞相同。

它的当量直径 $D_e = 4 \times \frac{0.8m \times 0.2m}{0.8m + 0.8m + 0.2m + 0.2m} = 4 \times \frac{0.16m^2}{2.0m} = 0.32m$,比 A 孔洞当量直径小,仅为 A 的 $\frac{0.32m}{0.4m} \times 100\% = 80\%$。

1.47 什么是理想气体状态方程?

所谓理想气体是没有黏性的气体,也就是没有能量损失,没有因摩擦而转变为热能。

一定质量的理想气体,其压强和体积的乘积与热力学温度的比值是一个常数。即:

$$\frac{P_1 V_1}{T_1} = \frac{P_2 V_2}{T_2} = \frac{P_3 V_3}{T_3} = \cdots = 常数$$

上述公式中的常数决定于气体的摩尔数;各种气体在压强不太大、温度不太低的情况下,近似地遵循理想气体状态方程;在应用理想气体状态方程解题时,要注意统一单位。

例:将 V_0 为 $10000m^3$,T_0 为 0℃的空气送入加热器中加热,当空气在标准状态下的密度 ρ_0 为 $1.293kg/Nm^3$ 时,求空气加热全 T_t 为 1000℃时的体积 V_t 和密度 ρ_t。

解:$\frac{P_0 V_0}{T_0} = \frac{P_t V_t}{T_t}$ $V_t = V_0 \frac{T_t}{T_0} = 10000 \times \frac{1273}{273} = 46630 (m^3)$

$\frac{\rho_t}{\rho_0} = \frac{T_0}{T_t}$ $\rho_t = \rho_0 \times \frac{T_0}{T_t} = 1.293 \times \frac{273}{1273} = 0.2773 (kg/m^3)$

1.48 气体运动的能量来自哪里?

气体在窑内稳定流动时,具有位能、压力能、动能和阻力损失四种能量,通常称为几何

压头、静压头、动压头和阻力损失压头。这几种压头有的可互相转换，其转换规律是：几何压头和静压头可互相转换；静压头和动压头可互相转换；动压头可转换为阻力损失压头，这是不可逆的。即：

$$h_几 \Longleftrightarrow h_静（可逆）$$
$$h_静 \Longleftrightarrow h_动（可逆）$$
$$h_动 \longrightarrow h_失（不可逆）$$

压头之间的转换结果，其总和是不变的。压头的单位可用 Pa 表示。

（1）几何压头

当某处气体的密度和周围气体的密度不同时，该处气体就有一个上升（其密度小于周围气体密度时）或下降（其密度大于周围气体密度时）的力，此时该气体就具有了几何压头。这个上升或下降力的大小等于其排开周围气体的质量减去其本身的质量。几何压头是指某一水平面下某点对该平面来说的。它的大小可用下式求得：

$$P_几 = H(\gamma_0 - \gamma_t) \cdot 9.8$$

式中　$P_几$——几何压头（Pa）；

　　　H——气体高度（m）；

　　　γ_0——温度为 0℃ 时气体的密度（kg/m³）；

　　　γ_t——温度为 t℃ 时气体的密度（kg/m³）；

　　　9.8——1kgf/m² 等于 9.8Pa。

几何压头是用计算方法求得的。

（2）静压头

窑（或管道）内气体压力与窑（或管道）外大气压力之差叫静压头。当窑（或管道）内气体压力大于大气压力时叫作正压；当窑（或管道）内气体压力小于大气压力时叫作负压，负压就是通常所讲的抽力；当窑（或管道）内外压力相等时为零压。

静压是没有方向的。

在自然流动中，静压头是由几何压头转变来的，在强制流动中，静压头是由通风机产生的。

静压头是使气体发生运动能力大小的指标。其大小可以用 U 型压力计直接测定。

（3）动压头

由于气体的运动而具有的压力叫作动压头。静止的气体是没有动压头的。气体运动的速度越快、密度越大，则具有的动压头也越大。动压头是气体动能大小的量度。其大小可由下式求得：

$$P_动 = \frac{\gamma_t \cdot W^2}{2g} \cdot 9.8$$

式中　$P_动$——动压头（Pa）；

　　　W——气体运动的速度（m/s）；

　　　γ_t——温度为 t℃ 时气体的密度（kg/m³）；

　　　g——重力加速度（9.81m/s²）；

　　　9.8——1kgf/m² 等于 9.8Pa。

（4）阻力损失压头

为气体运动消耗在各种阻力上损失的压头。压头损失消耗气体的动能。

1.49 什么是伯努利方程式?

理想流体稳定流动时,在体积密度不变的条件下,管道任一横断面上的几何压头(位压头)、静压头、动压头(速度压头)之和是恒定的常数,即:

$$H + \frac{P}{\gamma} + \frac{W^2}{2g} = 常数$$

称为伯努利方程式。

其中,几何压头 H 为流体中的任一点到某一给定基准面的垂直距离;静压头中的 P 为单位面积上的压力、γ 为流体单位体积的质量;动压头中的 W 和 g 分别为流体的流速和重力加速度。

实际流体流动时,皆有摩擦阻力损失,其损失以 $h_失$ 表示,因而伯努利方程式可表达为:

$$H + \frac{P}{\gamma} + \frac{W^2}{2g} + h_失 = 常数$$

气体在干燥室和焙烧窑内流动过程中,大部分能量消耗在各种阻力上。

在窑内流动的气体不是"理想流体",故流动时有因摩擦力而产生的能量损失。

对于管道 1—1 截面的流体流到 2—2 截面时,方程式可为:

$$H_1 + \frac{P_1}{\gamma} + \frac{W_1^2}{2g} = H_2 + \frac{P_2}{\gamma} + \frac{W_2^2}{2g} + \frac{h_{失1-2}}{\gamma}$$

上面的方程式形式在气体力学计算中颇感不便,因而需要改变形式,将其乘以体积密度 γ,则得:

$$H_1\gamma + P_1 + \frac{W_1^2}{2g}\gamma = H_2\gamma + P_2 + \frac{W_2^2}{2g}\gamma + h_{失1-2}$$

对于管道外空气而言,可认为是静止的,即 $W = 0$。故其相应截面上的伯努利方程式为:

$$H_1\gamma_空 + P_{空1} = H_2\gamma_空 + P_{空2}$$

上两式相减,则得:

$$H_1(\gamma - \gamma_空) + (P_1 - P_{空1}) + \frac{W_1^2}{2g}\gamma = H_2(\gamma - \gamma_空) + (P_2 - P_{空2}) + \frac{W_2^2}{\gamma} + h_{失1-2}$$

式中　γ 和 $\gamma_空$——管道中热气体和外界空气的体积密度(kg/m³);

　　　H_1 和 H_2——1—1 截面和 2—2 截面所处的几何高度(m);

　　　P_1 和 P_2——1—1 截面和 2—2 截面处管道中热气体的绝对静压力(Pa);

　　　$P_{空1}$ 和 $P_{空2}$——1—1 截面和 2—2 截面处管道外空气的绝对静压力(Pa);

　　　W_1 和 W_2——1—1 截面和 2—2 截面处管道中热气体的流速(m/s);

　　　$h_{失1-2}$——从 1—1 截面到 2—2 截面热气体的阻力损失。

对窑炉这个热工设备而言,皆为 $\gamma < \gamma_空$,为了方便,将基准面取在上面,故 $H(\gamma - \gamma_空)$ 应表示为 $-H(\gamma - \gamma_空) = H(\gamma_空 - \gamma)$。这样可得出下式:

$$H_1(\gamma_空 - \gamma) + (P_1 - P_{空1}) + \frac{W_1^2}{2g}\gamma = H_2(\gamma_空 - \gamma) + (P_2 - P) + \frac{W_2^2}{2g}\gamma + h_{失1-2}$$

式中,$H(\gamma_空 - \gamma)$ 称为剩余几何压头,通常就称为几何压头,以 $h_几$ 表示。$(P - P_空)$

称为剩余静压头，习惯称为静压头，以 $h_{静}$ 表示。$\dfrac{W^2}{2g}\gamma$ 称为动压头或速度压头，以 $h_{动}$ 表示。方程式可写为：

$$h_{几1} + h_{静1} + h_{动1} = h_{几2} + h_{静2} + h_{动2} + h_{失1-2}$$

或简写为：

$$h_{几} + h_{静} + h_{动} + h_{失} = 常数$$

压头是能量，不是压强。压头单位是 J/m^3，即每 $1m^3$ 气体带有的能量。$h_{失}$ 是每 $1m^3$ 气体流动时的能量损失。

伯努利方程式实质上是能量守恒定律在流体流动上的应用。

伯努利方程式应用的条件是：

（1）流动属于稳定流动；

（2）流体的体积密度不变；

（3）流动为单向流动。

1.50 烟囱为什么会产生抽力?

由于烟囱有一定的高度（高烟囱一般用于轮窑），里面又有热烟气，热烟气的密度比外界冷空气小而产生压力差。在这种压力差的作用下，使热烟气从烟囱底部上升至出口后再排入大气中。热烟气排入大气后，烟囱里面空出的位置就被窑内流来的热烟气所占据，而窑内空出的位置又被窑门进入的冷空气所补充。这样，烟囱不断排烟，窑门也不断进风，窑就能连续进行生产。总之，烟囱的作用是把窑内热烟气抽走，使外界的冷空气由窑门进入窑内进行补充，这就是烟囱产生的抽力。

烟囱抽力的大小，主要由烟囱的高度、冷空气和热烟气的密度差所决定：

$$h_{抽} = H(\gamma_{空} - \gamma_{烟}) \cdot 9.8$$

式中　$h_{抽}$——烟囱的抽力（Pa）；

　　　　H——烟囱的高度（m）；

　　　　$\gamma_{空}$——外界冷空气的密度（kg/m^3）；

　　　　$\gamma_{烟}$——烟囱里面热烟气的密度（kg/m^3）；

　　　　9.8——$1mmH_2O$ 等于 $9.8Pa$。

上式算得的抽力是最大抽力。实际上烟囱的抽力还应减去气体在烟囱中流动的摩擦阻力损失和以一定速度冒出而损失的一部分动压头，则这部分抽力为烟囱的有效抽力：

$$h'_{抽} = \left[H(\gamma_{空} - \gamma_{烟}) - h^{囱}_{摩} - h^{囱}_{动} \right] \cdot 9.8$$

$$= \left[H(\gamma_{空} - \gamma_{烟}) - \lambda \frac{W^2_{烟}}{2g}\gamma_{烟}\frac{H}{d_{烟}} - \frac{W^2_{烟}}{2g}\gamma_{烟} \right] \cdot 9.8$$

或 $h'_{抽} = (1.1 \sim 1.3)h^{窑}_{阻} \cdot 9.8$

式中　$h'_{抽}$——烟囱的有效抽力（Pa）；

　　　　H——烟囱的高度（m）；

　　　　$\gamma_{空}$——外界冷空气的密度（kg/m^3）；

　　　　$\gamma_{烟}$——烟囱里面热烟气的密度（kg/m^3）；

　　　　λ——烟囱的摩擦阻力系数；

$W_{烟}$——烟气的运动速度（m/s）；

$h_{摩}^{烟}$——烟囱的摩擦阻力（mmH_2O）。

$d_{囱}$——烟囱的内直径（可近似采用上口径计算）（m）；

g——重力加速度（9.81m/s^2）；

$h_{阻}^{窑}$——窑内零压面开始至烟囱底的全部阻力（mmH_2O）；

$h_{动}^{囱}$——一定速度冒出而损失的动压头$\left(近似等于\dfrac{W_{烟}^2}{2g}\gamma_{烟}\right)$（$mmH_2O$）；

9.8——$1mmH_2O$ 等于 9.8Pa。

烟囱抽力的大小由下列三个因素决定：

（1）抽力随烟囱高度的增加而增加，高度每增加 1m 可使烟囱底部增加 5～7Pa 的负压。但是必须指出：如果已经建成的烟囱抽力不足而盲目将其接高，接高后上口直径过小，会导致：①烟气在烟囱里流速加快，动能消耗增大；②由于烟气在烟囱里流程延长，摩擦阻力也相应增大。鉴于上述两种情况，增高烟囱所增加的抽力将有一部分用于抵消增大的动能消耗和增大的摩擦阻力。故有的厂家增高烟囱的效果并不理想。

（2）烟囱抽力随着烟气温度的增高和大气温度的降低而增加。冬天烟囱抽力比夏天增加 15%～30%；夜间抽力比白天大；随着烟气温度的增高，抽力亦增大，故轮窑点火时，烟囱抽力不足，往往采取提闸烧哈风洞的办法，以提高烟气温度，加大烟囱抽力。

（3）烟囱抽力随着烟囱内烟气流速的增大而减小。烟气流速越快，抽力越小。因为烟气流速加快时，动能消耗和摩擦阻力将随之加大。烟囱排烟速度一般为 2～4m/s，最高不大于 8m/s。如果小于 2m/s，则有外界冷空气由上口倒灌入烟囱的危险；如果大于 8m/s，阻力损失过大，使抽力明显减小。而机械排烟的速度可达 8～15m/s。

烟囱应有一定的高度，使其具有一定的负压，能克服从窑内零压面开始至烟囱底的所有阻力并保持一定的气体流速。一般高度为 45～60m，上口直径为 1.2～2.0m，下口直径约为上口直径的 1.5 倍。烟囱底部负压为 −250Pa 左右。

虽然烟囱一次基建投资大，抽力受气候影响，但维修费用少，不消耗动力，不受停电影响，工作可靠，经久耐用（砖烟囱可用 40～50 年），生产成本低。轮窑多数采用烟囱自然排烟，即使利用余热干燥坯体，由于轮窑进外界冷风的门较多，抽余热风机几乎不与烟囱抢风，故风机对烟囱抽力无明显影响；而隧道窑的情况不同，其窑道长、阻力大，窑车面的上下漏气较多，故仅用烟囱自然排烟困难较大，尤其是利用余热干燥坯体时，由于隧道窑进外界冷风的门只有一个，抽余热风机与烟囱抢风厉害，使烟囱难以发挥作用，甚至还有从烟囱上口倒灌冷风的可能。故一般多采用机械排烟。即使机械排烟，往往还兼设一个不太高的烟囱（高 15～20m），其作用有二：其一是作停电保火用；其二是使烟气向高空散发，以满足卫生条件要求。但这种烟囱直径不宜太小，以免阻力过大，增加排烟风机负担。

几个窑合用一个烟囱时，应按阻力最大的一个计算，不应按所有窑阻力的总和计算。

烟囱有砖的、钢的和钢筋混凝土的。钢烟囱虽造价低，但易腐蚀；钢筋混凝土烟囱造价昂贵。砖瓦厂大多采用造价不高、经久耐用的砖烟囱。

砖烟囱每升高 1m 温度降低 1～1.5℃；钢烟囱每升高 1m 温度降低 3～4℃。

1.51 什么是克拉珀龙方程？

质量为 m 的理想气体，其压强体积和热力学温度满足的关系式：

$$\frac{PV}{T} = \frac{m}{M}R$$

式中，摩尔气体恒量 $R = 8.31\text{J}/(\text{mol} \cdot \text{K})$，$M$ 是气体的摩尔质量。只要温度不太低，压强不太大，这个方程对一切气体都适用。若气体的摩尔数为 n，克拉珀龙方程还可写成：

$$PV = nRT$$

1.52 什么是阿基米德定律？阿基米德定律如何应用于窑内气体？

阿基米德定律可表述如下：浸在液体内的物体受到向上的浮力，浮力的大小等于物体排开液体的质量。

阿基米德定律应用于窑外气体时，可以得出：浸在气体内的物体受到向上的浮力，浮力的大小等于物体排开气体的质量。但由于气体的密度比固体小得多，因此浮力的影响一般可以不计。

阿基米德定律应用于窑内高温气体时，由于窑内高温气体的密度（ρ_a）比周围大气的密度（ρ）小，大气对窑内高温气体的浮力的大小为：$F_{浮} = (\rho - \rho_a) \cdot V_{排} \cdot g$，方向向上。

式中　$F_{浮}$——向上浮力（N）；

　　　ρ——大气的密度（kg/m³）；

　　　ρ_a——高温气体的密度（kg/m³）；

　　　$V_{排}$——排开大气的体积（m³）；

　　　g——9.8（N/kg）。

1.53 流体为什么会具有黏性？衡量黏性大小的单位是什么？

流体具有黏性的原因：（1）流体分子之间存在有内聚力，阻碍流体的变形；（2）由于流体分子的热运动，使作相对运动的相邻流体层之间有流体分子相互掺混，因此产生动量交换，结果表现为阻碍相邻流体层作相对滑动的阻力，又称内摩擦力。总之，分子间的内聚力和分子热运动是流体具有黏性的根本原因。

衡量黏性大小的物理量是动力黏滞系数（动力黏度或黏度）和恩氏黏度。动力黏滞系数（黏度 μ）的物理意义是在垂直于流体流动方向的速度变化率为 1 时，流层单位接触面积上作用的黏滞阻力（内摩擦力）。黏度 μ 的国际制单位是帕·秒（Pa·s）。其意义是在相距 1m 且相互平行的流层中，在与流动垂直的方向上的速度差为 1m/s 时，每 1m² 流层面积受到的黏滞阻力为 1Pa。

在同温度下，流体的动力黏度与密度的比值，称为运动黏度，常用符号 ν 表示，即：

$$\nu = \mu / \rho$$

ν 在国际单位制中的单位是 m²/s。

恩氏黏度属于条件黏度的一种，用符号 °E 表示，是取 200mL 试验液体，在测定温度下，从恩格拉黏度计流出所用的时间（s）与同体积的蒸馏水在 20℃ 时从恩格拉黏度计流出所用的时间比值。

1.54 什么是绝对压力？什么是表压力？

以绝对真空作为零点的压力，称绝对压力。

$$绝对压力 = 大气压 + 表压力$$

或

$$绝对压力 = 大气压 - 真空度$$

表压力又称相对压力，是以大气压作为零点的压力。通常测压表的零点为大气压力，因此测压表所读得的压力为表压力。当流体的压力大于大气压时，称流体的压力为正压；当压力小于大气压时，称负压或真空度。

1.55 什么是真空？什么是真空度？

真空一般指不存在任何实物粒子的空间。例如，在容器内空气或其他气体充分排除即可看作真空。在理论物理学中，真空指不存在任何实物粒子，同时场的能量处于最低状态的空间。

有些真空泵把标准状态下的大气压当作0MPa，而绝对真空为-0.1MPa。

实际负压值与绝对真空的比值即为真空度，如实际负压值为-0.092MPa，而绝对真空相对于标准状态下的大气压为-0.1MPa，则：

$$真空度 = \frac{负压值}{绝对真空度} = \frac{-0.092MPa}{-0.1MPa} = 92(\%)$$

1.56 什么是热力学第一定律？

是以能量守恒和转换定律为基础的热力学基本定律。它有许多种表达方式，例如："外界传递给一个物质系统的热量等于系统的内能的增量和系统对外所作功的总和"。"一个系统在一定状态下有一定的能值，如果这个系统的状态发生变化，系统中能量的变化完全由始态和终态决定，与中间过程无关"。应用第一定律可作各种物理、化学变化中能量平衡的计算。

1.57 什么是热力学第二定律？

是关于热量或内能转变为机械能或电磁能，或者是机械能或电磁能转变为热量或内能的特殊规律。它有许多表述方式，其中之一是："不可能把热从低温物体传到高温物体而不引起其他变化"。此外还有很多说法，但本质上都是一致的。热不能自发地从低温流向高温，但能自发地从高温流向低温，也就是说自发过程是有方向性的。通过第二定律的研究，可以判断在给定条件下过程进行的方向和限度，即在什么情况下变化到达平衡。

1.58 什么是稳定传热？什么是不稳定传热？

当物体处于传热过程中，物体内部各点的温度不随时间而变化，这种传热称稳定传热。此时各点的得热和失热相等。如隧道窑生产时，其窑壁可视为稳定传热。当物体内部各点的温度随时间而变化，这种传热称不稳定传热。此时各点的得热和失热不相等。如隧道窑的窑车和轮窑的窑壁可视为不稳定传热。

1.59 什么是矿物？

在地壳中由于各种地质作用所形成的天然化合物或单质称之为矿物（mineral），例如石英（是俗称砂子中的主要成分）就是一种固体矿物。它们具有相对固定的内部构造、化学组成和物理性质，在一定物理化学条件下稳定，是组成岩石、矿石和土壤的基本单位。自然界矿物以三种形态存在：固态、液态和气态。绝大多数为固态，如方解石（$CaCO_3$）；其次为液态（如自然汞）和气态（如氦）。目前，世界上已知矿物有三千多种，工业上现利用的矿物约二百多种，其中绝大部分为地壳中所有。少数来自其他天体的单质或化合物称为宇宙矿物。由人工合成的矿物称为人造矿物。按照成因条件可分为原生矿物（primary mineral）和次生矿物（secondary mineral）。原生矿物是在内生成条件下，成岩或成矿作用过程中，从岩浆熔融体或热水溶液中结晶或沉淀出来的矿物，如花岗岩中的长石、石英；次生矿物即在原生矿物形成以后，由于经受化学变化而产生的新矿物，如正长石经风化分解所形成的高岭石。次生矿物是相对原生矿物而言。按其性质又分为金属矿物、非金属矿物、硅酸盐矿物、盐类矿物等。对烧结砖瓦产品而言，所涉及的矿物种类较多，其中最重要的矿物是硅酸盐矿物（silicate mineral）和盐类矿物（saline mineral）。

1.60 什么是硅酸盐矿物？什么是硅酸盐工业？

硅酸盐矿物是由金属阳离子与硅酸结合形成的矿物。"硅酸盐"按严格的化学概念，是指二氧化硅（SiO_2）和金属氧化物（M_xO_y，M = Na、K、Ca、Mg、Al、Fe 等）所形成的盐类。这类矿物在自然界分布极广，种类在 800 种以上，占已知矿物总数的 1/4 左右，是构成地壳岩石、土壤和许多物质的主要成分。它是火成岩、变质岩及许多沉积岩的主要造岩矿物，构成地壳总质量的 75% 左右。其组成的主要元素有：O、Si、Al、Fe、Ca、Mg、Na、K，有时为 Mn、Ti、B、Be、Zr、Li、H、F 等。以这类矿石为主要原材料，经高温处理制成的制品或材料称为硅酸盐制品（silicate products）或硅酸盐材料（silicate materials）；制造这类制品或材料的工艺过程称为硅酸盐工艺（ceramic process）；生产这类制品或材料的工业称为硅酸盐工业（silicate industry）。硅酸盐工业是无机化学工业的一个分支。传统的硅酸盐制品有陶瓷、砖瓦、玻璃、耐火材料、水泥、搪瓷等。在硅酸盐矿物中包括对烧结砖瓦产品生产和性能起决定性作用的黏土矿物（clay mineral）。对烧结砖瓦产品来说，影响最大的盐类矿物是硫酸盐和碳酸盐。

1.61 什么是破碎比？

用机械方法施加外力，克服固体物料分子间的内聚力而将其分裂的操作，称为破碎或粉碎。凡将大块物料分裂成小块，一般称为破碎；将小块物料粉碎成细粉，一般称为粉碎。根据破碎、粉碎处理后物料块度的不同，可将破碎作业大致分为五级，即：

（1）粗碎：处理后物料块度大于 100mm；

（2）中碎：处理后物料块度为 30～100mm；

（3）细碎：处理后物料块度为 1.2～30mm；

（4）粗磨：处理后物料块度为 0.1～1.2mm；

（5）细磨：处理后物料块度小于 0.1mm。

砖瓦原料可将破碎作业大致分为三级，即：

（1）粗碎：处理后物料块度为 40～80mm 的占 70% 以上；

（2）中碎：处理后物料块度为 2～40mm 的占 70% 以上；

（3）粉碎：处理后物料块度小于2mm的占70%以上。

物料在处理过程中，每经过一级破碎，都有一定程度的碎裂并变小。破碎前后物料最大直径之比，称为破碎比，即：

$$i = \frac{D_{1最大}}{D_{2最大}}$$

式中　i——破碎比；

　　$D_{1最大}$——破碎前物料最大块直径；

　　$D_{2最大}$——破碎后物料最大块直径。

物料的最大块直径，通常以能够通过95%该物料的筛孔尺寸表示。若以破碎前后物料的平均直径之比表示，则称之为"平均破碎比"。此外，也可用破碎机的允许最大进料口尺寸与最大出料口尺寸之比表示，称之为"公称破碎比"。由于入料块度小于进料口尺寸，实际上平均破碎比一般都较公称破碎比低10%~30%。

1.62　什么是pH值？

用于表示溶液的酸碱度。pH值一般在0~14之间，pH=7时是中性溶液，pH<7时是酸性溶液，pH>7时是碱性溶液。pH值越低，则溶液的酸性越强；pH值越高，则溶液的碱性越强。用酸碱指示剂可粗略地测定溶液的pH值，用pH计可以进行精确测定。

1.63　什么是标量？什么是矢量？

科学中的测量分为两大类。一类就是简单地测量数量的多少。如某窑的内拱高度为160mm，或顶车机的推力为30t，或某个角是45°。这些都是"标量"。"标量"仅仅是计数而已。

但有时，只是计数还不够，人们不仅要问有多少，还要问方向如何。例如，顶车机的30t推力推向何方。换言之，这个推力不是标量，而是"矢量"。"矢量"一词源自拉丁词"携带"的意思。"携带"的含义是：在任何矢量中都隐含着将某物从此处带至彼处的意义。

1.64　什么是摩尔？

摩尔（mol）是用来表示物质的量的国际制基本单位。1摩尔的任何物质都是含有6.02×10^{23}个分子数（等于12g ^{12}C中含有的原子数），这个数叫作阿伏加德罗常数。在标准状态下，1摩尔的任何气体所占的体积都是22.4L，这个体积叫作气体的摩尔体积。

1摩尔的硫原子含有6.02×10^{23}个硫原子，质量是32g；1摩尔的氧分子含有6.02×10^{23}个氧分子，质量是32g；1摩尔的氢氧根离子含有6.02×10^{23}个氢氧根离子，质量是17g；1摩尔的水分子含有6.02×10^{23}个水分子，质量是18g，水的摩尔质量为18g。54g的水是3个摩尔的水，所以54g水的摩尔数是3。

$$摩尔数 = \frac{物质的质量}{摩尔质量}$$

但国际制规定的基本单位：质量为kg、长度为m，导出的体积应是m^3。因此，物质的质量单位和气体的体积单位都要作换算。可得出：水蒸气的千摩尔质量为18kg，干空气的千摩尔质量为28.96kg，它们的千摩尔在标准状态下的体积是22.4m^3。

可算得在标准状态下水蒸气和干空气的体积密度：

$$\rho_{水蒸气} = \frac{18}{22.4} = 0.8036(kg/m^3)$$

$$\rho_{干空气} = \frac{28.96}{22.4} = 1.293(kg/m^3)$$

通过物质的质量、气体在标准状态下的体积，可以计算出该气体的千摩尔数：

$$千摩尔数(kmol) = \frac{物质的质量(kg)}{千摩尔质量(kg/kmol)} = \frac{气体在标准状态下的体积(m^3)}{22.4(m^3/kmol)}$$

各种气体的摩尔质量和体积密度如表1-10所示。

气体的摩尔质量和体积密度 表1-10

名称	CO_2	CO	H_2	O_2	N_2	SO_2	H_2O	空气
摩尔质量（g/摩尔）	44.01	28.06	2.010	32.00	28.02	64.07	18.02	28.96
体积密度（kg/N·m³）	1.964	1.250	0.090	1.428	1.251	2.858	0.804	1.293

1.65 什么是晶体和非晶体？

晶体是固体的一类。具有格子构造，相同质点在空间作周期性重复排列的固体。它又分为单晶体和多晶体两种。单晶体具有规则的几何外形，物理性质上具有各向异性，在某一确定的压力下都有一个确定的熔解温度——熔点。多晶体既表现不出外部的几何特征，在物理性质上也表现不出各向异性，相反在宏观上表现为各向同性。但它和单晶体一样具有晶体的本质特征：具有一定的熔点。

非晶体亦称玻璃体，是固体的另一类。它具有一定的体积和形状，但不具有规则的几何形状，物理性质表现为各向异性，没有一定的熔点，只有软化温度范围。从本质上说，非晶体是黏滞性很大的液体。

1.66 什么是熔解热？

固体分晶体和非晶体两类。晶体的熔解是在一定温度下进行的，熔解时的温度叫熔点。非晶体没有一定的熔解温度。

晶体在熔解过程中温度保持不变，但要不断地吸收热量。单位质量的某种晶体，在熔点变成同温度的液体时吸收的热量叫作这种晶体的熔解热，可用下式进行计算：

$$\lambda = \frac{Q}{m}$$

式中　λ——晶体的熔解热（J/g 或 kJ/kg）；

　　　Q——晶体在熔解过程中吸收的总热量（J 或 kJ）；

　　　m——晶体的质量（g 或 kg）。

1.67 什么是汽化热？

单位质量的某种液体变成同温度的汽时吸收的热量，叫这种液体的汽化热。可用下式进行计算：

$$L = \frac{Q}{m}$$

式中　L——液体的汽化热（J/g 或 kJ/kg）；

　　　Q——液体变成同温度的汽时吸收的热量（J 或 kJ）；

　　　m——液体的质量（g 或 kg）。

1.68　什么是热膨胀？

除少数例外，物体是热胀冷缩的。

水在 4℃ 以上时，温度升高，则体积膨胀；在 0 ~ 4℃ 时，温度升高，体积反而缩小，所以水在 4℃ 时的密度为最大。

物体热胀冷缩现象是以热膨胀系数表示的。

热膨胀系数有体积膨胀系数 β 和线膨胀系数 α。

$$\beta = \Delta V/(V \times \Delta T)$$
$$\alpha = \Delta L/(L \times \Delta T)$$

式中　ΔV——在温度变化 ΔT 时物体的体积变化（cm^3，m^3）；

　　　V——初始体积（cm^3，m^3）；

　　　ΔL——在温度变化 ΔT 时物体的长度变化（cm，m）；

　　　L——初始长度（cm，m）。

可以近似看作：所谓线膨胀系数，是单位温度改变下长度增加量与原来长度的比值。例如：

黏土质耐火砖的线膨胀系数为 $5 ~ 10^{-6}$ m/m·℃（室温）；

烧结砖瓦的线膨胀系数为 $3.8 ~ 7.0 \times 10^{-6}$ m/m·℃（0 ~ 1000℃）；

混凝土的平均线膨胀系数为 $4.5 ~ 7.5 \times 10^{-6}$ m/m·℃（0 ~ 1000℃）；

钢材的线膨胀系数为 12×10^{-6} m/m·℃（室温）。

可见，钢材的线膨胀系数略高于混凝土。钢筋混凝土在温度变化幅度不大的环境中是安全的；但用作温度变化高达几百度的隧道窑的边梁极易酥裂。

1.69　燃烧与灭火的条件有哪些？

1. 燃烧

燃烧是一种剧烈的氧化反应，在反应过程中发热发光。燃烧的条件是：

（1）必须具有可以燃烧的物质；

（2）可燃物必须与氧气或其他氧化剂充分接触；

（3）使可燃物与氧气达到可燃物燃烧时所需要的最低温度——着火点。

2. 灭火

使燃烧着的物质灭火的条件是：

（1）使可燃物与氧气脱离接触；

（2）使燃烧着的物质的温度降到该物质的着火点以下。

1.70　什么是无机物？什么是有机物？

无机物是无机化合物的简称，通常指不含碳元素的化合物。少数含碳元素的化合物，如一氧化碳、二氧化碳、碳酸盐、氰化物等也属于无机物。

有机物是有机化合物的简称，主要由氧元素、氢元素、碳元素组成。有机化合物是含碳化合物（一氧化碳、二氧化碳、碳酸、碳酸盐、金属碳化物、氰化物除外）或碳氢化合物及其衍生物的总称。一般是由动植物、煤、石油、天然气等分解出来的。

由碳元素组成的两种单质——金刚石和石墨，都是碳的同素异形体。炭、木炭、活性炭和焦炭是无定形碳，它是由石墨的微小晶体和少量杂质构成的。因此严格地说，碳只有金刚石和石墨两种同素异形体。所谓固定碳，是挥发物逸出后剩余的可燃碳质。

有机物是生命的基础。

另外，还有含硫（有机硫）有机物、含磷有机物。

1.71 什么是非金属？什么是金属？

非金属是由非金属元素组成的单质。物理性质差别较大，在许多方面与金属相反。（1）在常温下，形态不一。除溴是液态外，有的是气态，如氢、氧、氮等；有的是固态，如碳、磷、硫。（2）多数没有光泽，颜色也不一致。（3）通常没有延展性。（4）导热性差。除石墨（碳）、晶体硅、碲等少数外，一般是不良导体。（5）密度较小。固态的密度大都在2～5之间。在5以上的只有砷、碲等少数。非金属的化学性质差别也较大。惰性气体难与他种元素化合。在常温下，除磷外，都比较稳定。在高温下，大都能与氧化合而成酸性氧化物。有些非金属与金属之间很难划分界限。

金属是由金属元素组成的单质。一般具有下列性质：（1）在常温下除汞是液体外，都是固体。（2）具有金属型晶格（即由金属键结合的）。（3）具有金属光泽（反光性）而不透明，多数呈银白色。（4）多半具有延性和展性，可经滚压、锤击等处理而制成各种模型或器材。（5）有优良的导热性和导电性。（6）密度一般较大。少数密度小于5的，称作轻金属，如钠、钙、镁、铝等。多数密度大于5的，称作重金属，如金、银、铜、铁等。金属的晶体结构中，有中性原子、阳离子和自由活动的电子。金属的延性、展性、导热性和导电性等，都与自由电子的存在有关。金属的化学性质主要表现在其原子容易失去电子而形成阳离子，因而容易与非金属等化合。活泼的金属能与酸发生置换作用。最活泼的金属，如钠、钾等，还能在常温下与水作用，置换出氢。金属一般可分为黑色金属和有色金属两大类。金属与非金属之间，有时很难划分界限。有些金属如锌、铝等，往往列为半金属。有些非金属如砷、碲等，按照其化学性质，可以列为金属。

1.72 什么是轻金属？什么是重金属？

相对密度（比重）小于5的称为轻金属，如钠、钙、钾、镁、铝、钡、锶等，稀有金属中的锂、铷、铯、铍等也是轻金属。

相对密度（比重）大于5的称为重金属，如金、银、铜、铁、铅、锌、钴、镍、钼、锑、铋、锡、汞等。

1.73 什么是黑色金属？什么是有色金属？

铁Fe，铬Cr，锰Mn以及它们的合金（主要指钢铁），称之黑色金属。黑色金属实际上不是黑色的，纯净的铁和铬是银白色的，而锰是银灰色的。因为，钢铁表面常覆盖一层黑色的四氧化三铁，而锰和铬主要用于冶炼合金钢。

除黑色金属以外的所有金属都称有色金属，例如铜（紫红色）、铝（银白色）、金（黄色）等。

1.74 什么是贵金属？

包括金、银、铂、钌、钯、锇、铱、铑八种金属。由于这些金属在地壳中含量很少，分布稀散，分离和提纯较困难，价格较贵，故名为贵金属。

1.75 什么是合金？

合金是由一种金属跟其他一种或几种金属（或金属跟非金属）一起融合而成，具有金属特性的物质叫作合金，金属形成合金后会改变金属的结构和性质。很多合金的机械、物理和化学性质优于纯金属。

1.76 什么是温室效应？

温室效应就是由于大气中 CO_2 等气体含量增加，使全球气温升高的现象。

（1）大气中的 CO_2 有80%来自人和动、植物的呼吸，20%来自燃料的燃烧。散布在大气中的 CO_2 有75%被海洋、湖泊、河流等地面的水及空中降水吸收溶解于水中，还有5%的 CO_2 通过植物光合作用，转化为有机物质贮藏起来，这就是多年来 CO_2 占空气成分0.03%（体积分数）始终保持不变的原因。

（2）但近几十年来，由于人口急剧增加，工业迅猛发展，呼吸产生的 CO_2 及煤炭、石油、天然气燃烧产生的 CO_2，远远超过了过去的水平。而另一方面，由于对森林的滥砍滥伐、大量农田建成了城市和工厂，破坏了植被，减少了将 CO_2 转化为有机物的条件。再加上地表水域逐渐缩小，降水量大大降低，减少了吸收溶解 CO_2 的条件，破坏了 CO_2 生成与转化的动态平衡，就使大气中的 CO_2 含量逐渐增加。

（3）如果 CO_2 含量比现在增加一倍，全球气温将升高 3~5℃。两极地区可能升高10℃，气候将明显变暖。气温升高，将导致某些地区雨量增加，某些地区出现干旱，飓风力量增强，出现频率也将提高，自然灾害加剧。更令人担忧的是，由于气温升高，将使两极地区冰川融化，海平面升高，许多沿海城市、岛屿或低洼地区将面临海水上涨的威胁，甚至被海水吞没。

1.77 什么是流体力学？

气体和液体都具有流动性，通常总称为流体，在砖瓦生产过程中，无论是传质、传热或化学反应的进行，往往要借助于流体的流动，流体流动的状态对这些过程有很大的影响。

流体力学知识是解决流体流动时出现问题的理论。流体力学包括流体静力学，即流体在静止时的平衡规律；流体动力学，即流体流动时的基本规律。

（1）流体静力学

流体的静止是流体运动的一种特殊形式。研究流体流动问题，一般先从静止流体这个特殊形式开始。流体静力学是研究静止流体的压力（压强）、密度等变化的规律。

（2）流体动力学

流体动力学是研究流体流动的规律，并用这些规律来解决流动中的实际问题。流体动力学要研究的内容是流体在什么条件下流动；在流动过程中，压力（压强）、流速等如何变化；流体流动需要多少外功等。

1.78　什么是弹性形变？什么是塑性形变？

所谓弹性形变，是除去外力后能够恢复原状的形变。

物体的形变过大，超过一定限度，这时候即使除去外力，物体也不能完全恢复原状，这个限度叫作弹性限度，超过了这个限度，物体发生的形变叫作塑性形变。

1.79　什么是放射性？

（1）人们对于原子核运动变化的认识，是从发现某些元素的原子核具有天然放射性开始的。

所谓放射性，是某些元素的原子核不断地自发地放射出某种看不见的射线，这种现象叫作天然放射性。天然的放射性核素约有50种。

（2）放射性元素在变化时（称为放射性衰变），从原子核中放出的射线常见的有三种：α 射线（甲种射线）、β 射线（乙种射线）和 γ 射线（丙种射线）。α 射线是带正电的高速粒子，就是氦原子核 $_2^4He$，有很强的电离作用，易被物质吸收，穿透本领小；β 射线是带负电的高速粒子流，就是电子，电离作用小，穿透本领很大；γ 射线是不带电的，是一种电磁辐射，电离作用小，穿透本领很大。原子核在衰变时，并不是同时放出这三种射线，通常只放出 α 射线或 β 射线，而 γ 射线往往是伴随 α 射线或 β 射线同时一起发射的。

（3）放射性原子核的衰变：有 α 衰变、β 衰变和 γ 衰变等三种不同类型。

（4）放射性强度以 I 表示。

（5）把放射性强度 I 对时间 t 作图，可看到放射性强度随时间而逐渐减小。

（6）λ 是个常数，称为衰变系数。它表征着放射性衰减速度的快慢，各个放射性同位素有不同的 λ 值，λ 值是各个放射性同位素的特征常数。

λ 值不会随着外界条件的变化而改变。无论是加热、冷却、高压、加磁场以及化学状态的变化等等，都不能改变放射性衰变的速率。

（7）放射出来的粒子数 N 的数值会随时间的增长而减少。

（8）放射性核素是随时间按指数比例而衰变，这一关系是对任何放射性核素的衰变都适用的普遍规律，通常称此式为放射性衰变定律。

（9）衰变常数 λ 数值大的放射性核素衰变得快，小的则衰变得慢。

（10）放射性原子核的数目衰变掉一半所需要的时间，称为放射性核素的半衰期。

（11）寿命短的同位素很快就衰变完（几十分钟或几天）。

（12）天然放射性元素主要是放出 α 粒子和 β 粒子，同时也伴随发射较弱的 γ 射线。应防止进入人的体内，并注意半衰期长的镭和放射性气体氡的防护。

（13）钍的同位素有十三种，但其中寿命最长，在自然界中蕴藏量最大的是 ^{232}Th，它放射 α 射线，半衰期为 139 亿年。

（14）钚 ^{238}Pu 的半衰期为 89.59 年。

（15）钚 ^{239}Pu 为 α 放射线，其半衰期为 24360 年。

（16）与烧结砖瓦密切相关的放射性核素：

①镭 Ra：原子量 226.0254，一种放射性元素。能放射 α 和 γ 两种射线，并生成放射性气体氡；

②钍 Th：原子量 232.0381，一种天然放射性元素；

③钾 K：原子量 39.098。

1.80 什么是温度？温度的表示方法有哪些？什么是干球温度、湿球温度和露点温度？

表示物体冷热程度的物理量叫作温度。温度是物体内部分子做无规则运动的平均动能的标志，温度越高，表示分子运动的速度越快。因此，温度标志着系统内部分子热运动的剧烈程度。

温度通常用摄氏温度、华氏温度、绝对温度来表示。

摄氏温度是在一个大气压下，纯水的冰点到沸点的 1/100 度来划分的。它的符号为 t，国际代号为℃。

华氏温度是以摄氏温度的 1/1.8 作为 1 度来划分的，同时把摄氏 0 度定为华氏 32 度。它的符号为 t，国际代号为℉。

绝对温度：法国物理学家查理在 1787 年前后发现，气体每冷却 1℃，其体积就缩小它处于 0℃时体积的 1/273。如果这一过程继续下去，那么在 −273℃时，气体就会完全消失。当然，这种情况是不会发生的。当气体冷却时，它总是先转变为液体，然后又变为固体。英国物理学家汤姆逊于 19 世纪 60 年代推广了上述想法，他把温度作为物质分子运动速度的一种表述方式。物质越冷，其分子运动就越慢，直至某一特定温度（−273.15℃）下完全不存在运动为止。分子的运动不可能比不运动更慢了，因此也不会有比它更低的温度。−273.15℃（近似取整数 −273℃）这个温度便是一种真正的零度，即绝对零度。汤姆逊的温标是从绝对零度开始的，故称为"绝对温标"，或"开尔文温标"（即开氏温标），这种温标的温度分度间隔与摄氏温度相同，而把摄氏零下 273 度作为绝对温度的 0 度。它的符号为 T，国际代号有用°A（代表"绝对"）表示的，但 般多用°K（代表"开尔文"）表示。

摄氏温度与华氏温度及绝对温度的换算关系如下：

$$t°C = \frac{t°F - 32}{1.8}$$

$$t°F = t°C \times 1.8 + 32$$

$$t°C = T°K - 273$$

$$T°K = t°C + 273$$

下面介绍干球温度、湿球温度和露点温度这三个参数：

（1）干球温度

在空气中一般温度计所测得的温度，称为该空气的干球温度，它是空气的真正温度，表示空气的冷热程度。

（2）湿球温度

当大量没有饱和的空气同一定量的水（或湿坯表面）接触时，可以认为开始时水面的温度大致与空气的温度相等，由于空气不饱和，于是水或湿坯表面的水分就要蒸发，蒸发时要吸收热量，势必引起水温的下降，但空气的热量又会传到水中，最后当空气传到水中的热量恰好等于水分蒸发所需要的热量时，二者达到平衡，水温维持不变，水的这个温度就是湿球温度。

湿球温度可用干湿球温度计中的湿球温度计测量，湿球温度计是将水银温度计的水银球用经常保持湿润的纱布包裹，置于空气中，该水银温度计所指示的温度即为湿球温度。此时，湿纱布上水分蒸发所需潜热和空气传给湿纱布的显热达到平衡。

湿球温度并不代表空气的真正温度，而是表明空气的一种状态和性质的物理量，它的高低是由空气的温度和相对湿度所决定的，当气体温度一定时，相对湿度越小，说明空气的不饱和程度越大，则水分越容易蒸发，水温下降越大，即湿球温度越低。故可由干、湿球温度差确定空气的相对湿度。

（3）露点温度

在保持空气湿含量不变的情况下，使空气冷却，由于温度降低，体积缩小，绝对湿度增加，而空气的饱和绝对湿度相应地降低，因而使空气的相对湿度增大，当空气冷却到某一温度时，相对湿度增大到100%，达到了饱和状态，此时空气的温度即称为露点温度。如稍再冷却，水蒸气即从空气中以水的形式冷凝，出现所谓冷凝水。

干燥过程中，要特别注意防止露点的出现。如刚进干燥室的坯体温度较低，很容易使流经坯体的湿气体冷却至露点温度，造成坯体上附着冷凝水。轻微时使坯体开裂，严重时使坯体在干燥车上倒塌。

1.81　什么是绝对湿度、饱和绝对湿度和相对湿度？

大气中的湿空气（以下简称空气）是由干空气和水蒸气所混合组成。湿度是表示空气潮湿程度的参数，通常用绝对湿度、饱和绝对湿度和相对湿度表示。

（1）绝对湿度

每立方米空气中所含水蒸气的质量，称为空气的绝对湿度，用符号 $\gamma_{绝}$ 表示。由于在空气中干空气和水蒸气是均匀混合的，都占有了与空气相同的体积，故绝对湿度在数值上等于该温度下水蒸气的密度。其单位为 kg/m^3。计算依据；空气密度为 $1.293kg/Nm^3$；水汽密度为 $0.80357kg/Nm^3$。

（2）饱和绝对湿度

在定温、定压下含有最高量的水蒸气而不能再吸收时的空气状态称为饱和状态。当空气达到饱和状态时的绝对湿度叫饱和绝对湿度。用符号 $\gamma_{饱}$ 表示。其值等于在该温度下饱和水蒸气的密度。单位为 kg/m^3。常压下饱和绝对湿度随着空气温度的升高而急剧增加。各温度下空气的饱和绝对湿度如表 1-11 所示。

各温度下空气的饱和绝对湿度   表 1-11

温度（℃）	$\gamma_{饱}$（kg/m³）	温度（℃）	$\gamma_{饱}$（kg/m³）
−15	0.00133	45	0.06542
−10	0.00214	50	0.08294
−5	0.00324	55	0.10422
0	0.00484	60	0.13009
5	0.00680	65	0.16105
10	0.00939	70	0.19795
15	0.01282	75	0.24165
20	0.01729	80	0.29299
25	0.02303	85	0.35323
30	0.03036	90	0.42807
35	0.03959	95	0.50411
40	0.05113	100	0.58817

注：饱和绝对湿度可接近 100℃，但到不了 100℃，如到 100℃就全是水汽而无空气了，这不可能。教科书算到
99.4℃，为 0.58723kg/m³。

（3）相对湿度

空气的绝对湿度与同温度下的饱和绝对湿度的比值叫作空气的相对湿度。空气的相对湿度又称湿度百分率，说明空气为水分所饱和的程度，用 φ 来表示。

$$\varphi = \frac{\gamma_{绝}}{\gamma_{饱}} \times 100\%$$

相对湿度是反映了空气吸收水分能力的重要参数。此值越小，表示该空气离饱和状态越远，吸收水分的能力越大；反之，此值越大，表示该空气越接近饱和状态，吸收水分的能力越小。当相对湿度为零时，则此空气为干空气；当相对湿度为 100% 时，则此空气已为水蒸气所饱和，不能再吸收水分，不能用来作干燥介质。湿空气的密度总是小于干空气的密度。

例 1：50℃ 时 1m³ 空气中含 0.07465kg 水蒸气，求该空气的相对湿度。

解：查表 1-11 可得 50℃ 时空气的饱和绝对湿度，$\gamma_{饱} = 0.08294$kg/m³。

根据已知条件，$\gamma_{绝} = 0.07465$kg/m³。

$$\varphi = \frac{\gamma_{绝}}{\gamma_{饱}} \times 100\% = \frac{0.07465}{0.08294} \times 100\% \approx 90\%$$

例 2：30℃ 时空气的相对湿度为 40%，求该空气的绝对湿度。

解：查表 1-11 得 30℃ 时空气的饱和绝对湿度，$\gamma_{饱} = 0.03036$kg/m³。根据已知条件，$\varphi = 40\%$。

$$\gamma_{绝} = \gamma_{饱} \cdot \varphi = 0.03036 \times 40\% = 0.01214\text{kg/m}^3$$

此外，空气的相对湿度还可以用水蒸气分压力和饱和水蒸气分压力的比值来表示：

$$\varphi = \frac{\gamma_{绝}}{\gamma_{饱}} \times 100\% = \frac{P_{水蒸气}}{P'_{水蒸气}}$$

式中 $P_{水蒸气}$——空气中水蒸气的分压力（N/m²）；

$P'_{水蒸气}$——空气在饱和状态时水蒸气的分压力（N/m²）。

湿空气中饱和水蒸气分压力如表1-12所示。

湿空气中饱和水蒸气分压力　　　　　　　　　　　　表1-12

温度（℃）	$P'_{水蒸气}$		温度（℃）	$P'_{水蒸气}$	
	kg/m²	N/m²		kg/m²	N/m²
−20	10.50	103.01	45	977.30	9587.31
−15	16.85	165.30	50	1262.10	12381.20
−10	26.50	260.00	55	1604.80	15743.09
−5	40.91	401.33	60	2040.90	20021.23
0	62.25	610.68	65	2550.00	25015.50
5	88.96	872.70	70	3198.70	31379.25
10	125.20	1228.21	75	3931.00	38563.11
15	173.68	1703.80	80	4872.50	47799.23
20	238.70	2341.65	85	5895.00	57829.95
25	322.98	3168.43	90	7320.60	71815.09
30	433.40	4251.65	95	8620.00	84562.20
35	573.40	5625.05	99.4	10128.00	99355.68
40	753.95	7396.25	100	10335.60	101392.24

1.82　什么是热量？热量的单位有哪些？

要了解热量，必须懂得物体的内能是什么。众所周知，世间万物都是由大量分子组成的。由于分子一直处于热运动状态，就必然有动能，温度越高，分子运动速度越快，它的平均动能也就越大。此外，世界上万物间无不存在着相互作用力，分子间相互作用力使它们具有分子相对位置所决定的势能——分子势能。物体的所有分子的动能和势能的总和就是物体的内能。

我们说物体放出多少热量，指的是物体减少了多少内能；物体吸收了多少热量，指的是物体增加了多少内能。因此，热量是在热传递过程中物体内能变化的量度。

热量习惯用的单位是卡或千卡。粗略来说，1克纯水温度升高或降低1度所吸收或放出的热量就是1卡。严格讲，1克纯水，在一个标准大气压下，温度从14.5℃上升到15.5℃所吸收的热量是1卡。1948年国际权度会议决定，废除过去所定义的卡，改用"焦耳"作为热量和功的统一单位。1焦耳约等于0.239卡。根据国务院命令，我国已开始全面推行《中华人民共和国法定计量单位》，其中能量的单位就是焦耳。

1.83　什么是传导传热、对流传热和辐射传热？

传热有三种方式：传导传热、对流传热和辐射传热。

（1）传导传热

热能从一个物体传到另一个物体或从物体的一部分传到另一部分，但物体的分子并不发生移动，这种传热方式叫作传导传热。单纯的传导传热主要发生在固体中（在液体和气体中也有传导传热存在，但往往伴有其他传热方式）。固体表面受热时，表面分子发生振动与邻近的分子碰撞，把热能传给邻近的分子，邻近的分子受热后又发生振动、碰撞，把热能再传给里面的分子，这样，一直到固体表面温度与内部温度相等时，传热过程才告结束。

传导传热可分两种基本情况：稳定传热和不稳定传热。稳定传热时，物体中每一点的温度在整个时间内都保持不变。但沿热流方向的不同距离处的各点温度则并不相同。任何部分物体的热能都没有增加和减少，即传入与传出的热量相等。如隧道窑的窑体属稳定传热。不稳定传热时，物体中每一点的温度随时间而发生变化，即传入与传出的热量不相等。当传入热量大于传出热量时，则有热量蓄积于物体中，即物体被加热，物体各点温度随时间而上升；反之，物体各点温度随时间而下降。如轮窑的窑体属不稳定传热。

物体传导传热量的大小与其导热能力、内外温度差、传热面积和传热时间成正比；与物体的厚度成反比。

物体的导热能力以导热系数来表示。导热系数是指当温度为1℃、每小时流经厚度为1m、表面积为$1m^2$的热量。单位是瓦特每米开尔文［W/（m·K）］。

凡是导热系数$\lambda \leqslant 0.23$W/（m·K）的材料，通常用作绝热和保温材料。

（2）对流传热

热量随着流体——气体或液体运动从高温部分到低温部分的传热方式，叫作对流传热。对流传热是气体或液体传热的基本方式，也是气体向固体或固体向气体传热的一种方式。

气体发生对流运动的原因有两种：其一是由于气体本身的温度差引起的，这种对流叫自然对流；其二是由于机械作用引起的，这种对流叫强制对流。

气体与固体之间的传热，是由于流动的气体分子与固体表面接触时将热传给固体表面或将热由固体表面带走。气体流经固体表面时，在气体与固体表面的交界处有一层气膜粘附在固体表面上，这层气膜对对流传热的影响很大。当气体运动慢时，气膜较厚，传热速度较慢；当气体运动加快时，气膜变薄，传热速度加快；当气体作高速运动时，气膜被气流带走，气体分子与固体表面直接撞击，此时的传热速度最快。所以在对流传热中，气体的流速越快，传热也越快。

（3）辐射传热

热能不以物质为媒介，而以电磁波的形式在空间传递热量的方式叫辐射传热。

电磁波具有不同的波长。

它能为物体吸收，并且吸收后又重新转变为显著热量的电磁波是红外线和可见光，波长约为$0.4\sim40\mu m$。在放热处，热能转换为一种所谓电磁波的辐射线，以光的速度穿过空间，当和某一物体相遇时，则被该物体所吸收或透过该物体，或重新被反射出来。凡被物体吸收的辐射能又转换为热能。

焙烧砖瓦的高温阶段，气体与砖瓦之间的传热主要是以辐射传热的方式进行的。

在焙烧窑的焙烧过程中，传热往往不是以单一方式进行的，而是以两种或两种以上的综合方式进行的。

预热带：热气体以对流方式为主将热量传给坯体表面，坯体表面再以传导方式将热量传至坯体内部。

冷却带：冷空气以对流为主的方式与坯体传热，将坯体表面热量带走，坯体内部又以传导方式将热量传至坯体表面。

焙烧带：①外燃烧砖瓦。外加煤燃烧加热气体，热气体以辐射方式将热量传给砖瓦坯体，砖瓦坯体又以传导方式使热量由其表面传至内部，直到坯体温度升高到烧成温度，这一传热过程较慢，故外燃烧砖瓦的火行速度一般不快，产量不高。②内燃烧砖。砖坯内燃料燃烧发出的热量不但以辐射方式传给气体，而且砖坯之间同样以辐射方式进行传热，故能迅速提高焙烧温度，加快焙烧进度，产量较高。

1.84 什么是材料的耐久性？

耐久性是指材料在长期使用过程中抵抗各种自然因素及其他有害物质长期作用，能长久保持其原有性质的能力。

耐久性是衡量材料在长期使用条件下的安全性能的一项综合指标，抗冻性、抗风化性、抗老化性、耐化学腐蚀性等，均属耐久性的范围。材料在使用过程中会与周围环境和各种自然因素发生作用。这些作用包括物理、化学和生物的作用。物理作用一般是指干湿变化、温度变化、冻融循环等。这些作用会使材料发生体积变化或引起内部裂缝的扩展，而使材料逐渐破坏。化学作用，包括酸、碱、盐等物质的水溶液及有害气体的侵蚀作用，这些侵蚀作用会使材料逐渐变质进而被破坏。生物作用是指菌类、昆虫的侵害作用，包括使材料因虫蛀、腐朽而被破坏。因而，材料的耐久性实际上是衡量材料在上述多种作用之下能长久保持原有性质而保证安全正常使用的性质。

实际工程中，材料往往受到多种破坏因素的同时作用。材料品质不同，其耐久性的内容各有不同。砖瓦常因化学作用、溶解、冻融、风蚀、温差、湿差、摩擦等其中某些因素或综合因素共同作用，其耐久性指标更多地包括抗冻性、抗风化性、抗渗性、耐磨性等方面的要求。

1.85 什么是材料的热膨胀性？

材料的热膨胀性是指其体积或长度随温度升高而增大的物理性质。材料的热膨胀可以用线膨胀率和线膨胀系数表示，也可以用体膨胀率和体膨胀系数表示。线膨胀率是指由室温至试验温度间，试样长度的相对变化率（％）。线膨胀系数是指，由室温至试验温度间每升高1℃，试样长度的相对变化率。

1.86 什么是保温隔热性能？保温与隔热两者之间有何不同？

在建筑物上讲，保温通常是指外围护结构（包括屋顶、外墙、门窗等）在冬季阻止由室内向室外传热，从而使室内能保持适当温度的能力；隔热通常是指围护结构在夏季隔离太阳辐射热和室外高温的影响，从而使其内表面保持适当温度的能力。两者的主要区别在于：

（1）传热过程不同

保温是指冬季的传热过程，通常是按稳定传热过程来考虑，不考虑不稳定传热过程的一些影响；隔热是指夏季的传热过程，通常以一天24h为周期的周期性传热来考虑。

（2）评价指标不同

保温性能通常用传热系数值或传热阻值来评价。隔热性能通常用夏季室外计算温度条件下（即较热天气）围护结构内表面最高的温度值来评价。

（3）构造形式不同

由于保温性能主要取决于围护结构的传热系数或传热阻值的大小，例如由多孔轻质绝热材料构成的轻型围护结构（例如彩色薄钢板和聚苯或聚氨酯泡沫夹芯屋面板或墙板），其传热系数较小，传热阻较大，因而其保温性能较好，但由于该类围护结构材料质轻，热稳定性能较差（如聚苯乙烯材料），易受太阳辐射和室外温度波动的影响，内表面温度容易升高，故其隔热性能往往较差，这也就是常说的热惰性指标不好。烧结多孔砖或砌块有着非常好的热惰性。

1.87 什么是材料的热惰性指标？

热惰性是指建筑物外墙体围护结构材料抵抗温度变化的能力。热惰性指标是用 D 值表示的，是表征围护结构材料对周期性温度波动在其材料内部衰减快慢程度的一个无量纲指标，单层材料结构 $D = R \cdot S$；多层材料结构 $D = \Sigma R \cdot S$。式中，R 为结构层的热阻；S 为相应材料层的蓄热系数。材料的 D 值越大，周期性温度波动在其内部的衰减越快，围护结构的热稳定性就越好。烧结砖瓦产品有着优异的热惰性指标。例如烧结普通砖就是热惰性大，而保温效果差的材料；而聚苯乙烯泡沫板则是一种保温效果好，而热惰性极差的一种材料。烧结空心制品则是保温隔热性能好、热惰性指标高的一类兼而有之的建筑材料。例如密度为 $800kg/m^3$ 空心砖的热惰性指标，在用于同样热阻的墙体时，是聚苯乙烯泡沫板的 19.5 倍。这就是为什么在同样的热工指标情况下，使用烧结多孔砖建造的房屋比混凝土砌块建造的房屋夏季凉快的原因。热惰性指标高的围护材料，提高了墙体表面的热稳定性，从而提高了室内热环境的舒适感（冬暖夏凉），对节约冬季采暖、夏季制冷空调消耗的能量来说是有利的。

1.88 什么是傅里叶定律？

傅里叶定律是传热学中的一个基本定律。其文字表述：在导热现象中，单位时间内通过给定截面的热量，正比于垂直于该界面方向上的温度变化率和截面面积，而热量传递的方向与温度升高的方向相反。该定律的创始人是法国数学家、物理学家傅里叶。

在傅里叶定律中导热系数起着重要的作用，该定律描述在厚度为 X 的材料中、在横截面为 S 的两个平行表面之间、在两种不同的温度 T_1 和 T_2 下通过的热流量。

$$\phi = \lambda S dT/dX$$

式中　ϕ——热流量（W）；

　　　S——截面面积（m^2）；

　dT/dX——热梯度（K/m）；

　　　λ——导热系数 [W/(m·K)]。

1.89 什么是传热系数？

传热系数过去称为总传热系数，国家现行标准规范统一定名为传热系数。传热系数 K 值，是指在稳定传热条件下，围护结构（建筑物外墙体）两侧空气温度差为 1 度（K，℃），1h 内通过 $1m^2$ 面积（墙面）传递的热量，单位是瓦每平方米开尔文 [W/(m²·K)，此处 K 也可由℃代替]。传热阻是传热系数的倒数。因此，外墙体的传热系数 K 值越小，或是传热阻值越大，其保温性能就越好。传热系数又与材料的当量导热系数在一定程度上成正比关系，因此，降低烧结砖瓦产品的导热系数对节能建筑是有利的，如高性能的烧结保温隔热砌块。

1.90 什么是过剩空气系数？

为了使燃料趋于完全燃烧，实际上要供应比理论值多的空气量。多出的那部分叫作过剩空气。实际空气用量与理论空气用量之比值称为过剩空气系数（α）。

气体燃料和空气非常容易混合，所以气体燃料燃烧时，α 值可以小一些；液体燃料燃烧时虽然要雾化成微小的颗粒，但比气体分子还是大得多，故其燃烧时的 α 值比气体燃料要大；固体燃料和空气的接触更差，故其 α 值最大。理想隧道窑 α 的取值大致是：气体燃料为 1.05 ~ 1.10；液体燃料为 1.1 ~ 1.2；固体燃料为 1.2 ~ 1.5。但因漏气和坯垛各部位阻力不一致，而使空气在窑道横断面不易分布均匀，故一般固体燃料经过烧成带的 α 值控制为 2 ~ 3。

过剩空气系数 α 对窑内升温速度的影响：用某厂的普通实心坯体做焙烧试验，其结果是：

当 $\alpha = 1.23$ 时，在 600 ~ 900℃ 的范围内升温速度不得大于 30℃/h，在此阶段需经历 10h；当 $\alpha = 1.87$ 时，升温速度可达 43.8℃/h，只需要 6.8h；而当 $\alpha = 1.98$ 时，升温速度可达 62℃/h，只需要 4.8h。

但是必须注意，α 值过大时，会降低室内温度。

1.91 什么是"热桥"？

热桥过去又称为冷桥，现行国家标准统一定名为热桥。热桥是指处在建筑物外墙和屋面等围护结构中的钢筋混凝土或金属梁、柱、肋等部位。因在这些部位传热能力很强，热流较密集，热损失大，故称为"热桥"。常见的热桥出现在建筑物外墙周边上的钢筋混凝土抗震柱、圈梁、门窗过梁处，钢筋混凝土或金属框架梁、柱，钢筋混凝土或金属屋面板中的边肋或小肋，以及金属玻璃窗幕墙中或金属窗中的金属框等。热桥也是引起北方建筑在冬季室内结露霉变的主要原因。烧结砖瓦构件本身就是一种很好的阻止热桥的产品。

1.92 什么是介质？

科学技术上指某些能传递能量或运载其他物质的物质。例如，流动的热气体通过传递热能，从而产生蒸汽并带走湿坯体中的水分，使湿坯体得到干燥，则该热气体称之为湿坯体的干燥介质。

1.93 什么是强度标准值？

强度标准值表示材料强度的基本代表值。由标准试件按标准试验方法经数理统计以概率的分布规定的分位数确定。分抗压、抗拉、抗剪、抗弯、抗疲劳和屈服强度标准值。

1.94 什么是丰度？

元素在地壳中含量的百分数，称为元素丰度，常简称丰度或克拉克值，有质量百分数（C_W）和原子百分数（C_A）两种表示方法，丰度最大的元素是氧，$^{16}_{8}O$ 的 C_W 为 49.13%，C_A 为 53.59%。

1.95 什么是低碳经济？

低碳经济是一个很少或没有温室气体排放到大气层的经济系统，是经济发展的一种模式，这个模式以"三低"为基础，即低能耗、低污染、低排放。低碳经济的实质是能源高效利用和追求绿色 GDP 的增长，其主要是通过能源技术的创新、产业结构调整和机制创新来实现的。

应该指出："低碳经济"不是不发展经济的模式，也不是追求落后的农耕时代的发展模式，而是追求"低碳高增长经济"的发展模式；"低碳经济"也不是无原则地限制高能耗产业的引进和发展，而是追求高能耗产业向高技术水平方向发展，使单位生产总值能耗降到最低。通过走"三低"经济发展模式来实现可持续发展。

1.96 什么是蒸汽渗透系数？

1m 厚物体，两侧水蒸气分压差为 1Pa，单位时间内通过单位面积渗透的水蒸气量。蒸汽渗透系数的单位是 $g/(m^2 \cdot h \cdot Pa)$。

1.97 什么是自动控制？

自动控制的研究有利于将人类从复杂、危险、繁琐的劳动环境中解放出来并大大提高控制效率。自动控制是工程科学的一个分支，涉及利用反馈原理对动态系数的自动影响，以使得输出值接近我们想要的值。从方法的角度看，是以数学的系统理论为基础。

1.98 砖瓦成品为什么要有一定的堆存面积？

考虑到有些地区建筑物施工受季节影响，冬期、雨期施工少，砖瓦产品用量不大，产销不平衡，故砖瓦厂内成品常有一定的积存量。根据不同地区的情况，应有 1~3 个月砖瓦产品的堆存面积。

成品堆存面积计算式为：

$$F = \frac{QTK}{f}$$

式中　F——成品堆存面积（m^2）；
　　　Q——平均产量（块/天，或片/天）；
　　　T——成品堆存天数（天）；
　　　f——堆放指标（块/m^2，或片/m^2）；
　　　K——操作通道系数（不包括运输干道）。

成品堆放计算参考如表 1-13 所示。

成品堆放计算参考　　　　　　表 1-13

产品名称	普通砖	平瓦	240×180×115（mm）空心砖	240×115×90（mm）空心砖	190×190×90（mm）空心砖
码放层高（层）	13	7	9	13	9
单位面积码放指标（块片/m^2）	800	350	248	520	396
操作通道系数（K）	1.25	1.25	1.25	1.25	1.25

注：出窑堆放采用码垛小车。

1.99 砌砖前为什么要将砖浸水？

浸水的目的是：①洗去砖表面的尘土和杂质，让开气孔的口暴露出来，使砖和砂浆更好地胶接；②因砂浆在具有足够水分的情况下才能很好地凝结，而干燥的砖会吸取水分，削弱砂浆的粘着力和砌体强度。将砖浸水后再砌筑，有利于砂浆与砖的胶结和确保砌体有足够的强度。

1.100 什么是烧结砖瓦的湿膨胀？

砖瓦同其他粗陶制品一样，长时间置于潮湿气氛中，就会发生缓慢的持续膨胀现象，这种现象称为湿膨胀。

湿膨胀的可能原因如下：

水分子的直径大约为 $0.2\mu m$，而形成粗陶材料的粒子团却大约为水分子的 1000 倍，甚至更大。由于热运动，水分子很容易渗入到材料内部，促使形成微细裂纹。沿微裂纹壁扩散的蒸汽或水分子，到达较狭窄位置后，使作用于裂纹侧壁的压力增至 100MPa 以上，致使裂纹扩大。

此外，水蒸气在材料毛细管壁上吸着；材料形成水合物或固溶体；部分材料形成沸石状构造；材料中玻璃相水化；黏土矿物和它们的分解产物吸附水分等，都可能是发生湿膨胀的原因。

湿膨胀不仅取决于砖瓦原料的组成，还取决于烧成温度以及孔隙率。高岭石质原料比其他各类原料更倾向于发生湿膨胀。

在潮湿环境下使用时，周而复始地加热和冷却作用将导致湿膨胀加剧，膨胀量随着水温的提高和作用时间延长而增加。

烧结砖在使用中的尺寸稳定性比混凝土砌块大 4~5 倍，比加气混凝土砌块大 4 倍，即热胀冷缩、湿胀干缩幅度很小。

1.101 什么是固相反应？

固相反应一般指固相间所发生的化学反应。有时也包括液体或气体渗入固相内所发生的反应，起重要作用的因素是以扩散作用最为突出一般包括界面上的反应和物质迁移两个过程。固相反应开始温度常常低于物质的熔点或系统低共熔点温度，反应物粒度的大小、温度和压力的高低等有着重要影响。在硅酸盐（包括砖瓦）等工业中有实际意义。

1.102 制品烧成线收缩率和总线收缩率如何计算？

将干燥后的坯体进行焙烧，在焙烧过程中产生一系列物理化学反应和易熔物质生成液相充填于颗粒之间，因而要产生收缩，这种现象称为烧成收缩。烧成线收缩率是用收缩的长度与干燥后坯体上记号距离的百分数表示。

$$m_{烧} = \frac{b - c}{b} \times 100\%$$

式中　$m_{烧}$——烧成线收缩率（%）；

　　　b——干燥后坯体上记号的距离（mm）；

c——烧成后制品上记号的距离（mm）。

成型后坯体经干燥再经焙烧成制品的总线收缩率是用总收缩的长度与成型后坯体上记号距离的百分数表示。

$$m_{总} = \frac{a - c}{a} \times 100\%$$

式中　$m_{总}$——总线收缩率（%）；

　　　a——成型后坯体上记号之距离（mm）。

设：a 为 200mm，b 为 191mm，c 为 188mm，则：

$$m_{总} = \frac{a - c}{a} \times 100\% = \frac{200 - 188}{200} \times 100\%$$

$$= \frac{12}{200} \times 100\% = 6\%$$

$$m_{烧} = \frac{b - c}{b} \times 100\% = \frac{191 - 188}{191} \times 100\%$$

$$= \frac{3}{191} \times 100\% = 1.57\%$$

在已知干燥线收缩率 $m_{干} = \frac{a - b}{a} \times 100\% = \frac{200 - 191}{200} \times 100\% = \frac{9}{200} \times 100\% = 4.5\%$ 的前提下，烧成线收缩率的另一种算法是：

$$m_{烧} = \frac{m_{总} - m_{干}}{100\% - m_{干}} \times 100\% = \frac{6\% - 4.5\%}{100\% - 4.5\%} \times 100\% = \frac{1.5\%}{95.5\%} \times 100\% = 1.57\%$$

由上一种算法可知，总线收缩率不等于干燥线收缩率与烧成线收缩率之和。砖瓦的烧成线收缩率一般为 1.5% ~ 8%。

1.103　什么是体形系数？

建筑设计术语，符号 S。国标《民用建筑节能设计标准》给出的定义为：建筑物与室外大气接触的外表面积 F_0 与其所包围的体积 V_0 的比值。外表面积中，不包括地面、不采暖楼梯间隔墙和户门的面积。

通常居住建筑体形系数控制在 0.3 以内。若体形系数大于 0.3，则屋顶和外墙应加强保温。

建筑体形系数的控制是建筑节能设计的一个非常重要的环节。

1.104　理论上讲，干燥和焙烧一块普通实心砖（240mm × 115mm × 53mm）需要消耗多少热量？

由于成型水分差异和原料矿物组成不同，消耗热量的理论值也不一样。大致为干燥需要消耗 1212.2kJ/块（290kcal/块）热量；焙烧需要消耗 877.8kJ/块（210kcal/块）热量。干燥和焙烧总热量消耗为 2090kJ/块（500kcal/块）。

1.105　什么是变异系数？

变异系数又称标准差率，是衡量资料中各观测值变异程度的另一个统计量。当进行两个或多个资料变异程度的比较时，如果度量单位与平均数相同，可以直接利用标准差来比较；如果度量单位和平均数不同，比较其变异程度就不能用标准差，而需采用标准差与平均数的比值（相对值）来比较。也就是说，在表示离散程度上，标准差并不是全能的，当度量单位和平均数不同时，只能用变异系数了，它也表示离散程度，是标准差和相应平均数的比值。标准差与平均数的比值称为变异系数，用符号 δ 表示。

1.106　什么是吸声系数？

材料吸收和透过的声能与入射到材料上的总声能之比，叫吸声系数（α）。

$$\alpha = E_\alpha / E_i = (E_i - E_\gamma) / E_i = 1 - \gamma$$

式中　E_i——入射声能；

　　　E_α——被材料或结构吸收的声能；

　　　E_γ——被材料或结构发射的声能；

　　　γ——反射系数。

吸声系数是按照吸声材料进行分类的，说明不同材料有不同吸声质量，分贝（dB）是表示声压级大小的单位（声音的大小）。声音压力每增加一倍，声压量级增加 6dB。1dB 是人类耳朵刚刚能听到的声音，20dB 以下为安静，20～40dB 相当于情人耳边的轻轻细语，40～60dB 是我们正常谈话的声音，60dB 以上属于吵闹范围，70dB 很吵，并开始损害听力神经。90dB 会使听力受损。在 100～120dB 的房间内呆 1min，一般情况下，人就会失聪（聋）。

当入射声能被完全反射时，$\alpha = 0$，表示无吸声作用；当入射声波完全没有被反射时，$\alpha = 1$，表示完全被吸收。一般材料或结构的吸声系数 $\alpha = 0 \sim 1$，α 值越大，表示吸声性能越好。α 值是目前表征吸声性能最常用的参数。

吸声是声波撞击到材料表面后能量损失的现象，吸声可以降低室内声压级。描述吸声的指标是吸声系数 α，不同频率上会有不同的吸声系数。人们使用吸声系数频率特性曲线描述材料在不同频率上的吸声性能。按照 ISO 标准和国家标准，吸声测试报告中吸声系数的频率范围是 100～5000Hz。将 100～5000Hz 的吸声系数取平均得到的数值是平均吸声系数，平均吸声系数反映了材料总体的吸声性能。在工程中常使用降噪系数 NRC 粗略地评价在语言频率范围内的吸声性能，这一数值是材料在 250、500、1000、2000 四个频率的吸声系数的算术平均值，四舍五入取整到 0.05。一般认为，NRC 小于 0.2 的材料是反射材料，NRC 大于等于 0.2 的材料才被认为是吸声材料。当需要吸收大量声能降低室内混响及噪声时，常常需要使用高吸声系数的材料。如离心玻璃棉、岩棉等属于高 NRC 吸声材料，5cm 厚的 $24kg/m^3$ 的离心玻璃棉的 NRC 可达到 0.95。

1.107　什么是泊松比？

泊松比是在材料的比例极限内，由均匀分布的纵向应力产生的横向应变与纵向应变的比值，也叫横向变形系数或泊松系数，它是反映材料横向变形的弹性常数。泊松比由法国科学家泊松（Poisson，Simeon-Denis）最先发现并提出。他在 1829 年发表的《弹性体平衡和运动研究报告》一文中，用分子间相互作用的理论导出弹性体的运动方程，发现在弹性介质中可以传播纵波和横波，并且从理论上推演出各向同性弹性杆在受到纵向拉伸时，横向收缩应变与纵向伸长应变之比是一常数，其值为四分之一。

例如，一杆受拉伸时，其轴向伸长伴随着横向收缩（反之亦然），而横向应变 e' 与轴向应变 e 之比称为泊松比 ν。材料的泊松比一般通过试验方法测定，软木塞的泊松比约为 0，钢材泊松比约为 0.25；水由于不可压缩，泊松比为 0.5。

1.108　什么是当量定律？什么是当量浓度？

物质按照当量比进行化学反应的规律。例如，在 H_2 和 O_2 化合成 H_2O 的反应中，氢的当量是 1.008，氧的当量是 8，则 H_2 与 O_2 的质量比为 1.008:8 时，可完全反应而化合成水。可见物质相互作用时的质量与它们的当量成正比。根据当量定律，可以计算物质在化学反应中的质量关系。

用 1L 溶液中所含某溶质的克当量数表示的浓度。每 1L 中含 1 克当量溶质的溶液是 1 当量浓度，常以 1N 表示；当 1/10 克当量，即 0.1N，如：1L 含 HCl36.46 克的溶液，当量浓度为 1N。

1.109　风机在砖瓦生产中有什么作用？

（1）抽取含尘气体，便于除尘；（2）在坯体干燥和制品焙烧的热工系统中引导系统气体流动、供给坯体干燥热介质和制品焙烧助燃空气、排除潮气和烟气。

1.110　什么是弹性模量？

弹性模量是材料在弹性变形阶段内，正应力和对应的正应变的比值。材料的弹性模量小则说明其弹性好。"弹性模量"是描述物质弹性的一个物理量，是一个总称，包括"杨氏模量"、"剪切模量"、"体积模量"等。

弹性模量是工程材料重要的性能参数，从宏观角度来说，弹性模量是衡量物体抵抗弹性变形能力大小的尺度；从微观角度来说，则是原子、离子或分子之间键合强度的反映。凡影响键合强度的因素均能影响材料的弹性模量，如键合方式、晶体结构、化学成分、微观组织、温度等。因合金成分不同、热处理状态不同、冷塑性变形不同等，金属材料的杨氏模量值会有 5% 或者更大的波动。但是总体来说，金属材料的弹性模量是一个对组织不敏感的力学性能指标，合金化、热处理（纤维组织）、冷塑性变形等对弹性模量的影响较小，温度、加载速率等外在因素对其影响也不大，所以一般工程应用中都把弹性模量作为常数，弹性模量可视为衡量材料产生弹性变形难易程度的指标，其值越大，使材料发生一定弹性变形的应力也越大，即材料刚度越大，亦即在一定应力作用下，发生弹性变形越小。

弹性模量只与材料的化学成分有关，与其组织变化无关，与热处理状态无关。各种钢的弹性模量差别很小，金属合金化对其弹性模量影响也很小。

1.111　什么是不锈钢？

能抵抗酸、碱、盐等腐蚀作用的合金钢的总称。主要是铁铬合金，铬能使钢具有高的耐腐蚀性，在铬钢中加入镍、钼、钛、锰、氮等元素可以改善耐腐蚀性和工艺性能，一般含铬量不低于 12%。常用的有铬不锈钢和铬镍不锈钢（含铬 18% 和镍 8%）两类，后者耐腐蚀性更好、机械和工艺性能也较优良。由于一种不锈钢不能抵抗各种介质的腐蚀，故需根据具体要求加以选择，耐酸性能特高的不锈钢称耐酸不锈钢。

1.112　什么是耐热钢？如何分类？

耐热钢是在高温下长期工作时能抵抗氧化并保持高强度的合金钢，所含合金元素有铬、镍、硅、钨、钼、钴、钒、铝和硼等，其成分根据工作温度和时间的具体要求而定。其分类如下：

（1）珠光体钢

合金元素以铬、钼为主，总量一般不超过5%。其组织除珠光体、铁素体外，还有贝氏体。这类钢在500～600℃有良好的高温强度及工艺性能。典型钢种有：16Mo、15CrMo、12Cr1MoV、12Cr2MoWVTiB、10Cr2Mo1V、25Cr2Mo1V、20Cr3MoWV等。

（2）马氏体钢

含铬量一般为7%～13%，在650℃以下有较高的高温强度、抗氧化性和耐水汽腐蚀的能力，但焊接性较差。含铬12%左右的1Cr13、2Cr13以及在此基础上发展出来的钢号如1Cr11MoV、1Cr2WMoV、2Cr12WMoNbVB等。

（3）铁素体钢

含有较多的铬、铝、硅等元素，形成单相铁素体组织，有良好的抗氧化性和耐高温气体腐蚀的能力，但高温强度较低，室温脆性较大，焊接性较差，如1Cr13SiAl、1Cr25Si2等。

（4）奥氏体钢

含有较多的镍、锰、氮等奥氏体形成元素，在600℃以上时，有较好的高温强度和组织稳定性，焊接性能良好。通常用在600℃以上工作的热强材料。典型钢种有：1Cr18Ni9Ti、1Cr23Ni13、1Cr25Ni20Si2、2Cr20Mn9N12Si2N、4Cr14Ni14W2Mo等。

其中的1Cr18Ni9Ti和1Cr25Ni20Si2等优质耐热钢常用作陶瓷纤维吊顶炉衬配件。

1.113　轴承润滑剂按形态分为哪几类？其使用性能有什么不同？

液体润滑剂为润滑油，不适合极低速润滑，适合深度润滑和强制润滑；胶体润滑剂为润滑脂，不可用于超高速润滑；固体润滑剂有二硫化钼和石墨，适合较高温度的场合，如窑车的润滑等。

1.114　什么是润滑脂？润滑脂主要适用于哪些场合？

润滑脂是一种稠化的润滑油，将润滑油加入稠化剂，在高温下混合再冷却，即形成胶体状的润滑脂。

润滑脂主要适用于温度、速度、载荷变化较大，有反转、间歇运动以及有冲击、振动，密封条件差，周围环境粉尘大的机器。

1.115　什么是固体润滑剂？常用的固体润滑剂有哪些？

固体润滑剂是利用固体粉末或薄膜代替润滑油膜，起到隔离润滑作用的物质。固体润滑剂的粒子有晶体层格结构，可以互相滑过而发生润滑作用。

常用的固体润滑剂有：石墨、二硫化钼、滑石粉、塑料、软金属等。

1.116 我国烧结砖抗风化性的风化区如何划分？

我国烧结砖抗风化性的风化区划分如表 1-14 所示。

我国烧结砖抗风化性的风化区划分　　　　　　　　　　　表 1-14

严重风化区		非严重风化区	
1. 黑龙江省	11. 河北省	1. 山东省	11. 福建省
2. 吉林省	12. 北京市	2. 河南省	12. 台湾省
3. 辽宁省	13. 天津市	3. 安徽省	13. 广东省
4. 内蒙古自治区		4. 江苏省	14. 广西壮族自治区
5. 新疆维吾尔自治区		5. 湖北省	15. 海南省
6. 宁夏回族自治区		6. 江西省	16. 云南省
7. 甘肃省		7. 浙江省	17. 西藏自治区
8. 青海省		8. 四川省	18. 上海市
9. 陕西省		9. 贵州省	19. 重庆市
10. 山西省		10. 湖南省	

注：风化区用风化指数进行划分。风化指数是指日气温从正温降至负温或负温升至正温的每年平均天数与每年从霜冻之日起至消失霜冻之日止这一期间降雨总量（以 mm 计）的平均值的乘积。它是描述岩石风化程度的岩石化学参数。严重风化区的风化指数大于 12700；非严重风化区的风化指数小于 12700。

1.117 什么是绿色建筑？

所谓"绿色建筑"的"绿色"，并不是指一般意义的立体绿化。绿色建筑是代表一种概念或象征，指建筑对环境无害，能充分利用环境自然资源，并且在不破坏环境基本生态平衡条件下建造的一种建筑，又可称为可持续发展建筑、生态建筑、回归大自然建筑、节能环保建筑等。绿色建筑评价体系共有六类指标，由高到低划分为三星、二星和一星。

绿色建筑的室内布局十分合理，尽量减少使用合成材料，充分利用阳光，节省能源，为居住者创造一种接近自然的感觉。

以人、建筑和自然环境的协调发展为目标，在利用天然条件和人工手段创造良好、健康的居住环境的同时，尽可能地控制和减少对自然环境的使用和破坏，充分体现向大自然的索取和回报之间的平衡。

为切实转变城乡建设模式，积极应对全球气候变化，建设资源节约型、环境友好型社会，提高生态文明水平，改善人民生活质量，制定了绿色建筑行动方案。

1.118 齿轮润滑油的作用有哪些？

（1）润滑油在齿轮的啮合面形成油膜，将金属表面隔开，使固体金属干摩擦变为液体摩擦，从而起到减小摩擦的作用。

（2）润滑油能够把啮合面由于摩擦生成的热量带走，起到冷却作用。

（3）使金属表面隔绝空气和水分，避免零件生锈和腐蚀。

（4）减小振动和噪声。

（5）能冲刷掉啮合面摩擦生成的金属微粒和杂质，减小零件的磨损，延长零件的使用寿命。

1.119 什么是碱金属（元素）？什么是碱土金属（元素）？什么是土金属（元素）？

碱金属（元素）是周期表中的第Ⅰ类主族元素，包括，锂 Hi，钠 Na，钾 K，铷 Rb，铯 Cs，钫 Fr 等六种元素。它们的氢氧化物易溶于水，都有强碱性，因而得名。除钫以外，都以化合物态存在于自然界中，体积密度小，熔点低，硬度小，化学性质非常活泼。

碱土金属（元素）一般称铍族元素是周期表中第Ⅱ类主族元素。包括铍 Be，镁 Mg，钙 Ca，锶 Sr，钡 Ba 和镭 Ra 六种元素。它们的性质与碱金属和土金属都有相像之处，都以化合态存在于自然中。除镭以外，体积密度很小，化学性质活泼，仅次于碱金属。

土金属（元素）一般称硼族元素，是元素周期表中第Ⅲ类主族元素，包括硼 B，铝 Al，镓 Ga，铟 In 和铊 Ti 五种元素。其中，硼是非金属，铝是半金属，镓、铟、铊是金属，铝、镓、铟、铊的氧化物有类似土的外表，所以它们有时称作土金属，硼的性质与同族的其他元素不同，与硅很相像。

1.120 什么是高铬铸铁？

高铬铸铁是含铬约 25% ～ 36% 的合金铸铁。对硝酸、硝酸盐、磷酸醋酸、氯化物等都稳定，且有良好的耐热性（使用温度可达 1200℃）和耐磨性。

1.121 为什么耐磨材料应走系列化、标准化之路？

砖瓦生产过程中要消耗大量耐磨材料，耐磨材料的质量优劣关系到设备运行成本和使用寿命。在发达国家早已形成系列化、标准化和配套供应机制。而我国砖瓦厂用的各种耐磨备品备件和挤出机的芯具等制作基本处于小规模无序状态，质量参差不齐，其中，不乏鱼目混珠的，这不仅浪费了资源，而且有碍砖瓦生产水平的提高，应创造条件，建立各种耐磨配件制作基地，走系列化、标准化之路。

第二部分　原材料及处理

2.1　什么是黏土矿物？黏土矿物中包含哪些类型的矿物？

因为这些矿物最先多在黏土中发现，或因黏土及黏土岩主要由这类矿物组成，故称为黏土矿物。黏土矿物是一些具有层状构造的含水铝硅酸盐矿物，主要有高岭石、蒙脱石、水云母（伊利石）、绿泥石等。黏土矿物是构成黏土岩（页岩、煤矸石等）、土壤（黏土等）的主要矿物组分。黏土矿物颗粒极细，一般呈小于0.01mm的细小鳞片，具有可塑性、耐火性、烧结性等。黏土矿物的含量及种类与烧结砖瓦原材料、成型、干燥、焙烧乃至产品质量的关系密不可分。在其他材料中也包含有黏土矿物。

此处所讲的"黏土矿物"主要是指高岭石、蒙脱石、伊利石（水云母）、绿泥石和混合层（伊-蒙混合层）矿物五大类别。黏土矿物的总量也是指这五种主要黏土矿物的合计数量。

2.2　烧结砖瓦原料的主要矿物成分有哪些？

烧结砖瓦原料一般是黏土质矿物和非黏土质矿物多成分的混合物，但必须含有一种或几种黏土矿物，否则就不能生产烧结砖瓦。因此，烧结砖瓦原材料中的黏土矿物也成为基本矿物。尤其是生产高孔洞率空心砖，黏土矿物含量应在35%以上。黏土矿物又是多种细微矿物的混合物（主要是含水铝硅酸盐矿物），它的颗粒一般小于0.02mm。砖瓦原料的黏土物质主要由伊利石、绢云母、绿泥石、高岭石、耐火土、蒙脱石等组成。鉴于制品的性能要求，希望含有较多的耐火土和伊利石。虽然蒙脱石的塑性很好，但由于其颗粒非常细小，比表面积大，如果不同时存在大量其他黏土矿物，会大幅度提高原料的干燥敏感性系数，故它的含量一般控制在3%以下。主要由蒙脱石等构成的黏土称为膨润土。

几种黏土矿物的比表面积如表2-1所示。除黏土矿物外，烧结砖瓦原材料中还有其他的非基本矿物，这些常见的非基本矿物如表2-2所示。

几种黏土矿物的比表面积　　　　　　　　　　　　　　表2-1

黏土矿物名称	比表面积（m²/g）
高岭石	5~20
伊利石	100~200
蛭石	300~500
蒙脱石	700~800

烧结砖瓦原材料中常见的非基本矿物

表 2-2

类别	矿物名称	类别	矿物名称
A	层状硅酸盐矿物： 蒙脱石 绿泥石 白云母和绢云母 黑云母 蛭石 叶蜡石	E	正硅酸盐矿物： 锆英石 石榴石
B	架状硅酸盐矿物： 微斜长石 正长石 钠长石 奥长石 中长石 拉长石 电气石	F	氧化物： 金红石 锐钛矿 赤铁矿 褐铁矿 钛铁矿
C	闪石类硅酸盐矿物： 透闪石 角闪石	G	碳酸盐： 方解石 白云石 菱铁矿
D	辉石类硅酸盐矿物： 透辉石 普通辉石（斜辉石）	H	硫酸盐： 石膏 重晶石
		I	硫化物： 白铁矿 黄铁矿 磁黄铁矿
		J	单质： 碳（褐煤、烟煤、煤矸石）

2.3 生产砖瓦的原料属哪种岩石？

岩石按成因的不同，分为岩浆岩（或称火成岩）、沉积岩（或称水成岩）和变质岩三大类。生产砖瓦的原料属沉积岩。沉积岩虽只占地壳质量的5%，但因其分布于地壳表面，面积约占75%（限于深2000m范围内），因此它是一种重要的岩石。黏土、页岩和泥岩、黄土等生产砖瓦原料的属类如图2-1所示。

然而，从地球总体积而论，沉积岩只占0.02%。

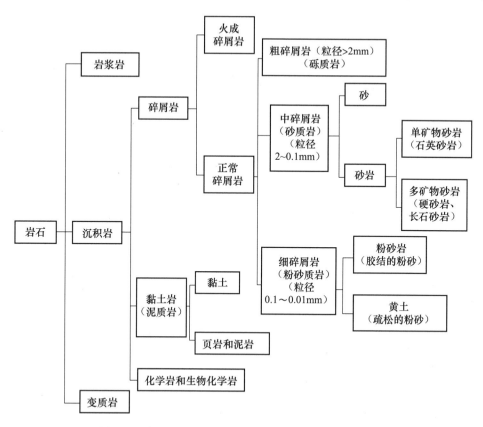

图 2-1 黏土、页岩和泥岩、黄土等生产砖瓦原料的属类

2.4 生产砖瓦的原料有哪些?

生产砖瓦的主要传统原料是黏土。随着我国建设事业的不断发展,节约农田、节约能源以及工业废料的综合利用已成为砖瓦工业的重要方针。因此,利用含有黏土矿物的煤矸石、粉煤灰、煤渣等工业废料和江河湖泊淤泥作为制砖(瓦)原料,实行内燃烧砖,已在全国范围内推广应用。另外,有些地区页岩很多,利用页岩烧制砖瓦,不但能解决原料的来源,而且还能开山造田。

德、日等国把污水污泥先焚烧后,再把焚烧灰制成烧结砖。

但是,万变不离其宗,任何原料必须含有一定量的黏土矿物,否则无法生产出具有良好技术性能和建筑物理特性的砖瓦制品。因此,从矿物学观点来看,它们都是同属种的材料。

2.5 什么是黏土? 黏土矿物典型的性能有哪些?

所谓黏土,就是在自然界中松散的、膏状的或紧密的一种含水铝硅酸盐矿物(xAl_2O_3、$ySiO_2$、ZH_2O),它的粉末在加水后能塑成各种形状,干燥后产生收缩,但不失原状,焙烧到适当温度后,其中的化学结合水即蒸发,继续提高温度,则获得坚硬如石而又保持原形的物体。凡具有这些特点的岩石,我们统称为黏土。黏土是含长石类岩石经长期风化而成,是矿物的混合物,没有固定的化学式表示。主要化学组成 Al_2O_3 和 SiO_2 当 Al_2O_3/SiO_2 越接近高岭土的理论比值 0.85 时,表明该黏土的纯度越高,黏土中高岭土含量越多,烧结温度越高,烧结温度范围越宽。黏土中的杂质成分主要有 Fe_2O_3、CaO、MgO、Na_2O、K_2O 等，在加热过程中易形成共融物或起助熔剂作用。

简单地说，黏土是指所有细颗粒塑性原料。

与其他矿物相比，黏土矿物特有的性能是颗粒尺寸小，因而具有大的比表面积。由于黏土矿物这些独有的性能，使它有着大量的反应机理可以利用，这些反应机理与其他矿物不同，使它从本质上变得有意义。黏土矿物典型的性能是它与水的结合能力、与此关联的吸湿膨胀、对有机和无机材料高度的吸附能力、绝热能力、可塑性及在焙烧后变成致密固体的特性，且材料易得。

由于黏土矿物颗粒细小和具有保水能力，决定了制砖瓦黏土的基本性能。

2.6 什么是黏土的结合力？

可塑泥团在干燥后，能维持其原来的形状。维持黏土颗粒之间相互结合在一起的力，叫作黏土的结合力。

黏土的结合能力是以能够形成可塑泥团的情况下所掺加标准砂的最高数量表示的。黏土按结合能力的分类如表 2-3 所示。

黏土按结合能力的分类　　　　　　　　　　　　　　　　表 2-3

分类	加砂量（%）
结合黏土	≥50
可塑黏土	> 20，< 50
非可塑黏土	≤20
石状黏土	不能形成可塑泥团

2.7 什么标准砂？

标准砂是按标准方法测试水泥胶砂强度时所用的，经加工后符合标准规定的石英砂。我国标准砂砂源在福建省平潭县，通称平潭标准砂，二氧化硅在96%以上的天然石英质海砂。经洗、烘、筛等工序后，质量要求必须达到国家标准的规定。

标准砂的主要技术性能：

（1）石英中的二氧化硅含量大于96%；

（2）烧失量不超过0.40%；

（3）含泥量（包括可溶性盐类）不超过0.20%；

（4）粒度：1.00～2.00mm 粗砂、0.50～1.00mm 中砂和0.08～0.5mm 细砂各450g，合成1350g/袋。

2.8 什么是黄土？

黄土是没有层理的黏土与微粒矿物的天然混合物。成因以风成为主，也有成因于冲积、坡积、洪积和淤积的。颜色以黄色为主，形成于第四纪，质轻而多孔。颗粒组成一般为：黏粒（< 0.002mm）占12%～22%，砂粒（> 0.002mm）占30%～50%，塑性指数10～13。

其中，黏土矿物以伊利石为主，蒙脱石次之，非黏土矿物有石英、长石类。化学成分 SiO_2 55%～70%，Al_2O_3 4%～6%，MgO_2 1%～3%，含碱金属（Na_2O 和 K_2O）较高，达 3.5%～4%。黄土广泛分布与我国华北、西北地区的地表上，有厚达 300m 以上者，成分较均匀，是北方地区烧结砖瓦的主要原料之一。

2.9 什么是红土？

致密黏土状的铁铝质岩石，是玄武岩等富铝质的岩石经强烈化学作用的产物，主要化学成分为 Al_2O_3、Fe_2O_3、SiO_3 含量较低，用作砖瓦原料的颗粒组成中的黏粒（小于 0.002，mm）的占 30%～65%，故可塑性较高，主要矿物成分是铝土矿、褐铁矿、针铁矿，其次是高岭石，长石、石英。红土具有遇水不崩解的特性，我国福建、江西、湖南、湖北等省分布较多，在华北、西北等地往往与黄土同时出现。

2.10 什么是河泥？

河泥是江、河、湖泊由于流水速度分布不同，使挟带的泥沙规律地分级沉降的产物。其成分决定于河岸崩塌物和流域内的地表流失土的成分。河泥一般储量丰富，化学成分稳定，颗粒级配均匀，用于生产砖瓦的成本较低。

2.11 黏土如何分类？

由于形成黏土的来源不同，它的成分和性质也不一样。

（1）按成因分类

根据黏土的生成情况看，可分为一次黏土和二次黏土。

①一次黏土（又称残留黏土）

它的岩石主要是长石经风化而留在母岩区的产物，岩石风化后生成高岭土、石英及可溶性盐类。可溶性盐类由于雨水冲洗溶解而去，残留下来的仅为高岭土和石英砂。由于石英砂的存在，可塑性较差，这种土通常称为高岭土。

②二次黏土（又称漂积黏土）

它是由一次黏土经雨水河流漂流而转移到其他地方再次沉积的黏土矿。它的主要特点是：a. 在漂流过程中，由于粗颗粒石英砂较重而先行沉积除去，而黏土本身亦经摩擦而变细，故可塑性较好；b. 在漂流过程中，有其他矿物或有机物混入，因而降低了黏土矿物的纯度。

（2）按构成黏土的主要矿物分类

①高岭石类

属于这一类的有高岭石、珍珠陶土、迪开石和多水高岭石。主要由它们构成的黏土称为高岭土，如我国著名的苏州高岭土，湖南界牌高岭土，四川叙永多水高岭土等。

②蒙脱石（微晶高岭石）类

属于这一类的有蒙脱石、拜来石等，主要由它们构成的黏土称为膨润土，如东北黑山、福建连城的膨润土等。

③伊利石（水云母）类

曾有一些学者建议用美国伊利诺伊州的缩写来称呼该类矿物，故名伊利石。

属于这一类的有水云母、绢云母等。这一类单独构成黏土的极少，多数是包含在其他黏土中。以伊利石为主的黏土主要是水云母质黏土或绢云母质黏土，如河北章村土，还有江西、安徽等省所产的瓷石中亦包括此类。

④叶蜡石类

叶蜡石并不属于黏土矿物，因其某些性质近于黏土，而划归黏土之列。如福建的寿山石和浙江青田、上虞叶蜡石等。

⑤水铝英石类

这一类是不常见的黏土矿物，往往少量包含在其他黏土中，呈无定形状态存在。如河北唐山的 A、B、C 级矾土。

除了上述五种黏土矿物之外，未风化的母岩碎屑及运迁过程中混入的其他物质，以夹杂矿物的形态存于黏土中，如石英、长石、碳酸盐类、硫酸盐类、铁钛质矿物，以及有机物质等。

（3）按耐火度分类

①耐火黏土：耐火度在 1580℃ 以上。含氧化铁不超过 3% ~ 4%，杂质总量最高 6% ~ 8%。

②难熔黏土：耐火度为 1350 ~ 1580℃。

③易熔黏土：耐火度在 1350℃ 以下。含有大量杂质，一般含铁量较高。

耐火黏土可以用来制造适用于冶金炉、硅酸盐工业的窑炉、炼焦炉等方面的衬砖。耐火黏土在煅烧后呈灰色或淡黄色，呈白色的是制造瓷器的最好原料。

难熔黏土可以用来制造瓷砖、陶器、炻器等。

易熔黏土可以用来制造砖瓦等粗陶器。

（4）按习惯分类

①高岭土：是最纯的黏土。可塑性差，烧后颜色从灰到白色。

②黏性土：一般都是二次黏土，故其颗粒较细，可塑性好，含杂质较多。

③瘠性黏土：较为坚硬，遇水不松散，可塑性很小，不易形成可塑性泥团。如山西大同土。

④页岩：其性质与瘠性黏土相仿，但含杂质（K_2O、Na_2O、TiO_2、$CaCO_3$、Fe_2O_3 等）较多，最高可超过 25%，烧后呈红、棕、黄、灰等色。

（5）按塑性指数或塑性指标分类

①高塑性黏土，塑性指数大于 15 或塑性指标大于 3.6；

②中塑性黏土，塑性指数 7 ~ 15 或塑性指标 2.5 ~ 3.6；

③低塑性黏土，塑性指数小于 7 或塑性指标小于 2.5。

（6）按干燥敏感性高低分类

①高敏感性黏土，干燥敏感性系数大于 2；

②中等敏感性黏土，干燥敏感性系数 1 ~ 2；

③低敏感性黏土，干燥敏感性系数小于 1。

（7）按颗粒组成分类

黏土按颗粒组成分类如表 2-4 所示。

黏土按颗粒组成分类　　　　　　　　　　　　　表 2-4

名称	颗粒含量（%）	
	黏粒	尘粒和砂粒
重黏土	>60	<40
黏土	30~60	40~70
砂质黏土	10~30	70~90
砂土	5~10	90~95
砂	0~5	>95

2.12　什么是页岩？

页岩是黏土岩的构造变种，是黏土借助于热力和压力作用而成的，它是具有层理构造（即岩石平行层理方面可分裂成层状或纸片状）的黏土岩。页岩成分比较复杂，除黏土矿物外，常有很多碎屑矿物和次生矿物，如长石、石英、云母、绿泥石、角闪石、石榴石、电气石、锐钛矿和沸石等。黏土矿物中常以水云母为主。页岩化学成分的特点是氧化钾（K_2O）含量较高，常达 2%~3%，最高达 7%~10% 以上。页岩一般为灰色、棕色、红色、绿色等各种颜色。常常有清楚的层理。

根据页岩中砂和粉砂质点含量，页岩又可以分为泥质页岩、含粉砂质页岩、粉砂质页岩、含砂质页岩和砂质页岩。

页岩中如含碳酸钙（$CaCO_3$）、硅质等较多，可相应地称为钙质页岩、硅质页岩等。

钙质页岩：含 $CaCO_3$ 10%~30% 的页岩。

硅质页岩：是含隐晶或极细颗粒的硅质组分的页岩。由于含硅质，硬度常常比一般页岩高。成分比较纯的页岩，SiO_2 的平均含量约为 58%，而硅质页岩 SiO_2 的含量可达 85%以上。

黑色页岩：是黑色的含有机质的页岩，这种页岩中化石一般很少，常含黄铁矿。

碳质页岩：这种页岩中含有肉眼能见到的粉末状碳质质点或碳质植物遗体，染手。碳质页岩在煤系地层中特别多。

油页岩：油页岩是提炼石油的原料 2（平均 100kg 油页岩可提炼 6kg 左右石油）。它主要有焦性沥青质页岩和碳质油页岩（腐泥质油页岩）两种。

泥岩与页岩的区别，主要在于泥岩不具层理构造而呈块状、层状。颜色往往较浅，且较坚硬（因含硅质较多的缘故）。

第一个用页岩制砖的是美国人 h. G. 艾森哈尔特，时间是 1880 年，地点是纽约州的霍尔斯海兹。

2.13　什么是砂岩？

碎屑物质被其他物质（黏土、碳酸盐等）胶结而成的岩石称为砂岩。它属碎屑岩中的中碎屑岩。砂岩的主要类型又分为：

（1）单矿物砂岩

单矿物砂岩组成成分简单，以一种矿物颗粒占绝对优势。通常所见的为石英砂岩（相当的疏松岩为石英砂）。

石英砂岩组成上的特征是石英颗粒占90%以上，仅含少量的长石颗粒（<5%）及极少量的重矿物。石英颗粒常为很好的浑圆体、大小均一、表面光泽较暗。岩石粒度由粗粒到细粒的皆有。其胶结物以硅质（SiO_2）最常见。岩石颜色通常为白色或灰白色。在胶结物为铁质时，则被渲染成褐红色。石英砂岩中的硅质胶结物有时可在碎屑颗粒上结晶次生增长，经过次生增长的石英砂岩称作"沉积石英岩"。肉眼很难区别其颗粒和胶结物。

石英砂岩矿物成分单一，颗粒磨圆度高，分选性好。如果砂岩中石英含量只占75%~90%时，则为一般的砂岩。

（2）多矿物砂岩

多矿物砂岩比较复杂，根据组成的不同，分为硬砂岩和长石砂岩两种。

①硬砂岩

硬砂岩通常由25%~50%的石英颗粒、15%~25%的长石、云母以及岩石碎屑所组成，碎屑颗粒一般较粗、分选和磨圆度均较差。胶结物种类复杂，通常以泥质居多，胶结坚固。这种岩石最大特征是含有多量的岩石碎屑。岩石的颜色呈灰色、暗绿色或绿灰色，有时近于黑色。

②长石砂岩

长石砂岩主要是石英和长石碎屑（25%以上）组成的。碎屑中长石含量在25%以上，石英含量一般在30%~60%。长石主要是钾长石或钠长石，有时有岩石（花岗岩、砂岩、页岩等）碎屑的混合物。岩石颜色多为浅色（淡红、浅棕、灰色等）。胶结物一般为碳酸盐（方解石）及铁质（褐铁矿）。从外貌上看，长石砂岩与花岗岩有些相像，但两者结构不同。

砂岩除上述几种基本类型之外，还有许多过渡型岩石。例如，在石英砂岩和长石砂岩之间有长石石英砂岩（即其中长石的含量不够长石砂岩的标准）。石英砂岩中如含有一定量的岩屑，则成为含岩屑石英砂岩。有时，在长石石英砂岩中又含有岩屑，就应叫作含岩屑长石石英砂岩。

2.14 什么是粉砂岩?

这类岩石主要由50%以上的直径为0.1~0.01mm的碎屑经胶结而成。在成分上仍然以石英颗粒为最多，往往含有黏土质混合物。由于颗粒细小，已失去不少砂的特性，但还不成黏土。本类岩石的疏松岩称作粉砂，胶结的粉砂即为粉砂岩。

（1）粉砂

粉砂的矿物成分除上述主要成分外，还含有许多夹杂物。因颗粒很小，肉眼一般不易分辨。

在第四纪沉积物中，粉砂的分布很广，尤其是黄土分布最广。

（2）黄土

黄土是一种半固结的黏土质粉砂岩。其中，粉砂（大部分颗粒直径为0.05~0.1mm）含量一般为40~60%；其次是黏土，我国华北地区黄土中黏土含量有超过40%的；再其次是砂粒，直径一般小于0.25mm，含量小于10%。呈浅黄色或暗黄色，质轻而多孔（孔隙度占总体积的46%~52%），很容易用手指研成粉末，没有层理，但有发育着的直立节理。由于具有可塑性和吸水性，质点间结合力很大，故能形成很高的峭壁。我国黄土分布很广，西起青海，东到陕西、山西、河北、河南，面积达 40 万 km^2，形成特殊的地形——黄土高原。黄土是一种良好的砖瓦原料。

（3）粉砂岩

粉砂胶结起来即成粉砂岩。岩石质地坚实，具有各种颜色，在显微镜下可以看到其中碎屑颗粒是带有棱角状的，粒度也不均匀，胶结物为钙质、铁质或硅质。从岩石的外表看，很像泥质岩石，但用手指摩擦，即会感到粗糙。可借此与黏土岩区别。

粉砂岩常具有水平薄层理特征，有时也发现倾斜不大的斜交层理。

2.15 页岩和粉砂岩、砂岩共生时如何命名？

页岩和粉砂岩共生时命名法如表 2-5 所示。页岩和砂岩共生时命名法如表 2-6 所示。

页岩和粉砂岩共生时命名法   表 2-5

名　称	页岩含量（%）	粉砂岩含量（%）	砂岩及其他含量（%）
页岩	>90	<5	<5
含粉砂质页岩	>75	5～25	<5
粉砂质页岩	>50	25～50	<5
含页质粉砂岩	5～25	>75	<5
页质粉砂岩	25～50	>50	<5

页岩和砂岩共生时命名法   表 2-6

名　称	页岩含量（%）	砂岩含量（%）	粉砂岩及其他含量（%）
页岩	>90	<5	<5
含砂质页岩	>75	5～25	<5
砂质页岩	>50	25～50	<5
含页质砂岩	5～25	>75	<5
页质砂岩	25～50	>50	<5

2.16 什么是煤矸石？为什么要用煤矸石作为生产砖瓦的原料？

煤矸石是在开采煤炭过程中，从煤层的顶部、底部或炭层周围挖掘出来的含碳量少，灰分在 40% 以上不成煤的泥质、碳质、砂质页岩，是煤矿的工业废渣。煤矸石的排放量很大，约为煤开采量的 15%～20%。一个年产 100 万 t 的煤矿，每年排放出的煤矸石为 15 万～20 万 t，可供一个年产 5000～7000 万块普通砖的砖厂使用。

煤矿排放出的煤矸石，若不及时处理，就要占用大量的土地进行堆积，这样必将污染环境，影响农作物生长和煤炭生产的顺利进行。

利用煤矸石制砖的好处是：①保护环境；②煤矸石无须占用大量土地进行堆积；③由于煤矸石中含有一定的发热量，可以做到烧砖不用煤或少用煤，节省了能源；④可不用毁田挖黏土制砖。

2.17 煤矸石中的硫是以何种形式存在的？它的危害作用有哪些？

煤矸石中的硫，一般以化合物状态存在，如二硫化铁（FeS_2，俗称黄铁矿）和硫酸钙

（$CaSO_4 \cdot 2H_2O$，俗称石膏）。

在二叠纪煤群的煤矸石中，硫的含量较高，而黄铁矿中的硫又占总含硫量的大部分。黄铁矿在煤矸石中有的成层状，有的嵌在煤的裂缝中成脉石状，还有的成细粒状均匀地分布在煤矸石中。

应该指出，在有些地区的煤矸石中，含有叫作"硫铁蛋"的有害物质。这种"硫铁蛋"比较坚硬，而且都呈球状。经化验，"硫铁蛋"的主要成分是二硫化铁（FeS_2）。

（1）黄铁矿（FeS_2）

黄铁矿和碳在同样的温度下分解和氧化，由于碳和水蒸气的存在使黄铁矿的氧化受到影响。在缺氧环境下，482℃时二硫化物分解成为一硫化物：

$$2FeS_2 \xrightarrow{482℃} 2FeS + S_2$$

在不缺氧环境下，黄铁矿的氧化分为两个阶段。第一阶段发生在上述温度下，第二阶段出现在约588℃。按顺序其反应式为：

$$2FeS_2 + 3O_2 \xrightarrow{482℃} 2FeS + 2SO_3$$

$$4FeS + 9O_2 \xrightarrow{588℃} 2Fe_2O_3 + 4SO_3$$

总的反应可用下式表示：

$$4FeS_2 + 15O_2 \longrightarrow 2Fe_2O_3 + 8SO_3$$

黄铁矿焙烧后主要生成三氧化硫（SO_3）。三氧化硫（SO_3）在16.8℃以下为固体，16.8℃即熔解为液体，44.8℃沸腾且汽化，汽化后与空气中的水蒸气作用生成硫酸雾：

$$SO_3 + H_2O \longrightarrow H_2SO_4$$

黄铁矿和水蒸气作用还发生下列反应：

$$3FeS_2 + 2H_2O \longrightarrow 3FeS + 2H_2S + SO_2$$

生成的二氧化硫（SO_2）气体，遇水后生成亚硫酸（H_2SO_3）：

$$SO_2 + H_2O \longrightarrow H_2SO_3$$

亚硫酸容易被氧化，在通常情况下，空气中的氧就能逐渐氧化亚硫酸成硫酸：

$$2H_2SO_3 + O_2 \longrightarrow 2H_2SO_4$$

（2）石膏（$CaSO_4 \cdot 2H_2O$）

石膏（$CaSO_4 \cdot 2H_2O$）在65~75℃时开始脱水，至107~170℃时生成$CaSO_4 \cdot \frac{1}{2}H_2O$，继续加热至170~200℃出现少量的$CaSO_4$，至400℃以上完全脱水为$CaSO_4$，至800℃以上$CaSO_4$部分分解，生成少量CaO，这个反应一直持续到1600℃以上：

$$CaSO_4 \longrightarrow CaO + SO_2 + \frac{1}{2}O_2$$

可见，黄铁矿和石膏在焙烧过程中放出大量硫的汽化物（SO_2、SO_3）气体，致使制品膨胀、松散。较大颗粒的黄铁矿还会使制品表面形成熔斑。

故应严格控制黄铁矿和石膏的含量，并尽量提高物料细度，使其均匀分布在坯体之中。

2.18 煤矸石原料中应剔除哪些物质？

（1）剔除"硫铁蛋"

"硫铁蛋"的主要危害是：难以破、粉碎，极易损坏破、粉碎设备；在焙烧过程中生成大量二氧化硫（SO_2）气体并产生膨胀，使制品松散。而电磁铁和永磁铁又对它无吸引力，故一般均以人工剔除。

（2）筛除煤粉、选除煤块

有些煤矸石原料（尤其是洗选煤矸石），混杂大量煤粉和煤块，致使其发热量偏高，塑性指数偏低，给砖瓦生产带来一定困难。如将这些煤粉、煤块去除，一方面可适当降低原料发热量、提高原料塑性指数，从而改善了原料性能；另一方面又可将剔除出来的煤粉和煤块作为燃料充分进行利用。

通常剔除煤粉的方法有两种：一是在煤矸石堆场附近用溜筛或回转筛筛除；二是在破碎机前设置一台溜筛或高频电磁振动筛。筛孔尺寸一般用 10～20mm。

湖南株洲市砖厂在煤矸石原料中筛除 20% 煤粉后，砖坯的成型性能大大改善，窑炉的焙烧速度显著提高，且筛除的煤粉用作全厂生活燃料绰绰有余。

煤块一般是用人工拣出的。

（3）除铁

由于煤矸石中一般均含有道钉之类铁质夹杂物，因而极易损坏粉碎等设备。故煤矸石原料在进入粉碎等设备前，须先经磁选除铁处理。

据重庆市的几个煤矸石砖厂调查，凡采用磁选除铁的厂家，平均每班除掉的铁质杂物达 2～3kg，铁质杂物损坏设备的现象一般未有发生；反之，未采用磁选除铁的厂家，铁质杂物损坏设备的现象却时有发生。

磁选设备通常采用悬挂式永磁铁或胶带磁选辊筒（即电磁胶带轮）。

2.19 如何调整煤矸石原料发热量过高？

制砖一般要求矸石原料的发热量为 1338～2090kJ/kg（320～500kcal/kg）。如发热量过高，将给生产（尤其是焙烧）带来困难。故在这种情况下，应掺入些无发热量或低发热量的原料，如页岩、煤矸石、粉煤灰、黏土、煤矸石熟料等，使混合后的原料发热量达到或接近要求。

应该指出的是，固定碳高温燃烧发出的热量对制品烧成起作用；而低温下挥发的挥发分对制品烧成不起作用。

2.20 如何调整煤矸石原料含硫量过高？

由于硫化物的存在，在生产过程中不但腐蚀风机、干燥车等金属设备，而且污染大气，损害操作人员健康。在其作用下，砖体内生成一定量的可溶性硫酸盐（$CaSO_4$、$MgSO_4$、K_2SO_4 和 Na_2SO_4 等），这些硫酸盐遇水后被带到砖的表面，引起泛霜，影响外观，甚至会导致砖体产生鱼鳞片剥落，影响其耐久性。故要求用于制砖的煤矸石原料含硫量不大于 1%，越少越好。

如煤矸石含硫量过高，可掺入含硫量低的煤矸石、煤矸石熟料、粉煤灰、页岩、黏土等，使混合料的含硫量不超过允许值。

2.21 什么是粉煤灰和煤渣？

粉煤灰和煤渣均为煤在锅炉中燃烧后的废渣。粉煤灰是煤粉在煤粉炉中燃烧后的灰烬，主要来源于火力发电厂的煤粉炉。煤粉炉中也产生少量的（15%～20%）烧结渣（再生渣），往往与粉煤灰混合排弃。煤渣指块煤燃烧后的残渣，主要来源于各种箅式工业锅炉和采暖锅炉。

粉煤灰和煤渣的物理化学性质取决于煤的品种、燃烧方法和燃烧温度。其中，粉煤灰的性质还与煤的粉磨细度、收集方法以及排除方式（湿式与干式）等因素有关。

粉煤灰为细粉状，呈灰色或灰白色（含水时为黑灰色）。粉煤灰颗粒是一种具有巨大内比表面积的多孔结构，有许多玻璃质。粉煤灰的多孔结构，使之对水的吸附能力很大，往往含水量达30%的粉煤灰仍呈松散状态。粉煤灰的真密度为 $2000～2300kg/m^3$；松散干堆积密度一般在 $550～650kg/m^3$ 之间，高者达 $800kg/m^3$ 以上；细度以 $88\mu m$ 孔筛的筛余计，一般为 10%～30%；比表面积为 $2700～3500cm^2/g$；孔隙率为 60%～75%。

煤渣为块状，呈褐红色、灰色、灰黑色、绿黑色等。煤渣多为多孔状融结结构，也有呈密实岩石状或疏松土状的。煤渣真密度为 $2500kg/m^3$ 左右；松散干堆积密度为 $700～900kg/m^3$，以 $750～850kg/m^3$ 居多；颗粒表观密度为 $1250～1500kg/m^3$（孔隙率40%～50%）；吸水率为 5.5%～15%，一般为 10%～12%。

采用粉煤灰和煤渣作制砖原料时，事先应对其进行放射性核素测量，符合国家有关标准要求后方可使用。我国原煤中放射性核素含量低于其他国家的平均值，因而，粉煤灰和煤渣在制砖工业中的应用前景看好。

2.22 粉煤灰和煤渣的主要矿物成分有哪些？

粉煤灰是已经过高温焙烧，且经过一系列物理化学反应的原料。它的矿物成分主要有：无定形玻璃、未燃尽的碳、晶态的莫来石、石英、磁铁矿、赤铁矿、金红石、长石、刚玉、红柱石、方解石等。含颗粒度大于 0.002mm 的非黏土矿物（瘠性料）很多，而小于 0.002mm 的黏土矿物很少。但它与胶粘剂掺配后的混合料矿物组成往往仍基本符合砖瓦对原料矿物组成的要求（其中的粉煤灰是已经过一次高温焙烧的生成物）。尤其当粉煤灰掺入高塑性黏土内，对改善黏土的成型、干燥、焙烧性能效果尤佳。如重庆发电厂粉煤灰的主要矿物组成为：玻璃体，颗粒为 0.001～0.15mm，含量为 60%～65%；莫来石，颗粒为 0.001～0.15mm，含量约为 20%；碳屑，颗粒小于 0.01mm，含量不小于 10%；磁铁矿和赤铁矿，颗粒小于 0.01mm，含量约为 5%；石英，颗粒小于 0.01mm，含量约为 2%。这种粉煤灰与重庆地区的页岩以 1∶1（质量比）掺配使用，制出砖的抗压强度一般均超过 $1470N/cm^2$（$150kg/cm^2$）。

煤渣的矿物成分与粉煤灰相近。

2.23 粉煤灰的颗粒度怎样划分？

粉煤灰的颗粒度大致分为粗、中、细三类：粗灰，经4900孔筛其筛余为40%以上；中粗灰，经4900孔筛其筛余为20%～40%；细灰，经4900孔筛其筛余为20%以下。在混合料塑性指数不变的情况下，灰的颗粒越细，其允许掺量越多。吉林市粉煤灰砖厂的经验证明，如混合料最多允许掺配50%的细灰时，改用中粗灰只能掺配45%左右，而改用粗灰则只能掺配40%左右。

经试验测得，同种黏土掺入不同颗粒度的粉煤灰，对黏土塑性指数的影响如表 2-7 所示。

不同颗粒度的粉煤灰对同种黏土塑性指数影响 表 2-7

粉煤灰的掺入量（%）	黏土塑性指数	
	掺粗灰	掺细灰
0	11.19	11.19
3	10.72	10.70
6	10.00	10.05
9	9.30	9.59
12	8.36	9.10
15	8.20	8.60
18	7.84	8.10
每增加 1%，塑性指数平均降低值	0.1861	0.1717

煤渣多为块状，需经过粉碎后方能与胶粘剂（黏土、页岩、煤矸石）掺配制砖。

2.24 干排粉煤灰的输送方法有哪些？

（1）空气输送斜槽输送

空气输送斜槽可输送含水率不大于 5% 的灰。其斜度越大（向下），则物料流动越快，输送量亦越大；斜度小则有利于工艺布置。输送干灰的斜槽斜度以采用 6° 左右较合适。输送距离以不超过 50m 为宜。

斜槽的优点是无转动零件，因而它磨损小、易维护、耗电省、无噪声、密闭好、构造简单、操作安全可靠、易于改变输送方向和可多点喂卸料等；其缺点是在布置上有斜度要求，当输送量过少时往往不能顺利输送。

（2）气力输送

北京市西郊烟灰制品厂采用气力输送干排粉煤灰。气力输送的优点是布置简单、灵活，密闭性能好，易于机械化，检修维护工作量小，单位运距设备质量轻，土建工程量小；其缺点是耗电量较大。气力输送一般运距为 500~600m。

（3）罐装汽车输送

砖厂采用的罐装汽车的容量，小的为 6~7t/辆，大的达 32t/辆。罐装汽车将干灰运到砖厂后用气泵打入圆形深筒仓中储存。个别厂也有倒入原料棚中，这样做扬尘大，不可取。

2.25 干粉煤灰的储存方法有哪些？

一般由电厂用气力输送的方式，将干粉煤灰通过管道直接送到砖厂储仓内供生产时使用。粉煤灰贮仓多采用圆形深筒仓。筒仓仓壁可采用钢筋混凝土制作，或用砖砌筑（需配筋，内壁用水泥砂浆抹平），筒仓下部的锥体部分可采用钢板锥体或上半部为钢筋混凝土而下半部为钢板的混合结构。

常用的筒仓有两种：①ϕ6m，锥体部分高度 5m，锥体出口内径 ϕ0.4m，出料用刚性叶轮给料机 ϕ400×400 或 ϕ300×400；②ϕ8m，锥体部分高度 6m，锥体出口内径 ϕ0.5m，出料用刚性叶轮给料机$\phi500 \times 500$ 或$\phi400 \times 500$。

$\phi6m$ 和$\phi8m$ 圆形筒仓容积和容量如表2-8所示。

$\phi6m$ 和$\phi8m$ 圆形筒仓容积和容量　　　表2-8

筒仓规格	$\phi6m$							$\phi8m$						
筒仓总高度（m）	11	12	13	14	15	16	17	12	13	14	15	16	17	18
筒仓直筒高度（m）	6	7	8	9	10	11	12	6	7	8	9	10	11	12
筒仓有效容积（m^3）	183	205	227	249	271	293	315	348	388	428	468	508	548	588
筒仓容量（t）	110	123	136	150	163	176	189	209	233	257	281	305	329	353

筒仓进出料的技术要求：①设置集灰装置和除尘装置；②安设的刚性叶轮给料机上口与筒仓出料口之间应设单向螺旋闸门，以备事故检修用。

现就近几年来砖厂采用的筒仓及其进、出料工艺举例简介如下：

A砖厂：罐装汽车容量15t/罐，2台；7t/罐，1台；28t/罐，1台。在电厂装满干灰的罐装汽车以气泵将灰打入圆形筒仓中，容量为15t/罐的汽车打入筒仓中历时约27min。圆形筒仓2个，全钢制作，容量150t/个。筒仓中灰采用气力搅拌，防止结饼。其顶部设脉冲喷吹袋式除尘器。出料口设螺旋给料机。

B砖厂：罐装汽车容量28t/罐，2台；32t/罐，1台。圆形筒仓2个，全钢制作，容量257t/个。筒仓中灰采用气力搅拌，其顶部设压力式袋袋除尘器。出料口为叶轮给料机，再下到螺旋输送机。

C砖厂：罐装汽车容量32t/罐，2台；15t/罐，1台。圆形筒仓2个，全钢制作，容量281t/个。筒仓中灰采用气力搅拌，其顶部设压力式袋袋除尘器。出料口为螺旋给料机。

2.26　湿排粉煤灰的脱水方法有哪些?

湿排粉煤灰的水灰比为100：1～100：5。必须脱除大量水分，才能用作制砖原料。下面介绍几种常用的脱水方法：

（1）自然沉降法脱水

自然沉降法脱水一般在沉灰池内进行，不少砖厂是利用附近的山沟、凹地（或稍加人工修筑）作为沉灰池的。沉灰池最好配备3～4个循环使用，即一池注灰水沉降，一池静置脱水，一池挖灰使用，或另设一池备用。

（2）储灰棚脱水

储灰棚的作用：①若经自然沉降法脱水后含水率仍偏高，满足不了生产要求，可在储灰棚中风干，进一步脱水。②雨天沉灰池中灰的含水率增高，不宜取用，可取储灰棚里含水率合格的灰先用。

要求储灰棚的通风良好，进出灰方便。

（3）浓缩-真空过滤法脱水

浓缩-真空过滤法是机械化连续作业的脱水方法。浓缩，是利用自然沉降原理使电厂排出的含水率为 95% ~99% 的灰在耙式浓缩机中脱水增浓的工艺措施。浓缩后的灰含水率约为 50% 左右。真空过滤脱水是在真空过滤机中进行的，其原理是利用真空在过滤介质（滤布）两侧形成的压力差，使浓缩后的灰水达到固液分离的目的。真空过滤后的灰含水率一般在 33% 左右，在刚换新滤布（布眼堵塞少，滤水流畅）时可达 29% 左右。滤饼的含水率主要与下列因素有关：①真空度。要求真空度 ≤ −0.055MP。否则，灰的含水率会显著增高。造成真空度低的主要原因是真空泵的规格偏小或数量偏少。②滤饼厚度。滤饼越薄，则灰的含水率越低。③灰的颗粒度。灰越细，则含水率越低。

注意事项：①预防浓缩池压耙。如遇停电等情况，浓缩池的耙子未转，电厂的灰水仍不断涌入池中，灰沉积多了，将耙压住，通电后难以启动。避免压耙事故的最好办法就是设置备用电源。如无备用电源，停电时灰水不应再进入浓缩池，而应放入外界灰场。②如电厂灰、渣混排，在流入浓缩池前应先筛除粗颗粒渣等杂质，以免堵塞管道。

和自然沉降法脱水相比，采用浓缩-真空过滤法脱水的主要优点是：①劳动强度大大降低，定员大大减少。北京东郊烟灰制品厂在用自然沉降法脱水时，两个班共需 80 人挖运灰，而改用浓缩-真空过滤法脱水后，三个班仅需 15 个操作工人。②不存在自然沉降法脱水遇到雨天灰含水率增高问题。③不存在自然沉降法脱水遇到冬季沉灰池结冰难以取灰问题。实践证明，采用浓缩-真空过滤法脱水，即使在 −15℃ 的情况下，由于浓缩池中耙在不停地运动，池水不但不结冰，而且还冒热气。

（4）烘干法脱水

当灰经自然沉降法和储灰棚脱水，或经浓缩-真空过滤法脱水后，其含水率仍偏高，可再进行一次烘干法脱水。烘干法脱水是在烘干机内进行的。

必须指出，烘干法脱水需要消耗大量的热能。为了节约能源，它应作为在用前几种脱水方法之后的补充脱水。

用烘干法脱水，究竟是烘黏土等胶粘剂有利，还是烘粉煤灰有利？上海原浦南砖瓦厂的实践证明，烘粉煤灰比烘胶粘剂有利得多。其原因是：①粉煤灰呈小颗粒松散状。而胶粘剂不一样，它具有黏性，在烘干机内极易结团，形成坚硬外壳，阻止内部水分蒸发。故灰的蒸发强度大大高于胶粘剂。②粉煤灰单位质量水分蒸发热耗比胶粘剂低得多。大致是粉煤灰中每蒸发 1kg 水分耗热为 4145kJ（990kcal），而胶粘剂中每蒸发 1kg 水分耗热达 8876kJ（2120kcal）。③为了避免黏土等胶粘剂在烘干过程中失去结晶水而降低塑性，烟气进烘干机温度不宜高于 500℃；而烘干粉煤灰，烟气温度高达 800℃ 也无妨。

烘干粉煤灰时，如出灰含水率高于 15%，基本无飞灰现象；含水率高于 10%，飞灰甚少。随着出灰含水率的降低，飞灰不断增加。如含水率低至 1%，飞灰高达 20%。故出灰含水率低于 10% 时，必须采取收尘措施。

2.27 粉煤灰砖的焙烧特点有哪些？

粉煤灰砖的焙烧特点：①烧成温度较高。其原因是灰已在电厂经高温焙烧过一次。这就要求胶粘剂产生较多的熔融物，将包括灰在内的大量固体颗粒之间的空隙充填，使其形成较致密的整体。②烧结温度范围较窄。在焙烧过程中，粉煤灰参与化学反应"不积极"，主要靠胶粘剂起作用。如胶粘剂产生的熔融物过少，未能使成品砖形成较致密的整体，为欠火砖；如胶粘剂产生的熔融物过多，使成品砖软化变形，为过火砖。故要求焙烧窑的横断面温差尽量小，以免降低成品合格率。

由于高掺量粉煤灰受湿坯体强度的制约，不允许叠码得过高，为了使焙烧窑有较高的产量，一般采用二次码烧轮窑或二次码烧隧道窑焙烧。亦有例外，如河南省焦作市粉煤灰砖厂的原料配比：粉煤灰：黏土和外加剂 = 70:30（质量比），采用了隧道窑一次码烧工艺。该厂焙烧窑长108m，内宽2.5m，3条，窑车码7层；配3条长68m干燥窑，年产量4500万块普通实心砖。

实践证明，原料中粉煤灰含量过多，则成型后的坯体易断裂，烧成型的产品性脆。

2.28 黏土的工艺特性有哪些？

黏土的工艺特性主要有分散性、可塑性、结合性和烧结性等。这些特性主要取决于黏土的矿物组成和颗粒组成。各特性之间是相互影响的，分散性大的黏土其结合性和可塑性也比较好，有利于烧结。

2.29 什么是黏土的分散性？

分散性反映了黏土的分散程度。通常用颗粒组成或比表面积来表示。黏土属于高分散性物质，颗粒度一般不大于$10\mu m$。黏土的工艺特性主要取决于小于$2\mu m$的颗粒的数量。

2.30 什么是黏土的结合性？

是指黏土具有粘结非塑性材料的能力，即使成型后的砖坯能保持其形状，且具有一定的机械强度的性能，一般来说，黏土的分散程度越高，比表面积越大，其结合性也越强。另外，还取决于黏土矿物的组成和颗粒组成。实际生产中，通常都以黏土的可塑性来判断其结合性能的强弱。

2.31 什么是黏土的烧结性？

黏土在适当的高温下焙烧时，可成为致密而坚硬的烧结物，此时黏土加热体积收缩，气孔率降低到最小，吸水率也最低。黏土的这种性能称为烧结性，鉴定黏土的烧结性通常用体积密度、气孔率、吸水率、加热收缩率等指标来衡量。

2.32 什么是泥灰岩

泥灰岩属于化学沉积岩，是石灰岩和黏土岩的中间类型，是方解石和黏土矿物的天然混合，$CacO_3$含量为62.5%到80%。颜色多样，质软易采掘。

2.33 高含量的石灰石原料能生产烧结砖吗？

回答是肯定的。不少事实证明，只要使原料有足够的细度和与之相匹配的生产工艺，用高含量石灰石的原料完全可以生产出符合质量要求的烧结砖。

例1：美国某厂用碳酸钙含量为90%以上的石灰石作主要原料，掺入少量黏土，配比是石灰石：黏土 = 90:10。生产出的砖强度等级达到MU15。其特点：砖坯成型水分低，制品烧成温度低，热耗低；干燥和焙烧收缩率小，成品吸水率低。

例 2：泥灰岩是方解石和黏土矿物的天然混合物 $CaCO_3$ 含量为 62.5% ~80% 。美国某砖厂用 50% 泥灰岩和 50% 的石灰石的混合料制砖。我国海南某砖厂用单一凝灰岩作原料制砖。

例 3：荷兰、美国、加拿大等国的几个砖厂用石灰质黏土原料生产黄色砖，成品的物理力学性能符合建筑用砖的要求。

2.34 什么是地球的地壳？

地球表面由土层和岩层组成的一层薄薄的固体外壳叫地壳，地壳的平均厚度约 33km，但各地不一样，一般大陆比海洋厚，高山比平原厚，大陆平均厚度约 35km，我国的青藏高原可达 70km，而大洋所在的地方一般只有 10km 左右，最薄的地方只有 5km。地壳又分为上下两层，上层富含硅和铝叫作硅铝层，下层多为硅和镁称硅镁层。

2.35 什么是化学分析？

化学分析是指利用物质的化学反应为基础分析测定材料的化学成分及含量，包括定性分析和定量分析两部分。

2.36 原料的化学成分对制品有何影响？

化学成分不能准确表示出原料的性能（准确表示出原料性能的应为矿物组成），但在一般情况下，化学成分的含量能帮助我们对原料及其生产的产品性能作大致的评价。

（1）二氧化硅（SiO_2）

二氧化硅既能以与各种铝硅酸盐矿物结合的形式存在，又能以自由的形式存在。二氧化硅以自由的形式存在时，偏粗的颗粒起着瘠性料的作用。故以自由形式存在的二氧化硅含量多时，会削弱原料的可塑性，砖坯干燥收缩和烧成收缩小，有利于快速干燥，但制品抗压强度低；二氧化硅含量过少，则满足不了硅酸盐矿物固相反应的需要，制品抗冻性能差。

（2）三氧化二铝（Al_2O_3）

三氧化二铝的含量是原材料可塑性的象征，三氧化二铝含量多，可提高原料的可塑性，砖坯的焙烧温度偏高，制品的耐火度高，但抗冻性能差；三氧化二铝含量过少，同样满足不了矿物固相反应的需要，制品的抗折强度低。

（3）氧化铁（Fe_2O_3）

氧化铁是一种助熔剂，在焙烧时的较低温度下熔融形成低共熔体。氧化铁常以赤铁矿（Fe_2O_3）或褐铁矿（$Fe_2O_3 \cdot 3H_2O$）等形式存在。氧化铁含量较多时，烧成温度偏低，制品的耐火度低。另外，它影响制品的颜色。焙烧时窑内处于还原焰气氛时，氧化铁被还原成低价铁的氧化物，制品呈黑灰色；焙烧时窑内处于氧化焰气氛时，则制品呈紫红色。

当 Fe_2O_3 含量 >10% 时，则会缩小制品烧结温度范围。

（4）氧化钙（CaO）和氧化镁（MgO）

细散状态的碳酸钙和碳酸镁（钙和镁是以碳酸盐状态存在于原料中的）是强烈的助熔剂，在焙烧期间与硅酸盐结合。这些物质部分来自黏土矿物本身，但是它们主要来自碳酸钙（石灰石）和碳酸镁（尤其是白云石）。当石灰石的颗粒足够细并能在坯体中均匀分布时，焙烧期间形成的石灰就能与坯体中的其他成分结合，形成了复杂的钙铝硅酸盐物质，这些物质具有极好的机械性能和清淡的色彩，其颜色范围可从粉红色到浅黄色，随产品焙烧温度的增高而变得更淡。最终产品的颜色取决于钙、铁、铝的相对含量。如果坯体中 CaO/Al_2O_3 的比率大于 1 时，无论铁的含量达到什么程度，焙烧后产品均保持着黄颜色。否则，产品是红颜色；当 $Fe_2O_3/CaO < 0.5$ 时，就可获得黄色的色调。烧结之后产品中的铁不再以氧化铁的形式存在，而是以铁钙化合物的形式存在（铁酸钙：$CaO \cdot Fe_2O_3$ 和 $2CaO \cdot Fe_2O_3$）；当 $Fe_2O_3/CaO < 0.45$，其色调是米黄色；如果 $Fe_2O_3/CaO > 0.9$，产品是红色。

在焙烧过程中，碳酸盐的分解导致了 CO_2 的释放，致使产品具有相对高的孔隙率。

当 $CaO + MgO$ 含量 $> 10\%$ 时，则会缩小制品烧结温度范围。

（5）氧化钾（K_2O）和氧化钠（Na_2O）

碱金属氧化钾和氧化钠主要来自长石、伊利石、云母及蒙脱石。它们起着助熔剂的作用。在焙烧期间，当碱金属氧化物与其他物质（例如氧化铁）结合时，就会导致玻化反应，形成液相，使产品具有较高的机械强度和较低的孔隙率。云母出现液相的温度约为 950℃，而长石则在更高的温度下玻化。

（6）三氧化硫（SO_3）

三氧化硫是以硫酸盐（二水石膏 $CaSO_4 \cdot 2H_2O$，无水石膏 $CaSO_4$）和硫化物（黄铁矿、白铁矿）状态存在于原料中，是不受欢迎的成分，它在焙烧时产生二氧化硫（SO_2）气体，腐蚀金属设备，造成产品泛霜，并有损于操作工人的健康，同时因二氧化硫气体体积膨胀，使产品成松散状，影响产品质量。

（7）烧失量

烧失量是原料中存在有机物所致。黏土中有机物含量一般为 2.5% ~ 14%，它主要由动植物腐烂而生成。含有机物多的原料可塑性一般比较高，制品干燥后强度较高，但干燥收缩大，干燥速度过快，则易开裂。焙烧时烧失量较大，制品孔隙率亦较高。因此要求原料中有机物含量越少越好。

2.37 原料的化学成分要求范围是哪些？

原料的化学成分要求范围如表 2-9 所示。

原料的化学成分要求范围　　　　　　　　　　　　　　　　表 2-9

化学成分（%）	要求程度	要求范围			
		普通实心砖	承重空心砖	平 瓦	薄壁制品
SiO_2	适宜	55 ~ 70	55 ~ 70	55 ~ 70	55 ~ 70
	允许	50 ~ 80	50 ~ 80	50 ~ 80	50 ~ 80
Al_2O_3	适宜	10 ~ 20	10 ~ 20	10 ~ 20	10 ~ 20
	允许	5 ~ 25	5 ~ 25	5 ~ 25	5 ~ 25
Fe_2O_3	适宜	3 ~ 10	3 ~ 10	3 ~ 10	3 ~ 10
	允许	2 ~ 15	2 ~ 15	2 ~ 15	2 ~ 15
CaO	允许	0 ~ 15	0 ~ 15	0 ~ 10	0 ~ 10
MgO	允许	0 ~ 5	0 ~ 5	0 ~ 5	0 ~ 5
SO_3	允许	0 ~ 3	0 ~ 3	0 ~ 3	0 ~ 3
烧失量	允许	3 ~ 15	3 ~ 15	3 ~ 15	3 ~ 15

2.38 砖瓦原料常见的黏土矿物主要特征有哪些?

1. 高岭石

化学式为 $Al_2O_3 \cdot SiO_2 \cdot 2H_2O$。最早在我国江西省景德镇附近的高岭山发现而得名。高岭石晶体很细小,约为 $0.01 \sim 0.001mm$,但经重结晶后,其晶体有时可达 $1mm$ 以上。集合体呈白色土状,密度 $2.60 \sim 2.65g/cm^3$。莫氏硬度等级小于 2.5。质纯时白色,混有杂质时变为浅灰色、淡黄色等,含有机质时为深灰至黑色。

2. 蒙脱石

化学式为 $(Al_2,Mg_3)[Si_4O_{10}][OH]_2 \cdot nH_2O$。蒙脱石因在法国蒙摩利龙地区首先发现而得名,其纯矿成片状或土块状体,一般为粉红色、灰白色、淡黄色等,光泽暗淡。密度 $2.2 \sim 2.7 g/cm^3$。莫氏硬度等级 1.5。遇水后具有很大的膨胀能力,具有很强的吸附力。黏土矿物中的蒙脱石矿物颗粒很细,通常为 $1 \sim 0.1\mu m$ 或更小,比表面积可达 $700 \sim 800m^2/g$。蒙脱石的存在会增加黏土物料的干燥敏感性。

3. 水云母(伊利石)

结构式为 $KAl_2[(Si,Al)_4O_{10}][OH]_2 \cdot nH_2O$。密度 $2.6 \sim 2.9g/cm^3$。莫氏硬度等级 $1 \sim 2$。水云母黏土岩的颜色以黄、灰、绿、红色为主。就化学成分而言,水云母的 K_2O 含量可达 $9\% \sim 10\%$。

2.39 黏土物料中最常见的非黏土矿物有哪些?

1. 石英

常以石英砂形式存在。化学成分为 SiO_2。颜色不一,常为灰白色、烟灰色,也有淡黄色、褐黄色和深褐色。石英的物理及化学性能稳定,抗风化能力极强。

2. 长石

是黏土物料中常含的矿物成分。长石较石英易于风化,颗粒表面常因高岭土化或绢云母化而污染。长石呈白色、肉红色或灰色,莫氏硬度等级 $6 \sim 6.5$,风化后硬度下降。

按化学成分和结晶化学的特点,长石又可分为:

(1) 钾长石

又称正长石,结构式为 $K[AlSi_3O_8]$。晶体呈厚板状,通常为肉红色,玻璃光泽。风化后成为高岭石等黏土矿物。

(2) 斜长石

斜长石是钠长石 $Na[AlSi_3O_8]$ 和钙长石 $Ca[Al_2Si_2O_8]$ 之间的类质同象系列矿物。白色、灰白色,有时染成其他颜色。

(3) 微斜长石

钠长石与钾长石在高温下形成的连续固溶体,但温度降低则可混性减弱,固溶体会分解。

黏土物料中的长石起着助熔剂作用。

3. 云母

有白云母 $K_2Al_4[Si_6Al_2O_{20}]-(OH,F)_4$;绢云母(一种细小的鳞片状白云母);黑云母

$K_2(Mg, Fe)_6[Si_6Al] - O_{20}(OH, F)_4$ 等。

云母族矿物的风化对黏土物料中黏土矿物的产生有非常重要的作用。在较强烈的风化作用下，白云母分解，游离出部分 K_2O、SiO_2，经过水化而变成水云母，最后变成高岭石。黑云母较易风化，风化时常经过水云母和绿泥石，最终变为细分散的氧化铁和氢氧化铁以及高岭石等黏土矿物。

4. 碳酸盐

（1）方解石

方解石是石灰岩的主要矿物，通常无色或为乳白色，如含杂质可被染成各种颜色。莫氏硬度等级3，密度 $2.7g/cm^3$ 左右。黄土中以料礓石形式出现，如粒度较大，则会引起"石灰爆裂"而影响产品质量。细分散的方解石粉末是强烈的助熔剂，因此影响原料烧成性能。

（2）白云石

化学成分为 $CaMg(CO_3)_2$，通常为灰白色。莫氏硬度等级 $3.5 \sim 4$，密度 $2.8g/cm^3$ 左右。

除方解石、白云石外，碳酸盐矿物还有菱铁矿（$FeCO_3$），褐色或黑色；铁白云石 $[Ca_2MgFe(CO_3)_4]$，白色、粉红色或灰色；菱镁矿（$MgCO_3$），白色或淡黄色土状物等。

5. 铁质矿物

（1）赤铁矿

化学成分为 Fe_2O_3，黏土物料中的细粉末赤铁矿呈赭红色。

（2）磁铁矿

化学成分为 Fe_3O_4，铁黑色。莫氏硬度等级 $5.5 \sim 6$，密度 $4.9 \sim 5.2g/cm^3$，有强磁性。

（3）黄铁矿

黄铁矿又称硫铁矿，化学成分为 FeS_2，淡黄色。莫氏硬度等级 $6 \sim 6.5$，密度 $4.9 \sim 5.1g/cm^3$。

（4）白铁矿

白铁矿是黄铁矿的同质多象变体，淡黄铜色。莫氏硬度等级 $5 \sim 6$，密度 $4.6 \sim 4.9g/cm^3$。黏土物料中铁的硫化物是制砖瓦的有害物质。

2.40 制砖原料的矿物组成要求范围是哪些？

制砖原料的矿物组成要求范围如表2-10所示。

制砖原料的矿物组成要求范围 表2-10

矿物种类	矿物名称	已使用范围（%）	理想范围（%）
黏土矿物	高岭石	$0 \sim 35$	$0 \sim 15$
	绢云母＋伊利石（水云母）	$0 \sim 20$	$10 \sim 20$
	蒙脱石（微晶高岭石）	$0 \sim 20$	$0 \sim 5$
	绿泥石	$0 \sim 30$	$0 \sim 5$

矿物种类	矿物名称	已使用范围（%）	理想范围（%）
非黏土矿物	石英	28～75	30～50
	长石	0～18	0～13
	方解石	0～20	0～10
	白云石、铁白云石	0～10	＜1
	针铁矿	0～5	＜1
	赤铁矿	0～5	＜1
	菱铁矿	＜1	＜1
	黄铁矿	0～4	＜1
	石膏	0～3	＜1
	角闪石	0～5	＜1

2.41 制瓦原料的矿物组成要求范围是哪些？

制瓦原料的矿物组成要求范围如表 2-11 所示。

制瓦原料的矿物组成要求范围 表 2-11

矿物种类	矿物名称	已使用范围（%）	理想范围（%）
黏土矿物	高岭石	0～30	5～20
	绢云母＋伊利石（水云母）	8～50	10～25
	蒙脱石（微晶高岭石）	0～25	0～5
	绿泥石	0～20	0～10
非黏土矿物	石英	15～60	30～50
	长石	0～20	0～10
	方解石	0～13	0～5
	白云石＋铁白云石	0～15	0～3
	针铁矿	＜1	＜1
	赤铁矿	0～5	0～3
	菱铁矿	0～3	＜1
	黄铁矿	＜1	＜1
	石膏	＜1	＜1
	角闪石	＜1	＜1

由表 2-10 和表 2-11 可见，制砖原料和制瓦原料的矿物种类大致相同，而砖原料中黏土矿物（高岭石、绢云母＋伊利石、蒙脱石和绿泥石）的总量比制瓦原料少。两种产品原料中绢云母和伊利石的含量比例不同。制瓦原料中含有较多的伊利石，制砖原料中含有较多的绢云母。制砖原料还比制瓦原料含有较多的长石、石英和方解石。

在一般情况下，蒙脱石含量不超过 3% 是有益的，超过 3% 可能引起坯体干燥裂纹。在有些资料的表中所示蒙脱石的最高比例 10%，是在一定条件下才能使用的，例如原材料中含有石灰质物质（如方解石矿物）时。

2.42 原料中的矿物成分对工艺性能的影响如何？

原料中的矿物成分对工艺性能的影响如表 2-12 所示。

原料中的矿物成分对工艺性能的影响　　　　　　表 2-12

矿物名称	颗粒尺寸（mm）	干燥线收缩率（%）（例）	拌合水需要量（%）（例）	干燥敏感性	干抗折强度	塑性/结合能力产生纹理的倾向性	焙烧性能和焙烧后的颜色
高岭石铝氢化硅酸盐	0.1～1.3 部分直至5	5	30	降低	减小	可以略微提高瘠性	提高耐火度，扩展烧成范围
耐火土类高岭石	远小于高岭石	6	44	降低	某种程度地增大	通常可提高塑性	扩大烧成范围
多水高岭石	大多数<1	—	—	提高	高含水率时较强烈地增大	通常比高岭石更大地提高可塑性	扩大烧成范围
蒙脱石铝氢化硅酸盐	存在于<2 范围内，部分的更小	15	68	强烈提高	强烈增大	大大提高结合能力和塑性，有触变性	促使坯体致密化
白云母或云母	部分呈粗粒状	—	—	降低	减小	降低塑性，粗片状颗粒促使形成纹理，导致瘠化	降低软化点
绢云母	比白云母小	3	23	部分的促使提高或降低	减小	促使形成纹理，促使瘠化，提高流动性	起溶剂作用，烧后苍白色
水云母（伊利石）	存在于<2 的范围内，也有胶粒大小的	7 部分较高	42	部分的促使提高	增大	可较好地使塑性提高	作为助熔剂，烧后呈红色
绿泥石	—	—	—	部分的提高或降低	—	起瘠化作用	烧成后为红色直至褐色
海绿石贝类云母结构的铁硅酸盐	—	—	—	—	—	起瘠化作用	作为溶剂，烧成后呈红色
石英	粗粒直至细粒，部分的小到0.5	—	—	降低	减小	减小塑性和结合性，起瘠化作用，粗粒破坏纹理	改善耐火性能，提高冷却敏感度
长石钾长石钠长石钙长石	部分的是粗晶	—	—	降低	减小	减小塑性，起瘠化作用	促使形成玻璃相，在较高温度下作为助熔剂

矿物名称	颗粒尺寸（mm）	干燥线收缩率（%）（例）	拌合水需要量（%）（例）	干燥敏感性	干抗折强度	塑性/结合能力产生纹理的倾向性	焙烧性能和焙烧后的颜色
碳酸盐 方解石 白云石 铁白云石 菱铁矿	部分的较大	—	—	降低	减小	—	原料中含有少量铁的氧化物时作为助熔料
铁氧化物 赤铁矿 磁赤铁矿 纤铁矿	至少是胶体的颗粒	—	—	—	—	—	还原气氛下是强助熔剂，氧化气氛下烧成红色，在还原气氛下呈暗褐色直至黑色
黄铁矿或白铁矿	部分呈大块	—	—	—	—	—	还原性焙烧后遗留下褐色斑痕
石膏	部分较粗	—	—	—	—	—	促使生成钙矾石

研究表明，原料的化学成分对生产工艺（特别是焙烧）有一定的影响。但由于形成可塑性的主要成分 Al_2O_3 往往也存在于非黏土矿物（如长石）中，因此 Al_2O_3 含量多少并不能准确反映可塑性高低。同样 SiO_2 也类似。所以，测定化学成分只能作工艺设计的参考。真正有价值的是原料的矿物成分。

原料的矿物成分对生产工艺有着显著影响，它直接影响着成型水分、可塑性，尤其是干燥和焙烧性能在很大程度上决定于原料中的矿物成分。

2.43 原料中的矿物成分对产品性能的影响如何？

原料中的矿物成分对产品性能的影响如表 2-13 所示。

原料中的矿物成分对产品性能的影响　　　　　　　　　　表 2-13

矿物名称	敞体积气孔率	比吸水率	生坯密度	抗折强度	抗压强度	抗冻性能	表面性质
高岭石	减小	减小	增大	经常使得增大	不总是有影响	至一定比例后提高	粗粒的添加物能引起爆裂
耐火土类高岭石	减小	强烈减小	增大	增大	多使增大	至一定比例后提高	粗粒的添加物能引起爆裂
蒙脱石	减小	强烈减小	增大	增大	含量较少时提高，达 20% 左右及以上无作用或降低	含量较少时提高，达 20% 左右及以上无作用或降低	—

续表

矿物名称	敞体积气孔率	比吸水率	生坯密度	抗折强度	抗压强度	抗冻性能	表面性质
水云母（伊利石）	减小	相当大地减小	增大	强烈增大	强烈增大	提高	—
白云母或云母	几乎无影响	某种程度增大	几乎无影响	减小	部分地强烈减小	由于产生纹理而降低	—
绢云母	几乎无影响	增大	几乎无影响	减小	部分地强烈减小	由于产生纹理而降低	—
石英	有某种减小	增大	几乎无影响	减小	强烈减小	自一定含量以上降低	—
长石	—	—	—	减小	减小	制砖时多降低	—
方解石	增大	强烈增大	减小	减小	首先强烈减小	自一定含量起降低	块大时易发生爆裂
铁的氧化物	—	—	—	—	—	—	粗块时导致变色并部分爆裂
黄铁矿或白铁矿	—	—	—	—	—	—	粗块时导致爆裂，促使冷霜
石膏	—	—	—	—	—	—	促使形成钙矾石

2.44 二氧化硅（SiO_2）有几种形态的变化？值得注意的是哪种形态的转化？

除了氧之外，硅是地壳表层中分布最广的一种元素。地壳约 25.8% 是由硅组成，以二氧化硅（SO_2）（硅石、石英、砂石、含水蛋白石和燧石）和不同硅酸盐类形式诸如长石、云母、黏土、石棉等存在。

二氧化硅（SiO_2）是烧结砖瓦原料的重要成分之一，一般占 55% ~ 70%。SiO_2 成分除了黏土、长石供给一部分外，石英是主要供给者。由于 SiO_2 属于瘠性物料，它的存在可以降低坯体干燥的收缩和变形。此外，由于它在高温下的多晶转化产生的体积膨胀，抵消了制品在高温下的收缩，因而改善了烧成条件，防止因收缩过甚而引起的开裂和变形。SiO_2 在烧成过程中，除了溶解一部分为长石玻璃外，多数 SiO_2 还构成制品的骨架。

组成石英矿物的 SiO_2，可以形成几种不同的结晶形态和一种无晶形形态，所有这些形态在温度改变时，都能产生同质异形的转化作用，并伴随着体积的变化。这对烧结砖瓦的质量有着密切的关系。

二氧化硅有八种形态，β 与 α-石英，β、α 与 γ-鳞石英，β 与 α-方石英及石英玻璃。高温安定形态以 α 表示，低温安定形态以 β 表示。在自然界仅有 β-石英存在，而鳞石英和方石英为数很少。这八种形态的转化如下：

$$\alpha - 石英 \xrightleftharpoons{870℃} \alpha - 鳞石英 \xrightleftharpoons{1470℃} \alpha - 方石英 \xrightarrow{1710℃+10℃} 熔融二氧化硅$$

值得注意的是，二氧化硅主要形态的快速晶形转化，即

$$\beta - 石英 \xrightleftharpoons{573℃} \alpha - 石英$$

从低温安定形到高温安定形，体积增加 0.82%；反之，体积减小 0.82%。

透明的石英晶体称作水晶，紫色的是紫晶，各种淡黄色、金黄色和褐色的是烟晶，黑色几乎不透明的是墨晶。烟晶和紫晶经琢磨可作半宝石。

2.45 原料的颗粒如何分级？各级颗粒的作用如何？

由于黏土矿物大部分存在于小于 0.002mm 的颗粒中，而原料的许多性能又取决于黏土矿物组成，所以国际上不少国家都是以大于 0.02mm、0.02~0.002mm、小于 0.002mm 来分级的。

大于 0.02mm 的颗粒称砂粒，它没有粘结性能，在干燥和焙烧过程中主要起骨架作用，它的含量多少影响着坯体成型、干燥和焙烧性能。如原料中砂粒的含量少，则成型比较容易，但干燥比较困难，焙烧温度降低；反之，如原料中砂粒的含量多，则成型比较困难，但干燥比较容易，焙烧温度提高。

0.02~0.002mm 的颗粒称尘粒，它有一定的粘结性能，但干燥后松散，它在坯体成型和焙烧过程中，一方面起骨架作用，另一方面起填充作用。

小于 0.002mm 的颗粒称为黏粒，它有粘结性能，干燥后结合力强。在坯体成型和焙烧过程中起填充作用，与水作用产生可塑性。黏粒不能太少，也不能太多，太多会导致干燥困难。

原料中的砂粒、尘粒和黏粒三组分要有合适的比例，才能作为制造砖瓦的原料。

2.46 原料的颗粒组成要求范围是哪些？

原料的颗粒组成就是不同细度的颗粒在原料中含量的数量比。颗粒组成直接影响原料的可塑性、收缩率和烧结性等性能。一般情况下，颗粒越细则可塑性越高，收缩率越大，干燥敏感性系数越高。

原料的颗粒组成要求范围如表 2-14 所示。

原料的颗粒组成要求范围　　　　　　　　　　　　　　表 2-14

产品名称	颗粒组成（%）		
	<0.002mm（黏粒）	0.002~0.02mm（尘粒）	>0.02mm（砂粒）
实心砖	10~49	>10	<70
承重空心砖	20~50	>10	<60
瓦	23~51	10~47	8~48
薄壁制品	24~49	30~47	6~34

当 <0.002mm 的黏粒超过25%时,将显示出较高的干燥敏感性、较大的焙烧收缩率和较高的制品密度。

2.47 什么是材料的细度?

细度指粉状或粒状材料颗粒的粗细程度。大批量的粉状或粒状材料不可能逐一测量每一个颗粒尺寸,所以,一般用筛子进行筛分,然后按一定公式计算平均粒径,或者直接以筛分结果表示粉、粒状材料的粒径。一般常用的指标为筛余百分率,按下式计算:

$$m = \frac{G_{末}}{G} \times 100\%$$

式中 m——筛余百分率(%);

G——整个被筛材料的质量(g 或 kg);

$G_{末}$——未通过筛子材料的质量(g 或 kg)。

对不同材料测定细度时所选用的筛孔不同。筛孔大小常用如下方法:目数表示、$1cm^2$ 面积上孔数表示和用孔的绝对尺寸表示。

(1)目数表示方法

在方孔筛上沿边长测 1 英寸(25.4mm)的长度,在 1 英寸长度范围内孔的数为目数。目数越大,筛孔越密(即筛孔越小)。目数与筛孔尺寸的关系如表 2-15 所示。

国产筛网格(TW－1－G型)目数与筛孔边长的关系　　　　表 2-15

目数	8	10	12	16	18	20	24
筛孔边长(mm)	2.5	2.0	1.6	1.25	1.0	0.9	0.8
目数	26	28	32	35	40	42	45
筛孔边长(mm)	0.7	0.63	0.56	0.5	0.45	0.42	0.4
目数	50	55	60	65	70	75	80
筛孔边长(mm)	0.355	0.315	0.28	0.25	0.224	0.20	0.18
目数	90	100	110	120	130	150	160
筛孔边长(mm)	0.16	0.154	0.14	0.125	0.112	0.10	0.09
目数	190	200	240	260	300	320	360
筛孔边长(mm)	0.08	0.071	0.063	0.056	0.05	0.045	0.04

可见,8 目筛的筛孔边长为 2.5mm;10 目为 2.0mm;12 目为 1.6mm。

(2)$1cm^2$ 面积上孔数表示方法

在方孔筛上取 $1cm^2$ 面积,用该面积中孔的数目来表示,即孔数/cm^2。如 $1cm^2$ 面积上排列 49 个孔,即称 49 孔筛。

(3)用方孔的绝对尺寸表示方法

量方孔的实际边长来表示筛子的粗细。如筛孔边长为 2.5mm×2.5mm 等。

制品的孔洞率越高,壁越薄,则要求原料越细,以确保有足够数量的塑性料。当采用湿法制备时,以严格控制细碎对辊机的辊隙来达到;而采用干法制备时,以筛子的筛孔大小进行控制。

制品和原料最大粒度的关系如表 2-16 所示。

制品和原料最大粒度的关系   表 2-16

制品名称	细碎对辊机的辊隙（mm）	筛子的筛孔（目）
普通实心砖	2~3	8 或 10
多孔砖和空心砖	0.8~1	10 或 12
大型制品和薄壁制品	0.2~0.4	—
挤出瓦	0.4~0.6	—

物料细粉碎，破坏晶体的完整结构，可促进晶格活化，促进扩散，加速固相反应。

在发达国家，以湿碾机与细碎对辊机组合较多用于破碎含水率较高的塑性料；对于破碎含水率较低的块状页岩等，以锤式破碎机和干碾机组合用得较广。

2.48 什么是原料的可塑性？塑性指数是怎样获得的？

原料和水混炼时，可形成泥团。这种泥团在外力作用下，能变成任何形状而不开裂。当外力作用停止时，保存已改变了的形状不变。原料的这种性质称为可塑性。

从物理化学的观点来看，原料的可塑性是很复杂的，目前还有许多没有弄清楚的实质问题。

经验告诉我们，原料矿物成分、颗粒大小、胶体（一般指小于 0.001mm 的颗粒）含量多少、拌合水的用量等，均影响原料的可塑性。颗粒越细、比表面积越大、分散度越高，则可塑性物质固相与液相接触面越大，可塑性也越高。胶体含量越多，可塑性也越高。垆坶土可塑性高于高岭土的原因，就是因为垆坶土含铝英石部分较多的缘故。而铝英石是由成分变动很大的氧化硅和氧铝水化物及胶体的混合物所构成。原料的可塑性在很大程度上取决于拌合用水量，只有控制固体与液体间的一定比例，才能得到适当的可塑性。这个比例是由试验求得的，如果液体的量不够，则所得软泥容易碎解；如果液体的量过多，则软泥会粘手，并且会流散开来。不同原料所需水量如表 2-17 所示。

不同原料所需水量   表 2-17

名　称	水分（%）
黄土	16~19
陶器用黏土	15~33
硅酸质黏土	15~24
高岭土	18~35
页岩	14~25

原料的塑性高低，用塑性指数表示。原料呈可塑性状态时含水率的变化范围代表着它的可塑程度，其值等于液性限度（简称液限，也称流限）与塑性限度（简称塑限）之差。液限和塑限用塑性指数法测定。所谓液限，就是原料呈可塑状态时的上限含水率（干基），当原料中含水率高于液限时，原料就成流动状态。所谓塑限，就是原料呈可塑状态时的下限含水率（干基），当原料中含水率低于塑限时，原料就成半固体状态。

$$I_p = w_{液} - w_{塑}$$

式中　$w_{液}$——液性限度（％）；

　　　$w_{塑}$——塑性限度（％）。

原料的塑性指数要求范围如表 2-18 所示。

原料的塑性指数要求范围　　　　　　　　　　表 2-18

产品名称	塑性指数	
	适宜	允许
实心砖	9 ~ 13	6 ~ 17
承重空心砖	9 ~ 14	7 ~ 17
瓦	15 ~ 17	11 ~ 27
薄壁制品	15 ~ 17	11 ~ 27

为了提高原料的可塑性，可将其在潮湿环境中陈化一个时期，使其经过一个能增加材料疏松程度和分散性的过程。

一般可塑性太强的原料，水分含量较多，干燥收缩也较大，因而容易产生开裂，为了降低可塑性，可以掺一些瘠性物料，如石英砂、粉煤灰、煤渣或塑性较差的黏土、页岩、煤矸石等。

需要指出的是，现在我国砖瓦行业中沿用的表述可塑性的方法是 1911 年由瑞典人阿特博格（A. Atterberg）提出来的，也称为阿氏可塑性指数。这种方法多年以来广泛用于土壤学、土力学、工程地质学等部门。我国砖瓦行业虽说使用了多年，但仅是针对软质、分散的黏土原材料而言的，也是一种较为粗放式的试验方法。实践证明，已知塑性指数的黏土原料，由于含水率、加工处理过程等因素的影响，所表现出的可塑性程度并不一致。这是因为在砖瓦生产中单凭使用阿氏塑性指数来判断黏土原料的塑性以及对其生产工艺的适应性是远远不够的。例如，有两种黏土原料的塑性指数几乎相同（一个为 13.7，另一个为 13.5），但是干燥收缩分别为 7.18 和 4.42，相差很大。该例说明，就是对分散程度很高的黏土原料，这种试验方法本身都有很大的误差。

对煤矸石、页岩等这些靠颗粒尺寸减小而获得塑性的材料来讲，使用这种方法时就会有很大的偏差。因为煤矸石、页岩这类原材料可塑性的高低，是依靠加工破碎，使其颗粒尺寸减小到一定程度后，加入水分使颗粒疏解（陈化）等来实现的，并且在加工处理过程中是可变化的。普通制砖黏土所具有的可塑性指数是相对稳定的，而这类依靠破碎加工处理使颗粒尺寸减小而获得可塑性的材料，其可塑性指数在加工处理过程中是可变的，例如某种煤矸石在试验室中全部粉碎到 0.9mm 以下时，按照土工试验方法，对其可塑性指数进行测定，可塑性指数仅为 7.2，但是加入 40% 的过火矸石后（基本上无可塑性），其混合料经加水搅拌、陈化、细碎对辊机碾练、真空挤出机挤出后，其成型后小试样的可塑性指数竟达到了 10.5；又如某地的页岩，在试验室中全部粉碎至 0.9mm 以下时，按土工试验方法测得的可塑性指数为 8.4，但是加入 40%（质量比）的粉煤灰后，经加水搅拌、陈化，细碎对辊机碾练、真空挤出机挤出后的小试样的可塑性指数竟达到了 9.5。按照土工试验方法经过再验证试验后仍是如此，这就充分说明了目前砖瓦行业沿用的土工试验方法不能正确地反映出煤矸石、页岩这类原材料在加工、处理、成型中物料的特性。为了进一步证明页岩（或煤矸石）

这类原材料依靠颗粒尺寸减小而获得塑性的事实，在试验室中选取石家庄附近某地的中硬质页岩，将其分为两组进行粉碎。一组为全部通过 0.9mm 筛；另一组为全部通过 0.5mm 筛。而这一同样矿物组成的页岩，仅因粒度不同，其可塑性指数的差异就很大，一为 4.8（0.9mm），一为 8.9（0.5mm）。为进一步验证这种现象，又将这两组分别粉碎的页岩原材料按不同比例掺合在一起，测定其可塑性指数、干燥线收缩率和干燥敏感性系数，测定结果如表 2-19 所示。

同一半硬质页岩不同粒度的混合料的物理性能　　　　　表 2-19

掺兑比例（%，质量）		液限	塑限	可塑性	干燥敏感性	干燥线性收缩率
0.5mm	0.9mm	（%）	（%）	指数	系数	（%）
10	90	17.3	12.3	5.0	0.47	1.94
20	80	17.6	11.7	5.9	0.68	2.06
30	70	18.3	12.1	6.2	0.66	2.12
40	60	19.0	12.7	6.3	0.76	2.32
50	50	19.8	13.4	6.4	0.87	2.34
60	40	19.0	11.8	7.2	0.85	2.66

从表 2-19 中可明显看出，随着混合料中 0.5mm 以下颗粒组分的增加，混合料的可塑性指数、干燥敏感性系数及干燥线性收缩率均有增大的趋势。这就充分说明了用土工试验方法不能够完全对页岩、煤矸石等依靠颗粒尺寸减小而获得塑性的原材料的性质进行正确的评价。

从以上分析说明，可塑性的高低，与黏土矿物颗粒尺寸的关系极大，例如，假设某种黏土中所含的黏土矿物种类和总量与某种页岩所含的黏土矿物的种类和总量完全相同的情况下，由于黏土中黏土矿物颗粒分散得很均匀，而且很细小，用土工试验方法测得的可塑性指数就要高出页岩很多。如果将页岩充分地粉碎，使页岩中的黏土矿物达到像黏土中所含黏土矿物颗粒的细分散状态，有可能用土工试验方法测得的可塑性指数会与黏土的相同。但是实际生产中是无法做到的，从而使得煤矸石、页岩这样的原材料，在生产加工、处理过程中，可塑性的波动很大。另外，因这类依靠颗粒尺寸减小而获得塑性的材料，在生产过程中，要经破碎、加水搅拌、陈化、碾练、抽真空处理等过程，每经过一道工序，其颗粒尺寸都在减小，或因水的作用而颗粒疏解，其可塑性会得到逐步提高。因而，对这类原材料可塑性的测定，应在挤出机出口处取样测定其可塑性，或是采用其他表述方法。

传统的阿氏塑性指数测定方法，在一定程度上掩盖了含高比例蒙脱石页岩（煤矸石）材料的危害性。如有的厂家技术人员就非常迷茫——自己的页岩原材料的可塑性指数并不是太高，但是坯体的裂纹却非常多，无法解释这种现象。其实，单凭阿氏可塑性指数从根本上就不能够完全反映出含蒙脱石页岩原材料的工艺性能。

2.49　如何调整原料的可塑性？

为了克服在生产过程中因原料所产生的某些缺点，常常需要增大或降低其可塑性，以满足制品技术条件的要求。

（1）提高原料可塑性的方法

在烧结砖瓦的生产中，一般采用风化、陈化和配高塑性料等方法来提高黏土、页岩和煤矸石等原料的可塑性。

①风化

为了破坏黏土、页岩、煤矸石的天然结构，使其经受大气作用——风化和冻结，尤其在采用难以松解的胶质黏土和肥黏土时更为必要。这样做的目的是为了使天然潮湿的原料，在风吹、雨淋、日晒、雪化、吸水、干燥、冷热、胀缩反复作用下发生崩解（主要是体积变化），成为细小的颗粒。同时，原料在风化过程中发生许多化学和物理变化，使有机物质发生腐烂、可溶盐类被浸析、硫化物被氧化等，改变了原来的成分，改善了原料的工艺技术性能。

即使发达国家机械化程度较高的砖厂，为了生产高孔洞率、高质量的空心制品，对原料的处理也不乏使用风化手段。

我国有些砖厂的原料经风化处理，其性能得到显著改善。如湖南长沙一砖厂和二砖厂的原料均为山土，刚采掘的原料颗粒粗、塑性低，成型困难，成品质量差，但经风化一年后，颗粒变细，塑性大大提高，完全能够满足生产需求。故这两家砖厂都很强调要使用"隔年土"。"隔年"是经过一次冬季到春季的冻融。须知，存在于空隙中的水结冰后体积要膨胀9%，产生巨大的胀应力，对原料颗粒变细的作用是显而易见的。

但风化往往使原料自然含水率大大增加（如吉林浑江砖厂的页岩原料，风化前含水率为5%~7%，风化后含水率为13%以上），容易使破碎、粉碎、筛分设备和料仓等粘堵。

②陈化

陈化就是将破、粉碎并加水后的原料储藏在密闭的房间内。在水的"劈裂"作用下使原料进一步松散、水分分布均匀，使胶体的有机和无机组成部分的含量增加，从而达到提高其可塑性，改善其工艺技术性能的目的。

某厂原料经3天陈化后，砖坯的干强度提高了50%。

③细化

细磨原料可使其中黏土质成分有足够数量分离出来，对提高可塑性能有好处。即使毫无塑性的原料，如果加以细磨，也能获得一定的可塑性，但这样做需投入较大的费用。

④均化

实际生产中，常常把可塑性高的原料掺到可塑性低的原料中去，配成可塑性较为合适的原料。使用这种方法时，应高度重视两种不同塑性的原料在混合料中分布的均匀性，因为塑性低的原料往往比塑性高的原料容易在水中松解。例如，瘦黏土甚至在天然潮湿的情况下也比较容易松解，而塑性高的黏土，就比较不容易松解，胶质黏土的松解就更为困难。所以如果掺配不均匀，经成型后的坯体是不均质的，这种坯体在干燥和焙烧过程中将会造成大量的废品损失（生产出的产品呈层状结构，质地松脆，耐久性差）。

⑤蒸汽（热水）加热

用蒸汽（热水）加热泥料，采用热挤出成型。蒸汽（热水）加热泥料后，使水分在短时间内分布均匀，并以较快的速度渗透到泥料颗粒的空隙中，从而大大提高泥料的可塑性能。

⑥真空处理

泥料中夹杂的空气会降低其可塑性能，使成型后的坯体起泡、分层和裂缝。采用真空挤出成型不但可以克服上述缺陷，提高泥料的可塑性能，还可增加坯体的强度和密实度。

（2）降低原料可塑性的方法

一般在原料中掺入砂子、炉渣、粉煤灰和熟料粉（如废砖粉）等瘠性料来降低其可塑性。如某砖厂在高塑性原料中掺入些废砖料，使制品的总收缩率大大下降，从而减少了干燥和焙烧损失。尤其是内燃烧砖法得到广泛应用之后，在原料中掺入可燃组分的掺合物，其效果最好。这些掺入物既是瘠化剂又是内燃料。

如掺砂子，一般选用石英砂，不宜用石灰质砂，因石灰质砂的掺入会降低砖的质量。

在原料中掺入各种瘠性料时，同样也存在着掺入物在原料中分布是否均匀的问题。经验证明，如掺入物不是均匀地分布在原料中，反而会给制品带来恶果，降低强度和严重时产生裂纹。

总之，不同的原料应有不同的加工处理手段，通过行之有效的加工处理，使原料的每个单体都有同样的矿物成分，同样的颗粒组成，同样的含水量，使用于制坯的原料有极好的均匀性和稳定的可塑性。

2.50 什么是原料的自然含水率？

自然含水率是原料在自然状态下的含水率。其高低因地区、季节和天气变化而有所不同。原料的自然含水率对其采挖、运输、储存，尤其是破、粉碎和筛分等设备起着重要作用。如含水率过低，则扬尘大；如含水率过高，则极易粘堵设备。

2.51 什么是土壤和岩石的坚固性？如何分类？

天然状态的土壤，按其坚硬程度和采掘的难易以及开挖工具和方法，可分为四类。土壤的工程分类如表 2-20 所示。

土壤的工程分类 表 2-20

土壤类别	土壤名称	天然含水率下的平均表观密度（kg/m³）	普氏硬度系数 f	检验方法及工具
一类土（松软土）	砂	1500	0.5 ~ 0.6	能用锹、锄头等挖掘
	砂质粉土	1600		
	种植土	1200		
	冲击砂土层	1650		
二类土（普通土）	砂质黏土和黄土	1600	0.6 ~ 0.8	用锹、锄头挖掘，少许用镐翻松
	轻盐土和碱土	1600		
三类土（坚土）	中等致密的砂质粉土、黄土	1800	0.8 ~ 1.0	主要用镐，少许用锹、锄头挖掘，部分用撬棍
	含有碎石、卵石的松土	1900		
	黏土	1900		
	轻微胶结的砂层	1700		
	含砾石、石子（15% 以内）等杂质的黄土	1800		

续表

土壤类别	土壤名称	天然含水率下的平均表观密度（kg/m³）	普氏硬度系数 f	检验方法及工具
四类土（砂砾坚土）	坚硬重质黏土	1950	1.0~1.5	整个用镐、撬棍，然后用锹挖掘，部分用楔子及大锤
	板状黄土和黏土	2000		
	密实硬化后的重盐土	1800		
	松散风化的片岩、砂岩或软页岩	2000		
	含有碎石、卵石（30%以内）中等密实的黏性土或黄土	1950		

人们在长期开采实践中认识到有些岩石易破碎，有些岩石难以破碎。难以破碎的岩石一般也难以凿岩、难以爆破，其强度、硬度也都比较大，也就是比较坚固。因此，可以在岩石的这许多性质中抽象出一个综合的性质，即岩石的坚固性。

岩石的坚固性是岩石抵抗各种物理力学能力的概括表现。不同岩石具有不同的坚固性。即使是同一种岩石，由于结构、构造和风化程度不同，坚固性也不同。含同样砂粒的砂岩，由于胶结物不同，坚固性也不同，胶结物为石英质的比较坚固，铁质的和石灰质的次之，黏土质的最差。页岩亦如此。页岩还有一个特点，那就是容易沿层理方向破坏，因而它的坚固性与受力方向也有关系。

为了从数量上表示岩石的坚固性，用 f 来表示岩石坚固性系数，这个系数是苏联学者普罗托基阔诺夫提出的，亦称普氏硬度系数。坚固性愈大的岩石，普氏硬度系数也愈大。常见的岩石普氏硬度系数介于 1~20 之间。

测定岩石普氏硬度系数的方法很多，最简单的方法就是用 5cm×5cm×5cm 的立方岩体试样，使其受单向压缩，设其极限抗压强度为 R（kg/cm²），将 R 值以 100 除之，得一抽象数，此数即为 f 值。

$$f = \frac{R}{100}$$

根据 f 值的大小，将各种岩石的坚固程度分成十级。岩石按普氏硬度的分类如表 2-21 所示。

岩石按普氏硬度的分类   表 2-21

等级	坚实程度	岩石名称	硬度系数 f
I	非常坚实	最坚实、致密、强韧的石英岩及玄武岩，非常坚实的其他岩石	20
II	很坚实	很坚实的花岗岩类：石英斑岩、很硬的花岗岩、硅质页岩，比上项硬度系数较小的石英岩，最坚硬的砂岩和石灰石	15
III	坚实	花岗岩（致密的）和花岗质岩石，很坚实的砂岩和石灰岩，石英质矿脉，硬砾石，很坚硬的铁矿	10
III-2	坚实	石灰岩（坚实的），不坚实的花岗岩，坚实的砂岩，坚实的大理石、白云石、黄铁矿	8

续表

等级	坚实程度	岩石名称	硬度系数 f
Ⅳ	尚坚实	普通砂岩、铁矿	6
Ⅳ-2	尚坚实	砂质页岩、页质砂岩	5
Ⅴ	中等	硬的泥质页岩，不硬的砂岩、石灰岩和软砾石	4
Ⅴ-2	中等	各种页岩（不硬的），致密的泥灰岩	3
Ⅵ	尚软	软质页岩，很软的石灰岩，白垩，岩盐，石膏，冻结土，无烟煤，普通泥灰岩，破碎的砂岩，胶结的卵石和砾石，石质土壤	2
Ⅵ-2	尚软	碎石质土壤，破碎的页岩，凝结成块的砾石和碎石，硬质煤，硬化的黏土	1.5
Ⅶ	软	黏土（致密的），黏土质土壤，软质煤	1.0
Ⅶ-2	软	软砂质黏土，黄土，砾石	0.8
Ⅷ	土质	腐殖土，泥煤，软砂质黏土，湿砂	0.6
Ⅸ	松散	砂，砂堆，细砾石，填方土，采下的煤	0.5
Ⅹ	游动	流砂，沼泽土，稀黄土及其他含水土壤	0.3

　　页岩的普氏硬度系数一般为 2~4（即抗压强度为 200~400kg/cm²）。也有低于 2 的（即抗压强度小于 200kg/cm²），也有高达 15 的（即抗压强度达 1500kg/cm²）。

　　还有一种莫氏硬度等级，是德国矿物学家莫斯（F. Mohs）提出的矿物硬度标准。测定莫氏硬度等级常用莫氏硬度计，该硬度计是选择十种硬度不同的矿物，分别定为 1 度到 10 度，按从低到高的次序排列而成。矿物的莫氏硬度等级如表 2-22 所示。

矿物的莫氏硬度等级　　　　　　　　　　　表 2-22

莫氏硬度等级	矿物名称	化学分子式
1	滑石	$Mg_3(Si_4O_{10})(OH)_2$
2	石膏	$CaSO_4 \cdot 2H_2O$
3	方解石	$CaCO_3$
4	萤石（氟石）	CaF_2
5	磷灰石	$Ca_5(PO_4)_3(F,Cl)$
6	正长石	$K(AlSi_3O_8)$
7	石英	SiO_2
8	黄玉	$Al_2(SiO_4)(F,OH)_2$
9	刚玉	Al_2O_3
10	金刚石	C

　　如某矿物能为方解石所刻划，但它能刻划石膏，而不为石膏所刻划，则该矿物的莫氏硬度等级介于石膏和方解石之间，取 2.5；如某矿物能为方解石所刻划，但它既不能刻划石膏，也不能为石膏所刻划，则该矿物的莫氏硬度等级和石膏一样，为 2。

　　由于硬度计携带不方便，野外工作时可利用表 2-23 所列的代用品测定硬度。

代用品的莫氏硬度等级　　　　　　　　表 2-23

软铅笔	指甲	铜钥匙	回形针	铁钉	玻璃	铅笔刀	小刀
1	2.5	2.5~3	3.5	4	5~5.5	5~6	6~7

如某矿物能为回形针所刻划，而不为指甲所刻划，则该矿物的莫氏硬度等级约为 3。但经显微镜硬度计测得的绝对硬度，金刚石是滑石的 4192 倍，刚玉是滑石的 442 倍。从耐磨性能衡量，如将滑石作为基准 1，则十种不同矿物的相对耐磨性能如表 2-24 所示。

矿物的相对耐磨性能　　　　　　　　表 2-24

矿物名称	相对耐磨性能（倍）
滑石	1
石膏	1.33
方解石	8.67
萤石（氟石）	25.33
磷灰石	41.00
正长石	833.33
石英	1333.33
黄玉	4166.67
刚玉	33333.33
金刚石	46666.67

由表 2-24 可见：

（1）十种矿物的坚固性不是等台阶递增的；

（2）石墨和滑石的莫氏硬度等级均为 1，而石墨和金刚石的化学成分均为 C，它们都属于不能燃烧的无机碳。但由于分子结构不同而形成不同的矿物（金刚石是碳的一种结晶形态，它被称为硬度之王。纯净和良好结晶的金刚石，由于有高度的光折射能力，可作为特别有价值的宝石。钻石是人工磨光的金刚石），表现的性能截然不同（石墨的莫氏硬度等级最小，而金刚石的莫氏硬度等级最大，金刚石的耐磨性能是石墨的 4 万余倍），故决定物料性能的不是化学成分，而是矿物成分。

无色透明的刚玉称作白玉，蓝色透明的称作蓝宝石（含钴等），红色透明的称作红宝石（含铬等）。

矿物和岩石的主要区别：矿物是天然存在的具有一定物理和化学性质的无机物质，它具有均质的化学组成；而岩石是多种（亦有一种）矿物的集合体，一般它是由各种矿物和各种化学成分组成的，因而是不均质的。

页岩属岩石，应采用普氏硬度系数来表示其坚硬程度。但由于在野外用代用品测定莫氏硬度等级方便，亦有采用莫氏硬度等级表示的。根据经验，现将生产烧结砖瓦的页岩大致分为三个等级，如表 2-25 所示。

表2-25
生产烧结砖瓦的页岩硬度大致分级

页岩硬度等级	普氏硬度系数	莫氏硬度等级
软质	<2	<2
中硬	2～3	2～2.5
硬质	3～4	2.5～3

普氏硬度系数大于4，或莫氏硬度等级大于3的页岩不易凿岩爆破、难以破碎粉碎、塑性较差、坯体成型困难。

2.52 空气以什么状态存在于原料中？它的存在对砖瓦生产有何不利？

砖瓦原料在采掘和加工过程中携带大量空气。当原料被水润湿成为泥料后，仍有大量空气存在于其中。因此，制砖瓦泥料是一个三相系统：泥料——水——空气。泥料中空气有三种状态：溶解的；以小气泡形式被水封闭的；自由的。其中，前两者的比例最大，后者较少。

任何天然水中都溶有空气。常压下，不同温度空气在水中的溶解度如表2-26所示。

不同温度空气在水中的溶解度　　表2-26

温度（℃）	0	8	12	16	20
溶解度（cm³/L）	29.2	23.9	21.8	20.1	18.7

在砖瓦生产工艺中，被水以气泡形式封闭的空气与溶解的一样，均起着重要的作用。这种空气泡降低了水分扩散的速率并使泥料离散，妨碍泥条的密实。

自由空气充填在大气孔和裂纹中。自由空气的数量随泥料中气孔和裂纹的数量而变。

由于空气的存在，在泥料制备过程中，延缓水对泥料的润滑作用和疏解作用；泥料中的空气，妨碍了泥料的均匀、密实性。当用螺旋挤出机成型时，促使泥条由机口挤出后发生膨胀；被水封闭在毛细管网中的气泡，降低水分的扩散速率，进而导致制品在干燥和焙烧的低温阶段出现微裂纹。

一般采用真空挤出机成型的坯体中，尚含有2～6%（体积比）的空气；而不采用蒸汽加热泥料，用非真空挤出机成型的坯体中，空气含量可达4～12%。

显而易见，真空处理是排除泥料中空气，提高制品质量的一项重要措施。

2.53 为什么说石灰石是一种有害物质？

有些原料中夹杂块状的石灰石，其主要成分是碳酸钙（$CaCO_3$），它是一种有害物质。在生产控制上砖坯内石灰石的氧化钙含量，要求不超过原料化学成分的2%（瓦坯内最好不含石灰石，以确保其不透水性能），物料粒度应小于2mm（最好控制在1.2mm以下）。否则，如果氧化钙含量超过2%，且物料粒度大于2mm，生产出来的砖稳定性就不好。其主要原因是：砖坯内的碳酸钙经高温焙烧后分解成氧化钙（俗称生石灰）和二氧化碳，其反应式为：

$$CaCO_3 \xrightleftharpoons{898.6℃} CaO + CO_2$$

碳酸钙　　　　　生石灰　二氧化碳

成品出窑后，其中的氧化钙（生石灰）吸收空气中的水分消解生成氢氧化钙（俗称熟石灰），其反应式为：

$$CaO + H_2O \rightleftharpoons Ca(OH)_2$$
$$\text{生石灰} \quad \text{水} \qquad \text{熟石灰}$$

生石灰消解成熟石灰后，体积膨胀达2倍左右，致使砖的内部结构遭到破坏。生石灰中有效氧化钙消解时产生的水化热为64.79KJ/mol（15.5kCal/mol）。

值得提醒的是，凡是采用江、河和湖泊淤泥作原料的砖瓦厂，应避免贝壳的危害。因为贝壳的主要成分是氧化钙，其含量高达90%左右。

但是，如果把石灰石颗粒严格控制在0.5mm以下，且将其均匀分布于砖坯之中，它的含量高达35%，都是无害的。这是因为石灰石具有较大的比表面积，在烧结时进行固相反应，转化为钙的硅酸盐，可避免发生爆炸效应，但会增大气孔率。值得指出的是，砖坯中CaO含量过高会缩小烧成温度范围，当CaO含量大于15%时，烧成温度范围缩小为25℃左右，砖的耐火度也有所下降。

2.54 湿空气中饱和水蒸气的分压是多少？

湿空气中饱和水蒸气的分压如表2-27所示。

湿空气中饱和水蒸气的分压（在空气相对湿度为100%时）　　　　表2-27

温度（℃）	饱和水蒸气分压（Pa）	温度（℃）	饱和水蒸气分压（Pa）
−60	0.88	35	5623.13
−50	3.82	40	7376.37
−40	12.45	45	9584.04
−30	37.36	50	12425.03
−20	102.97	55	15737.71
−15	165.24	60	19917.31
−10	259.88	65	25007.00
−5	401.19	70	31155.73
0	610.56	75	38549.94
5	872.40	80	47346.51
10	1227.79	85	57810.20
15	1703.22	90	70097.93
20	2828.24	95	84533.32
25	3167.35	99.4	99321.75
30	4243.04	100	101332.11

2.55 湿空气中饱和水蒸气的密度是多少？

湿空气中饱和水蒸气的密度如表2-28所示。

湿空气中饱和水蒸气的密度（在空气相对湿度为100%时） 表2-28

温度（℃）	饱和水蒸气密度（g/m³）	温度（℃）	饱和水蒸气密度（g/m³）
−15	1.33	45	65.42
−10	2.14	50	82.94
−5	3.24	55	104.28
0	4.84	60	130.09
5	6.80	65	161.05
10	9.40	70	197.95
15	12.82	75	241.65
20	17.29	80	292.99
25	23.03	85	353.23
30	30.36	90	428.07
35	39.59	95	504.11
40	51.13	100	586.25

2.56 原料的热制备作用何在？

疏解是制备均匀化的前提。泥料被水润湿时发生膨胀。泥料膨胀得越充分，其原有的颗粒构造就破坏得越充分，促使泥料疏解，为改善坯体的性能创造条件。热制备是疏解泥料的一个重要手段。

蒸汽是一种良好的热湿载体，能快速、均匀地将每一个原料颗粒形成水膜。

搅拌过程中，通蒸汽加热比加冷水的湿化、均化、增塑作用显著得多。与未经热处理的原料相比，加热处理的优点是：①可降低成型水分1%~3.5%；②降低动力消耗20%~30%；③可增加干燥过程中内扩散速度，从而可缩短坯体干燥周期15%左右；④提高坯体抗弯曲强度40%左右；⑤显著提高挤出机的生产效率，在成型水分降低的情况下，泥料的颗粒之间有着极强的结合能力，泥条的抗压和抗剪强度提高，在挤出泥条时，因速度梯度而形成的剪切力不能使泥条内部形成滑移面，阻碍了螺旋纹的形成，减少了废品率。蒸汽产生于锅炉。锅炉的参数是指锅炉所产生的蒸汽压力和温度。工业锅炉有的不带过热器，有的带过热器。不带过热器的锅炉生产的蒸汽是饱和蒸汽；带过热器的锅炉生产的蒸汽是过热蒸汽，过热蒸汽温度高于相同压力下饱和温度的蒸汽，它与同压力下饱和蒸汽的温度差值称为"过热度"。由于饱和蒸汽的压力与温度有一个对应的关系，只要知道其压力，就可以知道它的温度。饱和蒸汽的压力与温度的关系如表2-29所示。通常将高于8表压力的蒸汽称为高压蒸汽。

压力与温度的关系 表2-29

绝对压力（kg/cm²）	饱和温度（℃）
1	99.09
2	119.62
3	132.68
4	142.92
5	151.11
6	158.08

续表

绝对压力（kg/cm²）	饱和温度（℃）
7	164.17
8	169.61
9	174.53
10	179.04
11	183.20
12	187.08
13	190.71
14	194.13
15	197.36
16	200.43
17	203.35
18	206.14

　　过热蒸汽需用压力和温度两个参数决定它的性质。国内工业锅炉的蒸汽参数有 5 表压力（5kg/cm²）、8 表压力、13 表压力和 15 表压力等。5 和 8 表压力的锅炉，一般不带过热器；13 和 15 表压力的锅炉，有带过热器的，也有不带过热器的。

　　如通 5 表压力饱和蒸汽加热约提高原料含水率 3%，通蒸汽前的原料含水率应比成型水分低 3%。因随温度的提高，水的黏度有所降低，故经热处理后的成型水分略可降低。就低压饱和蒸汽、高压饱和蒸汽和过热蒸汽三者相比：低压蒸汽每千克所含的热量最少，过热蒸汽每千克所含的热量最多，但相差不大。低压蒸汽的流速小，不易浸入塑性高的原料中。高压蒸汽的流动能量大，可以深入原料内部与之混合。过热蒸汽与原料混合时在短时间内保持它的气体状态，在冷凝前渗透速度极快，但由于其不能很快地冷凝，设备密闭不好时容易外溢。总之，蒸汽是一种良好的热、湿载体，它能快速、均匀地使每一黏土颗粒形成水膜，使黏土物质的潜在可塑性得以充分发挥。一般配人工干燥室时，常采用 2.5~3 表压力饱和蒸汽，加热后原料温度 45~55℃（使成型砖坯温度与干燥室进口温度相当）。

　　蒸汽和水的渗透能力如表 2-30 所示。

蒸汽和水的渗透能力　　　　　　　　　　　　　　　　　表 2-30

介质名称	毛细管渗透能力（倍数）
0℃水	1
150℃饱和蒸汽	10
180℃过热蒸汽	122

　　北京南湖渠砖厂采用小断面隧道窑一次码烧工艺，通饱和蒸汽后原料的自然含水率提高 3%，成型坯体过软。于是该厂在 5 表压力的锅炉上设置了过热器，使进到搅拌机内的蒸汽温度由 151℃（蒸汽在锅炉中的饱和温度为 158.08℃）提高到 340℃，效果较好，坯体成型水分仅约增加 1%。

　　加热 1000 块普通砖坯的原料，需 130~150kg 蒸汽。

如无条件加蒸汽，可加热水。如使泥料加热至40~70℃可取得较好效果，这是因为热水的黏度比冷水小，对提高原料的塑性、成型性能、加速原料的湿化亦有好处，不同温度的水的运动黏度（γ）是：

5℃时为5.5（mm^2/s）（或厘泊）   30℃时为2.8（mm^2/s）（或厘泊）

15℃时为4.0（mm^2/s）（或厘泊）   40℃时为2.4（mm^2/s）（或厘泊）

20℃时为3.5（mm^2/s）（或厘泊）   50℃时为2.0（mm^2/s）（或厘泊）

日本某砖厂为了防止泥料在加热过程中增湿，用热风代替了蒸汽和热水。采用30kW的电加热器将空气加热到100~120℃，吹入双轴搅拌机，使用于成型的泥料保持40~50℃。

2.57 什么是塑化料？塑化料有哪些？

塑化料是能提高原料的可塑性、结合能力和流动性的添加材料。作为塑化料的有高塑性黏土和页岩。其他塑化料主要有苏打、水玻璃、羟甲基纤维素（CMC）、苛性钠以及甲基纤维素（MC）等。

无机塑化料大多是通过改变pH值以及变更原料颗粒表面的吸附阳离子，从而影响水化膜厚度来增塑的。有机塑化料的分子在水溶液中能生成水化膜，并被原料颗粒牢固地吸附在表面上，使颗粒表面上有了一层水化膜和黏性很大的高分子，从而有效地提高原料的可塑性和结合能力。

除上述几种常用的塑化料外，下列物质也能起到增塑作用：木质素（C$_{18}$H$_{30}$O$_{16}$）、亚硫酸盐废液、盐酸、纤基醋酸钠等。

2.58 什么是瘠性料？瘠性料有哪些？

瘠性料是能降低原料可塑性、使成型料的粒度粗化的添加材料。它的掺入一般起到降低干燥收缩率的作用，瘠性料还可使过软的泥料变硬。煤矸石、粉煤灰、碎砖末、废坯粉、塑性低的页岩以及各种工业废渣都常被用来作瘠性料。锯末、起泡沫的聚苯乙烯、石灰石及石灰也较常用。

2.59 什么是强化料？强化料有哪些？

凡能提高原料的干强度及产品强度的添加料称为强化料。通常，瘠性料能减小干燥收缩，但往往同时减小原料的干强度。人们期望既减小干燥收缩，避免干燥过程中发生弯曲变形，又保证坯体具有一定的干强度，以免在以后坯体的运转过程中发生破损。

提高干强度的添加料有：羟甲基纤维素（CMC）、苏打、蒙脱石、氢氧化钙、氢氧化钠、石膏、陶瓷用黏土等。而耐火黏土、伊利石、硅灰石、黏土质页岩、高岭石、石灰、碳酸钠、氯化钠等能提高制品的抗弯强度、抗压强度。

意大利生产一种新型抗风化砖。这种砖在拌料时加2%~2.5%的陶瓷碎渣，从而使砖的抗风化能力和力学强度显著提高。

2.60 什么是助熔料和抗焙烧变形料？助熔料和抗焙烧变形料有哪些？

能降低原料的熔点，使高温下坯体内玻璃相增加的添加料，称为助熔料。有助于扩展烧结范围，提高产生急剧变形温度的添加料，称为抗焙烧变形料。两者都是影响原料焙烧工艺性能的添加料。

在较低温度（<1080℃）下作为助熔料的有石灰石、菱镁矿、褐石、玻璃粉、伊利石、氧化钾、氧化钠；在较高温度（>1081℃）下作为助熔料的有长石。除上述常用的助熔料外，钠长石、白云母、锂辉石、霞石正长岩、钾长石、氧化铁、硅灰石、烧结矿等也可作助熔料。助熔料的加入增加了制品体内起粘结作用的玻璃相的比例，因而也可以称为强化料。

坯体在高温荷重下，保持其形状的性能称为抗焙烧变形性，也可叫耐火稳定性。石灰石、砂和过烧黏土能较可靠地扩展烧结范围，把强烈收缩过程向高温方向推移。此外，耐火黏土、高岭石、泥灰岩、白云石、长石等也可作为抗焙烧变形料。

值得指出的是，碳酸盐（例如石灰石和白云石），不仅用来作为抗焙烧变形料，而且也可作为助熔料。添加比例在5%（质量）以下时，可作为助熔料；添加比例在5%~10%（质量）之间时，在蒙脱石含量较高和产生液相较多的情况下能提高坯体抗焙烧变形性，从而扩展烧结范围。

2.61 什么是着色料？着色料有哪些？

使坯体显现各种颜色的添加料，称为着色料。下列物质可用来作为着色料。红色：氧化铁、赤泥、氢氧化铁泥；白色：浅色烧结土；绿色：氧化铬、氧化亚铁、氧化钴（Co_2O_3）；黄色：石灰石、泥灰质黏土、二氧化钛；蓝色：钴粉、氧化亚铁；褐色：氧化锰或氧化锰泥；黑色：氧化锰。

2.62 原料中的微孔形成剂的种类有哪些？

微孔形成剂的种类很多，例如：

（1）可燃烧型微孔形成剂

①膨胀聚苯乙烯微珠（EPS）。EPS的颗粒度为0.2~3mm，平均表观密度为$12kg/m^3$。EPS的体积是占98%的空气和占2%的聚苯乙烯组成的，是一种纯的碳氢化合物。在焙烧过程中聚苯乙烯释放出大量的热量（40000kJ/kg以上），因而可节约大量热能。又由于EPS具有弹性，它使挤出成型和干燥收缩过程的内应力减小，从而使生产大型制品的困难较好地得到解决。这种材料燃烧后在制品的基体中仅有气孔留下，其最大气孔直径为1.5~3mm。由于它具有非常低的密度和非常高的发热量，故通常加入量仅为原料质量的1%左右。因EPS燃烧后在制品中留下许多不连通的气孔，故使制品表观密度大幅度下降，使制品的热工性能明显改善。聚苯乙烯来自石油，为了节约石油资源，宜将回收包装用的EPS板或块经切碎后直接应用。

②锯末。锯末的发热量为7000~19000kJ/kg，在原料中掺入锯末可生产轻质制品，且在焙烧时可节约热能15%左右。锯末的最佳掺入量为4%~5%（质量比）。锯末的最大颗粒直径应小于2mm，且大小要均匀。使用锯末的优点：改善了原料的流动性；降低了坯体的干燥敏感性，缩短了干燥周期；使制品的热工性能和声学性能得到较大改善。使用锯末的缺点：可能给挤出成型和干燥过程带来一定困难（在坯体干燥时，锯末和原料的脱水时间不一致），且降低了成型后湿坯体的强度和干燥后坯体的强度，增加了成型水分；制品易出现泛霜（因锯末种类而异）；在焙烧的预热带会产生一氧化碳（CO）气体。

③农作物类废料。主要有粉碎的稻草、稻壳和秸秆等。稻草的发热量为800~

1200kJ/kg，经粉碎的稻草、秸秆在原料中起一种加强材料作用，有利于坯体强度的提高，在焙烧时也是一种燃料。稻草和秸秆要粉碎到3mm以下才能使用。它的挥发分很大，约85%，灰分很小，是一种很好的微孔形成剂。这类材料对制品其他性能的影响同锯末。

④食品和饮料工业残渣。以植物为原料生产的食品和饮料均会产生残渣。如稻糠、花生壳、咖啡生产残渣、啤酒渣、葡萄皮和籽、燕麦皮、茶叶末、变质面粉、甘蔗渣、椰壳、橄榄残渣和落叶等。其中，以燕麦皮和变质面粉为最好，不用处理可直接加入原料中，尤其是变质面粉形成的微孔对制品的热工参数很有利，且制品的强度不会降低。其他上述材料必须粉碎到3mm以下才能使用。稻米壳几乎全部由二氧化硅及挥发分组成，加入原料中能够生产出高质量的轻质砖。稻米壳的最佳掺入量为20%（质量比）。掺入未碾磨的稻米壳的制品强度有时有所降低，但经碾磨后有时还有所提高，这与掺入量及原料性能有关。澳大利亚实践：制品的泛霜现象随稻米壳掺入量的增加而增加。椰壳的发热量约为12000kJ/kg，橄榄残渣的发热量约为18000kJ/kg，这些材料存在于坯体中可节约大量焙烧热能。另外，颗粒小于3mm的玉米作成孔剂的制品亦具有良好的隔热性能。

⑤可燃矿物类。包括煤粉、焦炭末、煤矸石、煤渣和粉煤灰等。这类材料作为微孔形成剂的效果不太理想。原因是这类材料在制品焙烧期间能量的大量释放，不利于气孔的形成（粉煤灰漂珠除外）。

⑥切碎的废旧轮胎。切碎的废旧轮胎用作微孔形成剂对制品的性能有着正面效果：强度高、热工性能好等。但轮胎在生产中使用的外加剂和橡胶的可燃部分在焙烧中会产生有害气体，因此使用这种材料时，需对所排放的烟气进行净化处理。

⑦其他工业可燃性废料。包括污水处理厂污泥、下水道污泥、造纸工业废泥、纺织工业废料、制革工业废料、石油提炼工业废料、食品工业的漂白剂等。使用这类工业废料时必须经过严格的试验室试验和有关权威部门的认可。因这类材料中往往含有重金属，如Pb、Zn、Cr、Cu等。此外，这类材料在焙烧过程中还可能释放出有害气体。它们的加入量还会受到发热量高低的限制，如污水处理厂污泥的发热量为10000~24000kJ/kg；造纸工业废泥的发热量为8400~19000kJ/kg；纺织工业废料的发热量为18000~29000kJ/kg；制革工业废料的发热量为84000kJ/kg；石油提炼工业废料的发热量为31000kJ/kg。

（2）矿物类微孔形成剂

①膨胀珍珠岩。珍珠岩是一种酸性火山玻璃岩，主要由玻璃质组成。在1300℃的高温下体积迅速膨胀30倍。将其小于3mm的颗粒用作微孔形成剂（大于3mm的颗粒作其他用途）。它在坯体中起着瘠性料的作用，可减少干燥收缩。砖的烧成温度大多为950~1100℃，低于珍珠岩的熔点温度（1280~1360℃），因此，这种膨胀颗粒会保留在制品中。

②膨胀蛭石。蛭石的熔点温度为1300~1370℃，膨胀蛭石的表观密度为80~200kg/m³。膨胀蛭石加入原料中的作用与膨胀珍珠岩一样。

③烧沸石。沸石具有很多大小均匀的空洞和孔道，这些空洞和孔道多为水分子所占据，经烘烧脱水后以粉末状加入原料中，焙烧后在制品中形成大量微孔，使制品的热工性能得到很大改善。

④粉煤灰漂珠。这种材料是电厂用水力排放粉煤灰时，漂浮在水面上的中空玻璃球形物质，或是用风选的方法从干排粉煤灰中选出。漂珠的密度很低，是一种很好的保温隔热材料。

⑤石灰石粉末。石灰石在焙烧过程中分解释放出二氧化碳气体（800~900℃）从而在

制品中留下大量微孔。而石灰石加入原料的更重要的作用是改善颜色、抗烧结变形、吸附有害气体等。

⑥硅藻土。硅藻土是空腔中含有化石残留物的硅海藻，质轻多孔，孔隙率高达90%～92%，是一种很好的微孔形成剂。但由于硅藻土中含有化石类物质，可能会使排放烟气中的有害物质——氟化物增加，必要时需对排放烟气进行净化。

⑦浮石和浮石选矿残渣。浮石是一种多孔轻质、能浮在水面上的酸性火山玻璃岩，孔隙率可达60%，有良好的隔热保温性能。

2.63　什么是矿产储藏储量?

指矿物中能生产砖瓦产品的埋藏量。一般以矿物组成的质量来表示。矿产储量分为：（1）目前可利用的储量；（2）暂不能利用，但将来可以利用的储量。

2.64　黏土和页岩资源如何勘探?

你能看得透地表以下几十米深处物质的成分吗？恐怕连资深的地质学家也不能作出肯定的回答。须知，地球已是数十亿岁的高龄了。在这漫长的岁月里，地壳已进行过无数次变迁，其成分复杂的多，单纯的少。尤其是砖瓦原料，一般均为含有一种或多种黏土矿物的多成分混合物。一旦混入有害物质将给生产带来麻烦，产品质量、产量下降，成本增加，严重的甚至导致工厂被迫破产。

为了得到符合质量要求的原料，新建厂事先应做好资源的勘探工作。

黏土和页岩资源勘探做法如下：

（1）储量分级

根据对黏土和页岩的勘探程度和用途，将储量级别划分如下：

开采储量——A级；

设计储量——B级、C级；

远景储量——D级；

预测储量。

开采储量和设计储量合称工业储量。

（2）各级储量应具有的条件

A级储量是生产期间准备开采的储量，是在开采过程中在B级储量基础上进一步探明的储量。预测储量是根据矿层分布规律等进行预测的储量，仅作生产远景规划参考。建厂设计中经常要求的B级、C级、D级储量应具有的条件如表2-31所示。

各级储量应具有的条件

表2-31

储量级别	各级储量应具有的条件	各级储量圈定的方法
B级	矿层的形状、构造及产状应交代清楚 矿层的开采条件及一般水文地质条件要有足够的说明 矿床地层层次划分、定名、岩性、质量变化、厚度及分布规律等应说明，各层岩石的可用性根据应有足够数量的物理、化学试样及半工业试样加以鉴定	储量是用较密实的勘探工程控制

储量级别	各级储量应具有的条件	各级储量圈定的方法
C 级	应确定有用矿层的一般产状、形状及矿床的地质类型 一般的开采条件作作初步了解 矿层岩性、种类、沉积次序应分清，对原料质量及可用性，根据为数不多的物理化学试样及少量半工业试验加以明确	储量用系统的勘探工程圈定或地表用探槽控制，深部用个别钻孔控制
D 级	对矿层的厚度及其质量，可按个别取样点，肉眼鉴定	可由工程控制的 C 级储量外推

（3）各级储量的勘探类型及勘探网度

各级储量的勘探类型及勘探网度如表 2-32 所示。

各级储量的勘探类型及勘探网度　　　　　　　　表 2-32

勘探类型	矿床特征	勘探网度（m）		
		B 级	C 级	D 级
Ⅰ	连续延长 1500m 以上，矿床质量、厚度稳定，地质构造简单的大型层状或透镜状矿床	100 ~ 200	200 ~ 400	400 ~ 800
Ⅱ	连续延长 500 ~ 1000m，矿床质量、厚度比较稳定，地质构造比较简单的大中型层状或透镜状矿床	50 ~ 100	100 ~ 200	200 ~ 400
Ⅲ	连续延长 500 ~ 1000m，矿床质量和厚度变化较大，地质构造比较复杂的中小型层状或透镜状矿床	25 ~ 50	50 ~ 100	100 ~ 200
Ⅳ	连续延长几十米到几百米，矿床质量和厚度变化剧烈，地质构造复杂的透镜状或不规则状矿床	—	25 ~ 50	50 ~ 100

（4）勘探成果要求

1）工业储量

机械化程度较高的砖瓦厂应满足 30 年以上的生产需要，机械化程度较低的砖厂应满足 20 年以上的生产需要。其中：

B 级　25%；

C 级　75%。

2）地质情况

①剥离系数 <0.2。

②矿床最低可采厚度 >2m。

③夹石最大剔除厚度：

人工开采　0.5m；

机械开采　1m。

3）物理性能

①外观特性：如颜色等；

②天然颗粒组成；

③塑性指数;

④自然含水率(最好有不同季节的数据);

⑤表观密度和松散系数;

⑥硬度(普氏硬度系数);

⑦干燥线收缩和干燥敏感性系数;

⑧烧成温度和烧结温度范围;

⑨烧成线收缩;

⑩含杂质情况。

4)化学成分

5)矿物成分

(5)勘探手段

如矿山地质构造不完整,且露出面小或呈透镜体等,应采用钻探。有时也可以用槽探或浅井勘探。如矿山地质构造较完整,层理明显,露出面大,可全采用槽探方法进行。

中硬和硬质页岩,或页岩与硬度较大的砂岩互层,小型钻机或手摇钻难以钻探。常采用回转式钻机,一般由地质部门进行钻探。

现就常用的几种简易勘探手段介绍如下:

1)钻探

钻探设备的主要技术性能、适用范围、优缺点如表2-33所示。

钻探设备的主要技术性能、适用范围、优缺点 表2-33

设备名称	主要技术性能	适用范围	优缺点
洛阳铲	由铲头、木杆、绳子组成。铲头为半圆筒状,固定于长约1.5m的木柄上,为了探察地层深处的土质,另备有长约2m的可以套节的木柄2~3节。探土时将铲垂直向下戳入土内。戳时将铲头转动120°~150°。普氏硬度系数不大于1的土层戳1~2次即可装满铲,普氏硬度系数1~1.5的土层则需戳4~5次才能装满铲。探戳深度可达10m,只需1人操作	适用于地下水位较低及不含砂砾石层的地区	工具简单,使用方便
北京铲	钻杆为直径34mm的合金铝杆,每根长2m左右,用螺丝扣连接,管壁厚4mm,钻头为勺型。探戳深度可达16m。需3~4人轮换操作,旋转进尺。正常情况下每班探戳深度为8~10m	适用于普氏硬度系数不大于1的原料,遇到稍厚的砂砾层就不能进尺	进尺可比洛阳铲深些。缺点是容易混层
争光-10型轻便钻机	为天津探矿机械厂生产的一种小型轻便的手提式钻机,可取原状土	可用于普氏硬度系数大于2的原料	操作时较省力,但需供油、供水,不如北京铲简单

2)探井

探井的用途、规格、挖法及采样方法如表2-34所示。

探井的用途及规格 表 2-34

项目	内容
探井用途	（1）观察产状、夹杂物的含量及分布情况 （2）检查钻孔的质量 （3）简易的观察试验 （4）半工业试验取样及大范围内松散系数的测定
探井规格	（1）一般在地下水位以上采用小圆井，其直径为 0.8 ~ 1.0m，深度可挖至地下水面或地面以下 6m，视土层情况而定。圆井有利于井壁稳定，但有时为了操作方便也可挖成矩形井，井口尺寸为 0.8m×1.2m （2）在地下水位以下挖井时一般应加木支撑，以保证安全。此时开口尺寸应加大到 2.0m×2.0m（按挖深6m考虑），木支撑可以在静水位以下开始支撑
挖井	挖井需 2 ~ 3 人轮换进行，一般6m 深的井2 ~ 3d 可挖一个。如地层不好，地下水位较高，又需支撑时约需 5 ~ 6d 挖一个
采样方法	（1）探井内的物化试样用直线刻槽法取样 （2）采样规格：宽×深 = 10×5 ~ 10×10（mm），长 = 0.5×1.0（m）

3）探槽

探槽用途、规格、挖法及采样方法如表2-35 所示。

探槽的用途及规格 表 2-35

项目	内容
探槽用途	在地形较陡的山坡地上用探槽揭露水平或缓倾斜的层状矿体，可以取得很好的效果
探槽规格	（1）覆盖层风化严重的松土 　　槽深：1 ~ 3m；　底宽：1m；　口宽：1.6 ~ 6.0m； 　　边坡：65° ~ 75° （2）覆盖层风化比较严重的松土 　　槽深：1 ~ 3m；　底宽：1m；　口宽：1.5 ~ 5.8m； 　　边坡：75° ~ 78°
挖槽	虽然探槽挖土量大，但操作方便、安全，可以几个人同时挖。人工挖槽效率：深度在3m 以内，挖普氏硬度系数为 1.5 以下的原料，每工可挖 3 ~ 4m³，挖普氏硬度系数为 1.5 ~ 2.0 的原料，每工可挖 1 ~ 2m³
采样方法	与探井内的取样方法相同

2.65 中硬和硬质页岩采用爆破开采时，安全措施有哪些？

中硬和硬质页岩一般采用凿岩爆破开采。

在爆破工作中广泛使用炸药和起爆材料，它们都是易燃、易爆的危险品，一旦发生事故，就会危害职工的健康和安全，造成重大的损失。因此，必须高度重视爆破材料在加工、贮存、使用和运输中的安全。

（1）爆破材料意外爆炸的预防

爆破材料在其未爆破时，它的可燃元素和氧元素处于相对静止的状态，当外界给予一定的引爆能量，它便由稳定转化为爆炸，因此要预防爆破材料意外爆炸，必须掌握和控制起爆能，使爆破材料处于相对静止状态。根据起爆能不同，分别介绍如下：

1）机械能引爆的意外爆炸预防

冲击、摩擦、挤压等机械能都可能引起爆破材料爆炸，必须采取预防措施。如生产炸药的机械，应有防尘罩，防止炸药尘落入转动部分因摩擦而引起燃烧或爆炸；运输炸药时，应尽量避免受到冲击、摩擦、震动和碰撞，并对运行速度、装载高度、装载量作一定的限制；使用爆破材料（特别是敏感度高的材料，如雷管、硝化甘油炸药）时，严禁冲击、挤压和抛掷；贮存爆破材料时，要严防老鼠等动物咬坏包装；凿岩时严禁打残眼。

2）热能引爆的意外爆炸或燃烧的预防

在生产爆破材料时，要严格控制加工温度，如生产铵油炸药时，轮碾机碾压硝酸铵时的温度不得超过110℃，加入柴油时的碾盘温度，不得超过柴油的闭口闪点，药包浸蜡的温度不得超过105℃。有爆炸危险的工房或库房周围50m内不得有针叶树，20m范围内的干草、枯枝、枯叶应及时清除，爆破材料库应具备足够的灭火器、砂箱等消防器材。生产和使用爆破材料时，严禁吸烟和明火。生产爆破材料时要避免发生火花、电弧以及爆破材料与过热部件接触。

3）电能引爆的意外爆炸的预防

电能引起的意外爆炸事故，主要是由电能引起电雷管的爆炸和由电能引起的火花造成的。

①杂散电流及其预防

杂散电流是存在于爆破电源以外的电流，其主要来源有：直流电源的漏电；动力和照明交流电源的漏电；大地自然电流；雷电感应电流和电磁辐射的感应电流等。其中影响最大的是电机车辆牵引网路所引起的杂散电流。在机车启动瞬间可达数十安培，在运行中可达数安培至十几安培。停车后可降至1A以下。

一般，管路对铁轨的杂散电流最大，管路、轨道对矿石次之，管路、轨道对地（水）或地对地、矿对矿最小。

当爆破区内的杂散电流值大于50mA时，应采取如下消除杂散电流的措施：爆破时，局部或全部停电，为了少影响生产，停电时间可在起爆器材进入爆破区以前开始；降低牵引网路产生的杂散电流，主要是采取用电线连接两轨间的接头处和敷设辅助回路来降低网路的电阻；拆除或折断通往爆破区的管路、轨道和架线等金属物体；采用防杂散电流的雷管。

②静电及其预防

采用装药车或装药器进行装药时，炸药沿输药管运动，炸药颗粒之间，炸药颗粒和管壁之间，由于摩擦会产生电压很高的静电。在一定的条件下，静电有可能在脚线上集聚，达到火花放电的电压，致使管壳和引火头之间产生火花放电而引爆雷管，发生事故。

为了预防静电，可采取如下措施：装药时装药车或装药器必须良好接地；输药管应采用半导电的塑料软管；电雷管不许裸露在起爆药包外面，并在联线前脚线要短路；采用抗静电电雷管。

③雷电及其预防

为了预防雷电引爆的意外爆炸，在爆破材料库应设置可靠的避雷装置，露天爆破有雨时，禁止采用电雷管起爆，突然遇雷雨时，应将电爆网路短路，人员撤离危险区。

4）爆炸能所引起的意外爆炸的预防

各种炸药和起爆器材都具有一定的爆炸敏感度。一处爆炸可能引爆附近的爆破材料，为了预防这种意外爆炸，在进行爆破作业时，该区周围一定的距离内禁止进行其他爆破；爆破材料库周围一定距离内禁止爆破；有爆炸危险的工房、库房，它们之间必须保持一定距离。

（2）爆炸产生危害的预防

爆破材料爆炸后，要产生冲击波、地震波和飞石，它们对附近的人、畜会造成威胁，对建筑物、设备、管路等会产生破坏，还可能引爆其他爆破材料和引燃其他建筑物。因此必须确定一定的安全距离，采取必要的防护措施，预防这种危害。

1）爆破材料库的安全距离

为了预防意外爆炸产生的危害，爆破材料库最好设在有天然屏障、环山的地区。若建设在平川地区，应修筑防爆土堤，同时还必须确定与周围建筑物的安全距离。

一般砖厂的建筑物与爆破材料库之间的最小安全距离如表2-36所示。

建筑物与爆破材料库之间的最小安全距离 表2-36

建筑物名称	最小安全距离（m）
生产车间、宿舍、食堂、托儿所	250
变电所、锅炉房、水塔	100～150

雷管库和炸药库的最小安全距离如表2-37所示。

雷管库和炸药库的最小安全距离 表2-37

仓库内的雷管个数	和炸药库的最小安全距离（m）	仓库内的雷管个数	和炸药库的最小安全距离（m）
1000	2.0	60000	15
3000	3.5	70000	16
5000	4.5	80000	17
10000	6.0	90000	18
15000	7.5	100000	19
20000	8.5	200000	27
25000	10.0	300000	33
30000	10.5	400000	38
40000	12.0	500000	43
50000	13.5	600000	47

2）爆破作业中安全距离的确定

多数砖瓦厂采用的是炮眼（浅眼）爆破，每眼装药量为一到数千克；也有的砖瓦厂采用炮眼药壶和深孔药壶爆破（先用一到数千克炸药将炮眼或炮孔底部爆大成壶状，称为扩药壶，以便多装炸药进行爆破），经扩后的炮眼或炮孔装药量可达30余千克。根据爆破方法的不同，人员与爆破点的最小安全距离如表2-38所示。

人员与爆破点的最小安全距离　　　　　　　　　　　　　　　　表2-38

爆破方法	距离（m）
深孔爆破、深孔药壶爆破	300
炮眼爆破、炮眼药壶爆破	200
深孔扩药壶	100
炮眼扩药壶	50

注：沿倾斜大于30°的山坡向下爆破时，表中所有数据均应增大1.5倍。

3）防护措施

必须在冲击波的危险范围以外，设置结构坚固的避爆棚；应在危险区的边界设岗哨和标志，并警戒通往爆破地点的所有通路。爆破前应同时使用音响、视觉信号和其他组织措施，使危险区的人员能及时撤至安全地点。信号有预告信号、爆破信号和解除警戒信号。

（3）拒爆产生的原因、预防和处理

在爆破工作中，由于各种原因，发生雷管、导爆索、炸药局部或全部未爆的现象称为拒爆（瞎炮或盲炮）。

拒爆会降低爆破效果，浪费爆破材料，增加采掘成本和影响生产，并且处理拒爆工作麻烦而危险。因此，必须掌握拒爆产生的原因及规律，采取有效的预防措施和安全处理方法。

在爆破中，一旦发生拒爆，就应及时处理，否则应在其附近设明显的标志，并采取相应的措施。电雷管起爆产生的拒爆，应立即切断电源，线路未破坏时，应及时短路。拒爆处理后，要检查和清理残余的爆破材料，确认安全时，才准作业。

各种拒爆产生的原因、预防和处理方法如表2-39所示。

拒爆产生的原因、预防和处理方法　　　　　　　　　　　　　表2-39

类型	产生的原因	预防方法	处理方法
部分炸药拒爆	1. 炸药受潮 2. 有岩粉相隔，影响传爆	1. 有水或潮湿的炮孔须采取防水措施 2. 装药前应将炮孔吹洗干净	1. 用水冲洗炸药 2. 取出药包
雷管爆炸，而炸药全部拒爆	1. 炸药变质或受潮 2. 雷管起爆力不足 3. 雷管和药包脱离	1. 严格检验爆破材料，并注意保管 2. 有水或潮湿的炮孔，须采取防水措施 3. 起爆药包中的雷管和药包应绑紧	1. 取出堵塞物，重新装起爆药包起爆 2. 粉状装药时，用水冲洗出堵塞物和炸药，重新装药起爆 3. 取出药包，重新装药起爆

续表

类　型	产生的原因	预防方法	处理方法
雷管、导爆索和炸药全部拒爆	1. 火雷管起爆方面 （1）导火索与火雷管质量不合格 （2）导火索切得不整齐，使火焰传不到雷管的起爆药或雷管与导火索离开 （3）装药不慎使导火索受伤 （4）点火遗漏 2. 电雷管起爆方面 （1）电雷管质量不合格 （2）电爆网路不合爆破条件 （3）线路联接错误、接头接触不良，线路接地 3. 导爆索起爆方面 （1）导爆索质量不合格 （2）导爆索网路联接错误 （3）分段延期起爆的导爆索被先爆产生的冲击波和飞石破坏	1. 严格检验爆破材料，并注意保管 2. 火雷管起爆时 （1）将导火索与火雷管紧密联接 （2）装药时，将导火索靠向孔壁一边，禁用炮棍猛击 （3）点火时，沉着、仔细，记准点火顺序和炮数 3. 电雷管起爆时 （1）电爆网路必须符合准爆条件 （2）联路时要认真仔细，联好后，要仔细检查 4. 导爆索起爆时 （1）联线要细心，接法要正确 （2）分段延期起爆的导爆索要加强维护	1. 认真仔细地取出堵塞物，重新装起爆药包起爆 2. 认真仔细地取出部分堵塞物，重新装起爆药包，进行起爆 3. 电雷管和导爆索起爆的炮孔，可重新联接起爆 4. 距拒爆炮孔一定距离（浅眼不小于0.3m，深孔不小于2m）凿一平行炮孔，装药起爆

国外有些砖厂采土设备性能好，如推土机、单斗挖掘机和多斗挖掘机，可直接剥采较硬的页岩，不需爆破。

2.66　什么是原料的水力开采和水力运输？

以水力进行矿床开采工作的叫水力开采。它具有生产方法简单、机械化程度高、劳动生产率高、开采成本低等优点。其缺点是受自然条件限制大、电力消耗大、操作地点易充水等。水力开采的主要冲采机械是水枪。其工作原理是：由水泵造成的高压水通过水枪喷嘴形成射流直接冲击矿床，并对岩石产生动压使之破坏成颗粒，被水冲走。水枪具有设备简单、造价低、冲采效率较高等优点。

水力运输是指用流动水输送岩土原料颗粒的一种方式。按形成工作压头的方式不同分为：①有压力运输；②无压力运输；③有压和无压水力联合运输。

无压力运输亦称自流运输，它借助于高差引起的自重力使泥浆在敞露的沟道中或管道中流动。这种运输方式具有设备简单、不消耗动力、运输成本低等优点，在地形条件允许的情况下，应尽量采用。

某砖厂原料为山土，含杂石和粗砂多。该厂用水采的办法使其粗、细颗粒彻底分离，达到净化原料的目的。做法：用动力为10kW的高压水枪冲击山丘，被冲散的泥料随水下淌，大块杂石很快停了下来，接着较小的杂石停了下来，又接着粗砂停了下来……最后经净化的细腻泥料流入泥浆池中。泥浆池共有5个，轮流使用。由于水至面积较大的泥浆池后流速明显减慢，泥土不断沉淀下来，而清洁的水则溢流至清水池中，循环使用。净土产量为10～13m³/h。接着将泥浆池中的土挖取堆高，让其中的水分下渗和蒸发，待含水率符合生产工艺要求后用作制砖原料。

过去未用水采时原料预处理中用了三道对辊机，由于辊面磨损很快，用于成型的料仍含有大量粗颗粒，且属未经水泡过的"生土"，即使生产普通实心砖，也是裂纹多，外观粗糙，制品质量差；用水采后原料预处理中取消了令人头痛的对辊机，原料的颗粒级配可随意调整，故成型和干燥等工艺性能大大改善，且为经过水泡过的"熟土"，即使生产高孔洞率的空心制品，废品率也很低。

2.67 原料风化的作用是什么？

风化是地质学名词，是"自然制备"的一种形式。大多数黏土是由风化作用形成的，风化程度较差的黏土质原料开采以后若进一步风化，可以提高其成型、干燥、焙烧性能。风化是将原料堆放在露天，受到太阳、风、雨、冰冻的作用（主要是体积胀缩变化），料块进一步松解崩裂，使其颗粒细度提高，可溶性盐（引起砖泛霜的不利物质）被雨水洗除一部分，可塑性提高，其他工艺性能随之也得到改善和稳定。此外，由于风化造成黏土原料松解崩裂，使其更易粉碎，这一做法对硬度较大的黏土（包括硬度较大的页岩和煤矸石）意义更大。即使发达国家机械化程度较高的砖厂，为了生产高孔洞率、高质量的空心砖，对原料处理也不乏使用风化手段。我国不少砖厂已经尝到了原料风化处理的甜头。如湖南省长沙市一砖厂和二砖厂的原料为山土，刚采掘的原料颗粒粗、塑性低、成型困难、成品质量差，但经风化一年后，颗粒变细，塑性大大提高，完全能满足生产要求。故这两家厂都很强调要使用"隔年土"。北京市规模较大的空心砖厂，原料多数经过较长时间的风化。如北京市西六里屯砖厂用作生产空心砖的黏土原料必须经过 $1.5\sim2$ 年的风化期（也就是说，原料堆放在露天要经历两个冬季），该厂十分强调使用经冰冻后融化了的原料。如用风化期太短，或未经冰冻过的原料，则成型、干燥、焙烧的废品率明显增加，成品质量也明显下降。由于风化后使大块变小、硬块变软，因而减少了对粉碎等设备的磨损。但风化往往使原料自然含水率大大增加，如吉林省浑江砖厂的页岩原料，风化前含水率为 $5\%\sim7\%$，风化后含水率为 13% 以上。应该指出的是，硬度较大的页岩和煤矸石原料如含水率增加，容易使破碎、粉碎、筛分设备和料仓等粘堵。

2.68 破碎粉碎发展的方向是什么？为什么要不断改进其结构和提高其制造质量？

随着年产6000万块及以上的大中型砖厂不断涌现，破碎粉碎设备的大型化已成为发展方向。

设备大型化的优越性是：

（1）使工艺布置紧凑、简捷，便于操作、控制。

（2）节省占地面积和基础投资。

（3）单位能耗随着设备大型化而降低。

（4）生产费用少。

必须指出，尽管破碎粉碎设备的发展趋势是大型化，但是，设备尺寸的增大要和设备制造厂的加工技术及砖厂生产能力相适应。不可一味地追求突破"极限"值。

破碎粉碎是原料制备工序中的重要一环，它的工作状况如何直接影响着砖瓦生产的产品产量、质量和成本。改进设备结构和提高制造质量要达到的目的是：

（1）强化粉碎过程，努力提高主要工作机构的工作速度；

（2）延长零部件和整个设备的使用寿命；

（3）发展系列化产品，增加零件的标准化和通用化的比重。在满足生产的前提下，把设备的规格、型号减少到最低程度，使同类零部件标准化、通用化，提高互换性，利于组织生产和设备维护。

2.69　为什么要贮存原料？原料贮存的方法有哪些？

为保证砖瓦厂连续正常工作，必须贮存一定数量的原料，以避免因气候条件的变化、工序之间生产班制的不同或其他因素而造成原料供应的中断。

原料的贮存方式多种多样，可在制备过程的不同阶段加以贮存。

（1）原料棚

原料棚不仅应有一定的面积和高度，还应考究堆料工艺。有些原料棚虽然又高又大，但原料进不去，堆不高，出不来，起的作用很小，徒有虚名；有些原料棚布置不当，成了生产工人通道，利用率很低，下雨照样使生产受到威胁。重庆金马建材厂的原料棚采用推土机配合装载机进、出料，较为方便，平均堆料高度可达4m以上。

有一种可逆移动式胶带机穿屋架堆料工艺，即使原料经胶带输送机送到屋架上弦的可逆移动式胶带机上，通过可逆移动式胶带机在轨道上行走及胶带的正、逆转变换，也可将料堆至7.5m高（屋架下弦）。原上海浦南砖瓦厂、上海振苏砖瓦厂、原重庆四维粉煤灰页岩砖厂、原重庆六砖厂、北京万佛砖厂均采用了这种原料棚。

（2）原料库

在原料库内，原料主要是堆放在地坪上，若需存放多种原料，则在库内用隔墙将其分成几个单独的存放区间。平均贮料高度为5m，贮料宽度为10～30m，一般原料库长度为60～80m。

现代化的原料库常采用可逆移动式胶带机输送、带抛泥辊筒的可逆移动式胶带机输送、带卸料小车的固定式胶带输送机以及桁车等布料。几种贮存设备的工艺特性如表2-40所示。

几种贮存设备的工艺特性　　　　　　　　　　　　　　　　表2-40

设备名称	被贮原料的加工程度	贮存能力（m³）	主要功能
露天堆放	未经加工	5000～25000	风化、混合、贮存
原料棚	粗碎	1000～12500	贮存、混合
箱式给料机	初碎或细处理	20～270	配料、缓冲
圆形湿化仓	细处理	60～1500	陈化、缓冲
长方形湿化仓	细处理	450～3500	陈化、缓冲
纵向取料原料库	粗碎	800～17000	贮存、混合
横向取料原料库	粗碎	1800～14000	贮存、混合
用抓斗操作的原料库	粗碎	1500～6400	贮存、混合

1）纵向取料原料库

这种原料库的特点是装备有沿料库纵向轨道往返运行的多斗挖掘机。挖掘机斗架的摆动

幅度为 −45°~ +40°,原料库的形状同挖掘机工作半径相符合。

纵向取料原料库比横向取料原料库的土建费用低,但缺点是在同等贮存面积的情况下,贮存容量要低些。此外,纵向取料原料库的批量混合作用比横向取料原料库要小得多。

2)横向取料原料库

横向取料原料库即装备横向挖掘机的原料库。它的特点是这种库由钢筋混凝土建造,断面呈矩形。它装备有一个运行桁车,由桁车带动一台挖掘机和一条横向通过原料库的胶带输送机。带动挖掘机的运行桁车自身运动方向是纵向的,挖掘机在卸料过程中沿桁车作横向运动,因此使挖掘机可在横、纵两个方向运动。

横向挖掘机斗架摆动范围是 0°~45°,工作过程中,挖掘机在运行桁车上缓慢地作横向运动,形成斜度为 45°的横向切面。此后,运行桁车带动挖掘机向后移动一很短的切入距离,桁车停止后,挖掘机又开始进行从一侧壁到另一侧壁的横向运动,形成新的横向倾斜切面。

横向取料原料库可起到良好的批量混合的作用。

3)用抓斗操作的原料库

抓斗操作的原料库优点是空间利用率高,没有死区;设备简单,装卸料都用同一设备;投资较低;装卸料位置和方向任选。它的缺点是混合效果差;最上层的料,贮存时间最短,而最先被取出。适于抓斗操作的原料库宽度为 10~20m,深为 5~8m,长为 25~30m。抓斗容积为 0.6~2m³。

(3)陈化库

我国不少砖瓦厂用陈化库作为原料贮存兼作陈化。陈化库一般长为 50~90m,宽为18m。粉料经加水搅拌成泥料后,由胶带输送机输送到库内离地坪 5.5~7.5m(国外有达12m 的)高的纵向布置的坪台上的可逆移动式胶带机上,可逆移动式胶带机顺坪台移动,居高临下地将泥料抛下,直至堆至坪台底部。出料:由多斗挖掘机根据"先进先出"的原则,分段取料至在其下方的胶带机上,运往成型车间。

重庆四维粉煤灰页岩砖厂的陈化库采用了 WDY−900 型液压多斗挖掘机,运行情况较好。现就该设备的主要特点和技术性能简介如下:

1)结构特点

液压多斗挖掘机与传统的卷扬多斗挖掘机相比,主要特点是:

①采用液压升降装置代替传统卷扬升降装置,具有快速升举、慢速下落等功能,可平缓可靠地控制挖料深度;

②用双约束轮单轨侧驱动方式,代替传统双轮驱动结构,可自行修正行车轨迹;

③结构紧凑、动作平稳、性能稳定、维修方便。

2)使用特点

①可操作性强,该机既能人工操作,又能自动控制;

②清料彻底。采用新型清料结构代替传统刮料方式,料斗不粘物料;

③劳动强度低。采用挡土墙挡料结构,彻底根除轨道积料现象,免除了清理轨道工作。

3)主要技术性能

主要技术性能如表 2-41 所示。

WDY－900 型液压多斗挖掘机的主要技术性能　　　　表 2-41

料斗容量 （m³）	斗架长度 （m）	斗架最大仰角 （°）	斗架最大俯角 （°）	配用钢轨型号 （kg/m）	产量 （m³/h）	电机功率 （kW）	设备质量 （t/台）
0.034	9.5	35	20	38	40	21	8.2

（4）湿化仓

湿化仓在现代化砖瓦工业中广泛用作中间贮存设备。

湿化仓是一个密封的、自动装卸料的存料设备。

湿化仓可以起到贮存、混合均匀、使原料疏解的制备作用；它同时具有调整生产进度的功能。

湿化仓外形似塔，直径通常大于 4m，大型湿化仓的高度近 20m，容量可达 1600m³。

1）仓底旋转的圆形湿化仓

原料自仓上端进入，随着卸料，逐渐循螺旋线向下运动，最后原料被带入到横跨底盘直径的螺旋绞刀中。由于螺旋绞刀的回转运动，将原料向两个方向卸出。调节底盘的转速，可以得到不同的产量。

河北邢台市煤矸石粉煤灰砖厂采用的 XW122 湿化仓，该类型湿化仓的主要技术性能如表 2-42 所示。

XW122 湿化仓的主要技术性能　　　　表 2-42

仓高 （m）	仓壁上口直径 （m）	仓壁下口直径 （m）	容量 （m³）	底盘		螺旋绞刀				产量 （m³/h）	设备质量 （kg）
				转速 （r/min）	电机功率 （kW）	直径 （mm）	螺距 （mm）	转速 （r/min）	电机功率 （kW）		
4500	4000	4765	50	0.133～0.4	3.3～10	450	365	15～44	7.5～22	15～20	16160

2）仓底固定的圆形湿化仓

卸料螺旋绞刀整体围绕湿化仓的中心轴做转动，同时自转。两种运动的综合结果，使仓底层陈化时间最长的原料首先卸出。绞刀绕中心轴旋转的速度可调，从而适应各种产量的需要。

通常仓壁多采用现浇混凝土结构。

德国汉德尔公司的湿化仓主要技术性能如表 2-43 所示。

湿化仓主要技术性能　　　　表 2-43

型号	仓高（m）	仓壁上口直径（m）	仓壁下口直径（m）	容量（m³）	产量（m³/h）
AGR45a	5	3.7	4.5	60	3～18
AGR55a/11	6	4.5	5.5	110	5～28
AGR55a/15	8	4.5	5.5	150	5～28
AGR65a/20	7	5.5	6.5	200	10～40
AGR65a/25	9.5	5.5	6.5	250	10～40
AGR65a/35	13.5	5.5	6.5	350	10～40
AGR85a/50	11	7.25	8.5	500	10～40
AGR85a/75	16	7.25	8.5	750	10～40
AGR140a	9.75	14	14.5	1400	10～50

3）长方形湿化仓

它是在圆形湿化仓容量欠大的基础上发展起来的，它常用的容量为 $250 \sim 3000 m^3$。其优点是如欲扩大容量时较圆形湿化仓灵活，即可用接长的办法，改动不太大。但它的湿化效果没有圆形湿化仓好，原因是装料不宜太高，所以压力较低。

（5）料仓

1）贮存塑性原料的料仓

料仓的选择和使用大有考究之必要。凡设置得当的厂家均尝到了一些甜头；反之，凡设置不得当的厂家却吃到了不少苦头。

①确定合理的规格尺寸

确定料仓规格尺寸的主要依据是原料的塑性指数、含水率及其块度。

普氏硬度系数为 $2 \sim 4$ 的页岩和煤矸石原料，其料仓的规格与原料塑性指数、含水率、块度关系如表 2-44 所示。

料仓的规格与原料塑性指数、含水率、块度关系　　　　　　　　　表 2-44

原料			料仓			备注
塑性指数	含水率（%）	块度（mm）	容积（m³）	斜壁与水平面夹角（°）	出口尺寸（mm）	
不大于12	不大于9	不大于300	不大于30	60 ~ 65	不小于700×700	出口尺寸指的是方形仓，如为圆形仓，其出口截面积应相当于方形出口截面积
		不大于200	不大于25		不小于600×600	
		不大于100	不大于20	65 ~ 70	不小于500×500	
		粉料	不大于15		不小于400×400	

必须指出：原料的塑性指数过高、含水率过大，料仓斜壁与水平面夹角太小、出口尺寸太小，是造成料仓下料不畅乃至堵塞的主要原因。

例如：某砖厂有一容量为 $50 m^3$ 左右的粉料筒仓，其斜壁与水平面夹角仅为60°（偏小），而其下料口为400mm×400mm（也不大），故经常篷料堵塞。在堵塞时就拿铁锤猛打仓壁，10mm厚的钢板仓壁已被打破。由于钢板越打越不平整，堵塞现象也越来越频繁和严重起来。又如另一砖厂有两个容量为 $150 m^3$ 的粉料筒仓，其斜壁与水平面夹角仅为45°（太小），料在仓内不往下溜，仓的下部锥体部分用钢筋混凝土质材料制作（不是钢板），堵塞时不能敲打仓壁，只能用棍棒掏，掏料带来不少麻烦。还有一个砖厂的一个容量为 $50 m^3$ 的筒仓，其斜壁与水平面夹角偏小，下料口尺寸也偏小，原料含水率稍高即堵塞，因掏料曾发生操作工掉入仓内而身亡事故。

而有的厂家的料仓斜壁与水平面夹角较大（即使采用钢筋混凝土制作，也应在其内壁镶贴一层薄钢板）。重庆二砖厂曾在粗斜仓内壁镶嵌过若干根钢轨，用以抵住粗料进仓时对其壁的撞击力。但这些钢轨的应用，又造成了仓内壁凹凸不平，轨与轨之间的低凹处很快就被粉料填满，内表光滑程度很差，下料不流利。粉料仓如做成钢筋混凝土质的也不理想。一方面因其内壁不可能达到钢板的光洁程度，和钢材相比，它有碍于下料的顺畅；另一方面为了解决粉仓堵塞的问题，往往在仓外壁安装电磁振动器（如江苏常熟市砖厂就在粉仓外壁安装了 DZ3 型电磁振动器）。即使不用振动装置，有些厂在粉仓堵塞时，要以人工锤击外壁（虽然这是一种不好的做法，但在无可奈何的情况下仍被一些厂家采用了）。如用钢筋混凝土仓，这样做势必要把仓打坏，显然是不允许的。

至于存放干粉煤灰之类的大筒仓，因无堵塞之虞，仓的上部直壁部分可采用钢筋混凝土，出口尺寸设大些，出料比较流利，效果较好。

例如广西柳州市红旗砖厂有 4 个 $\phi 5m \times 12m$ 的粉料仓，每个容量约为 $50m^3$，其斜壁与水平面夹角为 70°（较大）；下料口尺寸为 $\phi 1m$（也较大），故基本未出现堵塞现象。又如重庆市中梁山页岩砖厂的粉料仓共 4 个，容积不大于 $10m^3$，其斜壁与水平面夹角为 65°（尚可）；下料口为 $400mm \times 400mm$（对小粉仓来说此尺寸亦可），在原料含水率不大于 9% 时，无堵塞现象。

对于干粉状的瘠性料，如干粉煤灰，其仓的斜壁与水平面夹角要求不小于 55°，出料口尺寸不小于 $300mm \times 300mm$，可选深筒仓，即使容积达 $200m^3$ 左右亦好用。深筒仓的外形可为圆形，亦可为方形，但以圆形为佳。

②选择合适的制作材料

一般砖厂用以存放页岩和煤矸石之类的仓，容积均不大。这样的仓无论是存放粗料，还是存放粉料，均以采用型钢制作较合适。因块状粗料会对仓壁产生较大的撞击力，如用钢筋混凝土制作，势必会将内壁打坏。

③料仓的合理使用

料仓的合理使用十分重要。使用时应注意以下几点：

a. 含水率过高的黏性料不要进仓，以免堵塞。

b. 一经发现料仓堵塞，要立即停止继续往仓内进料。否则料堆积越多，处理堵塞事故就越困难。

c. 钢仓堵塞时不要以铁锤猛击其外壁，这样做会将壁板打变形，致使内壁不光滑，更易堵塞。堵塞时最好在料仓上口用棍棒掏捅仓内料，棍棒可用木、竹质，如用铁棒，应将铁棒上端用绳索吊起来，以防万一掏捅时失手将铁棒掉入仓内，损坏仓下的给料设备。有的厂在仓下部锥体部分侧面打一个（或在对侧再打一个）圆孔，并沿水平方向焊一小段钢管套在圆孔上，以免仓内料外漏，当仓内料起拱堵塞时，可用铁棒插入钢管直接搅动料拱，使其破坏。

d. 仓上口应设观察孔和人孔，以便观察仓料动态和处理堵塞事故。这些孔均要有格板和盖板等安全设施，以免操作人员失足掉入仓内。

e. 必要时，可在钢仓外壁设置电磁振动器，以助出料时仓内料的下滑。

总之，料仓作为生产环节的一个组成部分，可在连续生产中起到缓冲作用。也就是说，不至于因为一台设备暂时故障而造成所有设备停运或空运。只要在短时间内能排除有关设备的故障，就不会给半成品产量带来任何损失。但有的厂由于存放的原料黏性较大，或仓的斜壁和水平面夹角偏小，仓的出口尺寸偏小，经常堵塞，这样的仓反而成了连续正常生产的障碍物，应引以为戒。

因为干粉煤灰用原料棚存放、搬运时极易扬尘,在通常情况下,它又不会产生篷仓堵仓现象,故一般把它全部存放在筒仓中,不再另设料棚。

干排粉煤灰一般由电厂用气力输送的方式,通过管道直接送到砖瓦厂筒仓内供生产时使用。粉煤灰筒仓一般采用圆形。

筒仓顶部应设置除尘装置,筒仓外可设仓满指示器,筒仓下部出料口一般设刚性叶轮给料机,给料机上口与仓口之间应设单向螺旋闸门,以备事故检修用。

对于页岩和煤矸石之类原料,其中间缓冲环节可设一个或几个小仓,不宜设大仓,因堵塞时小仓比大仓好处理。有的厂想建若干个大筒仓代替原料棚,大量存放页岩和煤矸石料,以备雨天原料含水率过高时用。这种想法不太合适。因仓的存放方法是把料撑托在空中的,它的结构处理较复杂,而棚是把料直接堆放在地面上的,较简单。故如存放大量的原料,用料棚比用筒仓投资省很多。

2)贮存干粉煤灰的深筒仓

筒仓仓壁可采用钢筋混凝土制作,或用砖砌筑(需配筋,内部用水泥砂浆抹平),筒仓下部的锥体部分可采用钢板锥体或上半部为钢筋混凝土而下半部为钢板的混合结构。

常用的筒仓有两种:①ϕ6m,锥体部分高度5m,锥体出口内径ϕ0.4m,出料用刚性叶轮给料机ϕ400mm×400mm 或ϕ300mm×400mm;②ϕ8m,锥体部分高度6m,锥体出口内径ϕ0.5m,出料用刚性叶轮给料机ϕ500mm×500mm 或ϕ400mm×500mm。

ϕ6m 和ϕ8m 圆形筒仓容积和容量如表2-45所示。

ϕ6m 和ϕ8m 圆形筒仓容积和容量 表2-45

筒仓规格(m)	ϕ6							ϕ8						
筒仓总高度(m)	11	12	13	14	15	16	17	12	13	14	15	16	17	18
筒仓直筒高度(m)	6	7	8	9	10	11	12	6	7	8	9	10	11	12
筒仓有效容积(m³)	183	205	227	249	271	293	315	348	388	428	468	508	548	588
筒仓容量(t)	110	123	136	150	163	176	189	209	233	257	281	305	329	353

筒仓进出料的技术要求:①设置集灰装置和除尘装置;②安设的刚性叶轮给料机上口与筒仓出料口之间应设单向螺旋闸门,以备事故检修时用。

2.70 陈化的作用是什么?

陈化的目的,就是将粉磨至所需细度的原料加水浸润,使其进一步疏解,促使水分分布均匀。这不但可以改善原料的成型性能,而且可以改善原料的干燥性能,提高制品质量。

陈化应在阴暗、高湿度和温度为20~30℃的陈化库中进行(某厂的经验:温度从15℃提高至30℃,陈化时间可以缩短一半)。陈化库应力求密封,不要用敞开式。因为这样做会使原料堆表皮水分蒸发,造成内、外水分不均匀。有些厂的陈化库建在地平面以下,堆料高度大,陈化期间水分散失少。

经陈化后,出料一般用多斗挖掘机,该设备可做到先进库的料先出,后进库的料后出,较为合理;亦有用装载机的,装载机的优点是灵活,但应注意不要使新、老料混在一起运出；还有的厂以人工架子车出料。

黑龙江省双鸭山东方墙材公司煤矸石砖厂的陈化库长 50m，宽 18m，料堆高 5.5m，陈化期为 3d，以多斗挖掘机出料。北京市门头沟区万佛煤矸石砖厂和军庄煤矸石砖厂的陈化采用可逆移动式胶带机进料，多斗挖掘机出料。

煤矸石砖厂普遍反映：经陈化 3 ~ 6d 的料，塑性指数提高了 1.5 ~ 3，如重庆市叠叠煤矸石砖厂，用于成型的原料陈化前的塑性指数为 9.1，而经 3d 陈化后的塑性指数增至 10.8。干燥和焙烧废品率明显降低了。

新疆地区水分蒸发快，加之在重力作用下，水有下渗趋势，原料表面易结壳，因此有的厂在陈化库上方设有水的喷淋装置，以保证原料表面有一定的湿度。

日本某砖厂为了防止陈化库中表面料的蒸发，在其上方铺盖了一层塑料布。

陈化库（仓）还兼有中间储料的作用，不至于因一台设备出故障而"一停全停"，对维持连续正常生产提供了不可小视的保证。

2.71 什么是原料的"过度"制备？

砖瓦原料，尤其是页岩和煤矸石等硬质材料，通过破碎和粉碎能"释放"出足够数量的自由物质（小于 $2\mu m$ 的黏粒），以便提高成型性能。实践证明，在个别情况下，也出现由于强烈的破碎造成"过度"制备的现象，使塑性性能反而下降。例如，内蒙古赤峰市元宝山五家煤矸石砖厂，原料最佳陈化期为 5 ~ 7d，但因故使一部分原料陈化期延长至 185d，结果原料变得像"酒糟"一样失去韧性，塑性性能大幅度降低，被迫弃之不用。这可能是因为"过度"制备使每一个原料颗粒内的瘠性组分得以无掩盖地显露出来，从而抵消产生黏土物质的可塑作用。一般砖瓦厂的原料制备达不到"过度"程度。

2.72 物料成拱的原因有哪些？如何防止？

成拱是物料堵塞在设备或料仓（斗）的出口，使之不能排料现象的总称。

砖瓦原料具有较高的可塑性，往往含有一些水分。在原料制备直到成型的多个环节中，成拱是常遇到的解决难度较大的问题之一。

成拱原因主要有以下几种：

（1）在卸料口上方，颗粒互相支撑，形成"拱架"状态。多见于卸料口偏小的情况。

（2）物料积存在设备的受料槽部分或料仓的圆锥形底部。

（3）高差较大的物料在卸料口上部垂直下落，由于重力作用贴于四壁，形成漏斗状拱角，为成孔创造条件。

（4）料仓或卸料管下方倾斜夹角偏小，物料使下方先粘贴成漏斗状，进而成拱堵塞。

防止成拱的措施：

（1）尽量不用易成拱堵塞的仓和斗。储存湿料可用堆于地面的陈化库。

（2）加大卸料口是消除成拱的有效措施。

（3）将料仓内壁加工光滑，以减小物料与仓壁的摩擦系数。

（4）加大下方锥形部分倾斜夹角，促使物料容易下落。

（5）将料仓下方锥形部分做成非对称型，以破坏物料受力各向平衡的情况，使其难成拱。

（6）安装仓壁振动器。这种作法只适用于钢仓（不适用于钢筋混凝土仓）和物料粘壁初期不严重的情况。否则，效果不明显。

2.73 什么是原料的干燥线收缩率、烧成线收缩率、总线收缩率？如何计算？

原料在干燥和焙烧时，由于脱水颗粒相互靠拢和产生一系列物理化学变化，导致体积收缩。因此，要获得一定尺寸的砖瓦制品，必须注意原料的这一特性，测定原料的收缩值，作为制定模具尺寸时的依据，才能保证制品的最终尺寸。

原料在干燥时产生的收缩叫干燥收缩，经焙烧后产生的收缩叫烧成收缩。干燥收缩与烧成收缩之和称总收缩。收缩又有线收缩和体积收缩之分。体积收缩约为线收缩的3倍（误差6%~9%）。

干燥收缩：新制成的软泥坯体，其中含有大量的水分，在干燥过程中水分蒸发，原料颗粒靠拢，因而坯体体积发生收缩，这种现象称为干燥收缩。不同的原料，收缩值也不一样，可塑性高的原料比可塑性低的原料干燥收缩值大。就是同一种原料，因掺合水的多少不等，收缩值也不一样，掺合水多的收缩值大。

烧成收缩：完全干燥的坯体，在焙烧过程中产生一系列物理化学反应，其中的易熔杂质熔化生成玻璃液相物填于颗粒间隙中，发生体积收缩，这种现象称为烧成收缩。烧成收缩也会由于原料的矿物化学组成不一样，其物化反应也不一样，结果收缩值也不一样。还有这样一种情况，由于原料中混杂大量石英，石英在焙烧时发生晶型转化而致使制品体积膨胀，这种现象称之为反收缩。

收缩可按下式计算：

$$y_{干} = \frac{L_0 - L_1}{L_0} \times 100\%$$

$$y_{烧} = \frac{L_1 - L_2}{L_1} \times 100\%$$

$$y_{总} = \frac{L_0 - L_2}{L_0} \times 100\%$$

式中　$y_{干}$——干燥线收缩率；

　　　$y_{烧}$——烧成线收缩率；

　　　$y_{总}$——总线收缩率；

　　　L_0——刚成型试件二记号间距离；

　　　L_1——干燥后试件二记号间距离；

　　　L_2——烧成后试件二记号间距离。

砖瓦厂要得到原料在一定加工条件下的收缩值，可用细钢丝从挤出机出口泥条上切下20mm厚泥片，切割成 $50 \times 50 \times 8$（mm）试件，沿试件对角线方向画两条线，两端做上记号，通过干燥、焙烧分别用游标卡尺测得二记号间距离，代入以上公式，即可算出各收缩值。

收缩率越小越好。原料的收缩率允许范围如表2-46所示。

原料收缩率允许范围　　　　　　　　　　表 2-46

产品名称	收缩率（%）	
	干燥	烧成
实心砖	3～8	2～5
承重多孔砖	3～8	2～5
瓦	5～12	4～8
薄壁制品	5～12	4～8

2.74　什么是助熔剂？

原料中能降低熔化温度和增加玻璃化程度的成分称为助熔剂（简称熔剂）。由于这种成分的存在，在高温下形成熔质，可以降低制品的烧成温度、增大焙烧收缩、并促使"黑心"的形成。如氧化钠、氧化钾等碱性氧化物是较好的助熔剂，氧化铁和碱土金属氧化物，如氧化钙、氧化镁也起助熔作用。

2.75　什么是筛分效率？

筛分效率是衡量筛分作业的主要指标。当对原始物料进行筛分时，在筛上的物料中，经常含有尚未筛下的细级颗粒，影响筛分效率。设原始物料中的细粒级的质量为 A，实际筛下细粒级的质量为 B，则筛分效率 η 可表示为：

$$\eta = \frac{B}{A} \times 100\%$$

筛分效率受多种因素影响，如物料的含水率、物料的颗粒形状、筛孔的排列和形状、筛子的工作参数（振幅、频率、筛面倾角、运动方式等）和筛上料层厚等。

第三部分　产　　品

3.1　什么是烧结砖瓦？

烧结砖瓦是由黏土矿物及其他天然矿物作原料，经过制备、坯体成型、坯体干燥、烧成等过程制成的粗陶制品，是一种多晶、多相（晶相、玻璃相和气相）的硅酸盐材料。由于它的主要原料均取之于自然界的硅酸盐矿物，因此它属于硅酸盐工业的范畴。

随着科学技术的发展，烧结砖瓦的生产技术也不断进步，其生产除采用天然原料外，还采用了一些化工原料和合成矿物，原料组成伸展到无机非金属材料的范畴中。故烧结砖瓦也可归纳为无机非金属材料。

烧结砖瓦常以主要原料命名，如烧结黏土砖、烧结页岩砖、烧结煤矸石砖、烧结粉煤灰砖以及烧结黏土瓦、烧结页岩瓦、烧结煤矸石瓦等。在不致混淆的情况下，可省略"烧结"二字。

3.2　什么是烧结普通砖？

烧结普通砖外表为直角六面体，其尺寸为长 240mm、宽 115mm、高 53mm 无孔洞或孔洞率小于 25% 的黏土砖（N）、页岩砖（Y）、煤矸石砖（M）和粉煤灰砖（F）。240mm × 115mm 的面称为大面，240mm × 53mm 的面称为条面，115mm × 53mm 的面称为顶面。强度、抗风化性能和放射性物质合格的砖，根据尺寸偏差、外观质量、泛霜和石灰爆裂分为优等品（A）、一等品（B）、合格品（C）三个等级。国家标准《烧结普通砖》GB 5101—2003 中规定的强度等级如表 3-1 所示。

烧结普通砖的强度等级（MPa）　　　　　　　　　　　　　表 3-1

强度等级	抗压强度平均值 $\bar{f}$（≥）	变异系数 $\delta \leqslant 0.21$	变异系数 $\delta > 0.21$
		强度标准值 f_k（≥）	单块最小抗压强度值 f_{min}（≥）
MU30	30.0	22.0	25.0
MU25	25.0	18.0	22.0
MU20	20.0	14.0	16.0
MU15	15.0	10.0	12.0
MU10	10.0	6.5	7.5

无孔洞的烧结普通砖的表观密度为 1600 ~ 1800kg/m³；其孔隙率（包括开气孔和闭气孔）为 28% ~ 36%。

3.3　什么是烧结多孔砖和多孔砌块？

按国家标准《烧结多孔砖和多孔砌块》GB 13544—2011 规定：

烧结多孔砖和多孔砌块的外型一般为直角六面体，在与砂浆的接合面上应设有增加结合力的粉刷槽和砌筑砂浆槽，并符合下列要求：

粉刷槽：混水墙用砖和砌块，应在条面和顶面上设有均匀分布的粉刷槽或类似结构，深度不小于 2mm。

砌筑砂浆槽：砌块至少应在一个条面或顶面上设立砌筑砂浆槽。两个条面或顶面都有砌筑砂浆槽时，砌筑砂浆槽深度应大于 15mm 且小于 25mm；只有一个条面或顶面有砌筑砂浆槽时，砌筑砂浆槽深度应大于 30mm 且小于 40mm。砌筑砂浆槽宽应超过砂浆槽所在砌块面宽度的 50%。

砖和砌块的长度、宽度、高度尺寸应符合下列要求：（1）砖规格尺寸（mm）：290、240、190、180、140、115、90；（2）砌块规格尺寸（mm）：490、440、390、340、290、240、190、180、140、115、90（砌块的规格尺寸大，可节约砌墙砂浆，减少砂浆造成的"热桥"从而提高墙体的隔热性能）；（3）其他规格尺寸由供需双方协商确定。

砌块的孔洞率等于或大于 33%，砖的孔洞率等于或大于 28%，孔的尺寸小而数量多，主要用于承重部位，孔一般与承重面垂直。按主要原料分为黏土砖和黏土砌块（N）、页岩砖和页岩砌块（Y）、煤矸石砖和煤矸石砌块（M）、粉煤灰砖和粉煤灰砌块（F）、淤泥砖和淤泥砌块（U）、固体废弃物砖和固体废弃物砌块（G）。

国家标准《烧结多孔砖和多孔砌块》GB 13544—2011 中对密度等级的规定如表 3-2 所示。

密度等级（kg/m³）   表 3-2

密度等级		3 块砖或砌块干燥表观密度平均值
砖	砌　块	
—	900	≤900
1000	1000	900~1000
1100	1100	1000~1100
1200	1200	1100~1200
1300	—	1200~1300

强度等级规定如表 3-3 所示。

强度等级（MPa）   表 3-3

强度等级	抗压强度平均值 f（≥）	强度标准值 f_k（≥）
MU30	30.0	22.0
MU25	25.0	18.0
MU20	20.0	14.0
MU15	15.0	10.0
MU10	10.0	6.5

孔型、孔结构及孔洞率规定如表 3-4 所示。

| 孔型、孔结构及孔洞率 | | | | | | 表 3-4 |

孔型	孔洞尺寸		最小外壁厚（mm）	最小肋厚（mm）	孔洞率（%）		孔洞排列
	孔宽度尺寸 b	孔长度尺寸 L			砖	砌块	
矩形条孔或矩形孔	≤13	≤40	≥12	≥5	≥28	≥33	1. 所有孔宽应相等。孔采用单向或双向交错排列； 2. 孔洞排列上下、左右应对称，分布均匀，手抓孔的长度方向尺寸必须平行于砖的条面

注：1. 矩形孔的孔长 L、孔宽 b 满足式 L≥3b 时，为矩形条孔。
　　2. 孔四个角应做成过渡圆角，不得做成直尖角。
　　3. 如设有砌筑砂浆槽，则砌筑砂浆槽不计算在孔洞率内。
　　4. 规格大的砖和砌块应设置手抓孔，手抓孔尺寸为（30～40）mm×（75～85）mm。

因多孔砖和多孔砌块的孔洞较窄，砂浆嵌入孔洞很浅（10～20mm），呈月牙形，因而增加了砖（或砌块）与砖（或砌块）之间的粘接力，对工程质量有利。就机械强度而言，孔洞垂直放置是水平放置的 1.2～1.3 倍。

德国一些厂家在产品说明书上特别标明三个指标：一是强度，二是孔洞率，三是热阻值。

3.4　什么是烧结空心砖和空心砌块？

烧结空心砖和空心砌块外形为直角六面体，其长度、宽度、高度尺寸（mm）为 390、340、290、240、190、180(175)、140、115、90。空心砖的孔洞率等于或大于 40%，孔的尺寸大而数量少（最好是双排矩形孔），常用于非承重部位。

砌块系列中主规格的长度、宽度或高度有一项或一项以上分别大于 365mm、240mm 或 115mm 者称之为砌块。但高度不大于长度或宽度的 6 倍，长度不超过高度的 3 倍。国家标准《烧结空心砖和空心砌块》GB 13545—2003 中对空心砖和空心砌块的强度等级规定如表 3-5 所示，体积密度等级如表 3-6 所示，孔洞排列及其结构如表 3-7 所示。

| 空心砖和空心砌块的强度等级 | | | | 表 3-5 |

强度等级	抗压强度（MPa）			密度等级范围（kg/m³）
	抗压强度平均值 $\bar{f}$（≥）	变异系数 δ≤0.21	变异系数 δ>0.21	
		强度标准值 f_k（≥）	单块最小抗压强度值 f_{min}（≥）	
MU10.0	10.0	7.0	8.0	≤1100
MU7.5	7.5	5.0	5.8	
MU5.0	5.0	3.5	4.0	
MU3.5	3.5	2.5	2.8	
MU2.5	2.5	1.6	1.8	≤800

空心砖和空心砌块的密度等级（kg/m³）　表 3-6

空心砖和空心砌块的密度等级（kg/m³）　表 3-6

密度等级	5 块密度平均值
800	≤800
900	801～900
1000	901～1000
1100	1001～1100

空心砖和空心砌块的孔洞排列及其结构　表 3-7

等级	孔洞排列	孔洞排数（排）		孔洞率（%）
		宽度方向	高度方向	
优等品	有序交错排列	b≥200mm　≥7 b<200mm　≥5	≥2	≥40
一等品	有序排列	b≥200mm　≥5 b<200mm　≥4	≥2	
合格品	有序排列	≥3	—	

注：b 为制品的宽度尺寸。

烧结砌块在使用中的尺寸稳定性比混凝土砌块大 4～5 倍，比加气混凝土砌块大 4 倍，比有些板材还要大得更多。因而烧结砌块的原始长度就是绝干状态下的长度，其本体内所有物相的结构中不含任何水分子。吸收水分后，由于它的多微孔体系，其尺寸变化非常小，并有着微膨胀的特性，所以有着很好的尺寸稳定性和气密性。因而，不像混凝土砌块、加气混凝土砌块、板材等因温、湿度等因素的变化，使其尺寸有较大变化，极易造成墙体裂缝。

由于砌块体积大于普通砖（但小于墙板），砌筑时减少了墙体灰缝。灰缝中的普通水泥砂浆的导热系数约为 1.1W/（m·K），明显高于砖体的导热系数。减少灰缝可以提高墙体的隔热保温性能。

空心砖垂直于孔洞的抗压强度比平行于孔洞的抗压强度低 60%。

3.5　空心砖的外周条面拉槽起什么作用？

（1）砌筑时，两块空心砖相接处可以增加砂浆的粘接力；

（2）外墙面可以增加建筑物的美观；

（3）内墙面可增加内粉刷砂浆的粘接力。

3.6　什么是烧结保温砖和保温砌块？

按国家标准《烧结保温砖和保温砌块》GB 26538—2011 规定：

烧结保温砖和保温砌块的外型多为直角六面体，也有各种异型的。主要用于建筑物围护结构保温隔热的砌块，砌块系列中主规格的长度、宽度或高度有一项或一项以上分别大于 365mm、240mm 或 115mm，但高度不大于长度或宽度的 6 倍，长度不超过高度的 3 倍。

按主要原料分为黏土保温砖和保温砌块（NB）、页岩保温砖和保温砌块（YB）、煤矸石保温砖和保温砌块（MB）、粉煤灰保温砖和保温砌块（FB）、淤泥保温砖和保温砌块

（UNB）、其他固体废弃物保温砖和保温砌块（QGB）。

按烧结处理工艺和砌筑方法分：（1）经精细工艺处理，砌筑中采用薄灰缝，契合无灰缝的烧结保温砖和保温砌块（A类）；（2）未经精细工艺处理的砌块中采用普通灰缝的烧结保温砖和保温砌块（B类）。

砖和砌块的外型为直角六面体，其长度、宽度、高度尺寸要求如表3-8所示。

外型尺寸（mm）　　　　　　　　　　　　　　　　　　　　　表3-8

分类	长度、宽度或高度
A	490，360（359、365），300，250（249、248），200，100
B	390，290，240，190，180（175），140，115，90，53

其他规格尺寸由供需双方协商确定。

强度等级分为 MU15.0、MU10.0、MU7.5、MU5.0、MU3.5。

密度等级分为 700 级、800 级、900 级、1000 级。

传热系数按 K 值 2.00、1.50、1.35、1.00、0.90、0.80、0.70、0.60、0.50、0.40 分为十个质量等级。

强度等级规定如表3-9所示。

强度等级（MPa）　　　　　　　　　　　　　　　　　　　　表3-9

强度等级	抗压强度			密度等级范围（kg/m³）
	抗压强度平均值 $\bar{f} \geqslant$	变异系数 $\delta \leqslant 0.21$ 强度标准值 $f_k \geqslant$	变异系数 $\delta > 0.21$ 单块最小抗压强度值 $f_{min} \geqslant$	
MU15.0	15.0	10.0	12.0	≤1000
MU10.0	10.0	7.0	8.0	
MU7.5	7.5	5.0	5.8	
MU5.0	5.0	3.5	4.0	
MU3.5	3.5	2.5	2.8	≤800

密度等级规定如表3-10所示。

密度等级（kg/m³）　　　　　　　　　　　　　　　　　　　表3-10

密度等级	5块密度平均值
700	≤700
800	701～800
900	801～900
1000	901～1000

本产品是以黏土、页岩或煤矸石、粉煤灰、淤泥等固体废弃物为主要原料或加入成孔材料制成的实心或多孔薄壁焙烧而成，主要用于建筑物围护结构的保温隔热的砖和砌块。

3.7　什么是保温隔热砌块（砖）？

除孔洞形状及排列外，在原料中加入微孔形成剂，可大幅度降低导热系数，以提高砌块

（砖）的保温隔热性能。所谓微孔形成剂是在原料中加入可燃烧或在高温下分解放出气体，使制品内留下不连通的微孔的物质。这种砌块（砖）一般用于外墙。

一般实心砖的表观密度约为$1700kg/m^3$，其导热系数约为$0.81W/(m \cdot K)$；在绝对密实下的真密度约为$2500kg/m^3$，其导热系数约为$1.2W/(m \cdot K)$。已知密闭状态下的空气导热系数为$0.023W/(m \cdot K)$，则绝对密实下砖的导热系数为空气导热系数的$\dfrac{1.2W/(m \cdot K)}{0.023W/(m \cdot K)} = 52$（倍）。由此可见，气孔对砌块（砖）的保温隔热性能的提高起着非常好的作用。

为了阻断保温隔热砌块墙体中灰缝的热桥，国外有在灰缝中填充一种"阻热条"的。

经研究得出：玻璃态SO_2在无气孔状态下的真密度为$2300kg/m^3$，导热系数为$0.35W/(m \cdot K)$；如将其制成表观密度为$171kg/m^3$，"无对流空气"时的导热系数仅为$0.026W/(m \cdot K)$，缩小达13.5倍，大大提高了材料的保温隔热性能。要达到这一目的的条件是，必须形成"纳米孔隙"，要求所有的孔隙都在100nm(0.0001mm)以下，其中80%以上的孔隙小于50nm(0.00005mm)。这是因为孔隙小于50nm时，其中空气分子失去了自由流动的能力，附着在孔壁上，处于近似"真空状态"，实现了"零对流传热"。另一方面，由于固体颗粒断面和接触面积很小，大大延长了固体热传导路径。

3.8　什么是烧结复合保温砌块？

国内的某些烧结复合保温砌块是在烧结空心砌块的孔洞内采取自动化机械注入聚苯乙烯（EPS）颗粒，经高温高压蒸汽成型，并在制品外表水平和竖向设置贯穿的隔热带，以阻断墙体灰缝热桥。它是一种单一烧结复合材料。用它砌筑的墙体不但隔热保温、隔声性能好，而且耐久性能好。也有的在孔洞内填充发泡聚氨酯。

空心砌块仅是复合保温砌块的半成品，在复合保温砌块的生产过程中，它起到骨架和模板的作用。因而要求空心砌块的强度必须能够承受0.4MPa的压力（胀应力），其几何尺寸要满足底模、套模和上模正常的机械动作，还要保证泡沫微粒的准确注入和高压蒸汽的冲入效能，以使泡沫微粒充分膨胀和空心砌块结合为一体，另外，还要保证隔热带的强度和几何尺寸。因此，应预先进行拣选，剔除外观有缺陷和几何尺寸有误差的空心砌块，以保证下一道填充工序的完成。

发达国家的烧结复合保温砌块孔洞中填充的是无机保温隔热材料，如膨胀珍珠岩颗粒、矿棉纤维板等，因这些无机材料的耐火程度高，对水分的排出速度快，可保持保温隔热材料性能的发挥，耐久性更好，完全可以与建筑物同寿命，并且在建筑物使用寿命终结后能够回收利用。目前已在西欧建筑市场上大量应用。这类砌块有着良好的热惰性以及保温隔热性能。

3.9　什么是无机保温隔热材料填充的烧结砌块？

无机保温隔热材料填充的烧结砌块就是在烧结空心砌块的孔洞中填入无机保温隔热材料，如膨胀珍珠岩颗粒、矿棉颗粒或矿棉板（块），使之复合成外硬里软的砌墙产品。无机保温隔热材料可以与建筑物同寿命，而不像有机保温隔热材料要受多种因素的影响，其耐久性及保温隔热性能令人担忧。另外，有机保温隔热材料还要消耗宝贵的石油资源。发达国家目前生产的无机保温隔热材料填充的烧结砌块可分为三类：一类是用膨胀珍珠岩颗粒（主材）、水泥或水玻璃（胶粘剂），填充入烧结之后砌块的大孔洞（封装维护材）中。普遍认为，没有比膨胀珍珠岩（膨胀玻化微珠）更好的填充材料了。大致的作法是将筒仓中的珍珠岩通过振动给料机填入砌块的孔洞内，有些珍珠岩会散落在孔洞外。接着，压缩机会落下来将材料压进每一个孔洞内，然后将砌块翻转，在另一面重复这一压实工序。下一工序是，将砌块在140℃的对流干燥室内干燥2h，以使珍珠岩中的胶粘剂凝结；第二类是将矿棉颗粒（主材）、水玻璃（胶粘剂），借助于压缩空气填充入任何形状的大孔或小孔中；第三类是将矿棉板预先切割成与砌块的孔洞尺寸相适应的块状，借助于工业机器人，将其插入砌块的孔洞中。这三类无机保温隔热材料填充孔洞的烧结砌块，其导热系数非常低，欧洲现在供应市场的这类产品的导热系数为 $0.07 \sim 0.09 \mathrm{W/(m \cdot K)}$。由于这类产品具有优异的使用性能和较好的耐久性，自2006年问世以来，很快得到了广泛的应用。采用这类产品已建成了大量低能建筑、健康建筑（也统称为可持续发展建筑）。

德国斯拉格曼公司就有3条生产线生产膨胀珍珠岩颗粒填充空心砌块，有2条生产线生产矿棉颗粒填充空心砌块。

这类产品也延续了传统竖向连接的榫槽结构（竖向灰缝一般不加砂浆）和打磨坐浆面的精加工做法，横向水平灰缝可以做得很薄（最薄为1mm）。薄的灰缝可以大幅度提高墙体的隔热保温性能。

这类产品被人们称为"最前沿的砖制品"。

重庆市智诚建材公司在空心砖的一个长条孔中填注泡沫混凝土（直接在孔腔内发泡），其导热系数大幅度下降。

其功能原理是利用静态的（固定的）空气物理特性，这是因为小孔腔比大孔腔的导热系数更小。

孔腔越小，对流就越少，在非常小的孔腔，根本不发生对流。绝热材料含有大量小气孔，导热系数非常低，将其填充入空心砌块的较大的孔中，可以提高空心砌块的绝热性能。

当保温隔热材料填充到空心砌块的所有大孔中，则可将孔由水平砌筑改为垂直砌筑，因而提高抗压强度30%以上。

3.10　什么是配砖？

在用大块多孔砖或空心砖砌筑砌体时，为了避免砍砖，往往需要约10%有一定规格的小块砖配合使用，这种砖称为配砖。重庆市生产的主规格空心砖外形尺寸为 $200 \times 190 \times 115$（mm），其配砖外形尺寸为 $200 \times 95 \times 53$（mm）；有些地区的主规格空心砖外形尺寸为 $190 \times 190 \times 115$（mm）和 $240 \times 190 \times 115$（mm），其配砖外形尺寸 $190 \times 115 \times 90$（mm）。北京市万佛砖厂每生产10万块外形尺寸为 $240 \times 115 \times 53$（mm）普通砖，搭配生产2万块外形尺寸为 $175 \times 115 \times 53$（mm）的配砖。二种砖售价一样。

3.11　什么是清水墙装饰砖？

用于清水墙或带装饰面用于墙体装饰的砖。

清水墙装饰砖要求外观质量高、尺寸准确程度高、耐久性（耐候性）及抗冻性能好，其色调和规格尺寸应满足建筑物的造型要求。这类产品可分为承重实心砖、承重多孔砖、非承重空心砖、薄片条形砖（文化砖）、劈离砖及墙角用的阴角、阳角、圆角等各种异型砖

（如围墙帽砖、窗台砖、花格砖等）。

由于清水墙多孔砖具有承重、保温隔热和建筑墙体装饰的复合功能，故是多孔砖的发展方向。

美国较多地使用清水墙砖。

3.12 清水墙装饰砖常用的表面处理方法有哪些?

清水墙装饰砖的表面处理方法就是指在产品生产过程中或是已烧成产品的表面上，进行加工处理或是专门附加上有装饰效果的表面，以提高产品的附加值，增强产品的市场竞争能力，或是说为了降低建筑物造价（不需要墙体外粉刷、粘贴外层材料等），美化建筑物外貌，提高砌体的耐久性等。常用的方法可分为三类：一类是通过外加色料，或改变配料，或改变焙烧方法等，使产品表面着色；其次是在泥条挤出之后，在泥条表面进行加工处理，使产品表面呈现出不同纹理或颜色；最后一类是在已烧成产品上进行研磨、浸渍树脂、浸水等方法，现将这三类方法简述如下：

（1）着色方法

在砖体上着色的方法很多，主要有以下几种：

①整体着色法。通常砖在氧化气氛下烧成后均呈深浅程度不同的红色系的颜色。如在原材料中加入其他可着色的矿物性材料就可将砖的整体（从内到外）颜色改变，以达到具有更好装饰效果的目的。加入的这些矿物原材料，多为工业废料或是单位价格较便宜的材料，如锰矿石或锰矿渣（可产生棕色效果）；又如钢厂的尘泥（含 Fe_2O_3 在50%左右的废料，可产生深红色到黑红色的效果）、某些农药厂催化剂废料及其他冶金工业废料等；还有在低含铁黏土中加入石灰粉使其变成黄色色调的产品等，均是整体着色方法。

②施加化妆土。化妆土主要是由特定的黏土、助熔剂、填充料和着色剂组成。有时还在化妆土内加入有机材料作为胶粘剂，以增强化妆土与坯体表面层的结合能力。配制好的化妆土用喷雾或是浇淋法、浸沾法等将其施加到砖坯的表面，通过焙烧之后在坯体表面形成坚固的特定颜色的表层。

③施釉方法。将适合于砖坯热膨胀系数的特制釉料，施加在砖坯表面，通过焙烧在砖坯表面形成特定颜色的釉面层。

④表面染色法。表面染色法是指用某些可着色的金属盐溶液浸入砖坯表面几毫米深，在焙烧后表面形成一层坚固的特定颜色层。由于砖坯本身为红色调，所以这种染色方法的着色范围较小，仅能呈现出深色调的产品表面，如深红、墨绿、褐色、黑色等。而且这种表面染色法是有着一定使用条件的，这些条件关系到坯体中原材料的组成、坯体的密实度及均匀性等。

⑤表面涂层法。这种方法就是在坯体泥条挤出过程中，将配制好的表面着色泥料均匀地通过特殊装置挤出并附着在坯体表面。这一涂层的厚度一般在5~10mm，通过焙烧后与坯体形成牢固的结合层及呈现出特定颜色的表面。

⑥表面施加彩砂方法。这种方法是预先将着色剂与砂子混合，同时加入胶粘剂，制彩砂，将彩砂喷入或压入泥条表面层，形成预定颜色的砂饰表面。如果挤出泥条的硬度太高时，可采用喷蒸汽或喷水雾的方法，先将泥条表面软化（仅几毫米深），再将彩砂喷入或压入泥条表面层。焙烧后彩砂与坯体表面层形成了牢固的结合层。使用这种方法，可制造出多

种色调的表面装饰效果。另外，将废旧陶瓷破碎后，也可用这种方法将其施加在砖坯的表面（注：以上这几种方法烧成时最好使用洁净的燃料，如天然气、煤气、轻柴油等）。

⑦焙烧着色法。这种方法就是改变焙烧时窑炉中的气氛，而使坯体中所携带的着色剂呈现出不同颜色的方法，如在还原气氛下烧成的青砖。现在隧道窑上利用煤气或天然气作为燃料，在还原气氛下焙烧的技术在西欧已成功地使用了十多年的时间。

（2）泥条表面处理方法

这类方法就是将挤出泥条的光滑表面加工处理成带有一定装饰效果的图案、式样等，其主要方法有：

①辊压法。辊压法就是将带有特制图案和纹理结构的旋转辊子，在挤出泥条的表面压出图案或纹理结构。这种辊子的图案可以任意变化，如各种点、条状凹坑、树皮式皱纹等。

②剥皮法。挤出泥条光滑的表面有时在一些场合下使用的效果不如粗糙面的使用效果。另外光滑的泥条表面对某些缺陷（如干燥室泛白层、手印压痕等）的掩盖程度也不如粗糙面，所以对挤出泥条用钢丝或是专门的切削刀将光滑的泥条表面切去，而暴露粗糙的表面层。由于坯体中含有或多或少的颗粒状物料，在连续切去光滑的表面层时，可在切后的粗糙面上留下长度不等的划痕，增强了粗糙面的装饰效果。

③拉毛表面法。在挤出泥条光滑的表面上用旋转的钢丝刷或是振动的钢丝刷，将光滑的泥条表面拉毛（锉毛）。

④加砂法。这种方法在北欧使用较多，其主要目的是为了仿造古代手工成型的砂模砖，但加入的砂子是没有着色剂的普通砂。

⑤表面加可燃物，制造压花方法。这种方法在英国、欧洲北部、美国等使用的较多，其方法是将挤出的泥条上部撒上煤粉、焦炭末等可燃物的细粉，然后将两砖坯的条叠压在一起，焙烧后形成了图案近似的压花（注：这种压花对成品砖的性能无任何不利影响），砌筑出的墙面形成了一种特殊的效果。

⑥凿毛法。这种方法就是利用高速旋转的表面带有硬块状的皮带机，或是气动凿毛机，将泥条表面凿成凹凸不平的、岩石状的表面，这种方法也可与剥皮、喷蒸汽软化等方法结合使用。

（3）成品砖表面处理方法

这种处理方法主要有：

①表面研磨。这种方法最初是用来研磨砖的砌筑面，使砖砌体的灰缝变小，以提高墙体的保温隔热性能。这种方法非常类似于我国古代建筑物上使用的"磨砖对缝"方法，只不过是将古代的手工打磨变成了机械研磨。现在这种方法也发展到了研磨砖的表面，以使砖砌块向外的表面呈现出一种特殊的效果，如国外某些住宅中的室内清水墙面，这种研磨可将坯体表面在焙烧期间形成的、使表面失色的泛白层（不溶于水）物质打磨掉，使砖体的颜色更均匀一致。

②喷砂处理。对砖表面的喷砂处理如同钢材除锈一样，可将难看的颜色表面处理成具有粗糙表面的高档产品。如上述的泛白物质层可经过喷砂处理将其打磨掉，从而可消除泛白层的粗糙化，而且在砌体的颜色上也更均匀。这种喷砂处理可在工厂内进行，也可在建筑工地砌好的砌体表面上进行。

③浸水处理。浸水处理的主要目的是为了消除砖体中石灰颗粒的爆裂，破坏砖体表面的

结构，这种方法在砖刚出窑时就应立即进行。

④浸渍树脂法。浸渍树脂法是指将可能会出现泛霜的清水墙装饰砖用硅树脂浸渍，以堵塞砖体的毛细孔，不让水分进入砖体，有效地阻止泛霜。经过硅树脂浸渍的砖，其强度还会提高。

上述清水墙表面装饰方法仅为主要在发达国家中已使用多年的普遍方法。此外，还有其他一些方法，如：水冲击方法、磨边方法等。

制品施釉的作用有哪些？

施釉的坯体表面有一层玻璃质致密层。釉的厚度一般为 0.2~0.4mm，施釉的作用有：

（1）改善制品的表面性能，使制品更光滑，不易沾污；

（2）釉层可降低坯体的吸水率，能阻止液体和气体透过；

（3）釉层能提高制品的机械强度，延长制品的使用寿命；

（4）能提高制品的化学稳定性和热稳定性；

（5）有时需要釉层遮蔽坯体的不良颜色和某些缺陷；

（6）能起装饰作用，从而提高了制品的艺术效果。

3.13 什么是模数砖？

凡长、宽、高的尺寸符合现行建筑模数制，其砌体能满足建筑标准尺寸，按模数数列进级变化的砖称为模数砖。统一建筑模数砖的尺寸（mm）由 390、190、140、90 组成。模数砖经论证优选的规格尺寸（mm）主要有：190×190×90、190×140×90、190×90×90。

砖的尺寸适应建筑模数，一是指从建筑构造上要适应建筑空间网络模数的要求，即砖以最少的尺寸类别组合多种墙厚，不砍砖调缝或少砍少调（不够整模数处采用 190mm×90mm×40mm 配砖砌筑），砌体节点构筑合理，施工方便；二是指建筑完工面的最终尺寸适应"净模"的要求，即建筑物使用空间（从建筑装修、抹灰的完工面最终尺寸算起）符合模数化空间网络的要求。若砖尺寸不符合建筑模数，砍找工作量必然很大，直接造成材料、人工的浪费，增加工时和劳动强度，间接带来能源、原料、运输、时间各方面的浪费。

模数多孔砖墙厚以 50mm 为级差。减薄了墙体厚度，可以根据当地建筑热工要求更灵活地选用经济合理的墙厚。用 190mm×140mm×90mm、190mm×90mm×90mm 模数砖砌筑的墙的厚度（mm）有 90、190、240、290、340、390 等。

模数砖的推广应用有利于制品的工业化大规模生产，有利于建筑构配件的标准化、通用化，也有利于采用先进的施工方法，加快施工速度，提高施工质量和效率，降低建筑造价。而砖的模数化和空心化（即模数空心砖）可以获得双重效益。

3.14 什么是拱壳砖？

拱壳砖在我国东汉时期已出现。东汉时期的拱壳砖，四面都有榫卯互相连接，砖的上平面为素面而稍大，下面有纹饰而稍小，前面有凸榫，后面有凹卯。砌筑时借助模板使榫卯相连结而成单券。现代拱壳砖首先起源于意大利，即在多孔砖的上部一角制成钩状，使每块砖或一层砖都可以挂在已施工的部分壳体上。用拱壳砖建造的圆形拱屋面跨度可达 45m，而屋面厚度仅 250mm，当采用双曲线波形拱时，跨度还能加大。这类产品配用钢筋后可砌成圆形或椭圆形的穹顶及底部平面为四边形或多边形的壳体屋面。也可以砌成多种曲线形式的壳体屋面。但是这类产品建设的建筑物的防水、隔热保温需采取另外的措施来解决。地震区和有强烈振动的建筑物，在未采取有效措施前也不宜采用。国内各地曾经生产过的多孔拱壳砖规格品种有十多种，如长度（mm）有：90、120、135、160、190、220、240 等；宽度（mm）有：90、105、120、160 等；厚度（mm）有：60、70、80、95、115、120、135 等。

重庆市建筑材料设计研究院根据拱壳砖的原理，将内宽 3.6m 以下的隧道窑内拱设计成微拱"挂钩耐火砖"结构，其内拱矢高仅为 78～150mm。

3.15 什么叫垂直多孔轻质砌块（砖）？

垂直多孔或砌块是指孔洞垂直于砌筑面（铺设砂浆面）的多孔砌块。最近颁布实施的新国家标准 GB 13544—2011《烧结多孔砖和多孔砌块》中规定这类砌块的孔洞率≥33%，必须是矩形孔或矩形条孔；孔洞排列中所有孔宽应相等，孔采用单向或双向交错排列；孔洞排列上下、左右应对称，分布均匀；规格大的砌块应设置手抓孔，手抓孔的长度方向尺寸必须平行于砌块的条面；手抓孔尺寸（mm）为（30～40）×（75～85）；密度分为 900、1000、1100、1200（kg/m^3）四个等级。这类砌块是用于承重墙体的。而旧国家标准《烧结空心砖和空心砌块》GB 13545—2003 中所定义的砌块是用于非承重部位的产品，一般情况下砌筑时产品的孔洞平行于砌筑面。而这里所说之垂直多孔轻质砌块是指既可用于承重部位，也可用于非承重部位的烧结砌块，使用中孔洞垂直于砌筑面。

欧洲的这类轻质砌块可分别带有 A 型、B 型和 C 型三种结构的孔。它可带 A 型孔（单个孔的断面面积小于等于 2.5cm^2）、B 型孔（单个孔的断面面积小于等于 6cm^2）、C 型孔（单个孔的断面面积小于等于 16cm^2）的三种孔结构。这种垂直多孔砌块可带有手抓孔，但是单个手抓孔的断面面积最大不超过（或等于）50cm^2，同时要求手抓孔距砖或砌块的外边沿的最小尺寸为 50mm，双手抓孔之间的最小距离为 70mm 宽。手抓孔和顶面带有灰浆槽的总面积不能超过砖或砌块铺浆面（砌筑面）面积的 12.5%，手抓孔计算在砖或砌块的孔洞率之内，但灰浆槽不计入。因为这类空心砌块大多数是孔洞朝上垂直于铺浆面砌筑的，在有的文献中也将其称为垂直多孔轻质砌块或砖的。这类砌块的最大密度为 1000kg/m^3。

这种类型的产品单块最大质量为 25～30kg（此为德国说法；而法国则称为 15～20kg），砌砖工人可以双手搬砌。孔洞垂直方向砌筑的产品多在其侧面设置竖向连接企口或是设置竖向灌浆槽，以增加墙体的整体连结性能。规定在砌块之间的竖向连结面上，至少在一个面上要设置有砂浆凹槽，砂浆凹槽两边排列（即在与相邻砌块搭接的前后两个面上）时，最小深度必须为 15mm，最大为 25mm；在一边排列时，砂浆凹槽的最小深度为 30mm，最大为 40mm 深。砂浆凹槽的设置长度必须大于砌块宽度的一半。

3.16 如何降低空心砖在施工过程中的损耗？

当前，空心砖的运输损耗和施工损耗大于实心砖。一方面由于空心砖的壁薄，有些厂生产的空心砖质量不高，裂纹多，在搬运过程中容易破损。另一方面是施工时的砍砖较多，人工砍砖，不易砍齐，往往砍成斜面或碎砖，造成废品多。一般砍空心砖的成功率为 50%，而砍实心砖的成功率可达 90%。砍下的空心砖头，绝大部分不能再用于砌墙而成废品，而砍下的实心砖头绝大部分仍可利用。生产少量配砖（约 10%）可大大减少砍砖，但在施工变化多端的情况下，砍砖也不能完全避免。因此，损耗大仍是施工中应努力解决的问题。解决的途径有：①空心砖的规格尺寸符合建筑模数制；②砖厂生产一定数量的配砖，配砖种类要少，免得施工时找砖影响进度；③不用砍砖，而是用锯砖机锯砖。

3.17　什么是烧结砖瓦产品的"呼吸"功能？

烧结砖瓦产品是一种多微孔体系的产品，其湿传导功能可调节建筑物内湿度，且吸湿与排出水分的速度相等。烧结砖瓦产品的吸水速度和排水速度要比混凝土快4～6倍，且在吸水和排出水分时建筑物的结构强度不受任何影响，仅此就可使居住环境得到改善，人体感觉舒适。而且砌体或砖的平衡含水量非常低（0.3%～0.7%），仅为混凝土的1/3～1/5，增强了砌体的隔热保温效果。因在烧结砖产品中有无数的微孔，能够非常好的适应室内与室外环境湿度的变化，因而可保证对水蒸气有非常好的储存能力以及非常优良的释放能力。根据西欧的研究结果表明：烧结砖瓦产品不是一类吸湿性的材料，例如，烧结砖瓦产品有着非常理想的吸收和释放水分的特性，它吸收室内的水分与释放出水分是同样快的速度。这就是说，墙的表面在任何季节都可保持相对干燥，也就保证了室内环境的舒适性。专家们将这一特性定义为烧结砖产品的"呼吸"功能。建筑物墙体中的平衡水分是指干燥后留在墙体的水分与大气中水分之间的平衡。对烧结砌体材料来讲，这一平衡水分仅占其体积的0.3%～0.7%。与其他建筑材料相比，这是非常低的数值，增强了砌体的隔热保温效果（单层砖砌体、与砖复合的墙体）。正是因为这一非常低的数值，为居住在建筑中的人们提供了舒服、健康的环境，它可以调节居室内小环境的湿度。另外，烧结砖瓦砌体这一非常低的平衡含水量，对节能来说同样非常重要。因为建筑材料含水量的增大会使其隔热保温性能变差（或恶化）。从这个意义上讲，烧结砖瓦本身就是非常好的"隔热体"，也能有效地保护与烧结砖或砌块复合的保温隔热材料层不会因吸收水分而降低其保温隔热的性能。因为烧结砖瓦建筑物有着极为轻微的蒸汽扩散阻力，所以干燥得也非常快，平均干燥周期很短，这就给新建建筑物的提前交工、入住提供了时间。

世界上只有木材和烧结砖瓦具有"呼吸"功能。

3.18　什么是烧结砖瓦产品中的"相移动"？

烧结砖瓦产品有着良好的热惰性（蓄热量/储热能力）。在冬季，不管在温度上有何变化，砖都有很好的稳定温度的能力，而且在短时间内就能存储太阳能；在夏季炎热的天气下，砖的热惰性可消除其峰值温度。专家们将这种特性称为"相移动"。由于砖的热惰性，热流进入砖体后热波动有了衰减，并产生了相移动。这种衰减和相移动取决于波动的频率，其波动的频率范围：当热的程度有变化时可能是几分钟，也可能是白天到夜晚循环的一天，也可能是持续数天的炎热天气。由于烧结材料能自然地吸收太阳的能量，也能吸收和储存室内产生的热量。通过墙体可释放出它吸收的热到室内，但释放的时间是延迟的——温度延迟时间长。在冬季，由于这种吸收和释放热的过程平衡了室内温度的波动，这既节约了加热用的能量，同时又能感到室内的舒适和暖和，而在夏季则感到凉爽。烧结砖瓦产品具有相对低的平衡含水量和快速干燥的特性，因此烧结砌块建筑墙体能够快速形成最佳隔热层，从而节约了采暖和空调的能量消耗。在夏季室内热环境质量易于受到影响的因素是，由于对太阳光的不当防护，或是因墙体（屋顶）蓄热量不充分而引起过热及热持续时间较长，此时的空调是对建筑构件进行冷却。烧结砌块建筑良好的蓄热性能可克服这种缺陷。考虑到建筑物的内部环境时，特别重要的是在夏季，要有足够的蓄热能力用来储存由结构吸收的太阳能（以提高居住的舒适性和内部环境）。厚重的烧结砖墙能够储存来自太阳的热量，并在需要时释放出储存的热量，然而，轻质建筑结构就不能利用这部分的蓄热量或仅仅是少部分。

从发展的观点看，考虑到地球变暖的威胁，烧结砖瓦产品因具有高的热惰性，所建成的厚重的墙体结构，能够减轻高温的作用（没有依赖到空调）。当考虑到建筑物将来的发展时，烧结砖瓦这种性能是十分可贵的。

3.19 什么是内隔墙用空心砖及空心砌块?

这类产品是专门用于不承重的、砌筑内隔墙的空心砖和空心砌块。这些空心砖和空心砌块都是水平孔方向砌筑，用于不承重的建筑物内隔墙的填充。在墙的厚度方向上较薄，密度一般较低（小于 $1000kg/m^3$）。国内在 20 世纪 70 年代到 80 年代初试制并小批量生产过薄型隔墙空心砖，没有大批量推广应用。如当时在北京生产的薄型隔墙空心砖的规格为240mm×240mm×57mm。现在国内某些地区由于建筑工程上的需要，将空心砖用于建筑物的内隔墙，或是专门制造出了用于内隔墙的空心砖。用于内隔墙空心砖的规格（mm）有 240×220×115、240×200(180、160)×115、190×180×115、290×240×115、290×240×90 等。由于建筑物内隔墙材料的需求量非常大，特别是住宅建筑，所以在发达国家，烧结墙体材料都非常重视内隔墙材料，如西欧各国均在内隔墙用烧结空心砖、空心砌块（板材）等方面研究开发了许多种产品。内隔墙用空心砌块或砖又分为分户墙用及分室墙用的不同性能、不同厚度的产品。西欧、北美、中东各国及韩国、日本、澳大利亚、巴西等国家均在生产着多种品种的隔墙用空心砖（砌块），有专用于分户墙的，有专用于分室墙的，也有专用于楼梯间、电梯间、卫生间等的隔墙砖。有的国家对这类产品还制定有专门的标准。隔墙砖分为承重和非承重两大类，但其厚度较外墙砖要薄得多。这就给我们一个非常重要的提示：即为了增大室内有效使用面积，不能单靠减少外墙隔热保温所必需的厚度来达到目的，实际上内隔墙厚度上的减小对增大室内有效使用面积更有重要的意义。因室内隔墙的周长远大于外墙，例如西欧很多国家生产的非承重分室隔墙空心砌块、空心砖仅 60mm 厚；分户隔墙仅 100～120mm 厚，其密度在德国标准中规定在 510～1000kg/m³ 之间，换算为面密度时也仅为 50～100kg/m² 之间。这与我国现用的各种板材的面密度相当，但是用烧结的隔墙空心砖或空心砌块砌筑的隔墙其性能上要比现用的各种板材的性能好得多，例如在使用寿命期内的尺寸稳定性上（绝对不会开裂）、在与砂浆的粘结性能上、在可长期保持砌体强度上、在隔声和防火性能（80mm 厚的烧结空心砖或空心砌块，耐火等级为 F90，即出现火灾后有 90 分钟的时间转移财产或逃生）上及在对室内环境的贡献等各个方面均优胜于现用的一些板材，有着非常均匀平整的粉刷基准面，而且造价比现用板材低得多。从生态学角度讲，这类材料的使用寿命长，并在其使用寿命终结后可全部回收利用。而且这类隔墙材料在建筑造价上也低于现用的抗碱玻璃纤维网格布与低碱度水泥制造的板材，其综合能耗也低。承重用的内隔墙空心砌块和空心砖在墙的厚度上也完全可以减小到 120～180mm。

3.20 何为制作楼板的空心砌块?

是专门用于铺设楼板的烧结空心砌块。楼板用空心砌块（ceiling hollow block）我国过去习惯称为楼板砖，但是这类产品从其尺寸上讲，都超过了我国现行标准对砖的定义，因而应称为砌块。这类产品的优点在于减少了钢筋混凝土楼板的用钢量和水泥用量，降低了楼板材料的质量，大幅度提高了楼层间的隔声水平，省去了施工中浇筑楼板时的模板，施工方便快捷，便于在楼板内穿线设管，降低了建筑造价等。楼板用空心砌块的特点是蠕动、收缩、膨胀等变形极小，因此挠度也非常小，在密度很低的情况下也能承受较高的荷载，甚至还可以用于大跨度的面荷载，对多层住宅建筑楼层之间的隔声、隔热、保温能起到很好的作用，有利于实现采暖、空调用电的分户计量。从生态学角度讲，用楼板空心砌块减少了混凝土用量，也符合生态学要求。我国在 20 世纪 70～80 年代初也曾试制成功了楼板用空心砌块，并建成了试点建筑。由于采用挤出方法成型，楼板用空心砌块的断面能设计成各种图案及形状，是特别适用于大跨度建筑物的楼板材料，对于薄壳结构也是适用的。楼板空心砌块（砖）在西欧已成功使用了多年，并有着与之相配套的设计、施工规范和标准。此外，用于楼板的各类烧结空心砌块的规格品种多达 80 多种，有其专用的商标者也达 60 多个，建筑中对楼板空心砌块的应用非常广泛。按楼板空心砌块的不同特性和功能，基本上可分为三大类，一类是楼板空心砌块承受静荷载的，也就是说楼板所受到的静力学荷载由楼板空心砌块和组成楼板的其他构件（如预应力钢筋混凝土梁）共同承担，是一种结构材料，与钢筋混凝土共同使用，如制造钢筋混凝土密肋楼板，或与钢筋混凝土一起预制成装配楼板等。第二类是楼板空心砌块不承受静荷载，即楼板所受到的静力学荷载完全由组成楼板的其他构件来承受，它不用于力的传递，仅需承受施工铺设时所出现的荷载（如人脚踩、浇筑混凝土等），而楼板空心砌块在其中仅起填充及保温隔热作用。第三类是半承重的楼板空心砌块，即楼板空心砌块起着承受部分静力荷载的作用。楼板空心砌块是与钢筋混凝土配合使用的，通常使用现浇混凝土将预应力混凝土梁或放置其间的钢筋与空心楼板砌块形成整体的楼板。因此按其制作方法可分为三种情况：①在工厂预制成楼板，即在专门的预制厂内，将钢筋混凝土梁和楼板空心砌块预制成大型楼板，楼板的尺寸可达 2m×6m 或更大。也有在施工现场预制再吊装的。②在施工现场直接铺设现浇混凝土。③在工厂先预制好预应力钢筋混凝土小梁，在施工现场架设好预应力钢筋混凝土小梁，然后将楼板空心砌块铺设在这些梁上，再浇灌混凝土使之形成楼板。

欧盟国家楼板空心砌块的主要性能陈述如下：

（1）楼板砌块的几何形状和尺寸必须与混凝土楼板梁的几何形状相适应。为了使砌块的铺设容易，其几何形状必须是稳定的，其宽度、长度及高度的允许公差在 ±10mm 之内。其他尺寸的允许公差必须在 ±5mm 之内。在给定的一批次产品中，其允许公差在公称尺寸的 ±2.5% 之内为较好。

（2）楼板砌块经由它们的肩部搁置在混凝土楼板梁上，因此楼板砌块的肩部尺寸的精确程度及其力学强度对安全性来讲是非常重要的。楼板砌块的肩部宽度必须考虑到它们的几何形状和装配的误差，以确保其肩部不能从混凝土楼板梁上滑落下来。楼板砌块其肩部的最小宽度是（15～20mm）±3mm，这则取决于其类别（类别 A 和 B）。如有必要时，需指定楼板砌块肩部的挺直度（偏差小于 4mm）。

（3）承重和半承重楼板砌块的顶部要承受机械荷载，因而必须要有一定的厚度［30mm（A）或 50mm(B)］。

（4）外观质量。表面上必须没有可见的裂纹或剥落。

（5）临界冲击荷载和抗弯荷载。在楼板砌块的冲击和抗弯试验中的破坏荷载必须满足表 3-11 中要求的最小值。制造商可标明较高的数值。

楼板砌块的最小抗冲击荷载和抗弯荷载   表 3-11

产品的类型	抗冲击和抗弯荷载（kN）
非承重楼板砌块（NR）	1.5
半承重楼板砌块（SR）	2.0
承重楼板砌块（R）	2.5

（6）纵向抗压强度。对 SR 和 R 类型的楼板砌块来说，一般要高于 20MPa。

（7）防火能力及火灾中的反应。烧结楼板砌块不是可燃性物质（反应类别 A1，不需要任何试验）。对用楼板砌块制作的相应的楼板的防火能力，可用试验的方法来重新讨论、计算或检验。欧洲标准 EN 15037-1 的附录 K 陈述了一简化的计算程序及给出了一图表数值：由楼板砌块组成的楼板防火时间为 30 分钟。

（8）声学性能。如必要的话，楼板砌块对冲击声和室外噪声的隔声程度能在测定的基础上给出声明、计算或是评估。欧洲标准 EN 15037-1 的附录 L 中，在楼板的质量及厚度的基础上对这两种声音给出了评估的数据。其隔声的典型数值如表 3-12 所示。

（9）热性能。如必要的话，能够公布楼板砌块的热阻、几何形状及导热系数。其热阻值是通过计算或测量而得到的。

（10）在湿状态下的常规膨胀。每米 <0.6mm。

（11）表观密度。楼板砌块的表观密度等级在 400～1500kg/m³ 之间，密度等级差为 100kg/m³。

（12）孔洞率。必须给出楼板砌块的孔洞率。

（13）楼板砌块底部表面的平整度。底部表面的平整度影响着粉刷层的厚度。楼板砌块底部表面的不平整度必须不能超过 5mm。

（14）抗冻性。楼板砌块的抗冻性能够用与砖同样的方法来评估，在一些国家中对楼板砌块的应用有这样的要求。

两种类型的楼板所具有的性能的实例见表 3-12。

由混凝土楼板梁和楼板砌块组成的楼板的典型性能   表 3-12

结构的类型	半承重型楼板砌块厚 18cm + 混凝土面层 3cm	承重型楼板砌块厚 21cm， 没有混凝土面层
质量（kg/m²）	290	260
平均导热系数［W/(m·K)］	0.61	0.58
R_w（冲击声）（dB）	55	53
$L_{n,w}$（室外噪声）（dB）	50	51

3.21 烧结铺路砖与铺地砖有何区别？

烧结铺路砖通常用于室外，其使用范围包括人行道、步行街、自行车道、轻便车辆或重型货车的路面以及广场的铺设，这类产品的厚度至少在 30～40mm。烧结铺路砖（paving brick or clinker）或称广场砖（square tile or brick），在国内已有生产及实际应用工程。烧结铺路砖及广场砖耐久性好、抗折强度高，使用中物理性能稳定、防滑功能优异、外观典雅和谐、美观大方，特别是经高温烧结后，这类产品在其化学性能上呈中性，不会影响使用场地及周围的地下水源、土壤性质，具有一定的水渗透性，且使用寿命终结后，完全可回收利用，具有良好的生态功能。其他一些高碱性非烧结铺路砖和广场砖无法达到这些特有的性能。国内目前尚无这类产品的标准，已有的几个生产厂家参照美国标准或德国标准在组织生产。需要指出的是，国内某些生产厂家对国外铺路砖、特殊工程砖（如下水道砖）和装饰砖的标准了解不够，对一些性能指标使用混乱，如用装饰砖的性能指标来代替铺路砖指标，因此我国应尽快制定相关的铺路砖（广场砖）标准。国内生产的铺路砖和广场砖尺寸（mm）有 $230 \times 115 \times 53$、$200 \times 100 \times 53$、$240 \times 115 \times 53$、$240 \times 90 \times 50$、$180 \times 90 \times 50$、$200 \times 100 \times 50$、$210 \times 100 \times 60$、$240 \times 110 \times 75$、$230 \times 113 \times 50$ 等规格尺寸。在有冻融出现的环境下，一般要求产品的抗压强度 >60 MPa，抗折强度 >13.5 MPa，吸水率 $<7\%$。欧洲统一标准 DIN EN1344 铺路砖与德国原标准 DIN18503 的规定基本一致。德国原标准 DIN18503 规定这类砖是用于交通路面，其性能必须满足稳定坚固、可靠耐用的要求，因此规定产品的平均密度必须达 2000 kg/m³ 以上，单块最小值 1900 kg/m³，吸水率最大不得超过 6%，平均最小抗压强度为 80 N/mm²，单块最小值 70 N/mm²，平均最小抗折强度为 10 N/mm²，单块最小值 8 N/mm²。此外，该类产品必须能够经受得住反复摩擦，有高度的耐磨性能，磨损量最大为 20 cm³/50cm²；能抵抗冻害以及酸、碱及盐类物质的侵蚀；对铺路砖的尺寸误差规定：在长度和宽度方向，尺寸误差为 $\pm 3\%$，但最大误差限定为 ± 6 mm；厚度方向，尺寸误差为 $\pm 3\%$，最大误差限定为 ± 2 mm。而在欧洲统一标准 DIN EN1344 中对铺路砖的铺设方法（砂垫层与砂浆层）、强度、抗冻性、耐磨性、防滑性（SRT）等做出了更多的规定。如在强度上的规定要求变化较大，新的欧洲标准中根据不同荷载路面的要求将铺路砖的抗折强度分为五个等级（表3-13），即T0、T1、T2、T3、T4级。T0级对抗折强度无要求，但只能用于有坚实承重基础层的砂浆面上铺设；T1 和 T2 级平均横向（宽度方向）抗折荷载为 30 N/mm，用于铺设低交通负荷的路面，如小汽车通行的路面；T3 和 T4 级平均横向抗折荷载为 80 N/mm，用于铺设货车通行的路面。因横向抗折荷载与铺路砖的宽度和厚度有关，所以在试验时需经换算。对有冻融要求的使用范围，要求能承受 100 次的冻融循环（单面冻融）。

欧洲标准中铺路砖的抗折强度等级如表3-13所示。

强度等级	横向抗折荷载不小于（N/mm）	
	平均值	单块最小值
T0	—	—
T1	30	15
T2	30	24
T3	80	50
T4	80	64

欧洲标准中铺路砖的抗折强度等级　　　　表3-13

而烧结铺地砖主要是用于铺设室内地面的，厚度较薄，其厚度范围在 $5 \sim 35$ mm。坯体的制造有的是半干压成型，有的是挤出成型，之后由钢丝切坯机或是由切割模具切割成一定的长度，这取决于所选择的产品形状（六边形、细长条形、三叶草形、秤盘形等）。如果必要的话，切下来的坯体可以整形（使之平直）。对较长的铺地砖构件来说，有时是成对挤出的，在烧成之后将其劈开（劈离砖）。烧结地砖可施加釉面或不上釉。西欧根据吸水率将铺地砖分为4个类别：<3%；3%~6%；6%~10%；>10%。西欧大多数烧结铺地砖是挤出成型的，例如劈离砖，它们的孔隙率接近10%。产品要有一定的抗污能力，即抵抗家庭化学产品的能力、耐酸碱能力（浓的和淡的）、没有铅和镉的扩散。

3.22　什么是烧结装饰板？

烧结装饰板是最近几年迅速发展起来的一种新型烧结材料，主要是用于建筑物的室内、外墙体的装饰，它具有保温隔热、隔声（吸声）、不反光、经久耐用、自洁能力强、永不褪色、保护建筑物墙体、延长既有建筑物使用寿命、使用寿命终结后全部可回收利用等功能，完全可以取代玻璃、铝合金、石材等幕墙材料。这类烧结产品最先是在西欧的烧结屋面瓦厂出现的，因此在西欧曾有过很多不同的名称（如 Cladding tile，Cladding panel，Brick façade，Bricks façade panels，Terracotta curtain-wall façade 等）。在中国的几家西欧公司的销售代理处，又将这类产品译成了陶板、陶土板、砖陶板、外挂陶板、干挂陶板、幕墙陶板、幕墙挂板等。本文中为了叙述的方便和统一，将这类产品统称为烧结装饰板。

近几年内，烧结装饰板产品的发展非常快，其中以德国的阿格通（维也纳山集团公司，ArGeTon）公司、科利雅通（Creaton）公司、法国的特利尔（Terreal Terracotta）公司为代表，将其产品几乎销售到了全球范围内，在中国就有数家代理商在经销该公司的产品。我国现已引进了两条烧结装饰板生产线，其中一条年产量70万~80万 m^2，生产线上装备有两台机器人，生产的产品尺寸可达1200mm×400mm。用烧结装饰板装饰的建筑物在国内的大城市及北京奥运会工程，已达到了数百万平方米，预计这类产品在国内将会有非常大的发展市场。

烧结装饰板产品有两大类，一类是不带孔洞的单层板，另一类是带有孔洞的空心板。烧结单层装饰板的规格（mm）有：长度400~1100，高（宽）度150、175、200、225、250、300；厚度：带挂钩厚度为22，不带挂钩的板厚8~9.5。每平方米质量为21~32kg/ m^2，整个系统不超过40kg/ m^2。

烧结空心装饰板的规格（mm）有：长度300、350、400、450、500、600，最长可达1200；高（宽）度150、175、187.5、200、212.5、225、237.5、250、260、285、300、400；厚度18~30。每平方米干燥质量：25~50kg/ m^2，整个系统不超过55kg/ m^2。

烧结装饰板国内现无产品标准，几家生产企业按照德国、欧洲的工业标准组织生产。欧洲工业标准 DIN EN1304 及德国工业标准 DIN52252 中对烧结装饰板的尺寸偏差要求为：长度方向±1mm；宽（高）度方向±3mm；厚度方向±1.5mm。对长度方向上的弯曲要求最大允许值为3mm，扭曲最大允许值为1.5mm，挠度最大允许值为4mm，200mm 内的角度偏差最大允许值为±1mm。对吸水率要求≤12%。对抗冻性等指标也有具体的要求。对破坏荷载是根据板的宽度不同而有着不同的要求，表3-14 举例说明如下：

烧结装饰板要求的最小破坏荷载举例　　　　　　　　　　　　表3-14

板宽度（mm）	250	225	200	175
正面破坏荷载（kN）	≥2.46	≥1.07	≥0.7	≥0.7
反面破坏荷载（kN）	≥4.88	≥1.34	≥1.27	≥1.27

烧结装饰板是用干挂的方法将其挂在固定于墙体上的龙骨条上，即将烧结装饰板挂在龙骨上或是金属架上，在装饰板与基体墙之间可加入保温隔热材料，并设有空气层，以提高墙体的保温隔热性能。空气层除可提供保温隔热的功能外，还能够保护保温隔热材料不受潮，可长期有效地保持其性能不变。通过烧结装饰板后面保温隔热材料层厚度的调节，可以将建筑物外墙的传热系数控制在所要求的范围内，因而使用这种烧结装饰板的外墙结构，实际上形成了一种外墙的保温隔热体系。烧结装饰板产品不仅可用于新的节能建筑，而且对既有建筑的节能改造具有重要的意义。烧结装饰板用于既有建筑物的节能改造工程，不但可以延长建筑物的使用寿命，而且可与大自然形成和谐美丽的环境。这类产品不但可以用在室外，而且还可用在室内装修上。在室内装饰上，烧结装饰板还能够做成具有吸声形式的板材。

3.23 什么是海绵城市？

海绵城市是新一代城市雨洪管理概念，是指城市在适应环境变化和应对雨水带来的自然灾害方面具有良好的"弹性"，也可称为"水弹性城市"。国际通用术语为"低影响开发雨水系统构建"。下雨时吸水、储水、渗水、净水，需要时将储存的水"释放"并加以利用。

3.24 什么是透水砖？陶瓷透水砖有哪些优点？

所谓透水砖是透水性能好，《透水砖》JC/T 945—2005 标准：透水系数要求大于（15℃）1.0×10^{-2}cm/s。可以使部分雨水渗入地下，使地下水得以自然补充，从而从根本上缓解地下水位不断下降的难题。由丁雨水部分能渗入地下，从而减少了下水道在人雨时的排污压力。

另外，标准中还对劈裂抗拉强度、抗折强度、抗冻性能、规格尺寸和色泽均匀性等指标也做了严格的要求。

海绵城市概念是 2013 年 12 月中央城镇化工作会议上提出的。海绵城市能充分发挥城市绿地、道路、水系等对雨水吸纳、蓄渗和缓释的作用，有效缓解城市内涝，消减城市径流污染负荷，节约水资源，保护和改善城市生态环境。其主要特征是道路透水铺装形成海绵体，路面需铺装透水砖。

与其他透水砖相比，陶瓷透水砖的优点是：（1）耐久性好；（2）耐磨性优；（3）舒适性好；（4）具有良好的吸水率、保水率和透水性能；（5）显得高档美观等。

陶瓷透水砖属于"清水砖"范畴，由于经过高温焙烧，已经形成相当稳定的陶瓷制品，无有害物质，永不褪色。其发展前景非常广阔。

3.25 烧结屋面瓦有多少种类？

烧结屋面瓦（fired roofing tile）是用于建筑物屋面覆盖及装饰的烧结瓦类产品，常用于屋面防水层及屋顶、墙面的装饰。烧结屋面瓦有各种各样的形式，按照生产方式的不同可分为挤出、挤出压制（模压）成型瓦（西式瓦）、半干压瓦、还原气氛烧成的青瓦等；受不同国家、民族、宗教信仰、历史传统文化、地域文化等的影响，也出现了大量不同形式的瓦，如中国瓦（小青瓦，亦称蝴蝶瓦）、美国式的连锁瓦、西欧式的连锁瓦、西班牙瓦、荷兰瓦、埃及瓦、韩国瓦、日本瓦、德国瓦、瑞士瓦、罗马瓦、教堂瓦等等；按其形状又有牛舌瓦、鱼鳞瓦、竹节瓦、平瓦、波形瓦、槽形瓦、菱形瓦、花边瓦、S形瓦等等；按其使用的功能又有脊瓦、配瓦、板瓦、屋面天沟瓦、太阳能屋面瓦、连锁瓦、通风瓦、装饰瓦（垂兽、仙人、鸱尾、饯兽）、筒瓦、防雪瓦等等；还有根据表面状态不同，又可分为上釉瓦（含表面经加工处理形成装饰薄膜层——化妆土）和不上釉的瓦。在上釉瓦中又可分为中国传统式的琉璃瓦及近些年来引进线生产的"西式瓦"等。从现在能够统计到的资料看，各种不同瓦的（含古代和现代）名称已达760余种。

3.26 国内烧结屋面瓦有哪些类别及主要技术性能？

现行国家标准《烧结瓦》GB/T 21149—2007 根据形状将烧结瓦分为平瓦、脊瓦、三曲瓦、双筒瓦、鱼鳞瓦、牛舌瓦、板瓦、筒瓦、滴水瓦、沟头瓦、J形瓦、S形瓦、波形瓦和其他异形瓦及其配件共13类。图3-1 表示了这些常见的瓦形。

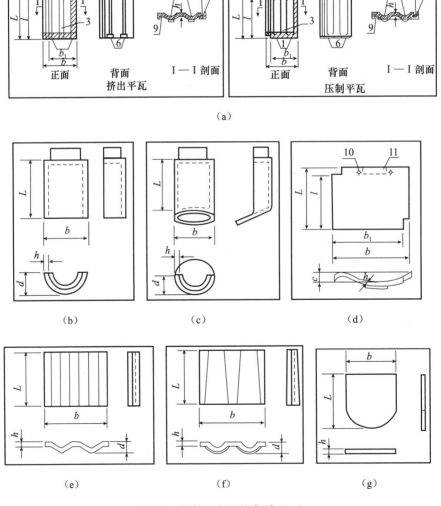

图 3-1 烧结瓦产品的类别（一）

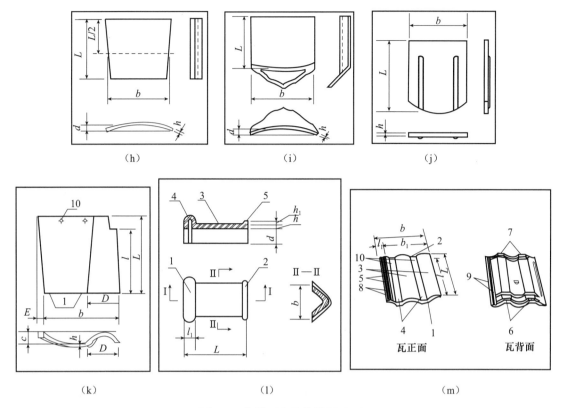

（h）　　　　　　　　　　　（i）　　　　　　　　　　　（j）

（k）　　　　　　　　　　　（l）　　　　　　　　　　　（m）

图 3-1　烧结瓦产品的类别（二）

（a）平瓦类；（b）筒瓦类；（c）沟头瓦类；（d）J形瓦类；（e）三曲瓦类；（f）双筒瓦类；（g）鱼鳞瓦类；

（h）板瓦类；（i）滴水瓦类；（j）牛舌瓦类；（k）S形瓦类；（l）脊瓦类；（m）波形瓦类

1—瓦头；2—瓦尾；3—瓦脊；4—瓦槽；5—边筋；6—前爪；7—后爪；8—外槽；

9—内槽；10—钉孔或钢丝孔；11—挂钩

$L(l)$—（有效）长度；$b（b_1）$—（有效）宽度；h—厚度；d—曲线或弧度；c—谷深；D—缝宽；

E—开度；l_1—内外槽搭接部分长度；h_1—边筋高度

现行国家标准《烧结瓦》GB/T 21149—2007 同时规定，根据吸水率不同将烧结瓦分为三类：

Ⅰ类：吸水率≤6.0%；

Ⅱ类：吸水率>6.0%、≤10.0%；

Ⅲ类：吸水率>10.0%、≤18.0%；青瓦≤21.0%。

烧结瓦的抗弯曲性能，该标准规定：

平瓦、脊瓦、板瓦、筒瓦、滴水瓦、沟头瓦类的弯曲破坏荷重不小于1200N；其中青瓦类的弯曲破坏荷重不小于850N；

J形瓦、S形瓦、波形瓦类的弯曲破坏荷重不小于1600N；

三曲瓦、双筒瓦、鱼鳞瓦、牛舌瓦类瓦的弯曲强度不小于8.0MPa。

烧结瓦的抗冻性能要求：经 15 次冻融循环不出现剥落、掉角、掉棱及裂纹增加现象。对上釉瓦类产品，规定经 10 次耐急冷急热循环不出现炸裂、剥落及裂纹延长现象。对不上釉瓦有抗渗性要求，经 3h 渗漏试验瓦背面无水滴产生。若瓦的吸水率不大于 10.0% 时，可不做抗渗性试验。

相同品种的烧结瓦产品，物理性能合格，根据尺寸偏差和外观质量分为优等品（A）和合格品（C）两个等级。

烧结瓦的产品规格及结构尺寸由供需双方协商决定，规格以长和宽的外形尺寸表示。烧结瓦通常规格及主要结构尺寸如表3-15所示。

烧结瓦通常规格及主要结构尺寸（mm）　　　　　　　　表3-15

产品类别	规格	基本尺寸							
		厚度	瓦槽深度	边筋高度	搭接部分长度		瓦爪		
					头尾	内外槽	压制瓦	挤出瓦	后爪有效高度
平瓦	400×240～ 360×220	10～20	≥10	≥3	50～70	25～40	具有四个瓦爪	保证两个后爪	≥5
脊瓦	L≥300 b≥180	h	l_1				d		h_1
		10～20	25～35				>b/4		≥5
三曲瓦、双筒瓦、鱼鳞瓦、牛舌瓦	300×200～ 150×150	8～12	同一品种、规格瓦的曲度或弧度应保持基本一致						
板瓦、筒瓦、滴水瓦、沟头瓦	430×350～ 110×50	8～16							
J形瓦、S形瓦	320×320～ 250×250	12～20	谷深c≥35，头尾搭接部分长度50～70，左右搭接部分长度30～50						
波形瓦	420×330	12～20	瓦脊高度≤35，头尾搭接部分长度30～70，内外槽搭接部分长度25～40						

烧结瓦的尺寸允许偏差见表3-16。

烧结瓦的尺寸允许偏差（mm）　　　　　　　　表3-16

外形尺寸范围	优等品	合格品
L(b)≥350	±4	±6
250≤L(b)<350	±3	±5
200≤L(b)<250	±2	±4
L(b)<200	±1	±3

烧结瓦的最大允许变形值见表3-17。

烧结瓦的最大允许变形值（mm）　　　　　　　　表3-17

产品类别			优等品	合格品
平瓦、波形瓦			≤3	≤4
三曲瓦、双筒瓦、鱼鳞瓦、牛舌瓦			≤2	≤3
脊瓦、板瓦、筒瓦、滴水瓦、沟头瓦、J形瓦、S形瓦	最大外形尺寸	L(b)≥350	≤5	≤7
		250<L(b)<350	≤4	≤6
		L(b)≤250	≤3	≤5

为了增加屋面的抗渗漏性，使其密不透水，任何一种瓦在使用时都必须是一排搭接在另一排上。例如我国传统的小青瓦，重叠搭接的面积超过了 50%。现代的屋面瓦借助于前后瓦爪和内、外导水槽进行彼此之间的搭接或连锁，有效利用面积大幅度提高。设置这些内外导水槽的主要目的就是有侧向风下雨时能够有效阻止雨水进入瓦后造成屋顶漏水。规定瓦的前后搭接长度其主要目的也是为了防止在刮正面风时雨水进入瓦后形成屋顶漏水。除了防止雨水进入外，这些导水槽及前后瓦爪也起着一定的支撑作用，在瓦背面一定的范围内形成了空腔，这在雨后非常有利于瓦的脱水干燥。在有些瓦的头端和侧面设置了两道导水槽，能够有效地起到防止风带入雨水的作用，因为在导水槽与另一个瓦的前瓦爪和相邻的另外一个瓦侧面下的内槽搭接之间都形成了空间，无论是侧向风或正向风进入导水槽后，都会出现明显的减压，雨水被滞留下来并能顺导水槽及时排走。

3.27 何为仿古砖瓦及砖雕？

仿古砖瓦产品是指使用传统的生产方式来生产历史上曾有的古建筑上使用的砖瓦。例如使用传统的烧制青砖青瓦的生产方式、由历史传承下来的窑后砖雕技艺以及泥塑技艺等。这些仿古砖瓦产品及砖雕在一定程度上讲，是在传承我国的历史文化。仿古砖瓦产品中包括普通青砖、普通青瓦、滴水瓦、筒瓦、沟头瓦（带瓦当的筒瓦）、鸱尾（正吻）、垂兽、仙人、走兽、青方砖（铺地砖）、"金砖"、正脊压顶空心花砖、琉璃砖瓦及构件等。砖雕包括影壁、门窗、墙面等砖雕作品和屋顶泥塑装饰构件等。特别是近年来的窑后砖雕作品已经是享誉世界，如广东番禺县宝墨园的现代砖雕长 22.38m，高 5.83m，面积 130.48m²，壁厚 1.08m，是前后壁合计面积达 260.96m² 的大型影壁。前壁为《百花吐艳百鸟和鸣》图，后壁雕刻为《兰亭序》，精雕细刻大小不同、动态各异的鸟类 600 多只，花卉与植物各 50 多个品种，灵活运用了浅浮雕、高浮雕、圆雕、通雕、透雕等工艺，达到层次多、立体感强的艺术效果，细观玲珑剔透，远看画图气势恢宏。此巨型砖雕艺术影壁作品，被大世界基尼斯确认为"世界最大的砖雕作品"；西安在多个清真寺的修缮过程中，充分利用了砖雕耐久性好的特点，大量采用了砖雕艺术作品来装饰，其雕工的精细，令人叹服。仿古砖瓦产品及现代砖雕虽说在行业内所占比例很小，但随着仿古建筑的发展及原有古建筑修缮工程的增加，在最近几年也得到了一定程度的发展。在北京、天津（蓟县）、河北、陕西（西安、富平等）、江苏（苏州、常熟等）、浙江（嘉善）、安徽（安庆）、甘肃（临夏）、成都（大邑）、湖南、山东、山西、云南、福建等地还保留有少部分传统的还原气氛烧制的生产方式，生产着传统的青砖青瓦及琉璃砖瓦，某些地方还保留着传统的砖雕技艺。特别是苏州陆墓御窑村，将失传 70 多年的"金砖"生产方法复活，所制造的金砖不但用于北京故宫的修缮，而且还出口到国外。我国独有的砖雕艺术也已开始复苏，例如在甘肃临夏、西安、广州、苏州、天津等地都有专业的砖雕队伍或专业人员。国内现传承下来的一些砖雕技艺已经被认定为世界非物质文化遗产，如甘肃临夏市的砖雕等。

3.28 什么是"劈离砖"？

所谓"劈离"就是在挤出成型时将两块（片）或更多坯体之间用筋条连接在一起，在干燥后或是焙烧后再劈开。这样做的目的是方便生产过程中对坯体的干燥、焙烧及转运等工序的操作，更重要的是产量得到了成倍提高。劈离砖分上釉和不上釉两类产品，现在大多数生产厂家是以不上釉的产品为主。

"劈离砖"是国内行业内的通俗叫法,现行国家标准中将这类产品定名为"挤压砖"。劈离砖(split brick or tile)的生产最先起始于德国,已有40多年历史。

劈离砖初期的产品仅用于一般建筑,如半砖(配砖)的生产等,其后发展到了装饰外墙表面、装饰内墙表面、铺室内地面、铺室外庭院、花园林地的轻便道路、铺设人行便道、地下通道、汽车站台、游泳池、食品加工厂的室内地面等,也可用在预制墙板的外装饰面上,即在预制时就镶嵌在墙板上。因为劈离砖是用挤出成型方法生产的,其背面的挂灰槽能够非常容易地做成"燕尾槽"形式,且有粗糙的劈离条面,所以与水泥砂浆的粘结性能大幅度提高;另外,由于劈离砖所用生产原材料来源广泛易得,其颜色丰富多彩,外观质朴厚重,典雅大方,用途广泛,装饰功能强,所以得到了很快的发展。不上釉劈离砖的重要性能之一就是能够传递水分,并能够有效地抵抗暴雨的袭击,而且在雨后整个外墙面都能够向外排出水分。这种性能增大了墙面装饰层的稳定性,而且具有与水泥砂浆粘接强度高、外表颜色柔和、不反光等特点,比起压制法生产的上釉外墙砖来讲,更具竞争力。劈离砖多为坯体整体着色,自洁能力强,耐久性能高。

我国将用挤出方法生产的劈离砖归于现行标准《陶瓷砖》GB/T 4100—2006 范围内,并定名为挤压砖(extruded tiles),其定义是"挤压砖是将可塑性坯料经过挤压机挤出成型,再将所成型的泥条按砖的预定尺寸进行切割",并说明了"这些产品分为精细的或普通的,主要是由它们的性能来决定的;挤压砖的习惯术语是用来描述劈离砖和方砖的,通常分别是指双挤压砖和单挤压砖,方砖仅指吸水率不超过6%的挤压砖"。

国家现行标准《陶瓷砖》GB/T 4100—2006 中按成型方法和吸水率对产品进行了分类(该分类与产品的使用无关),将劈离砖划归于挤压砖(A)类,共分为4大类,其中含6小类:

AⅠ类: 吸水率≤3%;
AⅡa类:又分为AⅡa1类和AⅡa2类: 吸水率大于3%,小于6%;
AⅡb类:又分为AⅡb1类和AⅡb2类: 吸水率大于6%,小于10%;
AⅢ类: 吸水率>10%。

根据劈离砖的物理性能,又将其分为精细和普通两种。对无釉劈离砖的耐磨损体积的规定如表3-18所示。对劈离砖的强度要求如表3-19所示。此外对劈离砖的尺寸偏差及表面质量、线性热膨胀系数、抗热震性、抗冻性、湿膨胀系数、抗冲击性、耐污染性、抗化学腐蚀性等给出了规定。

挤出无釉陶瓷砖的耐磨损体积 表3-18

类别	AⅠ	AⅡa1	AⅡa2	AⅡb1	AⅡb2	AⅢ
耐磨损体积(mm³)	≤275	≤393	≤541	≤649	≤1062	≤2365

挤出陶瓷砖的强度 表3-19

类别		AⅠ	AⅡa1	AⅡa2	AⅡb1	AⅡb2	AⅢ
破坏强度(N)	厚度≥7.5mm	≥1100	≥950	≥800	≥900	≥750	≥600
	厚度<7.5mm	≥600	≥600	≥600			
断裂模数(N/mm²)(MPa) 不适用于破坏强度≥3000N的砖		平均≥23 单值≥18	平均≥20 单值≥18	平均≥13 单值≥11	平均≥17.5 单值≥15	平均≥9 单值≥8	平均≥8 单值≥7

1982 年，福建省厦门印华地砖厂从德国引进一条劈离砖生产线，生产能力为 30 万 ~ 60 万 m²/年，1986 年该厂又引进部分设备使生产能力提高了一倍。1986 年北京市南湖渠砖厂又从德国引进一条生产能力为 50 万 m²/年的生产线，并进行翻版制造。

我国目前已有劈离砖生产线多条，生产的产品常见规格（mm）有 240×60×12、240×53×12、215×60×14、240×60×11、230×50×11、200×80×20（铺地面）、200×100×15、200×200×20 等。各地因所用原材料的不同，产品的颜色也有很大的差别。根据不同的需求，产品表面可做成粗糙的拉毛面、砂面、辊压纹理面、琢毛面、光面等。还有使用不同颜色的坯体原料，通过挤出方法生产的仿木纹结构的劈离砖产品等。

3.29 何为烧结景观制品？

在烧结砖瓦产品的大家族中，有许多类型的产品是用于美化以及装饰目的的产品。例如根据建筑物造型或是地面景观不同造型需要而制造的各种异型砖（墙体转角用的角砖、窗门框用的异型砖、花坛用砖、圆弧墙面砖、拱形用砖、窗台外部的泛水砖等）、围墙盖顶砖、绿化用的草坪砖等，以及用于围墙、透窗格、屏风、门厅、护栏等人们经常可看到地方的、具有观赏价值的花格砖等。这其中也包括了仿古砖瓦产品中的普通青砖、普通青瓦、滴水瓦、筒瓦、沟头瓦（带瓦当的筒瓦）、鸱尾（正吻）、垂兽、仙人、走兽、青方砖（铺地砖）、"金砖"、正脊压顶空心花砖、琉璃砖瓦及构件等以及影壁、门窗、墙面等砖雕作品和屋顶泥塑装饰构件等。

3.30 绿色墙体材料的主要特征有哪些？

主要特征有：

（1）节约土地

墙材生产既不毁田取土，其产品的使用还可增加建筑物的有效使用面积。

（2）节约资源

尽量少用甚至不用天然资源，大量利用工农业废料和生活废弃物。

（3）节约能源

既节约生产能耗，又降低建筑物的使用能耗。

（4）保护环境

生产过程中少排放甚至不排放废气、废渣、废水。

（5）多功能

要求外承重墙材既能抗足够的垂直荷载，又能抗风载；仅作围护用的非承重墙体则主要抗风载。无论是否承重，外墙材料均应有较好的防火、绝热、抗震、隔声、抗渗、防射线、抗反复干湿与抗反复冻融性能，并能达到一定的装饰效果。内墙材料要求承重墙材能抗足够的垂直荷载，非承重墙材主要用于隔断，应质轻并有一定的强度。无论是否承重，内墙材料均要求可扩大使用面积，安装便利，有一定的抗冲击强度，并兼具较好的防水、隔声、防潮、防霉等性能。材料设计应以人为本，以提高人的生活质量为宗旨，不仅不损害人体健康，还应对人体健康有益。

（6）可再生利用

墙体拆除后，可再生循环使用，不会成为污染环境的废弃物。

3.31 烧结砖瓦的颜色是怎样形成的?

烧结砖瓦的颜色是原料中铁化合物引起的。原料中铁化合物在氧化焰中焙烧成高价氧化铁。例如:

$$Fe_3O_4 \longrightarrow Fe_2O_3$$

即转化成为三氧化二铁而呈现红色。现在的砖瓦厂普遍生产红色砖瓦。

青砖具有蓝青色的主要原因是,在焙烧还原阶段中,铁被还原成氧化亚铁和制品颗粒表面形成碳素薄膜所致。而饮窑过程与呈色无关,它的作用在于加速窑的冷却,并在窑内造成大于外界空气压力的蒸汽压力,杜绝空气进入窑内,以保证已经形成的低价铁和碳素薄膜不致氧化和燃烧。

当烧成过程在还原阶段以前,窑内处于氧化气氛。升温到1000℃左右,氧化铁和氧化钙等形成硅酸复盐,但这种作用只能发生在颗粒的表面,大部分铁仍以红色Fe_2O_3存在。

在还原阶段,Fe_2O_3被还原为FeO,消失了红色。由于窑内处于还原状态,空气缺乏,由燃料所产生的碳氢化合物气体不能燃烧而在高温中分解,生成炭黑,在制品颗粒表面形成碳素薄膜(渗碳)。由于碳素薄膜的存在,对水化作用的抗蚀性很强,提高了青砖的耐久性。

所谓炭黑是含碳燃料经不完全燃烧而产生的微细黑色石墨状粉末,不溶于水、酸、碱,其主要物质是碳元素。

数千年来,烧青砖都在土窑(马蹄窑)中进行,这种窑型虽易于密封,但由于它间歇作业,余热和烟热不能利用(在焙烧后期外排烟气达900℃左右),加之烧一块普通砖需在窑内饮约1kg水。这些水变成水蒸气又要吸热2500~3000kJ/块。故这种窑型烧青砖的热耗为隧道窑烧红砖热耗的3倍以上。

笔者曾参与对四川省雅安市某烧砖土窑(马蹄窑)进行测试、统计,其结果是:烧一块普通实心青砖平均总热耗约为13167kJ。其中:饮窑水加热、蒸发热耗为2671kJ,占总热耗的20.3%;烟气带走的热为5810kJ,占总热耗的44.1%,其余各项热耗为4686kJ,占总热耗的35.6%。

土窑(马蹄窑)属淘汰窑型。

清华大学和北京西六里屯砖厂曾初步试制成功在燃煤隧道窑中烧青砖。国外在研究轮窑中注入氮气烧青砖。

值得一提的是,英国威尔耐砖公司采用燃油隧道窑烧青砖。坯垛采用较高比例的平码,以防止青砖粘结在一起。窑内共容纳44辆窑车。预热带占17辆,在8~14车位处设两台再循环风机,它将坯垛下部的废气流再引入窑顶孔洞内。在18~21车位处采用"热型"烧嘴,它创造良好的氧化条件,且使横断面热量分布均匀。在18车位处温度为875℃,到21车位处温度为1000℃,继续升温至顶峰在28车位,为1140℃。在这一带采用顶烧脉冲烧嘴,主要为了获得和控制还原反应,方法是变更油量和喷油频率。配合这些烧嘴的还有粗糙的喷雾式侧烧嘴,它们用来控制温度和在较小范围内控制还原反应。在这些侧烧嘴内,使用的一次空气量是可以变动的,而二次空气量是可以调整的,如是过量的空气,可以减少至最小量以获得高度的还原条件,而同时仍要维持窑的平衡。"热型"烧嘴和侧烧嘴用控制热电偶来调整(用高压油和低压油来变动)。

从 28~44 车位，砖被出口处的冷空气流冷却至可取温度。这样有双重作用：①冷却砖制品；②在窑的尾端创造正压条件，促使该区段横断面温度趋于均匀。采用在适当位置抽气以控制窑的平衡，测压记录仪和一具携带式的压力和真空记录仪用来经常复核窑内任何部位的技术数据。

在窑处于还原条件下，最困难的是在一辆窑车进窑后，就需要保持恒定不变的条件。在每一次进车时温度变了，还原条件也变了，解决的办法是：①依靠变化空气和油的用量；②操作人员的观察，以调整出现的变动。因此需要恒常的高标准的检查，控制水平也要比通常的隧道窑精确得多。

一般情况下，铁化合物主导着砖瓦的颜色。但是，由于原料成分的复杂性，其他各成分也影响着制品的颜色，使之成为"混合色"。例如，在氧化焰中钙会使之成为粉红色；在还原焰中钙会使之成为粉青色。

3.32 冰冻对制品的破坏作用是怎样产生的？

冰冻对制品的破坏作用是由于材料孔隙内的水分结冰所引起的。水在结冰时体积约增大 9%（一般材料是热胀冷缩的，而水在 4℃ 以下是热缩冷胀的）。当材料毛细孔隙中充满的水受冻时，孔隙内的水首先在材料表层毛细管颈的部位结成冰，形成冰塞将孔隙内的水严密地封堵起来，若温度继续下降，则孔隙内的水也逐步结冰，且体积增大，对孔壁产生巨大压力（可达 $1000 kg/cm^3$），致使孔壁开裂。冰在融化时，是从表面先开始融化，然后向内逐层进行的。无论是结冰还是融化的过程，都会在材料的内外层产生明显的应力差和温度差。材料受冻破坏的程度与水分在孔隙中充满程度有关。如果孔隙内吸水后还留有一定的空间，可允许水在结冰时自由膨胀，则其破坏作用就大大减小，这对材料的抗冻性是有益的。

3.33 砖瓦泛霜的原因是什么？

泛霜的形成是由进入制品的可溶性盐类被制品毛细管系统中的水分所溶解而开始的。制品表面水分的蒸发，使可溶性盐类聚集并逐渐在制品表面沉积。因此，可溶性盐是形成泛霜的根源，水充当了媒介，制品的多孔系统起到了良好的桥梁作用，而制品表面水的蒸发则是促进泛霜发展的强大动力。这四个因素同时起作用，是泛霜形成的基本条件，即：可溶性盐、水、多孔体系和干燥的外部环境。

砖瓦制品内的可溶性盐遇水后溶解，通过微孔结构被带到制品的表面，随着水分的不断蒸发，可溶性盐就沉积下来，即为泛霜。能溶于水的可溶性盐种类繁多，但就砖瓦制品而言，最常见的是硫酸钙，其次是硫酸镁、硫酸钠和硫酸钾。硫酸钙和硫酸镁相比，由于硫酸镁有更大的溶解度，故在两者含量相等的情况下，硫酸镁所引起的泛霜更为严重。硫酸钠和硫酸钾在制品焙烧过程的较低温度就熔融流入到坯体的孔隙中，并与石英和硅酸盐起化学反应，故它们较少产生泛霜。

当原料中夹杂有方解石、菱镁矿或白云石，就必然带入碳酸钙和碳酸镁，如用于坯体的干燥热介质气体中含有一定量的三氧化硫，经化学反应后，就会转化成硫酸钙和硫酸镁，致使坯体出现泛霜。

以绿色硫酸钒和褐色钒酸形式出现的钒的化合物也能引起泛霜。在白色或米黄色的砖瓦原料中含有大量钒黏土矿物，在高岭土中亦可能含有百分之零点几的钒，它代替三价铝而存在着。在焙烧过程中，钒从黏土矿物中释放出来，并生成五氧化二钒，虽然其熔点较低，但它既不和石英起反应，又不和硅酸盐起反应，而却能溶解于水。五氧化二钒遇水后，如果也同时存在硫酸盐，则绿色的硫酸盐将在制品表面析出沉淀；如果没有硫酸盐同时存在，则在制品表面出现褐色的钒酸沉淀，导致泛霜。

另外，由于海水中含有大量可溶性盐类（氯化钠等），故如原料中掺入海水，亦会导致制品泛霜；外来的可溶性盐，如砂浆和混凝土结构材料中的硫酸钙等，也可能浸入砖瓦的微孔结构，并在水分蒸发后引起泛霜。

3.34　砖的色差产生的原因有哪些？

差异产生了色差。

主要有：

（1）原料成分的差异

砖原料的矿物成分没有像生产陶瓷一样经过精确的配方。就宏观讲，每块坯体的矿物成分基本相同；但微观讲，是存在一定差别的。故经烧成后形成的矿物成分种类及其含量不完全一样，制品的颜色也不会一样。

（2）原料制备造成的差异

例如，原料自然含水率不同，在制备过程中造成的颗粒度和颗粒级配也不同。

另外，原料风化、均化、陈化程度不一样也会带来物化性能的差异。

以上种种因素也会影响生成物数量及制品颜色。

（3）坯体成型造成的差异

例如，坯体成型水分和成型压力不同，造成湿坯体的体积密度也不同。这些均会影响制品在烧成过程中的物化反应及颜色。

（4）制品焙烧造成的差异

窑的不同部位的温度差、压力差、气氛差造成生成物的差异。

3.35　砖瓦泛霜的危害有哪些？

所有的泛霜盐均会给制品带来难看的外观。在有粉刷层的情况下，由于泛霜盐类物质再结晶而产生的压力会使粉刷层出现裂纹或脱落。有些盐溶于水后，水分蒸发后再结晶，往往会有一定量的结晶水，与原来体积相比，有不同程度的膨胀。如硫酸镁，在溶解于水后，再结晶的产物含有7个结晶水，其体积比前者增加3倍；又如硫酸钠在溶解于水后再结晶的产物含有10个结晶水，其体积比前者增加86%。这些体积膨胀的再结晶盐类存在于砖瓦制品的微孔中会产生较大的膨胀应力，导致制品出现类似于鱼鳞片的剥落，影响其耐久性。尤其含硫酸镁和硫酸钠这两种可溶性盐类，因其体积膨胀大，危害也大；对于强度不高的欠火制品，更易受到这些可溶性盐类的损坏。

在一般情况下，原料中可溶性硫酸盐含量超过0.1%将会引起泛霜，故要求其含量控制在0.08%以下。

3.36 消除砖瓦泛霜的方法有哪些?

(1) 严格控制原料中的含硫量

硫一般以化合状态存在于原料(尤其是煤矸石原料)和燃料之中,最常见的是二硫化铁(FeS_2)和硫酸钙($CaSO_4 \cdot 2H_2O$),前者俗称黄铁矿,后者俗称石膏。在高温焙烧条件下,砖瓦制品内会生成一定量的可溶性硫酸盐。为了保证制品质量,要求原料中含硫量不大于1%。应尽量不用含硫量高的煤矸石原料和含硫量高的燃料。鉴于粉煤灰已被燃烧过一次,硫已基本脱尽,因而利用粉煤灰作原料不但可变废为宝,而且无泛霜之虞。重庆地区的一些煤矸石砖厂的原料含硫量高达5%左右,制品泛霜严重,质量很差,出现起粉、脱皮、掉屑。为了减轻泛霜,有条件的厂家往往掺入一定比例的页岩混合使用。

在外燃煤中掺些石灰脱硫,可降低烟气中的 SO_2 或 SO_3 含量,从而也减轻制品泛霜的程度。

(2) 原料风化(或用水浸泡)

将原料堆放在露天风化,不但可改善其生产砖瓦的工艺性能,而且由于雨水的冲洗,可溶性盐也被消除一部分。

新疆石河子市某砖厂采取"大水浸泡土场排水洗碱法"获得良好效果。即使土场连续注水、排水三次,土中的可溶性盐也能排除干净。

(3) 增加制坯原料的细度

原料粒度越细,越有利于高温焙烧时脱硫,则制品泛霜越轻;反之原料粒度越粗,越不利于高温焙烧时脱硫,则制品泛霜越重。

(4) 适当提高焙烧温度

在允许的情况下,适当提高制品的焙烧温度。某厂试验提供以下数据:焙烧温度为950℃时,脱硫率仅为全硫的50%左右;而焙烧温度为1050℃时,脱硫率可达全硫的83%左右。脱硫越多,则泛霜越轻。但要预防烧成温度过高而导致制品粘连、变形。

另外,硫酸镁在971℃时,只需1h,即可与二氧化硅充分反应生成不溶于水的硅酸镁而永不泛霜。硫酸钙则需在1097~1117℃时才能与二氧化硅反应,生成不溶于水的硅酸钙。

(5) 在原料中掺入外加剂

可采用的外加剂种类很多,较普遍采用的是碳酸钡。碳酸钡与可溶性硫酸盐(硫酸钙、硫酸镁)的反应式如下:

$$CaSO_4 + BaCO_3 \longrightarrow CaCO_3 + BaSO_4$$
$$MgSO_4 + BaCO_3 \longrightarrow MgCO_3 + BaSO_4$$

反应生成物硫酸钡和各种碳酸盐基本不溶于水,因而它们也不会随水分迁移到制品表面引起泛霜。

掺入碳酸钡不仅可消除或减轻成品泛霜危害,而且也可消除或减轻坯体干燥过程泛霜(泛白),这是由于它和可溶性硫酸盐作用后生成的硫酸钡能使坯体中残余的可溶性硫酸盐固结,这些可溶性硫酸盐在干燥时也不能移到坯体表面形成难看的白斑。德国为了消除砖瓦制品泛霜,每年进口碳酸钡约8万t。

为了保证最大的反应效率,碳酸钡一般以细粉状供给使用。它是一种有毒产品,绝对不能吞咽碳酸钡，也不能吸入碳酸钡灰尘。碳酸钡一旦与人的皮肤或眼睛接触后，必须使用大量清水将其冲洗掉。当使用碳酸钡产品时，操作人员应穿戴防护服、手套和安全眼镜，要求清洁生产，没有任何碳酸钡灰尘释放。

以凝胶体溶液形式使用的碳酸钡正在逐渐增加，因而避免了所有含碳酸钡灰尘的释放。

确定外加剂碳酸钡掺入量的依据是，预先对原料中可溶性硫酸盐含量的测定。由于碳酸钡在水中的溶解度很小，因而实际上碳酸钡的掺入量是理论需要量的 2 倍，并使其在原料中均匀分布。

如果制品内可溶性硫酸盐含量较高时，可采用这样的方法，先掺加约相当于理论用量的三分之二的氯化钡，使其取代部分碳酸钡，随后用碳酸钡作补充校正。其理由是：①氯化钡比碳酸钡溶解度大得多，所以它是一种更易反应的外加剂；②尽管氯化钡较贵，但由于复合外加剂比单一碳酸钡外加剂用量少，故用复合外加剂比单一碳酸钡外加剂更经济；③由于氯化钡的溶解度大，用它只要有极少的量，而过量部分的氯化钡又会引起严重泛霜，故它的用量宜略少。

氯化钡与可溶性硫酸盐（硫酸钙、硫酸镁、硫酸钠、硫酸钾）反应生成的硫酸钡不溶于水，它不会产生泛霜，而反应生成的各种氯化物（$CaCl_2$、$MgCl_2$、$NaCl$、KCl）的熔点低于制品最终的烧成温度，它们熔融后，其液体就被制品所吸收，并生成硅酸盐，也不会产生泛霜。而氯化钡却不一样，它的熔点高于最终烧成温度，不能被制品吸收生成硅酸盐，故过量会引起泛霜。

减弱硫酸钙等泛霜的外加剂还可采用胶体硅酸、氯化钠、氯化钙、铝酸三钙、燧石、砂、铝酸钡、铝酸三钡、铝酸钠钡、硝酸铵等。减弱硫酸镁泛霜的外加剂还可采用氯化钠、氯化钙、焦炭粉、粉煤灰、细石灰石粉、胶体硅酸等。减弱泛霜的外加剂有氟化钙、磷酸盐炉渣等。

值得一提的是，德国一些砖厂采用陶瓷釉浆残渣作为防止泛霜的外加剂。在制砖原料中加入 1%～7%（以干燥质量计）的陶瓷釉浆残渣，可使泛霜大大减轻，甚至完全消除。其原因是少量陶瓷釉浆残渣（1%～2.5%）的存在限制了可溶性碱金属硫酸盐复盐 [$K_3Na(SO_4)2K_2Ca(SO_4)2H_2O$] 的形成。而更高掺量（5%～7.5%）的陶瓷釉浆残渣，可以大大减少可溶性硫酸盐。很可能是由于 SO_3 有着强烈的结合能，存在于残余釉的 PbO 可以与它反应，形成不溶性的 $PbSO_4$。

早在 20 世纪 50 年代以前，美国、加拿大、德国等国就在原料中掺入废盐酸，用于克服砖瓦泛霜的缺陷。

德国和英国有的厂在砖坯入窑前，先用面粉与水做成的浆糊涂面，从而减弱泛霜危害，现在看来这种做法已不经济。

（6）砖墙的后处理

砖墙砌成后，如砖块内或砖砌缝所使用的水泥砂浆中有可溶性盐存在，经渗水后溶出，会导致砖墙风化脱皮。预防的措施一般采用"西微士德法"：先用 80% 的钾肥皂水溶液涂于砖墙表面，干燥后再涂 57% 的明矾水溶液，待其干燥后再重复涂几次，形成由两液化合而成的不溶性皮膜，以作保护；还有一种"库尔曼法"：先涂水玻璃溶液，待干燥后再涂氯化钙水溶液，形成由两液化合而成的不溶性皮膜，亦可保护表面。另外，这种做法还能使墙体着色。

总之，采取全面防水处理，防止水分入侵，以阻止泛霜出现。

另外，可使用泛霜清洗剂，该清洗剂是由非离子型的表面活性剂及溶剂等制成的无色半透明液体，对于墙体表面泛霜的清洗有一定的效果。但在使用前应做小样试块，以检验效果和决定是否采用。

还有一种简单的做法，就是将墙体每天用水冲洗一次，直至不再泛霜为止。

3.37　砖瓦石灰石爆裂的原因和危害是什么？

石灰石的主要成分是碳酸钙（$CaCO_3$），它之所以会给砖瓦制品带来危害，是因为它在焙烧过程中分解成氧化钙（CaO）和二氧化碳（CO_2），其反应式为：

$$CaCO_3 \longrightarrow CaO + CO_2 \uparrow$$

成品出窑后，其中的生石灰（氧化钙）吸收空气中的水分消解成熟石灰（氢氧化钙），其反应式为：

$$CaO + H_2O \longrightarrow Ca(OH)_2$$

消解后的熟石灰颗粒，其体积比消解前的生石灰颗粒约增大一倍（体积膨胀程度与生石灰中的有效 CaO 及其他成分有关），因而对其四周产生较大的胀应力，致使制品内部结构遭到破坏，造成制品降低等级，甚至报废。石灰爆裂给不少砖瓦厂带来灾难性损失。如四川省达州某砖厂由于石灰爆裂，致使砖的外观很差、强度很低。即使在砖供不应求的旺季也难以销售出去，常因积压的砖太多而无场地堆放被迫熄火暂停生产；又如广西河池某砖厂因原料中含有大量硬质石灰石，粉碎遇到很大麻烦而被迫停产关门。这样的例子很多，故应高度重视。

3.38　消除石灰爆裂的主要措施有哪些？

消除石灰爆裂的主要措施有以下几个方面：

（1）尽量不采用含有石灰石的原料

新建砖瓦厂时，事先必须作可行性研究，弄清原料的成分，确保原料中不含石灰石。上海地区有些砖厂用江河泥制砖，凡贝壳多的水域均被丢弃不挖，因贝壳的主要成分为碳酸钙，会使制品爆裂。

（2）剔除原料中的块状石灰石

一般用人工手选的方法，将原料中的块状石灰石选出去。

河北省获鹿砖瓦厂的黏土原料中夹杂着大量块状石灰质礓石，采用过筛的方法剔除，这样做的不足之处是同时也筛出了部分黏土原料。

上海地区某砖厂曾将黏土用水浸泡成泥浆，使礓石等各种杂质沉于池底，定期清除，泥浆经泵打入压滤机压成泥饼，经这样处理后的泥料成型性能较好，但成本较高。

（3）提高原料细度和制品强度

将原料尽量粉碎得细一些，以分散因生石灰消解而产生的膨胀应力；与此同时要提高制品的强度，以便能抵抗得住这种胀应力，以上两种做法兼用之，是防止石灰爆裂的有效措施之一。如重庆綦江某页岩砖厂原料中含有石灰石夹层，用于成型的原料颗粒较粗（大于 3mm 的占 9.4%），且挤出机挤压力不大，即使是烧得较好的正火砖，在外界放置一段时间也要出现网状裂纹，甚至彻底散碎；湖南省辰溪县某页岩砖厂的软质页岩原料中含有石灰石，该厂用ϕ650mm×650mm对辊机作为粉碎碾炼设备，常因辊面磨损未能及时检修，成型原料颗粒变粗，导致成品砖石灰爆裂。有一次下雨使成品堆场中的93万块砖毁于一旦。砖厂领导见此情况，立即通知使用方停止将这类砖砌筑墙体，已使用上墙的立即拆除，砖厂承担由此而产生的损失，给该厂的教训极为沉痛。又如重庆云阳某页岩砖厂，采用经粉碎后过8目筛的含有石灰石原料生产砖，爆裂现象较普遍。如将原料粉碎得更细，粉碎设备满足不了产量要求，十分为难；重庆梁家巷页岩砖瓦厂的原料中含有石灰石，经粉碎后过10目筛（孔径为2mm），凡是欠火砖（强度等级在MU15以下）出窑后放置在潮湿空气中，一般均龟裂成废品，凡是正火砖（强度等级在MU15以上）一般均不爆裂。凡是过火砖（强度等级在MU20以上）更不会爆裂。该厂在投产的3年时间内，由于欠火砖石灰爆裂报废了200余万块砖，堆了3000多m³。重庆青年页岩砖瓦厂的原料中亦含有石灰石（石灰石的化学成分与梁家巷砖厂相近），该厂原料经粉碎后过12目筛（孔径为1.6mm，比梁家巷砖厂的细），凡制品强度等级在MU10以上的均无爆裂现象。四川渠县某页岩砖厂的原料中亦含有石灰石，该厂原料用锤式破碎机粉碎，经粉碎后不再过筛，以破碎机箅板孔控制出料粒度，箅板孔径为6mm，凡欠火砖均龟裂，正火砖亦有爆裂的；四川夹江某页岩砖厂的页岩原料中夹杂一些石灰石，但该厂严格控制用于成型原料的颗粒度不大于2mm，且采用挤压力较大的挤出机成型，故从未出现因石灰爆裂而影响成品质量的情况。

试验证明，如原料经粉碎后过18目或更细的筛（孔径为1mm以下），只要制品强度等级达MU10以上，就不会出现石灰爆裂现象（国外的研究文献称要完全消除泛霜，石灰石的颗粒最大直径必须小于0.5mm）。

（4）使出窑制品置于过量水的环境下消解

出窑后的制品不要置于潮湿的空气中，而是立即浸入水中或让水淋透，石灰爆裂现象可大大减少或基本消除。其主要原因是：如生石灰在潮湿的空气中消解（水化）时，产生结晶的氧化钙含水化合物，形成较大的结晶体，几乎没有迁移地停留在原处，体积大幅度膨胀。而如生石灰泡于水中（在水分充足的情况下），快速消解（水化）为粉状氢氧化钙，形成的结晶体非常微小（其中的一部分迁移至毛细微孔中），膨胀较前者小得多（其水化速度由生石灰的活性和水化条件所决定）。另外，在过量水的环境下氧化钙水化为氢氧化钙，体积虽然有膨胀，但由于氢氧化钙又吸收多余的水（一种物理过程），使得氢氧化钙结晶体逐渐聚合增大，比表面积逐渐减小，因而出现收缩。故可以得出以下结论：在少量水分作用下，氧化钙的水化导致膨胀；而在有多余水分作用下，既有膨胀又有收缩，两者相抵消，减少了膨胀程度，即使还有膨胀，因生成物已成膏状，挤入周围的制品毛细微孔中，产生的胀应力也不大。

（5）适当延长焙烧时间

当原料中含有石灰石时，不宜采用快速焙烧。因为快速焙烧时生石灰来不及同其他成分（如二氧化硅）化合。另外，经快速焙烧出来的砖一般较脆，往往因抵抗不住生石灰消解所产生的膨胀应力，而导致制品的裂纹和崩解。

（6）适当提高焙烧温度

提高焙烧温度应以制品不过烧为前提，一般提高50℃左右。这样做能使较多的生石灰化合成较稳定的硅酸三钙（3CaO·SiO$_2$，简写为 C$_3$S）化合物。众所周知，硅酸盐水泥的主要成分，它水化后体积有较小的收缩，并形成一定的强度。采取此项措施的先决条件是将原料粉碎至一定细度，因为只有足够细的颗粒才能保证这个固相反应的进行。即使有些较大颗粒未能化合成硅酸三钙，也因温度较高而被烧成过烧生石灰，过烧生石灰的氧化钙与二氧化硅、三氧化二铝及三氧化二铁等在高温下熔化而形成表面渣化层，或氧化钙自身紧结，遇水后消解速度极为缓慢，其破坏作用甚微。

某砖厂曾用石灰石含量高达 25% 的煤矸石做试验，将石灰石颗粒控制在 1.5mm 以下，并使其均匀分布于砖坯中，同时适当提高焙烧温度（约为 1080℃），生产出的砖完全符合国家有关质量标准。

（7）原料中加入微量（0.2%~0.5%）的食盐溶液

这样做可加速硅酸三钙的生成，减轻石灰爆裂危害。但如提高食盐（NaCl）的掺量，会给制品带来另一危害：可溶性食盐在干燥期间的泛霜。

（8）将整体性能差、强度低的欠火制品回窑重烧

重庆市梁家巷页岩砖厂曾将欠火砖和经干燥后的坯体搭配装入窑进行再次焙烧，由于干坯中含有较多的残余水分，回窑重烧的欠火砖在预热带遇到水蒸气全部龟裂报废；而四川省渠县页岩砖厂将尚未在外界大气中吸潮的出窑欠火砖，立即回窑与非常干的坯体搭装再次焙烧，由于窑内预热带的湿含量很低，故经再次焙烧后制品一般均较好，未出现石灰爆裂现象。所以要求：①回窑欠火砖未在潮湿的空气中放置过，以免其中的生石灰消解；②窑中预热带的湿含量越低越好，以防回窑欠火砖在进入烧成带以前的预热带就吸收水蒸气消解，导致爆裂。

3.39 什么是欠火砖？

欠火砖是未完成烧结的砖。由于焙烧温度低于烧结温度，烧结温度持续时间不足或保温时间过短等原因造成。一般呈哑音、黄皮或黑心，强度低，抗冻性差。

3.40 什么是哑音砖？

敲击砖时发出的声音暗哑。由于湿坯预热过急，干坯回潮或焙烧过程中降温太快致使制品产生网状裂纹或内裂纹的一种表现，严重影响制品的强度。

3.41 什么是压花砖？

内燃砖在焙烧时，砖与砖重叠处因局部缺氧形成还原气氛，促使高价铁还原成低价铁，形成黑斑，影响砖的外观。

3.42 什么是黑头砖？

泛指局部外表呈黑色的砖。由于坯垛底部的砖坯部分被未燃尽的煤或炉灰埋盖，导致氧气不足所造成。

3.43 什么是黑心砖？

"黑心"可分两种。第一种是欠火黑心。这种砖的心部呈灰黄色，杂有黑色煤粒。产生

的原因是焙烧温度和保温时间未到达既定要求。这种砖的结构疏松，强度很低。第二种是过火黑心。这种砖的心部呈深蓝色。产生的原因是在内燃焙烧条件下，砖坯的内部形成强还原气氛，使高价铁被还原成低价铁。这种砖的强度没有被削弱。

3.44 什么是起泡砖？

起泡是砖烧成过程中出现的一种膨胀现象。一般由于升温急，温度高，使制品表面出现液相而内部气体无法完全逸出，且产生一定压力所致。

起泡有两个条件是必须的：①产生气体的反应必须有足够的速度；②必须有高黏性液相的存在。

在一般情况下，砖在焙烧中产生气体的几种反应多在尚未开始烧结和大量液相出现之前，因此气体能顺利逸出，不会发生起泡。但当焙烧速度过快时，液相出现过早，固相反应生成的气体无法透过高黏性液体逸出，砖就膨胀起泡。

产生气体的反应包括：

（1）碳酸盐分解，例如：

$$CaCO_3 \longrightarrow CaO + CO_2 \uparrow$$

（2）硫酸盐分解：

$$CaSO_4 \longrightarrow CaO + SO_2 \uparrow + \frac{1}{2}O_2 \uparrow$$

$$2Fe(SO_4)_3 \longrightarrow 2Fe_2O_3 + 6SO_2 \uparrow + 3O_2 \uparrow$$

（3）铁的高价氧化物的分解：

$$6Fe_2O_3 \longrightarrow 4Fe_3O_4 + O_2 \uparrow$$

（4）碳的氧化，例如：

$$C + Fe_2O_3 \longrightarrow 2FeO + CO \uparrow$$

（5）硫化物的分解，例如：

$$FeS_2 \longrightarrow FeS + S（蒸汽）\uparrow$$

（6）水合矿物的分解，例如：

$$K_2O \cdot 3Al_2O_3 \cdot 6SiO_2 \cdot 2H_2O \longrightarrow K_2O \cdot 3Al_2O_3 \cdot 6SiO_2 + 2H_2O \uparrow$$

3.45 对烧结砖的吸水率有何要求？

对烧结砖的吸水率要求如表3-20所示。

对烧结砖的吸水率要求
表3-20

等级	吸水率（%）		备注
	黏土砖和砌块、页岩砖和砌块、煤矸石砖和砌块	粉煤灰砖和砌块	
优等品	≤16.0	≤20.0	粉煤灰掺入量（体积比）小于30%时，按黏土砖和砌块规定判定
一等品	≤18.0	≤22.0	
合格品	≤20.0	≤24.0	

3.46 与实心砖相比，空心砖有哪些优点？

和实心砖相比，空心砖的优点是：①使用原料、燃料少；②生产成本低；③运输费用省；④砌筑工效高；⑤导热系数小，因而具有保温隔热性能好等诸多优点。

3.47 有关人士是如何点评烧结砖瓦的？

（1）人体的抵抗力依赖于地球的等电场……把动物放在一个钢筋混凝土制作的法拉第式的笼子中，在缺少地电辐射的情况下，会促使癌症的发生……通过这些研究可以证明我们的产品（烧结砖瓦）在一个新的发展方向上存在的优越性。

（2）美国学者认为：烧结砖在人类文明史上占有与面包和布匹同等重要的地位。

（3）砖是一种与人类历史密切相关的建筑材料。焙烧的土制品伴随着人类的进化，并且促进了人类的进步。同时焙烧土制品也记录了人类经历的时代和文化。

（4）砖是一种理想的建筑材料。根据现代的准则来讲，砖完全可以被认为是建筑中最令人感兴趣的发现之一。否则，数千年来砖就早已不存在了。

（5）砖的吸引力在于它的原料分布广泛，并且储量丰富，可谓用之不尽。然而，更重要的是制砖原料容易成型，并能很快制出形状和性能适合于使用要求的建筑材料，另一个因素是，这种建筑材料在焙烧后可获得高的强度、抵抗风化和气候的侵蚀能力，正如千百年来所证明的。因此，砖建筑不会像使用时间较短的新型建筑材料那样使用户承担风险。

（6）除了砖的外形多样化以外，对于建筑师来说，砖的特殊吸引力之一是它表面的各种纹理和颜色。

（7）砖的表面令人舒畅。砖建筑不会随其使用年代而失色，反之，年代增进了它的美感，它的外观显得柔和且更顺眼了。

（8）小块墙面砖也将继续保存其地位……砌筑时抓取方便，它体现了砖砌体最大的特点，凭这一点，砖将是长命的，更不用说最近建筑领域所表现的对墙砖的怀古之情。

（9）不必担忧砖的未来。砖作为一种建筑材料已存在数千年，并在将来还继续存在。对那些能美化环境的砖瓦产品，将会得到更大的发展。

（10）美国宇航员在其研究报告中说："在月球上建造人类居住的掩护所，只能用烧结砖"。

（11）欧洲砖瓦工业协会主席指出："质量优良的烧结砖是建筑材料中的十项全能选手"。

（12）西欧的某权威人士说："现在所谓的新型墙体材料都在模仿烧结砖的功能，但都只能模仿烧结砖的一种或数种功能，而不能模仿其全部功能"。

（13）烧结砖在丹麦等国，被视为"奢侈的墙体材料"。

（14）世界著名建筑大师贝聿铭所总结：砖是"实实在在、表里如一"的好材料。

（15）世界著名建筑学家马里欧·伯塔（Mario Botta）教授提出："砖的和谐＝环境"。

（16）在欧洲，砖被比喻为"活物"，即有生命的材料。

（17）"继承传统——砖为最好"。

（18）某位智者说："不懂砖瓦等于不懂建筑"。

（19）"砖对住宅建筑而言犹如树皮对树一样重要"。

（20）小块砖固然是"秦砖汉瓦"的后代，但是"秦砖汉瓦"本身应当说是我国的一项值得骄傲的历史遗产，不宜作为落后的代名词。小块砖虽有其局限性，但其能在统一模数下体现灵活性，是他的一大优点，并且赋予它以相当强大的生命力，乃至能在世界许多国家维持数千年的历史，这一点我们不宜抹杀，而应当本着扬长避短的精神，发挥它的优势，使它更好地为祖国的建设事业服务。

（21）现在欧美工业发达国家一致认为烧结砖是"最古老而又最现代"的建筑材料。

（22）烧结砖瓦是当今世界上备受人们青睐的建筑墙体、屋面材料，它具有良好的耐久性、永不褪色性、可回收重复使用性、生态的和谐性、隔热保温性、装饰美化性和湿呼吸（可调节室内小环境）等多功能，决定了它千古不衰的命运和美好的前景。

第四部分　成　　型

4.1　砖瓦坯体成型的方法有哪两大类？其发展趋势是什么？

黏土质原料与水混合后，形成黏滞性的物料。它可以被模制成所需的任何形状的砖瓦坯体，即为成型。

成型是在原料采挖、原料储存、原料制备和坯体干燥、制品焙烧、成品运输之间一道重要工序。成型使坯体获得一定的几何形状。成型中的缺陷，对以下工序的不良影响是无法挽回的。成型中的尺寸误差影响或决定了成品的合格与否。

砖瓦坯体的成型工艺有手工和机械两种。鉴于手工成型对原料的挤压力小，坯体性能不如机械成型，加之劳动强度大，劳动生产率低，故这种成型方法已被机械成型所代替。

机械成型可分为挤出成型和压制成型两大类。和压制成型相比，挤出成型的优点：①能生产出断面形状比较复杂的制品；②能获得较高的生产率；③设备较简单，操作维修较方便；④改变产品断面形状及尺寸较容易；⑤可以采用真空处理获得高性能的制品。

随着我国建设事业的快速发展和人民生活水平的不断提高，对烧结砖瓦制品的品种和质量，都提出了新的要求。特别是为了节省黏土资源消耗、降低能源消耗、减轻建筑物自重、提高墙体和屋面的各种物理性能以及提高机械化施工程度等，正逐渐发展高孔洞率空心制品、保温隔热砌块、清水墙装饰砖和楼板空心砌块等。这些新产品的开发需要有与之相适应的成型工艺及设备。

总的趋势：成型设备向大型、高产量方向发展。

为了获得高质量的坯体，除了加强原料的处理外，还要抽出泥料中所含的空气，因为在挤压过程中，空气把原料颗粒分割开而不能很好地相互结合。为了除掉泥料中的空气，可在挤出成型的过程中用真空泵将空气抽出去，即所谓真空处理。

除了真空处理外，还需要有一定的挤出压力，特别是挤出含水率较低的空心坯体和瓦坯时，更应有较高的挤出压力。

4.2　砖坯的挤出成型如何划分软塑、半硬塑和硬塑成型？

按成型压力不同，国际上将砖坯挤出成型大致分为：①实际成型工作压力$0.4 \sim 1.8$MPa（西欧常用 bar 来表示压力，$1bar = 1.02kg/cm^2$）为软塑成型；②实际成型工作压力$1.8 \sim 2.5$MPa 为半硬塑成型；③实际成型工作压力2.5MPa 以上，最高可达到8.0MPa 为硬塑成型。（该段数据来自德国瀚德尔公司）

按成型水分不同又可将挤出成型划分为：

（1）国外分类

1）美国

分为硬塑挤出和软塑挤出两种。区分依据主要是成型水分和成型后的砖坯码烧方法。

①硬塑挤出

成型水分（湿基）为12%～20%；成型后的坯体有足够的强度，能将坯垛码2m高而不变形，可直接码在窑车上进行干燥和焙烧，即一次码烧。

②软塑挤出

成型水分（湿基）为20%～30%；成型后的坯体强度低，必须先进行干燥，然后转码到窑车上送去焙烧，即二次码烧。

2）德国

分为软塑挤出、半硬塑挤出和硬塑挤出三种。

①软塑挤出

成型水分（干基）为19%～27%；实际成型工作压力为0.4～1.8MPa；坯体贯入仪强度为2kg/cm²。

②半硬塑挤出

成型水分（干基）为15%～20%；实际成型工作压力为1.8～2.5MPa；坯体贯入仪强度为2～3kg/cm²。挤出机的耗电量约为4.5kW·h/t（湿产品）。

③硬塑挤出

成型水分（干基）为12%～16%；常用实际成型工作压力为2.5～4.5MPa；坯体贯入仪强度为≥3kg/cm²。（该段数据来自德国瀚德尔公司原总裁弗兰克·瀚德尔所著《陶瓷产品的挤出》一书）

（2）我国分类

没有严格的界限。建议：成型水分（湿基）＞20%为软塑挤出；成型水分（湿基）16%～20%为半硬塑挤出；成型水分（湿基）12%～16%为硬塑挤出。当然，成型水分与原材料的性能关系极大，单凭成型水分对成型方式的划分还不够，因此也要参考挤出坯体的强度，如贯入仪强度。

4.3 砖坯的硬塑挤出成型和软塑挤出成型的优、缺点有哪些？

（1）硬塑挤出的优点

①湿坯有足够的强度，可支撑较高的坯垛压力而不会损坏或变形。可直接码上窑车进行一次码烧，故搬运次数少，制品缺棱掉角少。

②湿坯在干燥过程中排除的水分少，故从成型到焙烧成产品，总的收缩小。

③制品具有较高的密实度、较高的强度和较低的吸水率。因此，在装卸、运输和砌筑过程中破损较少。

（2）硬塑挤出的缺点

①功率消耗较高，尤其是生产高孔洞率的空心制品时，功率消耗更大，且绞刀磨损较快。

②生产高孔洞率空心制品时，芯具的强度要求高，芯杆不能太细，否则难以承受较高的压力。

③因多采用一次码烧工艺，干燥后的废坯不能挑选出来，只能将它烧成废成品。

（3）软塑挤出的优点

①适应多种规格型号产品的成型。

②生产高孔洞率空心制品时，芯具较易设计。

③功率消耗较低，绞刀磨损较慢。

④由于坯体先经过干燥，然后再转码到窑车上送去焙烧，因而可剔除干燥后的废坯，避免用废坯烧成废品的浪费。

⑤干燥室可起到调节生产的作用，故生产线需备用的窑车数量较少。

（4）软塑挤出的缺点

①一般采用二次码烧工艺，需多码一次坯，不但增加了工作量，而且易碰坏坯体边角。

②由于成型水分较高，干燥收缩率大，在干燥过程中坯体较易变形、开裂。

4.4 螺旋挤出机成型过程及工艺要点是什么？

施利凯森于 1854 年发明了螺旋挤出机。

螺旋挤出机是烧结砖瓦塑性挤出成型最主要的设备。螺旋挤出机可以将没有定型的松散泥料，挤压成致密的、具有一定断面形状的连续泥条。接着用切条机将泥条切割成泥段，再用切坯机将泥段切割成单块的坯体，从而完成成型作业。

（1）普通螺旋挤出机成型

将经过加工处理（粉碎、湿化、混合）的泥料加入螺旋挤出机受料斗，由于打泥板或压泥辊的作用，使泥料进入挤出机泥缸中，被旋转着的螺旋绞刀推动前进，并受螺旋绞刀的压力作用和稍许拌合，使泥料通过机头时被挤压密实，而由机口挤出成为符合规定尺寸和形状的连续的泥条。泥条由专门设备切割成一定长度，最后由切割机械切成单块坯体。为了减少泥料与机口四壁之间的摩擦力，机口的四个角与四壁要镶上薄铁皮制作的鳞片，注入清水或油使其产生润滑作用（少有不用润滑剂的干挤出）。机口的尺寸与形状要适应泥料的性质，使其除符合所需断面尺寸外，还要考虑干燥、焙烧的收缩率。

螺旋挤出机的生产能力，受泥缸的尺寸所制约，在其他条件相同时，挤出机的泥缸直径越大，生产能力越高。因此经常是以泥缸内径来表示挤出机的规格。除了内径之外，泥缸的形状对生产能力和动力消耗也有直接关系。泥缸形状有圆柱形和圆锥形。圆锥形泥缸泥料进入端的直径大于输出端，造成阻力增大，产量降低；另外泥料在向前推进时由于受到较大的阻力，极易造成一部分泥料沿着螺旋绞刀与泥缸衬套的间隙向后返泥。圆柱形泥缸泥料的压密靠螺旋绞刀的变螺距来完成。它的优点是：泥料在其中向前移动时动力消耗较小；较圆锥形泥缸生产能力高。

为了防止泥缸因受所挤压的泥料的摩擦而迅速磨损，将泥缸内壁衬上一个可拆卸的金属衬套，并将衬套制作成带有沟槽的，以防止在螺旋绞刀旋转时泥料随之旋转。

最普通的衬套有方格或饼干型，还有直槽或螺旋槽型以及楔槽型等。

方格衬套是最常用的一种类型，它可将土拦在方格中，使方格中的泥料与绞刀上的泥料间产生足够的摩擦力而向前运动。方格衬套最适用于粘附力不太强的泥料。

直槽或螺旋槽衬套更适合于粘附力较强的泥料。

为了安装和拆卸方便，可将泥缸做成水平或垂直分开的两半。水平分开的泥缸，可用螺栓连接；垂直分开的泥缸，可用绞链悬在受料斗的机座上。

螺旋绞刀的主要功能是输送并且加压于泥料。绞刀的结构决定了绞刀的效率以及生产单位产品的动力消耗。绞刀的螺距、螺旋导角、绞刀外径及绞刀轴直径是最重要的技术参数。

一般采用等螺距绞刀和变螺距绞刀两种形式。

等螺距绞刀受料部分、输送部分和挤压部分各段的螺距均相等。决定等螺距绞刀效率的主要因素是绞刀的螺旋导角。经验表明，螺旋导角平均为23°左右时，能获得最大挤出速度和最大挤出效率。螺旋导角平均为23°左右的等螺距绞刀，其螺距与绞刀外径相等是经常采用的结构形式。

变螺距绞刀的螺距自受料部分逐步减小，即每经过绞刀的一个螺距，泥料的体积都会减小。变螺距绞刀是一种逐级加压绞刀。变螺距绞刀比等螺距绞刀有更高的效率。

绞刀转速影响制品的质量和产量。挤出机挤出速度既是绞刀转速的函数，又是泥料含水率的函数。在某一特定的含水率下，都有一相应的最佳绞刀转速，使其能获得最大的挤出产量。绞刀转速不是越大越好，当其为最佳转速的两倍时，挤出速度将降低到零。适应某种特定泥料的最佳转速只有靠试验来确定。最常用的绞刀转速是 20 ~ 35r/min，这时挤出泥条的速度约为20m/min。现代化的挤出机常有多种转速（配备了可变速控制的装置，或是配备了可调速电机），以适应多用途和高效率的要求。

机头是挤出机泥缸与机口之间的连接部分，它的作用在于最终使泥料紧密，调整泥料的运动速度，改变泥料横断面的大小及形状，以及将泥料均匀地供给机口。

为了达到泥料的紧密和横断面的均匀变化，以及尽可能均匀地把泥料供给机口，机头应当具有适当的长度。机头的长短根据泥料的性质和加工润湿程度来确定。加工处理均匀的、塑性较高的泥料比含水分少、塑性较低的泥料容易改变形状。故塑性较高的泥料挤出时机头可适当短些。一般机头长度应为机头最大宽度的 1.5 ~ 2 倍，通常为 120 ~ 250mm。

泥料在机头内的紧密程度，还与机头的断面积由泥缸向机口逐渐缩小程度有直接关系。为了使挤出机能量消耗低，生产效率高，泥条质量好，还应合理选择机头断面积缩小的比值（即泥缸和机口有效断面积之比），即压缩系数一般为 1.5 ~ 2。压缩系数过高，电能消耗增高，但泥料的质量和密实度却得不到改善，相反，还会因挤出机机头内泥料的过度压缩，引起泥料发热而降低泥条质量。

机头同绞刀的相对位置，影响泥条横断面挤出速度的平衡。当机头靠近绞刀时，泥流边部比中心部位挤出得要快。

机口（又称出口）是使挤出的泥料形成所需要的断面尺寸，并具有一定紧密程度的泥条的最后工序。

机口尺寸的选择（长度及内表面的锥度）随泥料性质、成型水分、加工均匀程度及成型挤压力而异。当机口长度为 100 ~ 250mm，锥度一般为 4% ~ 8%，效果较好。如果锥度过大，泥条在挤出时会受到很大的摩擦力而形成棱角上的锯齿形裂口。

塑性较高的原料成型时，机口可短些，在保证泥条紧密和表面光滑的前提下，采取最短的机口和最小的锥度，以便尽量减少泥料和机口壁的摩擦，从而提高挤出机的生产效率。

为了减少摩擦阻力并使泥条具有光滑的表面，可以通过水或油润滑机口内壁。应着重说明的是，有的砖厂用油机口取代水机口后，收到较好的效果：①切坯时，不需要再在切坯台上抹油了；②由于油的流动性能比水差，故用油量很少，万块砖坯耗油仅 1kg 左右；③用油机口后，机口内衬铁皮的使用寿命明显延长了；④用油机口挤出的泥条比用水机口光洁得多，质量明显有所提高。也可用热水、蒸汽进行润滑。与冷水相比，热水的润滑效果更好。在条件允许的情况下，亦可采用无润滑剂的干挤出。

机口外口的尺寸，决定着产品的规格，因此要考虑到湿坯在干燥和焙烧过程中的收缩。机口的外口尺寸应等于成品尺寸和收缩尺寸的总和。

均匀充足的给料是挤出机具有稳定的挤压力及成型出均质密实坯体的重要条件，同时也是其生产能力得以充分发挥的保证。

挤出横断面形状对称的泥条，较容易调整挤出速度的均衡。

现在也有能够同时挤出数根泥条的多出口模具。例如，一台挤出机同时挤出 10 根多孔砖泥条。在既定产量的情况下，采用这种挤出方式能够显著地降低挤出速度，因而，不但可以提高产品质量，还能降低机口的磨损速度。但在挤出 2 根及以上的泥条时，应使每根泥条的两侧阻力一致。

为消除因泥条滑行、切坯及运输震动产生的大底现象，外口底边长度应比上边短 1～3mm。

机口可用铸铁或硬质木料制成。

（2）真空螺旋挤出机成型

用普通挤出机制成的砖坯，由于泥料内部所含的空气和加工过程中进入的空气被挤压在泥条内，会造成坯体分层和裂纹等缺陷，降低产品质量。

真空螺旋挤出机的特点是能将泥料中的空气在挤压过程中大部分排出。经真空处理的泥料，增加了泥料颗粒间的接触面积，提高了其结合性和可塑性，改善了泥料的成型性能。真空挤出机挤出的泥条密度较大，其成品也具有较高的机械强度。

真空挤出机设有专用的真空室和真空泵。常用的有带栅隔板的（单级）真空挤泥机和带有搅拌机的（双级）组合真空挤出机两种。

单级式真空挤出机和普通挤出机不同的是有一个比较长的泥缸，在泥缸的中部，被带有孔的栅隔板分成两部分，形成了栅隔板旁边的真空室。当泥料由于挤压通过栅隔板时，被分成许多单独的细泥条，为加速空气的排除提供了条件。泥料中的空气通过真空室内由真空泵排除。

真空室内泥料的下层不易排尽空气，而且泥料通过栅隔板后很快被绞刀推向机头，以致在真空室内停留时间很短，造成抽气不均匀和真空度不高的缺陷。另外，该真空挤出成型对泥料的要求较严格，如果黏土中含有石块、植物根等杂物，在生产过程中往往发生栅隔板堵塞，造成停机清理而影响生产。

普通螺旋挤泥机的上方设置一台搅拌机，其间由真空室连接，就构成双级真空挤出机。

（3）双级真空挤出机的工作原理

双级真空挤出机的工作过程：泥料进入加料口后，首先受到单轴搅拌机的搅泥刀的破碎、揉练、混合并在锥形泥缸内受到挤压。由于缸筒是锥形的，泥料流通面积逐渐减少，起到密封真空室的作用。泥料被推进真空室时，切割成泥条或泥片并靠自重落到室底。此时，泥料夹杂的和吸附的气体被真空泵吸出排走。经脱气后的松解泥料又靠螺旋的作用，被推向前端并逐渐加压。最后在挤压螺旋的强力推动下，泥料被挤向机头，经机口挤出。

双级真空挤出机的上级与下级之间的产量必须平衡，上级应稳定而又适当地向下级供料。

挤出机处理的泥料既不是刚性体，也不是液体，而是微小固体物料颗粒混合物和一定的水（有时还有一点添加料）所组成的弹塑性体。它的主要固体特征是可塑性，有一定的形状和体积；它的主要液体特征是有一定的体积，但抵抗变形的能力低，几乎近于有流动性。泥料在螺旋挤出机内受到破碎、剪切、混合、输送和挤压作用，所有这些作用均与泥料的流动有关。

部分真空挤出机的主要技术性能如表 4-1 所示。

部分真空挤出机的主要技术性能　　　　　　　　表 4-1

规格型号	JKR40/10-2.0	JKR45/10-2.0	JKR45/45-2.0	JKR50/45-2.0	JKB45/45-3.0	JKB50/45-3.0	JKB50/50-3.0	JKB50/55-3.0	JKY50/50-4.0	JKY60/50-4.0	JKY60/60-4.0	JKY70/60-4.0	JKR45/40-2.0	JKR50/45-2.0
产量(标块/h)	8000~12000	8000~12000	8500~12500	8500~12500	8500~12500	9000~13000	9500~13500	10000~14000	10000~14000	13000~17000	13000~17000	14000~18000	8000~12000	9000~13000
挤出绞刀直径(mm)	400	400	450	450	450	450	500	550	500	500	600	600	400	450
挤出压力(MPa)	2.0	2.0	2.0	2.0	3.0	3.0	3.0	3.0	4.0	4.0	4.0	4.0	2.0	2.0
电机功率(kW)	75+45	90+45	90+55	110+55	110+55	132+55	132+55	132+75	132+75	200+90	200+90	250+90	110~130	160
配用真空泵 型号	水环泵 2SK-6									水环泵 2SK-12			水环泵 2SK-6	
配用真空泵 电机功率(kW)	15									22			15	
备注	或用 MH-2/100 型油环泵，5.5kW									或用 MH-2/200 型油环泵，11kW			（1）机体为紧凑型联合体 （2）真空泵亦可用 MH-2/100 型油环泵，5.5kW	

泥料在螺旋挤出机中的流动可以归纳为四种：

①输送流动（正向流动）

泥料沿泥缸体作螺旋式前进运动，它是泥料运动的主流，促进这种运动的是螺旋叶面在转动时作用于泥料的轴向分力。其后果是泥料被输送和挤压。泥料流动方向决定于螺旋旋向和轴的转向。当左旋时，轴顺时针转动推泥料前进；当右旋时，轴反时针转动推泥料后退。

②横流

是泥料在螺旋的周向分力和摩擦力作用下作的翻转运动。它使泥料受到剪切、混合和搅拌，也使泥料发热。它对机器的生产能力影响不大，但与能量消耗和泥料质量关系密切。

③高压逆流

是同正向流动反向的流动。它是由于泥料在作正向流动时，有流动阻力存在而形成压力，在压力梯度的作用下发生的逆流。它会影响生产能力、功率消耗，使泥料受剪切作用并分层。

④漏流

是沿缸体同螺旋叶片之间的径向间隙的逆流。它也是因压力梯度的存在引起的。

以上流动的组合就是泥料在螺旋挤出机泥缸内的运动。绞刀使泥料强烈拌合，泥料在挤出机的绞刀顶端上像一条单根绳索，绞刀将这根泥绳索绞成泥绳圈，绞刀轴使泥绳圈中间产生一个空洞，低塑性泥料的绳圈也许会断裂，产生一连串的同心圆和逐渐变细的锥形物，然后在通过机口时被压合在一起。

（4）螺旋挤出机泥料的成型含水率

成型时需要的挤出压力和泥料的含水率之间存在着一定关系：泥料的含水率越高，它的塑性越高，成型时所需的挤出压力越小。泥料的含水率与其塑性和颗粒组成有关。塑性越高，细分散颗粒的含量越高，在同样的挤出压力条件下，坯体将越密实，并具有大的表观密度和高的强度。

4.5 为什么真空挤出机的转速不宜太高？

先进砖厂的真空挤出机的转速控制在 15~28r/min。从表面上看，在一定范围内，产量随转速的提高而提高。但是，绝不能忽视另一个最基本的技术性能指标——挤出效率。先进砖厂的挤出机的挤出效率一般为 0.3~0.4，甚至达到 0.5~0.6。效率高的原因除了采用长泥缸和大螺距外，低转速是其重要原因之一。应该指出的是，有的厂的挤出机转速偏高，挤出效率仅 0.2 左右。挤出效率低的主要原因是：绞刀每转一圈所挤出的泥料较少，返泥量较多。这样不但加速泥缸衬套和绞刀的磨损，而且极易造成：①泥条形成螺旋纹和 S 形裂纹，半成品和成品率低；②单位产量的电耗增加。

意大利砖厂的挤出机一般采用低转速：15~18r/min，最多出 14 条泥条；美国砖厂的挤出机有的采用较高转速：25~30r/min。

当绞力转速增加到为临界转速的两倍时，挤出速率降低到零。

4.6 原料的真空处理作用何在？

真空处理的目的是减小产品的孔隙率，改善原材料的可塑性能和提高坯体的内聚力。坯体中的气泡在挤出过程中被强烈地挤压，成为长形的、扁平形的有较大胀引力的压缩体，这些气泡的存在会削弱制品的强度等性能。和密实产品相比，当气孔率增大到 8.5% 时，抗压强度下降 30%；当气孔率为 27% 时，抗压强度下降 60%。

真空处理对于提高中塑性原料（塑性指数 7~15）的密度有较大作用。

要提高原料的密度，首先必须排除原料孔隙中的空气，然后加以机械挤压。中塑性原料没有高塑性原料密实，具有一定数量的孔隙，而它又比低塑性原料的粘结性能好。故只要先排除它孔隙中的空气，再加以挤压，就能够显著提高其密度。

对于高塑性原料（塑性指数大于 15），真空处理作用不大，甚至反而降低其密度。因为高塑性原料粘结性能好，不会含有很多气孔，只要加机械力（普通非真空挤出机挤压），即可达到足够密度。如用真空挤出机，在进真空室前先把整块原料破坏成许多小块（暴露内部气孔），经过真空室后，又要把它挤密实，这时的密实程度比原料通过非真空挤出机的密实程度高还是低，显然不一定。

对于低塑性原料（塑性指数小于7），真空处理作用也不大明显。因为低塑性原料粘结性能差，内部含有大量空气，且和大气息息相通，要使该原料加工到一定的密实程度，不但需排除其内部空气，更重要的是在排气后需加一强大的挤压力，使其粘结密实。否则仍复松散，涌入空气。因而，低塑性原料的成型，应采用挤压力较大的真空挤出机。美国的粉煤灰黏土砖厂，为了发展高掺量粉煤灰砖，提出采用二道真空挤出。

抽出气体的程度取决于原材料的颗粒尺寸（越小越易抽出气体）和它在真空室内停留的时间（停留时间越长抽出气体越多）。

应该指出的是，为了在干燥和焙烧时让水蒸气和其他气体顺利逸出，应留有足够的通道。故经塑性挤出成型的坯体应有一定量的孔隙率（30%左右）。

泥料经加热后，会造成真空度的下降。这是因为当泥料中水蒸气的分压大于真空室中的分压时，泥料中的水分蒸发所造成的。最大允许真空度和泥条温度的关系如表4-2所示。

最大允许真空度和泥条温度的关系 表4-2

泥条温度（℃）	水蒸气分压（Pa）	最大允许真空度（%）
20	2333	98
30	4246	96
35	5619	94
40	7374	92
45	9581	90
50	12336	87
55	15739	84
60	19917	80
65	25006	75
70	31155	68
75	38540	61

应该指出的是，真空泵与挤出机真空室的连接管道如出现漏气，则会降低真空度；如出现堵塞，将会显示出"高真空度"，但是实属未能较多抽出泥料中空气的"假真空度"，应予避免。另外，上级和下级输送泥量应保持相等，如上级输送量大于下级，则要堵塞真空室；反之，则不能抽真空。

由于真空泵的抽吸力牵制了泥条的前进，北京市昌平区燕丹砖厂实践：挤出机挤出泥条时，不抽真空比抽真空速度快15%。

4.7 为什么抽真空会造成泥料含水率下降？

众所周知，一个大气压下水的沸点是100℃，而两个大气压下水的沸点是120℃。当真空度达到95%时，真空室残余压力仅约为5.0×10^3Pa，此状态下水的沸点只有33℃，故处于沸腾状态下的水极易汽化被真空泵抽走。

4.8 空心砖坯挤出成型的特点是什么？成型操作有哪些注意事项？挤出机部件和结构对泥条性能的影响程度如何？

（1）空心砖坯成型特点

在挤出机的机口内，安装产生孔洞的芯具就可成型空心砖坯。

空心砖坯成型同实心砖坯成型不同，由于机口内装有芯具，泥料流实际面积减小，泥流在机头、机口部分遇到的障碍物多，阻力大，因此挤出机动力消耗增加。而且要求泥料沿整个机口断面均匀挤出，为此芯具产生的阻力也必须均衡。

通常，只要原料的可塑性在中等以上，利用原来生产普通实心砖的挤出机就可制造承重空心砖。当然要根据空心砖需要，对机头、机口、绞刀等部分进行改造；同时适当调整挤出机主要工作参数（例如，主轴转速）；最后应通过严格的试验，保证设计的芯具符合要求。

（2）挤出机的结构

①机头

生产空心砖的挤出机，为减小阻力，降低动力消耗，通常都用较短机头。当然机头也不可过短，否则泥条边角容易松弛开裂，同时坯体强度也不高。机头长度一般选用 100～160mm，约比生产普通实心砖的缩短 1/3～1/2。

在意大利，由于产品规格的要求和原料性能的不同，需要采用一种扩大的圆锥形机头来代替缩小的圆锥形机头。这可以用机头内泥料与泥料之间，泥料与钢铁壁之间存在着不同程度的摩擦阻力来解释。

简单地讲，当内摩擦阻力小于外摩擦阻力时，宜采用扩大形机头。当外摩擦阻力小于内摩擦阻力时，应采用缩小形机头。

②泥缸

空心砖坯机口处还有一段由芯头产生的"再挤压区"，能进一步增强泥条致密程度，故采用阻力较小的圆筒形泥缸为宜，而不用阻力较大的圆锥形泥缸。

③绞刀轴转速

在允许范围内，提高螺旋绞刀主轴转速，可提高挤出机效率。按绞刀外缘的圆周线速度计算，常用 45～55m/min 的线速度（也有高到 70m/min 的）。当然对每一特定的原材料而言，都存在一个最佳的转速。现在发展的趋势是降低螺旋绞刀主轴的转速，通过绞刀外形的设计以及螺旋绞刀头（最前端的双线或三线绞刀头）的优化来达到挤出泥条速度的最大化。这样做的优点之一就是降低转速，减少运动部件的磨损。

④机口

为了减小泥料在机口内的摩擦阻力，在保证泥条一定致密度的前提下尽量选用短些、锥度小些的机口。挤出空心砖坯时，机口长度约为 160～240mm，锥度一般为 4°～8°。

当泥条四角挤出速度比中部慢得多时，可将机口后口的四角做成弧形，以增加四角泥料的进入量来平衡泥条速度。某砖厂采用双机口挤出双泥条，产量增加 75%。

⑤芯具

芯具是成型的关键装置。芯具起着在泥中形成贯穿孔洞，调节泥料走速平衡的作用，对空心砖坯能否成型，有直接影响。由于原料性能、挤出机、产品规格以及孔型选择的不同，各厂生产空心砖所用的芯具会有所差异，必须因地制宜，通过试验确定。

设计和安装芯架时，必须注意：第一，力求避免产生"芯架裂纹"。它是泥流经过主刀被分割后，重新愈合不良在坯体内留下的"伤痕"。芯架裂纹难以察觉，常在干燥后或当砖坯回潮及受冻后才可发现，有的在烧后才显现，且对成品强度产生不利影响。避免芯架裂纹的措施，最重要的是保持主刀的末端至机口有一个合理的愈合长度。愈合长度随出口净出泥量的增加而延长；成型大孔、少孔砖坯时，愈合长度应稍长；主刀刀片越厚，愈合长度应越长；粘结性差的泥料应比粘结性强的泥料采用更长的愈合长度。愈合长度应通过试验来确定，一般为230～270mm。第二，力求使机口横断面的各部位给泥流以均衡分布的阻力。为此，芯架的小刀片必须按芯架的中心线对称排列，才能保证机口横断面出泥速度均匀。第三，应保证泥流出机口时受到再次压缩。为此，机口后部泥料有效流通面积必须大于机口出口处泥料的有效流通面积。

芯杆应富有弹性，可采用冷拔碳质圆钢或弹簧圆钢等材料制作。为使出泥速度平衡，出泥快的部位，使用较粗的芯杆，出泥慢的部位，使用较细的芯杆，中间部位往往出泥最快，可使用阻力套管以减慢其泥流速度。

芯头的材料有木材（外包铁皮）、铸铁、钢和陶瓷等。一般较喜欢采用陶瓷芯头（高铝瓷芯头不但硬度大，而且耐磨性能好）。双鸭山长胜砖厂的挤出机芯头如碰到石子要挤破（原料中含一些小石子），被迫改用合金钢芯头。随着挤出量的增加，芯头也随之被磨损。寻求一种合适的耐磨性能较好的芯头是生产厂家的共同愿望。国外有一种镀铬芯头，是在普通钢材外表用电解法镀制一层铬涂层。泥料在铬涂层表面滑动能力较其他曾经用过的金属都好，使用寿命比普通钢芯头长6倍。还有一种是烧结刚玉芯头，这种芯头质地很坚硬，比镀铬芯头还要耐磨，但价格比镀铬芯头高25%。德国的砖厂有用尼龙挤出机出口的。罗马尼亚研究用刚玉作挤出瓦出口，生产1600万片瓦，仅磨损0.2～0.4mm。在解决机械零件磨损方面，已生产出一种用环氧树脂与陶瓷粉料制成的浆状耐磨涂料，涂敷硬固后，其表面耐磨性相当于碳化钨，接近于瓷砖的耐磨性。芯头的大小、形状、数量取决于砖的孔型设计。芯头的长短和锥度，按机口处泥流的速度差来考虑。一般中间泥流速度快，中心芯头可适当长些，或小头断面大些；四周摩擦阻力大，泥流速度缓慢，所以四周芯头可短些，或小头断面小些，以便使出泥速度达到平衡。一套模具的芯头往往是长短、大小不一的。

芯头的末端（大头）应有3～5mm长度无锥度的圆柱面，为的是使形成的孔洞不易变形。芯头尺寸要精确，表面要光滑，四周阻力应均衡，中心孔要打正。

（3）成型操作的注意事项

①在机口中安装芯头时，应随芯头外表形状和原料性能等情况的不同，伸出或者缩进机口3～5mm，以克服泥料通过芯头表面而产生的惯性作用造成的孔洞变形现象。

②安装模具时，必须使机口、芯具和机头的中心线与螺旋绞刀中心线对正，否则会产生泥条烂角、弯曲等弊病。

③使用芯杆较多较细的芯具时，事先应该使用泥料从外口将芯杆间的空隙处填满，使芯头位置固定，以免坯料挤出时发生偏斜。

④检查泥条断面走速是否均匀。一般应使泥条四角的流速快于中部的，因为四角摩擦阻

力较大，即使棱角部位勉强跟上中部，还会不时发生角裂。

⑤调整芯头在芯杆上的位置可以调节泥料走速平衡。断面上出料较快的部分可将邻近的芯头调进，减少这部分的进泥量。如要求四角出泥快些，则可将周边邻近四角的芯头稍稍调出，以增加四角的进泥量。若以上做法不能完全解决出料快慢时，则应研究机口和芯具的结构问题。

⑥试车的泥料应该软些。待泥条成型良好时，再逐步调整其含水率，直至使泥条软硬合适。

⑦如果泥料挤不出或局部出泥量极少时，应停机检查原因，以免损坏设备。

⑧应经常检查泥条质量，发现问题及时纠正，特别要防止孔洞偏斜和下坍以及底部变形。还应及时更换芯头和机口，以保证制品的规格符合标准。

挤出机部件和结构对泥条性能的影响程度如表4-3所示。

挤出机部件和结构对泥条性能的影响　　　　　　　　表4-3

泥条性能 \ 挤出机部件及结构	泥条致密度	空气的均匀分布	水的均匀分布	生产能力	压力结构	运转可靠性	泥条中的纹理	切割纹理	泥条表面	冲击性推力	推力分布	尺寸精确度	硬挤出	干燥应力
泥料含水率的变化	○	○	+	+	+	×	+	○	+	○	+	×	+	+
泥料中的不均匀性	×	×	×	+	+	+	+	+	+	○	+	+	○	×
双轴搅拌机螺旋（挤出机上级）	○	○	×	+	+	+	+	○	+	○	+	+	○	+
真空室	×	+	○	○	○	○	+	○	○	○	+	+	+	+
切泥密封刀	+	×	+	○	○	○	+	○	○	○	+	+	○	+
压泥板（辊）和螺旋	+	○	○	+	○	×	+	○	○	○	+	○	+	○
压缩段	×	+	+	+	+	○	+	○	○	+	+	+	+	+
螺旋升角	×	×	×	×	+	+	×	○	○	○	+	+	+	+
螺旋叶片轴套直径	+	×	×	○	○	○	+	○	○	+	○	+	+	+
螺旋叶片转数	+	×	×	×	+	○	+	○	○	○	○	+	+	+
末节螺旋叶片	○	○	○	+	+	+	+	○	×	○	+	+	○	+
挤出机机头	○	○	○	○	○	○	+	○	○	+	+	+	+	+
机头前口	+	○	○	○	+	○	+	○	○	+	+	+	+	+
芯架	+	+	○	○	○	○	+	×	○	×	+	×	×	+
芯头	+	○	○	○	○	○	+	+	○	×	+	+	×	+
机口横断面积	+	+	○	○	○	○	+	+	+	+	+	+	+	+
机口锥度	○	○	○	○	○	○	+	×	○	○	+	+	+	+
机口长度	○	○	○	+	○	+	+	○	×	○	○	+	+	×

注：×有较大影响；+有影响；○可忽略的影响。

4.9　空心砖成型中常见问题、产生原因和处理方法有哪些？

空心砖成型中常见问题、产生原因和处理方法如表4-4所示。

空心砖成型中常见问题产生的原因和处理方法   表4-4

常见问题	产生原因	处理方法
1. 坯体中间开花，像喇叭口一样向四周翻卷	中间走泥快，四周走泥慢，坯条挤出时呈凸字形	中部芯头加长，小头断面加大 中部芯杆加粗（或套阻力管），机口后口做成"腰子型"，促使泥料向四角走，中部芯头改短，小头断面减小
2. 大面中间凹下	中间走泥慢，四周走泥快，坯体挤出时呈凹字形	调整芯杆布置，减小中部阻力 缩小机口后口"腰子型"的四角
3. 坯条呈锯齿裂纹 （1）有水锯齿裂纹（俗称水裂） ①有水小齿裂纹 ②有水大齿裂纹	机口第二层转角处有一侧或两侧水路缝隙过大，润滑水过多 机口第四层或第五层转角处缝隙偏小，内壁缺水，坯条被拉裂；到第三层转角处水路又偏大，润滑水流出过多	改小第二层转角处水路缝隙，减少润滑水 加大第四层或第五层转角处的水路缝隙，改小第三层转角处水路缝隙
（2）无水锯齿裂纹（俗称干裂） ①无水小齿裂纹 ②无水大齿裂纹	机口第二层转角处一侧或两侧水路缝隙偏小，润滑水流出过少 机口第四层或第五层转角处水路缝隙偏小，内壁缺水	垫高第二层转角处水路缝隙，增加润滑水 加大第四层或第五层转角处的水路缝隙，增多润滑水
4. 坯条烂角 （1）裂口尖端向后卷（即齿尖卷向机口） （2）突然烂角，或者局部坯条不完整或松散	邻近烂角处的芯头可能缩进，或者前伸，与其他角的芯头不一致 该部位芯架或芯杆间有硬块或杂物卡塞	调整芯头，使其四周一致 拆下机口，清除杂物
5. 孔洞内壁节裂（鱼鳞裂） （1）内壁全部节裂 （2）内壁个别节裂（鱼鳞裂）	芯头设计不当，四周表面阻力不平衡 芯架被杂物严重堵塞，原料过硬 该部位的芯头缩进或前伸，坯条走速与其他芯头不平衡 该部位的芯杆位移，轴线偏心 该部位芯头有杂物卡塞	改进芯头设计，使四周表面阻力平衡 清除堵塞杂物，软化原料 将该部位的芯头调出或调进 检查和纠正芯杆及芯头 清除杂物
6. 坯体弯曲 （1）坯条刚离机口就向一侧弯曲，外壁一边厚，一边薄 （2）坯条向一侧弯曲，外壁厚度未变 （3）坯条呈波浪式弯曲，凹下处有时被拉烂	机口和芯具偏离中心线，与螺旋轴中心未对正 滚坯台（输坯床）一边高，一边低 螺旋主叶和副叶顶端不齐，出料不均匀 大刀片形状不佳，坯料通过后二次结合不良	校正机口和芯具中心线，与螺旋轴中心对正 校平滚坯台（输坯床） 保持螺旋副叶和主叶顶端成直线，使出料均匀 改革刀片形状，减小刀片和刀片座的厚度和宽度
7. 坯体产生纵向劈裂（即"芯架裂纹"）	大刀片离机口端太近，愈合长度不够，二次结合时间短 坯料干湿不均匀	加长芯杆，改进芯架形状，使芯架伸入机头，增长泥料二次结合时间 调整成型水分，均匀控制泥料供给速度

续表

常见问题	产生原因	处理方法
8. 孔洞变形 （1）孔洞缩小 （2）孔洞偏斜 （3）孔洞下坍	芯头磨损过大，或者芯头缩进过多 芯头挤偏移位 坯料成型水分过大	更换芯头，或者调出芯头 纠正芯头 调整成型水分
9. 坯体变形	坯料挤出不密实 滚坯台（输坯床）辊筒高低不平 切坯、码坯操作不当 坯料成型水分过小	加长机口或机头，或者改进螺旋结构 调平辊筒 改进操作 调整成型水分
10. 泥缸、坯条发烧	机口、机头过长 螺旋结构不适当 泥缸与螺旋间隙过大	改短机口、机头长度 修改螺旋结构 调整泥缸与螺旋间隙
11. 坯条横向断折	滚坯台（输坯床）上个别泥辊高出其他泥辊，或者坯料干，成型水分太少	检查所有泥辊是否在同一水平线上。降低高出的泥辊或者增加成型用水量

4.10 挤出机的故障及排除方法有哪些?

挤出机的故障及排除方法如表 4-5 所示。

挤出机的故障及排除方法　　　　表 4-5

序号	故障	原因分析	排除方法
1	离合器发热	（1）轴向压力不够，摩擦片打滑产生高温。严重时，会烧坏摩擦片 （2）分离时，摩擦片脱不开也会使离合器发热	（1）调节调整圈或调整螺母，使离合器有足够压力 （2）见本表序 2
2	离合器脱不开	（1）外摩擦盘与大三角皮带轮内孔、内摩擦盘与内压盘配合间隙小，且有污物 （2）上述间隙较大及分离弹簧压力不一致 （3）导向键和键槽位置不合适	（1）加大配合间隙，清除污物 （2）更换内外摩擦盘，选配弹簧 （3）修锉键槽，使导向键无阻碍
3	离合器自动脱开	离合器调得太紧，结合爪或铰链板没有在自锁位置	调节到自锁位置
4	离合器部分振动大	离合器转动部分不平衡	进行平衡
5	减速器轴承有异响	（1）轴承间隙（指圆锥滚子轴承）太大 （2）轴承磨损严重或已损坏	（1）调节调整螺钉，使轴承间隙正常 （2）更换轴承
6	减速器齿轮有周期性的沉重响声	新机或更换齿轮时出现，原因是齿圈径向跳动超差	严重时需更换不合格齿轮
7	减速器过热	（1）轴承过紧 （2）轴承缺润滑油 （3）油池油面过低或过高	（1）调整轴承间隙 （2）注入润滑油 （3）使油池油面高度合适

序号	故障	原因分析	排除方法
8	减速器体颤动	（1）入轴与离合器轴不同心 （2）出轴与绞刀轴不同心	调整减速器的位置和高度
9	绞刀轴前轴承过热	（1）密封不良，前端进泥 （2）缺润滑脂 （3）轴承损坏	（1）调整盘根或者更换密封件 （2）注入润滑脂 （3）更换轴承
10	绞刀轴突然转不动	（1）绞刀与泥缸衬套之间有金属等硬物卡住 （2）新机试重车时，则有可能是平面止推轴承松紧圈装反，使轴承紧圈和轴颈烧死	（1）清除硬物，并对绞刀轴、减速器齿轮等进行检查 （2）更换平面止推轴承，修理损坏轴颈或更换绞刀轴
11	进料箱棚料	（1）给料量太大 （2）泥料水分不均匀	（1）控制给料量 （2）采取措施，使水分均匀
12	泥缸内腔有异响	（1）绞刀轴弯曲或轴承磨损严重，使绞刀碰擦泥缸衬套 （2）泥缸衬套沟槽卡住异物	（1）校正绞刀轴，或更换轴承，消除碰擦现象 （2）清除异物
13	泥缸过热	（1）机头太长、阻力大，绞刀螺距大，转速高，泥料含水率低，绞刀与泥缸衬套间隙大，返泥严重 （2）绞刀严重碰擦泥缸衬套	（1）调整左列参数，修补绞刀或更换泥缸衬套，减少返泥 （2）消除碰擦现象
14	泥缸、机头摇动	（1）绞刀轴弯曲或其轴承磨损，致使绞刀与泥缸衬套间隙不一致 （2）绞刀与泥缸衬套不同心 （3）双线绞刀叶片不对称 （4）机头与泥缸不同心 （5）泥缸刚度较差	（1）校正绞刀轴或更换其轴承 （2）调整使绞刀与泥缸衬套同心 （3）校正或重焊副叶片 （4）校正机头与泥缸同心 （5）增强泥缸刚度
15	产量低、负荷大	机头长、绞刀螺距大，转速高，成型含水率低	调整左列参数
16	产量下降	（1）绞刀与泥缸衬套间隙大，返泥严重 （2）含水率低	（1）修补绞刀 （2）控制含水率
17	机器负荷急剧增加电动机过载	（1）进料太多 （2）含水率太低 （3）绞刀碰擦泥缸衬套 （4）泥缸内有硬物卡绞刀	（1）使进料正常 （2）控制含水率至合适程度 （3）消除碰擦 （4）消除异物
18	真空度低	（1）过滤器堵塞 （2）真空泵抽气量小 （3）密封绞刀磨损 （4）密封泥环短 （5）密封盘根或其他密封部位漏气	（1）清洗过滤器 （2）检修真空泵 （3）修补或更换密封绞刀 （4）加长锥度套 （5）调整或更换密封盘根，消除其他部位漏气现象

序号	故障	原因分析	排除方法
19	上级密封泥缸发热	密封绞刀螺距大，挤出面积小，泥料密封环太长，密封刀刀齿多	调整左列参数
20	坯条四角严重开裂，坯条垂直分成两半，且向外翻	机口水路不通	疏通水路
21	湿坯强度低	(1) 成型含水率太高 (2) 机头太短	(1) 适当降低含水率 (2) 加长机头
22	泥条四角不密实	小型挤出机容易发生，其原因： (1) 机头形状不对 (2) 机头四角不光滑	(1) 改变机头形状 (2) 修光机头四角
23	泥条四角充水	(1) 泥条四角不密实 (2) 机口四角鱼鳞板间隙大	(1) 同本表序 22 (2) 减少鱼鳞板四角间隙

有的机械厂生产的双级真空挤出机的上下级均采用双圆弧人字硬齿面减速机，和通常用的减速机相比，挤出承载力明显增大、传动更平稳、噪声更小、使用寿命延长。

一般砖瓦厂挤出机电耗为 $3.5 \sim 3.8 kW \cdot h/t$ 泥料。

保持均匀给料才能使挤出机的产量充分发挥，并使泥条致密程度均匀一致。

4.11 与挤出机的水机口相比，油机口有何优点？

油机口：由于油的黏度比水大，由泥条从窄缝中带一点出来就能起到润滑作用，用油量极少，万块普通砖坯耗油仅 1kg 左右。

在相同条件下，油机口挤出机的电机负荷比水机口小，机口内衬铁皮的使用寿命约延长 1/3。

采用油机口挤出的泥条比水机口挤出的泥条光洁得多。

由于油机口在挤出泥条的四个表面上形成了均匀的油膜，在干燥期间这一油膜限制了水分从砖坯的两个顶面和两个条面上的蒸发速度，从而使干燥过程更加均匀，减少了干燥过程中的难度以及废品率。一些使用高可塑性和高干燥收缩原材料的工厂，使用油机口后都取得了非常满意的干燥效果。

在条件允许的情况下，有些砖厂，如北京市昌平区昌建砖厂和天津市蓟县页岩砖厂采用了无润滑剂的干挤出。

4.12 使挤出机具有高度的适应性和灵活性的措施有哪些？

现代化砖厂一般都要能适应生产多品种的产品，因此要求挤出机具有高度的适应性和灵活性。具体措施有：

1. 绞刀设有变速装置，一般设两挡绞刀转速。例如，意大利邦乔尼公司的 124MEV 型真空挤出机有 22.9r/min 和 32r/min 的两挡转速，低速用于生产高孔洞率的空心制品，高速用于生产一般空心制品。

2. 同一型号挤出机备有几种规格的绞刀及与其相配套的泥缸衬套等。如意大利"莫兰多"公司制造的通用 173 型真空挤出机备有直径为 620mm×500mm、620mm×550mm 及 620mm×600mm 的锥形绞刀，以适应成型不同规格的产品。

3. 在结构设计上考虑快速更换或检修。如采用组合绞刀、绞泥刀及压泥棒等，采用对开式泥缸、机头。甚至为了适应成型大小规格悬殊的产品，将挤出机机座设计成整体的，并装上液压自升装置，随时可以调节挤出机机口中心高度。

4.13 机头和机口有什么不同的功能？

在用螺旋挤出机的挤出成型过程中，特别是高孔洞率的空心坯体的成型中，机头的重要性要大于机口。但是机头的重要性往往在实际中容易被人们忽视。机头和机口在成型中所承担的作用不同：

（1）机头的功能

①将螺旋绞刀中旋转的物料流转变成为轴向流动的泥条；

②缓解螺旋绞刀头末端流出物料的残余脉动；

③减少或消除绞刀外沿与靠近轴套（轮毂）之间的流速差；

④改变泥条流动断面的形状；

⑤使物料能均匀地流入机口的各部位，并使泥料均匀分布在芯具中。

（2）机口的功能

①保证整个断面上的泥料流速均匀；

②保证整个泥条表面光滑且无缺陷；

③保证坯体应具有的断面。

4.14 挤出机主轴转速与电能消耗的关系如何？

经某厂测定挤出机主轴转速与电能消耗的关系如表 4-6 所示。

挤出机主轴转速与电能消耗的关系 表 4-6

主轴转速（r/min）	挤出砖坯速度（标块/min）	泥缸平均温度（℃）	电能消耗（kW·h/万标块）
24	14.9	16	134
26	15.5	18	140
30	18.2	31	158
36	20.4	49	176
44	23.7	68	193
55	23.0	84	215
60	22.1	93	236

4.15 推杆式切坯机的常见故障及消除方法有哪些？

推杆式切坯机的常见故障及消除方法如表 4-7 所示。

推杆式切坯机的常见故障及消除方法 表4-7

故　障	故障原因	消除方法
推坯样板工作面和运行方向不垂直	若样板往复是平行移动，则是调节不当	调节连杆的调节杆，增减两连杆的长度，使样板平行；微调推杆连接座，增减两推杆长度，使样板平行
	两个偏心轮键槽和偏心销孔不对称或磨损	修理
	两摆杆对应孔中心距不相等或磨损，安装位置不对称	修理
	曲柄摇杆机构的铰链轴承和销轴损坏	更换新件
样板停止位置不正确，有早停和慢停现象	若是早停，是因为控制杆和松离滑块过厚或两螺旋斜面加工不正确；若是晚停，则是因为控制杆和松离滑块太薄或接触面磨损	减薄松离滑块的厚度；在分离块和被动卡爪的凸缘之间加垫片，增加分离块厚度
切坯机失控，样板连续运动	弹簧压力太小	调节螺母，增加弹簧压力
	被动轴上的回转件惯性大	减少偏心轮的配重；偏心轮加制动的装置
	松离块和控制杆的接触面磨损	分离块和被动卡爪的凸缘之间加垫片，增加分离块厚度
	控制杆在导向槽内运动不灵活或弹簧压力不够，使控制不能及时复位	修理控制杆或导向槽，使其运动灵活；在弹簧的一端加垫圈，增加弹簧的压力
爪式离合器的主、被动卡爪碰撞	偏心轮配重不足，输出停止后反转，使爪式离合器重新结合，直至停止，如此反复循环，产生撞击声	偏心轮增加配重；偏心轮加制动装置
机架摆动，样板运行不稳，切割坯体弯曲	零件固定螺栓或底座地脚螺栓松动	紧固螺栓
	推杆和铜套润滑不良，运行不灵活	加强推杆滑动轴承密封，及时加注润滑油
	推杆和铜套磨损严重，二者配合间隙过大，样板紧贴切坯台运行，推杆运动时有摆动	更换铜套，维修推杆，保证配合间隙；加垫片调整推杆轴承中心高度，使样板和切坯台之间保持1~2mm间隙；改造推杆和轴承座，变滑动摩擦为滚动摩擦
切坯不彻底，砖坯后端顶面不整齐	样板没推到位	调节连杆的调节杆，使连杆缩短样板前移；调节推杆联结座或在联结座与样板之间加垫片，使样板前移
	钢丝太松，张紧力不足	调节钢丝钩上部的螺母，增加弹簧的预压力；弹簧变形，弹性差，则更换；适当缩短钢丝的长度
	泥料含有草根等杂质	剔除草根等杂质
	样板钢丝切口磨损，宽度超过3mm	更新样板
	切坯时，钢丝不在样板钢丝切口中心	调节钢丝间距和样板钢丝切口间距
频繁断钢丝	推杆和铜套润滑不良，运行不灵活	加强推杆滑动轴承密封，及时加注润滑油
	推杆和铜套磨损严重，二者配合间隙过大，样板紧贴坯台运行，推杆运动时有摆动	更换铜套，维修推杆，保证配合间隙；加垫片调整推杆轴承中心高度，使样板和切坯台之间保持1~2mm间隙；改造推杆和轴承座，变滑动摩擦为滚动摩擦
	泥料含有草根等杂质	剔除草根等杂质
	切坯时，钢丝不在样板钢丝切口中心	调节钢丝间距和样板钢丝切口间距
	钢丝安装不当，倾斜度太小	适当加大钢丝倾斜度，减小切割力
	钢丝的间距梁磨损，或直径太小，钢丝的弯曲半径小	加大间距梁直径，间距梁上加滚轮，既加大钢丝弯曲半径，又减小钢丝磨损
	钢丝质量差，或直径太小	更换钢丝

4.16 什么是"欧式"挤出机?

在通常的螺旋挤出机中,绞刀将泥料在泥缸内向前推进,在机头中压密实,然后通过机口成型为泥条。螺旋挤出机至今仍被广泛用于塑性成型砖坯。但它具有一些缺点,主要是:①由于泥料在泥缸内滑动而产生摩擦热;②形成 S 形结构;③绞刀易于磨损,使产量下降;④当泥料的含水率变动时,输泥量及推力也相应变动;⑤返泥;⑥挤出效率低,仅为25% ~ 35%。

"欧式"挤出机(也叫"环槽式挤出机")是一种没有绞刀的旋转式挤出机,由几个薄板拼成的辊筒连续旋转。泥料靠压泥辊压入辊筒的薄板之间。泥料一直输送到挤出机的压紧部分没有自身的相对运动。其被压密实是从出口刀架才开始。泥料靠"梳刀"的作用在辊筒的薄板间排出,进入机口。

与螺旋挤出机相反,由于泥料少量的自身运动,既不产生应力平面,也不产生纹理。泥料颗粒的取向与螺旋挤出机中相反,不是在泥条的挤出方向,而是垂直于泥条的挤出方向,这对成型后坯体的抗压强度方面起着良好的作用。"欧式"挤出机的挤出效率高达70% ~ 80%。从出口输出的泥料均匀一致,泥条无摆尾现象,而摆尾现象在螺旋挤出机中是常见的。泥料在薄板之间输送,大约3/4圆周的过程中无压力和无摩擦,它的损耗很小,仅在泥料由薄板之间通过梳齿挤出处,由于泥料摩擦出现一些损耗。干燥试验:用螺旋挤出机和"欧式"挤出机成型比较,由于前者出现成型应力,后者干燥时间约减少25%。"欧式"挤出机对软的和硬的泥料成型均适用,而螺旋挤出机则要改变螺距,甚至绞刀。辊筒转速可调节 4 种:6r/min、8r/min、10r/min、12r/min。当增加产量,其能量消耗仅小幅度提高,而螺旋挤出机的能量消耗增加是超过正比关系。和螺旋挤出机相比,其基本优点为:①具有更高的效率;②低转速,损耗很小;③无挤出应力;④节省动力。

然而,必须指出,因为该机无摩擦出现,所以必须使用完全均匀化的泥料。

4.17 什么是砖坯的半干压成型? 它对原料和成型制度有什么要求? 成型设备及使用情况如何?

采用含水率低于10%的潮湿粉料,在较高的压力(7 ~ 15MPa,有时达 20MPa)下,压制成型砖坯的方法,叫半干压法。

因为松散的原料颗粒中没有足够的水分,所以成型时必须施加较大的压力,使原料颗粒紧密挤合,并发生变形,从而扩大其接触面积,借表面分子的作用,迫使其机械粘结。

同塑性成型相比,半干压成型的优点是:免去干燥工序,缩短了生产周期;坯体尺寸形状准确,焙成收缩小;便于利用瘠性的黏土质物料,也能大量使用粉煤灰、炉渣等工业废料。但是,因半干压成型对原料的要求(含水率、颗粒级配)严格,一般需要庞大的制备机械;压机的产量较低,往往使成本提高;有些质量缺陷,如坯体分层、裂隙和烧结温度范围窄、制品哑音等不易克服。上述几方面原因使得它的应用受到限制。

(1) 半干压粉料

粉料中含有三相:固相(矿物颗粒)、液相(水)和气相(空气)。在粉料的压实过程中发生一系列变化。压制的初期，固体颗粒在各个方向上移动，破坏粗大气孔和颗粒间形成的桥架构造，增加粉料颗粒间的接触表面。随着压力的提高，颗粒团聚得更加紧密并且发生颗粒的变形（塑性的、脆性的及弹性的）。黏土胶体中的水从深层被榨出并传至颗粒的接触表面，起到胶结作用。颗粒接触表面局部发生不可逆变形。在这种情况下，空气不容易顺利地排出，而被夹在粉料颗粒之间并受到压缩。粉料进一步致密时，颗粒沿着它们的有水膜的接触表面移动，此时颗粒表面可能出现局部破坏。空气的弹性压缩增大，细长颗粒发生弹性变形。压制的最后阶段，由于接触表面积的变大，制品达到最致密状态。粉料压制成型时，这些过程往往彼此重叠而难以控制。制品的质量取决于粉料的性质、压制的制度、施加压力的条件和压力的大小。

粉料颗粒是由矿物和岩石碎屑组成的集合体。颗粒的形状、尺寸及各种粒级颗粒的比例决定成品的孔隙率、强度以及抗冻性等一系列重要的性能。只有选择合理的颗粒度组成，才能保证粉料中空气含量为最小（通常在30%以下）；也才能保证制品的强度和抗冻性达到最高。表面活性物质能提高制品的密度并能减小压力去除后发生的弹性膨胀。

粉料的流动能力决定它们成型的快慢和难易程度；而流动性又受粒度组成、颗粒形状、原料的表观密度、塑化料的存在、含水率、尘粒含量、颗粒表面的粗糙度以及内聚（黏着）力等制约。增加粗颗粒的含量，例如配合料中含有耐火土的颗粒或砂粉末时，能顺利地从其中排出空气，粉料的致密化也更为均匀，但需要较高的成型压力，不是所有粒级的颗粒都表现同样性能。0.75mm 的颗粒"流动"得比 0.5mm 或 0.2mm 的要慢。小于 0.2mm 的颗粒，"流动"得比小于 0.1mm 的颗粒要快。在 0.5～0.75mm 的颗粒中加入 10% 尘粒（小于 0.06mm，可提高流动能力）；而在小于 0.5mm 的颗粒中加入上述尘粒，又减小流动能力。细的尘粒增加粉料的黏性，减小其流动性；由于排出空气缓慢，使压制变得困难；增大了致密的不均匀性，还可能造成制品分层。

俄罗斯研究人员提出的半干压原料的最佳颗粒度组成如表4-8所示。

半干压原料的最佳颗粒度组成　　　　　　　　　　　　　　　　表4-8

塑性指数	>3mm	3～2mm	2～1mm	<1mm
>15	8～10	25～30	22～28	38～40
15～10	5～6	18～25	25～30	45～50
<10	1～3	9～15	28～35	60～65

粉料的含水率通常为 8%～12%。水分减小压制的内摩擦力，促使颗粒彼此粘结和粉料致密，它还降低压制所需的压力。使用含水率为 5%～8% 的低含水粉料时，沿制品的高度发生致密不均匀现象；原料的可塑性愈高，这种现象愈明显。当物料含水率提高到 13%～16% 时，塑性原料出现极大的不均匀性。此外，因成型含水率过高，导致坯体干燥的不均匀性和较大的收缩。

粉料压制过程中，由于物料中的水向粗孔隙移动，发生额外的、压制后的弹性膨胀。如果水分在物料内分布均匀，并使颗粒表面形成完好的水膜，水分将最大限度地起到联结作用。用含水率不均匀的粉料进行半干压，就会使制品结构疏松并且不均匀，还常在制品表面形成微细裂纹。因为不同粒级的颗粒在不同时期发生膨胀，对大颗粒而言，通常要延迟至坯体成型后才能结束膨胀，从而产生内应力、形成裂纹和松散的结构。

用蒸汽处理过的原料颗粒的膨胀过程，比用水的快3倍。在压制前，用蒸汽加热粉料可提高它的塑性，降低成型压力，减小制品的开裂现象和压模的磨损量，还能节省成型的动力消耗。通常认为，为了将被压制粉料的温度提高10℃，所加蒸汽使其含水率约提高1%。

（2）半干压成型制度

压制工作制度直接影响成型质量。压制制度包括加压时间、施加压力条件（单面、双面等）、施加压力的程序（单级或多级加压）以及最高压力值等。

压制过程中，由于物料的矿物性部分的致密和局部空气的压缩，使得粉料体积变小。用压缩系数说明致密的程度。它是模中装填的粉料厚度对坯体厚度的比值，或是两者的体积比值。

依原料性质的不同，黏土粉料的压缩系数由1.5（塑性黏土）到2.5（瘠性黏土）。压模的填料厚度取决于压缩系数和半成品厚度的乘积。

加压时间应尽可能小，但足够使粉料中空气排出（0.5~3.5s）。当粉料含水率在8%左右时，孔隙中被压缩的空气的压力大约为6~8MPa。含水率提高到8%以上，孔隙中空气的压力达到10~20MPa。坯内被压缩的空气和水是引起制品分层的弹性膨胀的主要原因。

清除空气的有害作用可采取下列措施：延长压制时间（对中等的和高塑性原料不超过1.5s）；双面施加压力；为排气实行多级压制；提高粉末的含水率；在模壁和冲头上开孔以排气（重庆二砖厂实践结果：由于压缩时间短暂，故排出的气量很少）；加入瘠性添加料——由制品碎屑组成的耐火土、砂、炉渣（至15%~20%）。

粉末真空处理后，能使半成品的弹性膨胀减小25%~50%（降至1.7%~2.8%），同时可使所用压力从27~30MPa减至15~18MPa。

为了得到高的机械强度（20~50MPa）和均匀一致的结构，必须使用足够大的压力。过大的压力会导致制品分层，这一点对塑性原料尤为严重。而压力不足造成疏松结构，使坯体和成品的强度降低，出现哑音，并且不抗冻。

各种原料的适宜压力如下：塑性黏土7.5~10MPa，重砂质黏土12~15MPa；砂质壤土、黄土和黄土状砂质壤土13~15MPa。随着粉料含水率的提高（但不超过11%~12%），每增加1%的含水率，成型压力约减少1.4~2MPa。施加压力时，所用压力是逐步增大的，预压和终压的比值可在1:3到1:（9~15）之间选取，最初压力的数值约为2~2.5MPa。提高成型粉料的含水率，添加表面活性物质以及加热模具等措施有助于降低坯体的不均匀性。双面加压尤其有效。

（3）半干压成型的压力机

目前，国内常用的除杠杆压机外，还有一种盘转式压机。后者施压机构是安装在一个可连续（或间歇）盘转的机架上。它可一次或两次压制；单面或双面压制。盘转式压机工作时，装模、压制及推出砖坯都是在工作台盘转一周的过程中完成的。这种压砖机的工作台每转一周能压出16块坯体。目前的半干压机普遍存在粘模、漏料和坯体分层及制品烧结温度范围偏窄等缺点。因此，改进半干压机十分必要。

几种压机的主要技术性能如表4-9所示。

几种压机的主要技术性能 表 4-9

设备名称 \\ 项　目	CM-143 高压杠杆	16 孔回转式	凸轮式
总压力（t）	425	200	300
产量（标块/h）	2400	3000	3000
加压形式	一次双面加压	一次单面加压	一次双面加压
每次压制块数	4	2	5
电机功率（kW）	28	20	22
设备总量（t）	32.5	20	30
使用厂	重庆二砖厂 重庆六砖厂 重庆万州页岩砖厂 四川夹江页岩砖厂 四川吉祥煤矸石砖厂 贵州遵义页岩砖厂 贵州都匀页岩砖厂	贵州都匀页岩砖厂	唐山马家沟耐火材料厂

（4）砖坯半干压成型实例简介

1）广西百色第二砖瓦厂

原料为普氏硬度系数 2.5 页岩。经 $\phi 550mm \times 430mm$ 刀式粉碎机（4 组计 16 片刀，电机功率 17kW），再进 5 孔转盘压砖机半干压成型。成型水分 12%～14%。产量 1920 块/h（成型 240mm × 115mm × 90mm 五面砖坯体）。成型后的坯体放在室内阴干 3 天，如不经一段时间阴干，则烧出的成品多为哑音。隧道窑焙烧。

2）广西南宁五一砖厂

原料为黄土（掺入少量高岭土）。经粉碎后的原料用履带式压砖机半干压成型。成型水分 10%～12%。产量 8000 块/h。每块砖坯压 10～11 次，最后三次定型，压缩比 1.93∶1。电机功率 30kW 和 7kW。自动喷油以防粘模。缺点：带动下模的履带越拉越长，拉长后造成上、下模错位。

3）广西南宁南岸砖瓦厂

原料为黄土、红砂土和铁石泥，按一定比例混合，风化 3 个月后用。进 5 孔转盘压砖机半干压成型（在百色第二砖瓦厂的压砖机基础上改进），成型 240mm × 115mm × 90mm 多孔砖坯体（成孔芯头上部 $\phi 17mm$，下部 $\phi 20mm$，孔可穿通）。上模弹簧 $\phi 27mm$。成型水分 12%～14%。电机动力 28kW。轮窑焙烧。

4）河北唐山马家沟耐火材料厂

该厂始建于 1906 年，至今已有一百余年，仍在源源不断地为祖国建设提供采用半干压成型的烧结砖。

①原料的化学成分如表 4-10 所示。

<table>
<tr><td colspan="7">原料的化学成分（%）   表 4-10</td></tr>
<tr><td>原料名称</td><td>SiO</td><td>AlO</td><td>FeO</td><td>CaO</td><td>MgO</td><td>烧失量</td></tr>
</table>

原料的化学成分（%）   表 4-10

原料名称	SiO_2	Al_2O_3	Fe_2O_3	CaO	MgO	烧失量
黄板子（页岩）	66.52	17.90	3.85			5.26
红土	55.06	19.70	3.60			9.25
废砖坯	62.98	20.20	3.80	1.70	2.80	6.17

②原料配比如表 4-11 所示。

原料配比   表 4-11

原料名称	黄板子（页岩）	红土	砖坯、碎砖、炉渣	备注
配比	65	30	5	体积比
	66	31	3	质量比

③生产工艺流程如图 4-1 所示。

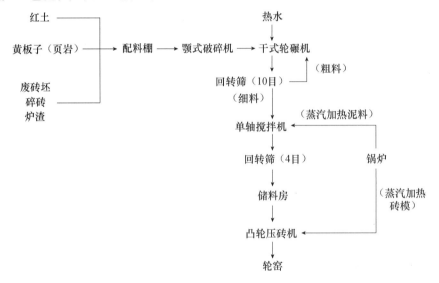

图 4-1 半干压成型工艺流程

④凸轮压砖机主要技术性能

公称压力 300t，主轴转数 10.16r/min，加料深度 120mm，每次压砖坯 5 块，砖坯受压力 211kg/cm² 。产量 3048 块/h，电机功率 22kW，外形尺寸（mm）：4950×3100×3000，设备来源：德国。

5）浙江省义乌市弘毅环保材料有限公司

原料为废弃土和页岩，采用公称压力 1300t 的压砖机半干压成型，成型水分 8%~10%，每次压制 48 块（3 次加压，计用时间 20s），产量 8640 块/h，电机功率 90kW。

4.18　什么是烧结瓦坯的软塑挤出成型和硬塑挤出成型？

烧结瓦坯的挤出成型和烧结砖坯的挤出成型一样，是通过挤出机将松散的泥料连续挤压成紧密而具有一定断面形状的泥条，再经过切割而成为瓦的坯体。成型主机是真空挤出机或非真空挤出机。挤出机又分单机头和双机头两种。就单机头来说，有的连接单层机口，有的连接双层（上、下两层）机口。挤双层比挤单层阻力小，故产量高。而双机头由于挤出阻力大，产量不高。泥缸直径小些，挤出的阻力也小些，产量也有所提高。但泥缸直径过小也会因瓦坯不致密而降低产品质量。在一般情况下，成型水分低些，瓦坯致密度也高些，质量也好些，但产量要低些。抽真空后，可提高瓦坯的质量（尤其是塑性指数较低的原料）。泥缸直径一般为 250～320mm。

按成型后的坯体强度可分软塑挤出和硬塑挤出两种。因这两种挤出泥料的含水率有较大差别，故它们的一个共同关键要求是泥条横断面各点挤出速度均匀一致。否则，轻则坯体翘曲变形，重则如中部走泥快而边部走泥慢，边部出现锯齿形裂纹；如中部走泥慢而边部走泥快，中部开裂。

（1）瓦坯的软塑挤出成型

采用这种成型方法的瓦坯需用瓦托板，瓦托板一般为木材制作。

现就成型挤出机的主要部件螺旋绞刀、机头和机口介绍如下：

1）螺旋绞刀

不等螺距的圆柱形绞刀，具有容积逐渐缩小的特点，产量较高，又容易制作，应用较为普遍。螺旋角为 15°～25°。绞刀的总螺旋数一般为 3～4 节。

由于绞刀是单螺纹，绞刀头是双螺纹，因而绞刀的主螺纹（单螺纹部分）比副螺纹（双螺纹部分）推进的泥料稍多些，应进行合理调整。原北京市原窑店砖瓦厂采取缩短绞刀头副螺纹三分之一的办法，使二者推进的泥料量基本相等，保证泥条平稳、无摆动、无起伏地挤出。

2）机头

机头的主要作用：其一，使泥料得到足够的挤压力，以保证瓦坯具有较高的密实性；其二，使泥料比较均匀地从泥缸推进到机口。因而机头应有适当的长度，通常为 150～250mm。

机头的入口同圆筒泥缸相接，呈圆形；而出口是与瓦形近似的扁平状。出口的上下尺寸小，横向尺寸大，因此上下压缩比大，横向压缩比小。使中部流速快，两边流速慢。机头中部制作成内凸面，采用增加阻力的办法限制其流速，以求得泥条横断面流速均匀一致。

3）机口

和机口相连接的机头内有一个 30mm 左右具有一定坡度的"瓦形平台"，使泥料比较平稳地进入机口，从而减轻了对机口的磨损。

生产挤出瓦有两种形状的机口：弧形铸铁机口和钢板机口。

①弧形铸铁机口

可使泥流速度快的中部受到较大阻力，泥流速度慢的边部受到较小阻力，以保持横断面流速的均匀。但由于该机口为铸铁制作，比较粗糙，容易被磨损。为了克服磨损带来的弊病，保持瓦型正确，一般在机口内壁镶 0.75mm 厚的薄铁皮或 0.6mm 厚的薄钢板衬套。衬套的形状应同机口完全吻合，焊缝和各个角应平整光滑。弧形机口的不同部位应有不同长度，流速大的中部最长，流速小的两侧较短。机口的总长度因原料的性能不同而异，在 80～120mm 之间变动。瓦坯断面厚的部位挤出速度快，薄的部位挤出速度慢。一般应保持瓦坯两个边比中脊长 1～3mm。也不宜过长，否则干燥时中脊部位易裂损，瓦边易出现波纹。反之，瓦边易裂损。生产中，应经常测量两边和中脊的长度。如发现泥条挤出速度不平衡，应及时调整，如泥条一边挤出速度慢了，可在机口的另一边"子口"垫铁皮。

②钢板机口

钢板机口是依靠方形铁框支撑，在内部装设阻力板。在方形铁框中，泥料不再受挤压而收缩。只是在通过仿形钢板机口时，才受到挤压成型。阻力板嵌于仿型钢板背后，以控制泥条中部的挤出速度，同时还可以起到减轻泥条螺旋纹的作用。每副阻力板分上、下两片，其形状取决于瓦坯的形状，两片中间的距离可以调节。若调节合适，瓦坯经干燥后不会变形，否则会变形。若上片至瓦型水平中心线的距离比下片至瓦型水平中心线的距离大，则瓦坯干燥后会翘曲。

机口向上或向下偏斜，瓦坯会发生翘曲或弓弯；向左右偏斜，就会出现侧弯曲。所以，安装机口时，要求中心线与绞刀轴中心线对准，并偏下 5~10mm，以使机口上部出泥量稍大些。否则容易造成瓦坯翘头。

挤出瓦生产中多对泥料进行真空处理，在挤出成型前排除泥料中的空气，使泥条密实而有利于成型。真空度通常 < −0.08MPa。

（2）瓦坯的硬塑挤出成型

采用这种成型方法的瓦坯不需用瓦托板，从而节省了大量木材并降低成本。

与瓦坯的软塑挤出相比，硬塑挤出机有如下特点：①成型水分偏低。②挤出机的泥缸直径一般偏小。③绞刀螺距较小，常用的为 200mm 左右。④为了增加螺旋绞刀的挤压力，增加了螺旋绞刀节数。⑤绞刀轴转速偏低，一般为 30r/min 左右。⑥机头长度和机口长度较短。机头和机口形状的设计，与软塑挤出不同，应以疏导为主（软塑成型时，往往采取使流速快的部位增大阻力的方法，以求得泥条断面流速的均匀一致。而硬塑成型时，若采用此方法会造成瓦坯严重分层和泥缸发热）。⑦挤出机机座结构较牢固。

（3）瓦坯的软塑挤出成型工艺举例

1）原北京原窑店砖瓦厂

原料为黏土，塑性指数 10~12。掺入内燃煤 0.1kg/片，煤的发热量为 20900kJ/kg，要求内燃煤粉过 12 目筛。用 ϕ285mm 双级真空挤出机成型，成型水分 17%~18%，产量为 3700 片/h。成型后的坯体进入隧道干燥室干燥，隧道干燥室规格尺寸为 33.95m × 6.8m × 2.0m（6 条，连为一体），进风温度 85~95℃，相对湿度 10%~15%；排潮温度 35~40℃，相对湿度 85%~95%。干燥周期 14~15h。用 36 门轮窑对砖坯和瓦坯混烧。瓦成品规格为 380mm × 23mm × 17mm。

2）原北京土桥砖瓦厂

ϕ280mm 双级真空挤出机成型，成型水分 17%~18%，产量为 2000 片/h。用晾坯棚自然阴干。用 20 门轮窑与砖坯混烧。

3）原上海浦南砖瓦厂

原料为河泥，塑性指数为 17~19（这种泥细腻，含砂量大，瓦坯干燥时不易开裂，但烧成温度较高）。用 ϕ250mm 双级真空挤出机成型。成型后的坯体码在干燥车上（立码 3 层，96 片/车，带瓦托板），送入隧道干燥室干燥。干燥室规格尺寸为 57m × 0.90m × 2.05m，干燥周期为 36h。用轮窑对砖坯和瓦坯混烧。

4）原上海崇明砖瓦厂

原料为河泥。用 ϕ250mm 双级真空挤出机成型，主轴转速 35r/min，挤出机电机功率：

上、下级均为 30kW。产量 1700 片/h。晾坯棚阴干。用轮窑对砖坯和瓦坯混烧。

5）原江苏南京生建砖瓦厂

原料为黏土，塑性指数 15～16，经半年以上风化后使用。每片瓦坯掺入 0.4kg 经粉碎后的炉渣作内燃料，同时也改善了坯体的干燥性能。用 ϕ320mm 双级真空挤出机成型，双出口，产量为 2800 片/h。

6）陕西彬县缸瓦厂

原料为页岩∶高岭土∶煤矸石 = 60∶35∶5。2 条生产线流程相似，均为 ϕ250mm 双级真空挤出机成型，自动切割瓦片。一条线生产 500mm×230mm×11mm 的大瓦，一条线生产 360mm×230mm×9mm 的小瓦（切割机切长些为大瓦，切短些为小瓦）。成型后的坯体放在瓦托板上，送入隧道干燥室干燥。干燥室长 32m（偏短），干燥周期为 24h，干燥合格率 85%。干燥后的坯体码入轮窑焙烧。

7）湖南晨溪砖瓦厂

原料为普氏硬度系数 2.5 的页岩，并掺入 4% 的烟囱灰（烟囱灰发热量为 3340kJ/kg）。用 ϕ320mm 双级真空挤出机挤单条瓦坯条，如挤双条则电机带不动。该厂认为：挤单条瓦坯条用 ϕ320mm 挤出机不如 ϕ250mm 挤出机好，瓦坯的成型水分为 24%。成型后的坯体放在瓦托板上，送入晾坯棚阴干（晾坯棚 2 个，每个 1100m²，计 2200m²），码 17 层，2 个棚可容 10 万瓦坯。干燥周期：夏季最短为 4d，冬季最长为 15d。有时也将部分瓦坯送入隧道干燥室干燥（该厂有 7 条隧道干燥室，砖、瓦坯可通用）。用轮窑对砖坯和瓦坯混烧。每生产 20 万片瓦坯需换 1 副挤出机出口模具。瓦的半成品率 85%，成品率 70%。

8）湖南常德瓦厂

原料为 70% 山土和 30% 高岭土混合料，每片掺入发热量 1463kJ 的内燃料，风化一年后用。用 ϕ300mm 双级真空挤出机成型，绞刀螺距 200mm，主轴转速 50r/min，电机功率为 55kW。产量为 2200 片/h。晾坯棚阴干，夏季干燥周期为 4～7d。用轮窑对砖坯和瓦坯混烧。

9）湖南湘潭瓦厂

原料为山土，加入少许硫酸废液，使土的颗粒松散，以增加塑性。用 ϕ300mm 双级真空挤出机成型，绞刀螺距 360mm。成型后的坯体放在晾坯棚的瓦架上，2d 后放风，干燥总周期 7d 左右。用轮窑对砖坯和瓦坯混烧。

10）湖南长沙砖瓦厂

采用风化 1 年以上山土。用 ϕ320mm 真空挤出机成型，产量为 2000～2500 片/h。成型后的坯体放在瓦托板上，平码至干燥车（码 11 层），先在室内静停 2d，再进入隧道干燥室干燥。干燥室规格尺寸为 40m×1.3m×1.5m，12 条。干燥周期为 20h。干燥后的坯体码在 40 门轮窑内焙烧（主要烧瓦，仅下部 4 层垫砖坯）。

11）湖南溆浦砖瓦厂

原料为山土。用 ϕ250mm 双级真空挤出机成型，产量为 1050 片/h。成型后的坯体放在瓦托板上，送入晾坯棚阴干（晾坯棚 720m²，码 19 层，容 5 万片瓦坯，夏天干燥周期为 7d，冬天干燥周期为 15～17d）。干燥后的坯体码在轮窑内和砖坯混烧（瓦坯码在温度较高的中上部）。瓦坯的成型水分为 23%。干燥和焙烧总收缩率为 6.2%。瓦成品规格为 390mm×260mm×16mm。

12）四川峨眉页岩砖瓦厂

原料为普氏硬度系数 2.5~3 页岩。用 ϕ350mm 非真空挤出机成型（厂方认为直径太大），产量为 1800 片/h，经切割、翻板后，用小车送至晾坯棚阴干。晾坯棚可容 8 万片瓦坯。脱水约 3d 即可脱离瓦托板，码至室外继续干燥（如遇雨天损失大）。在隧道窑中与砖坯混烧。

该厂原来隧道窑长 85.34m，专门烧砖，较好；后来改为砖瓦混烧，对瓦来说，窑偏短，被迫将其接长至 97.84m。

13）天津人民砖瓦厂

原料为黏土，冬季开采，春季开始用。用 ϕ280mm 双级真空挤出机成型，产量为 2000 片/h。自然干燥，干燥废品率 20%。轮窑焙烧，烧成废品率 5%。

14）天津蓟县紫砂瓦厂

原料为页岩，在露天风化一个月以上，再由推土机推入原料棚，经破碎、粉碎、筛分、加水搅拌，用 ϕ250 真空挤出机成型（40kW）。成型后的坯体带托板平码在 1560mm×800mm 的干燥车上，干燥车的高度方向有 13 格，每格高 100mm，坯码 13 层，每层 12 片（每层 6×2 片），每车计码 156 片。再进 42m×1.2m×1.7m 隧道干燥室干燥（热源为轮窑余热），干燥收缩率为 3%，24 门轮窑焙烧（窑中用耐火砖搭架形成若干个孔洞，每个孔洞中塞进 14~15 片瓦坯）。烧成收缩率为 3%。同样的生产线有 3 条。瓦的规格为 350mm×220mm×10mm。每条生产线年产量 1000 万片。

产品称为"紫砂瓦"。所谓"紫砂"原料含 SiO_2 和 Al_2O_3 高，二者之和达 90% 左右。Fe_2O_3 含量为 5% 以上。其他成分：MgO、CaO、Na_2O、K_2O 等含量很低。

15）西安试验砖瓦厂

原料为黄土。用 ϕ280mm 双级真空挤出机成型，单机头单层，主轴转速 40r/min，挤出机电机功率为 40kW，产量为 1900 片/h。

16）江苏无锡利农砖瓦厂

原料为黏土。用 ϕ320mm 双级真空挤出机成型，单机头单层，主轴转速 36r/min，挤出机电机功率为 55kW，产量为 1650 片/h。

17）黑龙江鹤岗制缸厂

原料为黏土。用 ϕ326mm 双级真空挤出机成型，单机头单层，主轴转速 23r/min，挤出机电机功率为 55kW，产量为 1250 片/h。

18）内蒙古包头长征砖瓦厂

原料为黏土。用 ϕ280mm 双级真空挤出机成型，单机头单层，主轴转速 54r/min，挤出机电机功率为 55kW，产量为 1850 片/h。

19）黑龙江安达砖瓦厂

原料为黏土。用 ϕ326mm 双级真空挤出机成型，单机头双层，主轴转速 60r/min，挤出机电机功率为 55kW，产量为 3750 片/h。

20）浙江萧山砖瓦厂

原料为黏土。用 ϕ350mm 非真空挤出机成型，单机头单层，主轴转速 68r/min，挤出机电机功率为 30kW，产量为 2350 片/h。

21）河南荥阳砖瓦厂

原料为黏土。用ϕ300mm双级真空挤出机成型，单机头单层，主轴转速31r/min，挤出机电机功率为40kW，产量为1700片/h。

22）湖北武汉第二砖瓦厂

原料为黏土。用ϕ400mm双级真空挤出机成型，单机头单层，主轴转速62r/min，挤出机电机功率为60kW，产量为2125片/h。

（4）瓦坯的硬塑挤出成型工艺举例

1）甘肃兰州沙井驿砖瓦厂

①原料

a. 化学成分如表4-12所示。

化学成分（%）　　　　　　　　　　　　　　　　　表4-12

SiO$_2$	Al$_2$O$_3$	Fe$_2$O$_3$	CaO	MgO	烧失量
55.48	11.95	5.26	8.90	2.49	11.89

b. 自然含水率：8.5%。

c. 塑性指数：9。

d. 颗粒级配如表4-13所示。

颗粒级配（%）　　　　　　　　　　　　　　　　　表4-13

>0.05mm	0.05~0.005mm	<0.005mm
22	29	49

②内燃料（泥煤）

发热量：13973.74kJ/kg（3343kcal/kg）。

泥煤粒径<1mm，掺入1700kg/万片。

③工艺流程

泥煤

原料→箱式给料机→对辊机→对辊机→搅拌机→搅拌机→挤出机→切瓦爪和切断→接瓦坯→码瓦坯干燥→焙烧。

特点：a. 采用两道对辊机和两道搅拌机；b. 成型水分为13%~14%；c. 成型后的瓦坯不用瓦托板，可码三层高进行自然干燥，既简化了生产工艺，又节约了大量木材；d. 干燥损失比软塑挤出成型的降了一半；e. 产品成本比软塑挤出瓦低8%左右；f. 挤出机产量为15000~20000片/（台·班）；g. 与软塑挤出成型相比，每班可节约操作人员12名。

④挤出机性能

经改进后的硬塑挤出机的泥缸直径为ϕ330mm，泥缸衬套的沟槽未变。泥缸缸体由铸铁改为24mm厚的钢板焊接，提高了缸体抗拉强度。取消了原绞刀头的大螺钉，并延长绞刀头，使之进入机头40mm，这样可加快挤出速度，解决挤出后瓦坯由于结合不良而产生的层裂问题。

挤出机主轴转速由原来的 39r/min 降为 30r/min。绞刀螺距由 318mm 改为 207mm。主轴直径由 100mm 增加到 130mm。电机功率由 75kW 改为 130kW。

为了克服硬塑挤出过程中泥缸温度过高而影响挤出速度和瓦坯质量问题，在泥缸外部焊接冷却水套，进行降温。

⑤存在问题

瓦坯的硬塑挤出成型，由于成型水分低、挤压力大，致使绞刀、泥缸衬套、机口等部位磨损较快；瓦坯由于分层而引起成品哑音。

2）内蒙古呼和浩特兴旺砖瓦厂

原料为黏土。用 ϕ320mm 双级真空挤出机成型，不用瓦托板。挤出机电机功率为 70kW 和 30kW。成型后的坯体在露天瓦架上叠码 3 层，以草帘盖上，干燥周期 13d。干燥后的坯体码入轮窑焙烧。轮窑码法：底部一层竖砖坯，其上一层平卧砖坯作腿，在上部全码瓦坯，瓦坯相互靠拢，且紧贴窑墙，很稳定。

4.19 瓦坯挤出成型时，对真空度有何要求？

用未经真空处理的泥料制成的瓦坯，常含有 5% ~ 10%（体积比）的空气。因此，在焙烧过程中，由于玻璃相溶液无法填充空气造成的坯体颗粒之间的孔隙，而影响制品的强度。因此，挤出瓦在成型前，应进行真空处理，尽可能排除原料中的气体，以确保成型质量和烧成的制品质量。实践证明，真空度不宜低于 -0.085MPa。如果低于 -0.085MPa，气体排除不够，成型的坯体表面较粗糙，强度偏低。

4.20 对挤出瓦坯截面的挤出速度有何要求？

瓦坯在挤出成型过程中，掌握挤出速度的相对平衡是生产高质量产品的关键。如果挤出速度不平衡，极易造成瓦坯翘曲、裂纹等缺陷，严重时甚至使瓦坯全部报废。在一般情况下，瓦坯表面干燥速度比内部快些，瓦坯内部将产生压应力（当压应力超过瓦坯湿强度时，就会造成裂纹或翘曲），因此，为了避免瓦坯变形就要以其成型截面速度的不平衡来克服干燥速度的不平衡。实践证明，瓦坯两边的挤出速度应力求一致，而中脊应比两边速度稍慢些，一般瓦坯两边应比中脊长 1 ~ 3mm，瓦坯上表面比下表面长 1mm 左右。这样，挤出成型的瓦坯通过干燥后，产品合格率较高，基本可以控制和消除瓦坯翘曲和裂纹。否则，如两边速度不一致时，将产生左右弯曲；中脊速度过快时，易产生纵裂和边裂；中脊速度过慢时，瓦坯边筋产生波纹。而瓦坯上下表层速度如不平衡，则产生弓弯式翘头。各厂应根据原料塑性、收缩率、含水率等因素及干燥敏感性能，通过试验确定挤出截面的相对平衡速度。

4.21 瓦坯挤出成型时，怎样调整其截面速度？

为了使挤出瓦的截面速度达到相对平衡，可采取如下措施：

（1）改进模口设计。在挤出成型时，挤出速度通常都是中间快，两侧慢。为改变这一状况，可采用弧形模口，用不同的出口长度产生不同的阻力来控制泥流挤出速度，可达到中脊与两边挤出速度的相对平衡。

（2）选择最优的模口安装位置。一般来说，模口中心线要比绞刀轴中心线偏低

2~10mm，这样可使出口的上侧出泥量比下侧稍大些，以克服干燥时因瓦坯上下表面干燥速度差而可能产生的翘曲。

（3）在不影响成型后瓦坯尺寸公差的前提下，对瓦坯两边速度的不平衡，可在较慢一边模口的结合面垫铁皮，以加快该处的泥流速度。

（4）可在模口背面装"阻力板"。阻力板一般安装在距模口 50~100mm 处，每副阻力板分上下或左右两片，两片之间的距离可通过螺纹调节，但要注意两板必须对称。阻力板的形状可有多种，常用的有矩形、圆柱形和螺杆形（M16~20），其中以螺杆形效果较好，它不仅便于调节，且可破坏泥流中的"滑面"，使泥流更易二次结合，从而达到破坏其螺旋纹的目的。

4.22 瓦坯挤出成型时，常见缺陷有哪些？如何解决？

（1）无规则裂纹。其原因及解决办法：

①原料处理不好。应加强对原料的风化、陈化、细化、均化处理。

②干燥制度不合理，应调整干燥制度。

（2）裂中脊或裂瓦边及各种纵裂。瓦坯在成型时，由于断面各部位挤出速度不同（一般是中间快、两边慢），使瓦坯内部产生了内应力，从而在干燥过程中由于收缩不一致而引起开裂。解决办法主要是：掌握挤出截面速度，保证挤出速度的相对平衡。

（3）翘曲。由于瓦的厚度较薄，平面较大，在干燥过程中，往往是上面干得快而下面干得慢，极易产生翘曲。其解决办法主要是：

①加强原料处理，降低成型水分。

②改进干燥制度。

③改进模口设计；选择最优模口安装位置；在模口背面安装阻力板，使挤出时瓦坯存在的内应力同干燥应力互相抵消，以保证瓦坯平整。

4.23 半硬塑挤出瓦常见缺陷有哪些？消除方法有哪些？

半硬塑挤出瓦常见缺陷及消除方法如表4-14所示。

半硬塑挤出瓦常见缺陷及消除方法　　　　　　　　　　　　表4-14

缺陷形式	产生原因	消除方法
单向弯曲	（1）主轴没有位于中心 （2）机口与压缩泥缸中心偏斜 （3）压缩泥缸精度不符合要求 （4）机口厚度左右不一致	（1）卸下压缩泥缸，调整主轴 （2）用划线法重新校正 （3）修整或更换压缩泥缸 （4）调整或修理机口
蛇形弯曲	（1）主副叶片不对称 （2）主轴弯曲 （3）叶片间夹泥	（1）修整主副叶片 （2）校正主轴 （3）清理、检查夹泥原因，进行处理
翘曲	（1）切刀阻力过大 （2）泥条挤出速度不均 （3）切割台面位置不正确	（1）调整切刀间隙 （2）修整机口 （3）调整台面高度和角度

续表

缺陷形式	产生原因	消除方法
花边	(1) 机口成型角度不对 (2) 泥条断面速度不均 (3) 机口内衬镶嵌不合适 (4) 绞刀磨损严重或叶片间夹泥 (5) 原料塑性太差	(1) 修整机口 (2) 修整机口 (3) 重新镶嵌，注意清理夹层中污垢 (4) 修补绞刀，清理夹泥 (5) 调整原料配比并对原料进行陈化
裂纹	(1) 泥条断面速度不均 (2) 干燥初期脱水过快 (3) 操作不当	(1) 修整机口 (2) 控制干燥初期脱水速度 (3) 培训人员，严守操作规程

4.24　什么是烧结瓦坯的塑性压制成型和半干压制成型?

（1）瓦坯的塑性压制成型

泥料经挤出机（如泥料塑性指数不高，应采用真空挤出机）挤出后切成泥片，根据泥料性能可困存 7 ~ 15d 或不困存，再送到压瓦机成型。

泥片的挤出一般采用 ϕ320 型双级真空挤出机或规格更小的 ϕ280 型双级真空挤出机，每次同时可挤出 1 ~ 3 片，由于瓦的产量一般不太大，因此很少采用大规格的挤出机。

成型含水率一般为 18% ~ 22%。

这种成型方法的优点是动力消耗低，成品率高；缺点是成型水分高，干燥困难，且需配置大量瓦托板。

用作塑性压制成型的瓦机种类较多，现就常用的回转式压瓦机、推拉式压瓦机和摩擦轮压瓦机简介如下：

1）回转式压瓦机

①回转式压瓦机的作业过程

回转式压瓦机是通过电能和压力曲板产生成型压力的。其基本工作原理：在间歇转动的多边形辊筒的各个平面上装有下瓦模，每当辊筒停运时，装有上瓦模的垂直冲头就压下来，上、下瓦模正好对上，将泥片压成瓦坯。要求：在辊筒停止转动时，方向无偏差；冲头带着的上瓦模位置正好在辊筒的上方；上、下瓦模在水平和垂直方向上，应精确对准，不能有丝毫偏移。

a. 辊筒的转动

辊筒的间歇转动是由十字轮机构控制的。为了使辊筒在压制过程中保持静止状态，在十字轮机构上装有滑动控制环，起制动作用，当冲头上升时才放开。十字轮机构中的扇形齿轮是可调的，并装有缓冲制动环，以减轻压力作用下产生的磨耗。辊筒必须保证不发生横向位移和倾斜。

b. 冲头的运动

在压制过程中，冲头作上、下往复运动。冲头的下降和上升速度应根据泥料的性能进行调整。冲头在向下运动的最后阶段，即开始压坯到停止压坯阶段，速度应很慢，而冲头上升速度应比下降速度快很多。

目前的压机属于偏心压机，采用凸轮控制冲头运动。有的在压机中部装一个提升——下压凸轮，也有采用多个凸轮来完成冲击和下压运动的。大型压机有两个凸轮，分别承担冲击和下压运动。后者起控制模具压力的作用。两个压缩凸轮的形状必须一样，这是保证准确作业的先决条件。凸轮产生的成型压力，通过压辊传递到冲头上。

c. 瓦模

在压制中，上下瓦模必须能完全对上。固定上瓦模比较容易，因为上瓦模上的紧固螺杆和螺栓不会被泥料粘污。而下瓦模的固定则较为困难。除了采用紧固螺杆、螺栓，还要在下瓦模的校直孔中插入调直销，以防瓦模位置出现偏差。

d. 修边

瓦坯在压制成型后，可采用自动修边器修边。

修边器的种类较多。最简单的是用一个刮削框，向上推动，超过下瓦模的高度，再向下退回，由此切去瓦坯毛边；还有一种修边器，刮削框推过下瓦模后，不向下退，而是继续向上运动。刮刀每切过一次，都被清理干净，以免残留的泥料颗粒影响下一块瓦坯的修边。

以上为液压修边器。还有一种电动修边器，其准确性更好。

②XW403 型回转式压瓦机的技术性能

XW403 型回转式压瓦机的技术性能如表 4-15 所示。

XW403 型回转式压瓦机技术性能 　　　　　　　　　　　表 4-15

名　称	参　数
滚筒型式	六面棱鼓体
生产能力	865 ~ 960 片/h
主凸轮转速	14. 4 ~ 16r/min
电机功率	4kW
外形尺寸	1412mm × 1090mm × 2564mm
设备质量	5840kg

2）推拉式压瓦机

推拉式压瓦机的上模固定在冲压机头的导板上，跟随冲压机头上下移动。在机座的下台上面装有可移动的滑板，下模安装在滑板上。为了提高产量，不少厂采用双下模交替压制。瓦机的冲压是借助于偏心轮动作，而偏心轮是由飞轮和齿轮装置带动的。过去这种压瓦机的下模推入和拉出需要人工操作，劳动强度大，且不安全。现在绝大多数厂已经实现机械推拉模和自动翻模，大大改善了劳动条件，节省了人力，提高了工效。

XW405 型推拉式压瓦机技术性能如表 4-16 所示。

XW405 型推拉式压瓦机技术性能 　　　　　　　　　　　表 4-16

名　称	参　数
生产能力	1200 片/h
偏心轮回转次数	21. 5r/min
最大行程	120mm
电机功率	3kW
外形尺寸	1900mm × 975mm × 1543mm
设备质量	1543kg

3）摩擦轮压瓦机

摩擦轮压瓦机是在螺旋立轴上装以飞轮，在飞轮两旁的同一横轴上装有两个垂直摩擦轮。通过手柄操作，使飞轮和两个旋转的垂直摩擦轮相接触而被带动上下运动，从而达到压制瓦坯的目的。这种压瓦机拉模操作劳动强度大，占用劳动力多。摩擦轮压瓦机如图4-2所示。

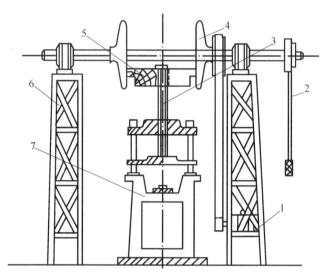

图4-2　摩擦轮压瓦机
1—电动机；2—手柄；3—螺旋主轴；4、5—摩擦轮；6—机架；7—机座

（2）瓦坯的半干压制成型

和塑性压制成型相比，半干压制成型具有定员较少，劳动强度低，不需要瓦托板，成型水分低，缩短干燥周期或免去干燥工序等优点。其缺点是对原料的颗粒级配和自然含水率要求严格，产量较低，瓦坯易出现分层现象，烧成后的成品音响不够理想等。

（3）瓦坯的塑性压制成型工艺举例

1）原上海浦南砖瓦厂

原料为黄浦江淤泥，泥细腻，砂性较大，塑性指数15，掺入内燃料的发热量为1045kJ/片。采用回转式压瓦机成型，成型水分18%。挤出机挤出泥条后，自动切割成段，并与压瓦机联运，自动向压瓦机供给泥段。油自动滴在挤出后的泥条上，因而压瓦机上模无须擦油，下模人工擦油。压瓦机产量为1300片/h。成型后的坯体立码在干燥车上，计3层。57m×0.92m×2.05m隧道干燥室干燥，热介质为隧道窑余热，进风温度95℃，排潮温度40℃，干燥周期36h。经干燥后的瓦坯插码在窑车的砖坯垛中上部预留的5个孔洞中，砖、瓦坯同入隧道窑混烧。

2）原上海大中砖瓦厂

原料为收购的黏土，塑性指数18。推拉式压瓦机（两边取坯）成型，成型水分20%。经成型后立放在室内平地上阴干，3d左右掉头，脱去瓦托板。

3）原江苏南京生建砖瓦厂

原料为黏土，塑性指数15～16，经半年以上风化后使用。每片瓦坯掺入0.4kg经粉碎后的炉渣作内燃料，同时也改善了其干燥性能。推拉式压瓦机成型有两种：一种为单边取坯拉模，产量1000片/h；另一种为两边取坯，产量2000片/h。成型后的瓦坯在室内静停2d后进隧道干燥室，干燥室规格尺寸为40m×1.3m×1.5m，干燥周期为36h。值得一提的是，该厂瓦干燥室12条，只用了7条，其原因是瓦托板在湿热烟气的熏蒸下坏得快（20万个瓦托板用了5年，只剩下8万个），故该厂被迫采取延长室内静停时间的措施，以缩短在干燥室中停留时间。

4）原湖南怀化砖瓦厂

原料为：黑砂土：黄土=60:40。原料经ϕ250mm双级真空挤出机挤出后，压制成型采用推拉式压瓦机（两边取坯成型），再进晾坯棚阴干4～15d。晾坯棚865m^2，可放4万余片瓦坯。用轮窑与砖坯混烧。

5）原四川德阳黄许砖瓦厂

原料为高塑性黏土，经风化半年后掺10%粉煤灰和石英砂，混合料经加水搅拌，进挤出机挤出（出口横向有三根钢丝，切四块坯泥）。采用推拉式压瓦机成型，泥料自动上模，自动脱模（人工推拉模不安全，故未用），产量2000片/h。成型后的瓦坯放在晾坯棚阴干3d，晾坯棚两个，总计可放7万片瓦坯，瓦坯码17层。以后转入室外密码阴干，并用草帘包裹，再经历25～30d。在轮窑中焙烧（窑下部8层码砖坯，上部5层码瓦坯）。

6）原内蒙古赤峰元宝山矿材厂

原料为发热量836kJ/kg的煤矸石，风化半个月，经粉碎、加水搅拌，接着放入几个密闭的室内陈化7d。ϕ300mm挤出机挤出切割成段。采用推拉式压瓦机（单边取坯）成型，产量600片/h。码上干燥车（平码16层），推入隧道干燥室干燥。与砖坯混烧。瓦成品规格370mm×210mm×18mm。

7）原内蒙古赤峰五家煤矸石砖瓦厂

原料为发热量878kJ/kg的煤矸石。风化半个月，经粉碎、加水搅拌，接着放入几个密闭的室内陈化5～6d（不陈化则坯体不光滑，易裂；闷的时间太长也不好，如一次因故被迫使泥料在室内闷了71d，由于泥料过度"腐化"，压出的坯体粘结性能很差，拿不起来，只得将这些泥料抛弃）。ϕ350mm挤出机挤出切割成段。采用推拉式压瓦机（单边取坯）成型，产量600片/h。码上干燥车（平码16层），推入隧道干燥室干燥。与砖坯混烧。瓦成品规格370mm×210mm×18mm。

8）原内蒙古赤峰平庄矿建材厂

原料为发热量900kJ/kg的煤矸石。风化半个月，经粉碎、加水（并通蒸汽）搅拌，接着放入几个密闭的室内陈化1～2d。ϕ350mm挤出机挤出切割成段。采用推拉式压瓦机（两边取坯）成型，产量1050片/h。码上干燥车（平码16层），推入隧道干燥室干燥。与砖坯混烧。瓦成品规格370mm×210mm×18mm。

9）原河南信阳平桥砖瓦厂

原料为塑性指数17的黏土。经对辊机粉碎和双轴搅拌机加水搅拌，接着经双级真空挤出机（未抽真空）挤出切割成段，再进推拉式压瓦机（两边取坯）成型，产量1200片/h。成型后的瓦坯放在晾坯棚阴干12～17d（进棚前3d不开窗），以后转至坯场干燥9～10d（前3d须盖草帘），在坯场立码4层。瓦托板共计13万个，每年添5000个，年产瓦250万片。瓦托板用松木做较好，尤其是红松为佳，它不易变形，易钉钉子。在轮窑中与砖坯混烧。

10）江苏盐城机械厂瓦生产线

原料为河泥。经对辊机粉碎和捏合机碾练，$\phi 400mm$ 挤出机挤出切割成段，再进推拉式压瓦机（两边取坯）成型。成型后的瓦坯放在坯场干燥25～30d（前7d用草帘遮盖）。在轮窑中与砖坯混烧。

11）原四川简阳砖瓦厂

原料为黏土。原料经$\phi 250mm$ 双级真空挤出机挤出后，自动切割成段，再以人工送到摩擦轮压瓦机成型。成型水分20%，电机功率5.5kW，产量1600片/h（30次/min，1片/次）。脱模油耗11kg/万片。

（4）瓦坯的半干压制成型工艺举例

1）广东省湛江原耐火材料厂

①原料

塑性指数为19的黏土。其化学成分如表4-17所示。

化学成分（%）　　　　　　　　　　　　　　表4-17

SiO$_2$	Al$_2$O$_3$	Fe$_2$O$_3$	CaO	MgO	K$_2$O + Na$_2$O	烧失量
61.46	22.44	4.39	0.17	1.49	2.22	7.83

②生产工艺

a. 原料制备：原料经晒干后，入湿碾机碾练。碾碎后加水至成型水分（12%），再进入湿碾机继续碾练均匀后，通过胶带输送机运至锤式破碎机或刀式粉碎机粉碎后，过筛孔为12目筛，使其成松散细粒状泥料，再运送到成型工序。

b. 坯体成型：成型采用100t摩擦轮压瓦机（13kW），最大压力为1177.2N/cm^2（120kg/cm^2），冲压3次。隔离剂为1:1.5:1.5糠油、轻柴油、煤油的混合油，每万片油耗约为29kg，产量3000片/（台·班）。

c. 修坯：半干压制成型的瓦坯结实、坚硬、表面光滑，多余的泥料从上下模的缝隙中挤出，必须修削、除净，并进行坯检。将缺棱掉角、裂纹的废坯，在修坯前剔出。

d. 干燥：干燥在棚内进行，先在干燥棚内的地面上放两条木片，使其与瓦坯垛平行，作为瓦坯垫片。瓦坯采用侧立密码方式，层与层之间都放两条木垫片，以使坯体码得平整，受压力均匀。每一瓦坯架可码4层，总高约为0.9m，待其自然阴干至入窑的要求水分（4%～6%）。

e. 码窑和焙烧：与经干燥后的塑性压制成型瓦坯相同。

③存在问题

a. 少数瓦坯气孔率偏大，经焙烧后的成品有渗水现象。

b. 摩擦轮压瓦机产量低，操作不安全。

2）原广西南宁南岸砖瓦厂

①生产工艺流程

原料→柴油车→存料房→给料机→胶带输送机→刀式粉碎机→斗式提升机→双轴搅拌机→胶带输送机→存料斗→转盘式压瓦机→晾坯房→柴油车→焙烧→出窑→检验→成品。

②情况说明

原料为黄土、红砂土和铁石泥按一定比例混合，风化6个月后用。采用回转式压瓦机半干压制成型，每块压3次，上、下模均人工擦油，下模为铸钢材质，有时被压断裂。半干压瓦规格有两种：大的一种为380mm×235mm×16mm，小的一种为360mm×220mm×16mm。小规格的质量比大规格的好些，规格大了拿起来易断。成型水分8%～10%，低了不能成型，高了坯体太软。压瓦机的电机功率为10kW，产量为680片/h。成型后的瓦坯在室内静停2d后，用轮窑与砖坯混烧，瓦：砖坯=1：1；成品抗折荷重100～120kg/片；吸水率10%～12%；饱和质量53kg/m²。

3）原广西百色第二砖瓦厂

①生产工艺流程

原料（人工、推土机）→手扶拖拉机→对辊机→胶带输送机→刀式粉碎机→胶带输送机→双轴搅拌机→刀式粉碎机→贮料房→摩擦轮压瓦机→人工修坯→焙烧→成品。

②情况说明

原料为普氏硬度系数2.5、塑性指数17的页岩。经ϕ490mm×300mm刀式粉碎机（4组计16片刀，电机功率为10kW）粉碎后，在双轴搅拌机中搅拌（加水至8%～10%），接着再进另一台刀式粉碎机，颗粒小于2mm，再进摩擦轮压瓦机半干压制成型，产量500片/h（人工操作，不安全）。成型后的瓦坯堆放在室内阴干3～5d，堆放的瓦坯用竹片或草绳隔开。如不经一段时间阴干，则烧出的成品多为哑音。在轮窑中与砖坯混烧，瓦：砖坯=2.7：1。瓦的规格为360mm×220mm×16mm。

4）原陕西省户县、富平砖瓦厂

①该二厂瓦的产、质量指标如表4-18所示。

半干压瓦的产、质量指标   表4-18

厂名	瓦机类型	瓦型	简单工艺流程	产量	质量	成品率（%）
户县砖瓦厂	摩擦轮压瓦机	长350mm	黏土 ↓ 刀式粉碎机 ↓ 回转筛 ↓ 压瓦机	1500片/（班·台）	有少量分层	90
富平砖瓦厂		标准小瓦		3000片/（班·台）		80

②生产工艺特点

a. 采用塑性好的原料易成型，坯体不易分层，外观质量也好；相反，塑性差的原料就难以成型。

b. 半干压制成型的瓦坯焙烧温度较塑性压制成型的瓦坯高。如与普通砖坯混烧，不是瓦欠火，就是砖过火。

c. 在工艺布置上，设置可贮存2～3d的中间料仓（库）是保证半干压制成型瓦坯正常生产的必要条件。中间贮料的另一个作用可使各种原料和水分进一步均化，以提高成型瓦坯的质量。

4.25　瓦坯压制成型时，对瓦模的技术要求有哪些？

模压瓦的形状、规格决定于瓦模，质量也与瓦模有关，因此，对瓦模应有一定的技术要求：

（1）瓦模工作面的轮廓尺寸要求准确，细小的凸出部分和凹进部分的尺寸公差应在 ±0.5mm内，表面其他部分尺寸公差应在 ±1mm 内。断面变更时过渡部位要平滑。

（2）瓦模的工作面应光洁，没有砂眼，粗糙部分应进行磨平砂光。

（3）上下模要吻合，不得摆动，这是保证瓦坯厚度的重要条件。

（4）上下模榫口的表面，当合在一起时，其间隙不得大于 1mm。

（5）瓦模的背面应刨光，当上下模结合时，背面互相平行，以保证瓦模安装的准确度。

（6）瓦模一般用铸铁制成。也有使用铝质瓦模的，这种瓦模比铸铁要轻 40%，缺点是容易磨损。

第五部分 干 燥

5.1 什么是坯体的干燥？

用蒸发的方法使坯体除去水分的过程叫作干燥。为了便于坯体成型，需要加一定量的水；为了将坯体顺利焙烧成为成品，又必须事先（在干燥工序）将水分排出去。干燥是生产流程中的重要工序，它起着"承前启后"的作用，砖瓦行业中有"得干燥者得天下"一说。在干燥工序之前，原料经风化、细化、均化、陈化、脊化（或塑化）等精心制备后，成型工序提供内应力小、符合质量要求的湿坯体，为干燥奠定了坚实的基础；在之后，干燥工序向焙烧工序输送"健康"的干坯体，为最终焙烧出合格的成品创造了良好的条件。干燥是在干燥介质（通常是空气或烟气）中进行的，介质的作用是传递热能和带走水分。坯体中的含水形式有化学结合水和物理机械水两种。化学结合水是原料成分的一部分，这部分水与原料塑性关系不大，在干燥过程中不能排除，其脱水温度为 $430 \sim 750℃$，要在焙烧过程中才能脱去。化学结合水脱去后，再加不进去了，原料将永远失去可塑性。物理机械水则是和固体颗粒混合在一起的水分，其中绝大部分要在坯体干燥过程中排除。物理机械水又分为自由水和大气吸附水。自由水又叫收缩水，坯体在排除自由水的过程中会使坯体产生收缩，将产生较大的毛细孔作用力，其值可达 7MPa。如干燥制度不恰当，就容易产生裂纹，影响产品质量。大气吸附水又叫气孔水，脱水时坯体不再收缩，只产生气孔。

某厂砖坯的成型水分为 17%，湿坯体的抗压强度为 $2.5kg/cm^2$，经干燥后含水率为 7%，抗压强度提高至 $10.5kg/cm^2$。

有些发达国家要求经干燥后的坯体含水率不得大于 $1\% \sim 2\%$。在干燥室内要彻底排出最后一些残余水分不但不经济，而且过干的坯体显得很脆。

坯体经干燥后残余水分多少应根据下列因素确定：（1）坯体的强度应能满足运输和码窑的要求；（2）满足烧成初期快速升温的要求；（3）考虑坯体的大小和形状等因素，形状复杂的大型坯体残余水分应低些。

5.2 什么是干燥周期、干燥制度和干燥曲线？

干燥周期是坯体从干燥开始到干燥结束所需的时间。干燥周期分为两个阶段，即从开始干燥至达到临界含水率的等速干燥阶段，和临界含水率以后的降速干燥阶段。在等速干燥阶段中，由于排除收缩水，坯体要产生收缩，所以要适当控制干燥速度，避免坯体在此阶段产生裂纹；在降速干燥阶段中，由于排除的是气孔水，坯体已停止收缩，所以可适当加快干燥速度。干燥周期取决于坯体的成型方法、泥料的干燥敏感性和干燥制度。

干燥制度是坯体干燥过程各项工艺参数和技术要求的规定。包括干燥介质的温度、湿度、压力、流速以及坯体温度、码坯形式、进车间隔时间等。应根据原料性能和成型工艺制定。合理的干燥制度是达到优质、高产、低消耗的重要保证。

干燥曲线是以坯体在干燥过程中的含水率为纵坐标，干燥时间 h 或干燥室长度 m 为横坐标绘成的曲线。由它可以看出坯体在干燥过程中脱水的均匀程度，是制定或调整干燥制度的依据。

5.3　根据干球温度和湿球温度，如何从表中查得相对湿度？

空气相对湿度对照表如表5-1所示。

空气相对湿度对照表　　　　　　　　　　　　　　　　　　　　　表 5-1

干球指示温度（℃）	干球温度与湿球温度之差值（℃）																					
	1	2	3	4	5	6	7	8	9	10	11	12	13	14	15	16	17	18	19	20	21	22
0	81	64	46	29	13																	
1	82	66	48	33	16																	
2	83	68	50	37	21	7																
3	84	69	54	40	25	12																
4	85	71	55	43	27	14																
5	86	72	58	45	31	18	6															
6	87	73	60	47	35	23	12															
7	87	74	62	49	38	26	14															
8	88	75	63	51	40	28	17	6														
9	88	76	65	53	42	30	22	12	3													
10	88	77	66	55	43	33	23	14	4													
11	88	77	67	56	46	36	26	17	8													
12	89	78	68	58	48	38	30	21	12	4												
13	89	79	68	58	49	39	32	23	15	7												
14	89	80	70	60	51	41	34	25	18	10												
15	90	80	71	62	53	44	36	28	20	13	4											
16	90	80	71	63	54	45	37	30	23	16	7											
17	90	81	72	63	55	47	39	32	25	18	10	4										
18	90	82	73	65	57	49	42	35	27	20	13	6										
19	91	82	73	65	57	49	42	37	28	22	15	8	2									
20	91	82	74	66	58	51	44	38	30	24	17	11	5									
21	91	83	75	67	60	53	46	39	32	26	19	13	8									
22	92	84	75	68	61	54	47	40	33	28	21	16	11	5								
23	92	84	76	68	62	54	48	41	35	29	23	18	12	6	1							
24	92	85	77	70	63	56	49	43	37	31	26	21	14	9	4							
25	92	85	77	70	63	57	50	44	38	32	27	21	16	11	6	3						
26	92	85	78	70	64	58	52	45	39	34	29	24	18	13	9	5						
27	93	86	79	72	65	59	53	47	41	36	31	26	20	14	10	7	1					
28	93	86	79	72	65	59	53	48	41	37	32	27	21	16	12	9	3					
29	93	86	79	72	66	60	54	49	42	38	34	28	23	18	14	11	6	2				
30	93	86	79	73	67	61	55	50	44	39	35	30	25	20	16	13	8	4				
31	93	86	79	73	67	62	55	50	45	40	35	31	26	22	18	15	10	6	2			
32	93	86	80	73	68	62	56	51	46	41	36	32	28	24	19	17	12	8	4	1		
33	93	86	80	74	68	63	57	52	47	42	37	33	29	25	21	19	14	10	6	3		
34	93	87	80	74	68	63	58	53	48	43	38	34	30	26	22	20	15	11	7	4		
35	93	87	81	74	69	64	58	54	49	44	39	35	31	28	23	21	16	13	8	6	1	
36	93	87	81	75	70	64	58	54	49	45	41	36	31	28	24	22	17	14	9	8	3	1
37	93	87	81	76	70	65	59	54	50	45	42	37	33	29	25	23	18	15	11	9	6	3
38	93	87	82	76	70	66	60	55	51	46	42	39	34	30	26	24	20	16	12	10	7	4

干球指示温度（℃）	干球温度与湿球温度之差值（℃）																					
	1	2	3	4	5	6	7	8	9	10	11	12	13	14	15	16	17	18	19	20	21	22
39	94	88	82	76	71	66	61	56	52	47	43	39	34	32	28	25	21	17	14	10	8	6
40	94	88	82	76	71	67	61	57	52	48	44	40	36	33	29	26	22	19	15	12	9	7
41	94	88	83	77	72	67	62	57	52	49	44	41	37	34	30	28	23	20	16	14	11	9
42	94	88	83	77	72	68	63	58	53	49	45	42	38	35	31	29	24	21	18	16	12	10
43	94	88	83	77	72	68	63	58	54	49	45	42	39	36	32	29	25	22	19	17	13	11
44	94	88	83	77	73	68	64	59	55	50	46	43	39	36	32	29	25	23	20	18	14	12
45	95	88	83	78	73	68	64	59	55	51	47	43	39	36	33	29	26	24	21	19	15	13
46	95	89	84	78	74	69	64	60	56	52	47	44	40	37	34	32	27	25	22	20	16	14
47	95	89	84	78	74	69	65	60	56	52	48	45	41	38	34	33	28	26	23	20	17	15
48	95	89	84	79	74	70	65	61	57	53	49	45	42	39	35	34	29	27	24	21	18	16
49	95	89	84	79	74	70	66	61	57	53	49	46	42	40	36	34	30	28	25	22	19	17
50	95	89	85	79	75	70	66	62	58	54	50	47	43	40	37	35	31	29	26	23	20	18

例：已知干球温度为 45℃，湿球温度为 42℃，求相对湿度。

解：根据干球温度 45℃，湿球温度 42℃，干湿球温差 45℃ –42℃ =3℃，从表查得相对湿度为 83%。

5.4 什么是原料（或坯体）的干燥敏感性?

原料（或坯体）在干燥过程中产生开裂的倾向性称为原料的干燥敏感性。干燥敏感性高的原料在干燥过程中容易出现裂纹；反之，干燥敏感性低的原料在干燥过程中不容易出现裂纹。因此，干燥敏感性低的坯体可以比干燥敏感性高的坯体采用较快的干燥速度。

原料（或坯体）的干燥敏感性用干燥敏感性系数来表示。可以用下式进行计算：

$$K = \frac{W_{初} - W_{临}}{W_{临}}$$

式中 K——干燥敏感性系数；

  $W_{初}$——试样的成型含水率（干基）；

  $W_{临}$——试样的临界含水率（干基）。

  因为

$$W_{初} = \frac{G_1 - G_0}{G_0} \times 100\%$$

$$W_{临} = \frac{G_2 - G_0}{G_0} \times 100\%$$

式中 G_1——试样初始质量（kg 或 g）；

  G_2——干燥收缩基本停止时试样质量（kg 或 g）；

  G_0——干燥至恒重时试样质量（kg 或 g）。

  将 $W_{初}$，$W_{临}$ 代入上式得

$$K = \frac{G_1 - G_2}{G_2 - G_0}$$

干燥敏感性高低与原料本身的矿物组成、颗粒组成等因素有关，一般原料的可塑性越高，颗粒越细，则被排出每单位收缩水时坯体的收缩量越大，这样干燥就越不安全，容易出

现裂纹，干燥敏感性高。除此以外，还与坯体成型水分、成型温度及泥料处理情况有关，一般随成型水分的下降、成型温度的升高，干燥敏感性降低。另外，原料经陈化后制成的坯体，干燥敏感性也会降低。

砖瓦坯料按干燥敏感性系数大小大致分等如表5-2所示。

干燥敏感性系数分等 表5-2

名　　　　称	低敏感性	中等敏感性	高敏感性
干燥敏感性系数	<1	1~2	>2

黏土中掺入不同量的粉煤灰对干燥敏感性的影响如表5-3所示。

黏土中掺入不同量的粉煤灰对干燥敏感性影响 表5-3

掺粉煤灰量（质量%）	0	8.8	14.4	18.4	21.5
干燥敏感性系数	3.25	3.00	2.32	1.90	1.61

原料成型水分增大，则临界含水率和干燥敏感性也增大。某原料测定结果如表5-4所示。

成型水分和干燥敏感性的关系 表5-4

坯体成型水分（%）	20	26
坯体临界水分（%）	14	16
干燥敏感性系数	0.78	1.10

在一般情况下，原料经陈化后干燥敏感性系数降低，如某原料：未经陈化为0.86；陈化1d后为0.78；陈化5d后为0.73。

坯体的干燥敏感性系数和干燥周期的关系如表5-5所示。

坯体的干燥敏感性系数和干燥周期的关系 表5-5

坯体的干燥敏感性系数	<1	1~1.5	1.5~2
干燥周期（h）	12~16	16~24	24~32

5.5　什么是坯体的相对含水率和绝对含水率？如何计算？

坯体的含水率是指坯体内物理水（即大气吸附水和自由水之和）占坯体质量的百分数。其表示形式有两种：其一是相对含水率，其二是绝对含水率。相对含水率又称湿基含水率，绝对含水率又称干基含水率。

相对含水率是指坯体内物理水质量与湿坯体质量的比值，用符号$W_相$表示。绝对含水率是指坯体内物理水质量与坯体绝干质量的比值，用符号$W_绝$表示。可分别用下面的公式计算。

$$W_相 = \frac{G_1 - G_0}{G_1} \times 100\%$$

$$W_绝 = \frac{G_1 - G_0}{G_0} \times 100\%$$

式中　G_1——湿坯体的质量（kg）；

G_0——绝干坯体的质量（kg）。

相对含水率与绝对含水率之间可相互转换，其转换关系如下：

$$W_{相} = \frac{W_{绝}}{1 + W_{绝}} \times 100\%$$

$$W_{绝} = \frac{W_{相}}{1 - W_{相}} \times 100\%$$

例：某一砖厂成型后的湿坯重 3.0kg，经干燥后坯重为 2.6kg，将此坯放入 105～110℃ 的烘箱中烘至恒重时为 2.4kg，求坯体的成型含水率及残余含水率（坯体干燥结束时的含水率）。

解：根据上述公式，成型含水率与残余含水率都可用相对含水率和绝对含水率表示。

成型含水率：

$$W_{相} = \frac{G_1 - G_0}{G_1} \times 100\% = \frac{3.0 - 2.4}{3.0} \times 100\% = 20\%$$

$$W_{绝} = \frac{G_1 - G_0}{G_0} \times 100\% = \frac{3.0 - 2.4}{2.4} \times 100\% = 25\%$$

残余含水率：

$$W_{相} = \frac{G_1' - G_0}{G_1'} \times 100\% = \frac{2.6 - 2.4}{2.6} \times 100\% = 7.7\%$$

$$W_{绝} = \frac{G_1' - G_0}{G_0} \times 100\% = \frac{2.6 - 2.4}{2.4} \times 100\% = 8.3\%$$

5.6 什么是干燥速率？什么是对流干燥？

干燥过程中，单位时间、单位面积胚体上所蒸发的水量。单位为 $kg/m^2 \cdot h$。

对流干燥是热气体从对流方式传热给胚体而使其干燥的方法。气体温度越高，流速越大，则干燥越快，为了增加对流干燥速率，常使热气经喷头从较高速度（10～30m/s）向胚体喷吹。

如果采取间歇喷吹，停车阶段，表面温度略低于内部温度，使热湿传导方向一致，更有利于快速干燥。

5.7 排除 1kg 水需多少干空气？

排除 1kg 水需干空气量如表 5-6 所示。

排除 1kg 水需干空气量（Nm³）   表 5-6

排潮相对湿度（%）	排潮温度（℃）															
	35	36	37	38	39	40	41	42	43	44	45	46	47	48	49	50
80	26.50	24.99	23.58	22.25	21.00	19.84	18.74	17.69	16.71	15.79	14.93	14.10	13.33	12.59	11.90	11.25
81	26.17	24.68	23.28	21.97	20.74	19.59	18.51	17.47	16.51	15.59	14.74	13.93	13.16	12.43	11.75	11.11
82	25.85	24.38	23.00	21.71	20.49	19.35	18.28	17.26	16.30	15.40	14.56	13.76	13.00	12.28	11.60	10.98
83	25.54	24.08	22.72	21.45	20.24	19.12	18.06	17.05	16.11	15.21	14.39	13.59	12.84	12.13	11.47	10.84
84	25.24	23.80	22.45	21.19	20.00	18.89	17.85	16.85	15.92	15.04	14.21	13.43	12.69	11.99	11.33	10.71

排潮相对湿度（%）	排潮温度（℃）															
	35	36	37	38	39	40	41	42	43	44	45	46	47	48	49	50
85	24.94	23.52	22.19	20.94	19.76	18.67	17.63	16.64	15.72	14.86	14.05	13.27	12.54	11.85	11.20	10.59
86	24.65	23.24	21.93	20.70	19.53	18.45	17.43	16.45	15.55	14.69	13.88	13.12	12.40	11.71	11.07	10.46
87	24.37	22.98	21.68	20.46	19.31	18.24	17.23	16.26	15.37	14.52	13.72	12.97	12.25	11.57	10.94	10.34
88	24.09	22.72	21.43	20.23	19.09	18.03	17.03	16.08	15.19	14.35	13.57	12.82	12.11	11.44	10.82	10.23
89	23.82	22.46	21.19	20.00	18.88	17.83	16.84	15.90	15.02	14.19	13.42	12.67	11.98	11.31	10.70	10.11
90	23.56	22.21	20.96	19.78	18.67	17.63	16.66	15.72	14.86	14.03	13.27	12.53	11.84	11.19	10.58	10.00
91	23.30	21.96	20.73	19.56	18.46	17.44	16.47	15.55	14.69	13.88	13.12	12.40	11.71	11.07	10.46	9.89
92	23.04	21.73	20.50	19.35	18.26	17.25	16.29	15.38	14.53	13.73	12.98	12.26	11.59	10.95	10.35	9.78
93	22.80	21.49	20.28	19.14	18.06	17.06	16.12	15.22	14.38	13.58	12.84	12.13	11.46	10.83	10.24	9.68
94	22.55	21.26	20.06	18.94	17.87	16.88	15.94	15.05	14.22	13.44	12.70	12.00	11.34	10.71	10.13	9.57
95	22.32	21.04	19.85	18.73	17.68	16.71	15.78	14.89	14.07	13.29	12.57	11.87	11.22	10.60	10.02	9.47

5.8 排除1kg水的总湿气量为多少立方米？

排除1kg水的总湿气量如表5-7所示。

排除1kg水的总湿气量（m³）

表5-7

排潮相对湿度（%）	排潮温度（℃）															
	35	36	37	38	39	40	41	42	43	44	45	46	47	48	49	50
80	31.30	29.69	28.18	26.76	25.42	24.17	22.98	21.84	20.78	19.77	18.84	17.92	17.08	16.26	15.50	14.78
81	30.92	29.34	27.84	26.44	25.12	23.88	22.72	21.59	20.54	19.54	18.61	17.73	16.88	16.07	15.32	14.61
82	30.56	29.00	27.53	26.14	24.83	23.61	22.45	21.35	20.30	19.32	18.40	17.53	16.69	15.90	15.14	14.46
83	30.21	28.66	27.20	25.85	24.55	23.34	22.20	21.10	20.08	19.10	18.21	17.33	16.50	15.72	14.99	14.29
84	29.87	28.34	26.90	25.55	24.27	23.08	21.96	20.87	19.86	18.90	18.00	17.14	16.33	15.56	14.83	14.14
85	29.53	28.03	26.61	25.27	24.00	22.83	21.70	20.63	19.63	18.69	17.81	16.95	16.15	15.39	14.67	14.00
86	29.21	27.71	26.31	24.99	23.74	22.57	21.47	20.41	19.43	18.50	17.61	16.78	15.99	15.23	14.52	13.84
87	28.89	27.41	26.03	24.72	23.49	22.33	21.24	20.19	19.23	18.30	17.43	16.60	15.81	15.06	14.37	13.70
88	28.58	27.12	25.74	24.46	23.23	22.09	21.01	19.98	19.02	18.10	17.25	16.43	15.65	14.91	14.22	13.57
89	28.27	26.83	25.47	24.20	22.99	21.86	20.80	19.78	18.82	17.92	17.08	16.25	15.50	14.76	14.08	13.43
90	27.98	26.54	25.21	23.95	22.75	21.63	20.59	19.57	18.64	17.73	16.90	16.09	15.33	14.62	13.94	13.30
91	27.69	26.26	24.95	23.70	22.51	21.42	20.37	19.37	18.44	17.56	16.73	15.94	15.18	14.47	13.80	13.17
92	27.39	26.00	24.69	23.46	22.29	21.20	20.16	19.18	18.25	17.38	16.56	15.77	15.04	14.33	13.67	13.04
93	27.12	25.73	24.44	23.22	22.06	20.98	19.97	18.99	18.08	17.21	16.40	15.62	14.89	14.19	13.54	12.92
94	26.84	25.47	24.19	22.99	21.84	20.77	19.76	18.80	17.90	17.05	16.24	15.47	14.75	14.05	13.41	12.79
95	26.58	25.22	23.95	22.75	21.62	20.58	19.57	18.61	17.72	16.87	16.09	15.32	14.61	13.92	13.28	12.67

5.9 什么是湿含量？

由于在干燥过程中干燥介质的温度是变化的，空气的体积也随之是变化的。另外，还由于坯体中水分的蒸发，空气中水蒸气的含量也将变化。因而选择在干燥过程中质量保持不变的干空气作为计算基准，把1kg 干空气中所含水蒸气的质量（kg）称为空气的湿含量。用符号 d 表示，单位为 kg/kg 干气。

设有一定量的空气，其中干空气重量为 $G_{干气}$（kg），水蒸气质量为 $G_{水蒸气}$（kg），则该空气的湿含量为：

$$d = \frac{G_{水蒸气}}{G_{干气}}$$

经推导可得湿含量方程：

$$d = 0.621 \times \frac{\varphi\rho'}{P - \varphi\rho'}$$

式中　d——空气的湿含量（kg/kg 干气）；

　　　ρ'——饱和水蒸气分压（N/m²）；

　　　P——空气的总压力（N/m²），一般在干燥中近似为大气压；

　　　φ——空气的相对湿度。

湿含量方程反映了空气的湿含量同温度、压力、相对湿度等之间的关系。

5.10　什么是露点？

保持湿空气（或其他湿气体）中湿含量不变，而使其冷却，至水蒸气达到饱和状态而结成露水时的湿度。

5.11　什么是热含量？

空气的热含量是干空气的热含量和水蒸气的热含量之和，它是以含 1kg 干空气的空气为质量基准，0℃ 为温度基准进行计算的。用符号 I 表示，单位为 kJ/kg 干空气。

由于含 1kg 干空气的空气应由 1kg 干空气与 $d$kg 的水蒸气所组成，所以此时空气的热含量应为 1kg 干空气的热含量与 $d$kg 水蒸气的热含量之和。

1kg 干空气在 t℃ 时的热含量应为：

$$I_{干} = 1 \times 1.0032 \times t$$

式中　1.0032——干空气在常温状态下的比热 [kJ/(kg·℃)]；

　　　t——空气的温度。

d kg 水蒸气在 t℃ 时的热含量为：

$$I_{水} = 2487.1 \times d + d \times 1.9228 \times t$$
$$= (2487.1 + 1.9228t)d$$

式中　2487.1——1kg 0℃ 的水蒸气所吸收的潜热（kJ/kg）；

　　　1.9228——水蒸气在常温状态下的比热 [kJ/(kg·℃)]。

所以空气的热含量为：

$$I = I_{干} + I_{水} = 1.0032t + d(2487.1 + 1.9228t)$$

5.12　什么是气？什么是汽？

液态物质气化或固态物质升华而成的气态物质。处于临界温度以上的叫作"气"，处于临界温度以下的叫作"汽"。每种物质都有一个特点的温度，在这个温度以上，无论怎样增大压强，气态物质也不会液化；在这个温度以下，通过增大压强而不必降温就可以是气体液化。这个特定的温度叫作临界温度，各种不同的物质临界温度不同，如水为：374℃，二氧化碳为31℃，氧气为-119℃，氢气为-268℃。

5.13 湿坯体中的水分蒸发所需的汽化热是多少？

湿干坯体中的水分蒸发所需的汽化热见表5-8所示。

湿坯体中的水分蒸发所需的汽化热 表5-8

湿胚体含水率		汽化热					
		45		50		55	
相对	绝对	kJ/kg 干坯	kcal/kg 干坯	kJ/kg 干坯	kcal/kg 干坯	kJ/kg 干坯	kcal/kg 干坯
11.5	13	309.7	74.1	308.5	73.8	307.2	73.5
12.3	14	333.6	79.8	332.3	79.5	330.6	79.1
13.0	15	357.4	85.5	356.1	85.2	354.5	84.8
13.8	16	381.2	91.2	380.0	90.9	377.9	90.4
14.5	17	405.0	96.9	403.8	96.6	401.7	96.1
15.3	18	428.9	102.6	427.2	102.2	425.1	101.7
16.0	19	452.7	108.3	451.0	107.9	449.0	107.4
16.7	20	476.5	114.0	474.8	113.6	472.3	113.0
17.4	21	500.3	119.7	498.7	119.3	496.2	118.7
18.0	22	524.2	125.4	522.5	125.0	520.0	124.3
18.7	23	548.0	131.1	545.1	130.4	543.4	130.0
19.4	24	571.8	136.8	570.0	136.3	566.8	135.6
20.0	25	595.7	142.5	593.6	142.0	590.6	141.3

5.14 什么是焓-湿图（*I-X*图）？

由于在干燥过程中湿空气的总压力变化很小，并且接近常压，因此只需要两个独立的变数即可以准确地表示湿空气的状态。为了简化干燥过程的分析计算，常采用焓-湿图（*I-X*图）。

利用该图可以在两维的坐标平面上图示湿空气的状态及其变化过程，从而大大地简化了干燥计算过程。

湿空气的焓-湿图是以含1kg干空气的湿空气为基准，总压力取1标准大气压（也有例外）绘制而成。图中纵坐标为热含量*I*，单位是kJ/kg干空气；横坐标为湿含量*X*，单位是kg水汽/kg干空气。图中绘有六组曲线：等热含量线、等湿含量线、等温线（或等干球含量线）、等相对湿度线、水蒸气分压线、等湿球温度线。为清楚起见，把横坐标向下转动45°，使两坐标轴间的夹角为135°。由于等相对湿度线*ϕ*=100%以下已出现冷凝水，失去意义，因此，作与*I*轴成正交的*X*辅助轴，将湿含量的刻度投影到水平*X*辅助轴上，以便于使用。

5.15 在坯体中怎样区分化学结合水、大气吸附水和自由水？

坯体为多毛细孔物体，坯体中水分根据结合方式的不同，大体可分为化学结合水、自由水和大气吸附水，后两者又称为物理水。不同结合形式的水分排出时所需能量亦不同。

（1）化学结合水

化学结合水是指包含在原料矿物组成中的水分。例如黏土矿物中的 $Al_2O_3 \cdot 2SiO_2 \cdot 2H_2O$ 的水化物部分就是化学结合水。此水在一般干燥温度下不可能从坯体中排出，排除它需要较大的能量，当把黏土加热到 450~500℃ 时才能使大部分化学结合水排出。坯体在焙烧窑的预热带要排除全部化学结合水。化学结合水排出时坯体不产生收缩，只减轻重量，引起气孔率的增加，故不产生应力，可以快速进行。原料在排除化学结合水后永远失去可塑性。因此，可以把脱去化学结合水的黏土（俗称烧黏土）当作瘠化剂掺入到制砖原料中，以改善坯体的干燥性能。

（2）大气吸附水

牢固地存在于原料的细毛细管中（直径小于 1×10^{-5}cm 的毛细管）及细小分布的原料胶体颗粒表面的水，均属大气吸附水。此水的吸附量决定于坯体周围空气的温度和相对湿度；空气中的相对湿度愈大，坯体所含大气吸附水量愈多。在一定的温度下，坯体所含的水分与该温度下饱和空气达到动平衡时，该坯体所含水分是大气吸附水的最高点，超过这一点的就是自由水。这种结合形式的水分结合强度中等，排除这部分水分时，坯体不发生收缩，不产生应力，干燥速度可加快而不产生开裂。

在一定温度、一定相对湿度的条件下，坯体内水分最终要与周围空气达到平衡状态，即坯体表面上的水蒸气分压与它周围空气中的水蒸气分压相等，此时坯体所含的水分叫平衡水，平衡水为大气吸附水的一部分，此水分不能再为原干燥介质所排除。坯体内的平衡水量决定于周围空气温度和湿度，空气的温度越高或者相对湿度越低，平衡水量越少。

平衡水与空气相对湿度的关系用图 5-1 所示的吸附等温线表示。图中曲线是在一定温度下某物料与大气中不同相对湿度平衡水分的曲线。曲线上面有斜线的区域叫作吸着范围，无斜线的区域叫作解吸着范围。吸着范围表示物料在一定温度和不同相对湿度条件下将由大气中吸附水分的范围，解吸着范围表示物料在一定温度和不同相对湿度条件下脱去水分的范围。

（3）自由水

自由水包括渗透结合水及大毛细管水（指直径大于 1×10^{-5}cm 的毛细管中的水）。它是由原料直接与水接触而吸附的。如为使泥料易于成型而加入的超出大气吸附水最高量的那部分水分，这种形式的水分与原料松弛地结合着，很容易排除。当坯体排除这部分水分时，原料颗粒互相靠拢，产生收缩，其收缩体积大小约等于失去的自由水体积。故自由水也称收缩水。在干燥过程中排除自由水时要特别小心，否则易引起坯体开裂。排除自由水以后，坯体再继续干燥时，其体积只有微小收缩。

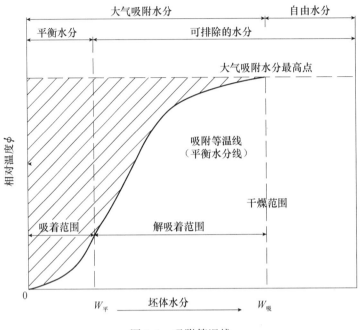

图 5-1　吸附等温线

5.16　什么是坯体的干燥收缩?

坯体在干燥过程中，随着脱水的进行，其尺寸发生收缩的现象，叫作干燥收缩。

未经干燥的湿坯体可以看成由连续的水膜包围原料颗粒所组成，颗粒与颗粒之间被水膜所分开，在干燥过程中，随着水分的排出，颗粒与颗粒互相靠拢，使坯体发生收缩，随着水分的不断排出，坯体不断收缩，当坯体中的各颗粒靠近到相互连接后，坯体基本上就不再收缩，继续排除水分，仅增加坯体的气孔率。

干燥收缩可分为线收缩、面收缩和体积收缩。决定收缩值大小的主要因素是原料的性质和坯体的成型水分。一般来说，塑性指数高的原料，收缩值也大些；同一种原料，随着成型水分的增加，收缩值也增加。坯体中的塑性物质在干燥收缩过程中会产生应力，重庆地区的一些页岩砖坯产生的内应力为 $1.96 \sim 2.45\mathrm{MPa}$（$20 \sim 25\mathrm{kgf/cm^2}$）；福建省有的高塑性黏土砖坯产生的内应力可达 $6.86\mathrm{MPa}$（$70\mathrm{kgf/cm^2}$）或更大。干燥收缩大的坯体在干燥过程中容易产生缺陷（变形、裂纹）。在干燥过程中，保持坯体的各部位含水率差值不大，使产生的应力均匀，避免应力集中，可避免或减少缺陷产生。制砖瓦原料干燥线收缩率一般为3% ~ 10%。

干燥收缩通常用线收缩率表示。线收缩率是指收缩的长度对成型后坯体上记号距离的百分数，可用下式表示：

$$m_{干} = \frac{a - b}{a} \times 100\%$$

式中　$m_{干}$——干燥线收缩率（%）；

　　　a——成型后坯体上记号间的距离（mm）；

　　　b——干燥后坯体上记号间的距离（mm）。

设：a 为 200mm，b 为 191mm，则：

$$m_{\mp} = \frac{a-b}{a} \times 100\% = \frac{200\,mm - 191\,mm}{200\,mm} \times 100\%$$

$$= \frac{9\,mm}{200\,mm} \times 100\% = 4.5\%$$

5.17 什么是坯体的临界含水率?

坯体在干燥过程中,由等速干燥阶段过渡到降速干燥阶段的转折点称为临界点,临界点处坯体的平均含水率称为临界含水率。

在临界点处,坯体表面自由水已蒸发完毕,只存在大气吸附水,所以到达临界点坯体已基本停止收缩,再继续干燥时,只增加坯体的孔隙。因此,临界含水率是干燥技术中的一个重要工艺参数,当坯体内水分小于临界含水率以后,可采取加快干燥速度的措施,而坯体不会产生裂纹。但在临界点以前,干燥过程要特别小心,以防出现裂纹。

由于临界含水率是坯体表面停止收缩时的平均含水率,所以影响临界含水率的最根本原因是原料本身的性质,对同一种原料来说,决定于内部水分移动速度和表面水分蒸发速度的大小,也就是决定于介质温度、湿度、流速、坯体的成型温度和成型水分等。

变更介质相对湿度对某坯体临界含水率的影响如表 5-9 所示。

变更介质相对湿度对某坯体临界含水率的影响

(介质温度为 35℃,介质流速为 2.14m/s) 表 5-9

介质相对湿度 φ(%)	坯体临界含水率 (%)
18.7	20.1
27.3	15.2
57.3	14.3
75.8	11.0

变更介质温度对某坯体临界含水率的影响如表 5-10 所示。

变更介质温度对某坯体临界含水率的影响

(介质相对湿度为 37.3%,介质流速为 2.1m/s) 表 5-10

介质温度 t(℃)	坯体临界含水率 (%)
15	15.2
25	16.1
35	17.7
45	18.6

变更介质流速对某坯体临界含水率的影响如表 5-11 所示。

变更介质流速对某坯体临界含水率的影响

(空气温度为 40℃,介质相对湿度为 30%) 表 5-11

介质流速 (m/s)	坯体临界含水率 (%)
0.5	9.8
1.007	10.7
2.150	12.8
5.150	14.7

变更试件厚度对某坯体临界含水率的影响如表 5-12 所示。

变更试件厚度对某坯体临界含水率的影响

（介质温度为80℃，相对湿度为30%，流速为2.14m/s） 表 5-12

试件厚度（mm）	坯体临界含水率（%）
6	17.75
3	16.95
1	16.75
0.5	8.8

5.18 什么是坯体干燥过程中水分的外扩散和内扩散？

坯体内水分在干燥过程中的移动由两个过程组成，首先坯体表面获得热量后水分蒸发，由流动着的热气体将蒸发的水分带走，此时坯体内部水分则移向表面，再由表面蒸发，直至干燥结束。前一过程称外扩散，后一过程称内扩散（或湿传导）。这两种扩散在干燥过程中不是截然分开，而是相互联系的。总的干燥速度决定于坯体表面的蒸发速度及坯体内部水分向表面的移动速度。

（1）外扩散

坯体与热空气接触时，坯体表面的水分由液态变为气态（俗称蒸发），并借扩散作用进入周围空气中。水分外扩散的动力是坯体表面的水蒸气分压与周围空气的水蒸气分压之差值。只有当坯体表面的水蒸气压力大于周围的水蒸气分压力时，坯体表面的水分才能扩散到周围空气中去，干燥才能进行。

从坯体自由表面蒸发水分量（g）可用下列关系式表示：

$$g = \beta(p_{表面水蒸气} - p_{水蒸气}) \qquad [kg/(m^2 \cdot h)]$$

式中　β——蒸发系数（空气运动速度的经验系数，1/h），它与运动速度V(m/s)之间有如下关系：

$$\beta = 0.00168 + 0.00128V$$

$p_{表面水蒸气}$——坯体表面的水蒸气分压（kg/m²）；

$p_{水蒸气}$——干燥介质的水蒸气分压（kg/m²）。

由上面公式可知，从坯体表面蒸发的水量与蒸发系数及水蒸气分压差值有关，干燥介质流动速度越大或水蒸气分压差值越大，则外扩散速度越快。

（2）内扩散

水分在坯体内的移动称内扩散，内扩散动力是靠扩散渗透力和毛细管力的作用。根据水分在坯体内移动原因不同又可分为湿扩散和热湿扩散。

湿扩散产生的原因是由于坯体内存在水分差即湿度梯度，在湿度梯度的作用下，水分由坯内水分高的地方向坯表水分低的地方移动，这种移动也称湿传导。此时水分移动的速度与湿度梯度及湿传导系数成正比，而湿传导系数大小取决于坯体的温度及含水率。

热湿扩散是由于坯体内存在温度差即温度梯度，在温度梯度作用下，水分由坯内温度高、表面张力小的地方向温度低、表面张力大的地方移动，这种移动又称热湿传导。此时水分移动的速度与温度梯度及热湿传导系数成正比，而热湿传导系数的大小取决于坯体内的含水率。

湿坯体与热空气接触时，坯体表面水分由液态转为气态，并被流动着的空气带走，由于坯体表面水分的蒸发，使坯体表面含水率小于内部含水率，产生了湿度差（即湿度梯度），于是水分就从较湿的内层向较干的表层移动，即此时由湿度梯度引起的内扩散方向是由内向外。当坯体在成型时本身未加热，即热空气温度总是高于坯体温度，热气体先将热量传给表面，再由表面将热量传至内部，故表面温度总是高于内部温度，产生了温度梯度，因而会导致水分由温度较高的表面移向温度较低的内层。由于水分最终要向水分含量减少的方向移动，所以热湿传导成了湿传导的阻力，为了加速干燥，应采用新的干燥方法，使湿传导和热湿传导所引起的水分移动方向都由内部向表面，以达到提高产量和质量的目的。

鉴于坯体干燥速度决定于其表面蒸发速度（水分的外扩散速度）和水分的内扩散速度。当表面水分蒸发以后，需要有内部扩散来的水分补充。否则，当表面与内层湿度梯度过大时会出现裂纹。

有一种采用周期性的加热、静停交替法，即"有节奏的干燥制度"，砖坯在经过热气流短时间喷吹（喷吹时可不断改变方向）后，排除部分水分，然后在含有一定湿度的气体中静置。静置的目的是平衡坯体内部的含水量，避免出现裂纹。

5.19 影响坯体干燥速度的因素有哪些?

影响干燥速度的因素很多，主要有：

（1）坯体原料的性质和坯体的形状、大小、厚度、孔洞率等。

应该指出的是，由于砖瓦原料一般是性能各异多种成分的混合物。在其加工制备和坯体成型过程中将产生内应力，湿坯体的内应力将大大地牵制了随后的干燥速度。因此，原料制备的加强和坯体成型过程的改善，对湿坯体干燥时间的缩短起着决定性作用。

有的厂，在原料制备，特别是坯体成型过程中造成的缺陷，导致随后的干燥速度只能达到物料允许的干燥速度的40%~50%。

（2）坯体的成型含水率、临界含水率、残余含水率。

（3）坯体本身的温度越高，则干燥速度越快。故坯体在成型时加热，可以提高干燥速度。

（4）干燥介质的温度越高，则干燥速度越快。但温度过高会使坯体开裂。

（5）干燥介质的相对湿度越低，则干燥速度越快，在等速干燥阶段此影响最显著。干燥介质的流动速度越大，干燥速度越快。

（6）干燥介质与坯体的接触面积越大，则干燥速度越快，接触面积的大小主要决定于坯体的码坯形式。

（7）干燥室结构、送排风形式。

什么是间歇式干燥室? 什么是连续式干燥室?

间歇式干燥室是指被干燥的坯体分批次进出，干燥制度循环进行的一类干燥室。连续式干燥室。是指被干燥的坯体连续由一端进，由另一端出，干燥制度稳定，不随时间变化的一类干燥室。

连续干燥室又可按干燥介质与坯体的运动方向不同分为顺流和逆流两种。砖瓦坯体干燥一般采用逆流式。

5.20 什么是隧道干燥室？砖坯隧道干燥室的送风和排潮方式有哪几种？

隧道干燥室是连续工作干燥室。室内沿长度都有一定的温、湿度。我国砖瓦厂多采用干燥车做坯垛运载设备的逆流干燥室。它尤为适合同一种规格制品大量连续生产的场合，便于实现机械化。其干燥段能源源不断得到新热源的补充，以加速干燥过程。它比室式干燥室的机械化程度高、劳动强度低、热能利用率高。

坯体一般采用几块叠码成垛在干燥车上。干燥车一般为铸铁质（铸铁比型钢耐腐蚀）。成都郫县五星砖厂的干燥车是木质的，可吸水。南京新宁砖厂曾用钢筋混凝土干燥车（撞击坏后需修补）和铸铝干燥车。亦可将干燥车做成多层格架，坯体进行单层干燥。单层干燥能使坯体多面受风，且在不受压的情况下自由收缩，可大大缩短干燥周期，提高干坯体的质量。河南荥阳砖厂隧道干燥室的干燥车是单层码放坯体，产品规格为240mm×115mm×90mm多孔空心砖，坯体立码，孔与干燥室长度方向一致。

砖坯隧道干燥室送风方式有：分散底送风、集中底送风、分散侧送风、分散底送风和分散侧送风相结合、集中上送风、分散上送风等。

排潮方式：集中上排潮、集中下排潮、分散侧排潮、分散上排潮（正压排潮）等。

砖坯隧道干燥室送风和排潮方式实例如表5-13所示。

砖坯隧道干燥室送风和排潮方式实例 表5-13

干燥室编号	干燥室尺寸（m）	送风方式	排潮方式
1	50.40×1.16×0.86	分散底送风	集中上排潮
2	57.00×1.16×1.10	分散底送风	分散上排潮（正压排潮）
3	62.00×1.15×0.84	分散侧送风	集中上排潮
4	57.00×0.95×0.85	分散底送风和分散侧送风	集中上排潮
5	52.00×0.92×1.30	分散底送风和分散侧送风	集中下排潮
6	65.40×0.96×1.10	分散侧送风	分散侧排潮
7	36.00×0.96×1.32	集中底送风	集中下排潮
8	32.00×0.87×1.35	集中上送风	集中下排潮

一次码烧工艺的干燥窑，一般断面较大。送风方式有分散侧送风、分散上送风等；排潮方式有分散侧排潮、集中上排潮等。

逆流隧道式干燥室示意如图5-2所示。

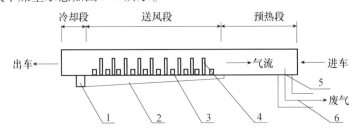

图5-2 逆流隧道式干燥室示意

1—热风总道；2—热风支道；3—底进风口；4—侧进风口；5—排风口；6—排风道

5.21 砖瓦原料几种主要矿物的干燥线收缩率如何？

几种主要矿物干燥线收缩率如表 5-14 所示。

几种主要矿物干燥线收缩率

表 5-14

矿物名称	干燥线收缩率（%）
高岭土	3 ~ 10
伊利石	4 ~ 11
多水高岭石	7 ~ 15
蒙脱石	12 ~ 23

5.22 和实心坯体相比，空心坯体干燥有什么特点？

由于空心坯体的孔洞存在，增大了蒸发表面积，使其总的干燥速度比实心坯体快约1/4。在干燥过程中的各个阶段，干燥制度（速度）与实心坯体不一样。由于空心坯体挤压断面积减少，坯体密实度增加（实心坯体一般含有30%左右的气孔率），限制了干燥初期水分蒸发的速度。此外，孔洞及边角的存在，容易造成不均匀的脱水收缩，引起坯体开裂，所以空心坯体的初期干燥速度比实心坯体慢。另外，空心坯体在干燥时，由于孔洞的存在，坯体收缩时受到的压力比实心坯体小，因而，其体积收缩绝对值比实心坯体大。

5.23 什么是瓦坯隧道干燥室？

瓦坯隧道干燥室与砖坯隧道干燥室相似，只是断面有些不同。瓦坯干燥室一般长 35m 左右（按温度和湿度不同等分成 5 段，每段约 7m），内宽 2.4m（内设双车道，如陕西省西安机瓦厂形式），高 1.9m；也有的将干燥室建成一个整体，中间不设纵隔墙，可并排设 6 车道（如北京原窦店砖瓦厂形式）。

砖坯干燥室面积较大，一般建在室外，因此顶盖要考虑保温和防水处理；而瓦坯干燥室面积较小，其顶盖上设置的通风设备较多，一般建于室内，应考虑保温，但不必考虑防水。

瓦坯干燥室和砖坯干燥室一样，也是按逆流干燥原理进行干燥，即气流方向与瓦坯移动方向相反。

瓦坯干燥室内气流在沿着隧道纵方向的同时，在每分段内还有横方向的气流活动，在全长 35m 的隧道内，按每段对温度和湿度不同要求分成 5 段，除进车段外，每段都有气流循环和干湿空气混合的设施，以加强每段内温、湿度的均匀性和便于对热工制度的控制。

5.24 什么是室式干燥室？

室式干燥室是周期性进行间歇干燥的设备。一般由若干条干燥室轮流作业，从而能连续地生产出干坯。每条干燥室内设有多层格架：有钢架、木架或砖砌架。坯体码在托板（或条板）上由小车运入放置在格架上，装满一条干燥室后，即关闭室门，开始送热排潮，按预定干燥制度分阶段进行干燥作业。坯体干燥后，打开室门运走。干燥室完成一个干燥周期后，接着进行下一批制品的干燥。这种干燥室便于控制和改变干燥制度，比较适合多品种生产和薄壁、异型坯体的干燥，对单班制成型的工厂尤其适宜。干燥周期一般为 24 ~ 48h。

如某砖瓦厂干燥平瓦的三条室式干燥室，长10m、宽3m、高2.05m，底部和两侧分散送风，底部分散排潮，每条干燥室内有两条送风道和一条排潮道。

室式干燥室的优点是：适合于多种规格制品的生产；投资少，施工简便；成型和干燥班次可以不同。缺点是：装卸工作量大，劳动强度大，干燥周期长，坯体倒手次数多，损失大，热利用率低。

室式干燥室的热能消耗一般比隧道干燥室高20%～30%，这个差别是由于干燥的方法不同而引起的。隧道干燥室是按逆流原理运行工作的，因此从头到尾的整个干燥周期中都具有较好的热利用效果。室式干燥室的干燥过程是在各自独立的室内进行的，因而只有在最初的干燥状态下才能获得较高的热效率。但在整个干燥周期内，热利用率越来越低，在干燥的最后阶段，热利用率等于零。且出干燥室的坯体未能得到较充分的冷却。

隧道干燥室蒸发1kg水的热耗为3762～4598kJ（900～1000kcal），而室式干燥室在良好的工作状态下为5016～5825kJ（1200～1400kcal），差的热耗达8360kJ（2000kcal），甚至更高。

按逆流原理运行的隧道干燥室，其干燥过程实际上不是只有两个或三个阶段，而有无数个阶段。在整个干燥过程中，坯体湿度和空气湿度保持一个平行的微小差异，温度也如此。

5.25　什么是链式干燥室？

坯体在链传动的吊篮内进行连续快速干燥的设备。由干燥室和吊篮运输机组成。后者是在两根闭路链带上，每隔一定距离悬挂一个吊篮作水平方向和垂直方向的运动。热空气由风机送入干燥室，以逆流方式进行干燥作业。可用于空心砖坯和瓦坯等薄壁制品的单层干燥。机械化程度较高，干燥速度快，热利用率高。

链式干燥室中的坯体一般采取单层码放，被干燥的坯体处于较均匀的介质环境之中，所以能够在更高的温度下运转，属快速干燥室。通常采取坯体叠码在隧道干燥室中需要12h干燥时间的多孔砖坯，改在链式干燥室中仅需约4h。

链式干燥室有单通道、双通道、三通道等形式。坯体运动轨迹多为环形。

链式干燥室的通道布置灵活，能把成型、码窑工序联系起来。

5.26　怎样通过估算为干燥室选用风机？

选择风机的先决条件，是先要求得所需风机的风量、风压（全压）。全压可从系统阻力求得，风量则由热工计算求得，但上述计算十分繁琐，故生产工厂常用经验估算法为干燥室选择风机。其具体方法如下：

（1）砖坯每蒸发1kg水，耗热量为4598～5434kJ（1100～1300kcal），耗空气量为35～40m³。

（2）送风机全压为1200～1500Pa。

（3）排潮风机全压为700～1000Pa（以上为离心式通风机集中排潮时的数据，当采用轴流风机分散排潮时，全压一般为350Pa左右）。

（4）通过上述数据，对照风机样本，选择风机型号。

例：某厂干燥室日产砖坯13万块，进干燥室湿坯质量3.3kg，成型水分20%，出干燥室干坯含水率6%，求送、排风机风量。

解：①计算干燥室每小时蒸发水分数量：

$$Q_1 = \frac{日产量}{24} \times 单块湿坯质量 \times \frac{成型水分 - 残余水分}{100 - 残余水分}$$

$$= \frac{130000}{24} \times 3.3 \times \frac{20-6}{100-6} = 2662 (kg/h)$$

②计算干燥砖坯所需热量：

设：每蒸发 1kg 水耗热 5016kJ（1200kcal），则：

$$Q_2 = 2662 \times 1200 = 3194400 (kcal/h)$$

③计算干燥砖坯所需风量：

设：热风温度为 120℃，排潮废气温度为 40℃，则：

$$热风标准风量 = \frac{热量}{空气比热 \times 热风温度}$$

$$= \frac{3194400}{0.31 \times 120} = 85871 (Nm^3/h)$$

$$热风实际风量 = 标准风量 \times \frac{273+120}{273}$$

$$= 85871 \times \frac{273+120}{273} = 123616 (m^3/h)$$

排潮废气量应为干风量与水蒸气量之和。

a. 干风量 $= 85871 \times \frac{273+40}{273} = 98453$（$m^3/h$）。

b. 0℃时 1mol 水蒸气为 18g，22.4L。即 18kg 为 22.4m³。

故 0℃时蒸发水分的体积为：$\frac{2262 \times 22.4}{18} = 2815$（$m^3/h$）

40℃时蒸发水分的体积为：$\frac{2815 \times (273+40)}{273} = 3227$（$m^3/h$）

c. 40℃时排潮总体积为：98453 + 3227 = 101680（m^3/h）

应该指出的是：送热风中带入的水蒸气量未计；由于排潮一般是负压，外界空气会在干燥室的不严密处被吸入排潮风机，增加排潮风机负担。故一般排潮体积与送热风体积相接近，或大于送热风体积。

国外有些现代化干燥室，要求风机具有耐热、防潮、耐腐蚀性能，以适应干燥室内湿热条件下工作。这类风机均为轴流风机，叶片是由铝合金或耐热钢制成。

重庆某风机厂可生产 8#~30# 各种规格的高风压变频轴流风机，其叶轴为高品质进口材料，轴承耐高转速、高温度性能好，故维修工作量很小。

5.27 坯体干燥过程分为哪几个阶段？

在干燥介质条件不变的情况下，可将整个干燥过程分为四个阶段。

（1）加热阶段

如在成型时未加热的坯体，则干燥以前坯体温度为大气温度，随着干燥的进行，坯体表面温度升高，干燥速度加快，直至坯体温度等于干燥介质湿球温度。此时传给坯体热量恰好与坯体表面水分蒸发所需要的热量相等，达到了热的平衡，进入干燥的等速阶段。如坯体在成型时已加热，可省去这一阶段或缩短这一阶段的加热时间。

（2）等速干燥阶段

是干燥过程的主要阶段，为自由水排除阶段。此时，由于坯体中含水率较高，坯体表面蒸发了多少水分，内部就能向表面补充多少水分，即坯体内部水分移动速度（内扩散速度）等于表面水分蒸发速度（外扩散速度），所以坯体表面能维持潮湿。干燥介质传给表面的热量恰好等于坯体表面水分汽化所需要的热量，坯体表面温度不变，等于干燥介质的湿球温度。

由于在加热阶段坯体水分的不断蒸发，至加热结束表面的水蒸气压达饱和状态，即坯体表面的水蒸气压等于此温度时的饱和水蒸气分压，而干燥介质的水蒸气分压是定值，所以坯体表面的水蒸气压与干燥介质的水蒸气分压差值最大，且保持不变，故此时干燥速度最大，并为一恒定值。

由于内扩散速度能赶上外扩散速度，所以等速阶段干燥速度的大小取决于外扩散速度的大小。

在此阶段由于排除自由水，坯体产生收缩，所以在操作上应特别注意，若有不慎，坯体易产生开裂、变形，造成干燥废品。

（3）降速干燥阶段

为大气吸附水排除阶段，坯体的含水率达到临界含水率。此时，由于坯体中含水量的减少，坯体内部水分的移动速度跟不上表面水分的蒸发速度，即内扩散速度小于外扩散速度，因此，表面不再维持潮湿。干燥速度逐渐降低，此时坯体表面的水蒸气分压小于该温度下的饱和水蒸气分压。由于坯体水分蒸发所需热量减少，所以坯体温度逐渐升高。

此阶段干燥速度的大小取决于内扩散速度的大小。

由于此阶段排除的是大气吸附水，坯体不再产生收缩，不会出现干燥废品。

（4）平衡阶段

在一定干燥制度下，坯体所含水分为大气平衡水时，干燥速度为零，干燥过程终止。

以上叙述的干燥过程的四个阶段是在恒定干燥条件下进行的，在实际生产中，由于干燥条件是变动的，所以很难绘出典型的、各阶段非常明显的曲线，但上述各阶段事实上是存在的。

5.28 介质温度、湿度、流速如何影响坯体干燥过程？

介质温度、湿度、流速对坯体干燥过程的影响：

（1）介质温度

干燥介质温度是介质带走水分能力的标志之一，温度越高，带走水分的能力越强，坯体脱水速度就越快。但如温度过高，会使坯体表面水分蒸发太快，内部水分向表面移动速度小于表面水分蒸发速度，造成：①坯体表面收缩大，而内部收缩小，内部对表面产生张应力，当这个应力大到一定值时，坯体表面就要开裂；②因表面干得快，故表面的水蒸气压降低，表面蒸发速度减慢，反而延长了干燥周期。

（2）介质湿度

如干燥介质湿度太高，则坯体脱水速度缓慢，严重时还可能出现凝露现象。湿度过低，易使坯体开裂。介质的湿度既起着保护坯体不裂的作用，又起着限制干燥速度的作用。一般干燥室进车端介质的相对湿度为 80% ~ 95%，这个数值越大越经济，其原因是排走同样多的水分需要的介质量较少，虽坯体脱水速度较慢，但不易开裂。

重庆原六砖厂隧道干燥室的送风温度为 119℃，相对湿度为 3%；排潮温度为 43℃，相对湿度为 87%。

（3）介质流速

干燥介质流速越大，坯体表面水分蒸发越快。一般干燥介质的流速为 2 ~ 5m/s。某厂坯体在介质流速为 0.6m/s 时的干燥周期为 40h，而当介质流速增至 3.2m/s 时，干燥周期缩短为 18h。但介质流速必须与坯体的干燥性能相适应，应在保证干燥质量的前提下增大流速，缩短干燥周期。

坯体干燥时的蒸发系数 β 与介质流速 V 的关系可用下式计算：

$$\beta = 0.00168 + 0.00128V$$

用上式可以算出 $V = 0.5m/s$ 时的蒸发系数 β 为 0.00232；$V = 2m/s$ 时的蒸发系数 β 为 0.00424，约增大一倍，因而干燥速度也约增大一倍，干燥时间也约缩短一半。

介质流速 V 与蒸发系数 β 的关系如表 5-15 所示。

介质流速与蒸发系数的关系   表 5-15

介质流速 V（m/s）	蒸发系数 β	为 $V = 0.5m/s$ 时蒸发系数的倍数（倍）	介质流速 V（m/s）	蒸发系数 β	为 $V = 0.5m/s$ 时蒸发系数的倍数（倍）
0.5	0.00232	1	4.5	0.00744	3.21
1.0	0.00296	1.28	5.0	0.00808	3.48
1.5	0.00360	1.55	5.5	0.00872	3.76
2.0	0.00424	1.83	6.0	0.00936	4.03
2.5	0.00488	2.10	6.5	0.01000	4.31
3.0	0.00552	2.38	7.0	0.01064	4.59
3.5	0.00616	2.66	7.5	0.01128	4.86
4.0	0.00680	2.93	8.0	0.01192	5.14

5.29 气体发生运动的原因是什么？

气体的体积对热很敏感，当温度稍有变化时，就会引起体积的较大变化。温度升高，体积膨胀；温度降低，体积缩小。随着气体体积的变化，它的密度（即单位体积气体的质量）也发生变化。温度升高，密度减小；温度降低，密度增大。在一定的压力下，气体的体积与绝对温度成正比，气体的密度与绝对温度成反比。气体体积和气体密度随温度的变化可用以下两式表示：

$$V_t = V_0 \left(1 + \frac{t}{273}\right)$$

$$\gamma_t = \gamma_0 \left(\frac{273}{273 + t}\right)$$

式中 V_t、γ_t——温度为 t℃时，气体的体积（m³）及密度（kg/m³）；

V_0、γ_0——温度为0℃时，气体的体积（m^3）及密度（kg/m^3）；

t——气体的温度（℃）；

$\dfrac{1}{273}$——气体体积膨胀的温度系数。

气体是容易流动的，当它受到外力作用时，就会发生运动。由于气体有热胀冷缩和容易流动的特性，故当一部分气体受热后，就会导致体积膨胀，密度减小而变轻，有一个上升的趋势，而周围比它重的较冷气体有下降补充上升热气体留下的空间趋势。这就是气体受热发生运动的原因，这种运动叫作自然运动。如窑内气体在烟囱抽力作用下的运动，就是自然运动。而气体由于在外力作用下所发生的运动，叫作强制运动。如用抽热风机将窑内余热和烟热送往干燥室，就是强制运动。

气体在窑内稳定流动时，具有位能、动能、压力能和阻力损失等四种能量，即通常称为几何压头、动压头、静压头和阻力损失压头。这几种压头有的可互相转换。其转换规律是：几何压头和静压头可互相转换；静压头和动压头可相互转换；动压头可转换为阻力损失压头，这是不可逆的。即：

$$h_几 \rightleftharpoons h_静 \qquad （可逆）$$
$$h_静 \rightleftharpoons h_动 \qquad （可逆）$$
$$h_动 \longrightarrow h_失 \qquad （不可逆）$$

压头之间的转换结果，其总和是不变的。压头的单位可用液柱高度如 mmH_2O 或 $mmHg$ 来表示（国际单位制中以 Pa 表示，$1mmH_2O = 9.807Pa$）。这样表示是为了方便，并非意味着压头就是压强，压头是能量。

（1）几何压头

当某处气体的密度和周围气体的密度不同时，该处气体就有一个上升（其密度小于周围气体密度时）或下降（其密度大于周围气体密度时）的力。此时该气体就具有了几何压头。几何压头是指某一水平面下某点对该平面来说的。它的大小可由下式求得：

$$P_几 = H(\gamma_0 - \gamma_t)$$

式中　$P_几$——几何压头（Pa，mmH_2O）；

　　　H——气体高度（m）；

　　　γ_0——温度为0℃时气体的密度（kg/Nm^3）；

　　　γ_t——温度为t℃时气体的密度（kg/Nm^3）。

（$1mmH_2O = 1kg/m^2$，在0℃和1个大气压的状况下，空气的密度为 $1.293kg/Nm^3$，烟气的密度为 $1.3kg/Nm^3$）。

几何压头是用计算方法求得的。

（2）静压头

窑（或管道）内气体压力与窑（或管道）外大气压力之差叫静压头。当窑（或管道）内气体压力大于大气压力时叫正压；当窑（或管道）内气体压力小于大气压力时叫负压，负压就是通常所讲的抽力；当窑（或管道）内外压力相等时为零压。

静压头是没有方向的。

在自然流动中，静压头是由几何压头转变来的；在强制流动中，静压头是由通风机产生的。

静压头是使气体发生运动能力大小的指标。它的大小可以用 U 型压力计直接测定。

（3）动压头

由于气体的运动而具有的压力叫作动压头。静止的气体是没有动压头的。气体运动的速度愈快、密度愈大，则具有的动压头也愈大。动压头是气体动能大小的量度。它的大小可由下式求得：

$$P_{动} = \frac{\gamma_t \cdot w^2}{2g}$$

式中　$P_{动}$——动压头（Pa，mmH_2O）；

　　　w——气体运动的速度（m/s）；

　　　γ_t——温度为 $t℃$ 时气体的密度（kg/m^3）；

　　　g——重力加速度（$9.81m/s^2$）。

动压的方向是气体运动的方向。动压没有负值。

动压头的大小可用毕托管测定。然后即可由上式计算出气体运动的速度。

静压和动压可以互相转换。静压与动压之和叫全压。

（4）阻力损失压头

为气体运动消耗在各种阻力上损失的压头。压头损失消耗气体的动能。

5.30　和负压排潮相比，隧道干燥室正压排潮的优、缺点有哪些？

优点：①由于干燥室处于全正压状态，杜绝了外界冷空气侵入室内，使干燥过程受外界影响的程度大大削弱；②分散送风和分散排潮，能灵活调节送风口和排潮口；③取消了干燥室两端的门，从而也省去了开启和关闭两端门的工序；④和负压排潮相比，介质流经顶隙和边隙的量相对较少，干燥室横断面温度较均匀，故同一横断面的坯体脱水程度差距不大；⑤省去了易被含硫潮气腐蚀的排潮风机（在采用负压排潮时，排潮风机常年处于潮湿或含硫的环境中运行，极易被腐蚀。为了延长其使用寿命，可在风机与介质接触面上喷涂防腐油漆）。

缺点：①废潮气分散低空排放，不但污染了周围环境，而且治理难度大；②各个排潮囱排出的废潮气相对湿度不一样，越靠近进车端相对湿度越高，越靠近出车端相对湿度越低，最低的仅为 30% 左右（提高干燥效率有潜力可挖）；③要求排潮囱的流速不小于 1m/s。

5.31　在对流干燥中如何加快传热速率？

在对流干燥中，热空气传给坯体的热量：

$$Q = \alpha(t_1 - t_2)F$$

式中　t_1，t_2——分别为干燥介质和坯体表面温度（K）；

　　　F——对流传热面积（m^2）；

　　　α——对流传热系数（$KJ/m^2 \cdot h \cdot k$）。

由上式可见，为提高传热速率，应采取：

（1）提高干燥介质温度。但也不能使坯体表面温度上升过快，以免产生开裂。

（2）增加传热面积，即增加坯体与气流接触面积，如采取改变坯体码法等方法增加传热面积。

（3）提高对流传热系数 α，常用的办法是增大气流相对于坯体的流速，以减薄流体边界层厚度。

5.32 什么是空心坯体的对流快速干燥？

①坯体应同时接受穿流和环流风。②使介质在流动状态下取得平衡，避免或减少气体分层现象，使干燥介质能均匀地包围被干燥的坯体。如不平衡，必然造成干燥室里某些部位已干好的坯体可取出时，另一些部位的坯体未干好，迫使干燥系统继续工作，直到位置不利的坯体也干透，因而延长了干燥周期。如介质进行循环，使任何一个横断面的气体流动状态保持平衡，这样做，每一块坯体在干燥过程中任何时间的干燥条件都是一样的。③增加穿流速度。流速快的气体粒子和流速较慢的气体粒子相比，前者吸收水粒子要容易得多，且低流速的介质易出现层流。④高孔洞率空心砖坯，其表面积大，有利于快速干燥，采取较短的干燥周期。但越是快速干燥，越要注意气体流动状态的均衡性。人们常常断言坯体干燥裂纹是受收缩的直接影响。但是，实际上干燥裂纹不是收缩的直接结果，而是坯体收缩不均匀一致造成的，不均匀一致是由于湿分布不一致造成的。坯体均匀受风，可使湿度差趋于微小。因而，快速干燥所产生的坯体裂纹不应该完全归罪于原料较高的干燥敏感性系数。

应该指出的是，在成型中产生的应力总有一部分保留在制品中，它大大地降低了随后的干燥速度。因此，成型过程的改善对干燥时间的缩短起着重要作用。

5.33 砖瓦坯体干燥时的限制因素有哪些？

限制因素有：

（1）在等速干燥阶段中，水分的排除会导致坯体收缩，从而会产生机械应力，故干燥时应谨慎，不要使这种应力超过其强度承受能力，这一限制值的大小决定于坯体规格尺寸及其对干燥收缩的抵抗能力。改变干燥介质的状态参数、流速、循环方法及坯垛的码放形式可以满足这一限制值的要求。

（2）原材料能够承受的温度和温度梯度。

5.34 水在不同温度下的汽化热是多少？

水在不同温度下的汽化热如表5-16所示。

水在不同温度下的汽化热 表5-16

温度（℃）	水的汽化热（kJ/kg）[kcal/kg]	温度（℃）	水的汽化热（kJ/kg）[kcal/kg]
0	(2487.1)[595]	150	(2115.1)[506]
10	(2466.2)[590]	180	(2015)[482]
20	(2441.1)[584]	200	(1956)[468]
45	(2382.6)[570]	220	(1881)[450]
50	(2374.2)[568]	250	(1705)[408]
80	(2303.2)[551]	300	(1379)[330]
100	(2253)[539]	374	(0)[0]
120	(2199)[526]		

5.35 隧道干燥室为什么强调必须均匀进车?

隧道干燥室的生产方式是连续性的。

在进、排风条件稳定的情况下,干燥室的热工参数主要随进车间隔时间的变化而变化。

干燥热介质是从出车端流向进车端的,随着时间的推移,温度不断下降,湿度不断增高;而坯体则随着往出车端的方向行进,水分不断蒸发扩散,直至达到干燥要求,被推出干燥室。

如进车间隔时间过短或连续进车,坯体很快就被推到高温热介质区域,坯体表面急速脱水,外扩散大于内扩散,致使坯体内外收缩不一致而产生裂纹。此外,由于进车太多,进车端的热介质温度下降,湿度上升又可能引起砖坯结露、湿塌;反之,当长时间不进车时,进车端的热介质温度升高、湿度降低,排潮湿度下降,热量损失必然增加。当再次进车时,湿坯遇到高温低湿介质,又会因脱水过急而产生裂纹。

总之,为了稳定热工参数,保证坯体干燥质量,减少热损失,就必须严格执行均匀进车。

5.36 负压排潮时隧道干燥室内零压点变化对砖坯干燥有何影响?

零压点是干燥室内正压和负压的过渡点。正压段约占总长的 2/3,负压段约占总长的 1/3。正压段不吸入冷空气,可促使坯体干燥均匀。

零压点的位置,主要由送、排风机的风量、风压和系统阻力变化影响以及坯体干燥性能而定。

零压点的变化,标志着干燥室温、湿度及风量的变化,对干燥质量影响很大。因此,通过试验后已确定的零压点位置,不要轻易变动。

常见的零压点位置变化原因及造成的不良影响:

(1)零压点向进车端移动

①排风量减少,进车端介质相对湿度必然增大,甚至达到露点,造成坯体湿塌。

②送风量增大,进车端介质温度必然升高,相对湿度下降,坯体送入干燥室后因急速脱水生成硬壳,因内外应力差增大而产生裂纹。

(2)零压点向出车端移动

①送风量减少,使进车端温度降低,相对湿度增大,产生凝露,造成坯体湿塌。

②排风量增大,进车端温度降低,坯体易产生风裂。

用作图法求零压点位置如图 5-3 所示。

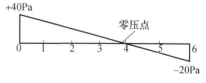

图 5-3　用作图法求零压点位置

5.37 负压排潮时干燥车为什么不能停在隧道干燥室的排风口?

排风口处的负压较大,湿度较低,介质流速较快。码放着湿坯体的干燥车如停在排风口,温度较高的坯体由于受到冷风的强烈侵袭,极易产生风裂;另一方面,受冷风侵袭后的坯体温度下降后,这时再将干燥车推向前进,遭遇湿热气体,介质的相对湿度迅速达到饱和,造成坯体湿塌。因此,当干燥车进入干燥室后,应将它立即推过排风口,而不能让它停在排风口。

5.38 干燥室的热源来自何处?

绝大部分砖瓦厂干燥室的热源来自隧道窑和轮窑的余热。

所谓余热由三部分组成:保温冷却带火眼热、窑券顶部换热及烟热。

保温冷却带可抽出热量多少主要取决于坯体的内燃程度和外燃投入量。

窑券换取的蓄热是空气流经窑皮将热量换走的,其换热量的多少取决于:

(1) 气体在管道内的流速。流速越大,换得的热量越多。但流速不宜过大,过大换得的热风温度低。因此流速一般小于6m/s。

某窑测得的气体流速和换取热量的关系如表5-17所示。

气体流速和换取热量的关系　　　　　　　　　　　　　表 5-17

气体流速 (m/s)	换取的温度 (℃)	换取的热量 (kJ/h)	外界环境温度 (℃)
5.5	106	57057	
5.0	108	53504	
4.0	112	44726	25
3.0	123	37787	
2.0	132	27504	

(2) 换热面积。换热管与窑券接触的面积越大,换热管与窑券贴得越紧,则换热效果越好。

(3) 焙烧时的返火程度。返火越大,窑皮温度越高,换取的热量越多。

烟热是经哈风流入烟道的热量。一种是仅抽高温低湿烟气,低温高湿烟气排至大气;另一种抽取全部烟气。

在使用烟气时,应注意其中的含硫量。硫的氧化物的存在,不但易腐蚀干燥车和风机,而且会恶化工人的操作环境。

某窑抽取的三种余热的风量和热量比例如表5-18所示。

三种余热的风量和热量比例　　　　　　　　　　表 5-18

总流量 (Nm²/h)	总热量 (kJ/h)	保温冷却带火眼热		窑券换热		高温低湿烟热	
		占总流量 (%)	占总热量 (%)	占总流量 (%)	占总热量 (%)	占总流量 (%)	占总热量 (%)
61800	11214940	39.2	64.4	42.1	19.3	18.7	16.3

从表5-18可见,保温冷却带抽得的热量最多;窑券换热不但能补充一部分的热量,并且能大大增加风量;高温烟热也能补充一些风量和热量。

只要利用好这三种余热,完全可以满足湿坯体干燥所需要的热能。

5.39 焙烧窑供给干燥室余热不足的原因是什么? 如何解决?

(1) 内燃料掺量不足或不均匀。实践证明,全外燃烧砖很少有余热可以抽取,即使增加外投煤,也难以保证干燥所需足够的热量。一般来说,为了保证从窑尾余热、窑皮换热和高温烟抽取的热量能满足干燥需要，每块普通砖坯应含有内燃发热量 3550～4180kJ（850～1000kcal）。

（2）风机风量不足。如热风温度较高而干燥效果不佳时，应核查风机能力，如风机能力不足时，可改进或更换风机。

（3）风道截面偏小，造成阻力较大，影响风机能力的发挥。一般要求：热风总道的风速应控制在 10m/s 以下，余热支道横截面当量直径不小于 $\phi 200mm$，支道风速应控制在6m/s 左右。

（4）热工制度不合理，进车不均匀，余热利用率低。应改进操作方法，加强生产管理。

5.40 在隧道干燥室作业中因设备故障不能进车如何操作？如停电一段时间后又来电如何操作？

（1）当因设备故障无法进车而风机仍能正常工作时，应加强热工参数的测定工作，特别是进车端潮气湿度的测定。当湿度下降而未超出规定范围时，可适当降低热风温度及风量。当湿度继续下降，则应停止送风排潮，以免打乱作业制度，给继续生产带来困难。

（2）在停电时，要将进出车端门、检查口、观察孔全部打开，使潮气自动逸出，以减少凝露现象。在恢复来电时，要把停电时打开的门、口全部关好，先开排潮风机，后开送热风机，待热工制度恢复正常后再继续进车。

5.41 为什么有的热风温度较高而干燥室的干燥效果不佳？

温度和热量是两个不同的概念，热量同温度有关，但温度不等于热量，热量还同风量有关。这个关系可用下式表示：

$$热量 = 温度 × 比热 × 风量$$

在干燥室中，衡量干燥能力大小的应是干燥室所获得的热量多少，而热量的多少又取决于温度和风量两个方面。在生产中经常出现：

（1）热风温度较高，但干燥效果不佳。这是因为风量偏小，干燥室得不到足够热量。

（2）热风温度较低，但干燥效果良好。这是因为风量较大，干燥室已获得足够的热量。如上海某砖瓦厂成功采用了"低温、大风量"干燥就是一个很好的例子。

因此可得出以下结论：

（1）单纯用热风温度的高低来表示干燥室的干燥能力是片面的。

（2）在风量不变的前提下，温度是确定干燥能力的决定因素。

（3）衡量干燥能力大小，要兼顾风量和温度两个因素，二者不可偏废。

5.42 砖坯在干燥过程中为什么会出现风裂？解决的办法有哪些？

如何解决砖坯在干燥过程中出现的局部裂纹？

风裂产生的原因和解决办法是：

（1）加强原料风化和湿化，各种原料和内燃料掺配应均匀，及时清除原料中的杂质以保证坯体干燥收缩均匀一致。

（2）及时检修原料制备设备，使其符合工艺技术要求，以保证原料的破碎、搅拌质量。防止由于设备原因，导致原料破碎、搅拌、挤出等工序造成不均匀而使坯体开裂。

（3）及时检修更换挤出机绞刀，防止由于绞刀磨损过大，原料挤出速度不平衡，坯体密实度不一致而使干燥收缩也不一致产生的裂纹。

（4）保持切条机的平整，修理或更换挤出机的机口，以防止由于切条机的不平整，泥条通过时被弯折，造成坯体开裂；防止挤出机的机口四角水（油）路不均匀而产生的裂纹。

水分从坯体中排出时，将产生较大的毛细管作用力，其值可达 $70kg/m^3$。只有提供均质、健康的坯体，才能避免干燥裂纹的产生。

5.43 砖坯在干燥过程中为什么会出现压、拉裂纹？解决的办法有哪些？

压、拉裂纹一般表现为条面断裂，产生的原因和解决办法是：

（1）成型水分偏高。应降低坯体成型水分，提高湿坯体强度，以免因湿坯体过软而被压裂。

（2）原料塑性指数偏低，坯体强度低而引起压裂。可掺配塑性高的原料或减少码坯层数。

（3）原料塑性指数偏高、干燥收缩率过大或不均匀收缩引起的压、拉裂纹。应适当掺配瘠性料，并加强原料均化处理。

（4）坯体温度过低及进车端废气湿度过大造成凝露，使坯体吸收潮气软化而造成压裂。应适当提高坯温和加大排潮风量。

（5）干燥车面不平整。应保持车面平整。

（6）干燥车碰撞引起振动导致裂纹。应加强操作管理。

5.44 怎样避免砖坯在干燥过程中发生酥裂？

（1）加强原料处理，降低成型水分，提高坯体强度。

（2）提高坯体温度。将废气相对湿度控制在95%左右，不宜过高，以免坯体进入干燥道初期产生凝露，阻碍砖坯内部水分排出，随后前行突然遇到高温、低湿气体，使坯体急剧脱水而产生酥裂。

（3）控制干燥后坯体残余水分在6%左右，并及时入窑，以免由于坯体残余水分低，在外界吸收潮气出现回潮而产生酥裂。

（4）因停电或检修临时停开风机时，要打开进、出车端门和检查口，让潮气逸出，以免已脱去一些水分的坯体在干燥道内再次吸湿酥裂。

5.45 怎样预防砖坯在干燥室内出现湿塌现象？

坯体温度过低、干燥介质湿度过高（达到饱和），是出现凝露、甚至湿塌的主要原因。其预防措施是：

（1）原料采用热制备，提高坯体温度，使坯温略高于进车端的气体温度。

（2）加大排潮风量，并适当提高其温度，使排潮口处废气相对湿度保持在95%左右，防止气体达到饱和程度。

但废气相对湿度不宜过低，当相对湿度从95%降为85%，则排出相同质量水分需要增加风量15%～20%，带走（损失）的热量增加15%～20%。

（3）降低成型水分，以增强坯体强度。

5.46 怎样缩小干燥室同一横断面砖坯干燥的不均匀性？

要使干燥室中同一横断面的坯体均匀干燥，就必须使断面上各点干燥介质的流速、温度、湿度趋于一致。但是在实际生产中，由于热空气上浮等因素造成的气体分层，加之坯垛中部间隙小，顶、侧间隙大，顶、侧介质流速大于坯垛中部流速，致使坯垛上面和侧面容易干燥，而中部不易干燥。为了缩小干燥不均匀性，可采取以下措施：

（1）新建干燥室时，坯垛周围的间隙不要留得太大。干燥车的高度应适当低些（减少车下缝隙），以迫使气流从坯垛中间通过。

（2）对已建成的上部空隙过大的干燥室，可在坯垛上面平码一块坯体，或在干燥室的顶部安装挡风板，以缩小顶部空隙。

（3）码坯形式，要尽量照顾到使坯垛各部位的阻力均匀，例如：中部少码一垛；中部多码直坯等。原重庆市六砖厂隧道干燥室两边隙和顶隙风速为 2.85 ~ 3.15m/s，而坯垛中部风速仅为 0.45m/s。经干燥后，坯垛顶部坯体含水率已达 6% 左右，而中部坯体含水率仍超过 10%。后来改中部单层直坯为双层直坯，使其阻力明显减小，气流速度增至 1.8m/s，经干燥后，中部坯体含水率降为 8% 左右。

（4）保证干燥介质的流速不低于 2m/s（一般为 2 ~ 5m/s），较高的流速有助于减少干燥不均匀现象。我国援助阿尔巴尼亚沃拉砖厂的隧道干燥室平均风速为 2.90m/s。

5.47 什么是干燥不均匀系数？

干燥不均匀系数是表示干燥室中气体分层程度的指标。

不均匀系数 K 等于在干燥室同一横断面上最湿处坯体含水率与最干处坯体含水率的比值。即：

$$不均匀系数 \, K = \frac{最湿处坯体含水率}{最干处坯体含水率}$$

设干燥室同一横断面上最湿处坯体含水率为 12%，而最干处坯体含水率为 10%，则：

$$不均匀系数 \, K = \frac{12}{10} = 1.2$$

5.48 为什么有的干燥室配置的送风机已很大，但仍显得风量不足？

要保证干燥室获得足够风量，选择适当风机固然重要，但加大风机并不一定能获得足够的风量。

因为常用的离心通风机属软性风机，它的送风量随系统阻力的增大而减小。当阻力最大（风门关闭）时风机虽仍照常转动，但送风量为零。由此可见，干燥室要得到足够的风量，除配备适当大小的风机外，还必须让风道的阻力不能太大，而风道的做法显得尤为重要。风道阻力的计算，涉及问题颇多，详细计算比较困难，在工厂中可用经验公式估算。

（1）热风总道截面积计算：

$$F = \frac{Q}{3600V}$$

式中 F——热风总道横截面积（m^2）；

Q——总风量（m³/h）；

V——风速（m/s），一般应控制在 10m/s 以下。

（2）干燥室热风支道截面积计算：

$$f \geq F/n$$

式中　f——每条热风支道截面积（m²）；

n——热风支道条数。

（3）干燥室热风支道出风口的总面积，应为热风支道横截面积的 150%～200%。

（4）热风道不应转弯过多，必须转弯时要尽量平缓过渡，避免拐急弯。

（5）风道被砖坯、烟灰等杂物堵塞，使烟道有效横截面积变小，阻力增大，也是干燥风量不足的一个重要原因。

5.49　有的在同一系统中的干燥室，干燥效果不一样，什么原因？

主要原因是：

（1）热风闸门调节不当。

（2）热风支道或热风出口堵塞。

（3）排潮风道堵塞。

（4）未安装热风闸门，因各热风支道阻力不同，致使进入各条干燥室的热风量不同，从而使其干燥能力也各不相同。例如，由于风的冲力，致使远离风机的干燥室获得的热风量最多，而靠近风机的干燥室获得的热风量最少。

上述（1）、（2）、（3）项只要通过逐项检查，可以顺利解决。而（4）项因未装热风闸而引起的各条干燥室干燥能力不一，则只能通过加装风闸来解决。

5.50　原料中加入内燃料后，为什么能改善砖坯的干燥性能？

内燃料属可燃瘠性料，它对砖坯干燥性能的主要影响有：

（1）减少砖坯收缩变形。与原料相比粒径较粗的内燃料颗粒，在砖坯中形成了"骨架"，阻碍原料颗粒在干燥过程中互相靠拢，减少了坯体的干燥收缩，从而使变形、开裂的可能性减小。

（2）降低了砖坯干燥敏感性系数。内燃料的掺入使坯体成型水分下降，同时又使干燥时的临界水分增加，这就使砖坯的干燥收缩提前结束，有利于提高干燥速度，缩短干燥周期。

（3）使砖坯气孔率增大，导湿性提高，内部毛细管作用增强，从而加快了脱水速度，缩短了干燥周期。

（4）由于内扩散作用增强，从而减少了因内外水分扩散速度不一致而引起的砖坯开裂的可能性。

5.51　坯体干燥网状裂纹产生的原因是什么？

坯体干燥时随着水分的排除，体积将相应缩小。由于坯体表面水分比较容易排除，干燥速度快；而坯体内部水分必须通过孔隙来到表面才能逸出，阻力大，故干燥速度慢。若表面干燥速度过快，表面层体积力求缩小，在坯体表面层产生很大的胀应力，当这个胀应力超过坏体强度承受的能力时，就会导致坏体出现网状裂纹。

5.52 什么叫"快速"干燥？

"快速"干燥是指具有更短的干燥时间，通常快速干燥的干燥时间小于12h。其术语"快速"不是非常明确的定义，因为该术语有比常规的连续干燥室"更快"的含义，然而，快速干燥的干燥时间也照样取决于原材料的性能及坏体产品的形状。"快速"干燥室的原理由干燥单个的坏体组成，没有码垛，这样做可以使坏体自由收缩，减少由于叠压码垛干燥时的不均匀收缩而产生裂纹；每个坏体产品是直接暴露在干燥的空气流下，其干燥过程是干燥空气通过所有可能存在的孔洞内完成的（穿流），而不是干燥空气简单地通过坏垛的外部（环流）。快速干燥重要的基本原理之一就是干燥的热气体尽量多的通过坏体（坏垛）的内部空间，扩大热交换的面积。

国外有的空心坏体干燥周期仅为 1.5~4.0h。

5.53 快速干燥室的主要特征是什么？

快速干燥室是干燥坏体处于更均匀的干燥环境下，所以快速干燥室能够在更高的温度下运转。快速干燥室是在封闭的系统内进行的干燥，要干燥的坏体一个接一个的放置在由链条带动的托架或是可移动的支架上。在挤出机之后，当刚刚挤出的坏体能够立刻进入干燥时，这样来自挤出过程中坏体所产生的大部分热量就得到了利用。这样一来，在常规的隧道干燥室中需要花费12h干燥的多孔砖坏，在快速干燥室中仅需要4h。对空心砖来说，使尽可能多的干燥空气通过砖坏的孔洞。屋面瓦坏是放置在尽可能多的暴露外表面的支撑架上。已有某些成熟的新型快速干燥系统在西欧的砖瓦生产厂使用。例如对瓦坏的干燥，在这些新的快速干燥系统中，循环的干燥空气是垂直于瓦坏的表面，而不是平行于瓦坏的表面，从而加速了热交换。

因而，对于相同的瓦坏体来说，这些快速干燥室能够达到的干燥时间更接近于理论上的最佳干燥曲线，正如在实验室快速干燥室中测定的一样。因为瓦坏所经受的干燥条件与干燥空气的平均条件几乎是同样的。

快速干燥室有着高的生产效率以及使用很少的能量，但是快速干燥室有着更为复杂的运转机械，快速干燥室也要求对干燥条件需要有专门操作技能的控制技术。此外，快速干燥室仅能干燥薄壁的产品（如屋面瓦或空心砖），并且在产品品种变换时或在坏体更改时，快速干燥室有着较低的适应性（灵活性）。

应该指出的是，选择干燥制度要因地制宜、应原料制宜、应制品制宜、应具体情况制宜。与"快速"干燥相反，日本某砖厂用高塑性原料生产大型薄壁或异型多孔制品，采用的是"慢速"干燥。为了减少干燥损失，成型后的坏体先经过较长时间的室内或室外静停（自然阴干），使坏体含水率缓慢降低至5%左右，然后再送入隧道干燥室继续干燥。

5.54 什么是湿坏体的静停？

湿坏体采用人工干燥时，成型后（可直接码在干燥车或窑车上）先让其置于厂房（室）内阴干或室外自然干燥一段时间（一般为24h或48h），利用自然界的免费能源（风能和太阳能）使之缓慢地蒸发一些水分。这段时间被人们称为湿坏体的"静停"。静停后坏体中的水分向临界水分接近了一些，坯体强度也提高了一些。较平安地渡过水分蒸发初期，也就是容易产生干燥缺陷的危险期。这样做不但可减少热能消耗，使人工干燥周期缩短，而且经干燥后的坯体质量会更好。但静停时间长，需占用干燥车或窑车数量多，且牵引机需频繁动作。

凡经热制备的坯体，成型后可立即推入干燥室（窑），但如果仍先静停一段时间再进行人工干燥，静停阶段会蒸发更多水分，坯体强度会有更大提高。较高的环境温度可使静停效果更好些。环境温度低于0℃时，不能采用静停工艺，以免冻坏坯体。

值得注意的是：近年来，"自然干燥"又作为一个明智的干燥方式重新受到人们的青睐。其主要原因：

（1）由于自然，干燥周期长，缓慢干燥可收获高质量的干坯体；（2）人工干燥热耗高，几乎和焙烧热耗一样多，采用自然，干燥可减少大量热耗。

5.55　什么是砖瓦坯体的自然干燥？

自然干燥是在露天坯场上或半遮盖、全遮盖的干燥棚内进行，主要是利用太阳的热能和流动的空气来干燥坯体。它不需要干燥设备，容易上马。但它的缺点是：坯场占地面积大；受天气变化影响大；管理工作量大（劳动多、劳动强度大）；护晾材料损耗大；干燥周期长等。

1. 砖坯露天坯场

（1）坯埂式样

坯埂有单埂和双埂两种。一般用普通砖或空心砖或混凝土铺埂面，简易的坯埂也有用泥土填高300mm后夯实、刮平，埂边成斜坡状。单坯埂的埂面宽300mm、底宽500mm，每条为一组，小坯弄宽800mm，大坯弄（作运输车辆通行）为1100～1600mm。双坯埂的埂面宽600mm，中间小坯弄宽800mm，大坯弄为1100～1600mm。坯埂的长度一般为25m。

（2）防雨制品

大草盖（双坯埂用）一般用毛竹片和稻草制成，中间夹一层油毡，式样为A状，长2m，宽1.4m；单埂用的草盖是细竹、稻草夹制的，式样是平的，长3m，宽0.5m。草帘是用麦秆或稻草制成，每隔1m加一根小竹，用棕绳或麻绳编结起来，高约1m，长5m，这种草帘用于挡坯埂两侧。

（3）运输方法

手工操作的运输工具大部分采用劳动车，上面放湿砖坯4板。半机械的运输工具有轻便轨道配角钢制成的运坯车，每车可运湿砖坯12板，比用劳动车推坯工效提高两倍。机械化程度高一些的用电机车牵引，可拖这种坯车8辆，节省劳动力7人，大大减轻劳动强度，并加速车辆的周转。此外还可采用拖拉机、无轨电机车牵引等机械化运输方法。

2. 砖坯干燥棚

砖坯采取坯棚进行干燥的，除我国南方气候温暖而多雨的地区有采用外，其他地区用得不多。坯棚和坯场比较，其主要缺点是棚内干燥周期较长，需干燥棚的数量较多，投资较大；冬季时，由于气温较低，棚内坯体蒸发水分十分缓慢（如采用棚顶可以活动的坯棚除外），有时达不到入窑含水率的要求。其优点是在夏季气温较高时，干燥的砖坯质量较好（上面无大草盖压力，棱角整齐）；有了干燥棚，下雨也能照常生产；坯场上干坯多时，在干燥棚内收储干坯，无须另盖防雨制品，节省人力、物力，比较方便。

干燥棚按码坯方式分为两种：一种是"格子式"，两边用砖砌，中间嵌木板，8 层高，每格可码放普通砖坯 17 块，每个单元可容纳 136 块；还有一种是"坯埂式"，在坯埂的小坯弄中间竖上钢筋混凝土小柱或木柱，在上端用毛竹或圆木搭成"人"字架，上铺油毡或大草盖，可连成 30m 左右的长条，每条坯埂可容纳二条坯埂，可放普通砖坯 8500 块左右。干燥棚按屋顶结构形式分也为两种：一种是"固定式"的，屋顶不能移动，构造比较简单，大多为竹木结构，油毡屋面；另一种是"活动式"的。而"活动式"的又有两种：一种是屋顶能顺着水平方向移动的船篷式晾坯棚；另一种是翻窗式的晾坯棚，形式与中悬式翻窗相似，可根据日照要求来调整屋顶的翻窗角度，随时可受到日光的照射，缩短干燥周期。

3. 制瓦原料

制瓦原料一般可塑性较高，干燥敏感性系数较大，因此在采用自然干燥时，一般先在干燥棚内进行，待初步脱水后（瓦坯有五成干时）再移至露天坯场进行干燥；如制瓦原料性能较好，亦可将瓦坯直接连同瓦托板放到露天坯场进行干燥。瓦坯埂的式样和结构，基本与砖坯埂相似，就是略高于砖坯埂，高约为 360mm，以防草盖上流下的雨水溅起来，把瓦坯淋坏。

4. 瓦坯干燥棚

瓦坯干燥棚的式样与结构，主要分有架和无架两种。大多为砖木结构：有架干燥棚，操作时不太方便，特别是瓦坯放在高层时，要用梯子传递上去，劳动力要增加，优点是占地少，干燥棚内每层木格子之间留有一定空档，瓦坯容易干燥。无架干燥棚，操作时比较方便，房屋结构简单，节约坯架木材，有的地区还采用了竹结构，造价低，故无架瓦坯棚采用得较普遍。

有架干燥棚，架子层数为 10～15 层，每层净高为 150mm，其中有两层（一般在第 5～6 层）高度为 280mm，瓦托板是无脚的。无架干燥棚，屋檐不宜太高，一般为 2m 左右，主要是便于挡风，所用瓦托板是有脚的。

5.56 不同温度干空气（烟气）的体积密度及比热容是多少？

不同温度干空气（烟气）的体积密度及比热容见表 5-19 所示。

不同温度干空气（烟气）的体积密度及比热容　　　　　　表 5-19

温度（℃）	体积密度（kg/m³）	比热容			
		kJ/(kg·℃)	kcal/(kg·℃)	kJ/(m³·℃)	kcal/(m³·℃)
0	1.293	1.005	0.240	1.299	0.311
10	1.247	1.005	0.240	1.253	0.300
20	1.205	1.005	0.240	1.211	0.290
30	1.165	1.005	0.240	1.171	0.280
40	1.128	1.005	0.240	1.134	0.271
50	1.093	1.005	0.240	1.098	0.263
60	1.060	1.005	0.240	1.066	0.255
70	1.029	1.009	0.241	1.038	0.248

温度（℃）	体积密度（kg/m³）	比热容			
		kJ/（kg·℃）	kcal/（kg·℃）	kJ/（m³·℃）	kcal/（m³·℃）
80	1.000	1.009	0.241	1.009	0.241
90	0.972	1.009	0.241	0.981	0.235
100	0.946	1.009	0.241	0.955	0.228
120	0.898	1.009	0.241	0.906	0.217
130	0.876	1.011	0.242	0.886	0.212
140	0.854	1.013	0.242	0.865	0.207
160	0.815	1.017	0.243	0.829	0.198
180	0.779	1.022	0.244	0.796	0.190
200	0.746	1.026	0.245	0.765	0.183
250	0.674	1.038	0.248	0.700	0.167
300	0.615	1.047	0.250	0.644	0.154
350	0.566	1.059	0.253	0.599	0.144
400	0.524	1.068	0.256	0.560	0.134
500	0.456	1.093	0.261	0.498	0.119
600	0.404	1.114	0.267	0.450	0.108
700	0.362	1.135	0.272	0.411	0.098
800	0.329	1.156	0.277	0.380	0.091
900	0.301	1.1172	0.280	0.353	0.084
1000	0.277	1.185	0.283	0.328	0.078

5.57 发达国家坯体干燥技术发展的重点是什么？

发展重点是对大块空心薄壁制品进行快速干燥，使其能耗降到最低程度。

在空心制品生产中，除了焙烧窑炉以外，干燥室是最大的能耗设备。采取的节能措施有：（1）加强干燥室保温；（2）减少热气体外溢；（3）采用内部加热装置，减少热空气的需要量。

促使快速干燥的主要方法是迫使热气体在每块坯体上循环；使空心制品的孔洞内表面面积最大程度地暴露在热气体中。这样做可大大缩短干燥周期。在欧洲，干燥周期小于10h的快速干燥室已有若干条。最快的干燥600mm×460mm×60mm高孔洞率隔墙砖坯的吊篮式干燥室的干燥周期仅为1.5h（法国南特）。采取快速干燥不但节能，而且提高了经干燥后的空心坯体的质量（与传统慢速干燥方法相比）。

人们常常把坯体裂纹归咎于快速干燥。但是坯体裂纹并不是快速干燥的直接结果。干燥裂纹出现的原因是坯体本身收缩不一致造成的。而收缩的差异则取决于坯体内部含湿量的分布。

在快速干燥过程中，坯体周围和孔洞内均匀地受到热风的吹拂，产生的湿度差很小。加之适当地提高了气体的流速，有效地克服了气体分层现象。

尤其是大块空心薄壁制品，由于孔洞内表面积大（内表面积约为外表面积的 3 倍），故促使气体在孔洞内流通显得特别重要。这就有了环流与穿流的概念。所谓环流是指坯体外围的气体流量和流速，而穿流是指穿过坯体孔洞气体的流量和流速。

成功的快速干燥室应具备的条件是：（1）各个横断面上的气体流速和温度相同；（2）在原料性能允许的情况下，适当提高气体的流速；（3）每块坯体上的环流和穿流的速率趋于一致，以确保坯体内外收缩也一致。

对每一种原料或坯体而言，均存在一个最佳干燥曲线。最佳干燥曲线应通过试验确定。只有合理的干燥曲线确定之后，才能确定干燥室的结构以及送、排风方式。

在欧洲，无论是室式干燥室还是隧道干燥室，绝大多数是坯体单层码放。为了均衡上下温差，有从干燥室侧墙上开槽送风的，称之为壁槽式干燥室；有用锥形送风筒进行横向搅拌的；有用干燥室内横向设置循环风机的；也有从顶部向内注风的循环系统。所有这些形式均是为了使干燥室所有横断面上的温度达到均衡。最先进的干燥室对气体流速和流量、温度分布、排潮湿度和温度均实现了自动控制，能够按照既定的干燥制度进行。现代化的干燥室脱 1kg 水的热耗为 3600 ~ 4000kJ（861 ~ 957kcal）。

第六部分 焙 烧

6.1 什么是砖瓦焙烧？

烧结砖瓦生产的前几个工序，即原料制备、坯体成型和坯体干燥是一个量变过程，而最后一个工序焙烧不但最终完成了量变，而且承担质变的全过程。

焙烧是通过高温处理，使坯体发生一系列物理化学变化，形成预期的矿物组成和显微结构，从而达到固定外形并获得要求性能的工序。因此，焙烧是实现由砖瓦坯体成为砖瓦产品的过程。

焙烧的任务就是烧火、看火、管火、用火。在某种意义上可以说，烧结砖瓦的生产是一种火的艺术，而窑炉是展示火艺术的平台。在火的陶冶下，使灰暗、无声、乏力的坯体培育成金灿灿、响当当、刚强坚实的艺术品——烧结砖瓦。

不适当的焙烧制度不但影响产品产量和质量，甚至还会造成废品。故掌握砖瓦焙烧机理、制定合理的焙烧制度、正确选择焙烧窑炉是十分重要的。

为制定合理的焙烧制度，就必须对坯体在焙烧过程中所发生的物理化学变化的类型及其规律有深入的了解。

6.2 什么是一次码烧？什么是二次码烧？

一次码烧是指经过成型的坯体直接码上窑车，推入干燥窑（段）干燥，再入焙烧窑（段）烧成的工艺路线。

二次码烧是指经过成型的坯体，先码上干燥车，推入干燥室干燥，干燥后的坯体经拣选后码上窑车，再入焙烧窑烧成的工艺路线。

6.3 窑炉热工基本知识主要包括哪些内容？

窑炉热工基本知识的内容包括流体的性质及其流动规律，燃料及其燃烧规律，传热规律。掌握这些规律是指导窑炉烧成操作的必备条件。

窑内气体流动状况，对燃烧和传热过程都有着重要影响。善于运用"风"与"火"是烧窑工的必备条件。

6.4 什么是流体力学？

力学中研究流体（包括液体和气体）运动宏观规律的学科。分为"流体动力学"和"流体静力学"两大部分，分别研究流体在运动和平衡时的状态和规律，并有各种分支如高速气体动力学等。在分析时，把流体看作连续分布的介质（不考虑其分子、原子的结构），故常作为连续介质力学的一部分。主要研究对象包括流体速度、压强、密度等的变化规律，以及流体的黏滞性、导热性和其他热力学性质等。

6.5 什么是气体力学？

气体力学是流体力学的分支。

烧结砖瓦工业窑炉内传递热能的媒介是热的气态燃烧产物。因此，窑炉的工作就和气体的流动情况有着密切的关系。

气体力学是研究窑炉内有关气体平衡和流动的各种定律及其条件。

气体力学是热工学的一个重要方面。燃料获得最合理的燃烧，以及均匀、有效地加热坯体，是与气体的流动相关联的。废气出窑后如何经过烟道、废热回收设备并自烟囱排出，空气和燃料的送入窑内，以及窑体的漏气等等都是在生产中经常碰到的问题。这些问题能否得到妥善的解决，影响到产品的质量、产量和成本。气体力学的研究对于窑炉的设计、操作以及安全技术方面都有着重要的意义。由此可见，为了正确地掌握窑炉的操作或设计一个完善的窑炉，气体力学的知识是不可缺少的。

气体虽有很大的压缩性和随温度变化的体积膨胀和收缩性，然而实际上窑炉中各部位的压强一般只相差 20～200Pa，且窑炉内的压强与大气压强十分接近。窑炉内的温度也是逐渐变化的，就某一小段而言，温度的变化对气体体积的影响也可忽略不计，在这种情况下可以认为气体在窑炉中流动时体积密度不变。也就是说，可以把气体看作是非压缩性的。不过，当气体经过燃料层时，温度有很大的改变，在这种情况下应当考虑其体积的变化，不能认为体积密度不变。

6.6 气体在砖瓦焙烧过程中起着什么作用？为什么可以把非压缩性的流体力学公式引用到窑炉气体力学中来？

砖瓦的焙烧，是将砖瓦坯体按一定形式码放在窑内，依靠燃料燃烧产生的热量把砖瓦坯体烧成砖瓦的过程。燃料的燃烧及其将热量传给砖瓦坯体，都需要借助气体，因此，气体在焙烧过程中起着重要的作用。

气体是流体的一种形式，气体力学是研究气体受力时所发生的流动情况的一种科学，是流体力学的一部分。

窑内气体流速的大小和分布以及压强的大小和分布，对燃料燃烧的好坏，传热的快慢，温度的均匀程度以及阻力的大小等均有影响。因此掌握气体力学知识对分析砖瓦的焙烧过程是十分重要的，且用气体力学知识可以对通风设备进行选择和计算。

气体和液体的共性是都具有无限的流动性而没有变形阻力，但气体和液体又各有其特性，液体的体积几乎没有压缩性，而气体的体积却有很大的压缩性。液体的体积受温度的影响极小，而气体的体积却随着温度的升高而膨胀。

然而，窑炉系统是在接近大气压下操作的（即在零压附近操作的），窑内气体的压强和外界大气压强十分相近，往往只相差千分之几，甚至万分之几，气体体积受压力变化的影响甚小，所以在实际计算中，往往把窑内气体看成是非压缩性的。

虽然窑内气体的温度也是逐渐变化的，但就某一小段而言，取该段的平均温度来考虑，则该段温度变化对气体体积的影响也可忽略。经过这样处理，就可以把非压缩性的流体力学公式引用到窑炉气体力学中来。

6.7　什么是雷诺准数?

雷诺准数是流体流动过程中的一个准数。是流体惯性力与黏滞力之比。为摩擦损失起作用的黏性体系中的决定准数。

$$Re = \frac{\rho lw}{u}$$

式中　Re——雷诺准数;

　　　　ρ——流体密度（kg/m³）;

　　　　l——代表性尺寸（m）;

　　　　w——流体的流速（m/s）;

　　　　u——绝对黏度（Pa·s）。

6.8　什么是层流?

层流又名滞流。是流体流动时的一种流动状态。就宏观而言,层流层次分明,互不干扰,都向一个主流方向流动,在垂直于主流方向上的速度接近于零。当雷诺准数小于2300时为层流状态。

6.9　什么是湍流?

湍流又名紊流,是流体流动时的一种流动状态。就宏观而言,流体质点无规则的脉动呈紊乱状态,但仍有一个质点运动的主流方向。当雷诺准数大于10000时为湍流。湍流有利于对流传热及均匀室温,但阻力损失增加。

6.10　什么是过渡流?

过渡流是流体流动的一种不稳定状态。介于层流与湍流之间。雷诺准数为2300~10000。

6.11　什么是稳定流动? 什么是不稳定流动?

流体在流动过程中,若流经任意一个固定点时,所有与流动有关的物理量,如流速、压力、密度等都不随时间变化,这种流动称稳定流动;否则,是不稳定流动。

窑内气体的流动,一般都是不稳定流动,但若变化不大,或适当划分区域,使气体在该区域内各流动参数近似不变,就可视为稳定流动,使问题的分析处理大大简化。

6.12　什么是气体分层?

气体分层是沿窑室高度气体温度不均匀的现象。当同一纵断面上气体温度不均匀时,由于温度不同而造成气体密度不同,形成热气体在上、冷气体在下的分层现象。当窑内处于负压,有冷空气漏入时,则气体分层现象更为严重。分层现象的存在,将影响产品质量和导致烧成时间延长,降低产量。为了削弱气体分层现象,气体在隧道窑中的流速不应小于1.5m/s。采用气体循环的办法,可增加气体流速。向窑内鼓风可促使其横断面温度均匀,从窑内抽风会加剧其横断面气体分层。

6.13 1个大气压不同温度的空气密度如何？

不同温度的空气密度如表6-1所示。

不同温度的空气密度   表6-1

温度（℃）	0	5	10	15	20	25	30	35	40	50	60	70	80	90	100
密度（kg/m³）	1.293	1.270	1.248	1.226	1.205	1.185	1.165	1.146	1.128	1.093	1.060	1.029	1.000	0.973	0.947
温度（℃）	120	140	160	180	200	250	300	350	400	500	600	800	1000	1100	1200
密度（kg/m³）	0.899	0.855	0.815	0.780	0.747	0.674	0.616	0.566	0.525	0.457	0.405	0.329	0.278	0.257	0.240

6.14 什么是内燃料？

通过坯体内原有的或外加的固态含能物质的燃烧来完成（或帮助完成）焙烧工序，称之为内燃焙烧。坯体内原有的或外加的固态含能物质叫作内燃料。

常用的内燃料有煤、煤矸石、粉煤灰和炉渣等。亦有用锯末、塑料废屑等的。

在保证配合料的性能满足成型要求的前提下，内燃料的掺入量主要根据内燃程度、制品的焙烧耗热量和内燃料的发热量来确定。

所谓内燃程度是指内燃料能够发出的热量和制品烧成所需要消耗热量的比值。

内燃料能够发出的热量等于制品烧成所需要的热量称为全内燃，小于则称为部分内燃，大于则称为超内燃。

超内燃焙烧的主要缺点是，易出过火砖、黑心砖和砖面压花，给焙烧操作带来一定困难（操作不当易发生倒窑事故）。因此，多数采用"内燃为主，外燃为辅"的方法。重庆地区一些砖厂的内燃程度为85%左右。

6.15 砖瓦焙烧的原理是什么？

经干燥后的砖瓦坯体进入窑内，在加热焙烧过程中会发生一系列物理化学变化，这些变化取决于坯体的矿物组成、化学成分、焙烧温度、烧成时间、焙烧收缩、颗粒组成等，此外窑内气氛对焙烧结果也是一个重要的影响因素。变化的主要内容有：矿物结构的变化，生成新矿物；各种组分发生分解、化合、再结晶、扩散、熔融、颜色、密度、吸水率等一系列的变化。最后变成具有一定颜色、致密坚硬、机械强度高的制品。

当坯体被加热时，首先排除原料矿物中的水分。在200℃以前，残余的自由水及大气吸附水被排除出去。在400~600℃时结构水自原料中分解，使坯体变得多孔、松弛，因而水分易于排除，加热速度可以加快。此阶段坯体强度有所下降。升温至573℃时，β-石英转化成α-石英，体积增加0.82%，此时如升温过快，就有产生裂纹和使结构松弛的危险。600℃以后固相反应开始进行。在650~800℃，如有易熔物存在，开始烧结，产生收缩。在600~900℃，如果原料中含有较多的可燃物质，这些物质需要较长的时间完成氧化过程。在930~970℃，碳酸钙（$CaCO_3$）分解成为氧化钙（CaO）和二氧化碳（CO_2）。

焙烧使原料细颗粒通过硅酸盐化合作用，形成不可逆的固体。

冷空气通过冷却带的砖瓦垛，由于热交换过程制品被冷却到20~40℃。冷却的速率因原料而异，尤其冷至573℃时，游离石英由α型转变为β型，体积急剧收缩0.82%，使坯体中产生很大的内应力。此时应缓慢冷却，否则易使制品开裂。

玻璃相（约为2%或更少）及少量莫来石的产生是砖瓦制品强度提高的主要原因。焙烧温度1000℃时，多孔砖的抗压强度比900℃时约高50%；焙烧温度950℃时多孔砖的抗压强度比900℃时约高25%。与砖比较，瓦通常需要在更高的温度下焙烧。

6.16　什么是传热？传热与窑炉生产的关系如何？传热的基本条件是什么？

传热是由于两个物体间有温度差而发生的能量转移过程，传热的结果，传热的物体温度降低，使冷的物体温度升高，根据物体温度的这种变化，就可以计算出传过分界面热量的多少。热量是一个过程量，它是物体能量变化的量度。

在焙烧砖瓦的窑炉里，用炽热的火焰加热砖瓦坯体，坯体温度逐渐升高，完成焙烧过程成为砖瓦产品。坯体温度升高是接受了火焰（高温气体）传给它的热量，在窑炉内不仅存在着火焰向被加热的坯体传热，而且还有坯体表面与内部之间、火焰向窑炉内壁和窑炉内壁向外壁等的传热。已经焙烧好还处于高温状态的制品，要用冷空气使其冷却，制品冷却放出的热量加热了空气，使空气温度升高。因此，传热是窑炉内发生的重要过程之一。有些传热过程是我们期望的，是有益于生产的，如产品的加热和冷却过程等；有些传热过程是我们不希望发生的，是有害的，如窑壁传向外界的热（散热），不但造成热能无谓的损失，而且恶化了环境。研究传热的目的主要是寻求强化及有效控制有益的传热过程以及减弱有害传热的办法，以达到提高产品质量、产量和热能利用率，降低燃料消耗。

客观规律告诉我们，热量总是自发地从高温物体传向低温物体，就像水总是从高处流向低处和电流总是由高电位流向低电位一样。温度差是传热的最基本条件，是传热的推动力，没有温差就不会发生传热过程。温差越大，单位时间传过单位面积的热量越多。

6.17　制定烧成制度应遵循的原则是什么？应考虑哪些因素？

制定烧成制度应遵循的原则是：以现代质量控制体系为核心，寻求材料的力学和热学条件的统一，在确保烧成质量的前提下，实现快速烧成，以达到高产、低耗的目的。

制定烧成制度应考虑的因素：

（1）根据坯体化学成分和矿物成分可确定所属相图，以及胀缩曲线及显气孔率曲线，可以初步判断烧成温度和烧结温度范围，以及在焙烧过程的不同温度阶段分解气体量的多少。

（2）根据差热曲线了解坯体吸、放热情况，以及坯体形状尺寸和坯体力学、热物理性能的测定，再通过综合判断，可确定制品各阶段极限升温速率和最大供热速度。

（3）窑炉结构特点，码窑图，燃料种类，供热能力大小以及调节的灵活性。

（4）调查了解同类原料和产品生产和试验资料。

砖瓦焙烧时间，有的长达70余小时。长时间的焙烧，不仅增加了燃料消耗与人力浪费，而且影响了窑炉及其附属设备的有效利用，牵制了生产能力的发挥。一般情况下，坯体在窑内任何阶段的升温速度达200℃/h，对质量无影响。只有在坯体局部受热，温度不均才会产生开裂。因此缩短焙烧时间，加速窑炉周转，是一个值得研究的问题。

6.18　热分析法包括哪些项目？有什么作用？

热分析法主要包括差热分析、热失重分析和热胀缩分析。

热分析的作用：可以了解砖瓦制品或所用原料在烧成过程的不同温度范围时发生的热量变化、质量变化、体积变化，从而可以了解其矿物组成，为制定合理的烧成曲线提供依据。

6.19　什么是压力制度？

即制品在热处理的过程中，控制窑内气体压力分布的操作制度。对隧道窑是指压力随不同车位的变化；对轮窑是指压力随窑道位置的变化；对土窑（间歇窑）是指压力随时间的变化。这种压力变化绘制成的曲线称压力曲线。窑内压力制度决定窑内气体流动，影响热量交换、窑内温度分布的均匀性以及气氛的性质，是保证实现温度制度和气氛制度的重要条件之一。根据制品烧成时或烧成带内窑内气体压力大小，可分为正压操作、微正压操作、微负压操作、负压操作。

6.20　什么是负压操作？

即隧道窑和轮窑（连续窑）的烧成带或土窑等（间歇窑）的烧成阶段窑内气压低于大气压时的操作制度。窑内负压越大，冷空气越容易从窑体不严密处进入窑内。因此，即使采用负压操作，只能是微负压。在隧道窑和轮窑（连续窑）的预热带和土窑等（间歇窑）的排潮阶段则普遍采用负压操作。

6.21　什么是零压位置？

即窑内气压与大气压相等（即相对压差为零）的位置。例如，隧道窑的零压位置常以零压窑车表示。零压位置向预热带偏移，则烧成带正压加大，热损失增加；零压位置向冷却带偏移，则预热带负压加大，易向窑内漏入冷空气和使窑内冷热气体分层加剧。零压位置可通过调节各风机的变频器及烟道闸阀加以控制。

6.22　什么是烧成气氛？

即在烧成过程中，窑内气体所具有的性质。有氧化、还原和中性三种。当含有过剩的氧时，称氧化气氛，红色砖瓦一般是在氧化气氛中烧成；当含有一定量一氧化碳（或在电窑内通过一氧化碳）时，称还原气氛，青色砖瓦一般是在还原气氛中烧成；当无过剩的氧和一氧化碳时，称中性气氛，中性气氛在热利用很高的情况下烧出红色砖瓦，但中性气氛在生产过程中难以控制。

在已完全燃烧的前提下，经过烧成带的过剩空气系数 α 每增加 1，热效率约下降 6%（此值随排出烟气温度的提高而增加）。

6.23　内燃烧砖有什么好处？

内燃烧砖可以提高焙烧速度、节约热能消耗（重庆渝恒砖厂测定结果：1kg 内燃料可相当于 2kg 外燃料作用）、利用含有一定发热量的废渣，但要焙烧像清水墙装饰砖这样的高档次产品，应该使用洁净燃料。

6.24 对窑炉整体性能要求有哪些?

(1) 窑炉必须按批准的设计图纸和相关技术文件施工。

(2) 窑炉应满足使用要求,第一次大修期不低于运转 5 年。

(3) 窑炉主体部位不允许出现影响热工性能的破坏性裂纹、位移、塌落、漏气、蹿火现象。

(4) 窑炉热耗指标应符合: 隧道窑 $< 49.7 \times 10^6 kJ/$万块;

轮窑(带抽取余热) $< 46.0 \times 10^6 kJ/$万块。

6.25 对窑炉基础要求有哪些?

(1) 窑炉地基基础开挖的基槽承载力应达到设计要求。设计未明确时,隧道窑地基承载力应大于 0.15MPa,轮窑大于 0.12MPa,地基承载力达不到要求时,必须进行局部处理。

(2) 做好窑炉地基基础、地下风道、设备基础的防水处理。

(3) 隧道窑轨道安装应符合设计要求。

①铺设前,轨道应校直。

②允许偏差

钢轨中心线与隧道窑中心线偏差: ±1.0mm

钢轨水平偏差: ±1.0mm

钢轨接头间隙偏差: 0mm

钢轨接头高差: 0~0.5mm(进窑、出窑方向)

(4) 基础设在最大冰冻深度以下,以免因地下水冰冻膨胀而将基础抬起来。

6.26 对隧道窑的窑墙要求有哪些?

(1) 与窑顶一起将窑道和外界分隔,因窑道内燃料不断燃烧,故要求窑墙能经受高温作用和有害气体的侵蚀;(2) 因窑墙要支撑窑顶,故要有一定的承受重力的能力;(3) 因内壁温度远高于外壁温度,热量会通过内壁向外壁传出,故要求窑墙有较高的绝热性能。

6.27 砌筑窑墙体应注意哪些事项?

(1) 窑墙应于窑炉基础、附属设备基础完成并验收合格后,方可进行施工。

(2) 窑墙砌筑前应预先找平基础,必要时进行预砌,基础标高误差 −10 ~ +5mm。

(3) 砌筑耐火制品的泥浆饱满度不得低于 90%。

(4) 隧道窑窑墙砌筑测量定位应以窑车轨顶面标高和轨道中心线为准,烧结普通砖外墙砖缝 8~10mm。外表面用原浆勾缝。

(5) 窑墙采用复合墙体时,可由内向外或由外向内逐次退台砌筑,不得采用先砌内外两层后砌中间各层的砌筑方法。耐火砖和隔热砖砌筑时,高度方向每隔 2~5 皮,长度方向每隔一定距离(按设计)与外层咬砌,咬砌所用砖应切割使用,不得砍砖。砂封槽、曲封砖和拱脚砖下的三段窑墙质量,应分别进行检查后,才可砌筑上部砌体。

(6) 砌筑窑墙时应同时安装好预埋件和预留洞口,金属管件外裹隔热材料。

(7) 轮窑窑墙内的回填土应用干细土和(或)具有保温性能的工业炉渣,每层厚不得超过 200mm，分层夯实，回填应随窑墙砌筑同时进行。回填土中不应含有垃圾、树根等杂物。

（8）轮窑窑墙的撑墙应符合设计要求，砌体施工应与烧结普通砖墙体施工相同，砌筑时应与内外墙咬砌。

（9）轮窑内墙采用普通砖时，灰缝不大于 5mm。拱脚以上及拱灰缝不大于 3mm。轮窑内墙体泥浆砖缝允许厚度误差 ±1mm。

（10）轮窑墙体中设有风道时，风道应满浆砌筑且内侧采用泥浆抹面进行封闭。

6.28 隧道窑的窑顶作用有哪些？

窑顶的作用与窑墙相似，但窑顶支撑在窑墙上。它除了应耐高温、耐腐蚀、绝热性能好和具有一定的机械强度外，还应具有：（1）结构严密，不漏气，坚固耐用；（2）质量轻，以减小窑墙负荷；（3）横向推力小，以节省加固结构材料的用量；（4）有利于减少窑内气体分层。

砖瓦工业隧道窑窑顶结构形式较多，一般可分为拱顶和平顶两大类。

拱顶又有单心拱、双心拱、三心拱、挂钩砖微拱之分。

一般单心拱多用 60°、90°、120°、180°拱心角。双心拱多用 180°拱心角。三心拱有三个60°的拱心角。拱心角越小则拱越平，横向推力越大。从窑内温度均匀性来说，希望拱心角越小越好。

平顶：（1）微拱加风挡。可用于中、小断面窑；（2）吊平顶。可吊耐火砖、耐火混凝土和陶瓷纤维折叠压缩模块。陶瓷纤维折叠压缩模块的优点是：①质量轻；②隔热保温性能好；③建窑工期短；④窑炉使用寿命长。已被越来越多的厂家接受。

6.29 对窑顶要求有哪些？

窑体顶部可分为平吊顶和拱形顶两种形式。

（1）砌筑拱形顶时，应预先检查拱脚表面，表面应平整，角度应正确，长度方向表面误差不大于 ±5mm，拱胎模经检查合格后，方可砌筑。

（2）轮窑拱形顶砌筑时，宜与两侧的压拱墙同时进行。压拱墙未完成施工，不宜拆除拱模。

（3）轮窑拱顶的投煤孔宜采用耐火混凝土代替普通砖加工，耐火混凝土可用现浇方式施工，与拱顶砌筑同时进行。

（4）轮窑顶部应设有保温隔热层，露天的轮窑顶应设防水层并有排水设施。

（5）平吊顶结构采用轻质耐火混凝土板吊顶时应现场预制，并与吊挂材料配合施工。耐热葫芦与吊板宜留膨胀间隙，预制后进行试验，达到设计指标后方可施工。预制吊挂件位置应准确，误差不大于 ±2.5mm。

（6）吊挂材料采用的耐热钢钩的加工尺寸应符合设计要求。

（7）吊挂砖或吊挂板应预砌筑，并进行选分和编号，必要时应加工。吊挂砖或吊挂板不允许有裂纹、缺损、扭曲和毛刺等缺陷。

（8）吊顶砌筑时，吊顶板之间、吊顶板与预留孔之间的空隙应采用耐高温的硅酸铝纤维制品填塞、封闭。砌筑时应调整耐火吊挂砖或吊挂板底面高度一致，底平面平整度误差不大于±5mm。

（9）铺设窑顶保温隔热层时应分层铺设，错缝施工，不允许产生通缝。铺设时宜采用高温胶粘剂，分层粘接。

6.30 窑炉施工完毕后，必须完成哪些工作？

（1）应将窑通风道内、窑体膨胀缝内、轨道接头、砂封槽内及接头、风道管道及接头、测量孔及观察孔内杂物清理干净。轨道面用钢刷刷净。膨胀缝形式如图6-1所示。

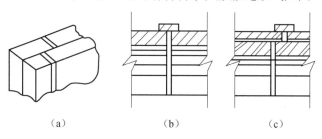

（a）　　　　　　（b）　　　　　　（c）

图6-1　膨胀缝形式

（2）砂封槽内填充细度5~7mm、深度不低于100~130mm的石英砂。

（3）隧道窑应全部空机试运转。检查窑体砌筑质量，轨道安装误差。检查每辆窑车的加工质量，耐火材料的砌筑质量，对不合格的部位予以修复。

6.31 流量、体积流量、质量流量、流速、平均流速的意义有什么不同？如何换算？

流体在管道中流动时，单位时间内流过某一截面的流体的体积或质量，称为流体的流量。前者称体积流量，用V表示，单位为m^3/s；后者称质量流量，用M表示，单位为kg/s。

流速为流体质点在单位时间内流过的距离。管道断面积不同，流速可能相差很大，同一断面中心流体质点的流速最大，边缘处趋近于零。所以经常要用到平均流速这一概念。平均流速为体积流量与管道截面积的比值，通常也简称流速，用符号w表示，常用单位为m/s。

设管道断面积为$F(m^2)$，体积流量为$V(m^3/s)$，质量流量为$M(kg/s)$，流体密度为$d(kg/m^3)$，则流速与流量的关系可用下式表示：

$$w = V/F$$
$$M = dV = dwF$$

由于气体的体积与温度成正比，与压力成反比，当已知工作状态下的流速与流量时，可按下式换算为标准状态：

$$w_0 = w_1 T_0 P/(TP_0)$$
$$V_0 = V_1 T_0 P/(TP_0)$$

式中　w_0、V_0——分别为标准状态下的流速和流量；

w_1、V_1——分别为工作状态下的流速和流量。

因为窑炉内的压强与大气压强相近，故上式压强的影响可忽略，简化为：

$$w_0 = w_1 T_0 P/(TP_0) = w_1 273/(273 + t)$$
$$V_0 = V_1 T_0 P/(TP_0) = V_1 273/(273 + t)$$

6.32 什么是压力（压强）？

气体对单位界面所作用的垂直压力称为压强，在窑炉热工里贯称压力。根据分子运动论，气体的压力可看做分子撞击容器壁面的结果，由于分子数目很多，碰撞十分频繁，故压力是标志大量分子撞击容器壁面的平均结果。其方向与界面垂直，其大小与分子浓度和分子平移运动的平均动能成正比。热工中采用宏观研究方法，压力的单位用下式表示：

$$P = F/S$$

式中　P——压力（N/m^2即Pa）；
　　　F——作用在界面上的力（N）；
　　　S——界面的面积（m^2）。

6.33 隧道窑的风道有几种形式？

通常有两种形式，即钢管外置式和砖砌内置式。采用哪一种，应根据窑体结构等具体情况进行选择。原则是：能采用砖砌内置式的，就不采用钢管外置式。这样做：（1）节省了钢材；（2）免去了因烟气对钢管的腐蚀而带来的维修量；（3）免去了外置钢管的散热损失，有利于节约热能；（4）取消繁杂的钢管后，使得窑顶面清爽、整洁、美观。

两种风道温度下降大致情况如表6-2所示。

风道温度下降情况　　　　　　　　　　　　　表6-2

气体温度（℃）	每米长度下降温度（℃/m）		
	砖砌内置式	钢管外置式	
		已绝热	未绝热
200~300	1.5	1.5	2.5
300~400	2.0	2.6	4.7
400~500	2.5	3.7	6.9
500~600	3.0	4.8	9.1
600~700	3.5	5.9	11.3
700~800	4.0	7.0	13.5

6.34 什么是显热？

物质的状态没有变化，而温度发生变化时，其吸收或放出的热量。计算时常以0℃为标准，某一温度下显热的计算公式为：

显热（J）= 物流质量（kg）× 平均比热容[J/(kg·K)]× 物料温度（℃）

6.35 什么是潜热？

物质的温度没有变化，而状态发生变化时，其吸收或放出的热量，如1kg0℃的水汽变为同温度液态水时，放出潜热2487.1kJ（595kcal）。

6.36 什么是理论空气量？

单位质量（或体积）的燃料完全燃烧时，理论上所需空气的体积（Nm^3）。可根据燃料组成，按化学反应式计算，也可根据燃料的发热量用经验公式计算。

6.37 什么是过剩空气系数？

燃烧时，实际所用空气量与理论所需空气量之比，叫过剩空气系数。与燃料种类、燃烧条件、焙烧窑（燃烧室）的结构有关。过剩空气系数大于 1 为氧化气氛，小于 1 为还原气氛，接近 1 为中性气氛。

6.38 什么是气幕？

气幕是在隧道窑顶、侧墙用通风机分散送入整片急速气流，状如帷幕的一种分隔气体的装置。

按气幕的作用分为：（1）封门气幕。用以阻止冷空气漏入室内而设置于窑进车端的一道气幕；（2）搅拌气幕。使预热带气体搅动而减少窑内上下温差的气幕，多由窑顶以一定角度喷入与该处坯体温度相近的气体，迫使上升的较热气体下降而起搅动作用；（3）氧化气氛幕。将来自烧成带的还原性气氛（含有较多的一氧化碳）的烟气燃烧成氧化性气氛，即在 900~1000℃ 气氛转换处设置的空气幕；（4）急冷阻挡气幕，使用产品急冷并阻挡烧成带烟气倒流至冷却带的空气幕。

6.39 什么是摩擦系数？什么是局部阻力系数？什么是坯垛阻力？

摩擦系数是指两表面间的摩擦力和作用在其一表面上垂直力之比值。它和表面的粗糙度有关，而和接触面积的大小无关。依运动的性质，它可分动摩擦系数和静摩擦系数。

摩擦系数大约为：

光滑金属管为 0.02；

不光滑金属管为 0.035~0.04；

砖砌管道为 0.05~0.06。

当气体湍流运动的方向或速度改变时，要发生压头损失，这种损失就叫作克服局部阻力上的压头损失。其大小用局部阻力系数表示。

局部阻力系数大约为：

急转弯 90°，为 1.5~2.0；

急转弯 45°，为 0.5；

圆滑转弯 90° 时：（1）曲率半径 r：管道直径 $d=1$ 时，为 0.6。（2）$r:d=1.5$ 时，为 0.4；$r:d=3$ 时，为 0.3；$r:d=5$ 时，为 0.2。光滑管道数值较此小 40%~50%。

窑内坯垛码得规范，通道畅通，其长度方向阻力仅约为 8~10Pa/m；如坯垛码得不规范，通道不畅通，其长度方向阻力将成倍增加。坯垛适当稀码空隙大，阻力小，在同样抽力下，有利于气体流过，可以快速烧成。

压头损失大对窑的操作不利。大的压头损失使得窑内产生大的压力降，致使漏出热气和吸入冷气的现象严重。大压头损失的窑炉需要强力的风机配合，从而增加了电能消耗，所以希望窑内压头损失愈小愈好。湍流时的压头损失与气体流速的 1.75～2.00 次方成正比，流速如减小一点，压头损失将明显减小。因此，减小气体流速是减小压头损失的重要方法。

就烧结砖瓦窑炉而言，压头主要损失在局部阻力上，因此，应着重考虑使气体转弯圆滑、转弯次数减少以及尽量不使气体改变流速，如果流速必须改变时也尽量使其变化得缓和些。

6.40 降低系统总阻力损失有什么意义？如何降低系统总阻力损失？

系统总阻力损失越大，电量消耗越多。不但要增加动力设备的能力，增加生产成本，而且限制了窑炉产量。降低系统总阻力损失意味着节约电能。

降低系统总阻力损失可采取以下措施：

（1）选取适当的流速。流速大，则摩擦阻力系数 $\sum h_m$ 和局部阻力损失 $\sum h_j$ 都相应增加；若取流速小，要保持既定产量，则会增大投资。一般用烟囱排烟时取 2～3m/s，用风机排烟时取 8～12m/s。

（2）对运行中的窑炉，要经常清除烟道内的积灰，在地下水位较高的地区，要防止烟道内积水。

（3）力求减少不必要的阻力损失，当烟道断面变化时，用逐步变化代替突然变化。用圆滑转弯代替直角转弯，用缓慢转弯代替急转弯。

（4）使管路光滑些可以减小摩擦阻力系数。

（5）尽量缩短管道长度。

6.41 窑炉系统内气体流动过程的阻力损失可分为几种？如何计算？

窑炉系统内气体流动过程的压头（阻力）损失可分为：摩擦阻力损失、局部阻力损失和负位压头损失。

摩擦阻力损失发生的原因是：由于气体在流动过程中与管道的壁面产生摩擦要消耗能量而损失的压头。属于不可逆损失（流体的机械能转化为热能）。摩擦阻力损失 h_m 与气体的动压头 W 的平方成正比，与单位面积上的压力 P 成正比，与管路的长度 L 成正比（故也称沿程阻力损失），与管道的当量直径 D 成反比。可按下式计算：

$$h_m = \lambda \frac{L}{D} \times \frac{1}{2} P W^2$$

局部阻力损失发生的原因是：由于气体在流动过程中与管道内某些障碍物如弯头、断面扩大、断面收缩、入口、出口及闸门等发生冲击，引起涡流，而造成的能量（压头）损失。属于不可逆损失（流体的机械能转化为热能）。其大小与局部阻力系数 ζ 和单位面积上的压力 P 成正比、与气体的动压头的平方成正比。可按下式计算：

$$h_j = \zeta \frac{1}{2} P W^2$$

负位压头损失发生的原因是：由于热气流在垂头烟道内向下流动时，几何压头增加，几何压头属于机械能，在上升过程中基本可以恢复，由于温度可能下降，进行阻力计算时必须考虑。烟道中心高度为 Z 时负位压头损失的大小可按下式计算：

$$h_w = (P_a - P) g Z$$

注意：气体向下流动时，Z 为正；气体向上流动时 Z 为负，此时几何压头成为推动力。

6.42　什么是串联管路？如何计算串联管路的阻力损失？

不同的管段，按气体流动的方向首尾相连，就构成串联管路。因中途无分流，故各个组成的管段质量流量相等。管路的总阻力损失等于各管段阻力损失之和。当气体先后由窑道，经烟道、排烟风机，最后由烟囱排出时，以上各部分可以视为串联管路。

计算串联管路的阻力损失时，首先要划分管段。划分的原则，一是根据局部阻力划分，二是根据气体的状态参数（主要是温度）在每段内不要变化太大进行分段。接着计算每段内气体的平均温度、密度、速度、动压头、长度、当量直径、摩擦阻力系数，按公式算出摩擦阻力损失 h_m，然后累加；算出全部局部阻力损失 h_j，然后累加；算出全部负位压头损失 h_w（可能有正有负），然后累加。为了不漏算，通常需列表进行。总阻力损失 H 为以上各项之和：

$$H = \sum h_m + \sum h_j + \sum h_w$$

6.43　什么是并联管路？如何计算并联的管路损失？

所谓并联管路是由总管分出若干条支管，各条支管有共同的入口和进口。因此，每条支管的压力降（阻力损失）相同，各条支管的流量之和等于总管的流量。隧道窑两侧的分支烟道可视为并联管路，从同一条总管分出若干条支管向窑内送风，或从窑内抽风，也可视为并联管路。并联管路在窑炉管道系统中存在较为普遍。

对于并联管路，只需计算其中的一条阻力损失即可。但应注意并联管路的各条支路之间存在互相影响的关系。如果其中一条支路的阻力发生变化时，其他支路的流量和流速会相应变化，从而使阻力达到新的平衡。

6.44　什么是隧道窑的窑车上下压力平衡？

压力平衡是控制隧道窑热工制度的措施之一。即在隧道窑的检查坑道设置挡板、车底闸、强制鼓风和抽风的办法，使窑车上下（窑道内和窑底）气压达到平衡，以减少漏出热气和吸入冷气，确保窑内压力制度稳定和减少热损失，并保护窑车和改善劳动条件。

6.45　什么是气体循环？

即为减少隧道窑内上下温差而采取的一种措施。用风机或喷射泵将热气体自窑的下部（或上部）抽出，然后从上部（或下部）打入，对窑内气体进行搅动。

6.46　窑内气体受哪两种力的作用而发生流动？

（1）热气体的上升力

冷空气由冷却带进入窑内后，与高温的砖瓦垛接触而被加热，气体的温度不断升高，体积逐渐膨胀，密度逐渐变小，气体具有的上升力也不断增大。当燃烧后的高温烟气进入预热带时，又不断将本身热量传给砖瓦坯，温度逐渐降低，上升力又不断减小。

例如：设窑高3m，20℃的气体进入窑内在冷却带某断面气体温度为100℃，该断面窑顶部气体具有的上升力即静压力 $P_{静}$ 为：

$$P_{静} = H(\gamma_0 - \gamma_t)$$

$$\gamma_0 = 1.293 \times \frac{273}{273 + 20} = 1.205 (kg/m^3)$$

$$\gamma_t = 1.293 \times \frac{273}{273 + 100} = 0.946 (kg/m^3)$$

则

$$P_{静} = 3 \times (1.205 - 0.946) = 0.777 (mmH_2O)$$

当气体进入焙烧带时，它的温度为950℃，该断面窑顶气体具有的上升力 $P'_{静}$ 为：

$$P'_{静} = H(\gamma_0 - \gamma'_t)$$

$$\gamma_0 = 1.293 \times \frac{273}{273 + 20} = 1.205 (kg/m^3)$$

$$\gamma'_t = 1.293 \times \frac{273}{273 + 950} = 0.289 (kg/m^3)$$

则

$$P'_{静} = 3 \times (1.205 - 0.289) = 2.748 (mmH_2O)$$

由此可见，温度越高，窑越高，窑顶具有的静压也越大，也就是气体具有的上升力越大。这种上升力既增加了气体在窑内沿水平方向运动的阻力，又形成了窑内上下部的温度差距，使坯垛上部温度高于下部温度。

（2）烟囱（或排风机）的抽力

烟囱（或排风机）是通过哈风口对气体发生作用的。哈风口一般设在窑墙的最下面，因此哈风口的抽力是使气体向下倾斜运动的。当哈风闸的高度一定时，越靠近哈风口抽力越大，气体向下倾斜运动的角度也越大，同时通过该哈风口的气体流量也增加。

从窑内抽取余热送往干燥室干燥坯体时，抽热方式对窑内气体运动也有一定的影响。如果通过火眼管道抽取余热，就会增大气体的上升力；如果使用烟闸抽取烟热，则和烟囱（或排风机）的抽力作用一致，促使烟气向下倾斜运动，增大火行速度。

综上所述，窑内气体在上面几种力的作用下发生流动。在保温带和冷却带，气体温度较高，上升力较大，而又距离哈风闸远，风闸的作用力较小，因此，这部分气体一般是向上倾斜运动的，表现为保温带和冷却带返火。在焙烧带，气体温度最高，上升力最大，但因距离哈风闸较近，风闸的作用力也大，使气体向下倾斜运动的力也大，经常表现为焙烧带后部返火，前部不返火。在预热带，气体温度较低，上升力较小，而又距离哈风闸很近，风闸的作用力很大，故一般气体是向下倾斜运动的，全带呈负压不返火。

应使烟道有较大的横断面，以降低烟气在烟道中的流速，减少阻力损失。

6.47 什么是隧道窑？

形如隧道的连续性窑炉。由窑道、燃烧设备（装置）、通风设备、输送设备及电控仪表组成。坯垛顺序由一端进入，经过预热、烧成、冷却三带后由另一端出去，气流与码着坯垛的窑车运行方向相反，废气流经预热带预热坯体后，由排烟系统（经净化后）排至大气。由冷却带末端入窑的冷空气冷却制品后，本身被预热，可作为助燃空气或抽出作干燥介质。窑墙窑顶无蓄热损失（因属稳定传热）。其主要优点是：热耗低，产量高，质量较稳定，劳动条件好，便于机械化和自动化。但高度过高的窑，其上下温差大，会影响产品质量，延长烧成时间。

隧道窑的长短要适宜。太长，则气流阻力大，建筑费用高，热量散失也较大；太短，升、降温较快，温度制度调节余地少，废气温度高。因根据窑的生产任务、产品规格尺寸、烧成周期、窑车尺寸、码窑车密度等因素综合考虑，决定其长度。可用下式计算：

$$L = \frac{G \cdot \tau}{F \cdot C}$$

式中　L——隧道窑的长度（m）；

　　　G——窑的生产能力（kg/h 或块/h）；

　　　τ——烧成周期（h）；

　　　F——窑的横断面积（m^2），

　　　　　可根据窑车尺寸及码窑车图决定；

　　　C——码窑车密度（kg/m^3 或块/m^3）。

举例：

某窑的生产能力 G 为 4000 块/h；

烧成周期 τ 为 30h；

窑的横断面积 F 为 6.2m^2；

码窑车密度 C 为 235 块/m^3

则根据公式

$$L = \frac{G \cdot \tau}{F \cdot C} = \frac{4000 \text{ 块}/h \cdot 30h}{6.2m^2 \cdot 235 \text{ 块}/m^3}$$

$$= \frac{120000 \text{ 块}}{1457 \text{ 块}/m} = 82.36m$$

算得隧道窑的长度为 82.36m。

隧道窑的工作系统如图 6-2 所示。

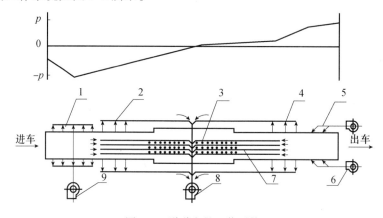

图 6-2　隧道窑的工作系统

1—烟道；2, 4, 7—余热抽出系统；6, 8, 9—风机；3—加煤孔；5—冷风道

6.48　什么是隧道窑的工作系统？它与热工制度有什么关系？

隧道窑的工作系统是指窑内气体的运动路线，包括送风系统、排烟系统等。

隧道窑的热工制度是指沿窑长的温度分布、压力分布曲线以及各带的气氛要求。热工制度是由制品加热的工艺要求决定的，为了保证热工制度的实现，须有相适应的工作系统，也就决定了窑体结构、附属设备和管路布置。因此，工作系统的合理与否，直接影响窑炉操作管理、产量、质量和能源消耗。

6.49 如何测定隧道窑烧成带的温度？

隧道窑烧成带的温度测定根据窑的配套设备不同而不一样，如隧道采取机械化码坯和出成品，且具有较高的机械化程度，或者虽然码坯和出成品采用人工，但烧成过程完全采用自动化操作，那么窑内的温度和压力就会采用自动检测、控制、调节系统。如果隧道窑采取半机械化操作，则可采用自动测温测压系统，亦可用人工简易方法测温。

用自动检测系统检测窑内温度和压力的方法精度高、反应时间短，但投资较大，对操作人员技术要求高（应具有一定的计算机基础和自动控制基础知识），设备维护和检修技术复杂。

人工结合测温仪测定窑内温度：操作人员手持光学高温计或红外测温仪，将高温计或测温仪的测口对正窑内制品，仪器上所反应的温度就是窑内的温度。

人工目测火温是以窑内制品受高温作用所呈现的颜色和光亮程度为标准。颜色和温度的关系为：

暗红色：470℃

暗红色到紫红色：470～600℃

紫红色到大红色：600～700℃

大红色到樱桃红色：700～800℃

樱桃红色到黄红色：800～900℃

黄红色到橙黄色：900～1000℃

橙黄色到浅黄色：1000～1100℃

浅黄色到亮黄色：＞1100℃

6.50 怎样才能实现隧道窑的强化焙烧？

要实现隧道窑的强化焙烧主要在于三个方面：一是增加窑的通风量；二是增加窑内燃烧强度；三是改善窑内传热过程。除此之外，还应采取一些相应的措施。

（1）增加窑的通风量

由于进车时间间隔缩短，单位时间内进入窑内的坯体数量增多，因而单位时间内加热坯体所需热量增多，单位时间内冷却制品需要传出去的热量也增多。因此，必须增加燃料的燃烧量，同时增加冷却制品的风量。燃料燃烧量的增加，必然使燃烧产物（烟气）量相应增加。因此，为了适应强化焙烧，就应该全面地增加窑内的通风量。

经理论计算和实践证明，取决于坯体码垛方式有三个因素：一是窑通风空道的摩擦阻力系数；二是窑通风空道有效断面的当量直径；三是窑通风空道有效断面积。在这三个因素不变的情况下（即不改变码垛图），如果产量增加一倍，则窑内阻力将增大约三倍。过大的窑内阻力，会使冷却带末端的正压值很大，也使预热带始端的负压值很大，因而造成冷却带热风外漏，而预热带由砂封、窑车接缝处以及窑门不严密等处吸入大量冷空气，破坏了窑内通风制度。

解决上述问题的办法是相应改变坯体码垛图，即增加窑通风空道的有效断面积。

重庆市某页岩砖厂隧道窑强化前送入风量为 90000m³/h，强化后送入风量为110000m³/h，强化后比强化前增加产量 22.2%。

（2）强化燃料燃烧

外投煤应做到勤投、少投，看火投煤，以求完全燃烧。投入窑内的外燃煤的粒度以 1～5mm 为宜。过细的燃料不易落底，会出现上火旺盛、下火萎靡，甚至可能被气流带入烟道，增加煤耗。过粗的燃料极易沉底，造成不完全燃烧。

（3）改善窑内传热

适当提高烧成带温度和延长烧成带，就能显著加速气体向制品传热。因为在烧成带传热的方式是以辐射为主，火温与制品表面温度的四次方之差决定了传热速率。因此，只要提高百分之几的火温（例如30℃），则传热速率可以增加百分之几十之多。延长烧成带将使制品在高温区段有较长的停留时间，同样也将大大加速气体对制品的传热。窑内通风量的增加有利于预热带中的对流传热。

坯体的码垛图也与传热有着密切的关系。适当稀码，增加坯垛内部通道，就可以增大制品与气流的接触面积，从而加速传热。

在强化隧道窑焙烧过程的同时，必须注意使码在窑车上的制品上、下、里、外温度分布均匀。温度分布均匀与否，与窑内气体流动、燃烧及制品的码垛图都有很大关系。

隧道窑烧成带的气体温度最高，预热带和冷却带的气体温度最低。理论上讲，如果无鼓、抽风设施，烧成带的气流应该由窑的上部趋向预热带和冷却带，而在窑的下部则相反。但实际上由于冷却带末端鼓风和预热带始端抽风的结果，气流通常并不按照上述方向运动，仍然是向一个方向运动（即由冷却带经烧成带流向预热带）。不过高温气体上腾的作用仍然存在，因此在冷却带促使上部气流速度减缓，下部速度增加，而在预热带促使上部气流速度增加，下部气流速度减缓，从而促进了气流分层，使预热和冷却不均。隧道窑中气体的流动通常采取冷却带用鼓风机鼓入冷空气，预热带用抽风机将烟气排出。因此沿气体流动方向，气体的压力由正压逐渐转变为负压。预热带处于较高的负压下，易使冷空气漏入窑中，这样就加剧了气体的分层现象。若能从砂封、窑车接头、窑体砌筑方面加以注意，同时在检查坑道中采取压力调节系统，使车下检查坑道与车上窑道压力制度相适应，在预热带下部检查坑道中也形成负压，可减少预热带中冷空气的漏入，可促使窑道内各横断面的温度趋于均匀。

如果在预热带和冷却带实行横断面气体强制循环（用喷射器或耐热轴流风机），可使窑的工作空间横断面温度分布均匀。

由于强化了隧道窑的生产，窑内气体流动速度大大增加，大的流速显著地削弱了气体的分层现象，使得沿高度方向上下温度分布趋于均匀。

预热带始端如果负压过大（达到120Pa或更大），那么在预热带，冷空气将会大量被吸入窑道内（烧成带 α=2～3，而预热带始端达6～8），促使预热带加剧分层。减小坯垛阻力，适当加高砂封槽，可以使分层现象有所改善。

6.51 黏土质砖瓦焙烧的理论化学反应热是多少？烧出成品的化学反应热是多少？

黏土在焙烧过程中的化学反应热耗如表 6-3 所示；烧出成品的化学反应热耗如表 6-4 所示。

黏土在焙烧过程中的化学反应热耗　　　　　　　　　表 6-3

黏土中 Al_2O_3 含量	化学反应热耗	
	kJ/kg 黏土	kcal/kg 黏土
5	105.00	25.12
6	126.00	30.14
7	147.00	53.17
8	168.00	40.19
9	189.00	45.22
10	210.00	50.24
11	231.00	55.26
12	255.00	60.29
13	273.00	65.31
14	294.00	70.33
15	315.00	75.36
16	336.00	80.38
17	357.00	85.41
18	378.00	90.43
19	399.00	95.45
20	420.00	100.48
21	441.00	105.50
22	462.00	110.53
23	483.00	115.55
24	504.00	120.57
25	525.00	125.60

焙烧出成品的化学反应热耗　　　　　　　　　表 6-4

黏土中 Al_2O_3 含量	化学反应热耗（kcal/kg 成品）			
	烧失量 6%	烧失量 8%	烧失量 10%	烧失量 12%
5	26.72	27.30	27.91	28.55
6	32.06	32.76	33.49	34.25
7	37.47	38.23	39.07	39.97
8	42.76	43.68	44.66	45.67
9	48.11	49.15	50.24	51.39
10	53.45	54.61	55.82	57.09

黏土中 Al_2O_3 含量	化学反应热耗（kcal/kg 成品）			
	烧失量6%	烧失量8%	烧失量10%	烧失量12%
11	58.79	60.07	61.40	62.80
12	64.14	65.53	66.99	68.51
13	69.48	70.99	72.57	74.22
14	74.82	76.45	78.15	79.92
15	80.17	81.91	83.73	85.64
16	85.51	87.37	98.31	91.34
17	90.86	92.84	94.90	97.06
18	96.20	98.29	100.48	102.76
19	101.54	103.75	106.06	108.47
20	106.89	109.22	111.64	114.18
21	112.23	114.67	117.22	119.89
22	117.59	120.14	122.81	125.60
23	122.93	125.60	128.39	131.31
24	128.27	131.05	133.97	137.01
25	133.62	136.52	139.55	142.73

6.52 什么是辊道窑？

以转动的辊子作为坯体运载工具的隧道窑。坯体直接（或用垫板）置于辊子上，由于辊子的转动，使坯体向前运动。低温处的辊子可用耐热合金钢制成，高温处的则以耐高温的陶瓷材料制成。每根辊子的端部有小链轮，由链条带动作自转，为使传动安全、平稳，常将传动链条分为若干组。此种窑高度很低，横断面小，窑内温度均匀，适于快速烧成；可与前后工序连成直动线，占地面积小，但对材质及安装技术要求高。

辊道窑的砖坯一般是单层码放，当坯体间距在 6~8mm 时，则围绕砖坯的气流可以达到较理想状态。

由于砖坯四周及孔洞内都有气流存在，故单层码放的砖坯传热系数较大，焙烧时间较短。相比较，比多层叠码坯垛在隧道窑或轮窑中焙烧的时间要缩短60%~85%。

6.53 辊道窑的窑墙材料和结构有什么特点？

现代辊道窑采用模块式结构，工厂化生产，现场组装方式。辊道窑的窑体采用全轻质结构，窑墙一般不承受窑顶的负荷。辊道窑的窑墙材料的选用主要决定于其工作温度。例如烧成带内层一般为轻质耐火砖或耐火纤维制品；中层为硅钙板或耐火纤维板；外层用岩棉板；最外层覆盖不锈钢波板。由于辊子横穿窑墙，对窑墙孔砖的砌筑要求较高。

6.54 隧道窑的基本参数有哪些？

根据2005年发布的建材行业标准《砖瓦焙烧窑炉》JC 982—2005 中对隧道窑的技术参

数仅规定了窑的内宽（3~4m，4~5m，5~7m，>7m）、坯垛码高（窑车面上：1.2~2m）、日产量（分别为：≥7、≥10、≥15、≥20 万块/日）、燃料消耗指标（49.7×10⁶kJ/万块，折合成品砖热耗为 476kcal/kg，万块成品砖耗热折标煤高达 1.699t；实际上是非常高的热耗指标。现在控制较好的一次码烧大断面隧道窑的热耗有的已经做到了 300~350kcal/kg，其中包含干燥所需热量。这与行业内多年来的经验数据较为吻合，即每万块砖耗热量在 1~1.2t 标煤之间）。该标准中规定隧道窑的长度由设计单位决定。从这些数据就不难看出这个标准中的技术指标过于简单而且含混，也没有注明是一次码烧还是二次码烧时的产量，而且热耗指标高的离谱，在实际中的可操作性上仍然存在着某些严重的缺陷，应尽快修订。该标准中规定的隧道窑基本参数如表 6-5 所示。

隧道窑基本参数 表 6-5

窑道内宽（m）	窑车面以上内高（m）	日产量（万块）	万块砖燃耗指标（kJ）
3.00~4.00	1.2~2.0	≥7.0	<49.7×10⁶
4.01~5.00	1.2~2.0	≥10.0	
5.01~7.00	1.2~2.0	≥15.0	
>7.00	1.2~2.0	≥20.0	

注：隧道窑长度由设计确定。

6.55 选择或设计隧道窑应符合哪些基本要求？

（1）焙烧出的产品质量好。隧道窑的结构系统、热工测量及调节系统等应能满足制品烧成制度（温度、压力、气氛）的要求，以确保产品具有高合格率。

（2）生产产量大。窑的断面尺寸（长、内宽、内高）要满足窑车码垛图的要求，并能灵活地实现各种调节，努力使气体充分与制品接触，促使窑的各横断面上、下、左、右、中各部位温度均匀一致，为快速烧成创造条件，使实际烧成速度接近理论最佳烧成速度。

（3）在确保砌体质量的前提下，努力减少投资。要因地制宜，就地选择砌筑材料。

（4）生产成本低。在产品具有高的烧成合格率的同时，努力提高热效率，以降低燃料消耗，并充分利用余热、废热。

（5）操作条件好。要充分考虑到工人操作的安全和方便。根据生产规模和品种，从实际出发，恰当地确定机械化、自动化的程度，并要采取必要的防火、防爆和防腐蚀技术措施。

（6）要有一定的灵活性。为适应建筑业的发展，烧结砖瓦产品品种、规格常有变化，隧道窑要适当考虑烧成制度、码垛方法等变化的可能性。

6.56 轮窑的基本参数有哪些？

根据 2005 年发布的建材行业标准《砖瓦焙烧窑炉》JC 982—2005 中规定的轮窑基本参数如表 6-6 所示（其中的万块砖燃耗指标最高限额达到了 1.57t 标煤，因此认为该标准的实际可操作性很差，应尽快修订）。

轮窑基本参数
表 6-6

窑门数（门）	部火数（部）	窑道内宽（m）	窑道内高（m）	日产量（万块）	万块砖燃耗指标（kJ）
18~24	1	3.6~3.9	2.6~2.8	≥7.0	
18~24	1	3.9~4.2	2.6~2.8	≥8.0	
32~48	2	3.6~3.9	2.6~2.8	≥13.0	
32~48	2	3.9~4.2	2.6~2.8	≥15.0	（带抽取余热轮窑）$<46.0 \times 10^6$
48~72	3	3.6~3.9	2.6~2.8	≥19.0	
48~72	3	3.9~4.2	2.6~2.8	≥21.0	
≥72	≥4	3.6~3.9	2.6~2.8	≥25.0	

6.57 如何提高窑的热经济性？

衡量窑的热经济性有两个指标，一是焙烧制品的热利用系数，二是窑的余热利用程度。目前，隧道窑的热经济性普遍不高。虽然冷却制品的余热利用了一些，如抽出去干燥坯体、在窑顶设置水箱或锅炉，但利用得不够充分。尤其是水箱中的热水和锅炉中的蒸汽二次利用率一般偏低。窑顶、窑墙和车下的散热还比较多，有的窑出车温度较高，有的窑还从烧成带倒流一部分热空气至冷却带（牵制火行速度），有的窑漏损较大，以致使隧道窑焙烧的有效热（即用于蒸发水分、化学反应和将制品加热到最高温度所需的热量除以燃料的化学热）仅为15%左右，余热利用（抽出去干燥坯体、供窑顶水箱或锅炉的热量除以燃料的化学热）约为20%，其余都损失掉了。损失的热量大致为：废气带走30%左右，窑顶、窑墙散失20%左右，出窑制品和窑车带出10%左右，车下散热和漏损也不少。因此，应进一步采取措施，提高余热利用率、减少热损失是提高窑的热经济，节约燃料的一个重要途径。

河北中节能新型材料有限公司的煤矸石砖厂隧道窑余热发电示范项目于2011年5月成功建成，并实现并网发电。

四川国立能源科技有限公司为该项目提供了完备的技术装备，采用专利技术"隧道窑辐射换热式余热发电"，该技术是由水处理系统、隧道窑余热锅炉系统、热工监控系统、汽轮发电机系统、电气监控系统、辅助设备及配套工程组成。其特点是：①比其他技术发电量大，投资回收期短；②社会效益和经济效益较好，性价比高；③具有较好的可操作性，运行人员较少（3人/班），设备操作简单；④使用寿命长（锅炉使用寿命20年以上）；⑤采用这套装备时，对原生产工艺无不良影响。

在一般情况下，发电量可满足全厂自身用电量的50%以上，甚至完全满足全厂用电。

余热发电技术是利用企业高品位热量进行回收，并集中转化为电力供企业自用的技术。

在"十二五"期间，我国规划建设100条煤矸石余热发电生产线。

提高窑的热经济性的另一途径是，在焙烧时，应尽量使窑温均匀，并加速传热，以缩短焙烧时间，提高产品的产量和质量，降低燃料消耗。

根据原料的物化性能，从理论上讲，砖的烧成周期只需要几个小时，但目前绝大多数在30h以上，这主要是现有的隧道窑传热不快，窑内温度分布不均匀，特别是预热带上下温差太大（有的高达300~400℃）造成的。在这样的状况下，当窑上部坯体已能够推到烧成带去了，可是窑下部坯体还处于低温阶段没有得到充分预热，在预热阶段应该完成的物化反应没有进行完全，如果勉强将其推到烧成带极易造成废品，所以不得不延长焙烧时间。这样做必然降低产量，增加燃料消耗。实践证明，只有加快传热和减少窑内温差（尤其在预热带创造一个"强湍流"状态，以减少其温差），才能实现快速焙烧。

影响窑内传热的因素有三个：①对流和辐射传热系数（$\alpha_{对}$ 和 $\alpha_{辐}$）；②窑内气体（火焰）与制品的温度差（Δt）；③传热面积（F）。无论增大其中的哪一个，都能增加单位时间传给制品的热量，加快焙烧速度。预热带主要靠烟气对流传热（$Q_{对}$）给制品，如采取提高烟气温度来扩大烟气和制品的温差是有一定的限制的，特别是该区段温差较大的窑，烟气温度过高会导致局部温度过高，使处于该位置的坯体报废。较好的办法是码坯垛时，尽量考虑扩大烟气和制品的接触面积，并提高对流传热系数（$\alpha_{对}$）。$\alpha_{对}$ 几乎与气体流速成正比，因此要提高 $\alpha_{对}$ 就要提高窑内烟气的流速。增大流速也可促使窑温趋向均匀，为快速焙烧创造条件。然而目前有些隧道窑内流速太慢，仅 $1 \sim 2m/s$。为了增加流速，有的厂在这一带采用气体再循环，设搅拌气幕等措施，收到一定的效果。国外有的隧道窑在这一带采用了高速等温烧嘴喷气，成百倍地增加对流传热，也使得预热带的温度基本均匀一致，效果十分明显。

烧成带主要靠火焰辐射传热（$Q_{辐}$）给制品。提高 $Q_{辐}$ 可以从以下两个方面着手：

（1）增强固体辐射传热。固体辐射传热系数比气体辐射传热系数大得多，增强固体辐射可大大强化传热过程，促进快速焙烧。

（2）坯垛适当稀码。稀码使得空隙大些，可提高气体辐射层厚度，从而提高辐射能力，加速了传热。

意大利的一个砖厂给烧天然气的隧道窑喷入氧气，使窑的产量大大提高；砖中内燃料造成的"黑心"完全消失，合格品出 70% 增至 95%；燃料消耗也有所下降。获得的经济效益可以远远补偿氧气的消耗费用。与此类似，美国密西根州的某制砖公司采用向窑内约 887℃ 温度区吹氧，使得窑的产量增加 10%，砖的压花明显减少，经济上也相当合算。实验证明，当助燃空气的含氧量从 21% 增至 30% 时，燃料可节省 10% ~ 15%。

如采取增加动力消耗来换取降低热能消耗，合不合算，应算综合能耗账。$1kW \cdot h$ 的电耗约相当于 $12289kJ$（$2940kcal$）的热耗。

一般砖瓦厂的电耗为燃料能耗的 10% ~ 25%。

6.58 什么是"稀码快烧"？

所谓"稀码"是相对于"密码"而言，并不是越稀越好，而是科学的适当稀码。空心砖坯即使码得较密，由于孔洞的存在，实际上也是较稀的。故焙烧空心砖的产量一般高于实心砖。

重庆明阳页岩砖厂的中断面隧道窑，原采取"密码慢烧"，码窑密度为 240 块/m³，火行速度仅 2.5m/h；后改为"稀码快烧"，码窑密度为 216 块/m³，火行速度为 4.2m/h，产量提高了 1/3 以上。

重庆六砖厂采用全内燃烧砖，中断面隧道窑原码窑密度为 270 块/m³（太密），火行速度不快；后改为 218 块/m³（太稀），产量反而略有下降；后又改为 248 块/m³，有好转；最终确定为 234 块/m³，产量提高了 10% 左右。该厂实践证明：窑码得过密或过稀，其结果几乎是相同的，都是火行速度慢、产量低。

四川省沫江煤矸石砖厂的煤矸石原料发热量高达4598kJ/kg（1100kcal/kg），超热很多，又找不到合适的掺合料降低其发热量。该厂二次码烧隧道窑：长×宽×高（从窑车面至窑内拱顶）=90.5×2.16×2.09（m），原来采取密码，行不通，极易过烧变形，砖与砖粘在一起，无法分开；后来该厂反复试验，最终采取稀码为191块/m³平码，获得成功，焙烧合格率为97.5%；如采取更稀码法，也行不通，窑车在窑道内行进时，由于窑车的惯性和气流的力量，坯垛容易往进车方向倒塌。

增大风机抽力及鼓力，可以适当提高码窑密度，因为风机有足够的能力克服由于码窑密度的提高而造成的较大阻力，不会对窑内传热速度和燃料燃烧产生影响。

必须强调的是，坯垛应该坚固稳定和透气性好。这两个条件在隧道窑中比坯垛不动的窑要求更加严格。坯垛的坚固稳定具有特别重要的意义。因为一旦坯垛倒塌，轻则会破坏焙烧制度，重则会堵塞隧道，使窑车无法前行，造成全窑不能继续工作。

坯垛应使气体均匀流过，避免热气体充满隧道的上部而冷气体在下部的气流分层现象。故坯垛一般码成上密下稀。

由于坯垛与隧道窑的内墙和内拱存在一定的空隙（50mm左右），鉴于这种情况，隧道窑单位容积中的坯垛比坯垛不动的窑（如轮窑）少5%左右，坯垛稀码，更能平衡上述空隙造成的不良影响，减少阻力，促使快速烧成。

正确制定制品的码车图对焙烧均匀程度起着重大作用。

由于空心砖坯的体积较大，稳定性好，码窑车时可取消横带，这样做可减少气流阻力。

普通砖坯码窑密度与窑内空隙的关系如表6-7所示。

普通砖坯码窑密度与窑内空隙的关系　　　　　　　　　　表6-7

码窑密度		空隙占窑内体积（%）
坯体数量（块/m³）	坯体占窑内体积（%）	
215	31.45	68.55
220	32.18	67.82
225	32.91	67.09
230	33.64	66.36
235	34.38	65.62
240	35.11	64.89
245	35.84	64.16
250	36.57	63.43
255	37.30	62.70
260	38.03	61.97
265	38.76	61.24
270	39.50	60.50
275	40.23	59.77
280	40.96	59.04
285	41.69	58.31
290	42.42	57.58
295	43.15	56.85
300	43.89	56.11

说明：砖坯的规格尺寸按240mm×115mm×53mm计。

6.59　砖瓦工业窑炉有哪些类型？

焙烧砖瓦的窑炉，按过程的连续与否可分为：间歇窑，如围窑、罐窑（土窑）；半连续窑，如串窑、龙窑；连续窑，如轮窑、隧道窑、辊道窑。

间歇窑具有单独的窑室，当窑室中被烧成产品出窑后，新的一批砖瓦坯才能装入窑内。对该窑室来说，重复着装窑、焙烧、冷却、出窑周期性循环作业。间歇窑的优点是：①投资少、上马快；②容易调整焙烧制度，能对不同种类及不同形状的特异形制品进行烧制。缺点是：①由于间歇作业，有时加热、有时冷却，因而窑体积蓄损失大量热量，且离窑废气温度很高，余热不能利用，燃料消耗大；②装、出窑难以机械化，因而生产效率低、劳动强度大、劳动条件差。

半连续窑一般是将若干个间歇窑连接起来，以阶段性连续烧成。如串窑。另外也有不分室的，在装窑时用坯体或纸挡把长的窑道分成假室而达到半连续烧成。如轮窑的直窑道。在这种窑中，被烧的产品固定不动，烧火位置则随着火的位移由一端走向另一端，当所有窑室完成一次烧成后焙烧即停止，待产品出完后重新码窑、点火进行烧成。半连续窑的生产率、热效率均高于间歇窑。

连续窑是进行连续烧成的。这种窑有两种烧成方式：①被焙烧的产品不移动，焙烧带则沿窑道的轴线移动，周而复始地循环下去，达到连续烧成的目的。轮窑是其代表。②焙烧带不动，产品经过窑道内固定的预热、焙烧、冷却各带，从窑道的一端不断送入坯体，从窑道的另一端不断取出产品。隧道窑是其代表。

6.60　隧道窑按形状分为哪两种？

在1958年出版的大学教科书《硅酸盐工业热工设备》中写道：隧道窑按形状分为直形隧道窑和环形隧道窑两种。直形隧道窑用得十分普遍，而环形隧道窑由于存在这样那样的缺点，故用得极少。这就说明了在六十年前，已经有了环形隧道窑。

6.61　什么是直形隧道窑？

直形隧道窑均为固定式。

其内宽（m）有1.4、1.7、2.0、2.3、2.5、3.0、3.3、3.6、3.9、4.6、6.9、9.2、10.4等。一般内宽3.9m及以下为人工砌筑具有一定角度的弧形内拱。值得一提的是，重庆市建筑材料设计研究院应用拱壳空心砖的原理，设计了内宽为2.5m、3.06m、3.3m的隧道窑微拱（内拱矢高分别为78mm、120mm、150mm）挂钩砖结构，30年共建造了100余条窑，效果均较好。还有一种三心拱，拱顶总的拱高与跨度的比例值较小，侧推力不大。与同样窑道高度的半圆拱窑相比，可码更多制品，横断面的温度较小。但窑拱砖须按各弧形的曲率配比，由于它的曲率半径发生突变（不是连续逐渐变化），这个突变点（左、右各一个）是受力危险点，故施工要求严格，使用寿命较半圆拱短。内宽3.9m以上的窑多为平顶结构。其作法有：①吊挂式。吊顶材料一般为轻质耐火混凝土预制板，这种板是用铝酸盐水泥作胶结料，多孔高铝耐火材料作骨料和掺和料，经加水、成型和养护而成，其表观密度小，隔热性能好，使用温度为1300~1350℃。亦有吊耐火砖和硅酸铝纤维模块的。②砌拱加耐火砖挡板或耐火混凝土挡板。③砌筑式异形耐火砖或异形耐火混凝土块。平顶结构对促进窑的横断面温度趋于均匀有好处。

　　大连市太平洋黏土制品公司的大断面平吊顶隧道窑，其规格尺寸：长 90.5m，内宽 7.35m，内高（由轨顶面至内拱）2.16m。一次码烧。燃气。焙烧窑和干燥窑均装有温度、湿度、压力的自动调节系统。采用多功能智能仪表，实现气体燃料与空气的自动配比，使温度和湿度能自动调节。窑用各台风机也配有智能仪表，实现单项参数自动调节。采用智能仪表后，其操作很方便，运行很可靠。

　　该窑窑顶采用吊钩砖，砖成凹凸形状互相咬砌成平顶，在其上面抹一层耐火泥，然后再铺一层约 100mm 厚的岩棉或硅酸铝纤维板。在工字钢吊梁上面焊有一层铁丝网，网上再铺一层岩棉进行保温。窑两侧墙也进行保温处理。窑体散热少。在窑尾集中抽取余热送往干燥窑干燥湿坯体。窑车由码坯机码成两排坯垛，中间留 250～400mm 宽的火巷。在烧成带窑顶上横向排列多组燃烧器，燃料从窑顶送入火道，窑内横断面上下压力、温度分布均匀。

　　还有一种做法是拱顶加挡板，与平顶窑使用效果相当。挡板为耐火混凝土质（横向砌筑几块组成一道挡风板）。如原北京窑店砖厂，窑的烧成带内拱为 65.6°，每隔 2.5m 设置一道；又如原南京生建砖厂，窑的烧成带内拱为 60°，每隔 3m 设置一道。

　　发达国家有些燃气隧道窑采用了高速调温或高速等温燃烧器。新型的燃烧器为先进的焙烧技术提供了条件，也为计算机控制技术提供了保证，使燃料由静态燃烧变为动态燃烧，在动态燃烧中燃料是在计算机的控制下，把常规均匀性连续供给燃料变为非均匀性的供给燃料，使燃烧的气体流量与窑内温度均处于动态变化之中，促使窑的横断面温度更趋于均匀，不但提高了焙烧后的产品产量和质量，而且也提高了热能的利用率。

　　有一种"逆流"直形隧道窑，采取两个平行而流向相反的焙烧道，它能较好地利用烟热，减少窑两端的热损失。将要焙烧的制品码在两列窑车上，这两列窑车边靠边向相反方向推进，焙烧带仍在窑的中段。不再是由气体逆向流动进行热交换。1 号道的预热带恰好在 2 号道的冷却带侧边，热交换由 2 号道向 1 号道进行。在窑的另一头，1 号道的冷却带在 2 号道的预热带侧边，1 号道向 2 号道进行热交换。其热效率高达 72% 以上。

　　法国的"CERIC"（工商研究及发展中心）于 1968 年首创了"箱形"隧道窑。该窑的特点是构造优良，密封和绝热性能好。外部为金属结构，内部为耐火砖，中间为耐热保温材料，焙烧温度可达 1200℃。由于窑体的密封性能好，可以加压焙烧，从而使窑内的温度均匀（正压可促使温度均匀），同一横断面的上、下温差为 10℃ 左右，焙烧出的产品质量好。

　　美国通用页岩制品公司于 1966 年建成"一砖高"快烧直形隧道窑，窑长 132.6m，高 0.376m，窑车 44 辆（窑车长×宽为 3.048m×2.438m）。和通常隧道窑相比，大大缩短了焙烧周期，劳动力节省约 30%。

6.62　什么是环形隧道窑?

　　据有关资料介绍，1972 年 1 月，丹麦锡克堡的里斯勃罗瓦厂的一座自动化圆形隧道窑建成投产。其窑道形状是一个圆环截面，用于烧瓦。未能废除窑车。其特点是：作业时，窑车底部的轨道在辊轮上滑动，窑车与轨道做相对运动，装出窑在同一侧面进行，便于搬运。燃料为液化气体。热耗为 1380kJ/kg 成品瓦（330kcal/kg 成品瓦）。

　　另外，法国的一些砖厂采用自动旋转窑底的环形窑，该种窑以连续环形旋转窑底取代窑车，其特点是：（1）由于采用了两厢式窑底，因而消除了窑车与窑车之间的接缝，改善了窑底的密封性能，减少了热损失；（2）窑底设置了"连续砂封"存放砂子，不存在砂子漏失问题。省去了经常补充砂子的操作；（3）利用旋转的窑底可在同一侧固定的位置连续装、出窑，便于搬运。不足之处是窑底在旋转过程中有时出现偏移现象。燃料为气化的燃油或煤气。

我国西安力元窑炉有限公司的柏飞先生经过多年潜心研究，发明了环形移动式隧道窑，（以下简称移动窑），并于1997年开始兴建第一座移动窑。该窑内宽4m，内高1.5m，窑体长度120m，窑体环形中心线直径85m（周长约为251m）。1998年底，该窑点火试烧成功，并获得了"移动式隧道窑及采用该隧道窑生产黏土制品的工艺布局"和"环形输坯机及移动式隧道窑烧砖工艺系统"等多项发明专利。

我国自创的移动窑和丹麦的圆形隧道窑及法国的旋转环形窑的主要不同之处在于：（1）前者的窑体只占到环形窑道的40%～45%，后者的窑体基本上占了全部环形窑道（只留了一个作为装、出窑的缺口）；（2）前者不用窑车及附属设备，后者需要窑车及附属设备；（3）前者窑体移动，坯垛不动，后者窑体不动，坯垛移动。

直行固定式隧道窑自1751年发明之后，长达129年未能用于生产，其中的一个关键问题是没有解决窑车上下空间的砂封问题。由于窑车上下漏气，造成了窑内各段的断面温度差加大，影响窑车及附属设备的正常运转，降低了窑的产量和制品质量，增加了窑的能耗。而环型移动式隧道窑彻底甩掉了窑车及其附属设备这个包袱，这是一个成功，也给环形移动式隧道窑注入了强大的生命力和诱惑力。

在柏飞先生发明的基础上，近十年来，环形隧道窑获得了快速发展，在国内二十余个省市已建成投产几百条。根据原料性能、产品的规格大小、产量等要求，窑长从120m到160m不等；内宽也多种多样，有4.5m、5.5m、6.8m、7.9m、8.8m、9.6m、10.8m、12.8m、14m等，四川宜宾恒旭窑炉科技开发有限公司还建成了内宽23.8m的移动窑，是迄今世界上宽度最大的窑。日产普通实心砖高达80万块，这是带有窑车的窑无法做到的。

6.63 和轮窑相比较，环形移动式隧道窑的主要优点有哪些？

（1）移动窑是在窑体外码坯垛，卸成品也是在窑体外进行，人工操作条件好，而且装、出窑较易机械化。而轮窑是在窑体内码坯垛和卸成品的，环境温度高、粉尘大、操作条件差，且装、出窑难以机械化。虽然国外的直通窑有用叉车装出窑的，但没有移动窑在外界操作方便。

（2）移动窑是定点焙烧，窑墙和窑顶的温度是不变的，属于稳定传热。而轮窑是周而复始循环焙烧，因而也周而复始的加热冷却，窑顶和窑墙属于不稳定传热。就这一点讲，移动窑的热能利用效率高于轮窑。

（3）在生产正常的情况下，移动窑的闸阀提法一旦确定，无需再动。而轮窑随着火的走动，需频繁起、落闸阀，较麻烦。

（4）移动窑的闸阀较少，主要布置在火前进方向的预热带，且多数处于启用状态，未启用的闸阀较少，即使未启用的闸阀漏气也是拉火前进的。而轮窑一圈都要布置闸阀，数量较多，且多数处于未启动状态。这些未启用的闸阀要使之密闭不漏气是很困难的。在负压处窑外冷气向窑内窜，正压处窑内热气向窑外窜，漏气量较大。由于这些闸阀多数不在火前进方向的预热带，故牵制了火行速度。

（5）移动窑的投煤孔较少，且主要布置在中部，零压点附近，故漏入或漏出的气不多。而轮窑一圈布满了投煤孔，数量多，各种压力状态都有，故漏入或漏出的气体较多。

例如 A 厂有一座长 137m（包括干燥段长度）的移动窑，设了 169 个投煤孔，而 B 厂有一座 24 门轮窑，投煤孔多达 526 个，是移动窑的三倍以上。

（6）轮窑要糊纸挡，纸挡难免不漏气，而移动摇无纸挡。

（7）轮窑一圈要设门，门的数量多。频繁封门、打洞、开门，工作量大，且门是一个薄弱环节，散热多，故靠近窑门的地方制品容易欠火。而移动窑只有两道门（干燥进坯坯端一道门，干燥段与预热段交界处一道截止门），但要指出的是，移动窑干燥进坯坯端门靠近排烟、排潮风机，此处负压大，如密封不好，大量外界冷空气会进入窑内，就近排入排烟风机，不但牵制了窑的生产能力发挥，而且增大了烟气过量空气系数，增加了烟气净化的难度。

（8）轮窑装、出窑时，运输车辆频繁进出窑道，极易碰坏窑门或窑墙，而移动窑不存在这个问题。

（9）移动窑的内高可高可低，但轮窑由于要进人站立操作，内高不能太低。

（10）移动窑一般采用平吊顶，内高可窄可宽（最宽的已达 23.8m）。而轮窑（尤其是国内用得较多的环形轮窑）的拱顶内高一般较大，如果做得太宽，则内墙必然很矮，影响进人操作。故内宽有 2.6m，2.9m，3.75m，4.0m，大于 4.6m 的不多。

（11）移动窑如用二次进风机，风机的位置可以固定不动。而轮窑用二次进风机，风机的位置要随火移动，比较麻烦。

（12）如某制品在窑内焙烧时的预热带、烧成带、保温冷却带的长度确定后，采用轮窑的窑体展开长度要比采用移动窑的窑体展开长度长一些，因轮窑的窑道内要空出一段作为装、出窑的位置。

（13）轮窑的漏气点大大多于移动窑的漏气点，轮窑"拉后腿"的地方较多，故它的火行速度一般低于移动窑。移动窑的火行速度为 3.5～4.0m/h 较普遍。而轮窑的火情速度达到 2.5～3m/h 的不多。故在横断面积相同的情况下，移动窑的产量往往高于轮窑。

（14）移动窑可做成装配式，即先在工厂进行预制，然后在现场装配。和采用砌筑方式相比，其主要优点是：一、可以标准化、规模化生产，规格统一，系列配套，满足用户对不同产品的需要；二、可以按照国家能耗标准组织生产，达到节能降耗的目的；三、由于是标准化，规模化生产，可以降低造价；四、全部组件在工厂加工现场仅需简单安装，故工期短见效快。而轮窑（尤其是国内用得较多的环形轮窑）只能采用砌筑方式。该种窑是用几十万块砖，乃至上百万块砖人工砌筑而成，不但施工周期长，而且由于灰缝很多，要使每条灰缝中的泥浆都饱满、严密不漏气是很难的。且砌筑是多人完成，每个人的技术水平不同，责任心也有差别，造成窑体各处的质量不一样，在使用过程中极易造成窑体开裂。

（15）轮窑在投入使用前必须烘烤，以蒸发在砌筑过程中带入的大量水分；而移动摇的装配件不含水分，装配完成后即可投入使用，无需烘烤。但如果地面的湿度大，投产的前一至两圈可能出现底部坯体吸湿导致的湿塌。

6.64 和直形固定式隧道窑相比较，环形移动式隧道窑的主要优点有哪些？

（1）固定窑需配备大量的窑车及其运转设备。而移动窑不需要窑车及其运转设备。和

固定窑相比，移动窑要节省建设资金

（2）因窑车尺寸越大，窑车越笨重，越不灵活，且购置费用越高，运转设备动能消耗大。受窑车外形（主要是宽度）尺寸制约，固定窑的宽度不能太大，当前我国用的最宽的是9.23m。而移动窑不需要窑车及运转设备，无窑车外形尺寸制约，故内宽比9.23m大的较为普遍。

（3）就窑底而言，固定窑是由若干辆窑车组成的活动窑底，窑车与窑车之间很难密封严实，极易漏气。正压处热气向检查坑道漏，致使窑车金属部件变形、开裂，窑车轴承润滑油结焦，从而导致窑车运转不灵，增加顶车负荷，甚至导致窑体损坏。负压处检查坑道内冷空气向窑室内漏，致使窑车下层制品欠烧，降低产品合格率。窑车上下漏气是固定窑的最大缺点。而移动窑的坯垛是码在环形道的地平面上，无上下漏气之虞。鉴于固定窑的窑车是活动的，它的结构密封难度大于移动窑。

（4）固定窑的坯垛是码在窑车上，是随窑车移动的，移动时易产生晃动，为了防止塌垛，其稳定性显得尤为重要，而移动窑的坯垛是码在地面上，坯垛是不动的，就这一点讲，其塌垛的可能性远小于固定窑。

（5）环形移动式隧道窑较好地实现了"一条龙"一次码烧工艺。为了简化热工工艺和减少热能消耗，20世纪70年代，我国建设了数百条"一条龙"一次码烧隧道窑（所谓一条龙，是干燥室的出车端与焙烧窑的进车端相连接，连接处的两坯垛空隙间用截止阀门隔离）。这种窑仅北京就建了40条，南京建了10条，上海建了10条，这是我国砖瓦工作者的创举，基本上是成功的。但由于有些厂不当做法，致使窑车变形，造成应该定点的坯垛位置有所移动，而截止阀门的位置又不能随之移动，往往造成截止闸门落在坯垛上，被迫不用阀门，从而造成热工制度难以控制。

而移动窑令人满意地解决了上述问题，较好地实现了"一条龙"一次码烧工艺。这是因为坯垛是码在地平面上不会移动的，加之装有截止阀门的窑体是移动的，故可使截止阀门准确地落在二坯垛的空隙中，使干燥段与焙烧段彻底分离。

6.65 环形移动式隧道窑的特殊性有哪些？

（1）建窑场地必须是正方形。

移动窑的窑体是沿两条直径大小不同的同心圆形成的圆环轨道上移动的，不但建窑场地要大，而且必须是正方形的。

例如：内宽为9.6m移动窑，外轨直径为120m，加上外环道路和排水沟等，最少需要一块138m×138m的场地，即19044m²，合28.567亩；又如内宽为12.4m移动窑，外轨直径为128m，最少需要一块145m×145m的场地，即21025m²，合31.537亩。

（2）最好在无霜冻期的地方使用。

如在寒冷地区和严寒地区使用，其年有效使用期很短，由于成型后的湿坯体，要在窑体外的环形道上存放一段时间才进窑内，在气温较高，无霜冻期的南方，坯体在窑体外通过自然阴干可以缓慢失去一些水分，不但可以节省进入窑内干燥段的热能消耗，还会减少干燥裂纹和塌坯现象，有利于提高干燥质量。但在有霜冻期的寒冷地区和严寒地区，因霜冻会冻坏坯体，每年只能使用5~7个月，其年有效使用期很短。

（3）不能采用二次码烧工艺。

移动窑采用的是一次码烧工艺，不能采用二次码烧工艺。当原料的干燥敏感性系数偏高，或产品为高孔洞率砌块时，应采用二次码烧工艺，此时不能采用移动窑。

如云南省某砖厂的原料为黏土，干燥敏感性系数较高，为2.55，生产普通实心砖，坯垛高度为13层，采用了移动窑一次码烧工艺。结果是坯体干燥裂纹多，干燥塌坯严重，被迫将窑体拆除，应引以为戒。

（4）只能烧固体燃料，不能烧气体燃料和液体燃料。

因为窑体不固定，需经常移动，如采用气体或液体燃料，其管道布置很复杂，故只能采用固体燃料。如要生产清水墙装饰砖等高档制品，必须用气体燃料，则不宜采用移动窑。

（5）在满足干燥和焙烧制度的前提下，不要随意加长窑体。

因为加长窑体，增加窑体的重量，同时也增加了砂风板插入砂风槽的长度，增大长度，也会增大了砂风板与砂风槽砂子的阻力，给窑体移动增加了难度（也必然增加了窑体移动时的动力消耗）。

（6）因内外轨道同心圆的直径都很大，故要求轨道安装精度高、稳定性好，以免导致有些轮子悬空、脱轨，使其余轮子负担加重及增加局部阻力。

（7）因窑体行走的轮子负荷大，无论是主动轮还是从动轮，均不宜采用机床加工的型钢轮，以免受力后产生变形，也不宜采用铸铁轮，铸铁轮抗折强度差，不耐磨，应该采用铸钢轮。

（8）为了减轻窑体移动时的重量和动力消耗，窑的内顶和内墙材料一般采用硅酸铝纤维模块。希望该材料的含杂质量少一些（尽量提高纯度），否则含硫气体易进入模块孔隙（硅酸铝模块的孔隙率很高），与这些杂质起化学反应，使纤维材料粉化、脱落。另外，由于纤维很细，在高速含尘气体的长期冲刷下，也要产生磨损，导致脱落。故有的厂每隔5年左右要更换一次窑的易磨损部位模块。内墙模块的安装要固定牢靠，防止使用时出现凸鼓现象，在窑体移动时擦碰坯垛，致使坯垛倒塌和损坏窑内壁。

（9）因装、出窑的位置经常移动，采用机械码坯、夹坯次数多达3次，多次夹起放下易伤害坯体，故应力求湿坯体有较高的机械强度；如采用机械打包成品，则打包机也需要经常移动，故这种打包机比固定式打包机复杂得多。

（10）移动窑内外两圈的砂风槽都很长，为了防止错误的空气漏入窑内，砂风槽中应该填充足够的砂子，砂面高度不宜低于50~60mm，砂子的理想粒度是5~7mm的占30%，其余70%是无尘细颗粒。

因运输成品的车辆要到环形道上作业，极易将碎砖块等杂物掉进砂封槽内，给窑体移动增加阻力，应及时清除这些杂物。

（11）一般湿坯体要在窑外环形道上静停一段时间，通过自然缓慢蒸发一部分水分，不但可以减少窑内热能消耗，而且由于进窑前坯体中的水分已向临界水分有所靠拢，可减少窑内坯体湿塌和干燥裂纹的产生。故在条件允许的情况下，应使环形道的周长尽量长些，这样做也可以使湿坯体的静停时间长一些。

（12）窑的环形道应高出周围道路0.15m左右，以防止雨水流进窑的环形道，破坏既定的热工制度和增加热能消耗，并在环形道的边缘采取加固措施，或临时放置钢板作为进、出车道，以保护环形道边缘不被运输车压坏。

（13）由于移动窑的窑体要经常移动，给烟气脱硫装置的做法带来一定的难度，有一些窑炉公司为此也做了多种脱硫的尝试，用得较多的是将脱硫塔置于中心点附近，在环形道内侧做一条环形总烟道，总烟道上面开有若干个带有闸阀的接口，窑移动后将排烟（潮）气进入环形总烟道，再入脱硫塔。这种做法的不足之处是：①由于送入脱硫塔的烟道较长，拐弯多，故产生的阻力较大；②可能出现的漏气点多。

四川遂宁的某砖厂将立式脱硫塔置于移动窑顶上，随着窑体一起移动，脱硫效果较好。应该简单介绍原理。

6.66　什么是低码层节能隧道窑？它有哪些优点？

目前，我国砖瓦行业普遍使用的是内燃隧道窑，码高为 10～14 层，或更高，业内将其称为高码层。这种窑只能烧制一般制品，如果要烧制高档制品，例如清水墙装饰砖、铺地砖等，那非外燃隧道窑莫属。传统的外燃高码隧道窑已经使用了近百年。

低码层是相对于高码层而言的，其码层低至 2～4 层。

根据美国 SD 国际窑炉技术公司多年实践，低码层节能隧道窑与同等产量的传统高码层隧道窑相比，具有如下优点：

（1）大大缩短了干燥和焙烧时间，在原料和产品品种相同的情况下，低码层仅为高码层干燥和焙烧时间的四分之一。

（2）制品综合能耗节约 20%。

（3）采用了低码层节能隧道窑之后，可使生产线电力消耗降低 40% 左右。

（4）便于制品品种更换，更换制品肯定会产生热量损耗，低码层节能隧道窑在产品品种更换过程中可减少能量损耗 90% 左右。

（5）低码层节能隧道窑能有效地控制窑内温度的均匀性，加之干燥、焙烧时间短，可以减少氟化氢排放量 80%。

（6）由于低码层节能隧道窑的窑车上码层低，底部砖坯无过多外部载荷，干燥焙烧过程中不会产生裂纹，烧结制品的成品率可接近 100%。

（7）低码层节能隧道窑由于码层低，简单、安全、可靠、可节省人力成本 50% 左右，几个人可操控全生产线。干燥窑和焙烧窑与窑车运作系统在自动控制系统的操作下能实现 24h 无人值守。

（8）低码层节能隧道窑由于码低，可使码坯设备和卸砖设备大大简化，而使生产线建设投资和运行费用大大降低，并且使码坯的灵活性更高了，使用机器人和码坯机以及卸砖机的编程简单容易了，也使产品品种的更换不像以前那样令人头疼了。

（9）低码层节能隧道窑由于码层低，载荷轻，窑车的支撑耐火砖和钢结构随之发生巨大变化，因而大大降低了窑炉的地基建设费用，同时也降低了窑车的维护费用，增加窑车的运行寿命。

（10）低码层节能隧道窑的各个横断面温度更均匀，更容易控制。

6.67　今后隧道窑主要研究课题有哪些？

（1）在劣质原料大量用于制砖瓦的趋势下，能"粗粮细作"，快速烧成高质量产品。

（2）更充分地利用各种含有热能的资源（包括含有热能的废弃物和大自然赐予的免费太阳能、风能等）；努力降低燃料消耗，进一步提高热效率；寻求充分利用余热、废热的途径。

（3）凡是用固体煤作外燃料的隧道窑，应研究高效、适用的机械化燃烧装置（如自动喷煤粉）代替人工加煤，这样做可省去窑体上大量易漏气的投煤孔，且为自动调节、控制加入窑中的外燃料量创造条件。

凡是用液体或气体作燃料的隧道窑，应努力改进烧嘴，发展各种高速等温烧嘴。

（4）研究、改进和发展各种耐火材料，努力提高窑炉保温性能和使用寿命。

（5）鉴于目前砌筑隧道窑体用钢量较大，特别是窑车制作耗用了大量钢材，且十分笨重，因此，应研究节约金属材料的途径。

（6）研究加速隧道窑施工途径。烧结砖瓦隧道窑堪称庞然大物，施工砌筑工程量大，要求严格，施工周期长，难以快速投产。因此，要研究大、中、小各种预制装配式隧道窑的加工、制造和装配的方法，以适应这类先进窑型快速发展的势头。

（7）提高机械化和自动化程度。要研究机械化、自动化码、卸窑车和干燥车以及进、出窑和干燥室的方法（不仅适应单一品种产品生产，还应适应多品种产品生产），进一步减轻笨重的体力劳动。同时，要改进和完善隧道窑烧成制度的自动调节系统，达到提高产量、质量，降低燃料消耗，改善劳动条件的目的。研究、推广计算机在窑炉上的应用，研究、推广各类窑型的数字模型，并建立窑炉热工最优控制方法的理论和实践。

6.68　什么是耐火材料？

一般来说，耐火材料是指耐火度不低于1580℃的无机非金属材料。有定形的（如烧结黏土质耐火砖）和不定形的（如水泥结合耐火浇注料、水玻璃结合耐火浇注料、磷酸和磷酸盐结合耐火浇注料）等种类。

作为抵抗高温的主要构筑材料，耐火材料应能在一定程度上承受温度骤变作用、介质侵蚀作用和高温荷重作用。

耐火材料在砖瓦窑炉内有重要作用，他可用作窑炉的内衬和隧道窑的窑车衬砖等。

由于砖瓦的烧成温度一般为950~1050℃，不太高，故用于砌筑窑的内拱和内墙的耐火材料允许略低于1580℃。

砌筑耐火材料时，应采用与其理化性能相同或相近的耐火泥浆。

6.69　耐火材料的主要技术指标有哪些？

耐火材料的主要技术指标有：

（1）耐火度

它是表征耐火材料在高温和自重作用下抵抗熔化的性质。

（2）高温荷重变形温度（荷重软化点）

它是耐火材料在高温及荷重同时作用下发生一定变形时的温度。荷重一般为0.2MPa，变形量由膨胀至最高点算起，压缩至0.6%时的温度称荷重软化开始温度，又称荷重软化点。同时还测定出压缩变形4%的温度，后者又称最后软化点。

（3）高温体积稳定性

它是耐火材料在高温下长期使用时，其外形体积保持稳定的性能，通常用重烧体积

（或线）变化（收缩为负、膨胀为正）的大小来衡量。

（4）热震稳定性（耐急冷急热性）

它是耐火材料抵抗温度急剧变化而开裂或剥落的能力。如果耐火材料热震稳定性差，当窑温变化较快时，有可能导致耐火材料砌体出现裂纹、剥落甚至崩溃。

（5）热导率（导热系数）

它是耐火材料导热能力的指标。

（6）外形尺寸偏差

它包括耐火材料制品的长、宽、厚等各部尺寸偏差的要求，以及对扭曲、缺棱、缺角、熔洞、渣蚀、裂纹等的规定。正确的外形和准确的尺寸关系到窑炉的砌筑质量、使用寿命和筑炉工作量。

6.70 耐火材料按化学矿物组成如何分类？

耐火材料按化学矿物组成分为六大类：

（1）硅酸铝质耐火材料，包括耐火黏土砖、高铝砖等；

（2）硅质耐火材料，如硅砖；

（3）镁质耐火材料，包括镁砖、镁铝砖、镁铬砖等；

（4）锆英石质耐火材料，如锆英石砖等；

（5）碳质耐火材料；

（6）高纯度氧化物制品等。

6.71 什么是轻质耐火材料？轻质耐火材料有哪些种类？

轻质耐火材料所使用的原料与同类重质耐火材料相似，故其耐高温性能较好，又由于其内部有许多微小的封闭气孔，因此具有一定的保温隔热性能。形成气孔的方法大致有三种：（1）掺入可燃物法；（2）泡沫法；（3）化学法。

传统轻质耐火材料主要品种有轻质黏土砖、轻质高铝砖、轻质硅砖等。

现代轻质耐火材料主要品种有轻质合成莫来石制品、耐火纤维散棉及其制品（包括折叠块、针刺毯等）、氧化铝空心球制品、高铝聚轻球及莫来石聚轻球等。

6.72 什么是轻质耐火砖的分类温度？它与砖的工作温度有什么不同？

在国外标准中分类温度或最高使用温度是指连续保温 24h，重烧线变化不大于 2% 的实验温度。

工作温度一般应低于分类温度，在选择轻质耐火砖时，可采用下列经验公式计算工作温度：

$$工作温度 = 分类温度 \times (1 - 10\%) - 40(℃)$$

6.73 什么是耐火黏土砖？耐火黏土砖有哪些主要性能？

耐火黏土砖是由耐火黏土及其煅烧后的熟料，经粉碎、配料、成型后，在 1300 ~ 1400℃下烧成的硅酸铝质耐火材料，按标准分为三个牌号（等级），属于砖瓦隧道窑使用的传统重质耐火材料制品。其主要性能有：

(1) 氧化铝含量：一等品为48%；二等品为35%；三等品30%。

(2) 属弱酸性。

(3) 热稳定性较好。

(4) 荷重软化开始温度，一等品不低于1300℃，但软化开始到终了温度范围较大。

(5) 重烧线收缩：一等品在1400℃，保温2h，不大于0.7%；二等品在1350℃，保温2h，不大于0.5%；三等品在1300℃，保温2h，不大于0.5%。

(6) 热导率（导热系数）

表观密度大于1900kg/m³时：

$$\lambda = 1.041 + 0.00015t$$

表观密度小于或等于1900kg/m³时：

$$\lambda = 0.698 + 0.00064t$$

式中　t——材料热面与冷面的平均温度（℃）。

6.74　什么是不定形耐火材料？有哪些种类？

不定形耐火材料又称散状料，其特点是产品交货时没有一定的形状，多数为粉粒体或可塑泥料，施工时可按要求制作成所需要的形状。

不定形耐火材料的品种有浇注料（又称耐火混凝土）、捣打料、可塑料、投射料、耐火泥等。

6.75　什么是耐火浇注料？它有什么优点？耐火浇注料有哪些品种？

耐火浇注料是由耐火骨料（又称集料，粒度一般为15mm以下）、耐火粉料（又称掺合料，粒度一般为0.088mm以下）和胶粘剂，按一定比例配合后，经搅拌、成型、养护而得的一种可承受高温作用的混凝土。

耐火浇注料的优点是不用烧成就可以综合利用资源；施工方便；成本低；能形成各种窑衬的整体构筑物。特别适合各种复杂形状的施工。

浇注料的品种很多，可以按其主要原料进行分类，如黏土质、高铝质、刚玉质、镁质等。也可按结合剂的种类进行分类，如硅铝酸盐水泥耐火混凝土、硅酸盐水泥（包括矾土水泥、低钙铝酸盐水泥和铝-60水泥）耐火混凝土、水玻璃耐火混凝土、磷酸盐耐火混凝土等。

此外，根据耐火浇注料的密度不同，还可以分为普通耐火浇注料和轻质耐火浇注料，后者所用的骨料和掺合料为各种轻质颗粒和粉料。例如某种轻质浇注料，骨料为膨胀蛭石，掺合料为陶粒粉，胶粘剂为硅酸盐水泥，可以使用在900℃以下不直接接触火焰的炉体上，起隔热作用。

6.76　重庆市某耐火材料厂生产的主要几种烧结定形耐火砖的理化性能如何？

几种烧结定形耐火砖的理化性能如表6-8～表6-10所示。

黏土质耐火砖理化性能   表 6-8

主要性能	指标		
	RN-42	RN-40	RN-36
Al_2O_3 含量（%）	≥42	≥40	≥36
显气孔率（%）	≤24	≤24	≤26
常温耐压强度（MPa）	≥29.4	≥24.5	≥19.6
耐火度（℃）	>1760	>1740	>1700
0.2MPa 荷重软化温度（℃）	≥1400	≥1350	≥1300

高铝质耐火砖理化性能   表 6-9

主要性能	指标	
	RL-65	RL-50
Al_2O_3 含量（%）	≥67	≥50
显气孔率（%）	≤24	≤24
体积密度（g/cm³）	≥2.6	≥2.55
常温耐压强度（MPa）	≥55	≥45
耐火度（℃）	≥1790	≥1770
0.2MPa 荷重软化温度（℃）	≥1500	≥1420

低气孔黏土质耐火砖理化性能   表 6-10

牌号	化学成分（%）		体积密度（g/cm³）	显气孔率（%）	常温耐压强度（MPa）	耐火度（℃）	0.2MPa 荷重软化温度（℃）
	Al_2O_3	Fe_2O_3					
DN-12	≥45	≤1.2	≥2.37	≤12	≥68	≥1770	≥1500
DN-15	≥42	≤1.5	≥2.30	≤15	≥60	≥1770	≥1470

6.77 什么是水灰比？

在耐火混凝土的施工工艺中，水灰比指混合时，加水量与水泥、骨料、掺合料总量之比，一般情况振动成型为 0.3～0.4；捣打成型为 0.23～0.25；机压成型为 0.18～0.2。为确保工程质量，施工中应严格按规定的水灰比配制。

6.78 什么是耐火泥？对耐火泥有哪些技术要求？

耐火泥是用于调制泥浆填充砌体砖缝，使分散的砖块结合成整体或作为涂层材料使用的一种不定形的耐火材料。

对耐火泥的技术要求：

（1）其化学组成应与砖体材料相同或相近，不影响砌体的高温性能，如砌筑耐火黏土砖应用黏土质耐火泥，砌筑硅砖应用硅质耐火泥，砌筑高铝砖应用高铝质耐火泥等。

（2）耐火泥的颗粒度应符合砌体砖缝的要求，耐火泥的最大颗粒尺寸应小于砖缝厚度的 1/3～1/2。目前市售的黏土质耐火泥按颗粒组成分为四个等级：高炉火泥、细粒火泥、中粒火泥、粗粒火泥。砌筑砖瓦隧道窑的耐火黏土砖时，应用细粒火泥。

（3）用耐火泥调制的灰浆应具有良好的流动性和可塑性，以便于施工。

（4）施工后和使用过程中应具有足够的黏结能力，以确保砌体的整体性。

（5）干燥收缩和烧成收缩要与砖体相适应，以防出现裂纹。

6.79 耐火材料如何正确使用与保管？

耐火材料使用与保管应注意：

（1）其材质（牌号）、砖型（外形尺寸规格）、等级应符合设计要求。

（2）特殊部位，如窑炉的拱顶等应进行预砌筑选砖，以减少砖的现场加工，确保砌筑质量。

（3）耐火砖的加工面不应朝向窑道内工作空间。

（4）耐火砖应防止受潮，特别是耐火泥入库时需在下部铺设垫层。

（5）装卸耐火砖时应轻拿轻放，不要碰掉砖的棱角，码垛时堆放要稳。

（6）耐火砖入库堆放时，按照砌筑窑炉不同部位的砖应分别堆放，并应标明砖种、砖号、主要尺寸及使用部位。

6.80 耐火混凝土的种类有哪些？耐火混凝土的使用范围及组成材料配合比如何？

耐火混凝土是一种不定形的浇注料，它具有很强生命力的耐火材料。同耐火砖相比，它的优点是：制作工艺简单，无需焙烧，使用方便，具有塑性和整体性，便于复杂制品的成型并有利于窑砌体的施工机械化，成本低，其使用寿命有的与耐火砖相近，有的比耐火砖长。这种材料可用于隧道窑上，亦可用于窑车顶面层。

根据其表观密度不同，可分为普通耐火混凝土和轻质耐火混凝土。而普通耐火混凝土又根据所用胶结料的不同可分为以下几种类型：

①水硬性耐火混凝土：如硅酸盐水泥耐火混凝土、矾土水泥耐火混凝土和低钙铝酸盐水泥耐火混凝土等。

②气硬性耐火混凝土：如水玻璃耐火混凝土等。

③火硬性耐火混凝土：如磷酸耐火混凝土等。

以水泥为胶结材料的水硬性耐火混凝土，是由各种水泥掺入不同数量的耐火掺合料和耐火骨料组成。它的组成材料和使用范围如表6-11所示。

水硬性耐火混凝土的组成材料和使用范围 表6-11

序号	组成材料			最高使用温度（℃）	使用范围
	胶结料	掺合料	骨料		
1	硅酸盐水泥	黏土熟料粉，废耐火黏土砖粉	黏土熟料，废耐火黏土砖	<1200	根据隧道窑各带使用温度情况，选择相对应的耐火混凝土作内衬。序号1可作窑车顶面层
2	矾土水泥	耐火黏土熟料粉，高铝矾土熟料粉	耐火黏土熟料，高铝矾土熟料	1200～1400	
3	低钙铝酸盐水泥	废高铝砖粉，高铝矾土熟料粉	废高铝砖，高铝矾土熟料	1400～1500	

1. 水硬性耐火混凝土组成材料配合比

（1）重庆春来机械公司的窑车边框面层采用硅酸盐水泥耐火混凝土，其耐火度≤1200℃，配合比如表6-12所示。

耐火度≤1200℃配合比 表6-12

原材料名称			配合比（%）
胶结料	42.5硅酸盐水泥		15
掺合料	烧结砖粉（0.088～0.15mm）		15
骨料	粗	烧结砖块（5～15mm）	35
	中	烧结砖块（3～5mm）	20
	细	烧结砖块（0.15～3mm）	15
水灰比			0.5～0.6

（2）重庆天瑞窑炉公司用于窑车面层的硅酸盐耐火混凝土，其耐火度≤1250℃，配合比如表6-13所示。

耐火度≤1250℃配合比 表6-13

原材料名称			配合比（%）
胶结料	42.5硅酸盐水泥		15
掺合料	耐火砖粉（0.088～0.15mm）		15
骨料	粗	耐火砖块（5～15mm）	35
	中	耐火砖块（3～5mm）	20
	细	耐火砖块（0.15～3mm）	15
水灰比			0.5～0.6

广东化州用该材料浇注轮窑投煤孔，显得坚固、耐用。

（3）重庆龙筑宏发窑炉公司用于焙烧窑投煤孔的矾土水泥混凝土，其耐火度≤1300℃，配合比如表6-14所示。

耐火度≤1300℃配合比 表6-14

原材料名称			配合比（%）
胶结料	矾土水泥		15
掺合料	焦宝石粉（0.088～0.15mm）		15
骨料	粗	焦宝石块（5～15mm）	35
	中	焦宝石块（3～5mm）	20
	细	焦宝石块（0.15～3mm）	15
水灰比			0.5～0.6

注意：水硬性耐火混凝土制品应先按一定温度制度烘烤脱水后才能用于高温设备中。

2. 气硬性耐火混凝土

水玻璃耐火混凝土属气硬性耐火材料。它的各种材料配合比如表6-15所示。

水玻璃耐火混凝土配合比 表 6-15

使用温度（℃）		1100	1200
胶结料	中性水玻璃（≥3）（%）	15~18（外加）	15~18（外加）
促凝剂	氟硅酸钠或矾土水泥、硅酸盐水泥（%）	1.5~2.0（外加）	1.5~2.0（外加）
掺合料	废烧结砖粉（%） 0.088~0.15mm	25	—
	Ⅱ级矾土粉（%） 0.088~0.15mm	—	25
骨料	废烧结砖<15mm（%）	40	—
	废烧结砖<6mm（%）	35	—
	Ⅱ级矾土<15mm（%）	—	40
	Ⅱ级矾土<6mm（%）	—	35

注：1. 许多硅酸盐都难溶于水。可溶性硅酸盐中，最常见的是 Na_2SiO_3，它的水溶液俗称水玻璃。

2. 水玻璃又称硅酸钠或泡花碱，分子式：$Na_2O \cdot nSiO_2$。模数 $M = \dfrac{SiO_2（mol）}{Na_2O（mol）} \geq 3$ 为中性水玻璃，$M < 3$ 为碱性水玻璃。

3. 火硬性耐火混凝土

磷酸耐火混凝土是以磷酸盐为胶结料的火硬性耐火混凝土。

磷酸盐胶结料由磷酸或磷酸盐溶液胶结各种耐火骨料而成。其品种按胶结剂成分的不同可分为：磷酸铝胶结料、磷酸镁胶结料等。用来制作耐火混凝土和耐火胶泥。

磷酸铝胶结料是由磷酸铝溶液胶结铝质、硅质等耐火骨料而成，如磷酸铝矾土胶结料、磷酸铝碳化硅胶结料等。通常需经过热处理（一般500℃左右）才能凝结硬化。这种材料的耐火度较高（前者耐火度>1770℃，后者耐火度>1900℃），在受热状态下有较高的机械强度、良好的热稳定性和耐磨性能。可用作高温窑炉的内衬。后者常用作耐火涂料。

磷酸镁胶结料是由磷酸镁溶液胶结镁质、铝质、硅质等耐火骨料而成，如磷酸镁尖晶石胶结料、磷酸镁刚玉胶结料等。不需要热处理，在常温下即能凝结硬化。这种材料的耐火度较高，在高温下的胶结能力较强，有良好的隔热和抗冲击性能。

磷酸耐火混凝土由各种耐火骨料、掺合料和促凝剂用磷酸加以调试，经硬化作用而形成的耐火材料（如不加促凝剂，则要经过350℃以上的热处理后才能硬化固结）。

磷酸耐火混凝土是优质耐火材料，不仅耐火度高，而且耐磨性、高温韧性强，热稳定性好。

磷酸耐火混凝土各种材料配合比如表6-16所示。

磷酸耐火混凝土配合比 表 6-16

使用温度（℃）		1450	1600
胶结料	磷酸 波美度32~35（%）	12~14（外加）	12~14（外加）
促凝剂	矾土水泥（%）	2~4（外加）	2~3（外加）
掺合料	废耐火砖粉（%）	30	—
	Ⅱ级矾土粉（%）	—	30

使用温度（℃）		1450	1600
骨料	废耐火砖 <15mm（%）	40	—
	废耐火砖 <6mm（%）	30	—
	Ⅱ级矾土 <15mm（%）	—	40
	Ⅱ级矾土 <6mm（%）	—	30

6.81 什么是焦宝石？

耐火黏土分为硬质黏土和软质黏土两大类。软质黏土能在水中分散，可塑性好，可直接使用；硬质黏土则不能在水中分散，可塑性差，必须经过煅烧，制成黏土熟料后方可使用。

耐火黏土的主要矿物为高岭石，并含有石英、硫铁矿、方解石、云母等杂质。其中 CaO、MgO、R_2O（$K_2O + Na_2O$）等杂质，在加热使用过程中，易形成低共熔物或起助熔剂作用，这些杂质的总含量不应超过 5%。黏土熟料的技术指标如表 6-17 所示。

黏土熟料的技术指标   表 6-17

项目	特级	一级	二级	三级
Al_2O_3（%）	44 ~ 50	42 ~ 48	36 ~ 42	30 ~ 36
Fe_2O_3（%）	≤1.2	≤2.5	≤3.0	≤3.0
耐火度（℃）	≥1750	≥1730	≥1670	≥1630
吸水率（%）	≤3	≤3	≤5	≤5

特级黏土（产于山东淄博地区的硬质黏土）熟料惯称焦宝石，焦宝石的性能指标如表 6-18 所示。

焦宝石性能指标   表 6-18

Al_2O_3（%）	Fe_2O_3（%）	TiO_2（%）	$K_2O + Na_2O$（%）	表观密度（g/cm³）	耐火度（℃）
44 ~ 50	< 1.2	2 ~ 3	< 0.5	≥ 2.5	> 1750

6.82 传统砖瓦窑炉所用的耐火隔热材料与现代砖瓦窑炉耐火隔热材料有什么不同？

传统砖瓦窑炉所用的耐火隔热材料，分重质耐火材料、隔热材料和传统轻质耐火材料（耐火隔热材料）。重质耐火材料追求耐火度高和机械强度高，要求材料具有高纯度、高致密度。其优点是抗压强度高，抗化学侵蚀性强，使用寿命长；其缺点是热导率（导热系数）较大，热阻小，单位厚度窑衬的质量大。须配砌隔热材料。而传统的隔热材料，包括轻质耐火材料，虽然热阻大，但使用温度低，气孔率高，气密性差，强度较低，不能单独用作窑炉外壁，外壁需砌筑普通烧结砖保护，于是形成窑衬从内到外的三层结构：耐火材料＋隔热材料＋普通烧结砖。

重质耐火材料用于砖瓦窑炉内衬时，为了达到较小的温度降，必须加大厚度，使窑衬显得笨重。

现代砖瓦窑炉使用的耐火、隔热材料，趋向于将耐火和隔热效能合二为一，既能耐火又能起到隔热保温作用。例如某种轻质合成莫来石质砖系列材料，其表观密度为 600～1000kg/m³，常温抗压强度为 1.96～2.88MPa，荷重软化开始点（0.1MPa）1350～1450℃，耐火度 1790℃，热导率（导热系数）为 0.27W/（m·K），1500℃重烧线变化小于 1.0%，最高使用温度 1500℃。可以直接作为窑炉内衬。

与传统隔热材料相比，热阻相当或稍低，但其使用温度要高得多，而且能够承受一定荷重，基本上可以承受轻质窑顶的质量；与传统重质耐火材料（如高铝砖）相比，最高使用温度相当，但其热阻却比后者大很多。

显然采用能耐高温的隔热材料，直接作为窑炉的内衬，能够有效降低窑衬的厚度和质量，达到轻质、节能的目的。若用于隧道窑的窑车衬砖，可使产量增加，能耗降低。

现代隔热材料有许多种类，其热导率（导热系数）和最高允许使用温度也各不相同，为达到最佳效果，有些窑炉仍然采取综合衬砌。

有时为了进一步增大热阻和减薄窑衬的厚度，不得不适当牺牲其高温强度，例如采用耐火纤维制品来衬砌窑墙的内衬，用于窑顶时可采取轻质悬挂结构。

由于传统砖瓦窑炉所用的耐火、隔热材料一般具有低廉的价格和较高的机械强度，目前在砖瓦窑炉上仍得到广泛使用。

6.83 什么是陶瓷纤维模块（折叠块）？它用于隧道窑窑顶的主要技术性能如何？

陶瓷纤维模块（折叠块），是用陶瓷纤维甩丝针刺毯按纤维组件结构、尺寸，在专用机械上加工而成。在加工过程中，保持一定比例的压缩量，以保证陶瓷纤维模块砌筑完毕后，由于每块在不同方向的膨胀，使模块之间相互挤成一个无缝隙的整体，模块通过各种形式的锚固件直接固定于隧道窑炉壳钢构件的锚固钉上。

陶瓷纤维模块（折叠块）的特点：

（1）优良的热稳定性；

（2）优良的弹性，由于纤维处于预压缩状态，其膨胀可补偿纤维收缩，提高纤维炉衬的绝热性能；

（3）低热导率；

（4）低热容量；

（5）锚固形式多样化。

重庆市龙筑宏发窑炉公司砌筑的某隧道窑窑顶采用陶瓷纤维折叠块，其主要技术性能如表 6-19 所示。

某隧道窑窑顶采用陶瓷纤维折叠块的主要技术性能　　　　　　表 6-19

允许使用温度（℃）		≤1200
在 1000℃ 使用时的线收缩率（%）		4
材料的导热系数［W/（m·k）］	200℃时	0.055
	400℃时	0.105
	600℃时	0.175
表观密度（kg/m³）		220

说明：表面涂抹耐高温固化剂，不但有利于炉衬的定型，而且提高了炉衬的抗风蚀性能，延长其使用寿命。

6.84　什么是耐高温陶瓷固化剂？

耐高温陶瓷固化剂是用于隧道窑表面的固化剂。该产品由无机结合剂、分散剂、添加剂等材料配制而成，固化后的表面类似陶瓷硬壳，它可以提高纤维炉衬抗风蚀性能，使炉衬定型，以延长炉衬的使用寿命。该产品在常温下约 12h 固化，100℃ 环境下约 2h 固化。

6.85　砖瓦焙烧窑采用耐火纤维炉衬有什么好处？

对砖瓦焙烧窑来讲，应高度重视其保温性能，以达到降低其外壁温度，减少散热损失，采用高辐射率的炉衬材料，可增加窑炉内衬对焙烧制品的热辐射量，以减少燃料的消耗量。

优质的窑炉内衬材料应具有的特性：①较高的长期使用温度；②较低的体积密度；③较小的导热系数和高温线变化率；④良好的热稳定性；⑤较高的辐射率。

耐火纤维是继耐火砖、耐火混凝土后被称为"第三代新型炉衬材料"。它的主要特点是：①体积密度小；②导热系数小；③热容量小；④炉衬施工后，不需要进行烘窑，可直接投入使用，缩短施工周期，提高了经济效益。

6.86　耐火纤维如何分类？

耐火纤维分为非晶质纤维和晶质纤维两大类。

非晶质纤维是以硬质黏土熟料（焦宝石）或工业氧化铝粉与硅石粉合成为原料，采用电炉熔融，经压缩空气喷吹（或甩丝法）成纤维。由于纤维是在骤冷条件下生成的，其结构形态为玻璃态（介稳态），介稳态的非晶质纤维在受热条件下会自发析晶，向稳态晶体转化，生成莫来石、方石英结晶，同时伴随着纤维性能的恶化，限制了其使用温度的提高。

非晶质纤维包括低温硅酸铝纤维。普通硅酸铝纤维、高纯硅酸铝纤维、高铝纤维、含铬硅酸铝纤维和含锆硅酸铝纤维六类。

晶质纤维采用胶体法生产。晶质纤维包括多晶莫来石纤维、多晶氧化铝纤维和多晶氧化锆纤维。

6.87　耐火纤维的原料有哪些？

（1）非晶质纤维

①低温硅酸铝纤维

这类纤维生产时收缩率较高，对有害杂质的控制要求不严。

②普通硅酸铝纤维

是以硬质黏土熟料（焦宝石）为主要原料，其化学成分为 Al_2O_3 45% ~48%，SiO_2 48% ~52%。

③高纯硅酸铝纤维

以工业氧化铝粉和硅石砂（石英砂）的合成为主要原料。

工业氧化铝细粉中 Al_2O_3 含量 >98%，矿物组成的主晶相位 40% ~76% 的 $\gamma - Al_2O_3$，硅石砂的 SiO_2 >98%。

④高铝纤维

以工业氧化铝粉和硅石砂（石英砂）的合成为主要原料。

工业氧化铝细粉中 Al_2O_3 含量 >98%，矿物组成的主晶相位 40% ~76% 的 $\gamma - Al_2O_3$。硅石砂的 SiO_2 >98%。生产时，按 Al_2O_3 含量 60% ~63%，SiO_2 38% ~40% 的质量比进行配料。

由于高铝纤维中 Al_2O_3 含量高，并且纤维中 Al_2O_3 与 SiO_2 的质量比接近莫来石化学组成，从而减少了方石英的析晶量，对提高其耐热性及抗震性有利。

⑤含铬硅酸铝纤维

以工业氧化铝粉和硅石粉（石英粉）为主要原料。添加适量的氧化铬（3% ~5%），将粉料混匀后制成团块，经高温焙烧，破碎成粒度小于 50mm 的料块，投入电弧炉熔融，也可直接将粉料投入电阻炉中熔融。

⑥含锆硅酸铝纤维

在氧化铝粉和硅石粉合成原料中加入锆英砂。

非晶质纤维的主要性能如表 6-20 所示。

非晶质纤维的主要性能　　　　　　表 6-20

项目		低温纤维	普通纤维	高纯纤维	高铝纤维	含铬纤维	含锆纤维
化学成分（%）	Al_2O_3	35 ~45	≥45	44 ~50	≥55	44 ~49	≥55
	SiO_2	48 ~52					
	$Al_2O_3 + SiO_2$		≥96	≥99		≥99	
	Cr_2O_3					3 ~6	
	ZrO_2						12 ~15
	有害物质		3 ~4	< 1	< 1		
最高使用温度（℃）		700 ~800	1000	1100	1200	1250	1300
适应气氛		还原性					

（2）晶质纤维

①多晶氧化铝纤维系

其由硅酸铝纤维与含 95%（或 80%）Al_2O_3 的多晶氧化铝纤维按不同比例配制而成。

②多晶莫来石系

其由硅酸铝纤维与含 72% Al_2O_3 的多晶莫来石纤维按照不同比例配制而成。晶质纤维的主要性能如表 6-21。

晶质纤维的主要性能　　　　　　表 6-21

项目	多晶氧化铝系	多晶莫来石系
Al_2O_3	95（80）	72
SiO_2	5（20）	28
最高使用温度（℃）	1500	1450

砖瓦焙烧窑炉一般采用非晶质纤维。

6.88　如何生产耐火纤维？

（1）原料熔融

耐火纤维一般采用熔融法生产。首先将原料投入电炉中，经 1800 ~2200℃ 高温熔融，形成具有合适黏度的稳定流股。

熔融法生产所用电炉分为电弧炉和电阻炉两种。

电弧炉以石墨做电极。

电阻炉熔融又称为电阻法熔融。和电弧炉相比，其优点是能量利用率高，连续运行周期长（每一炉连续作业期一般为 25d，最长可以达 52d），没有电弧和溶液喷溅。电极为难熔的金属钼，从而避免了电弧法熔融因采用石墨电极所造成的熔融液黏度变化、纤维色泽发灰、质地变脆等问题。故一般采用电阻炉。

生产耐火纤维的原料在常温下均为非导体。首先用外热源（氧乙炔焰）或用电极瞬间短接起弧等方法产生热量，在电极间形成最初熔融液（导体），此过程通常称为电阻炉"启熔"。启熔后电流经电极通过熔融液，依靠熔融液自身电阻发热，并在电阻中心产生高温，使炉料熔融。高温（1800 ~ 2200℃）熔融液经电阻炉炉底中心流口向下排放。要实现电阻炉产生的流股稳定、均匀，就必须要保证流口上部高温熔融区具有一定的容积，在高温熔融区的熔融液经流口排放的同时，熔融区的熔融液不断加热达到工艺要求温度，并不断对高温熔融区进行补充。这里包含着两个动态平衡：一个是电阻炉内的热量平衡；另一个是电阻炉内的物料平衡。电阻炉必须同时达到这两个动态平衡，才能实现电阻炉的原料熔融过程稳定、持续进行。电阻炉熔池深度、流口排放流量、功率、、电极电流、电极电压、电极位置及流口电流等参数的控制和调节，是实现电阻炉正常运行和纤维棉高质量的关键。

（2）纤维化

流股经高速喷射气流的作用，首先分为细粒，进而熔体细粒被气流作用力拉长，使之纤维化，生成耐火纤维棉（喷吹法）；或熔融流股落在高速旋转的离心辊表面，由于离心力的拉伸作用，使熔体分散，经 2 ~ 3 级离心辊加速，将分散的熔体拉伸成纤维（甩丝法）。

甩丝成纤的方法有三辊甩丝和两辊甩丝两种。一般生产高密度毯时，用三辊甩丝法；生产低密度毡时，用两辊甩丝法。

三辊甩丝法和两辊甩丝法的主要区别：三辊甩丝成纤率高，纤维粗（3 ~ 5μm），渣球含量大（大于 5%），针刺毡密度大，纤维制品手感略差；两辊甩丝成纤率略低，纤维细（2 ~ 3μm），纤维长，渣球含量小（小于 5%），针刺毡密度小，纤维制品手感好。不同甩丝法生产的纤维制品性能如表 6-22 所示。

不同甩丝法的产品性能 表 6-22

项目	纤维直径（μm）	纤维长度（mm）	渣球含量（%）	针刺毡密度（kg/m³）	针刺毡手感
三辊离心甩丝法	3 ~ 5	平均 150	平均 8	102 ~ 132	一般
两辊离心甩丝法	2 ~ 3	平均 200	平均 1.2 ~ 3.8	60 ~ 85	好

（3）制品成型

在纤维化的过程中，未能成纤的球状粒子称为"渣球"。渣球的存在导致耐火纤维的导热系数增大，制品体积密度增加。制品成纤后，需要经过干法（或湿法水洗）去除渣球。根据需要，分别进行加工，制成耐火纤维毡、耐火纤维针刺毡、耐火纤维真空成型模块等。

各种耐火纤维毡的化学成分如表 6-23 所示。

各种耐火纤维毡化学成分（%）

表6-23

化学成分	低温硅酸铝纤维毡	普通硅酸铝纤维毡	高纯纤维毡	高铝纤维毡	含 Cr_2O_3 纤维毡
Al_2O_3	35～44	45	44～45	≥55	44～49
SiO_2	48～52	55	49～50	36	48.7
Fe_2O_3			0.13～0.19	0.23	0.27
TiO_2			0.08～0.11	0.11	
CaO			0.06～0.16	0.10	
MgO			0.04～0.08	0.16	
Na_2O			0.24～0.27	0.39	
K_2O			0.11～0.20	0.15	
Cr_2O_3					5.4
灼减			0.1～0.52	0.08	

6.89　耐火纤维的主要特性及炉衬损坏机理是什么？

（1）耐火纤维的主要特征

①具有较高的使用温度

根据品种的不同，耐火纤维制品的长期使用温度可达900～1200℃。

②体积密度小

耐火纤维制品的最佳体积密度范围为0.1～0.24t/m³，而一般水泥质耐热混凝土体积密度为1.2t/m³，轻质耐火砖的体积密度为0.8～1.3t/m³。耐火纤维制品的体积密度仅为耐热混凝土和轻质耐火砖的1/7～1/4。

③热容量小

耐火纤维制品的热容量仅为轻质耐火砖和耐火混凝土的1/9。根据公式：蓄热量＝比热容×质量×平均温度，由于耐火纤维制品热容量和体积密度都很小，从而获得的蓄热量很低，使用中可减少炉衬的蓄热损失。

④施工方便

耐火纤维制品在高温使用过程中不会产生膨胀，在小于800℃时，制品不产生收缩，施工中无须预留伸缩缝，且可以根据所要求的尺寸进行现场剪裁。

⑤导热系数小

耐火纤维的孔隙率高达90%以上，被固体纤维高度分隔的空气处于相对静止状态，无法实现宏观对流，因而耐火纤维制品具有接近空气导热系数。

耐火纤维制品的导热系数仅为轻质耐火砖的1/6，为耐火混凝土的1/10，从而可有效地降低窑炉外壁温度或减薄炉衬的厚度。

耐火纤维导热系数与制品的体积密度之间有一特殊的规律性：

在制品体积密度小于0.1t/m³的情况下，纤维制品内气孔隙的直径较大，孔隙内气体有一定的自由度，这时"内对流"和辐射传热占总传热的比例较大。体积密度越小，孔隙直径越大，"内对流"现象越严重，因此在小于0.1t/m³的范围内，随着制品体积密度的增大，导热系数减小。

当制品体积密度大于 $0.1t/m^3$ 时，导热系数与体积密度的关系趋于平缓，因为这是体积密度增大，一方面有利于削弱"内对流"，使导热系数变小；但另一方面，又增大了纤维间的接触，使纤维传导传热增加，使导热系数增大。两个相加作用的结果，使耐火纤维制品在体积密度为 $0.1 \sim 0.24t/m^3$ 的范围内，体积密度与导热系数的关系趋于平缓，此时为最小导热系数相对应的体积密度范围。

当制品体积密度大于 $0.24t/m^3$ 时，制品中的纤维与纤维之间的接触点增加，制品成了一个纤维网络结构，使制品的传热以传导为主，故导热系数随制品体积密度增大而增大。

耐火纤维制品的体积密度为 $0.1 \sim 0.24t/m^3$，能获得炉衬最佳的导热系数值。

⑥隔声性能好

采用耐火纤维覆盖层能明显降低高频噪声，也能吸收一些低频噪声。

⑦具有较好的抗气流冲刷性能

⑧化学稳定性良好

对大多是化学试剂（除氢氟酸、磷酸和强碱外），耐火纤维制品均有良好的抗腐蚀性。

⑨弹性较好

耐火纤维制品具有良好的压缩性和复原性（毡类制品常温弹性可达 70% ~ 80%），利用这一特点，在炉衬安装时，可采用预压缩法来抵消应用中的热收缩。且它也是炉衬伸缩缝的理想填塞材料。

⑩有利于节省热能

耐火纤维的黑度高达 0.95，具有很强的辐射能力，使用中可强化窑炉内的热交换，提高窑炉效率，有利于节省热能。

⑪耐火纤维炉衬具有良好的抗水蒸气侵蚀性能。

（2）耐火纤维炉衬的损坏机理

耐火纤维的成型方法是熔融喷吹（或甩丝法）法。熔融流股在压缩空气喷吹的过程中，因受急冷而形成过冷液状态，黏性增高，呈玻璃相。玻璃相为一种介稳状态，在再加热过程中有转为莫来石和方石英的再结晶倾向，使收热面发生粉化、老化，以至于不能继续使用。以普通硅酸铝纤维为例：一般在 900 ~ 1000℃ 时开始由玻璃相相差莫来石，超过 1000℃（特别是 1200℃）时，大量析出方石英，同时伴随很大的体积变化，宏观上表现为制品粉化、老化现象。

耐火纤维制品的使用温度在很大程度上取决于玻璃相转化为莫来石、方石英晶体的量。通过岩相组成分析可确定其转化量。将玻璃相含量大于 40% 的温度确定为耐火纤维制品的可使用温度。

除晶相转化外，高温收缩率也是影响其使用的一个重要因素。影响耐火纤维制品高温收缩率的主要因素有四个方面：

①化学组成：化学组成越纯，高温收缩率越小，应严格控制有害氧化物 R_2O（K_2O + Na_2O）、TiO_2 和 Fe_2O_3 的含量。

②纤维直径：纤维直径越细，制品的高温收缩率越大；但纤维直径过粗，则会增加纤维制品的导热系数。一般希望直径为 3 ~ 5μm 的纤维占 80%。

③渣球含量：渣球含量：渣球是纤维化过程中未成纤的球状粒子，以传热的角度而言，

粘附于纤维上的渣球会使纤维与纤维之间接触，固态纤维的传导传热在整个传热中的比例上升，孔隙中的空气对流传热的阻尼作用也因渣球的存在而削弱，导致导热系数增大，使耐火纤维的保温隔热性能劣化。渣球的存在不仅增大制品的体积密度和导热系数，还会使制品的高温收缩率增大。

④所用结合剂的影响：结合剂的种类及用量对低温使用的耐火纤维制品影响不大。高温使用时，采用无机结合剂的耐火纤维制品的高温收缩率较大，而有机结合剂的耐火纤维制品高温收缩率则较小。

对耐火纤维制品而言，低温和高温时所产生收缩的机理不同，低温（小于900℃）时，主要是因为蠕变（物理收缩）所致；高位时，主要是由于晶形转化，晶体排列紧凑而产生，这种收缩应小于2%。将制品在某一温度下恒温24h，重烧线收缩率为4%，这一温度既定为耐火纤维制品的最高使用温度。将收缩率值为4%的温度减去100~200℃定为该耐火纤维制品可长期使用的温度。

6.90　为什么说隧道窑焙烧系统中窑车起着重要作用？

窑车是隧道窑焙烧系统的重要组成部分。窑车面上的衬砖是隧道窑的密封而又可活动的窑底，它起着保护金属窑车和装载坯垛送到窑内焙烧的作用。它每经过窑内一次即被加热和冷却一次，长期经受着周期性的温度变化，同时还要在其面上进行频繁的装卸工作。因此，窑车衬砖较易松动和损坏，严重的甚至阻碍窑车的正常运行。因此，应高度重视其材料选择、衬砖结构设计和砌筑。

由于它在窑内处于不稳定传热状态，因此，随着时间和位置的变化，窑车衬砖蓄积的热量以及通过它向车下散失的热量也在改变。蓄积热量的影响：在预热带和烧成带的升温阶段，由于窑车衬砖不断地从窑内吸热，使得与它靠近的气体温度降低，从而加剧了上下温差。散失热量的影响：在冷却带的降温阶段，由于窑车衬砖不断地向窑内和车下散热，从而减少了该区段温度不均匀性。权衡利弊，如果衬砖蓄积热量和散失热量能力大，会延长焙烧时间，降低窑的产量，增加燃料消耗。故应选择蓄积热量能力小的，也就是体积密度小、热容量小、导热系数小的轻质保温耐火材料。选择这类材料不但有助于降低窑内上下温差，利于制品的均匀焙烧，而且还减少向车下散热，降低窑车金属部件和车下的温度。某厂经验，将重质衬砖换成轻质后，窑车在烧成带的蓄热降低了13%左右。窑车顶面要平整，以减少倒垛和产生断裂产品的可能性。

窑车衬砖的表面和四周，因接触高温和承受荷重，并要经受周期性的温度变化，故这些部位材料应能承受高温荷重和耐冷、热急变。在满足上述条件下，应尽量采用保温性能好的材料。如在顶面衬砖上铺设一层孔状或槽状垫砖，可强化坯垛底部预热升温，提高焙烧速度。

由于窑车衬砖的工作环境要承受周期性的温度变化，装卸和运行的碰撞，搞得不好，极易松动和损坏，其结构、砌筑牢固十分重要。不允许向两侧和前后有较大的位移，否则会卡窑墙和前后车衬砖接触受力，造成事故。因此，窑车衬砖设计应注意：周边衬砖的下部要卡在窑车车盘内；上、中、下各层砖的缝隙要错开，不能有直通缝（即从上一直通到车子底盘的缝），并要互相卡住；相邻的砖要互相咬住使之成一个整体；衬砖的纵、横向应各留一条伸缩缝。

俄罗斯和德国的一些砖厂，窑车面广泛采用耐火混凝土（预制或现浇）代替耐火砖，可以提高使用寿命，还能节省投资。现浇时应在适当部位留设伸缩缝。

窑车衬砖砌筑应在经校正过的平整轨道上进行，使每辆车统一规格，砌筑偏差要尽量小。

一条隧道窑所配备的设备中，以窑车数量为最多。窑车投入的费用约占全窑总造价的1/4左右。搞得不好，投产后的维修工作很繁重。窑车是否坚固耐用，不仅影响着隧道窑能否安全运行，而且影响着产品质量和生产成本。

窑车的车架材料有铸铁的和型钢的两种。铸铁车架具有刚度大、热变形小、抗氧化、耐腐蚀、坚固耐用等特点。但车架质量较大，要有较好的铸造工艺条件以保证其品质；型钢窑车具有制造方便、质量轻等特点。窑车的车架是处于温度变化幅度较大和受热不均匀的环境下受力的主要部件，承受制品荷载和推车时的挤压力，受力情况较为复杂。要使窑车正常运行，必须努力改善其工作环境，加强密封。窑车的密封有两个部分：两侧靠装在车架上的砂封板插入砂封槽内来实现；端部靠曲折的结构来实现（亦有在端部嵌石棉等填料或抹泥浆，以充填接头处间隙来实现）。

重庆潇瑞窑炉设备厂生产的窑车在材质选用和制造精度上下功夫，使其获得了较好的耐高温和密封性能。

6.91 什么是装配式隧道窑？

装配式隧道窑亦称铠装式隧道窑，它是先在工厂进行制造，然后在现场装配的一种新型隧道窑。和传统采用砌筑方式相比，其主要优点是：（1）可以标准化、规模化生产，规格统一，系列配套，满足用户对不同产品的需要；（2）可以按照国家能耗标准组织生产，达到节能降耗的目的；（3）由于是标准化、规模化生产，可降低造价；（4）全部组件在工厂中加工组装，现场仅需简单的安装，故工期短、见效快。

6.92 什么叫"水密封"隧道窑？

为了解决窑车底部散热，法国首先开发成功水密封隧道窑。在"水密封"的隧道窑中，每一辆窑车的下部周围由封闭的金属裙板所围绕着，在窑车上的裙板浸入一层水中而提供了窑车侧向及窑车前后的密封。这种类型的水密封隧道窑建造起来更复杂，因为隧道窑的地板（底面）是一个水槽，因而当每一辆窑车进入隧道窑时，必须将窑车下降送入这一水槽（该水槽中水的高度约为20cm），当出窑时，就要使用一上升平台，将窑车抬出水槽，如使用倾斜轨道（坡道）或是闭锁装置。这种原理可使隧道窑在它的第四个面上做到完全密封。在水槽中的水不是被暴露到来自窑内大量辐射热的环境下，因而也就没有太多的蒸发现象。但是隧道窑下部水槽中的水能够诱捕到窑内空气中的污染物质，并可使水变成腐蚀性的液体。

这样的密封结构方式为隧道窑窑体提供了非常好的密封条件，从而确实保证了热效率的最佳水平以及对焙烧气氛的控制。

6.93 窑车的操作和维修要点有哪些？

（1）窑车使用前需逐辆检查：运行是否平稳灵活；密封是否良好；全部车轮是否与轨

面接触，并对车轮进行润滑。

（2）当采用人工码车时，要防止其他车辆对窑车的碰撞与冲击。

（3）在运行中要防止窑车之间的碰撞。

（4）窑车上下电托车时，须待轨道对准后，方能操作。

（5）需定期对车轮部分加以润滑。

（6）经常检查砂封板是否出现扭曲或变形。

（7）定期在窑下检查坑道内窑车运行情况，并及时对损坏的密封材料进行修补。

（8）及时修整或更换已损坏的耐火衬层。

如不能做到及时保养维修，会使"小病拖成大病"，缩短窑车的使用寿命。

6.94　隧道窑内钢轨接缝留多大?

由于钢材热膨胀系数较大，烧砖隧道窑内两根钢轨接头处要留一定大小的缝隙（即伸缩缝）。这个缝隙大小有考究，缝隙过大，则窑车在窑内行进颠簸大；缝隙过小，则受热膨胀后二轨相顶弯曲，造成窑内破坏事故。

现就 22kg/m 和 18kg/m 轻轨的不同长度、不同宽度伸缩缝与窑内使用时钢轨最高允许温度列于表6-24。

22kg/m 和 18kg/m 轻轨热线膨胀允许最高温度（℃）　　表 6-24

二轨缝隙（mm）		轻轨长度（m）					
		7	8	9	10	11	12
6	二轨相对膨胀延伸	60.7	56.3	52.8	50.0	47.7	45.8
	二轨向同一方向膨胀延伸	96.4	87.5	80.6	75.0	70.5	66.7
7	二轨相对膨胀延伸	66.7	61.5	57.4	54.2	51.5	49.3
	二轨向同一方向膨胀延伸	108.3	97.9	89.8	83.3	78.0	73.6
8	二轨相对膨胀延伸	72.6	66.7	62.0	58.3	55.3	52.7
	二轨向同一方向膨胀延伸	120.2	108.3	99.1	91.7	85.6	80.6
9	二轨相对膨胀延伸	78.6	71.9	66.7	62.7	59.1	56.3
	二轨向同一方向膨胀延伸	132.1	118.8	108.3	100.0	93.2	87.5
10	二轨相对膨胀延伸	84.5	77.1	71.3	66.7	62.9	59.7
	二轨向同一方向膨胀延伸	144.0	129.2	117.6	108.3	100.8	94.4

应努力控制窑车下面（尤其位于保温带和焙烧带交界处）的温度，使之不超过允许值，以免二轨头部"顶牛"，致使轨道弯曲，造成严重事故。

6.95　隧道窑轨道安装应符合哪些设计要求?

隧道窑轨道安装应符合以下设计要求：

（1）铺设前，轨道应校直。

（2）轨道安装时，混凝土浇灌强度未达到70%以前，不应在轨道范围内进行任何工程和通行。

（3）允许偏差：

①钢轨中心线与隧道窑中心线偏差：±1.0mm；

②钢轨水平偏差：±1.0mm；

③钢轨接头间隙偏差：0～+2mm；

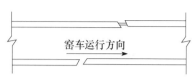

图6-3 钢轨斜接头布置

④钢轨接头高差：0～+0.5mm（进窑、出窑方向）。

钢轨斜接头布置如图6-3所示。

6.96 如何处理隧道窑的进车和出车、车上和车下这两对矛盾？

（1）进车和出车

在进车和出车这一对矛盾中，进车是矛盾的主要方面，进车的快慢，直接影响出车的产品质量。进车快慢决定于隧道窑结构、制品烧成工艺要求、热工制度、操作是否合理等。进车速度一旦确定就要严格执行，绝不能任意加快或减慢。否则，会造成焙烧热工制度的紊乱，影响产品质量。

要缩短烧成周期，实行快速烧成，就应积极创造条件：在预热带，采取各种措施缩小坯垛上下温差；在烧成带保持窑体横断面上下左右火温均匀一致，充分有效地利用热能；在冷却带，要建立一个合理的冷却制度，在稳产的基础上求高产。

大多数烧砖隧道窑在进车端只设一个窑门，抽烟设备又离进车端窑门很近，此处负压较大，故要求门关闭时尽量严密不漏气，以减轻抽烟设备负担。某砖厂隧道窑进车端门用钢板制作，门与窑体端壁存在较大缝隙，由缝隙漏入窑道内的冷空气占排烟量的20%～22%（排烟量为85590Nm³/h，而漏入的冷空气量为17000～19000Nm³/h）。四川省内江页岩砖厂的隧道窑进车端将钢板门改为玻璃纤维布门，由于抽烟设备的吸引力，玻璃纤维布紧贴在窑的端墙上，堵绝了漏气，进车时将门卷向上方，较为方便。贵阳市小罗街砖厂隧道窑进车端钢板门改为帆布门，亦可。窑门开启进车时漏入大量冷风，此时抽烟设备基本上全部抽的是由进车端门倒流入的冷空气，窑道内绝大部分处于较高正压状态，火停滞不前，热气体在不严密处极易窜入车下，故应努力缩短每次开启窑门时间。减少进车端窑门漏风量的最好措施是设置进车室，即设置双重窑门。

（2）车上和车下

车上和车下是互相渗透、互相制约、互相影响的。如果这一对矛盾处理不好，会给烧成带来不良后果。如预热带车上负压过大，就会从砂封、窑体、窑车不严处吸进大量冷风，这些冷风入窑后带来的害处是：①由于冷风体积密度大，热风体积密度小，造成气体分层，加大上下温差，致使窑车底部坯体预热不足；②吸入的冷风被加热，消耗大量热能；③增大排烟风机或烟囱的负荷，影响抽力的调整，零压点位置难以控制。

6.97 制品的烧结过程是怎样进行的？什么是原料的烧成温度范围？

坯体在窑内随着温度的上升，将发生如下变化：

（1）110℃以下可排除几乎所有的掺合水，到150℃时开始排除部分化学结合水，到450～700℃排除绝大部分化学结合水。

（2）继续升温时，碳和硫开始氧化，氧化亚铁（在氧化气氛中）变成氧化铁，这一阶段在900℃左右终止。如果含有大量易燃物，升温速度应适当放慢，以便使易燃物得以燃尽。

（3）继续升温时，则进入烧结过程：随着物料的玻璃化，坯体表面开始呈现光泽；部分颗粒熔融软化，坯体变得密实，气孔率降低，体积收缩（收缩率与原料矿物成分和颗粒组成有关，各种矿物的焙烧线收缩率大约是：高岭石2%～17%，伊利石9%～15%，蒙脱石20%，当助熔剂含量较高时，水铝英石等X-照相无定形物最高达50%。另外，原料中细颗粒含量较高时，焙烧收缩一般亦较高），具有一定抗冻性能；强度增高。

这个过程即是制品烧结过程。这时的温度叫烧结温度。温度再升高时，制品将极度软化，如用三角锥试验时，其锥顶弯到底板上，这时的温度称耐火度。通常这时制品开始熔融和膨胀，达到这个温度时，制品已焙烧过火。

原料的烧结温度与耐火度之间的温度差数，叫作原料的烧成温度范围。严格说来，烧结温度范围是指在焙烧过程中不造成产品质量指标（尺寸、性能）下降的烧结温度波动范围。因为在最终进行的烧成阶段中，窑内的温度总是在一定范围内波动，同一坯垛之中的温差也不可避免，所以除了最高允许烧成温度外，可利用的烧成温度范围（间隔）也是实际生产中非常重要的工艺参数。在砖瓦行业中所讲的烧成温度范围不同于陶瓷行业烧结温度的定义，因为严格说来砖瓦产品仅是部分烧结的产品，其吸水率比陶瓷高得多。对不同的砖瓦原材料来讲，烧结反应的进程千差万别，从根本上讲是取决于其矿物的组成。例如含蒙脱石、云母、铁量高的坯体，其烧成温度范围狭窄，含高岭石量高的坯体烧成温度范围宽。另外含一定量的碳酸盐在某些原材料中可延宽烧成温度范围。可通过系列焙烧试验来确定烧成温度范围。系列焙烧试验中所用试样及试验条件必须是同样的。通过对焙烧试样的收缩、吸水率、体积密度等与温度的关系进行测定，借此判断烧成温度范围和最高允许烧成温度。烧成温度范围和最高允许烧成温度对大断面隧道窑的设计是非常重要的参数，也是确定合理的焙烧曲线及烧成制度的重要依据。例如某种烧成温度范围很狭窄（假设为20℃）的原材料，又无其他合适的材料来掺配调整时，这就对窑炉高温带的温差控制的要求很高，对窑炉的结构设计也提出了特殊的要求。这种情况经常会在某些含绿泥石、绢云母量高的伊利石质原材料中，某些含铝量低、玻璃相含量高的粉煤灰中，某些蒙脱石含量高的页岩或黏土中遇到。因为在这类材料的焙烧过程中，在低于形成稳定的结晶相的温度下，就会产生相当量的液相。

最高允许烧成温度及烧成温度范围的确定对具有装饰功能的清水墙砖、高强度的工程砖、铺路砖等质量要求高的产品尤为重要。如果在试验中发现要用于上述产品生产的某种原材料的烧成温度范围过于狭窄（或是熔剂性矿物太多），就必须改变其配料来延宽烧成温度范围，否则过烧或生烧均会造成损失。

使用的原料不同，原料的烧成温度范围也不同。烧成温度范围大，焙烧制品时容易控制，产品易于焙烧均匀；反之，焙烧时比较难以掌握。一般要求烧成温度范围大于50℃。

使用隧道窑时，应注意在稳定的基础上求高产，避免盲目地缩短进车间隔时间。

6.98 中小断面隧道窑操作有哪"十忌"？

一忌进车无常。有的窑未能做到按时进车，有时一小时进几车，有时几小时不进一车，造成焙烧曲线变化无常，体现不出隧道窑的"定点焙烧、稳定传热"的先进之处。

二忌用闸无谱。隧道窑不是轮窑，在其他因素未变的正常情况下，闸的提法一旦确定后，无须再动。但有的厂一个操作工一个提法，三班三种做法，频繁动闸，造成火焰"无所适从"。

三忌湿坯入窑。有的厂将含水率高达10%以上的湿坯体送入窑内，其结果：增加了排烟设备负担；当烟气中水分到达露点时，坯体回潮软化，导致湿塌；在遇高温水分急剧蒸发时，造成坯体爆裂。

四忌砂封缺砂。自1751年发明隧道窑之后，长达130年未能用于生产实际，其中的一个关键问题是没有解决窑车上下空间的密封问题。直到发明砂封后，隧道窑才得到推广应用。砂封槽缺砂必然造成窑车上下漏气。有的部位冷气上窜，促使窑道内温差扩大，底部制品欠火；有的部位热气下窜，将窑车金属构件烧变形，烤焦窑车轴承润滑油。砂封板插入砂粒中的深度以80~100mm为宜。插入过深，阻力太大；插入过浅，不易窑封严实。

五忌窑尾掏车。有的厂为了提高窑的产量，不惜采用"拔苗助长"的办法，缩短进车的间隔时间，逼迫烧成带向冷却带偏移，与此同时，在出车端掏3~6辆窑车。这样做等于截掉一段窑体，使焙烧曲线变陡，火温大起大落。升温快时，砖坯表面急剧玻化，其内部产生的气体无法透过高黏度的熔体逸出，致成"面包砖"；降温时，窑内未充分冷却的高温制品强行拖到外界遇空气急冷，不但会导致制品裂纹，而且要散失不少热量。

六忌火眼敞口。有的经常将烧成带始端的一些火眼盖打开，向窑内灌入冷空气，以达到阻碍火焰前进的目的；将烧成带末端的一些火眼盖打开放掉一些热气，以达到避免制品过烧的目的。前者增加了排烟风机负担，后者多耗了热量。凡能平衡生产、严格管理的厂就无须采用这种多耗能量、搅乱既定焙烧曲线的做法。

七忌窑门不严。窑门翘曲，四周漏风，增加了排烟风机额外负担，牵制了火焰前进；有的在进车时，动作迟钝，窑门开启时间过长。须知，此时排烟风机基本上排除的全是进车端来的冷空气，火焰处于停顿状态，因而，削弱了窑的生产能力。从计算得知，有些厂由窑门漏入的冷空气高达废气总量的40%。减小窑门漏气的根本措施是设置进车室，即在进车端设双层门。

八忌投煤违规。凡需外投煤的，应做到勤投少投，看火投煤，以求煤的完全燃烧。（投煤频次过多也不合适。因为这样做要频繁揭火眼盖，致使外界大量冷空气吸入窑内或窑内热气体溢到外界。有碍焙烧制度的准确执行）有的偷懒省事，一次投煤量很大，投煤间隔时间很长，造成初加煤时氧气不足，燃烧不畅，而在长期间隔中又不能保持火度平稳上升，不但浪费燃料，而且影响窑的产量和制品质量。

投入窑内的外燃煤的颗粒大小应适当。因燃烧速度与燃料颗粒度有关。燃料越细，则燃烧速度越快，火度越高。但燃料也不应粉碎得过细，因为：（1）粉碎过细要多消耗电能和增加设备磨损，提高生产成本；（2）过细的燃料投入窑内也不易落底，会出现上火旺盛，下火萎靡。粒度小于0.5mm时有可能被气流带入烟道，因而增加煤耗。经验证明，粒度以1~5mm为宜。粒度过粗会使燃料沉底，造成不完全燃烧。

浙江萧山连新砖厂的隧道窑长160m，内宽3.2m（一条龙一次码烧）。外投煤采用喷煤器，窑顶9台，2.2kW/台；窑两边各5台（各用3台，2台备用），1.5kW/台。喷入窑内煤粉颗粒为1mm以下。必须用干煤粉，湿煤粉会堵塞设备。

九忌热车淋水。有的砖厂采用隧道窑一次码烧工艺，因湿冷坯体码在干热窑车上，底层坯的底面被烤急剧失水收缩，造成开裂。为了解决这一问题，就在车面上淋水。某厂每台窑车约淋水30kg，每天进窑的车数为32辆，如按蒸发1kg水热耗1000×4.18kJ计算，一天多耗热960000×4.18kJ，折137kg标煤，一年多耗标煤约50t。且窑车面在高温和骤冷的反复作用下，耐火衬砖的寿命大大降低，显然此法不可取。最好的办法是增加窑车数量，让它冷却到一定程度再使用。

十忌检坑堵塞。检查坑道的作用：①存放漏至车下的煤渣、碎砖等（燃煤隧道窑的检查坑道每隔15天左右须清渣一次）；②便于检查和处理事故；③平衡窑车上下风压。根据通风量等情况的需要，可在合适的部位设置挡门、挡板，但不能全部堵塞，否则，无法下人清渣和处理事故，同时车上热气会大量流窜至车下，损坏窑车。

6.99 为什么微形拱隧道窑的两上边角钢筋混凝土梁在高温作用下会酥裂？

这是因为钢筋和混凝土的热膨胀系数不一样，如表6-25所示。钢筋的线膨胀系数比混凝土的线膨胀系数大得多（约1倍），故在加热至高温，由于钢筋的大幅度膨胀而致使混凝土酥裂。

材料的线膨胀系数 表6-25

材料名称	线膨胀系数 [m/(m·℃)]
钢铁	$12.0×10^{-6}$（室温）
	$11.3～15.0×10^{-6}$（0～700℃）
混凝土	$4.5～7.5×10^{-6}$（0～1000℃）

6.100 如何看待隧道窑的码窑车图？

窑道内同一横断面温度均匀很重要。有时为了促使温度的均匀，必须延长烧成时间，这样做不仅要降低生产率，而且要相应增加燃料消耗。窑道内温度的均匀性，不仅与燃烧操作有关，而且与窑的结构及坯垛的码放有密切关系。

坯垛码法：坯垛应坚固稳定和能透过气体。这两个条件在隧道窑中比坯垛不动的轮窑更加要求严格。对隧道窑讲，坯垛的坚固性及稳定性有着特别重要的意义。因为制品一旦垮塌，不仅要破坏焙烧制度，还极易阻塞窑道使窑车不能前进，致使窑的工作无法进行。

坯垛应能均匀的透过气体，避免热气体充满窑道上部而冷气体在下部的气体分层现象。

坯垛适当稀码，阻力小，可以快速烧成。

正确制定制品的码车图对焙烧均匀程度起着重大作用。

窑车上坯垛与窑墙和内顶构成的砌体通道以及坯垛本身留有的纵向（沿窑长度方向）大小通道，对于气体的流动起着不同的作用。当坯垛压强降相同时，当量直径大的通道中的气流速度永远大于当量直径小的通道中的气流速度。因而，认为在窑的工作空间横断面上，只要通道面积（有效断面）分配均匀，而不考虑通道的当量直径，是错误的见解。

窑工作空间横断面的上部、中部、下部的气体流量不能认为均匀一致就能保证均匀的焙烧，应当使得各部分单位制品质量所分配到的热量相等。

因而，用一种固定的坯垛形式来适应所有的隧道窑是不现实的。坯垛形式应通过热工理论研究与多次实践相结合的方法来确定，其他厂的做法只能作为参考，不要生搬硬套。对于某条隧道窑讲，适合自己的坯垛形式就是最好的。

采用码坯机和机器人码坯逐步取代人工码坯是大势所趋。但码坯机不是人，机器人也不是人，要它们像人手一样灵活码出各种形式的坯垛，必须使结构复杂化，也不现实。多数的是采用一直一横或二直一横简单的直横条码法。没有在同一坯垛采用两种或多种码坯形式（如在某些部位变化一直一斜或二直一斜），以调整坯垛上、中、下部阻力，促使各部位通风均匀分布。实际上，直横条码法是一种很不理想的码坯形式，因为它有很多横带，对气流阻力大，对传热也不利。之所以采用这种坯垛形式，是为了不使码坯机械结构过于复杂。因而，依靠坯垛码法的调整来均衡各部位阻力，以促使窑的横断面温度均匀一致，有较大难度。在这种情况下，只有采用其他办法来控制通风分布不均匀现象的出现。

6.101 什么是轮窑？

轮窑又名环窑，在国外也叫霍夫曼轮窑，为德国人霍夫曼于1867年首创。轮窑是一种连续式焙烧窑炉，它是我国当前砖瓦生成中普遍使用的窑型。轮窑的焙烧空间是长的环形隧道。隧道内没有横隔墙，隧道外侧等间距地开有窑门，通常从门数来表征轮窑的规模。砖瓦坯码放在焙烧道中，成固定不动的坯垛。煤从窑顶的投煤孔投入燃烧，"火焰"沿隧道连续不停地运转。"火焰"的前面连续装窑，后面烧成的产品不断出窑，所以轮窑是一种连续窑。来自冷却带经过砖瓦垛加热的高温空气供焙烧带燃料燃烧，焙烧带燃料燃烧的产物——烟气经过预热带，能充分预热砖瓦坯，使排出的烟气温度较低（100～150℃）。

轮窑的平面如图6-4所示。

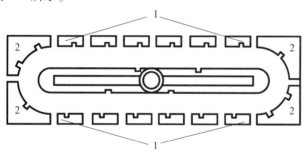

图6-4 轮窑的平面图
1—直窑段；2—弯窑单元

6.102 轮窑的结构由哪些部分组成？它们各有什么功能？

轮窑主要由焙烧道、窑门、投煤孔、总烟道、支烟道、烟闸、哈风等部分组成。抽取余热的轮窑还包括余热利用系统和总热风道等。

（1）焙烧道

焙烧道是轮窑的焙烧空间，有两条平行的直窑段和两端的弯窑单元组成。弯窑单元同直窑段连接成环形。焙烧道宽为2.6～4.2m，拱顶多为半圆券，内高为2.1～3m。沿焙烧道长度方向等间距地设有窑门，作为装、出窑的通道。把两个相邻窑门间的窑道称为一个窑室，窑室的长度一般为5～6m。轮窑的规格常以其门数表示，较小的轮窑有16门的，较大的轮窑有64门的，最大有达80门的。因为一个窑室的长度（即门间距）大致相同，所以门数多的轮窑直窑段必然长。对应于 16～80 门轮窑，焙烧道长度在 80～400m 之间变动。焙烧空间的容积在 300～2000m³ 之间。

窑道外侧墙壁由两层砖墙内填干土筑成，总厚度为 1.5～2.5m。窑拱顶用砖砌成 0.37m 厚或 0.5m 厚，其上用干土夯实，最后在窑面上铺砖，窑顶总厚约 1m。窑道内侧墙由一砖厚的窑衬和用两砖厚的普通砖砌成的支撑墙组成。

（2）总烟道

总烟道设置于平行的直窑道之间，它的作用是汇集从各窑室排出的烟气。总烟道同烟囱（或排烟风机）相接。

（3）哈风

窑道侧墙下开的排烟孔叫哈风或哈风洞。为了使烟气能通畅地排出，哈风洞应有足够大的断面积，通常哈风洞高为 0.5～0.7m，宽为 0.4～0.6m。哈风洞多设在窑道的外侧墙中，少量设在内侧墙中，在窑道转弯处，则一定设在外侧墙中。因为转弯时气流朝内侧阻力小的一边走，如果哈风洞也设在内侧，则靠外侧就很少有气流通过，使内侧温度明显高于外侧温度，影响焙烧质量和进度。进入外侧哈风洞的气流要经过窑底的下支烟道进入中心主烟道。

（4）支烟道

支烟道是连接总烟道和哈风口的通道。

（5）烟闸

烟闸又称风闸，是用来开启或关闭哈风的。一般采用锥型闸。为了减少开启时的烟闸对烟气的阻力，烟闸的直径适当大一些为好，以 600～800mm 为宜。

（6）投煤孔

焙烧道拱顶设有投煤孔，俗称火眼，用作投煤及看火用。在隧道宽度方向上的投煤孔中心线距离（列距）为 0.8～0.9m，边上的投煤孔离侧墙 0.4～0.5m。在隧道长度方向上的投煤孔中心线距离（排距）为 1m 左右。投煤孔直径为 150～200mm。

投煤孔可用耐火混凝土浇注，以提高其整体性能。浇注后需养护一段时间，在此期间不能移动拱胎。

（7）火帽

投煤孔的盖子叫火帽，又叫火盖。火帽的用途是隔绝窑内外空间，以免外界冷空气吸入窑内和窑内热气体向外界逸出。

6.103 轮窑的工作原理是什么？

用轮窑焙烧时，砖瓦坯体在窑道中码成固定不动的坯垛，砖瓦坯经预热带、焙烧带、保温带、冷却带等阶段而烧成砖瓦成品。每一窑室一经装满坯垛后即将该室封堵严实。堵门的唯一要求就是不漏气。做法是：一般在窑门处砌两道墙，两墙之间留有一定距离的空气层，以提高其保温隔热效果。要求第一层墙必须与窑里墙砌齐。上海地区有些砖厂为了节省堵门时间和节约堵门用砖，采用内砌一道墙，外用一块钢板堵挡。钢板门和窑门框的缝隙用泥浆涂抹，亦能达到同样目的。封闭窑室（将焙烧道横向隔断），一般采用糊纸挡的办法达到封闭窑室的目的。要求纸挡糊得严密不漏气。如纸挡糊得不严密，冷空气将从码窑处反流进入预热带，降低了预热带温度，增加了烟囱（或排烟风机）的负担，致使焙烧带返火严重，产量降低，煤耗增大。有的砖厂采用玻璃纤维布代替废报纸封闭窑室，亦取得了良好效果。玻璃纤维布不但可长期反复使用（开挡时，只要两根镙形钢筋夹住玻璃纤维布，然后转动钢筋，将布卷起后从火眼取出），节省开支，而且密封性能良好。

坯垛的前端连续装窑，而后端则连续出窑。在焙烧带将煤从窑顶投入窑内燃烧。冷空气由出窑段已打开的窑门进入，经过冷却带、保温带而变成热空气，一部分被抽出用作人工干燥室的热源，其余的进入焙烧带供燃烧用。燃烧生成的烟气将自身热量传给窑内预热及干燥的坯体，最后经哈风洞、支烟道，通过打开的烟闸进入主烟道，自烟囱（或排烟风机）排出。烟囱（或排烟风机）的抽力是烟气流动的动力，也就是烧砖瓦的火焰持续不断前进的动力。鉴于坯体排出残余水分和升温过程要缓慢进行，且为了较多地利用烟气中的热量，故在预热带要开启几个锥形闸（一般开启 5 个锥形闸），分几处将烟气排出。轮窑的"火焰"行进速度，称之为"火行速度"，通常的火行速度为每昼夜 20 ~ 45m 或更快，烧瓦的火行速度低于烧砖的火行速度，一般低于每昼夜 30m。火焰每向前移动一个窑室即应提起预热带始端纸挡前一个窑室的锥形闸，并将纸挡烧掉，同时将靠近焙烧带的一个锥形闸下落关严。这样，各带即可前进一个窑室。前面不断装窑，后面不断出窑，在轮窑中焙烧就是这样连续进行的。

一部火操作的轮窑一般为 16 ~ 24 门窑室，两部火操作为 32 ~ 48 门窑室。一般每部火分带情况为：预热带 5 ~ 7 门，焙烧带 2 ~ 3 门，装出窑 3 ~ 4 门。轮窑各带顺序保持不变，但总是朝一个方向移动。

6.104 轮窑焙烧砖瓦包括哪些工序？

轮窑焙烧砖瓦通常包括码窑（又称装窑）、焙烧、出窑等主要工序，糊窑门、打（开）窑门、糊纸挡、清理窑道等辅助工序。

（1）码窑。码窑作业包括将砖瓦坯运进窑内，并按焙烧工艺要求码成疏密适宜、形式正确、横平竖直、牢固稳当的砖瓦坯垛。砖瓦行业有一句俗语："七分码、三分烧"，说明了码窑的重要性。糊纸挡这一操作也由码窑工完成。

（2）焙烧。焙烧是轮窑烧砖瓦的关键工序，由烧窑工完成。这一工序中包括看火、用闸、添煤三种操作。烧窑工必须驾驭好窑内火情，保证产品质量。

（3）出窑。出窑是将烧成的产品从垛上取下装车运出的工序。如砖厂不单独设立产品检选人员，则在这一工序中除卸出成品外，还包括检选操作。与此相反，烧瓦时一般要求另设检选人员。因窑内温度高、粉尘浓度大，出窑工的劳动条件比较差。

（4）糊窑门。糊窑门是轮窑焙烧的重要辅助工序，其作业是将装满坯垛区段的窑门封闭。窑门密闭性的好坏，严重影响产品质量。

（5）打窑门。打开窑门，使冷空气进入窑内，坯垛开始冷却，这一工序称为打窑门。一些厂安排一名辅助工，三班倒，专门从事糊窑门、打窑门、清理窑道等辅助作业。

（6）清理窑道。成品出窑后，清除窑道内遗留的煤灰、煤渣、砖瓦碎块的工序叫清理窑道。清理窑道的工人还必须定期（每周一次或半月一次）清除哈风洞内的灰渣及碎砖瓦，这一操作叫掏哈风。

6.105 轮窑的预热、焙烧、保温、冷却这四带如何划分？

常根据砖坯的加热（或冷却）状况，将焙烧道划分为预热带、焙烧带、保温带和冷却带四带。

各个带不是固定在窑的某一部位，而是随着不断地码窑、焙烧和出窑变动着它们的位置。不管各带的位置变动的快与慢，应始终保持各自的长度不变。

（1）预热带。拉开纸挡并提起风闸开始干燥、预热砖瓦坯体，直到焙烧带前端为止的这一段叫作预热带。砖瓦坯体的预热阶段包括两个过程：即在低温阶段（常温至120℃）将坯体残余水分排除的干燥过程以及靠烟气将干坯加热直至煤的燃点（600℃左右）准备进行焙烧的过程。

预热坯体的热量由焙烧阶段产生的、流向哈风口的烟气供应。为了充分地利用废烟气，特别是为了使干燥预热过程进行得更充分，预热带应长达5～6个窑室，最短不应少于4个窑室。

（2）焙烧带。从开始添煤的一排火眼起，到停止添煤的一排火眼为止的区段称为焙烧带。由于砖瓦烧成时最高温度是在这一带内达到的，所以焙烧带的操作十分重要。

一排坯垛纳入焙烧带的标准是：坯垛上下部及窑底的温度都已达到或高于燃料的燃点，投入燃料后，落在坯垛各部位都能燃烧起来。换句话说，那些底部（或上部）温度未达到燃点的坯垛，尽管它们的上部（或底部）已变红发亮，也不能把它们纳入焙烧带。

焙烧带的长度因焙烧方法、产品类型、原料性能而变化。一般来说，砖瓦坯体内不含可燃工业废料或煤时，焙烧带长度应达12排火眼，即大约2.5个窑室长。

（3）保温带。由停止加煤的一排火眼起，到揭开火帽的一排止，这一段叫保温带。保温带的作用是使制品的烧成过程趋于完全。另外，保温带还起着控制进入焙烧带空气量和空气温度的作用。一般来说，保温带长度应为9～18排火眼。冬季保温带应适当加长。同烧砖时相比，烧瓦时保温带亦应适当加长。

（4）冷却带。由揭开火帽的一排起到出窑处为止的区段叫冷却带。在冷却带中打开窑门。通常，冷却带应长达4个窑室以上。

某厂20门轮窑分带为：预热6门，焙烧2.5门，保温2.5门，冷却5门，装窑、出窑和空窑4门。

6.106 什么叫轮窑的部火？如何确定部火数？

烧砖瓦时，沿环形焙烧道移动的一个火头，称之为"一部火"或"一把火"。显然，20门以下的小轮窑只能点一部火。因为预热带需要5～6门，焙烧带需要2～3门，保温带、冷却带需要6～8门，装、出窑间距最低也要3～4门。多门轮窑可点两部火或三部火。部火之间必须保持合适的装、出窑间距，各部火运行方向一致，各带顺序不变。一般来说，36门以上轮窑可点两部火，54门以上轮窑可点三部火。

6.107 什么是轮窑的容积效率？

把尺寸为240mm×115mm×53mm的实心砖叫作普通砖，每1m³容积的焙烧空间，每月生产普通砖的产量，称为轮窑的容积效率。它的单位是块/（m³·月）。容积效率是轮窑生产效率的一个指标，通常窑的容积效率应达 2000 块/（m^3·月），产量高的可达 3500 块/（m^3·月）。

若焙烧平瓦，可将瓦产量乘以 3 折算成普通砖的产量。生产空心砖时，按空心砖同普通砖的体积比折算。

6.108 用轮窑焙烧时，气体流动有什么重要性？

用轮窑烧砖瓦，是将砖瓦坯体按一定形式码放在窑内，由火眼投入燃料来焙烧的。燃烧产生的热量不断传给坯体，使坯体烧成砖瓦成品。燃料燃烧需要氧气，而氧气是由冷却带预热的空气流供给的。燃烧放出的热量需要传递给坯体，高温炽热气体正是加热坯体的媒介。烧成的高温制品需要冷却到常温以便出窑，又是靠流入窑内的冷空气将热量带走，预热带湿坯排出残余水分及干坯不断预热升温还是依赖于来自焙烧带的热烟气流。因此，轮窑焙烧一刻也离不开气体流动。

具体来说，气体流动有以下三方面的重要性：

（1）影响轮窑产量的重要因素

气体流动是影响轮窑产量的重要因素。为了加快火行速度，强化燃料燃烧，强化预热和冷却过程，就必须加快气体在窑内的流动速度。换句话说，要使轮窑产量高，就需加大通风量。

（2）决定坯垛断面焙烧均匀性的重要因素

一般来说，坯垛哪一部分通过流量大，那么这一部分火行的速度就快（但流量过大反而会降低温度，牵制火行速度）。为使火头在窑道横断面这样大的面积上均衡前进，就必须尽力保证气流在窑横断面上分配均匀。

（3）控制窑内火度的重要因素

当焙烧工操作不慎，全窑欠火时，必须减小气流量，采取降低风闸等措施，把火养起来；当需要加快焙烧进度时，必须加大通风量，促使火行加快；当窑内火度过大，内燃料掺量过高时，又必须迅速减小通风量，抑制燃烧。凡此种种皆说明气流量是控制火度的重要因素。

6.109 哪些因素给轮窑中气流以阻力？

气流的阻力可分为两大类：

（1）摩擦阻力

气体沿着通道向前流动，同通道四周接触、摩擦而发生的阻力称为摩擦阻力。在发生摩擦阻力时气流的流速、流向不发生显著变化。

（2）局部阻力

气体流动过程中，引起气流速度突变、气流方向改变以及气流截面形状和面积变化的所有局部障碍产生的阻力。

气流在轮窑中受到上述两种阻力的作用。气流同窑墙、窑券、窑底以及砖瓦坯体摩擦而产生的阻力，就是摩擦阻力。烟气流经总烟道时遇到的主要阻力也是摩擦阻力。为了避免烟气在烟道中阻力过大，一般规定总烟道中烟气流速不得超过 5m/s（烟囱排烟时）。

气流在轮窑中的局部阻力是多种多样的，气流方向变化、气流突遇障碍物、气体流通断面变化等情况都有。

气流方向变化：气流循弯单元转弯以及气体流入哈风洞都会产生局部阻力。火头下弯（即转过90°之后）时，靠内侧窑墙处火行不利，就是气流在窑内侧因转弯急（近于180°）、阻力大而流量少的缘故。

气流突遇障碍物：气流遇到坯垛中的横带，或遇到堵塞通路的错茬坯体以及流经烟闸的锥形体时，都因气流通过截面的骤然变化产生局部阻力。码坯作业中要求火道畅通就是为了尽量减少局部阻力。与此类似的原因使人们尽可能使用大的锥形闸（但过大的锥形闸起落费力）。

6.110 烧砖时气体怎样在轮窑中流动？

轮窑内的气体在烟囱的抽力和自身上升力的作用下发生运动。

（1）烟囱的抽力

烟囱是通过哈风对气体发生作用的。哈风口一般在窑的外墙或里墙的最下面，因此哈风口的抽力是使气体向下倾斜运动的。当烟闸的升起高度一定时，愈靠近哈风口抽力愈大，气体向下倾斜运动的角度就愈大。远离哈风口的窑室中，烟囱抽力使气体受到近于水平方向的拉力。

（2）上升力

冷空气自冷却带入窑后，经热砖垛加热，温度升高，其自身产生上升力。气体自冷却带流经保温带到达焙烧带，温度升到最高点，上升力也达最大，表现为打开焙烧带后部的火帽时有火星及炽热气体冲出，这就是所谓的"返火"。返火可促使温度均匀，特别是对窑上部制品烧成很重要。

对于一部火的各带来说，烟囱抽力和上升力的综合作用是不同的。冷却带至焙烧带后部气体上升力逐步增大，哈风口的水平抽力也随距离缩短逐渐加大，两者综合作用的结果是气流倾斜向上，而且愈靠近焙烧带向上倾斜的趋势愈大。在焙烧带后部，最高温度点附近，气体上升力达到最大。自这点起至预热带，气体温度下降，上升力渐弱，而哈风口的抽力愈来愈大，气流方向斜倾向下，离哈风口愈近倾角愈大。随着烟气自哈风口排出，窑内气流量逐渐减少，直至最后一个哈风为止。

适应窑内气流的特点和传热的条件，在坯垛不同部位采取不同的码窑形式和疏密程度，就可初步确定气流在各部位的分配比例。加上焙烧时正确使用闸和打窑门制度就可得到适合需要的气流。

6.111 烟囱为什么会有抽力？

生活常识告诉我们，把一个软木塞放进装满水的玻璃杯中，就会看到软木塞浮在水面。若将它压进水里，我们的手上就会感受一种向上浮起的力量，一松手它还会浮出水面。热气体对冷气体来说，好似软木塞对于水。

烟囱之所以具有抽力正是基于这样一基本道理：被冷空气包围的热气体具有向上升起的浮力。烟囱愈高，冷热气体温差愈大，烟囱的抽力就愈大。正因为这一点，同一个烟囱在春、夏、秋、冬四季，甚至在同一天的白天和夜晚，其抽力都要发生变化。一般来说，夏天气温高，冬天气温低，烟囱抽力冬天比夏天大。同样道理，烟囱抽力夜间比白天大。

6.112 烟囱的哪些结构尺寸决定或影响轮窑的抽力?

烟囱的高度决定它的抽力。

浮力原理:物体浸没于流体中所受到的浮力等于被此物体所排开的流体体积的重量。它说明浸入流体中的物体受到浮力的作用这一普遍适用的原理。

让我们来看,两横断面积均为 $1m^2$ 的烟囱,其中一个高为 30m;另一个高为 60m。设大气的温度为 20℃,其密度为 $1.2kg/m^3$;烟气温度 200℃,密度为 $0.76kg/m^3$。

30m 高烟囱中热烟气重量是 $30 \times 1 \times 0.76$(kg);与 30m 高烟囱中热烟气同体积大气的重量是 $30 \times 1 \times 1.20$(kg)。

30m 高烟囱中热烟气所受到的净浮力为:

$$30 \times 1 \times (1.20 - 0.76) = 13.2 \text{(kg)}$$

同样道理,60m 高烟囱中热烟气所受到的净浮力为:

$$60 \times 1 \times (1.20 - 0.76) = 26.4 \text{(kg)}$$

可见,烟囱愈高,烟囱中热烟气受到的净浮力愈大,因此烟囱高度是决定其抽力的结构尺寸。

烟囱的内径是影响烟囱抽力的重要结构尺寸。烟气在烟囱中流动会产生阻力。烟囱对窑内气体的有效抽力,是从烟囱总抽力中扣除克服烟囱和烟道阻力所消耗部分后的剩余抽力。所以烟道阻力愈大,有效抽力愈小。对于内径一定的烟囱来说,烟气流量愈大,也就是烟气的流速愈快,烟气通过烟囱时的阻力愈大。为此通常规定,烟气从烟囱上口流出速度不得大于 4m/s。这样,烟囱的设计计算必须按最大排烟量进行,而最大排烟量又直接取决于轮窑的部火数。

下面给出按窑的生产规模,烟囱主要结构尺寸的经验数据:

对于 24 门以下的轮窑,烧一部火,应配用 45m 高的烟囱,烟囱上口内径应不小于 1.4m,下口内径应为 3.6m;

对于 38~48 门轮窑,烧两部火,应配用 55~60m 高的烟囱,其上口内径应不小于 1.8m,下口内径应为 4.3m;

对于 56~72 门轮窑,烧三部火,应配用 60~65m 高的烟囱,其上口内径应为 2.2m,下口内径应为 5m。

6.113 什么是码窑,码窑的重要性是什么?

将砖瓦坯按一定形式码放在轮窑焙烧道内,以便进行焙烧的作业叫码窑,码窑又常被称作装窑或摆窑。码窑是烧制砖瓦的重要生产环节,是焙烧作业的前提条件。

码窑作业的目的是形成适合于焙烧要求的坯垛。人工码窑是一项较为繁重的体力劳动,但它同时更是一项技术性很强的工作。因为只有根据气体在轮窑内流动的规律,根据窑及烟囱等设备条件,根据燃料燃烧的要求才能决定码什么样的坯垛适于焙烧。而码窑结果当然要经受焙烧的检验。

码窑的重要性在于,在一定的设备(轮窑、烟囱或风机)条件下,坯垛一旦码成,窑内通风量、坯垛各部位通风的均匀性、内燃料在窑内的分布、外投燃料的燃烧条件及分散程度等就都大体上确定了,而烧窑工的种种努力,诸如认真看火添煤、正确使用风闸、小量勤添操作等只能在一定范围内和一定程度上调整和适应窑内的焙烧条件，而不能从根本上改变已由某一坯垛所确定的焙烧条件。

（1）码窑对窑内通风量的影响

窑焙烧道的通风条件决定于烟囱或风机的能力。烟囱或风机的潜力是否能充分发挥，通过窑内气体量有多少等因素与气体在流动途中所遇到的阻力的大小有很大关系。对于某一轮窑来说，一定量的气体通过它各部位（窑道、哈风洞、风闸、烟道等）的摩擦阻力和局部阻力是不变的，仅当气流速度发生变化时，才按一定比例增减。因此在生产条件下，轮窑结构对气流阻力的影响是不能人为改变的。除轮窑结构阻力外，气流还遇到坯垛的阻力，改变坯垛的形式就可以改变坯垛对空气流动的阻力，从而改变窑内通风量。一般来说，减小阻力，通风量增大。

由于空心砖坯体积大，稳定性好，无论轮窑码窑室还是隧道窑码车，一般取消横带。这样做可减少气体阻力。

（2）码窑对焙烧道横断面上气流量分配的影响

热气体在窑道中流动时，受到上升力的作用，气体温度愈高，这一上升力也愈大，从而发生气体分层流动的现象——温度较高的热气流向上集中，温度较低的气体靠下流动。烟囱抽力愈小，这一分层流动现象愈严重，坯垛上下部温度差也愈大。

内燃烧砖时，垛中部的砖坯受热条件与其他砖坯的受热条件不同，坯垛上、下及边部的砖容易欠烧，而中部砖往往由于热量集中无法逸散发生过烧。

上述两种窑断面火度不均匀现象，可以依靠合理的坯垛形式，调节窑断面各部分气流分配比例加以改进。

（3）码窑对窑内燃料量分布的影响

可以设想轮窑是一个形式特殊的大炉灶，码放在火眼下的火眼批坯垛则是特殊形式的炉条。外燃烧砖时，燃料在窑横断面上的分布比例，主要取决于火眼批坯垛的形式。

实行内燃烧砖以后，码窑就更加重要。因为已预先将完成焙烧所需要的大部分燃料或全部燃料掺入坯内，码窑过程实际上就是燃料在窑内的分布过程，正确的坯垛式样保证热源分布合理、均匀。

总之，坯垛形式、坯垛密度和码窑操作的质量直接影响窑产量的高低、砖瓦质量的好坏及燃料消耗量的多少，因此码窑在砖瓦生产中是很重要的。

6.114 坯垛由哪几部分组成？

任何坯垛都可以概括地分为炕腿、垛身和火眼三部分。

（1）炕腿

炕腿又称腿子，是整个坯垛最底下的基础部分。炕腿的作用是支撑整个坯垛，并提供底部火道，保证火行畅通。

（2）垛身

腿子之上码成横带——即首尾相接的横坯连成横贯窑宽的条带，常称之为炕。横带以上的部分叫垛身，垛身是坯垛的主体。垛身的形式对整个坯垛的通风阻力的影响最为重大，同时对传热及燃料的燃烧也有重要的影响。

（3）火眼批坯垛

在对准投煤孔的窑面上码成的特殊坯垛称为火眼批坯垛。煤落在它的上面燃烧，所以火眼批坯垛起到一般炉灶的炉条作用。火眼批坯垛的形式决定燃料能否充分燃烧。

6.115　常用的炕腿有哪几种？

常用炕腿的类型：灯笼挂炕腿、二（双）顺坯炕腿、立坯炕腿等。

将砖坯按井字形两块接两块地叠码起来的炕腿叫灯笼挂炕腿；

将两块砖坯顺直叠码，第三层码成横带所成的炕腿叫二（双）顺坯炕腿；

将砖坯在窑底立码，立坯之上码顺坯，顺坯之上码成搭桥横带就形成立坯炕腿，若改搭桥横带为斜条所形成的炕腿叫立坯斜条炕腿。

灯笼挂炕腿的最大优点是牢固，容易码放。缺点是横坯多，阻力较大。当灯笼挂炕腿码放五层，即第六层码横带时，还嫌底部通风量小，若再加高炕腿，焙烧带后端回火快，煤耗加大。

二顺坯炕腿的优点，首先是气流在窑断面上分布较均匀，不易青底（黑底）回火，火度平稳，容易掌握。其次是采用这种炕腿，坯垛垛身高度相对增加，坯垛受煤面积较大，落在窑底煤量少，省煤。第三，这种坯垛的牢固性尚好。缺点是使用灰分大的燃料时容易堵塞坯垛底部，影响底火进展。因为这种炕腿较低，顺坯前后衔接，坯间无横向通道，投下的燃料不能左右分开。

立坯炕腿的优点有三：一是阻力小。首先是纵向阻力小，它比二顺坯炕腿略高，同灯笼挂炕腿比，第二层无横坯。因纵向阻力小底火行走通畅。其次是前后两立坯间留有横向通道，与纵向火道成十字交叉，保证气体横向流动通畅。二是利用这种炕腿，投入的燃料容易散开，气体又可在炕下前后左右串通，从而使燃料能充分燃烧，可避免窑底积煤过多，减少煤焦和黑头砖。

立坯斜条炕腿在腿子以上码放斜坯代替横带，可以加强通风，但注意底部火道距离要稍微缩小，另外要注意码窑质量，以使其牢固。

6.116　垛身有几种码放形式？

垛身的码放形式大体上可分为三类：直横条码法、直斜条码法和大洞码法。

直横条码法是顺坯和横坯（立放或卧放）交替叠码的码窑形式，在这一类形式中又可分为一直一横和二直一横两种。

直斜条码法是顺坯和斜坯交替叠码的码放形式。这类中，又可分为一直一斜、二直一斜和二直一斜三种。

由顺坯和不连续的单块横坯左右搭拉就构成大洞坯垛，这种码法称为大洞码法。

在生产实际中，为了调整坯垛上、中、下部阻力，保证各部位通风均匀分布，同一坯垛断面上常采用两种或更多的码放形式。

几种垛身的比较：直斜条码法是广泛采用的一种垛身形式，其主要优点是对气流的阻力适中，火度平稳，容易掌握。其中，二直一斜是比一直一斜更利于通风的形式。一直一斜的优点是传热条件较好，受煤面积较大。二直一斜常用于上部。

直横条码法是比较落后的码放形式，因为它有很多横带，对气流阻力大，对传热也不利,因此使用并不多。

大洞码法虽然有更强的通风能力和较小的阻力,但它对焙烧操作要求很严,一旦加煤量同通风量不适应极容易发生"青底"现象,坯垛下部出欠火砖。特别是在高内燃掺量烧砖时,外投煤量很少,通风量过大的大洞码法更容易造成"青底",不宜使用。

6.117 火眼批坯垛有几种形式?

因为轮窑投煤孔很小,投入的煤只能靠自然散落在焙烧空间分布,所以火眼批的形式至关重要。它应保证上、下部受煤有一定比例,直接落在窑底的煤控制在 10% ~ 15% 以内。当然,火眼批坯垛的阻力要小。

实践证明,在多种火眼批坯垛中,立腿大洞脱空火眼批和无横带的搭桥炉条火眼批最好。

(1)立腿大洞脱空火眼批

立腿大洞脱空火眼批的码法是炕底立腿,顺坯搭于两立坯之上,上接二顺坯大洞码法。碰煤炉条坯放在顶上成塔式,在第 7 ~ 8 层、12 ~ 13 层(焙烧空间的中部)的洞内,按"山"字形各摆三块。这种火眼批的优点是,煤的分布上下均匀,左右撒开。底部脱空之后,煤在窑底面上燃烧面积扩大,不会堆积在狭窄的孔道内。直接落入窑底的煤大约 15%。

(2)无横带的搭桥炉条火眼批

无横带的搭桥炉条火眼批的码法是将火眼批坯垛分为前后两组,每二顺一斜为一组,两组拉开间距 18cm,每组中的下面一块顺坯探头 3 ~ 4cm,火眼批坯垛的炉条坯就放在这两个头上。这种火眼批的优点是,除了炕上有一行横带外,其余全是顺坯,取消了横坯;"搭桥"码法给火眼批增加了许多横向火道,燃料同空气混合更加均匀,对气流的阻力更为减小;煤也能上下均匀分布,左右撒开。不足之处是它对码窑作业要求严格,如火眼批坯垛倾斜不易拨正,此时当然无法起到应有的作用。

6.118 内燃烧砖时决定坯垛各部位码窑密度的原则是什么?

内燃烧砖时,决定坯垛各部位码窑密度的原则包括"上密下稀"、"边密中稀"。

上密下稀:除了具有均衡气流分布的作用外,内燃烧砖时坯垛顶部密码可以增加窑上部发热体的数目,改善上部砖坯的焙烧条件,从而抵消由火眼等处吸入冷空气的不良影响。

边密中稀:内燃烧砖与外燃时不同,不能靠中部密码来增加气流的阻力。内燃烧砖是将所需燃料的大部或全部预先掺入砖坯内的,码窑密度首先要由内燃料在窑内分布及其燃烧状况所决定。中部砖坯受到四周发热砖体的辐射热,容易发生过烧。边密中稀实际上是减少了中部燃料的数量,从而减少了坯垛中部的发热量,避免燃烧热量过于集中。加密边部就等于增加边部燃料的数量,增加了边部的发热量以弥补散热的不良影响。需要指出的是,内燃烧砖时不能采用"横密顺稀"这一原则,特别是在焙烧空间的中部。一般来说,只能依靠增加稀码的横坯或横带,才能解决窑中部既要增加阻力又要稀码的矛盾。

6.119 什么叫轮窑的哈风拉缝?什么叫弯窑拉缝?它们都有什么作用?

(1)哈风拉缝

坯垛在哈风处断开,形成一定宽度的间隔,这一间隔称为哈风拉缝。为使拉缝两边的坯垛牢固，常在两边坯垛间码上骑缝搭桥顶头砖坯。拉缝宽度为 20～24cm。

哈风拉缝的作用是：第一，保证坯垛中所有的小火道畅通，不致闭塞。码斜坯时，斜坯会堵塞垛中气流的部分通路，连续坯垛愈长，则被斜坯堵塞的通路愈多。有了哈风拉缝就能使被斜坯堵塞的通道减少到最低限度，还能弥补因码窑操作不准确致使顺坯孔道堵塞的人为缺陷。第二，均衡气流。由于坯垛中每隔一段距离（一窑室长）就有一段空隙（拉缝所形成的间隔），气体流经空隙时发生扩张和收缩，通过坯垛各部位的气流量获得重新分配，促使整个坯垛的均匀焙烧。第三，减少阻力，充分发挥烟囱的抽力。在哈风口拉缝以后，气体获得一条横向流往哈风口的通路，减少了哈风口附近坯垛的横向阻力，使烟囱抽力得以充分发挥。哈风拉缝尤其对加速预热带内的潮气外泄作用显著。

（2）弯窑拉缝

在上弯前及下弯后，弯窑坯垛同直窑坯垛接头的地方，将坯垛断开，形成一定宽度的间隔，这一间隔称为弯窑拉缝。同哈风拉缝类似，弯窑拉缝也起到均衡气流的作用。弯窑拉缝是为焙烧弯窑所做的必要准备。

6.120　什么叫火眼脱空？它有什么作用？

正对投煤孔码成几个分立的火眼批坯垛，各火眼批坯垛之间拉开一定间隔，这些间隔称为火眼脱空。

轮窑内，燃料是经投煤孔投入燃烧的，燃料在火眼附近积聚较多，所以，为使燃料充分燃烧，就要在燃料积聚较多的地方供给较大空气量。火眼脱空处，通路扩大，空气流速变慢，使火眼批内有大量空气积存并停留较长的时间，为大量燃料的充分燃烧创造了良好的条件。

6.121　轮窑的直窑段坯垛全断面形式如何？

直窑段坯垛全断面的形式有多种多样，然而比较流行的是以立坯为炕腿，炕以上码数层两直一斜，两直一斜以上码一直一斜到顶。下面以两例说明。

例1，外燃烧砖，窑道宽4m，高2.75m。立坯炕腿，腿子22个头，腿部23个火道，火眼下留大火道，宽13cm，其余小火道，宽9.6cm。四层是炕——横带。第五、六层是直条，30个头，坯间距7.8cm；第七层是斜条，与窑中线交角38°；第八、九层是直条，加一个头，坯间距7cm；第十层是斜条，与窑中线交角30°；第十一、十二、十四、十五层码直条，第十三、十六层为斜条，加两个头；第十七、十八、二十、二十一、二十三层为直条，加三个头；第十九、二十二层为斜条，交角30°。

例2，部分内燃烧砖，窑道宽3.95m，高2.8m。立坯炕腿，30个头，第四层是横带。第五层至第十三层码放三组两直一斜，33个头，以中线为界，里外两侧斜条分别向里外斜。第十四层至最上面的第二十三层码五组一直一斜。

6.122　轮窑的弯窑段的坯垛应怎样码？

在上弯前的直窑段，要注意对坯垛加以必要的处理，为弯窑的焙烧准备条件。其一是弯窑拉缝；其二是为加强外边火，上弯前一个或半个窑室的斜坯全部向外斜放。

（1）弯窑直斜条码法

①炕腿

炕腿由里往外码成阶梯形，腿子里、中、外分别为三、四、五层高；火道由里向外逐一放宽：靠外墙火道宽 15 ~ 16cm，中部火道宽 13 ~ 14cm，靠里墙火道宽 11 ~ 12cm。里、中、外三种不同高度的炕腿到第八层齐平。

②垛身

横带以上，靠里墙三条三层的炕腿上码斜坯一层，向外斜放，此层斜坯与中部五条四层的炕腿上的横带相平，以上则码两直坯；靠外墙的三条五层的炕腿的横带上码一直坯，这样里、中、外三部分在第七层上拉平；第八层码斜坯，第九层开始二直一斜到顶；斜坯一律向外斜放。

弯窑垛身上、下、里、外的密度采用分层加头的方法来调整。"里密外稀"原则主要依靠密码里边来实现。这样一来，弯窑坯垛横带以上的头数比直窑段的要多 1 ~ 2 个。通常坯间距由靠里墙 4 ~ 5cm，向外递增至 8 ~ 9cm。

接近下弯处，即约转过 135° 后，靠里窑墙炕腿火道逐步提高至与中部相同，斜条方向也恢复同直窑一样。

实践证明，上述码法的弯窑坯垛，里外火行速度大体一致。但因垛身的码窑密度较直窑段来得大，所以弯窑段的火行速度比直窑段的慢。

（2）弯窑大洞码法

直窑段采用直斜条码法时，弯窑采用大洞码法是最理想的。因为大洞的码窑密度可以在较大的范围内调整，随着密度的减小，坯垛的阻力可以大大降低。

①炕腿

靠里墙三条腿子为三层高，第四层位横带；中部四条腿子为四层高，第五层盖顶；靠外墙四条腿子为五层高，第六层盖顶。

②垛身

炕上码大洞垛身，靠里墙三条炕腿，五层以上加一个头，八层以上加两个头，一直到顶；中部四条炕腿，六层以上加一个头，十一层以上加两个头，一直到顶；靠外墙的四条炕腿分别由里向外的第八层、十层、十二层、十四层开始加一个头。

6.123 瓦坯的码放要点是什么？

瓦坯的码放要点是：两片瓦坯为一组，将它们正反面合拢，互相挤紧、立直。瓦坯比砖坯薄得多，将两片瓦坯正反合拢才能挤紧。如码放时有倾斜或松弛不紧，在焙烧过程中就会收缩而发生变形（扭曲或弯翘），严重时还会导致坯垛倒塌。

6.124 外燃瓦的码轮窑方法是什么？

用轮窑烧瓦通常分为两种方法，即全窑烧瓦和砖瓦混合焙烧，实践表明全窑烧瓦的效果更好。

（1）全窑烧瓦的码法

对于一般的火眼排距（1m 左右）来说，两排火眼间可码两批瓦坯。两批瓦坯之间留出

10~15cm 的空隙。为使相邻两坯垛稳固，在窑室中部突出几对瓦坯，搭拉顶牢两批瓦坯。

坯垛腿子用砖坯码成。第一、二层为顺坯叠码，宽 12~15cm；第三层为横坯卧放形成的横带；第四、五层又为顺坯叠码；第六层为斜坯；第七层为顺坯；第八层将横坯卧放形成所谓"瓦条坯"；由此往上一层瓦一层瓦条坯一直向上码到顶。也可采用矮型炕腿——两层顺坯叠码后上码卧放横坯——后一层瓦一层瓦条坯向上码到顶。

瓦坯要码得竖直，按直窑的方向和窑中心线，把每一层瓦坯码成15°的斜度，两相邻层瓦坯的斜向相反。按窑焙烧道的高低，通常可以码10层以上，窑顶部之空隙用平放的瓦坯填满，窑两侧的空隙用砖坯码实。

火眼处用砖坯码成花垛作为火眼批坯垛，以便燃料投入后均匀散开。火眼批坯垛间不码砖形成脱空。

按照上述码法，每立方米焙烧道平均码砖坯 50~60 块，瓦坯 90~100 页。砖坯只起平垫、隔离作用，成为附产品。

（2）砖瓦混烧以砖为主的码法

以砖为主瓦居次的焙烧，可采取大垛码放，上部带瓦的方法。如瓦坯产量不大，在每窑室上部带瓦比集中几个窑室烧瓦优越，火行速度也快。在正常情况下，窑室上部的温度总高于下部的，以上部带瓦也符合上密下稀的原则，可以使上、中、下部的火行速度一致，有利于焙烧。

6.125 轮窑的纸挡有什么作用？一部火预热带至少有几道纸挡才能保证正常生产？

纸挡是用旧报纸、包装纸、牛皮纸等拼成的，它将焙烧通道横向隔断。完好的纸挡应能有效地将一部火的预热带同装窑空间分隔开，不使外界冷空气侵入窑内已进行预热的空间。大量实践让明，若纸挡严重漏气就会大大降低烟囱的有效抽力，并扰乱预热带的干燥预热制度。因纸挡漏气焙烧带会有较正常生产时更多排的返火，并造成上火大、底火欠，坯垛上焦下生的不均衡状况。纸挡漏气当然会使火行速度减慢。所以，为保证焙烧正常进行，纸挡必须糊严。

纸挡不严、漏气是很容易检查和发现的。拉纸后焙烧带抽力突然减小，返火排数增加；在糊纸的窑室中，听见外界空气流经纸挡的风声及纸挡破裂处飘摇声；已糊好纸，然而尚未纳入预热带的窑室，打开火盖后，火眼附近灰尘随同空气迅速流入，诸如此类现象都说明纸挡有漏洞。轮窑生产中应有专人负责检查纸挡的质量。

为保证焙烧作业顺利进行，一部火预热带前，亦即预热带同装出窑间隙之间，应至少有两道纸挡。一般来说，每装好一个窑室就糊一道纸。纸挡通常糊在哈风洞之外，靠窑门一边。

6.126 怎样糊轮窑的纸挡？

纸挡既然作为分隔预热带和装出间距的隔断，就要求严密不透气。然而，纸挡前的窑室要纳入预热带时，又需要把纸挡去除干净，以减小气流的阻力，保证烟囱抽力的发挥。

糊纸挡必须同除去它的方法相适应。下面介绍两种糊纸挡的方法，它们分别对应于用铁丝拉去纸挡（拉纸）和用火烧去纸挡（燎纸）这两种去除方法。

第一种方法：糊纸前先要选择完整的旧报纸，将其粘结成四条比窑略宽的整幅，再把四条拼接成两卷，下卷用于坯垛下部宽为 10 张报纸；上卷用于坯垛上部宽为 8~9 张报纸。糊纸时，提起待糊纸窑室的风闸。从窑面投煤孔穿下铁丝，下卷报纸夹于铁丝中，上卷报纸在铁丝外靠哈风抽力贴吸——"糊"在坯垛上部,下卷报纸糊在下部。窑底处报纸用炉灰压住3~4cm。穿铁丝处用八开小报纸堵贴。待糊纸的坯垛同里外墙间的空隙、坯垛之间的空隙码有一定间距的探头坯,以防纸挡被风吸入形成漏洞。在窑券顶部分,用废报纸捏成纸团,将纸挡塞压于窑券与坯垛之间。糊纸后码下一排坯垛时,每隔一定部位即用探头坯将上卷报纸和上下两卷的搭接处顶住。这样由于整幅糊纸减少了接头,糊时上下压塞,里、外边支顶,就防止了糊纸后纸挡掉落和提闸后纸挡受抽力作用而分开的现象,因而能达到纸挡不漏气的要求。应该注意的是,为能拉动铁丝,糊纸挡前后坯垛间应有拉缝。

第二种方法:用大张报纸或包装纸依靠哈风的抽力直接糊在坯垛上,窑券顶同坯垛之间的空隙用废报纸团将纸挡塞紧。窑底部,亦用炉灰将折过来的纸压住。糊纸后立即码放下一批坯垛,因为纸挡是一张张纸拼起来的,故除了腿部纸挡外,每张纸都应被下一批坯垛抵住,纸挡前后坯垛不拉缝。

为了要用火烧掉纸挡下部,故这种纸挡应糊在靠近窑门处。糊窑门时,在两层门下部正对纸挡处留有一砖大的洞,不封死,只是用砖堵住,待燎纸时用。

糊纸后即落闸并且继续装窑。

6.127 应如何砌轮窑的窑门?它有何重要性?

码完一个窑室之后,在码下一窑室的一半时,要将窑门堵死,称为砌窑门。

砌窑门要用里、外二道门墙。里墙要砌得与窑道外侧墙平齐,既不凹进也不凸出,以减少气体运动的阻力。

砌墙用废次砖或已经过高温脱水的砖坯,可以减少收缩,避免门墙开裂。堵门时,砖与砖要砌紧,塞严空隙,然后用泥浆涂抹。所用泥浆可以用75%的细炉灰掺以25%黏性大的土合成;也可用掺细砂的黏性土合成。涂抹层数以保证墙面泥浆无裂纹为止。

里门糊好后,暂不砌外墙,让它干燥收缩,到前一窑室的里门砌好后,再检查涂抹一遍,然后在距里墙40cm左右处砌外墙。外墙一般用废次砖坯封砌。

砌窑门、涂抹窑门一般专设糊门工,糊门工每隔2~3h应对从预热带至焙烧带所有门墙进行全面检查和涂泥一次。

窑门漏气主要表现在焙烧带返火排数加多和外火落后于里火、中火。窑门漏气的检查,也是很容易的。如果裂纹较大,那么肉眼可见,还可听到空气穿过洞缝的呼呼声。如果裂纹较细或破洞较小,不能肯定它是否与窑内相通时,可用手指摸或用点燃的火柴试验。如有冷空气侵入,则手指会有发凉的感觉,而火焰则会向洞隙内钻窜。

门墙热状况是变化的。随着火头的行进,原来位于预热带的窑门墙,变为焙烧带的。它自身向外散失的热量就很大。另外门墙砌体极易产生裂缝而吸入冷空气。实践证明,冷空气对焙烧危害很大,它使外侧火行减慢;即便投煤时加烧外边火眼,还常发生欠火;由于多次加重添煤又加剧了煤的固体不完全燃烧,使得外边火眼的煤焦要比其他的多1/3以上。凡此种种都说明砌窑门很重要,只有严堵窑门才能保障焙烧的顺利进行。

6.128 入窑砖坯含水率为什么必须加以限制?

一般来说,入窑砖坯含水率应在8%以下,最大不能超过10%。为什么必须规定砖坯含水率的限制呢？这是因为下列四点理由：

（1）砖坯含水率愈高，强度就愈低

轮窑焙烧道高度都在2.5m以上，高的甚至超过3m，这样高度的坯垛使码放在它底部的砖坯要承受很大压力。因此入窑砖坯必须具有一定强度才能保证坯垛在预热、焙烧阶段不会变形、倾斜以至于倒塌。然而，同样泥料制成的砖坯，含水率愈高的，强度就愈低。对于不同土质的原料，砖坯强度性能也很不相同，砂性原料甚至在较低含水率下就已经很容易发生变形。特别是预热带气体分层流动影响显著，低温高湿的废气容易在腿子及中、下部砖面上结露，坯体吸收结露水珠后变软，高含水率砖坯就更容易变软，导致坯垛湿塌（即未烧即塌）。

（2）入窑坯愈湿，成品质量愈差

空气是可以携带一定量水蒸气的，空气温度愈高，它携带水蒸气的能力愈大，温度愈低，携带水蒸气的能力愈小。当空气温度降低到某一温度后，空气中的水蒸气就达到饱和，若再降低温度，一部分水蒸气就要凝结成水珠。这种现象叫凝露。夏季早晨花草茎叶上的露珠就是凝露而成的；闷热天气中自来水管壁外的水珠是因高湿度空气遇冷物体在其表面上凝露的另一例。轮窑焙烧时，预热带内也会因操作不当发生凝露。常发生凝露的情况有两种：

坯体入窑后纳入预热带前，上部砖坯吸收窑顶蓄热，使水分蒸发。在前后两纸挡间的封闭窑室内，空气湿度逐渐增大，当窑底部砖坯温度低于湿空气露点，水蒸气就在砖坯上凝露。

另一种情况是，拉纸以前窑室温度低，而预热带内气体湿度大，温度也较低。提闸拉纸后，湿度大的气体流入刚纳入预热带的窑室，遇到温度低于其露点的砖坯表面发生凝露。装窑砖坯含水率愈高，预热带内气体湿度就愈大，凝露现象愈严重。

砖坯表面上凝结的水珠因泥料的毛细管作用而被吸进表面层，表面层因含水率升高就会发生膨化。紧接着，随着坯体的加热，水分逐渐排出，表面又要收缩。这样的膨胀、收缩交替作用会产生制品表面的微细网状裂纹、哑音砖、白斑砖等缺陷。凝水的砖坯强度也不高。

（3）砖坯含水率高，焙烧耗热量大

焙烧过程中砖坯要从入窑时的常温升至1000℃左右的高温，在此之前必须先排出含有的残余水分。坯体含水率愈高，需要排出的水分愈大。假设轮窑一个窑室码坯10000块，每块砖坯重3kg，如果坯体的含水率由8%增加至12%，那么从一个窑室中排出的水的质量要从2400kg增至3600kg，而为了排出水分所消耗的热量从144万kcal增至216万kcal，相应的标准煤耗量由205kg提高到308kg。也就是说因入窑砖坯含水率的增加，导致烧砖标准煤耗提高100kg。

入窑砖坯含水率提高的后果如表6-26所示。

入窑砖坯含水率提高的后果　　　　　　　表6-26

项　　目	相对含水率（%）		
	8	10	12
一窑室砖坯脱水量（kg）	2400	3000	3600
蒸发水的耗热量（万kcal）	144	180	216
折合标准煤耗（kg）	205.7	257.1	308.6
产生的水蒸气体积（Nm³）	2986	3733	4480

（4）砖坯含水率高，排潮量加大，增加烟囱负担

砖坯含水率愈高，产生的水蒸气愈多，废气量增大，增大烟囱的负担，这些潮气若不能及时排除，势必造成前面窑室内的凝露。

6.129　轮窑点火前应做哪些准备工作？

轮窑点火前应完成下列准备工作：烤窑、码窑、砌筑点火大灶等。当然贮备有足够数量的干坯以供焙烧以及燃料充足是窑投产的必要条件。

（1）烤窑

新投产的窑或长期停用后开始操作的窑，都需先经烘烤以使其干燥。

烤窑前，先用砖坯或成品砖码成实墙，将焙烧道横向截断，形成几个部分，每一部分可包含4～8个窑室。除了每一部分一端的窑门保留外，封闭所有其他窑门。提起与该窑门距离最远的一个烟闸排烟，在打开的窑门处生火并逐渐加大。烤窑的时间依窑的情况而定，需20～25d。

（2）码窑头坯垛

紧邻大灶的连续坯垛的起始端称之为窑头坯垛。点火之前，必须至少码好五个窑室的坯垛，并继续码窑。点火的位置，最好是在拐过弯之后的第二个窑室，以便在点完火以后，火头能在直的焙烧道中行进长的距离，以使火度稳定。在点火的地点砌筑点火大灶和码窑。窑头坯垛的长度大约为半个窑室长，它的码窑形式是独特的。因为点火时，窑头处上、下温差很大，如果窑头坯垛也是上下垂直的码起来，各部位砖坯受热状态不同，收缩与膨胀各异，就会发生倒窑。

窑头坯垛采用阶梯式码法：立腿打炕，十二个腿，七层以上二直一斜，十三层以上一直一斜到顶。窑头坯垛要比通常的坯垛略稀些。从第十四层起往里错三分之一砖（80～90mm），再往上可再拉搓三至四次到顶，坯垛呈梯形。

窑头坯垛同灶的最前端的距离是很重要的，这个距离过远则大灶的焙烧时间就要延长，从而浪费燃料。相反，如距离过近，容易将窑头坯垛烧倒，出过火砖和裂纹砖。为实现快速点火可以采用1.2～1.5m的距离。

6.130　坡形点火大灶（坡形大灶）应怎样砌筑？如何用它点火？

坡形火床的点火大灶叫坡形大灶，这是一种有炉条的大灶。坡形大灶的砌法是：在大灶墙下，用砖砌成若干个方垛，高为10～12皮砖厚，垛宽为一砖半见方。大灶的前端，砌成同前述砖垛对应的较矮方垛。在前后砖垛之上用与窑室宽度同样长的旧轻钢轨搭住，然后用铸铁炉条（长约1.5m）搭放在前后的钢轨之上，做成坡形火床。灶墙上留有通风孔，通风孔之上对火眼处留有4个添煤孔，其尺寸为300mm×400mm。在添煤孔上砌探头砖四皮，伸出240mm。灶墙为一砖半厚，添煤孔四层之上为一砖厚。为便于观察火候，距窑底约1.5m高处，在灶墙上留两个看火孔。

点火前，在炉条上铺上一层易燃柴草，再铺上一层块煤，提起风闸，把通风孔糊上纸，即可点火。大灶点燃之后，使火床上燃料缓慢燃烧。约经1h后，可将通风孔的纸挡去除，增加空气供给量，加大火焰。

坡形大灶的优点是可以随时落灶，取出炉渣，始终保持其坡形；空气自炉条之下供应，阻力小，通风良好；易于加快点火的速度，节省燃料。是一种较好的大灶形式。

6.131 轮窑点火时怎样快速提高烟囱抽力？

刚开始点火时，常发生烟囱抽力不够、火不前进的现象。这是因为烟道和烟囱内气体温度不够高，同大气温度差别小所造成的。为使烟囱抽力快速提高，一个有效的办法就是加热烟道中的气体。具体措施：第一，选择靠近烟囱窑室的哈风洞，用软柴（如破席子、木柴等）生火，提高该哈风的风闸，使热气体流入烟囱加热烟道气体；第二，选择适宜的窑室，在该室的哈风口处砌一小型炉灶生火；第三，最有效的是在烟囱底部检查口用木柴点起一堆火。

6.132 用炉灶点火时应注意些什么？

第一，窑头坯垛的码法一定要实行上密下稀的原则，以使炉灶中火焰向前流动的速度上、下均匀一致，避免发生飘火现象。

第二，升温速度应先慢后快。窑头坯垛后面几个窑室的砖坯，没有经过充分的干燥和预热，尤其是窑头一个窑室的坯垛，一开始就要接触温度很高的火焰和热气体，骤然急剧地蒸发坯内的残余水分，势必造成大量的裂纹砖。因此，码窑头坯垛的砖坯愈干燥愈好。

第三，风闸的调整应准确。点火之初，风闸不宜提得过高，只要维持灶面上燃料燃烧即可。点火中期，进入大火阶段之后，用闸要保证底火前进速度。

第四，点火期间也应勤添、少添燃料，保证温度均匀、和缓上升。

第五，炉灶要砌得坚实稳固，尤其是灶墙必须砌牢。常因忽视炉灶的砌筑，致使发生点火中灶墙倒塌的事故。

第六，加强通风是实现快速点火的有力措施。江苏省清江市砖瓦厂除了使用烟囱外，还在窑门处安装了 9-57-11 号、9-57-10 号离心风机排烟；并且在灶外窑室的窑门外，用一台轴流式降温风机向窑内鼓风。靠这种加强抽风、适当鼓风的办法，辅以其他措施，实现了轮窑快速点火。

第七，窑头坯垛若用内燃砖坯码成就可加快点火，砖坯的内燃料掺量越大，越容易实现快速点火。

6.133 什么是轮窑的焙烧制度？

用轮窑焙烧坯体过程中需遵循的工作条件和程序叫焙烧制度。

轮窑的焙烧制度包括两大组成部分，即温度制度（最高烧成温度、升温降温程序、完成升温降温各阶段所需要的时间）和压力制度（窑内气体流动状况）。

温度制度大多是由生产实践中总结出来的，也可通过试验生产确定。在日常生产管理上，通过最高温度的监测以及各带（预热、焙烧、保温、冷却）长度的控制来具体执行既定的温度制度。

通常用沿焙烧道长度方向上各点气体压力同大气压力的差，表示窑的压力制度。显然窑内气体压力小于大气压时，窑内就有抽力，空气会被吸入，反之窑内气体就会逸出。轮窑焙烧时，烧窑工是利用风闸的调整和打开窑门来掌握压力制度的。在日常生产管理中，返火的排数是某一种压力制度的标志。

轮窑是连续作业的，火头在正常生产中是以均匀速度不断行进着的，因此某一带的长度除以火行速度就等于坯体在这一阶段中经受处理的时间。换句话来说，控制各带的长度也就是控制砖瓦坯经受预热、焙烧、保温、冷却等处理的时间。

在生产中，保证各带长度不变；保持焙烧温度——火度稳定；控制确定的返火排数。做到这三点就可持续生产出优质产品。

6.134　风闸的种类有哪些?

（1）锥形闸

工作可靠，但较复杂，常用作轮窑和中小断面隧道窑的哈风闸。

（2）插板闸

主要由一块插板和牵引圆钢（或钢丝绳）组成，风量随插板的提升高度而异，结构简单，但应预防插板被槽内烟尘卡住。

（3）翻板闸

主要由翻板和牵引钢丝绳（或圆钢）组成，风量随翻板的开火角度而变化，结构较简单，效果较好。

6.135　风闸的作用是什么?

轮窑的风闸是窑室与烟道之间的闸门，用于控制窑内抽力的大小。风闸在焙烧中的作用主要是调节通风量，排除废气；控制窑内气体运动方向，利用废气余热干燥、预热坯体；调节坯垛断面上各部位的火度，使其均匀分布。因此，如何根据火情正确使用并及时调整风闸，对提高轮窑的生产率和产品的质量以及降低煤耗都有重要的作用。

（1）风闸与焙烧进度的关系

在原料土质、坯体干燥程度、产品规格、坯垛形式以及焙烧温度不变时，正确使用风闸，及时调整通风量，准确控制火头的发展对提高轮窑的生产效率有重要作用。要保持窑的一定压力制度，才能正常焙烧。通风不足，燃料燃烧强度低，燃烧不完全当然不能增加产量。但通风强度过大，过剩空气系数过高也会影响火度的均匀与平衡，同样会降低燃烧温度，影响产品质量。烟囱的抽力受天气变化（晴、雨、风、雪）的影响时时在变动，还随昼夜交替而改变；轮窑焙烧作业也是无时无刻不受天气影响，因此必须针对具体情况及时调整风闸，保证焙烧进度。

（2）风闸的使用对产品质量的影响

由打开风闸的数量以及各风闸的开启程度控制窑的通风量，而通风量的大小对焙烧带的火度和保温时间都有影响，从而影响产品质量。轮窑焙烧时，通风是连续的，燃料的投入是间歇的，其分布又是不均匀的，多以轮窑火度多变。为了保证产品得到均匀而充分焙烧，就要根据情况灵活调节通风，保证达到必要的烧成温度和有充足的高温持续时间，保证坯垛上不同部位火度均匀。另外风闸使用对在预热带中的制品状态影响极大，废气温度过低而湿度很高的情况容易造成坯体上的凝露裂纹，湿坯含水率高而升温过急的情况容易造成坯体上的干燥收缩裂纹，烧窑工可通过巧妙地用闸避免产生这些缺陷，用闸失误会导致或加剧裂纹现象。

（3）风闸的使用与煤耗的关系

使用的闸数愈多，表示预热带愈长，末闸距离焙烧带愈远，废气流程愈长，意味着废热利用得愈充分。用闸的形式，即各闸排烟量比例也关系着热能的回收率。近闸离焙烧带近，从这里排出的废气温度最高，相对湿度最小。为保持预热过程均衡平稳，要尽可能减少从近闸排出的废气量，这样，既能提高预热质量，又能节省燃料。

6.136　什么叫阶梯式用闸法？它有什么特点？

轮窑用闸的形式通常有两种，一种叫近低远高阶梯式用闸法，另一种叫中间高两头低桥梁式用闸法。

近低远高阶梯式用闸法系指风闸随离焙烧带由远到近，提起高度从高到低依次变化的用闸法。近闸又常称作首闸、门前闸；远闸常称为末闸。

阶梯式用闸法的特点是：

（1）加长烟气在预热带行经路程，使有可能充分地利用废热，加强前端预热，避免高热烟气过早过多地从近闸排出。

（2）预热带升温平稳，尤其可以避免预热后期的急剧升温。

（3）使里、外边火易于平衡前进。

（4）由于废气在焙烧道内流程加长，气流不断失去热量和不断地吸收水分，预热带中，前段坯垛的中下部容易发生"凝露"现象。故决定废气流程长度的用闸数，应根据砖坯含水率灵活决定。

（5）在烟囱抽力一定的情况下，这种用闸法火行速度快。需要特别指出的是，这种方法尤其可加快火的前进速度。

6.137　什么叫桥梁式用闸法？它有什么优点？

两头低中间高桥梁式用闸法是指使用的几个风闸中，居中的风闸提得最高，两边提起高度依次降低的用闸法。

桥梁式用闸法的优点是：

（1）大开中间闸，排除此处中下部接近饱和湿度的烟气，只让较少量的上部比较干燥的烟气前去。可以在一定程度上减轻预热带前端的返潮现象。

（2）这种形式不仅适用于直窑，也能适用于弯窑。

（3）易于掌握和控制火头的发展，坯垛各部位火度也平衡。

（4）由于较高地揭起中间闸，进入烟囱的废气温度比近低远高阶梯式用闸法要高，因而有助于充分发挥烟囱的抽力，并且适用于具有中等抽力烟囱的轮窑。

6.138　风闸使用的禁忌事项是什么？

（1）严禁近闸高吊

近闸离焙烧带距离近，提得过高或蹲死得过晚，就会使大量高温烟气由此跑掉而浪费燃料，还会造成后火熄得快，上火火度弱等弊病。因此焙烧工必须执行勤检查的制度，除弯窑外，首闸距焙烧带前火 5～7 排时就应蹲严。有些烧窑工为了自己班次多移排，不惜过高地使用近闸，降低远闸。临下班前把近闸一蹲，可到下一班时，由于前面窑室预热不足，火头就停顿不前了。

（2）严禁大幅度升降风闸

为避免窑内气体发生不应有的剧烈变动，风闸要稳提稳落。轮窑焙烧是连续式生产，不应因烧窑工交接班使火头行进发生波动。正确的措施是统一用闸形式。根据烟囱抽力、轮窑性能、内燃掺量、坯体脱水性能，制定出统一用闸标准，只有这样才能保证各班次操作统一，杜绝大幅度调整风闸。通过风闸有规律循环性的调整，窑内经常保持相同的通风条件，焙烧火度平稳正常，预热温度均衡上升，这样才能提高质量，降低煤耗。

6.139 什么叫返火？为什么焙烧带后部一定要有返火？

打开焙烧带后部的火帽，就会有炽热的气体、燃着的碳质微粒所形成的火星以及灰尘自窑内冲出，这种现象叫返火。返火说明这一排火眼窑内压力大于大气压。

在正常焙烧时，窑焙烧带高温段的温度大体上是稳定的，因此上升力的大小也是确定不变的。唯有开启风闸数量和每一风闸的高度是有无返火及有几排返火的决定性因素。用闸数量增加和风闸开启的高度增加会导致返火排数减少，反之，则会增多。

若某一排火眼处窑内压力大于大气压，称窑内压力为正压；若某一排火眼处窑内压力小于大气压，则称窑内压力为负压。显然，打开火帽时，若为正压状态窑内气体要向外逸出；若为负压状态空气将被吸入窑内。

任何一个盖有火帽的火眼都不是密不透气的，实验证明，当火帽内外压力差为一大气压的万分之一时，漏气量取决于火帽的结构，为每小时$30 \sim 300 \text{Nm}^3$。压力差增大这一数据还要成倍增加。可见窑的负压状态势必使灼热砖坯受到经火帽吸入的冷空气的侵袭，严重时，坯垛上部砖瓦火色不正，强度不高。为保证坯垛上部焙烧质量，要求焙烧带后部有返火，促使烧成反应正常进行。

在通常外燃烧砖情况下，要求焙烧带长度的前1/4是负压状态，后3/4是正压状态。以焙烧带12排火眼计，要求有9排火眼处于正压状态——有返火。

既然返火有利于窑上部坯体的焙烧，能不能在全返火的状态下焙烧呢？实践证明，当焙烧带返火排数过多后，风闸提得不够时，表现出下火弱，火行缓慢甚至停滞不前。因此焙烧带的前部还必须采用负压操作。

6.140 怎样检查提闸高度是否合适？

在坯垛形式和码窑密度确定之后，检查提闸高度是否合适有两个判断依据，第一是焙烧带返火的排数；第二是坯垛全断面火行的均匀程度。

（1）返火的排数

焙烧带返火的排数是风闸提起总高度合适不合适的判断依据。我们已谈到外燃烧砖时，返火排数应占焙烧带长度的3/4，也就是9排。若返火排数大于9排，说明现有风闸的用闸高度不足，应适当提高；若返火排数少，说明已超过应有的用闸高度。

（2）坯垛全断面火行均匀程度

坯垛全断面（上、下、中、里、外）火行速度均匀，火色一致，差别不大，则说明远近各闸高度大体适当。

若坯垛断面上、下部位火行速度不一，上火快、下火慢，则说明远闸用得偏低，应适当提高远闸。砖瓦行业有一句俗话"远闸低风"，说的是远闸抽底火。应注意，绝不能用高提近闸的方法，谋求底火的一时行进。

若上火慢、底火快，或上火火度弱于中火、底火时，说明远近各闸普遍偏高，在降低远闸的同时应适当下降近闸。焙烧带后段的下部坯垛火色很重要，当呈暗红色而且"青底"较快时，说明近闸用得高了，应马上降低。

同上述情况类似的，如果出现里、外火行跑偏情况，说明远闸提升高度偏低了，应升高。原因是远闸促使里、外火均衡发展。

还需要说明的是，当轮窑设有预热系统，抽出保温冷却带热气体干燥坯体时，窑的压力制度有较大变动，返火排数应视具体情况而定。

6.141 轮窑怎样除去纸挡？为什么必须将窑下部纸挡去除干净？

除去纸挡的方法是同糊纸挡方法相对应的，这里仅谈拉纸和燎纸。

轮窑的结构决定了它在焙烧道内气体要分层流动，因而坯垛断面的温差很大，预热带前端这一温差可达几十度，而在末端竟可高达200℃。用人工方法彻底除去下部纸挡可迫使热烟气从上部残留纸挡之下流入新纳入预热带的窑室，有助于预热坯垛中下部坯体，有助于克服预热带前端上部坯垛升温过急和下部预热不良的弊病，从而减小预热带内坯垛的上下温差。

相反，实践证明，下部纸挡在预热带内几乎不能自行烧掉而自动除去。超热焙烧时，距焙烧带前火5排坯垛顶已变红发亮达600~700℃高温，然而其腿部纸挡仍然存在，没有燃着。这样残留的纸挡不仅挡住了气流，使纸挡前砖坯得不到预热，而纸挡后的坯体，因纸挡形成的漩涡和死角也得不到良好的预热。

鉴于上述理由，必须人为除去下部纸挡，而且一定要彻底。

（1）拉纸

糊好的纸挡前的窑室要纳入预热带时，提起下一室的风闸，并在窑顶上拉动铁丝，因为糊纸挡处前后坯垛留有空隙，下层纸挡即全部拉起。此时，处在铁丝里的上层纸挡却仍保存如故。这些残留未拉的上部纸挡，到距焙烧带三个半窑室附近，当温度上升到一定程度后就自行烧毁了。

（2）燎纸

提起纸挡前窑室的风闸，打开预留在窑门下面的孔，用一长竹竿将燃着的一团报纸（或其他柴草）从孔中捅入即可迅速地燎去腿部纸挡。随后封堵两层窑门。上部纸挡待其自行燃去。

去除纸挡要彻底，这是一个关乎预热质量的大问题，一些厂取得了新的经验，例如使用厚度0.7~1mm，宽为0.8~1m的铁皮，制成与窑宽相等长度的整体铁挡，窑门处留有间隙以备铁挡抽出。再如使用玻璃纤维布，夹卷在铁丝中，需要时自投煤孔放入拉开成挡；不用时卷起后可从投煤孔取出，以备重复使用。

6.142 为什么必须重视掏哈风？

掏哈风就是清理哈风洞，这一操作很重要。因为烟囱的抽力是经由风闸、哈风道施加给窑内的，外燃烧砖时窑底总有大量煤灰、煤焦以及碎砖烂瓦，这些杂物不可避免地要落入哈风洞内造成堵塞，不及时清理就会使火行不畅，所以要求每天必掏哈风。即便超热焙烧时，煤灰大大减少，然而砖瓦碎片仍会不时落入哈风洞内，所以要求定期掏哈风，以便保证窑通风良好。

6.143　轮窑应该怎样打窑门？

通常在焙烧带后第三个窑室开始打窑门。内燃烧砖或火行速度快时还要提前。打窑门分三次进行。第一次火头前进一排时，把里窑门墙从上部打洞，或上下部同时打洞（让冷空气进入窑室后能均匀分布）；第二次火头又进一排时，打开里墙的一半；火头再进一排时，全部打光。在每一次打里墙的同时，将前一窑门的外墙也同样地打开。当焙烧带青底严重时，只打上部不在下部打洞，相反，底火过大时，则只打下部不打上部。因此，打洞的部位，是由焙烧作业情况灵活确定的。

6.144　隧道窑和轮窑相比较，各有哪些优缺点？

（1）隧道窑的优点

①隧道窑是在窑道外码坯垛至窑车上，卸成品也是在窑道外进行，工人操作条件较好，且装、出窑车较易机械化。轮窑是在窑道内码坯垛和卸成品的，环境温度高、粉尘大，操作条件差，且装、出窑难以机械化。这也是轮窑的最大缺点。虽然国外的直通道轮窑有用叉车装、出的，但没有隧道窑在外界操作方便。

②隧道窑是定点焙烧，窑墙和窑顶的温度是不变的，属稳定传热。轮窑是周而复始地循环焙烧，因而也周而复始地加热、冷却窑墙和窑顶，属不稳定传热。就这一点讲，隧道窑的热能利用率高于轮窑。但是，隧道窑要周而复始地加热、冷却窑车，增加了隧道窑的热损失。

③在生产正常的情况下，隧道窑的闸阀提法一旦确定，无须再动。轮窑需随着火的走动，频繁启、落闸阀。

④隧道窑的闸阀较少，主要布置在火前进方向的预热带，且多数处于启用状态，而未启用的闸较少，即使漏气也是拉火前进的。轮窑一圈均要布置闸阀，数量较多，且多数处于未用状态。这些未用的闸阀要使之严实密闭不漏气是很困难的。负压处窑外冷气向窑内窜，正压处窑内热气向窑外窜，漏气量较大。由于这些闸多数不在火前进方向的预热带，故影响了火行速度。

例如：A厂有一条97.84m×3.06m隧道窑，9对（18个）闸，其中7对为烟闸，设在预热带；1对为车底闸，也在预热带；1对高温放热闸，在烧成带始端，偏向预热带。无论正在使用的闸，或是未使用产生漏气的闸，均"齐心协力"将火拉向前进方向，无逆向力产生。B厂一座24门轮窑，内、外哈风闸多达50个，烧一把火，处于逆向位置的闸占3/5以上。这些闸一旦漏气，必然产生逆向力，阻碍火的前进。

⑤隧道窑投煤孔少，且主要布置在中部零压点附近，故漏出或漏入气体不太多。轮窑一圈布满投煤孔，数量多，各种压力状态下均有，故漏出或漏入气体较多。例如：A厂的隧道窑有127个投煤孔，而B厂的轮窑多达526个投煤孔，是隧道窑的4倍以上。

⑥如用自动加煤器外投煤粉，或用气体、液体燃料焙烧，这些系统在隧道窑上设置，比

在轮窑上设置简单得多。

⑦轮窑要糊纸挡，纸挡难免不漏气。而隧道窑无纸挡。

⑧一般情况下，轮窑的漏气点大大多于隧道窑的漏气点，"拉后腿"的地方较多，故它的火行速度低于隧道窑。隧道窑的火行速度为 3.5~4m/h 的较普遍；而轮窑的火行速度达 2.5~3m/h 的不多，故横断面积较小的隧道窑往往产量高于横断面积较大的轮窑。

⑨轮窑一圈要设门，门的数量多。频繁封门、打洞开门工作量较大，且门是薄弱环节，散热多，故靠近窑门的制品一般欠火。而隧道窑只有前后两个门。但要指出的是，隧道窑进车端门靠近排烟风机，此处负压大，如密封不好，大量外界冷空气要漏入窑内（有的厂由窑门漏入窑内的冷空气高达 1 万 Nm^3/h 以上），就近进入排烟风机。进车时排烟风机基本上抽的全是进车端窑门进来的风，火处于停止前进状态，牵制了窑的生产能力发挥，故窑门开启时间越短越好，最好进车端设置双层窑门。

⑩轮窑装、出窑时，运输车辆需频繁进出窑道，极易碰坏窑门，而隧道窑不存在此问题。

⑪隧道窑的内高可高可低；但轮窑由于要进人站立操作，不能太低。

⑫隧道窑的窑道可宽可窄；但轮窑由于在装出窑时要在窑道横向排放 2 辆或更多架子车，故不能太窄。

⑬隧道窑的拱顶矢高可做得很小，甚至平顶；而轮窑（尤其是国内用得较多的环形轮窑），拱顶矢高一般较大。做成平顶难度大，投入费用高。

⑭隧道窑的窑道内墙、内拱可用耐火材料砌筑。亦可在高温段用耐火材料砌筑。低温段用普通烧结砖砌筑。由于投煤孔处是薄弱环节，且投煤孔数量不多，故一般用异型耐火材料砌筑投煤孔处不易损坏。而轮窑的窑道任何一个部位都可能处于高温段，也可能处于低温段，且投煤孔数量很多，如用耐火材料砌筑，投入的费用较高。一般用普通烧结砖砌筑，使用寿命不长，尤其是投煤孔处易损坏。

⑮隧道窑如用二次进风机，风机的位置可固定不动，而轮窑如用二次进风机，风机的位置要跟随火移动，操作麻烦。

⑯如某制品在窑内焙烧的预热带、烧成带、保温冷却带的长度确定后，采用轮窑的窑道展开长度应比采用隧道窑的窑道长度长一些，因轮窑的窑道中要空出一段作为装、出窑位置。

（2）隧道窑的缺点

①隧道窑的建设费用高于轮窑。因为要设窑车、电托车、顶车机和回车卷扬机等输送设备。由于这些设备的设置，使得隧道窑的电耗高于轮窑。

②隧道窑是由若干辆窑车组成的活动窑底，窑车与窑车接缝处很难密封严实。砂封槽缺砂时也要漏气。正压处热气漏入检查坑道中，致使窑车金属部件变形、开裂，窑车轴承润滑油结焦，从而导致窑车运转不灵活，增加顶车机负荷，甚至导致窑体损坏事故。窑车上、下漏风是隧道窑的最大缺点。为了杜绝漏风，有人想到用水封，因水的密封性能好。而轮窑的砖坯是码在窑道地平面上，无上下漏气之虞。鉴于窑车是活动的，故隧道窑的结构密封难度大于轮窑。

③隧道窑道中的窑车是一群吃能的"老虎"，出窑时将带出一些热量放至外界。

④在隧道窑中，由于每辆码了坯体的窑车，从进车端到出车端，要经过全窑道各部位，

一旦坯垛碰内墙擦内拱，会导致倒垛乃至窑车脱轨事故。为了防止这类事故的发生，要求坯垛与内墙、内拱缝隙保持40mm左右。但不少厂担心在生产过程中出现内拱下坠、内墙变形、窑车面耐火材料位移，造成上述碰擦事故，往往将边隙和顶隙留得较大，有的大到200～300mm。须知，该缝隙是被迫留的，是"邪恶点"，大量气体会由此通过，不到坯垛内部去，不但增加了排烟风机负担，而且降低了产量。另一方面，由于气体热膨胀密度变小上浮，冷收缩密度变大下沉，故顶隙流动的气体温度高，制品易过烧，下边隙流动的气体温度低，制品易欠火。据测定，有些厂高至80%的气体是由顶隙和边隙通过的，根本未起到助燃作用。而轮窑的坯垛是不动的，顶、边的缝隙可留得很小，甚至紧靠内拱、内边，轮窑不存在边隙和顶隙之虞。轮窑如某处内拱下坠或内墙向内凸鼓，可在此处少码一层或横向少码1～2块坯体，其他部位仍按原码窑图码垛，比较灵活，损失不大。而隧道窑不同，如某处内拱下坠，迫使窑车上的坯垛少码一层，由于每辆窑车均要经过此处，因此每辆窑车均要少码一层，不但大大减少窑内制品数量，而且造成顶隙增大，走风增多，损失较大。故和轮窑相比，隧道窑的窑体砌筑质量更重要。

⑤一旦隧道窑出现垮垛或窑车脱轨事故，处理起来麻烦；而轮窑即使某窑室垮垛，一般情况下仍然可让火继续前进；特殊情况下，如垮垛（指坯垛）面积较大，火焰难以越过它时，则可让火焰暂时反向行走一段距离，创造条件使垮了的垛重新码好，再恢复顺向行进。

⑥隧道窑的窑道内要行进装着坯垛的窑车，坯垛的稳定性显得比轮窑内的坯垛更重要；因而轨道安装精度，窑墙、窑拱的砌筑精度比轮窑的窑体更重要；隧道窑基础的可靠性显得比轮窑更重要，一旦基础出现不均匀下沉，造成轨道不平，或窑内墙、内拱变形，窑车无法通过。

6.145 一次码烧平顶一条龙隧道窑和一次码烧并列式隧道窑相比较，各有哪些优缺点？

（1）一次码烧平顶一条龙隧道窑优点

①因干燥和焙烧连为一体，未分割，经干燥后的坯体无须出干燥段而直接进入焙烧段，故热损失要少些。

②少进、出一次窑车，少一道托、顶窑车工序。但这两种干、烧工序均只码一次窑车。

（2）一次码烧平顶一条龙隧道窑缺点

①干燥段只能负压排潮，不能正压排潮；而并列式可负压排潮，亦可正压排潮。

②干燥段顶部不宜盖钢筋混凝土板（不能太简化），因为操作不当，易使焙烧段的火偏移到干燥段，烧坏钢筋混凝土板。而并列式是干、烧段分开的，可使干燥部分简化，顶部可盖钢筋混凝土板。

应该指出的是，有的厂采用并列式一次码烧隧道窑，焙烧窑的内拱有一定的弧度，而干燥窑的内拱是平的。这样势必造成如将就干燥窑，坯垛顶部码成平的，则焙烧窑中部顶隙太大，风由此隙走得多，致使横断面温差大，火行速度慢；如将就焙烧窑，坯垛顶部码成拱形，则干燥窑两顶角空隙大，风由此两顶角隙走得多，造成坯垛底部脱水慢，影响了干燥速度。正确的做法是，干燥窑和焙烧窑的内拱形状应趋于一致。

有的厂并列式一次码烧隧道窑的做法是：两条焙烧窑共用一条干燥窑，将焙烧窑的全部烟气作为干燥窑的热介质，必然造成干燥窑中的气体流速约比焙烧窑高一倍。设焙烧窑中流速为5m/s，则干燥窑中流速约为10m/s，从而大大增加了干燥窑中的气体阻力。这明显牵制了焙烧窑的火行速度。

6.146 二次码烧隧道窑配干燥室和一次码烧隧道窑相比较，各有哪些优缺点？

（1）二次码烧隧道窑配干燥室优点

①可将干燥后的废坯剔出，回收作为原料。而一次码烧窑干燥后的废坯必须进焙烧窑（段），将其烧成废砖，不但多耗原料、人力、能量，而且减少了焙烧窑（段）的产量。

②在上下温差允许的情况下，因坯体已经过干燥，强度较高，可适当增加窑车上坯垛的层数，以提高产量；而一次码烧隧道窑窑车坯垛层数受到湿坯体强度限制，往往码的层数较少。尤其是原料中加入成孔剂，生产高孔洞率保温空心砖（砌块），湿坯体强度一般很低，宜采用二次码烧工艺。

（2）二次码烧隧道窑配干燥室缺点

多码一次坯：第一次将湿坯体码在干燥车上，干燥后再由干燥车卸下码上窑车，计两次；而一次码烧只需一次直接码上窑车。多码一次不但多投入劳动力，而且多一次碰坏坯体棱角的机会。

6.147 砖在焙烧时产生裂纹的主要原因是什么？怎样消除？

对焙烧过程中出现的裂纹要进行具体分析，区别对待。砖瓦产品的坯体在焙烧期间容易产生断裂或网状裂纹，还有一种很细的裂纹即发丝裂纹。

（1）断裂或网状裂纹。其原因主要是入窑坯体不干，坯体强度低，预热带升温过急，坯体内外温差大，坯体内外部水分蒸发速度差太大，破坏了坯体结构，出现裂纹，俗称"炸裂"。网状裂纹还与坯体在入窑前的吸附回潮有关，坯体一旦吸水回潮，当预热升温过快时，往往会出现网状裂纹。消除办法：适当延长预热时间、合理用闸，特别是远闸不能提得过高。为隧道窑时，要避免进车端窑内温度过高；此外，要严格控制坯体入窑前的残留含水率在6%以下，避免入窑前坯体回潮，控制入窑坯体的含水率对防止断裂或网状裂纹是极其重要的。

（2）发丝裂纹。发丝裂纹主要是在冷却过程中急冷造成的。消除的办法就是适当延长保温时间，放缓冷却的速度，特别是石英含量高的坯体，应特别注意在石英晶型转变温度时的冷却速度。

6.148 什么是"穿流"和"环流"焙烧概念？

如果将空心砖或砌块坯体的内表面作为传热面积来考虑，那么焙烧中的传热面积就会大大增加，焙烧的速度也会更快。在快速干燥的发展过程中，干燥气体穿过空心砖孔洞的作用已不容置疑。根据国外最近的研究，并从传热的效果考虑，在焙烧中引入了环流（peripheral flow）和穿流（through flow）的概念，环流是指焙烧中通过坯体外围流过的气体；穿流是指焙烧中通过砖的孔洞流过的气体。关于焙烧中穿流和环流的概念是源于快速干燥的研究。在大孔洞的空心砖干燥中，使干燥介质同时通过孔洞内部和坯体外部，而使干燥效果大为提高。这种干燥方式不但大大缩短了干燥周期，而且也大幅度提高了干燥的质量和产量。在干燥中取得成功的主要原理是缩小了坯体中的温度梯度和湿度梯度。从热工方面讲，这种概念是建立在坯体与传热面积的增加上，其中也包括热交换的过程和坯体中传导传热路线的有效降低。

德国艾森砖瓦研究所2005年对承重垂直多孔砖（大块）穿流焙烧的研究结果表明：通常工厂生产中像这样的垂直多孔砖的焙烧时间最快为24h，而使用穿流焙烧技术仅需5h或更短的时间。用穿流焙烧技术，烧成后的产品根本没有质量上的负面影响，而且在焙烧特性和产品性能上均有提高。已取得的成果表明，焙烧收缩降低，特别是原材料含有高的碳酸盐矿物时。穿流焙烧的优点不仅仅是产品密度的降低，由于其焙烧收缩降低较大，而使焙烧裂纹的危险性大大减少。此外，穿流焙烧可使垂直多孔砖产品有着更高的尺寸准确性，从而使坐浆面的研磨机械费用减小。穿流焙烧还可使含量高的有机物坯体在200~500℃的温度范围内减少低温碳气的排放，同时在800℃以上也可减少有害气体氟的排放。也就是说，穿流焙烧技术特别有利于高内燃坯体的焙烧。在实际工业生产中应尽最大可能向接近穿流焙烧的方向发展。

具有较大的传热面积和较短的传导传热路线，其焙烧才能够容易进行，才能够缩短焙烧周期。如某地两条4.6m宽的一次码烧隧道窑，焙烧非承重煤矸石空心砖，年产量达到近1.0亿，其最主要的原因就是码垛的方式允许坯体孔洞中通风。按照穿流焙烧的概念，窑车上的坯垛码放方式要有利于气流通过砖坯上的孔洞。因此，多孔砖的双坯叠码孔洞垂直向上的码法就成为最不利于焙烧的码法。如果将窑车上所有坯垛看作为一个整体时，此时用穿流焙烧的概念来分析，就是怎样加大窑车上坯垛中部的通风量，减少沿边部及顶部间隙流动的风量。

6.149　隧道窑坯垛内通道当量直径对流速和流量的影响如何？

隧道窑的码窑特点是，坯垛内外各条通道在一定距离 L 上必相通连，因此可以认为在 L 长一段坯垛内，各通道是并联的，其静压降（即阻力）必相等。据此可以推导出流经两通道的气体流量（分别以 V_1 和 V_2 表示），有如下关系：

（1）各并联通道内气体流速与通道的当量直径的0.5次方成正比。

（2）各并联通道内气体流量与通道的当量直径的2.5次方成正比。

（3）若大通道比小通道当量直径增大1倍，则大通道的流速为小通道的1.4倍，大通道的流量为小通道的5.7倍。这就是通过改变坯垛码法可以调整窑内烧成温差的原理。

6.150　隧道窑坯垛与窑顶和侧墙的间隙应是多少为好？

所谓边隙（edge gap）是指窑墙和窑顶与坯垛之间的距离。根据德国Stefan Vogt 和Regina Vogt的研究认为，边隙过大对隧道窑的焙烧是非常有害的，甚至将其描述成为隧道窑中的"邪恶点"。据测定边隙较大的隧道窑中，超过90%的气体在通过边隙流动，大量的气体没有与坯垛进行充分的接触就被排出。随着边隙的减小，坯垛中的流量增加，其传热效果得到增强，坯垛中的温差降低，产量提高，同时质量也得到了改善。Stefan Vogt 和 Regina Vogt计算了边隙从0~20cm变化时对产量的影响，结果表明，边隙从20cm降到5cm时，其产量几乎增加了一倍。因此他们提出了无边隙焙烧的隧道窑的概念。大断面隧道窑的边隙应限定在10cm以内，最好在5cm以内（西欧的研究发现，当坯垛与窑墙的间隙为4cm时，空气与砖之比才能接近较理想的状态）。较大的边隙使大量气流从边隙通过，减少了坯垛中穿流气体的量，使传热效果降低，加大了坯垛中的温差；同时由于边隙中的流速高，容易使冷空气侵入窑内，如果窑的密封性差时，会使大量的错误空气进入窑道，严重影响着产品的质量，加大了焙烧周期。某地 6.9m 宽，焙烧页岩多孔砖的隧道窑，建成投产后在窑车两边几乎全部为生砖，而中部有时还出现有过烧现象。分析其主要原因就是边隙过大（达 17cm 左右），造成两边风的流量过大，而使靠两边的坯垛温度根本无法达到最高烧成温度而形成生砖。在将边隙调整到 7cm 左右时，就再没有出现生砖。

坯垛采用格子型码法的隧道窑模拟试验：当两边和顶部缝隙大于 100mm 时，穿过坯垛气体总量不足 10%～15%，穿过窑顶缝隙的气流量占总量的 30%～50%，甚至更多；当两边和顶部缝隙缩至零时，穿过坯垛气体总量达 50%～60%。

某厂焙烧实心制品的做法是：为防止窑内拱可能出现下坠而碰擦运行中的制品，窑顶缝隙设计为 50mm；鉴于窑车在运行过程中可能出现的晃动而碰擦内墙，窑边缝隙亦设计为 50mm。为了弥补上述缝隙造成的不良影响，使气流尽量多地引向坯垛中部，坯垛中的空隙一般保持在 80mm 左右。

6.151 与窑墙相比较，为什么对窑顶保温更应加强？

做好窑体（包括窑墙和窑顶）的保温可减少其焙烧过程的散热损失。但由于气体受热膨胀密度变小、变轻而上升，致使窑顶散热速度明显高于窑墙，故对窑顶的保温更应加强。

经对内宽 3.06m 微拱隧道窑散热情况测定，结果如表 6-27 所示。

<table>
<tr><td colspan="3" align="center">窑墙与窑顶散热情况比较</td><td align="right">表 6-27</td></tr>
<tr><td>窑内温度（℃）</td><td>900</td><td>1000</td></tr>
<tr><td>窑墙外表温度（℃）</td><td>48</td><td>51</td></tr>
<tr><td>窑顶面温度（℃）</td><td>75.5</td><td>82</td></tr>
<tr><td>窑墙外表单位面积散热 [kJ/（m² · h）][kcal/（m² · h）]</td><td>1120（268）</td><td>1303（311.8）</td></tr>
<tr><td>窑顶面单位面积散热 [kJ/（m² · h）][kcal/（m² · h）]</td><td>3010（720）</td><td>3469（830）</td></tr>
<tr><td>窑顶面是窑墙外表散热速度（倍）</td><td>2.69</td><td>2.66</td></tr>
</table>

6.152 隧道窑码坯形式的基本要求是什么？

无论码成何种坯垛形式，都是要让气流尽最大量穿过坯垛中间或是砖的孔洞，应尽量减少边隙，增加坯垛的有效传热面积，缩短传导传热路线。这种做法不但有利于预热和焙烧，而且也有利于冷却。不同的码坯形式，对整个窑的断面上气流分布的影响很大，例如某地的测定证明，窑的边隙大于 15cm 以上时，只有 5% 的气流能从坯垛中部穿过，而 95% 的气流从边隙和坯垛周围流走了。重庆市建筑材料设计研究院曾做过坯垛采用格子型码法的隧道窑模拟试验，当窑的两边和顶部空隙均为 110mm 时，穿过坯垛气体总流量占 10%～15%，穿过顶部空隙气体总流量占 40%～50%；当两边和顶部空隙缩至 5mm 时，穿过坯垛气体总流量猛增至 50%～60%。机械码格子型坯垛，挡风的横坯多，且密度大，窑中压力损失可达 3Pa/m；人工码顺坯多于挡风的横坯，且密度不大，窑中压力损失仅约 1Pa/m。重庆市吊水洞煤矿某煤矸石砖厂的实践经验：前者产量仅为后者的 75%～80%。现在某些煤矸石空心砖厂，为了避免在砖的条面上产生"压花"等缺陷，将多孔砖孔洞向上两块叠码的坯垛形式，是非常不利于传热和减小坯垛温度梯度的码坯形式。大断面隧道窑中码坯的原则首先需从坯垛的热工性能最佳化上去考虑，其次才是坯垛的稳固性。具体来说应着重考虑下列问题：

（1）坯垛具有尽可能小的边隙。

（2）具有非常好的传热性能，允许对坯垛进行有效加热和冷却，有尽可能小的传导传热路线和大的有效传热面积。

（3）尽可能减少坯垛中（或是一块砖）的温度梯度，让温度梯度仅在砖的肋壁厚度中出现。这样一来，由于热应力引发裂纹的危险性也就大大降低了，同时在焙烧和保温阶段的温差也会达最小化。

（4）砖坯暴露的表面（含孔洞内表面）上所经受的气流速度应尽可能是恒定的，或是均衡的，这样氧气就能够均匀地输送到砖坯的表面，使其在坯体中的有机物质的氧化能均衡地进行，同时也可使坯体中的反应产生的气体尽可能快地被排走。

（5）坯垛之间通风道的尺寸选择应适当。坯垛间有较大通风道时，易于在坯垛中形成较大的温差。

（6）坯垛前后（含在不同窑车上的坯垛）应对齐。因每当一个窑车被顶入窑道后，其坯垛就起着对后面坯垛气流分布的整流作用，如前一个坯垛错位，必然要影响后面坯垛中的气流量。

从热工性能上讲，高孔洞率空心砖较好的码坯形式是单坯交错多层叠码，尽可能小的边隙，且孔洞应顺着窑内气流的方向。因这种坯垛形式的热工性能好，可大幅度提高产量，由于坯垛中温差小，也有利于提高质量。非常明显，这种坯垛形式要比坯垛周围有较大通风道的 $1.0m \times 1.0m$ 基本坯垛的热工性能好得多，具有较大通风道的坯垛焙烧中也不好控制。但是单坯交错多层叠码也有缺点，例如气体流经这样的坯垛时，其压力损失要比其他坯垛大，所以对窑的密封性要求也高，特别是窑门的密封与车下密封；另外上述传热机理是建立在气流通过砖的孔洞或是坯垛中通道的基础上，因此对某些特殊形状的产品不适应。对二次码烧的坯体还存在着合理码高的问题，特别是高掺量粉煤灰砖坯。

在加热坯体过程中，坯体的温度是由表面至中心逐渐提高，冷却过程反之。毫无疑问，用同样的热量加热不同的物体，热容量愈小的物体温度增加愈高；导热系数愈大的物体，传热速度愈快。因此由导热系数、比热和坯体密度所决定的导温系数对加热和冷却速率有显著的影响。具体说来，高掺量粉煤灰坯体与煤矸石或页岩砖坯体的加热过程的差别就非常大。由于粉煤灰的多孔结构及质量轻的特性决定了其坯体的传热过程相对缓慢，因此需要较长时间的预热。实际中常可发现高掺量粉煤灰砖焙烧时较为困难。因此应根据各厂或各地使用原材料的特性来决定焙烧过程中的合理预热时间及冷却时间。

坯垛的码放形式与加热的方向也有关系，例如：侧面加热（side fire）时，应码成空心坯垛或是中部留有较大的通风道，以便中部通风流畅；顶部加热（top fire）时，在坯垛下部，即窑车面上设置空心烟道砖，以便提高坯垛下部的温度。国内烧砖隧道窑绝大多数焙烧内燃砖坯，因此在码坯形式上要尽量提高窑车面中部空气流的速度是非常重要的。

因此隧道窑的设计图纸中也必须包括有各种产品的码车图。

6.153 清水墙装饰砖在隧道窑中焙烧时，对码车图有什么要求？

如工厂生产的产品是清水墙装饰砖（坯体中无内燃成分），隧道窑的码车图应写出下列三个数据，即：①坯垛占的有效断面 m^2（%）；②窑墙、窑顶和坯垛构成的外部通道横断面积与坯垛内部通道横断面积之比值 $\left(K = \dfrac{f_{外}}{f_{内}} \right)$；③坯垛内部上部通道、中部通道和下部通道横断面积的分配。这三个数据大致如表 6-28 所示。

坯体码车图的三个基本数据　　　　　　　　　　　　　　表 6-28

m^2（%）	31 ~ 37
K	1.2 ~ 1.4
上：中：下	1：（0.6 ~ 0.8）：（0.4 ~ 0.6）

最后这个比值以及 K 值对制品焙烧的均匀特性起着重大作用。

6.154　窑车主要由哪些部分组成？对窑车性能有什么要求？

窑车是用来运载制品并构成隧道窑密封而又活动的窑底。窑车主要由车衬、车架和车轮组成。对窑车的主要要求是：

（1）尺寸准确、密封性能好；

（2）运行平稳灵活，坚固耐用，车衬能承受窑内高温反复作用，寿命长；

（3）车衬质轻，保温效果好，蓄热少且散热损失小；

（4）装卸方便，总高度不宜过大。

6.155　对窑车的车架和车轮有什么要求？

砖瓦隧道窑窑车的金属车架，过去多采用铸铁质，其优点是刚度好、热变形小、抗氧化、寿命长，但笨重。随着宽体隧道窑的逐步增加，以及窑车车衬、窑具的轻量化和隔热条件改善，现在窑车车架也多改为轻便、容易制造的型钢质。

对车轮的要求：耐磨性能好、平行度高、推动时平稳省力。过去窑车轮径较大，一般为 400 ~ 450mm；现在窑车轮径较小，一般为 250 ~ 300mm，有利于减轻窑车质量、降低窑车高度。

6.156　为什么说要正确选用窑车车面垫层材料？

窑车车面层是隧道窑焙烧中最容易出现问题的部位。车面层与隧道窑两边内侧墙、顶板形成了隧道窑中的四个面，除车面层外，其他三个面的温度相对是稳定的，这三个面上的热损失仅限于从里到外传热的热损失；而窑车车面层则不同，窑车运行中的每一次循环，都是在冷却状态下进入窑内，而窑车除了出窑时本身带出热量外，车面层材料向车下传热也是一种热损失。此外，车面层材料的吸热和蓄热也是很重要的因素。事实上，车面层的表面温度也达到了最高焙烧温度，因而车面层的热损失与其所用材料的传热和蓄热性能关系极大。车面垫层材料越厚，通过车面层的热损失就越小（传热量小）；但是车面垫层材料越厚，而车面层材料的蓄热就越大。车面垫层材料的厚度与蓄热成为车面材料选择中的一个矛盾。通常，车面层不需要由性能良好的材料组成，而是要由能够适应不同应力的数层材料组成。必须注意的是：车面垫层材料的顶部（表面）温度在焙烧期间几乎达到了最高焙烧温度，因此这层材料在每一个烧成循环中都是从常温被加热到几乎 1000℃，所以顶层材料对蓄热有着重要的影响。为了减少由于蓄热带走的热量，车面顶层材料应尽可能的轻。车面层的下部材料仅经受较低的温度，对其蓄热量的大小影响甚微，所以底层材料重一些。

窑车面垫层材料除了要有最小的热损失外，还必须达到如下要求：首先，它必须保证窑车形成的底面的密封性；其次，它必须能够安全地将焙烧的坯体到成品输送到达一定位置，并且也能够经受得起窑车的纵向弯曲应力；第三，车面垫层材料还必须经受得起由于温度的周期性变化而引发的尺寸上的变化。例如，一个宽6m的窑车车面在预热带约增大26mm，而在冷却过程中尺寸又要缩小26mm（如果是10.4m宽隧道窑的窑车车面层，在加热—冷却期间的尺寸变化约为45mm），因此，大断面隧道窑侧墙上的曲折密封槽的砌筑精确度是非常重要的。窑车车面层边沿框砖及角砖的砌筑误差也是非常重要的。车面层材料必须能够经受得起这种不断变化的热运动，所使用的砌筑材料也应当能够抵御得住温度的变化和热冲击。虽然说窑车车面层材料容易购置，且价格低廉，但也不能不考虑到实际运行中高的维修成本。

6.157　窑车车面层材料选择时应遵循哪些原则？

窑车车面层材料选择一般要遵循如下原则选用：

（1）窑车车面材料应当由高质量的，具有低密度的耐火材料及轻质隔热材料组成。从底层到顶层的材料要能够适应周期性的温度变化。特别重要的是顶层材料应尽可能的轻。

（2）车面底板应由钢板组成，并且这一层钢板应带有简单形状的或是梯形的皱折（瓦楞式），以便使砌筑材料与底层钢板有更好地结合，同时皱折形式的钢板也增加了车架的刚度。车架与底层钢板连在一起形成了隔离窑车上下空气的第一层。底层钢板与车架在焙烧中经受着差不多的温度，因此，底层钢板的膨胀性能可不考虑（仅考虑车架的膨胀延伸即可）。

（3）车面层材料不能承受任何工作荷载（如坯垛重量），其工作荷载必须由专门的支撑构件来承担（如柱砖）。这种支撑构件可做成中空的矩形，在其孔洞中填充隔热材料。这种方法在多年的实际使用中被证明是非常有效的。这种支撑构件最好不用普通的烧结空心砖来替代，因普通空心砖的抗热冲击性能不好，碎裂很快。

（4）在上述支撑构件上直接砌筑车面承重砖（砌块），其上再砌筑烟气通道砖。这两层由耐火材料制成的砖，由于蓄热量的影响，会增大热损失。因此，这两层砖的重量应尽可能的轻，并且要能抵御得住周期性变化的温度及热冲击。所以车面承重砖的尺寸不宜过大，以避免裂纹。烟气通道砖上直接码放的是坯垛，因此，烟气通道砖的结构形式和孔洞大小也非常重要。烟气通道砖的结构形式不合理时，常会形成车面不平或歪斜，造成码坯困难；烟气通道砖的孔洞太小时，会造成预热带的车面温度低，加大了坯垛上下的温差。有的工厂将烟气通道砖改变成多齿形板，这是一种非常不合理的结构。因多齿形耐火材料板抵御温度变化和抗热冲击的性能差，很容易破碎。从焙烧中的热工原理上讲，这种结构形式也不利于提高预热带的车面温度，会增大温差。此外，多齿形板还会对底层坯体在焙烧（干燥）中的收缩造成阻力，使底层坯垛中不合格的产品增多。为了提高烟气通道砖及车面承重砖的使用寿命（或称周转次数），建议可在这两种砖制造时的坯料中加入堇青石质耐火材料，以提高它们的耐热冲击性能。

（5）车面垫层材料应注意留好各层材料之间的膨胀收缩尺寸，以保证车架、底层钢板、中间层、顶层之间的不同膨胀与收缩，并能连续运行，尽量减少维修。有的厂的轻质耐火砖不是永久性地固定在窑车上，而是用一些锁键安装在窑车上，这种做法很容易维修，且能快速组装。

（6）车面垫层的总厚度应通过计算确定。由于结构上的原因，车面垫层的最小厚度应为250mm。

（7）窑车框砖及角砖的设计和制造要求及原则是："头轻底重!"许多厂家在窑车的框砖和角砖上没有给予应有的重视，有的甚至用普通的红砖来做，其结果是天天修窑车，不但对车面垫层材料损坏严重，而且也使车架及裙板损伤严重。有的工厂在新隧道窑投产不几年，窑车就已损坏，严重影响了产品的质量。所谓"头轻底重"也就是框砖和角砖的底部可做得大一些，以免松动歪斜。也可以在其坯体原料中加入堇青石质耐火材料，以提高抗热冲击性能。

6.158　隧道窑窑车上下密封的重要性是什么？

砂封槽的主要作用是隔绝焙烧道与窑车下的气流，以减少漏气，使窑内压力和温度制度保持稳定。业内技术人员都很清楚地知道减少错误空气进入焙烧道的重要性。错误空气进入焙烧道，加大了窑内温差、增加了热量消耗、加重了排烟设备的负荷、使产品质量下降、窑车损坏加剧等。而错误空气的两个主要来源之一就是通过砂封槽进入焙烧道。例如因砂封槽中砂子的填充程度不够，不能完全隔绝空气，仅对通过的空气起到了部分的阻挡作用。然而错误空气最危险的来源是窑车砂封裙板结合之处不严密进入焙烧道的气流。因窑车向前的顶推力不能通过砂封裙板来传递，窑车之间的砂封裙板不可能、也不应当靠得太近。但是由于裙板的变形、不同程度的热膨胀、窑车的磨损等，会使错误空气通过窑车裙板之间的缝隙进入焙烧道。在两辆窑车砂封裙板的连接处，总会有一个不能完全封闭的小面积缝隙，其范围一般约为 $1 \sim 2cm^2$（精加工的窑车），但有的因加工粗糙，此处的缝隙很大，甚至达1cm 宽。这看来似乎非常小的面积也会导致大量的错误空气的侵入，若一条窑中有 30 ~ 50 辆车时，砂封裙板的连接处就多达 60 ~ 100 处，若每两辆窑车裙板之间的空隙为1cm 宽时，错误空气进入焙烧道的总计宽度将达 60 ~ 100cm，这就会给大量的错误空气进入窑内提供了通道。曾有人试图用砂封板的重叠（搭接）方法来消除这种缺陷，但实践证明这样的密封构件及相类似的方法都不是非常合适的，因这些装置在连续运转中会被破坏，最终这些部件也就成为无效的。要解决这一问题，除窑车钢结构部分的加工要精细外，在实际中也可采用软密封的方法来封闭窑车裙板的结合处，还可以设计成双道砂封。为了进一步减少从裙板连接处漏入窑内错误空气的量，在窑的侧墙上的曲折密封形式最好设计成为双曲密封形式。当然最好的封闭方式是水密封（我国目前还做不到）。

采用一次码烧工艺时，成品从窑车卸下后，空窑车宜冷却一段时间才能码湿坯体。否则，底层坯体易裂。其原因：（1）受压力最大；（2）车面与坯体有较大湿差；（3）车面与坯体有较大温差。

6.159　砂封槽中应加入什么样的砂？

根据经验证明，加入砂封槽中粗颗粒的理想直径是 5 ~ 7mm，这是为了防止在排烟道口附近砂子被吸入烟道。但所加砂子中也应有足够的细颗粒。根据经验，砂子中的粗颗粒部分应占约30%，细颗粒部分应占约70%，其中细颗粒部分应尽量要求为无尘砂子。操作中及时加砂也非常重要（每10～15天应加一次砂）。如果砂封槽中砂子的填充程度不够，也会使错误空气进入焙烧道。因此必须规定按时加入干净的、符合要求的砂子。砂面高度不宜低于50～60mm。为了确保砂封槽具有较高的密封性能，国外有的窑砂封极插入砂子的深度达100mm。

加砂管安装形式如图6-5所示。砖砌砂封槽极易损坏，混凝土砂封槽在窑炉运行过程中也易损坏，从而导致窑炉不能正常、有效地工作。而铸铁和角钢砂封槽就不易损坏，应予采用。如采用角钢砂封槽应使其固定牢靠。重庆市建筑材料设计研究院设计的长0.5m铸铁砂封槽横断面如图6-6所示。

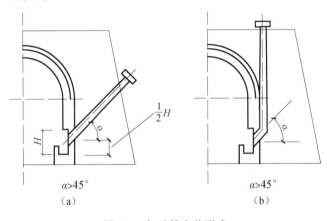

图6-5　加砂管安装形式

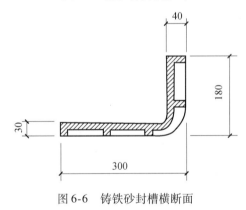

图6-6　铸铁砂封槽横断面

6.160　隧道密窑车烧坏事故是如何产生的？怎样处理？

如果窑车下部温度过高，轻则会使窑车轴承的润滑油烤干、烤焦，重则会使砂封板和裙板变形，造成窑车无法正常运转。

这种事故一般发生在烧成带和冷却带，其产生原因主要是窑车上部压力高于下部压力和上下密封不严所致。

解决这个问题的办法是：（1）降低车下温度，让车下流动冷风；（2）适当提高车下压力，使窑车上下压力趋于平衡；（3）加强密封：若砂封板和裙板已经变形，要及时处理平整，砂封槽要定时加砂。

6.161　什么是合理的焙烧曲线?

焙烧曲线是表示焙烧温度和焙烧时间之间关系的曲线。它包括升温、保温和冷却三个阶段（在其概念上有区别窑炉操作中预热、烧成、保温、冷却带的划分）。能在最短的焙烧时间内（烧成周期）获得合格产品的焙烧曲线称之为最佳焙烧曲线。从理论上讲，每一种坯体均存在着一条最佳的焙烧曲线。但是由于窑炉的结构、加热方法、码坯形式等各种因素的限制，实际上很难达到最佳焙烧曲线的状态。结合实际条件来考虑，每一种坯体均存在着一条合理的焙烧曲线。合理的焙烧曲线是窑炉设计和烧成热工制度（包括温度、压力、气氛及顶推制度等）的主要依据。合理的焙烧曲线的制定关系到窑炉的结构、产量和质量，具有实际意义和经济意义。

如果在设计时没有考虑到坯体中矿物成分对烧结特性的影响，没有结合考虑产品的规格尺寸，制定切实可行的焙烧曲线，就不可能设计出合理的隧道窑。这就是为什么经正规设计的隧道窑图纸中必须包含有焙烧曲线图的道理。

用于窑炉结构设计的焙烧曲线（亦可作为生产中的操作焙烧曲线）或称为温度曲线，还与坯体的有效传热系数、传热面积、传热途径等传热机理，以及坯体的形状、码坯形式等有关。合理焙烧曲线的用途在于：对特定的坯体而言，坯垛形式确定之后，就可结合产量来选定大断面隧道窑的长度，分配各带的长度比例，确定各段的控制方式和调节方式等。对已投产的大断面隧道窑，还可判断是否已达到生产能力，或是对焙烧产品出现的缺陷进行分析，给出纠正的措施。

一个自动化控制系统可以取得较好和恒定的焙烧质量，因为该控制系统可以长时间保持生产参数不变。失误是人类的属性。

6.162　什么是隧道窑的合理升温时间?

升温时间是指从常温下将坯体加热到最高允许烧成温度，也即我们常讲的预热过程。在以往对坯体预热过程的特性未给予更多的注意，为了得到所要求性能的产品，就必须保证在预热期间避免操作失误（或设计失误）造成产品质量的下降（或废品）。另一方面也需要考虑坯体的类型（尺寸大小、形状、厚度等）是否能够经受得起加热时的热冲击。从原理上讲有三种因素影响着加热的速率：

（1）脱水过程

坯体中残留的孔隙水和黏土矿物层间水的蒸发，各种矿物结晶水的释放，来自可燃物氧化生成的水分等均会在预热带出现。例如在黏土矿物脱去羟基期间，根据计算每100磅（45.4kg）的黏土矿物约有14磅（6.35kg）的水蒸气进入窑内空气中。在脱去羟基的温度（450~600℃）下，这些水蒸气将占有22.2m³的空间。大概估算年产6000万块空心砖的隧道窑仅黏土矿物脱水每小时就要排出1800~3000m³的水蒸气。除了坯体中残留孔隙水的蒸发和可燃物氧化生成的水分外，其他各种矿物的层间水和结晶水的排出均可由热分析方法来确定。对坯体带入的残留水分（平衡水分）必须给出明确的限定（例如3%~5%），过干则会吸潮，过湿则会延长焙烧周期。总之在预热带各种水分的蒸发和排出，意味着坯体可能会出现显微结构上的裂纹或是裂纹的扩展、松弛等现象，使坯体的结构强度降低，从而影响了最终产品的质量。特别是坯体含水率过大时，预热速度过快造成哑音等废品。如从差热曲线和热膨胀曲线上发现某一温度区间有大量的脱水（吸热峰并伴随有较大的失重），在此温度区间的升温速度就应减慢。例如，富伊利石＋蒙脱石原料在500℃前就有很大的失重，此情况下绝对不能快速升温，更不能使用快速焙烧。

（2）膨胀与收缩过程

在预热期间坯体不可避免地要出现膨胀与收缩，如果这种过程发生在很狭窄的温度范围内，就极有可能由于膨胀应力导致坯体内部显微裂纹的产生，众所周知的例子是石英晶形的转变。另外在加热过程中由于热的作用坯体本身也会出现膨胀和收缩，只是因原材料组成的不同，而出现的强弱不同，亦可在坯体中引发显著的应力。这些特征均可在热膨胀曲线上看到，例如某种原材料的热膨胀曲线表明在835℃前该原料的最大膨胀率达到了1.48%，而剧烈膨胀出现的温度区间在600～835℃之间，所以在该温度区间的升温速度应当平缓。另外，如原材料中含有较高的碳酸盐时，在分解的温度范围内（700～900℃）也会出现所谓的"中间状态"的收缩，此时如焙烧控制不当，极有可能在坯体中产生裂纹。顺便提及，由预热或是由冷却不当造成的细裂纹，可从裂纹的断面上判断出来，冷却产生的裂纹断面平滑而细长，预热产生的裂纹断面粗糙。

（3）可燃物的燃烧或氧化过程

例如煤矸石、粉煤灰这类材料均含有较高的可燃物质，为了保证其在坯体出现液相之前充分氧化，成为限制大断面隧道窑产量的关键因素之一，也给窑炉的设计和焙烧操作带来了困难。现国内外解决这一问题的措施均是加大隧道窑的长度，例如法国赛力克公司设计的用于煤矸石烧结空心砖的大断面隧道窑长度为185m，宽度10m，烧成周期为92h，全窑容车数为53辆，所用煤矸石的发热量为500～600kcal/kg，在850℃前这些可燃物完全燃尽，然后配以天然气在1020℃下完成烧结。德国林格公司为我国某地提供的煤矸石空心砖生产线设计方案，其窑长也是176m；意大利阿尔匹纳公司为我国某地粉煤灰空心砖生产线设计采用的窑长为181m，均有很长的预热带，其目的就是为了保证可燃物的完全燃烧和氧化。碳和有机物的燃烧、黄铁矿的氧化，各种材料的放热温度区间及始熔温度在差热分析曲线和热膨胀曲线上完全可以看到。煤矸石、粉煤灰以及原材料中的其他有机物的燃烧温度范围（或区间）差异很大，如有的煤矸石的着火点高（如无烟煤的矸石），有的着火点低（如烟煤或洗选矸石），这些差异在差热曲线和热膨胀曲线上也能很好地分辨出来。需要注意的是，烟煤或洗选矸石在预热带会形成低温碳气（CO），随烟气排放出来，但是这种气体对大气环境是有害的，应在窑炉的结构上采取措施尽量减少其排放量，或是采取专门的复燃装置燃烧后排放。这类煤矸石的特征是着火点低，一般在300℃左右就开始燃烧。另外，粉煤灰中玻璃体的含量及性能均不相同，因而其始熔温度也相差很大，这种特性在热膨胀曲线上也能够很好地分辨出来。

综合分析以上三种因素，找出主要影响升温速度的因素所在，并考虑坯体的特性（大小、厚度、形状等）等因素，来确定出合理的升温时间。加热的速率可分为若干段，如在最初脱水期选择较低的加热速率；在有碳和黄铁矿存在时采用较低的加热速率和较长的时间，等等。

6.163 什么是隧道窑的合理保温时间？

在烧成温度范围内，坯体所经历最终焙烧温度作用的时间称之为保温时间。焙烧工艺最重要的衡量尺度是烧成后产品的质量。我们知道，为了保证烧结过程的顺利进行，很少有通过提高焙烧温度的方法来达到所要求的烧结程度，因为存在着软化变形的危险。坯体必须达到的烧结程度不仅取决于烧成温度的高低，而且还取决于高温作用于坯体时间的长短。换句话说，用较低的烧成温度和较长的保温时间完全可以达到所要求的烧结程度，也可获得同等质量的产品。因此较低的烧成温度和较长的保温时间的焙烧方法，其优点在于：坯体中的强化反应过程进行得较为平缓，焙烧过程容易控制。用较高烧成温度和较短保温时间的焙烧方法，虽说坯体的高温反应进行得快，但是由于窑室内、坯垛间及坯体本身均存在着不均匀的温度分布状态，往往不可避免地因部分产品变形而报废或是降低产品的质量等级。但是焙烧周期的缩短是追求利益的手段之一，是否能够采用较高烧成温度和较短保温时间的焙烧方法，应分别按以下两种情况来考虑：

（1）高石灰质含量的坯体。这类坯体的烧成温度范围在 920～1060℃，因为这类坯体中固相反应的主要过程没有收缩，所以液相形成过程中的软化作用几乎可以忽略不计。这类坯体在 1060℃ 以下的焙烧不存在任何问题，但是在超过 1060℃ 时会突然出现过烧的现象。这种过烧可能是在坯体内局部位置上出现了还原气氛而引起的。因此，就高石灰质坯体而言，坯体中未燃尽碳，如果带入最终烧成温度范围，就会使焙烧控制变得危险。这类坯体可采用较高烧成温度和较短的保温时间。

（2）低石灰质或是不含石灰的坯体。这类坯体在最终焙烧温度下的烧结伴随着熔融软化和凝结收缩的过程。由于液相出现而凝结，坯体软化并且孔隙率减少，从显微结构上讲这种坯体在高温状态下的稳定性差，特别是在坯垛的荷载下，下部的坯体极易变形。例如某些玻璃体含量高的低石灰质粉煤灰，以伊利石＋蒙脱石、云母类、绿泥石等熔剂性矿物含量高的原材料，应采用较低烧成温度和较长保温时间的焙烧方法。如果矿物分析表明，某原材料中熔剂性矿物太高时，就应采取其他措施来防止高温变形。

6.164　什么是隧道窑的合理冷却时间？

烧结砖瓦产品最终强度值和强度的均匀性取决于产品中所形成的物相和冷却速率。这一问题往往没有引起人们的重视。烧结后产品中每一物相所具有的热膨胀值对产品总的热膨胀的影响和它们所存在的量成正比。热膨胀，确切地说应是收缩，于冷却阶段在产品内部建立了应力，而这种应力可能会引发裂纹，导致强度的损失。冷却速度越快，产品内部存在的温差就越大，也就会引发更大的应力。在任一特定的温差下，应力形成的大小则取决于各种物相热膨胀的大小。烧结砖瓦产品远非是均质物体，它们可能有 4～8 个独立的基本物相，而这些物相对产品最终性能有着重要的影响。由于砖瓦原材料的多样性和地域性，其成分非常复杂，没有两个工厂能够生产着性能完全相同的产品就是明证，所以必须要考虑到焙烧后产品中各物相之间的关系。根据美国的研究结果表明：在相当致密的两物相中，当两物相的线性热膨胀系数相差 $40 \times 10^{-7} mm/(m \cdot ℃)$ 或更大时，较弱的物相将会由于冷却应力而产生裂纹。因为这些物相的颗粒尺寸很小，所以这种裂纹称为显微裂纹。业已证明，两种可以相容的物相在热膨胀系数上的差别为 $4 \times 10^{-7} mm/(m \cdot ℃)$。从这一结论，人们就可以理解到相互在一起的物相对显微结构裂纹是否出现的重要性。显微裂纹是产品完全破坏的开始。当显微裂纹出现后，产品的强度就会降低，而且产品相互之间的强度值也不稳定。当不规则的显微裂纹进一步扩展后，此时其微观裂纹也就成为宏观裂纹，整个制品的强度就被削弱。在实际生产现场，如果出现由于冷却造成宏观裂纹（俗称惊裂），其敲击声是沉闷的，无惊裂的是清脆声。

就单一物质的热膨胀系数而论，可判断出烧结产品中各物相的互容性。对常见的莫来石＋石英＋玻璃体的坯体，如果迅速冷却，要防止它的显微裂纹是很困难的。在其他方面，如假硅灰石、透辉石、刚玉和铁矿物相的组合型坯体，例如用白云石质黏土为原料的坯体，就能够非常快地冷却而不会出现宏观裂纹和损伤坯体强度。石英的平均线性热膨胀系数最大，为 $120 \times 10^{-7} cm/(cm \cdot ℃)$，因此含游离石英量高的坯体，其冷却性能非常敏感，亦即常说的石英晶形转变时的体积收缩（575℃时 α - 石英转变为 β - 石英是非常危险的阶段）。所以在利用江、河、湖泥作原料时，或是某些含砂岩的原料，应特别注意焙烧过程的冷却。

另外，冷却速度的确定，不仅取决于原料的性能，还取决于坯垛码法（应使组成坯垛的各坯体趋于均匀同步冷却）。

6.165 坯体原材料中所含矿物成分对焙烧性能有什么样的影响？

在烧结砖瓦原材料中常见的矿物有：高岭石 $Al_2[Si_2O_5](OH)_4$、伊利石 $K_{0.6}[Mg_{0.2}Fe_{0.3}^{2+}Al_{1.5}][Al_{0.6}Si_{3.4}O_{10}](OH)_2$、蒙脱石 $(Al，Mg)_2Si_4O_{10}(OH)_2 \cdot nH_2O$、绿泥石 $[Al，Fe^{2+}，Mg]_6[(Al，Fe^{3+}，Si)_4O_{10}](OH)_8$、石英 SiO_2、方解石 $CaCO_3$、白云石 $[CaMg]CO_3$、石膏 $CaSO_4 \cdot 2H_2O$、黄铁矿 FeS_2、碳 C、闪石类、金红石 TiO_2、赤铁矿 Fe_2O_3、菱铁矿 $FeCO_3$、针铁矿 $FeO(OH)$、叶蜡石 $Al_2[Si_4O_{10}](OH)_2$、非晶相玻璃体、长石类、云母类、有机物质等；在粉煤灰中还有莫来石 $Al_2O_3 \cdot 2SiO_2$、方石英以及大量的非晶相等。

常见的各种矿物对烧结性能的影响简述如下：

（1）高岭石。在原材料中的高岭石可扩大烧成温度范围，并使烧结温度提高。高岭石矿物的熔点较高，且不会形成玻璃相，含量高的坯体可获得高的强度和很好的耐久性。这种矿物对焙烧是非常有利的，烧成收缩也较低，并在还原气氛下加速了莫来石的形成，这有助于在较低温度下就可获得较高的强度。高岭石矿物含量高的坯体，且铁含量较低时，在莫来石形成的晶格中可吸附铁离子，从而可获得黄白色的产品。在某些煤矸石、页岩中高岭石的含量较高。

（2）伊利石。由于其含有较高量的 K_2O，通常熔点较低（1050～1150℃），在1030～1100℃之间常会发生显著的焙烧收缩，在1100℃以上时会出现严重的焙烧收缩，这就是为什么要限定以伊利石为主要矿物成分的原材料烧成温度范围在1030～1080℃之间的原因。焙烧收缩的出现是由于这种矿物在高温状态下极易形成大量的液相。伊利石经过高温焙烧后的主要产物同高岭石一样，仍是莫来石。如果以伊利石为主要矿物成分的原材料经焙烧后，其产品中有尖晶石出现，这说明产品是欠烧的，形成的莫来石是给予产品强度和耐久性的新生物相。伊利石是大多数原料中常见的主要矿物。

（3）蒙脱石。蒙脱石的高温反应类似于伊利石。但蒙脱石类矿物的化学成分是不稳定的，因而按种类不同，其高温相亦不相同。由于蒙脱石结构中含有大量的层间水，在150～260℃之间逸出，因而有较大量的蒙脱石存在的坯体，焙烧时要注意到这种层间水的排出。另外，蒙脱石中含有较多的熔剂性物质，焙烧时会产生大量的液相，同时伴随着较大的收缩，通常表现出烧成温度范围较窄，并易于出现肿胀（面包砖）和塌陷。根据国外权威性文献记载，在低石灰质原料中，蒙脱石的含量最好在3%以下；在高石灰质（细分散的方解石）原料中，则蒙脱石的含量可达到10%。当然这种要求和其他工艺性能也有关，有的研究文献中指出其含量也可达到15%，但必须有碳酸钙矿物以细分散的状态存在。

（4）绿泥石。绿泥石一般源于伊利石质页岩及相应的矿层中，例如煤矸石。绿泥石的化学成分是不稳定的。含有绿泥石的坯体烧成温度范围较狭窄。

（5）云母类矿物。云母类矿物，特别是白云母和绢云母，由于其钾含量较高，在1000℃以下就会出现大量的液相，以云母类矿物为主要矿物成分的原材料，或是高含量云母的原材料，其烧成范围很小，烧结很困难。

在伊利石＋云母类、伊利石＋蒙脱石、绿泥石＋绢云母＋伊利石的原材料中，常在低于形成稳定结构晶相的温度下，就可能形成了大量的液相，此时虽然其收缩值和吸水率是在可容许的范围内，但是产品没有抵抗水分和化学侵蚀及抗冻融的能力。进一步加热这类产品则出现大量的液相，将导致剧烈的塌陷和变形。为了改变这类原材料的烧结性能，通常添加细粉状的 $CaCO_3$、CaO、MgO、SrO 来改善其烧结性能，SrO 的效果最好。还可加入耐火材料或其他瘠性材料。

（6）石英。石英是最常见的矿物之一。在无碳酸钙存在的情况下，大量的游离石英存在时，在窑炉的结构设计上及焙烧操作上应特别注意预热和冷却中的石英晶形转变时的体积变化，否则极易引起坯体中的细裂纹。江河淤泥、黄沙土等高含量石英的原材料，通常焙烧后产品的强度低、脆性大。为了改变这类原材料的烧结特性，常加入碳酸钙或石灰，因为石英从900℃起就可与 CaO 生成稳定的硅酸钙，不但提高了产品的强度，而且同时也减弱了石英晶形转变时的应力。顺便提及，化学分析中测定的 SiO_2 并不代表石英的含量。

（7）方解石。方解石是原材料中常见的一种碳酸盐。如果它的颗粒较细，并且均匀分布在原材料中，其含量高达30%～35%时，仍然可以用来制造烧结砖产品。它可与黏土矿物、绿泥石、云母类矿物、石英等发生反应，生成硅酸盐。方解石对坯体的焙烧收缩、密度、孔隙率、吸水率及抗冻性均有很大影响。但在其颗粒尺寸大于0.5mm以上时，焙烧中不能完全转化成硅酸钙，易于造成石灰爆裂。方解石是矿物名称，石灰岩是岩石名称，石灰石是俗称，虽然其主要成分都是碳酸钙，但其概念不同，石灰石主要是由方解石组成。

（8）白云石。白云石一般含量较低，常见在4%以下。但是由于镁的存在，提高了烧结温度，减少了焙烧收缩。只有在1100℃以上时，才会增大焙烧收缩。

（9）铁类氧化物。氧化铁、氢氧化铁等铁类化合物在焙烧过程中，氧化气氛下形成赤铁矿呈红色；还原气氛下形成磁铁矿（Fe_3O_4）和方铁矿（FeO），而呈黑色，因而铁类化合物是焙烧中的着色剂。但需注意的是，原材料中有块状菱铁矿存在时，加工过程中很难将其破碎为细粉，常易于在产品表面形成黑色铁斑熔点。当针铁矿 $FeO(OH)$ 高于10%时，会使坯体的组织结构硬化，并使烧结范围扩大，针铁矿也会减弱坯体的膨胀趋势。另外由于赤铁矿在还原气氛下转变成为磁铁矿时而引起体积膨胀，易于出现裂纹，因此高含铁量的坯体在还原气氛下焙烧时应特别注意。

（10）黄铁矿（白铁矿）。黄铁矿（白铁矿，化学成分同黄铁矿，但晶体结构不同）常见于煤矸石及某些深色页岩中，某些煤矸石中黄铁矿的含量非常高，俗称为"硫铁蛋"。黄铁矿（白铁矿）在原材料中是非常有害的矿物成分，易于引起产品中形成"黑心"，因它燃烧时需要的空气量是同样量碳燃烧时的10～20倍。焙烧中黄铁矿在低温（480℃左右）时就开始氧化，是产品出现泛白（scum）和泛霜（efflorescence）缺陷的主要原因之一。在原材料中以较大的颗粒存在时将会在产品表面形成黑色的点状熔斑。此外随烟气排放出的含硫气体对环境也造成了很大的污染，有的砖厂随烟气排放出的二氧化硫严重超标。

在绝大多数砖瓦原材料中，内燃料及燃料煤中，程度不同地都含有硫化物，在某些煤矸石中 SO_3 的含量竟高达 10% 以上。这些含硫的物质，在焙烧期间或氧化或分解会形成 $SO_2 - SO_3$ 气体，不但会引起泛白和泛霜，而且还会带来其他问题，如利用高温烟气干燥时对干燥车、排烟管道、余热锅炉等金属的腐蚀及对环境的污染等，更重要的是对烧结过程的直接影响。

有碳存在的情况下，碳被氧化完之后，黄铁矿才会完全氧化，这就是为什么坯体中所含碳的完全燃烧必须在到达高温（即坯体中出现液相）前结束的重要原因。因为坯体中的碳不能完全燃烧，坯体表面液相（熔融）的出现，在一定程度上封闭了氧气渗透及反应气体逸出的通道，在坯体中心区域是缺氧的，FeS_2 自然不会被完全氧化。在到达高温带后，由于坯体中心区域是缺氧的，在坯体中心形成了还原气氛，此时坯体中部就极易出现大量液相，进一步封闭了氧气渗透及反应气体逸出的通道，坯体中就势必形成"黑心"或"膨胀"。严重时会使坯体塌陷，并烧结在一起，造成废品。当然高微孔结构的坯体也可能在高温带使 FeS_2 及碳完全氧化，但是由坯体将 FeS_2 及碳带入高温带，从产品质量上讲是非常危险的做法。如果经过最高温度焙烧后，坯体中的碳仍然没被完全氧化，并随坯体进入冷却阶段，此时碳和黄铁矿会继续氧化，因而在冷却带也会产生含硫气体，在这种情况下，如直接抽取冷却带的余热用于干燥，就极易造成产品的泛白和泛霜。另一种潜在的危险就是在冷却期间 $SO_2 - SO_3$ 在硅酸盐物质表面的吸附。当 $SO_2 - SO_3$ 吸附在硅酸盐物质表面后，产品吸入水分时，$SO_2 - SO_3$ 就会溶解于水中，形成了腐蚀性的硫酸，这种腐蚀性的酸将从各种结晶相和玻璃相中溶解镁、钾、钠等碱金属和碱土金属物质，这些物质可随水分迁移到产品表面，水分蒸发后便析出盐的结晶，沉淀于产品的表面——即泛霜形成。这就是泛霜物质 $MgSO_4 \cdot 7H_2O$、$Na_2SO_4 \cdot 10H_2O$、$K_2SO_4 \cdot H_2O$ 可能性最大的来源。

黄铁矿与碳在同样的温度下分解和氧化，并且由于碳和水蒸气的存在使其氧化过程受到影响，因它燃烧时需要的空气量是同样量煤燃烧时的 10~20 倍。

但是碳的氧化过程是气-固相反应，因而是耗费时间的过程。因为碳的氧化包括氧气进入坯体和反应形成的气体从坯体中逸出的双向过程。为了消除"黑心"，含碳量高的坯体应当在氧化气氛中保持尽可能高的温度，以使其有着更快的反应速度。尽可能高的温度是指一定要在坯体出现熔融和收缩之前的温度。如果在坯体出现熔融和收缩之前碳没有完全被氧化，在坯体中就有可能形成"黑心"和"肿胀"。"肿胀"是由于封闭在玻璃相中的气体物质引发的。一旦"黑心"形成，在"黑心"区域的三价铁就会成为二价铁，二价铁更易于形成更多的玻璃相，而导致了强度上的不均匀性及增大了变形趋势；此外二价铁比三价铁在水和酸溶液中更易溶解，使用中易产生铁锈斑；如果有黄铁矿存在时，"黑心"区域的硫化物仍不能被氧化，进而可引起使用中的泛霜问题。因此在出现熔融和收缩之前的氧化阶段，含碳氢可燃物的坯体，绝对需要有 100%~150% 的过量空气（再多的过量空气没有明显的促进作用）。已有数种方法可促进坯体中碳的氧化速度，但是这些都不能够认为是可以取代所必需的燃烧环境。例如在温度超过 704℃ 时，窑内空气中的水蒸气可与坯体中的碳反应，实际生产中发现，在 700℃ 以上的氧化期间向窑内引入过量的水蒸气有利于消除黑心。此外在原材料中加入少量的氯化铵或氢氧化铵，可加速碳的氧化。这些外加剂起着物理作用，可使坯体有着更多的开放性微孔结构，为气体提供了更好的扩散路径。相同的道理，在可塑性的原料中加入砂、熟料等瘠化性填充料，同样可促使碳的氧化。

通过对碳和黄铁矿氧化的讨论，在煤矸石（或高含碳量的粉煤灰）和含有黄铁矿的页岩原料的焙烧过程中，从大断面隧道窑的设计原理上讲，应按以下原则考虑其结构设计：

1）从确保产品质量的角度考虑，根据坯体中所含熔剂性矿物的多少，确定出坯体的始熔温度的界限（热膨胀曲线），碳和黄铁矿的氧化必须在此始熔温度的界限之前完成。此后到达最高烧成温度的热源靠外加燃料（油、气、煤等）来完成，即使坯体中所含热量超过了焙烧所需热量，为了保证质量也应这样做。

2）根据坯体中的含碳量（发热量），考虑适当的预热带长度，以利于碳和黄铁矿的氧化，避免坯体表面过早烧结。

3）如果坯体所含热量过大，建议在 $700 \sim 850℃$ 之间设置低温湿烟气循环系统，或是引入水蒸气以促进碳和黄铁矿的氧化，尽量缩短焙烧时间。该循环系统可防止坯体表面过早烧结，避免"黑心"和烧胀，也可稳定焙烧带的位置。

4）如发现原材料中的黄铁矿或其他硫化物高时（可挥发硫高），尽量避免直接使用高温烟气干燥，以免引发泛白和泛霜。

5）从环境保护角度考虑，结合矿物分析结果，通过初步计算，如烟气中 SO_2 超标准，就必须考虑设置烟气净化装置及必要的设备防腐措施。

（11）长石。长石在砖瓦产品的焙烧过程中与其他惰性材料一样起填充料的作用，一般情况不发生反应。

（12）石膏及硫酸盐类矿物。硫酸盐类物质存在于许多原材料中，常以石膏的形式出现，是非常有害的矿物。硫酸钙在大多数空心砖的烧成温度范围内是不分解的或是分解很少，因此高硫酸钙含量的原材料，其产品会出现严重的泛霜。硫酸镁虽说在大多数原材料中含量甚少，但在某些工业废料中是应特别注意的矿物，由于硫酸镁的溶解度很大，即使含量很少也会引起严重的泛白。硫酸盐类物质同样在焙烧期间可少量分解，释放出含硫气体（主要是 SO_3）。

（13）粉煤灰中的莫来石和玻璃体。粉煤灰中的主要矿物组成是莫来石和玻璃体，所以莫来石和玻璃体含量的大小对高掺量粉煤灰烧结砖的烧结性能影响极大。从目前生产应用的实践证明，莫来石含量高的粉煤灰，其烧成温度范围宽，产品性能也容易保证；玻璃体含量高的粉煤灰，其烧成温度范围狭窄，焙烧过程很难控制，产品强度低，脆性大，易碎。莫来石含量太高的粉煤灰，可能会使烧成温度提高；玻璃体含量高的粉煤灰又极可能引发过大的湿膨胀。对粉煤灰这种已经过高温的材料在二次低温（相对于第一次）烧结过程的烧结特性目前还不是很清楚。

（14）叶蜡石。叶蜡石存在于某些伊利石页岩中，叶蜡石是在不增加塑性和收缩的情况下在焙烧中提供氧化铝和氧化硅成分的，因此叶蜡石可作为一种耐火性能非常好的组分加入坯体中，可以起到减少烧成收缩和延宽烧成温度范围的作用。

（15）煤和碳氢化合物等有机物的氧化。碳和有机物是形成"黑心"及"面包"砖的主要原因，因此在坯体焙烧过程中，坯体初次出现液相（熔融）之前这些可燃物质必须燃烧完全，这样才能保证产品的质量和耐久性。

6.166 隧道窑的基础设计需要哪些资料？常用于基础的材料有哪些？

隧道窑的基础是支承窑体重量，并将该重量传递给地基结构部分。窑的基础设计应根据窑型、工程地质和水文地质等具体条件进行。

隧道窑基础设计需要的资料：

（1）工程地质：窑基础范围内（或附近）的工程地质剖面图及地基的允许承载力等。

（2）水文地质：地下水的深度、种类（上层滞水、潜水或承压水等）及对基础材料有无侵蚀等。

（3）窑体的构造及各部位的质量。

（4）窑体传热到基础的温度。

隧道窑基础常用的材料有灰土、砖砌体、浆砌毛石和钢筋混凝土等。

（1）灰土基础

在有利条件的地区，灰土是一种比较经济的材料。但在地下水位比较高的地方，因不易夯实，就不宜做灰土基础。

灰土的配合比一般宜为3∶7（体积比）。用作灰土的熟石灰应过筛，其粒径不得大于5mm。熟石灰中不得夹有未熟化的生石灰，也不得含有过多的水分。土料也应过筛，其粒径不得大于15mm。灰土应分层夯实，每层厚度一般为150mm，夯实后的干表观密度质量标准如表6-29所示。

灰土质量标准　　　　　　　　　　　　　　　　　　　表6-29

土的种类	灰土最小干表观密度（g/cm³）
黏质粉土	1.55～1.60
粉质黏土	1.50～1.55
黏土	1.45～1.50

（2）砖石砌体基础

在毛石较多的地区，可采用浆砌毛石基础。毛石砌体应用铺浆法砌筑。砌筑时，石块宜分层卧砌（大面向下或向上），上下错缝，互相搭接。不得采用外面侧立石块，中间填心的砌筑方法。较大空隙应用碎石填塞，砂浆应饱满。

在缺少毛石的地区也可用砖砌体基础，这种砌体基础，施工比较方便。

砖石砌体的材料强度等级要求如表6-30所示。

基础砌体所用材料的最低强度等级　　　　　　　　　表6-30

地基土的潮湿程度	砖	石	混合砂浆	水泥砂浆
稍潮湿的	100	200	2.5	2.5
很潮湿的	100	200	5.0	5.0
含水饱和的	150	300	—	5.0

（3）钢筋混凝土基础

这种基础表面温度不得超过 $100℃$。须知，钢筋的膨胀系数约为 12×10^{-6} mm/（m·℃），而混凝土的膨胀系数约为 6×10^{-6} mm/（m·℃），前者明显大于后者，如温升过高，极易造成钢筋混凝土酥裂。

应当指出：①基础底必须落在适宜的地基上。如遇基础底标高以下还有耕土层或不宜作窑基础的杂填土时，则必须挖除之，可用干净素土（亦可拌和一定比例的砂石）或灰土回填，分层夯实到基础底标高，或将基础底标高降低到适合的土层；②为了避免降低窑基础的刚度，不宜在窑基础中设置伸缩缝；③如遇到在同一条窑的不同部位地基土的允许承载力相差较大的情况（不均匀地基），应采取有效措施，处理部分太软弱的地基，或采用钢筋混凝土基础以增强窑的纵向刚度等。

6.167　什么是最高允许烧成温度？

最高允许烧成温度是指特定的原材料在焙烧中达该温度时不出现影响产品性能的变形或其他缺陷。每一种原材料根据其矿物组成的不同，均存在着一个合理的最高允许烧成温度或是烧结极限温度。焙烧的目的就是在尽可能接近这一烧结极限温度而不损伤产品性能的情况下进行，这样才有可能在最短时间内得到烧结程度最好的产品。所以最高允许烧成温度是重要的焙烧工艺参数，也是对烧结温度的限定性指标。最高允许烧成温度是建立在原材料抗烧结变形性能的基本原理上的参数，因此德国艾森（ESSEN）砖瓦研究所提出将在 $0.5kg/cm^2$ 的荷重下产生 0.5% 变形软化的温度称为最高允许烧成温度（加热过程中没有保温时间）。因而最高允许烧成温度是由高温荷重变形试验来确定的。高温荷重变形试验所得到的曲线，结合热膨胀曲线可确定出烧成温度的大致范围。高温荷重变形试验还可判断出某种原材料是否适宜于制造某种用途的产品。一般概念上讲，从坯体在焙烧中出现熔融并开始收缩时，就进入了烧成状态，此时的温度可定义为开始烧结温度（砖瓦是属于低温部分烧结的产品，其开始烧结温度的定义不能等同于陶瓷和耐火材料），随着温度的升高，收缩不断增大；当收缩即将出现负增长时的温度为最终烧结温度。但是烧结砖瓦产品在焙烧中所产生的液相量最终的要求只能是一小部分，大约为 2% 或更少些，因为在高温下过量的液相将会出现塑性流动并在坯垛的荷载下引起严重的变形。从其他方面讲，在烧结砖瓦产品中过量液相也不会带来最佳的性能。因此在生产实际中总是在上述的开始烧结温度和最终烧结温度之间选择一个适宜的温度作为特定原材料或产品的最高允许烧成温度或简称之为"烧成温度"。这也是充分考虑了坯垛及窑内温度分布的不均匀性。短时间而有较高的烧成温度和长时间但在略低的温度下进行的焙烧都能达到相同的烧成质量。虽说焙烧温度越高，坯体内质点扩散和烧结反应越快，所需烧成时间越少，但是在大断面隧道窑内温度分布的差异及坯垛本身内的温度梯度的存在往往限制了采用较高的"烧成温度"（最高允许烧成温度）。这也关系到产品的形状、坯垛形式、边隙大小和传热机理等。而在现代的快速焙烧窑炉中则选择较高的"烧成温度"（最高允许烧成温度）。

6.168　对窑炉烘烤前有哪些要求？

（1）窑炉烘烤应在工程竣工验收后方可进行。

（2）烘烤前应检查的内容包括：

①检查窑门、管道阀门开启灵活性。

②附属设备应全部空载和载荷调试完成。

（3）制定烘烤方案。

6.169　新建隧道窑为什么要进行烘烤？隧道窑的焙烧温度制度制定的依据是什么？

隧道窑的烘烤是一项很重要的工作，烘烤的好坏直接影响到窑的使用寿命和正常生产。如若对烘烤重视不够，没有执行合理的烘烤制度，很可能会引起窑体的开裂。

烘烤的主要目的是为了排除水分和促使筑炉材料晶型转化以及热膨胀等。在施工过程中灰浆带入大量水分，砖等筑炉材料也带入大量水分。隧道窑砌体本身要求严密、漏气少，而窑墙一般比较厚，其中间的水分是很不容易排除的。烘窑的主要目的是通过加热窑体、窑车衬砖、烟道、烟囱、热风道，使之均匀地排除砌体中所含的水分（物理水和化学水），使砌体达到一定的稳定状态，从而提高结构强度，确保使用寿命和安全生产。因此，对于新建窑的烘烤工作必须严肃认真，一丝不苟。

例如有三个厂均为 90.34×3.6（m）隧道窑，分别采用 28d、22d 和 18d 的烘烤制度，如表 6-31 所示。

90.34×3.6（m）隧道窑的烘烤制度　　　　　　　　　表 6-31

天数 升温速度 温度范围（℃）	28		22		18	
	累计天数	升温速度 （℃/h）	累计天数	升温速度 （℃/h）	累计天数	升温速度 （℃/h）
0~120	4	1.25	3	1.66	3	1.66
120	5	保温	4	保温	4	保温
120~180	7	1.25	6	1.25	5	4.5
180	9	保温	8	保温	6	保温
180~300	13	1.24	10	2.5	8	2.5
300	15	保温	12	保温	10	保温
300~500	19	2.08	15	2.77	12	4.16
500~850	22	1.86	18	4.86	15	4.86
850~900	26	逐步升温	20	逐步升温	17	逐步升温
900~1050	28	或保温	22	或保温	18	或保温

应该提醒的是：烘烤前必须在窑体的有关部位留有足够的排除水蒸气的通道，让其顺畅排出。否则，极易造成窑体开裂。

隧道窑的焙烧温度制度应根据原料性能、产品规格、窑的结构等多种因素，通过试验后制定。因而各厂总的焙烧周期不尽相同，大多数控制在 28~80h 范围内。

A 厂 168×6.9（m）隧道窑的焙烧温度制度如表 6-32 所示。

A 厂 168×6.9（m）隧道窑的焙烧温度制度 表6-32

窑内各带	温度范围（℃）	升温或冷却速率（℃）	时间（h）	备 注
升温带	0～300	30	10	150℃以下，蒸发物理水；温度再升高，主要蒸发化学结合水
	300～400	50	2	继续排除化学结合水
	400～600	20	10	有些制品出现较高的升温敏感性，主要是由于排除大量结晶水
	600～900	25	12	可燃物分解、氧化
	900～1000	50	2	
焙烧带	1000	—	6	烧结
冷却带	1000～700	60	5	
	700～460	15	16	石英晶型转化
	460～28	54	8	
总计焙烧时间			71	

B 厂 97.84×3.6（m）隧道窑的焙烧温度制度如表6-33所示。

B 厂 97.84×3.6（m）隧道窑的焙烧温度制度 表6-33

窑内各带	温度范围（℃）	升温或冷却速率（℃）	时间（h）	备 注
升温带	20～120	33.3	3	
	120～600	64	7.5	
	600～1000	66.6	6	
焙烧带	1000	0	2	烧结
冷却带	1000～600	114.3	3.5	
	600～300	60	5	
	300～40	52	5	
总计焙烧时间			32	

隧道窑焙烧温度曲线如图6-7所示。

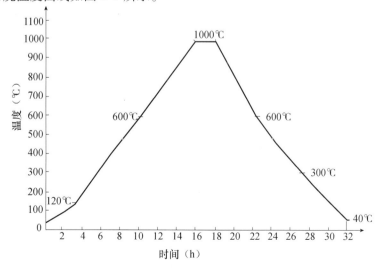

图6-7 隧道窑焙烧温度曲线

6.170 对砖瓦焙烧窑炉质量评定等级要求有哪些？

砖瓦焙烧窑炉质量评定等级要求如表6-34所示。

砖瓦焙烧窑炉质量评定等级要求　　　　表6-34

项目	合格	优等
基础工程	1. 窑炉基础平面无开裂、塌陷、沉降及不均匀现象； 2. 轨道安装误差符合规定要求，全长方向标高 +8mm； 3. 基础标高误差 −10 ~ +5mm； 4. 普通砖符合一等品规格	1. 窑炉基础平面无开裂、塌陷、沉降及不均匀现象； 2. 轨道水平偏差 +0.5mm，钢轨接头 +1mm，全长方向标高 +5mm； 3. 基础标高误差 −8 ~ +3mm； 4. 普通砖符合一等品规格
窑墙	1. 普通砖、多孔砖符合合格品指标； 2. 窑墙纵向中心线误差 +1mm； 3. 窑横断面尺寸误差宽度 −5 ~ +10mm，高度 −5 ~ +10mm； 4. 窑总长度尺寸误差 ±15mm； 5. 普通砖外墙砖缝误差 +2mm	1. 普通砖、多孔砖符合一等品指标； 2. 窑墙纵向中心线误差 +1mm； 3. 窑横断面尺寸误差宽度 −3 ~ +10mm，高度 −3 ~ +10mm； 4. 窑总长度尺寸误差 ±10mm； 5. 普通砖外墙砖缝误差 +1mm
窑顶	1. 普通砖、多孔砖符合一等品指标； 2. 拱顶内表面平整，个别砖错牙小于 3mm； 3. 耐火混凝土吊板尺寸误差 ±2mm，平吊挂件位置误差 ±2.5mm； 4. 窑顶砌筑后不允许出现裂纹、缺角、下沉现象； 5. 全窑顶内标高误差：拱顶 ±8mm，平顶 ±5mm	1. 普通砖、多孔砖符合一等品指标； 2. 拱顶内表面平整，个别砖错牙小于 3mm； 3. 耐火混凝土吊板尺寸误差 ±1mm，平吊挂件位置误差 ±2mm； 4. 窑顶砌筑后不允许出现裂纹、缺角、下沉现象； 5. 全窑顶内标高误差：拱顶 +8mm，平顶 +5mm
窑炉附属设施	1. 窑车钢结构焊接高度误差 ±2mm，长、宽度误差 ±2mm，对角线误差 ±3.5mm； 2. 窑车砌筑砖缝厚度：耐火砖 3mm，异型砖 5mm； 3. 窑车砌筑误差：长度 −5 ~0mm，宽度 −5 ~0mm，高度 ±3mm，对角线 ±6mm； 4. 窑车砌筑后应焊接牢固、运转灵活、行走平稳； 5. 窑门、各种热风管道、闸门及附属设施应焊接牢固，尺寸准确，开启灵活。不允许有碰、磨、擦现象	1. 窑车钢结构焊接高度误差 ±2mm，长、宽误差 ±2mm，对角线误差 ±3.5mm； 2. 窑车砌筑砖缝厚度：耐火砖 3mm，异型砖 5mm； 3. 窑车砌筑误差：长度 −4 ~0mm，宽度 −5 ~0mm，高度 ±3mm，对角线 ±5mm； 4. 窑车砌筑后应焊接牢固、运转灵活、行走平稳； 5. 窑门、各种热风管道、闸门及附属设施应焊接牢固，尺寸准确，开启灵活。不允许有碰、磨、擦现象
万块能耗	隧道窑 ≤49.7×10^{6}kJ，轮窑 ≤46.0×10^{6}kJ	隧道窑 41.0×10^{6}kJ，轮窑 ≤36.8×10^{6}kJ

注：1. 窑炉轨道是其中关键项。
　　2. 窑墙耐火材料、保温材料为关键项。实测应全部符合规定值。

6.171 隧道窑焙烧过程中为什么会出现窑车坯垛倒塌?

隧道窑窑车上坯垛倒塌有下列几种情况:

(1) 码好的窑车未进入预热带的倒塌。其原因有二:一种纯属是操作不当,坯垛码得不稳;其二是坯垛最下部支腿的坯体强度太低,不能承受坯垛本身的重量或是顶推进车过急。遇到这种情况时,烧成带要及时蹲火,将倒塌的窑车及时处理,不能将已有倒塌坯垛的窑车(如仅倒塌了一部分)送入预热带。

(2) 在预热带倒塌。主要原因是入窑坯体残留含水量过高,加之预热带的烟气相对湿度较大,遇上刚进窑的冷坯体发生凝露,使坯体变软而倒塌。矫正的方法:缩短预热带长度;将相对集中提闸排烟改为相对分散提闸排烟,以便降低烟气中的湿度;降低坯体入窑的残留含水量。

对一次码烧隧道窑而言,当码好的窑车在刚进入干燥段的几个车位后就出现倒塌,其原因也是由于坯体的成型含水量过高、坯体初始强度低、坯体温度太低,干燥气体的相对湿度过高出现凝露使坯体发生软化而造成的。解决办法是严格控制坯体成型含水量、提高坯体温度、提高干燥气体温度以及降低干燥气体的相对湿度。

(3) 在烧成带倒塌。其原因为:看火不准、烟闸使用过高、内燃掺配高且不均匀,焙烧温度过高而造成坯体过烧软化倒塌。这种情况一般发生在窑车上坯垛的中下部。解决办法:如果出现这样的事故,也只能是继续快点烧过去。此时,可缩短进车时间,甚至可以连续进车,以便暂时缩短焙烧带;还可以将焙烧带的投煤孔打开或是提起预热闸进行"放火"。此外,应马上调整内燃料的合理掺配量及其均匀程度。

6.172 什么原因造成隧道窑内火势上飘、底火差?

造成隧道窑内火上飘、底火差的原因如下:

(1) 排烟风机抽力不足;坯垛支腿太低;外投煤太多或是煤的灰分过大,灰渣堵塞了坯垛下部的通风道,使窑车面上的通风不畅,造成底火不好而火势上飘。

(2) 有时是由于窑车与窑车之间的密封不好或是砂封不好而产生严重漏气,也会使底火差,而火势上飘。

(3) 窑车上坯垛码法不当,如支腿坯体过高过稀;冷却带的长度过短,造成窑车面上通风量过大,坯垛下部冷却过快,后火熄灭过早所致。

矫正办法:首先要查明原因,有目的的去解决问题。如合理调整隧道窑的各带长度;改变窑车上坯垛支腿的码法;及时调节排烟闸的高度,如适当提高近闸,降低远闸等。

6.173 隧道窑应怎样蹲火?

当设备发生事故,坯体供应不上或者停电时,隧道窑就要蹲火。隧道窑蹲火时,首先要关闭出窑端的窑门和关闭窑尾鼓冷风机,关闭排烟的远闸,降低排烟的近闸。如停电时,要打开进车端窑门、打开焙烧带和预热带之间的加煤孔盖。要少加煤、勤添煤,尽量降低火向前走的速度,甚至要保持火头原地不动。

6.174 1kg 标煤完全燃烧后生成多少气体量?

设标煤中含 2%(质量分数)的有机硫,其余可燃物为有机碳(C)。

1mol（32g）硫：

$$S + O_2 \xrightarrow{\quad\quad} SO_2(气) + 296.6kJ$$

SO_2 分子的摩尔质量为 64g/mol。

1mol SO_2 在标准状态下体积为 22.4L = 0.0224m^3。

S 原子的摩尔质量为 32g/mol。

1kg 标煤含 20g 硫，这 20g 硫为 $\dfrac{20g}{32g/mol}$ = 0.625mol，完全燃烧生成 0.625mol SO_2，质量为：0.625mol × 64g/mol = 40g；

1 摩尔有机 S 原子氧化后生成 1 摩尔 SO_2 分子为 64g，其发热量为 296.6kJ/mol，生成 40g SO_2 的发热量：$\dfrac{296.6kJ \times 40g}{64g}$ = 186kJ。

1mol SO_2 为 0.0224m^3，则 1kg 这种标煤完全燃烧生成 SO_2 的体积为：$\dfrac{0.0224m^3 \times 40g}{64g}$ = 0.014m^3。

该标煤中碳（C）的发量热为：29260kJ – 186kJ = 29074kJ（说明：1kg 标煤发热量为 7000kcal，即 29260kJ）。

已知 1kg 纯碳（C）完全燃烧发热量为 8050kcal，即 33649kJ，则该 1kg 标煤中含纯碳（C）量为：$\dfrac{29074kJ}{33649kJ/kg}$ = 0.86kg，这 0.86kg 碳（C）燃烧成 CO_2，其质量为：$\dfrac{0.86kg \times 44}{12}$ = 3.15kg（说明：1mol C 为 12g，1mol CO_2 为 44g）。

这 3.15kg CO_2 在标准状态下体积为：$\dfrac{0.0224m^3 \times 3150g}{44g}$ = 1.604m^3

结论：该 1kg 标煤完全燃烧，在标准状态下生成 0.014m^3 SO_2 和 1.604m^3 CO_2，总计为 0.014m^3 + 1.604m^3 = 1.618m^3，其质量为：40g + 3150g = 3190g（3.19kg）。

6.175 化学结合水、大气吸附水和自由水的结合能是多少？

化学结合水的结合能最高，约为 5000J/mol；大气吸附水结合能次之，约为 3000J/mol；自由水的结合能最低，约为 1000J/mol。

6.176 空气的成分有哪些？它们所占的比例是多少？

空气的成分按体积计算，大致是：氮气 78%，氧气 21%，惰性气体 0.94%，二氧化碳 0.03%，其他气体（包括水蒸气）和杂质 0.03%。

空气是一种混合物，它的平均分子量为 29，标准状态下的密度为 1.293g/L。

6.177 常用热电偶有哪些种类？

常用的标准热电偶有五种。

（1）铂铑$_{30}$-铂铑$_6$ 热电偶，型号 WRR，分度号 B，适用于氧化介质和中性介质。测温上限：长期 1600℃，短期 1800℃。

（2）铂铑$_{10}$-铂热电偶，型号 WRP，分度号 S，适用于氧化介质和中性介质。测温上限：长期 1300℃，短期 1600℃。

（3）镍铬-镍硅热电偶，型号 WRN，分度号 K，适用于氧化介质和中性介质。测温上限：长期 900℃，短期 1100℃。

（4）镍铬-康铜热电偶，型号 WRE，分度号 E，适用于还原介质和中性介质。测温上限：长期 750℃，短期 900℃。

（5）镍铬-考铜热电偶（为常用的非标准热电偶），型号 WRK，分度号 EA_2，适用于还原介质和中性介质。测温上限：长期 600℃，短期 800℃。

6.178　什么是康铜?

由铜和镍组成的一种高电阻合金。含镍 39%～41%、锰 1%～2%，其余是铜。电阻系数比铜大，但电阻随温度变化极小。耐腐蚀性好，机械强度高。最高使用温度可达 500℃。可用于制造热电偶等。

6.179　热电偶温度计的工作原理是什么?

两种不同的金属或半导体组成闭合回路时，若两个节点的温度不同，该闭合回路内就会产生电流，说明回路内因节点温度不同产生了热电势。两种不同的金属或半导体一端相互连接，称为热端（测量端），另一端断开，称为冷端（自由端）。若热端温度为 t，冷端温度为 t_0，且 $t \neq t_0$，则在冷端就会产生热电势 $E_{AB}(t, t_0)$，此热电势可以用电压表测量出来。热电势 $E_{AB}(t, t_0)$ 与以下因素有关：

（1）两种导体或半导体（又称为热电极）的材质；

（2）热端的温度；

（3）冷端的温度。

对于常用热电偶，其热电极材质是恒定的，若固定冷端温度为 0℃，则热电势就只与热端温度有关。测出热电势 $E_{AB}(t, t_0)$ 即可求得热端温度。

6.180　热电偶温度计有哪些常见故障? 如何处理?

热电偶温度计常见故障有以下几种：

（1）线路接通后指针不动（或不显示）。其原因可能是线路或热电偶有断路或短路。经检查和将上述问题排除后，再进一步检查显示仪表。

（2）线路接通后指针向零下移动，其原因可能是正负极线接错了，将仪表接头调换一下即可解决。

（3）线路接通后指针摆过满度，直到尽头。可能是被测温度太高，已超过显示仪表的量程范围；或显示仪表与热电偶的分度号不符合。对调节式仪表，如 XCT-101，也可能是热电偶或线路出现断路。

（4）指示不稳定，忽高忽低。主要是线路包括热电偶及开关没有固定好，接触不良所致。若外部线路没有问题，则可能是仪表内部有虚焊、断路或短路现象，需要检修仪表。

6.181　各种温度计测温范围如何?

各种温度计测温范围如表 6-35 所示。

各种温度计测量范围   表 6-35

<table>
<tr><th colspan="2">名称</th><th>测温原理</th><th>测温范围（℃）</th><th>备注</th></tr>
<tr><td rowspan="2">玻璃
温度计</td><td>水银温度计</td><td>水银热胀冷缩</td><td>-31.8 ~ 300</td><td>357.25℃沸腾</td></tr>
<tr><td>酒精温度计</td><td>酒精热胀冷缩</td><td>-100 ~ 75</td><td></td></tr>
<tr><td colspan="2">压力温度计</td><td>封闭温包的流体随温度变化
而产生不同压力</td><td>-40 ~ 550</td><td>可远距离测温自动记录</td></tr>
<tr><td colspan="2">电阻温度计</td><td>金属电阻随温度而变化</td><td>-50 ~ 500</td><td>可自动记录</td></tr>
<tr><td rowspan="2">辐射
高温计</td><td>光学高温计</td><td>亮度与温度有关</td><td>700 ~ 2000</td><td rowspan="2">可自动记录</td></tr>
<tr><td>全辐射高温计</td><td>辐射能量与温度有关</td><td>2000 以上</td></tr>
<tr><td rowspan="5">热
电
高
温
计</td><td>铂铑$_{30}$—铂铑$_6$</td><td rowspan="5">金属受热产生热电势</td><td>1600 以下</td><td rowspan="5">可远距离测量和自动记录</td></tr>
<tr><td>铂铑$_{10}$—铂</td><td>1300 以下</td></tr>
<tr><td>镍铬—镍硅</td><td>900 以下</td></tr>
<tr><td>镍铬—康铜</td><td>750 以下</td></tr>
<tr><td>镍铬—考铜</td><td>600 以下</td></tr>
<tr><td colspan="2">测温熔锥</td><td>角锥随温度而发生
不同程度的变形</td><td>600 ~ 2000</td><td></td></tr>
</table>

6.182 砖瓦焙烧窑炉喷涂修补耐火材料采用怎样的配合比？

其做法不尽相同。某厂的配合比是：

耐火砖骨料（20 ~ 40 目）：水玻璃：耐火泥 = 50：20：30（质量比），另加适量水。

6.183 大气压与海拔高度的关系如何？

大气压与海拔高度的关系如表 6-36 所示。

大气压与海拔高度的关系   表 6-36

<table>
<tr><td colspan="2">海拔高度
（m）</td><td>0</td><td>200</td><td>400</td><td>600</td><td>800</td><td>1000</td><td>1200</td><td>1400</td><td>1600</td><td>1800</td><td>2000</td><td>2200</td><td>2400</td><td>2600</td><td>2800</td><td>3000</td></tr>
<tr><td rowspan="3">大
气
压</td><td>mmHg</td><td>760</td><td>740</td><td>725</td><td>710</td><td>690</td><td>675</td><td>655</td><td>640</td><td>625</td><td>610</td><td>595</td><td>580</td><td>565</td><td>555</td><td>540</td><td>525</td></tr>
<tr><td>mmH$_2$O</td><td>10332</td><td>10060</td><td>9856</td><td>9652</td><td>9380</td><td>9176</td><td>8905</td><td>8700</td><td>8497</td><td>8293</td><td>8089</td><td>7884</td><td>7681</td><td>7545</td><td>7341</td><td>7137</td></tr>
<tr><td>Pa</td><td>101325</td><td>98659</td><td>96659</td><td>94659</td><td>91992</td><td>89993</td><td>87326</td><td>85326</td><td>83326</td><td>81327</td><td>79327</td><td>77327</td><td>75327</td><td>73994</td><td>71994</td><td>69994</td></tr>
</table>

注：表中的大气温度为 0℃。

大气压随海拔高度和温度的增加而降低，从而空气变得稀薄。为了确保焙烧窑炉能获得既定数量的助燃空气，选择通风设备应考虑这些变化的因素。

例如，上海年平均大气压约为 760mmHg；拉萨约为 487mmHg；甘孜约为 504mmHg；康定约为 555mmHg。在其他条件相同的情况下，设上海隧道窑需空气量 100000m³/h，则拉萨窑需空气量 $100000\text{m}^3/\text{h} \times \dfrac{760\text{mmHg}}{487\text{mmHg}} = 156057\text{m}^3/\text{h}$；甘孜窑需空气量 $100000\text{m}^3/\text{h} \times \dfrac{760\text{mmHg}}{504\text{mmHg}} =$

$150794\mathrm{m}^3/\mathrm{h}$；康定窑需空气量 $100000\mathrm{m}^3/\mathrm{h} \times \dfrac{760\mathrm{mmHg}}{555\mathrm{mmHg}} = 136937\mathrm{m}^3/\mathrm{h}$。

6.184 什么是热工测量？它有什么意义？

用比较的方法来确定生产过程中热工参数的大小，称热工测量。热工测量是综合运用现代测量技术和仪表，对窑炉在生产过程各部位的温度、压力、流量、物位、成分等参数进行定期或连续的测量，以全面评价窑炉和其他热工设备在生产过程中的完善程度或监控生产过程，以保证其安全和最佳运行状态。

6.185 砖瓦工业隧道窑热平衡、热效率如何计算？

根据国家建材行业标准《砖瓦工业隧道窑热平衡、热效率测定与计算方法》JC/T 428—2007 的规定，计算方法如下：

1. 绘出热平衡示意图 6-8。

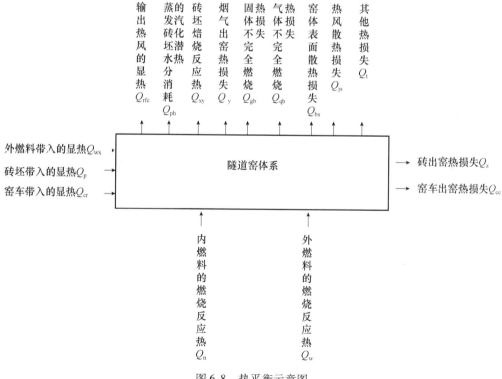

图 6-8 热平衡示意图

2. 热平衡计算方法

1）热量收入

（1）内燃料的燃烧反应热

$$Q_\mathrm{n} = Q_\mathrm{nbw}^\mathrm{g} \cdot m_\mathrm{n}^\mathrm{g}$$

式中　Q_n——单位质量（t）产品内燃料的燃烧反应热（kJ）；

$\quad\ Q_\mathrm{nbw}^\mathrm{g}$——内燃料干燥基低位发热量（kJ/kg）；

$\quad\ m_\mathrm{n}^\mathrm{g}$——单位质量（t）产品内燃料（干燥基）掺配量（kg）。

（2）外燃料的燃烧反应热

$$Q_w = Q_{wbw}^y \cdot m_w^y$$

式中　Q_w——单位质量（t）产品外燃料的燃烧反应热（kJ）；

　　　Q_{wbw}^y——外燃料应用基低位发热量（kJ/kg）；

　　　m_w^y——单位质量（t）产品外燃料应用基消耗量（kg）。

（3）外燃料带入的显热

$$Q_{wx} = m_w^y \cdot \left[\frac{(100 - w_w^y)\ C_w + 4.18 w_w^y}{100} \right]\ (t_w - t_o)$$

式中　Q_{wx}——单位质量（t）产品外燃料带入的显热（kJ）；

　　　m_w^y——单位质量（t）产品外燃料应用基消耗量（kg）；

　　　w_w^y——外燃料应用基含水率（%）；

　　　C_w——外燃料的比热容［kJ/（kg·℃）］；

　　　t_w——外燃料的平均温度（℃）；

　　　t_o——环境温度（℃）。

（4）砖坯带入的显热 Q_p

$$Q_p = \left[\left(m_p \cdot \frac{100 - w_p}{100} - m_n^g \right) \cdot C_{p1} + 0.0418 m_p \cdot w_p + m_n^g \cdot C_n \right]\ (t_p - t_o)$$

式中　Q_p——单位质量（t）产品的砖坯带入的显热（kJ）；

　　　m_p——单位质量（t）产品的砖坯的质量（kg）；

　　　m_n^g——单位质量（t）产品内燃料（干燥基）掺配量（kg）；

　　　w_p——砖坯的残余含水率（%）；

　　　t_p——砖坯入窑时的平均温度（℃）；

　　　t_o——环境温度（℃）；

　　　C_{p1}——砖坯内原料的比热容［kJ/（kg·℃）］，按下式计算：

$$C_{p1} = 0.807 + 313.6 \times 10^{-6} t_p$$

　　　C_n——内燃料的比热容［kJ/（kg·℃）］。

（5）窑车带入的显热

$$Q_{cr} = \frac{1}{B}\ [\ m_j \cdot C_j (t_y - t_o) + \sum m_f \cdot C_f (t_{fr} - t_o)\ ]$$

式中　Q_{cr}——相应于单位质量（t）产品的窑车带入的显热（kJ）；

　　　B——以单位质量（t）产品为计量单位的每辆窑车装载量；

　　　m_j——一辆窑车中金属材料的质量（kg）；

　　　C_j——窑车金属材料的比热容［kJ/（kg·℃）］；

　　　t_y——窑车入窑时金属材料的温度（℃）；

　　　t_o——环境温度（℃）；

　　　m_f——一辆窑车中非金属耐火衬料的质量（kg）；

　　　C_f——窑车非金属耐火衬料的比热容［kJ/（kg·℃）］；

　　　t_{fr}——窑车入窑时非金属耐火衬料的温度（℃）。

（6）总收入热量

$$Q_{zs} = Q_n + Q_w + Q_{wx} + Q_p + Q_{cr}$$

式中 Q_{zs}——烧成单位质量（t）产品总收入热量（kJ）。

2）热量支出

（1）蒸发砖坯水分消耗的汽化潜热

$$Q_{ph} = \frac{1}{100} r \cdot m_p \cdot w_p$$

式中 Q_{ph}——烧成单位质量（t）产品砖坯水分消耗的汽化潜热（kJ）；

r——水在入窑砖坯平均温度下的汽化潜热（kJ/kg）；

m_p——单位质量（t）产品砖坯的质量（kg）；

w_p——砖坯的残余含水率（%）。

（2）砖坯焙烧反应热

$$Q_{xy} = 20.91 m_{pl} \cdot Al_2O_3$$

$$Q_{xy} = 20.91 \left(m_p \frac{100 - w_p}{100} - m_n^g \right) \cdot Al_2O_3$$

式中 Q_{xy}——单位质量（t）产品的焙烧反应热（kJ）；

m_{pl}——单位质量（t）产品砖坯中原料的质量（kg）；

m_p——单位质量（t）产品砖坯的质量（kg）；

w_p——砖坯的残余含水率（%）；

m_n^g——单位质量（t）产品内燃料（干燥基）掺配量（kg）；

Al_2O_3——砖坯原料中氧化铝的含量（%）。

（3）输出热风的显热

$$Q_{rfc} = \frac{1}{100A} \left\{ V_{rf} \left[100 - \varphi_{rf(H_2O)} \right] \cdot C'_{grf} + \varphi_{rf(H_2O)} \cdot C'_{H_2O} \right\} \cdot (t_{rf} - t_o)$$

式中 Q_{rfc}——相应于单位质量（t）产品输出热风的显热（kJ）；

A——以单位质量（t）产品为计量单位的窑小时产量（t）；

V_{rf}——输出热风的流量（Nm³/h）；

$\varphi_{rf(H_2O)}$——热风中水蒸气的容积百分数（%）；

C'_{H_2O}——水蒸气的平均容积比热容 [kJ/（Nm³·℃）]；

t_{rf}——热风的平均温度（℃）；

t_o——环境温度（℃）；

C'_{grf}——干热风的平均容积比热容 [kJ/（Nm³·℃）]，按下式计算：

$$C'_{grf} = \left[\varphi_{grf(CO_2)} \cdot C'_{CO_2} + \varphi_{grf(CO)} \cdot C'_{CO} + \varphi_{grf(N_2)} \cdot C'_{N_2} + \varphi_{grf(O_2)} \cdot C'_{O_2} \right]$$

式中 $\varphi_{grf(CO_2)}$、$\varphi_{grf(CO)}$、$\varphi_{grf(N_2)}$、$\varphi_{grf(O_2)}$ 分别为干热风中二氧化碳、一氧化碳、氮气、氧气的容积百分数（%）；

C'_{CO_2}、C'_{CO}、C'_{N_2}、C'_{O_2} 分别为二氧化碳、一氧化碳、氮气、氧气的平均容积比热容 [kJ/（Nm³·℃）]。

（4）烟气出窑热损失

$$Q_y = \frac{1}{100A} \left\{ V_y \left[100 - \varphi_{y(H_2O)} \right] \cdot C'_{gy} + V_y \cdot \varphi_{y(H_2O)} \cdot C'_{H_2O} \right\} \cdot (t_y - t_o)$$

式中 Q_y——相应于单位质量（t）产品排出烟气的显热（kJ）；

A——以单位质量（t）产品为计量单位的窑小时产量（t）；

V_y——出窑烟气的流量（Nm^3/h）；

$\varphi_{y(H_2O)}$——烟气中水蒸气的容积百分数（%）；

C'_{gy}——干烟气的平均容积比热容 $[kJ/(Nm^3 \cdot \text{℃})]$；

C'_{H_2O}——水蒸气的平均容积比热容 $[kJ/(Nm^3 \cdot \text{℃})]$；

t_y——烟气的平均温度（℃）；

t_o——环境温度（℃）。

（5）砖出窑热损失

$$Q_z = 1000 \cdot C_z \cdot (t_z - t_o)$$

式中　Q_z——单位质量（t）产品带出窑外的显热（kJ）；

C_z——砖的比热容 $[kJ/(kg \cdot \text{℃})]$，按下式计算：

$$C_z = 0.807 + 313.6 \times 10^{-6}t$$

t_z——砖出窑时的平均温度（℃）；

t_o——环境温度（℃）。

（6）窑车出窑热损失

$$Q_{cc} = [m_j \cdot C_j \cdot (t_{jc} - t_o) + m_f \cdot C_f \cdot (t_{fc} - t_o)]$$

式中　Q_{cc}——相应于单位质量（t）产品窑车带出的显热（kJ）；

m_j——一辆窑车中金属材料的质量（kg）；

C_j——窑车金属材料的比热容 $[kJ/(kg \cdot \text{℃})]$；

m_f——一辆窑车中非金属耐火衬料的质量（kg）；

C_f——窑车非金属耐火衬料的比热容 $[kJ/(kg \cdot \text{℃})]$；

t_{jc}——窑车出窑时金属材料的温度（℃）；

t_{fc}——窑车出窑时非金属耐火衬料的温度（℃）；

t_o——环境温度（℃）。

（7）固体不完全燃烧热损失

$$Q_{gb} = 338.71(m_{hz} \cdot C_{hz} + m_z \cdot C_{zy})$$

式中　Q_{gb}——相应于单位质量（t）产品的固体不完全燃烧热损失（kJ）；

m_{hz}——生产单位质量（t）产品产生的灰渣量（kg）；

C_{hz}——灰渣含碳率（%）；

m_z——单位质量（t）产品的质量（kg）；

C_{zy}——砖内残余含碳率（%）。

（8）气体不完全燃烧热损失

$$Q_{qb} = \{V_y[100 - \varphi_{y(H_2O)}] \cdot \varphi_{gy(CO)} + V_{rf}[100 - \varphi_{rf(H_2O)}]\} \cdot \varphi_{grf(CO)}$$

式中　Q_{qb}——相当于单位质量（t）产品的气体不完全燃烧热损失（kJ）；

V_y——出窑烟气的流量（Nm^3/h）；

V_{rf}——输出热风的流量（Nm^3/h）；

$\varphi_{y(H_2O)}$——烟气中水蒸气的容积百分数（%）；

$\varphi_{gy(CO)}$——干烟气中一氧化碳的容积百分数（%）；

$\varphi_{\mathrm{rf(H_2O)}}$——热风中水蒸气的容积百分数（%）；

$\varphi_{\mathrm{grf(CO)}}$——热风中一氧化碳的容积百分数（%）。

（9）窑体表面散热损失

注：包括窑墙、窑顶和体系内风道的外露表面以及需要测定车底散热时窑车的底平面。

$$Q_{\mathrm{bs}} = \frac{F_{\mathrm{b}}}{A \cdot n} \sum_{i=1}^{n} q_{\mathrm{bs}i}$$

式中 Q_{bs}——相应于单位质量（t）产品的窑体表面散热损失（kJ）；

A——以单位质量（t）产品为计量单位的窑小时产量（t）；

n——测定次数；

F_{b}——窑体总表面积（m^2）；

$q_{\mathrm{bs}i}$——第 i 次测得的窑体表面平均散热流量 $[\mathrm{kJ/(m^2 \cdot h)}]$。

（10）送排风机散热损失

$$Q_{\mathrm{js}} = \frac{F_{\mathrm{js}}}{A \cdot n} \sum_{i=1}^{n} q_{\mathrm{js}i}$$

式中 Q_{js}——相应于单位质量（t）产品的风机散热损失（kJ）；

A——以单位质量（t）产品为计量单位的窑小时产量（t）；

n——测定次数；

F_{js}——风机散热面积（m^2）；

$q_{\mathrm{js}i}$——第 i 次测得的风机表面平均散热流量 $[\mathrm{kJ/(m^2 \cdot h)}]$。

（11）其他热损失

$$Q_{\mathrm{t}} = Q_{\mathrm{zs}} - (Q_{\mathrm{ph}} + Q_{\mathrm{xy}} + Q_{\mathrm{rfc}} + Q_{\mathrm{y}} + Q_{\mathrm{z}} + Q_{\mathrm{cc}} + Q_{\mathrm{gb}} + Q_{\mathrm{qb}} + Q_{\mathrm{bs}} + Q_{\mathrm{js}})$$

式中 Q_{t}——烧成单位质量（t）产品的其他热损失（kJ）。

（12）总支出热量

$$Q_{\mathrm{zz}} = Q_{\mathrm{ph}} + Q_{\mathrm{xy}} + Q_{\mathrm{rfc}} + Q_{\mathrm{y}} + Q_{\mathrm{z}} + Q_{\mathrm{cc}} + Q_{\mathrm{gb}} + Q_{\mathrm{qb}} + Q_{\mathrm{bs}} + Q_{\mathrm{js}} + Q_{\mathrm{t}}$$

3. 热效率计算方法

1）供给热量

$$Q_{\mathrm{gg}} = Q_{\mathrm{n}} + Q_{\mathrm{w}}$$

式中 Q_{gg}——烧成单位质量（t）产品供给隧道窑的热量（kJ）；

Q_{n}——单位质量（t）产品内燃料的燃烧反应热（kJ）；

Q_{w}——单位质量（t）产品外燃料的燃烧反应热（kJ）。

2）有效热量

$$Q_{\mathrm{yx}} = Q_{\mathrm{ph}} + Q_{\mathrm{xy}}$$

式中 Q_{yx}——烧成单位质量（t）产品消耗的有效热量（kJ）；

Q_{ph}——烧成单位质量（t）产品砖坯水分消耗的汽化潜热（kJ），按下式计算.

$$Q_{\mathrm{ph}} = m_{\mathrm{p}} w_{\mathrm{p}} \cdot [r + C_{\mathrm{ph}} \cdot (t_{\mathrm{y}} - t_{\mathrm{p}})]$$

式中 m_{p}——单位质量（t）产品砖坯的质量（kg）；

w_{p}——砖坯的残余含水率（%）；

r——水在入窑砖坯平均温度下的汽化潜热（kJ/kg）；

C_{ph}——按砖坯温度和烟气温度的平均值确定的水蒸气质量比热容 $[\mathrm{kJ/(kg \cdot ℃)}]$；

t_{y}——窑车入窑时金属材料的温度（℃）；

t_{p}——砖坯入窑时的平均温度（℃）。

3）热效率

$$\eta = \frac{Q_{yx}}{Q_{gg}} \times 100\%$$

4. 热平衡、热效率计算汇总

热平衡、热效率计算汇总如表6-37所示。

热平衡、热效率的计算结果汇总　　　　　　　　　表6-37

序号	热量收入				热量支出			
	项目	数值		百分数	项目	数值		百分数
		10^4kJ	10^4kcal	%		10^4kJ	10^4kcal	%
1	内燃料的燃烧反应热 Q_n				蒸发砖坯水分消耗的汽化潜热 Q_{ph}			
2	外燃料的燃烧反应热 Q_w				砖坯焙烧反应热 Q_{xy}			
3	外燃料带入的显热 Q_{wx}				输出热风的显热 Q_{rfc}			
4	砖坯带入的显热 Q_p				烟气出窑热损失 Q_y			
5	窑车带入的显热 Q_{cr}				砖出窑热损失 Q_z			
6					窑车出窑热损失 Q_{cc}			
7					固体不完全燃烧热损失 Q_{qb}			
8					气体不完全燃烧热损失 Q_{gb}			
9					窑体表面热损失 Q_{bs}			
10					送排风机散热损失 Q_{js}			
11					其他热损失 Q_t			
12	合计			100				100
	有效热量 Q_{yx}，10^4kJ（10^4kcal）				（　　　）			
	热效率 η,%							

注：上述各项收支热量均以产品的单位质量（t）为计算基数。

6.186 常用接触式测温仪表有哪些种类？非接触式测温仪表有哪些种类？

1. 常用接触式测温仪表有双金属温度计、压力表式温度计、玻璃管液体温度计、电阻式温度计等。

（1）双金属温度计。它是利用金属热胀冷缩的原理测温的。主要用在各种继电器内作为感温元件。

（2）压力表式温度计。它是利用气（汽）体、液体在定容条件下，压力随温度变化而变化的原理来测温的。主要用于燃油、润滑油系统等温度的测量。

（3）玻璃管液体温度计。它是利用液体温度升高体积膨胀的原理来测温的。主要用于实验室测温、临时测温、工业上就地显示等用途，一般测温范围较小。

（4）电阻式温度计。它是利用金属导体或半导体的电阻随温度变化的原理来测温的。

测温精度较高，数据能够远传，工业上使用较广泛；但所测的温度上限不高，一般在900℃以下。

（5）热电偶温度计。热电偶温度计是利用热电效应测温的。测温精度较高，数据能够远传，测温范围大，工业上使用广泛。

（6）测温锥、测温笔等。

2. 非接触式测温仪表有光学温度计、全辐射式高温计、比色高温计、红外温度计等。

（1）光学温度计。它是利用物体单色辐射强度及量度随温度变化而变化的原理来测温的。

（2）全辐射式高温计。它是利用物体全辐射力随温度变化而变化的原理来测温的。

（3）比色高温计。它是利用两个不同波长辐射强度的比值与温度之间的关系来测温的。其优点是可以消除窑炉内烟雾（灰尘及吸收性气体）对测温结果的影响。

（4）红外温度计。工作在红外波段内的辐射式温度计。

6.187 砖瓦工业隧道窑——干燥室体系热效率、单位热耗、单位煤耗如何计算？

根据国家建材行业标准《砖瓦工业隧道窑——干燥室体系热效率、单位热耗、单位煤耗计算方法》JC/T 429—2007 的规定，计算方法如下：

（1）绘出热平衡示意图（图6-9）

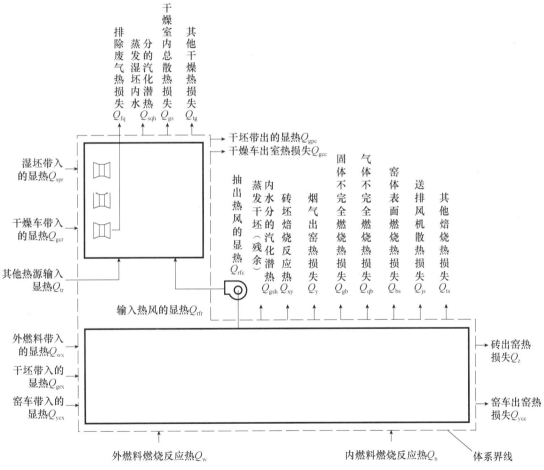

图 6-9　隧道窑——干燥室体系热平衡示意图

（2）计算

①体系热效率

$$\eta_{tx} = \frac{Q_{yx1} + Q_{yx2}}{Q_{gg1} + Q_{gg2} - Q_{rfc}}$$

或
$$\eta_{tx} = \frac{Q_{ps1} + Q_{ps2} + Q_{xy}}{Q_{spr} + Q_{rfr} + Q_{tr} + Q_n + Q_w - Q_{rfc}}$$

注：只有用外热源加热泥料，致砖坯温度提高时，此项才成立。

式中　η_{tx}——体系效率（%）；

Q_{yx1}、Q_{yx2}——分别表示干燥室和隧道窑干燥和焙烧单位产品（t）消耗的有效热量（kJ）；

Q_{gg1}、Q_{gg2}——分别表示干燥室和隧道窑干燥和焙烧单位产品（t）需要供给的热量（kJ）；

Q_{rfc}——相应于单位产品（t）的隧道窑抽出热风的显热（kJ）；

Q_{ps1}、Q_{ps2}——分别表示干燥室和隧道窑中相应单位产品（t）的砖坯排除水分消耗的热量（kJ）；

Q_{xy}——相应于单位产品（t）的砖坯的焙烧反应吸热（kJ）；

Q_{spr}——湿坯带入的显热（kJ）；

Q_{rfr}——相应于单位产品（t）的砖坯输入干燥室热风的显热（kJ）；

Q_{tr}——相应于单位产品（t）的砖坯由其他热源输入干燥室的热量（kJ）；

Q_n——相应于单位产品（t）的砖坯内掺燃料的燃烧反应热（kJ）；

Q_w——单位产品（t）所消耗外燃料的燃烧反应热（kJ）。

②体系单位热耗

$$Q_{tx} = \left(\frac{Q_{gg1}}{100 - R_{gf}} + \frac{Q_{gg2} - Q_{rfc}}{100 - R_{sf}} \right) \times 100$$

或
$$Q_{tx} = \left(\frac{Q_{rfr} + Q_{tr}}{100 - R_{gf}} + \frac{Q_w + Q_n - Q_{rfc}}{100 - R_{sf}} \right) \times 100$$

式中　Q_{tx}——体系单位［单位产品（t）］热耗（kJ）；

R_{gf}——干燥废品率（%）；

R_{sf}——焙烧废品率（%）。

③体系单位煤耗

$$m_{txm} = \frac{100(m_{rim} + m_{wim})}{100 - R_{sf}} + \frac{Q_{tr}}{2.927(100 - R_{gf})(100 - R_{sf})}$$

式中　m_{txm}——体系单位［单位产品（t）］煤耗（kg）（标煤）；

m_{rim}——相应于单位产品（t）的砖坯内掺原煤干基量（kg）（标煤）；

m_{wim}——相应于单位产品（t）的砖坯焙烧时消耗外燃原煤干基量（kg）（标煤）。

（3）计算结果与表示

计算结果记入表6-38中。

热效率、单位热耗、单位煤耗计算结果　　　　表6-38

企业名称			
产品名称及规格型号			
与普通砖的体积折算比例			
计算项目	单位	计算结果	备注
体系热效率	%		
体系单位［单位产品（t）］热效	10^4kJ/t		
体系单位［单位产品（t）］煤耗	kg/t（标煤）		
单位产品（t）的数量	万块		
按数量（万块）计算时体系单位热耗	10^4kJ/万块		
按数量（万块）计算时体系单位煤耗	Nkg/万块		

6.188 什么是砖瓦窑炉的热平衡？什么是窑炉的热效率？

砖瓦窑炉的热平衡是对其输入能量和输出能量之间的平衡关系进行考查。热平衡的主要理论基础是能量守恒定律。通过测试、统计、计算等手段，用热平衡的各项技术指标来分析和掌握窑炉的耗能状况及用能水平，从而找出能源利用中存在的问题、浪费的原因，为加强能源管理、改造高能耗窑炉、实现合理用能和节约用能提供科学依据。

窑炉的热效率是焙烧砖瓦的理论热耗与实际热耗的比值。它表示窑炉的热利用程度。主要决定于焙烧制度、窑炉的类型及其结构、制品规格及其所用的原材料、燃料种类及质量、操作管理等。

例1：原北京市窦店砖厂一条龙一次码烧隧道窑，内宽1.76m，窑车面至窑内拱高0.88m，长95.15m。长度分配：干燥带36.85m，21个车位；闸板房1.75m，1个车位；预热带13m，7.5个车位；焙烧带24.5m，14个车位；冷却带18.4m，10.5个车位。窑车1.75m×1.86m，每条窑容54辆窑车，共计14条窑。其热平衡如表6-39所示。

隧道窑热平衡

表6-39

热量收入				热量支出			
序号	项目	kJ/万块	%	序号	项目	kJ/万块	%
1	内燃燃料的燃烧热	43021316	72.38	1	坯体内残余水分蒸发耗热	13361140	22.48
2	外燃燃料的燃烧热	9256727	15.58				
3	外燃燃料的显热	27533.66	0.05	2	坯体内逸出水分加热至烟气离窑温度耗热	368341.6	0.62
4	空气入窑带入热	1965904.1	3.31				
5	砖坯入窑带入热	1817384.5	3.05	3	烧成时坯体化学反应耗热	7165318.3	12.06
6	窑车入窑带入热	3343335.3	5.63	4	出窑砖带走热	10278511	17.29
				5	窑车出窑带走热	8756351.7	14.73
				6	灰渣带走热	36579.18	0.06
				7	机械不完全燃烧热损失	975361.2	1.64
				8	烟气带走热	7447911.4	12.53
				9	闸板房盖板散热	158004	0.27
				10	窑底冷却风带走热	317471	0.53
				11	窑体散热 其中包括：	4775378.2	8.04
					（1）窑顶散热	2628087.2	(4.42)
					（2）窑室隔墙顶散热	1928831.7	(3.25)
					（3）侧、端墙散热	48412.76	(0.08)
					（4）火眼盖散热	170046.58	(0.29)

热量收入				热量支出			
序号	项目	kJ/万块	%	序号	项目	kJ/万块	%
				12	火眼投煤溢热	3979.36	0.01
				13	风机散热	186277.52	0.31
				14	其他热损失	5601576.2	9.43
	合计	59432198	100.00		合计	59432198	100.00

在热量支出中，序号1、2、3为有效热量。其热效率为：22.48% + 0.62% + 12.06% = 35.16%。

例2：原北京市窦店砖厂66门轮窑，窑道内宽3.82m，内高2.7m，门距5.5m，烧4把火。其热平衡如表6-40所示。

轮窑热平衡 表6-40

热量收入				热量支出			
序号	项目	kJ/万块	%	序号	项目	kJ/万块	%
1	内燃料的燃烧热	25915874	78.51	1	坯体内残余水分蒸发热	2029473.6	6.15
2	外燃料的燃烧热	7095550	21.49	2	坯体内逸出水分加热耗热	110615.34	0.34
				3	坯体化学反应耗热	10366801	31.40
				4	出窑砖带走热	340912.44	1.03
				5	机械不完全燃烧热	224386.58	0.68
				6	化学不完全燃烧热	4461686	13.52
				7	窑体散（逸）热	1928108.6	5.84
				8	烟气带走热	9476983.7	28.7
				9	其他热损失	4072456.9	12.34
	合计	33011424	100.00		合计	33011424	100.00

在热量收入中，外燃料的显热、空气入窑带入热和砖坯入窑带入热未计；在热量支出中，序号1、2、3为有效热量。其热效率为：6.15% + 0.34% + 31.40% = 37.89%。

6.189 窑炉热平衡测定项目有哪些？热平衡测定前应做好哪些准备工作？

热平衡测定项目有：

（1）温度测定（包括预热、烧成、冷却各带温度和废气温度）；

（2）湿度测定（包括预热带水汽凝露情况和砖坯脱水速度）；

（3）压力测定（包括预热、烧成、冷却各带压力和排烟设备抽力）；

（4）流速和流量测定（包括总烟道、预热带和烧成带的气体流速和流量）；

（5）烟气分析（包括总烟道、烧成带前后端烟气以及过剩空气系数计算）；

（6）热平衡测定（包括全窑热平衡和各带热平衡）。

热平衡测定前应做好的准备工作有：

（1）画出物料平衡框图和热平衡框图。

（2）按照物料平衡框图和热平衡框图，依次列出测定项目、测定方法和使用的仪器，制定出测试方案。

（3）测试前的准备工作：

①收集有关的数据和资料，包括：（a）窑炉的结构、流程及主要尺寸；（b）焙烧制品的名称、规格及生产能力；（c）原料及坯体的分析数据；（d）燃料的有关性能；（e）通风设备等的型号与规格；（f）窑炉的热工制度、烧成周期；（g）窑内断面温差情况及产品烧成中存在的问题；（h）运转时间及窑的历史和现状等。

②测试工作的组织，包括分组、定岗位，使每个参加测试的成员明确自己的任务，使生产指挥系统和窑炉操作人员明确测试的意义和如何配合等。

③制定每个岗位的记录表格和数据汇总表格；在窑上表明测点；在流量的测点处要预先实测管道流通断面尺寸；计算测点位置并在毕托管上作好记号。在记录表格上记录测定开始与结束时间，测试期间内的气温、相对湿度、大气压力等环境状态参数，并有测试人员签字栏。

④所有仪表应预先检验校正；气体分析器应灌药并作严密性试验；准备好有关的取样工具（包括化验样品纸袋及其编号方法的规定）。

为了帮助分析窑炉存在的问题，有些辅助测定项目也应纳入计划内。属于这方面的项目应根据实际情况确定。

第七部分 自 动 控 制

7.1 什么是自动配料系统？

采用 PLC 为控制中心，由计量传感器、皮带秤计量。动态计量误差可达 2% 以下。系统根据燃料的实测发热量设定配置比例，均匀稳定给料。

燃料按设定的比例自动实时跟踪原料的给料量，原料多则燃料多，原料停则燃料停，并可在线修改配比，保证了原材料中的发热量准确、稳定、不变，无人值守。

7.2 什么是自动配水系统？

采用 PLC 为控制中心，通过皮带计量原材料（粉状）实时流量，出水量自动跟踪其流量的变化而变化，料多则出水量大，料少则出水量小，无料则自动切断水源，遇到原材料含水量变化只需修改配水比例即可，从而能保证坯体成型含水率准确、稳定、不变。

该系统有设备连锁控制功能，通过程序将原材料（粉状），加水搅拌和挤出机的上、下级等环节实现连锁自动控制。启动时按顺序逐个启动，停止时也按顺序逐个停止。当生产过程有设备出现故障时，就按暂停按钮，所控设备全部停运，待处理好故障后，复位暂停按钮，系统自动逐个恢复运行，从而实现生产过程自动化，无人值守。

该系统还有低流量水泵变频补偿功能，以防低流量时，水泵不出水。

7.3 窑炉自动控制电动单元组合仪表控制系统一般由哪些基本单元组成？

电动单元组合仪表控制系统一般由以下基本单元组成：

（1）检测单元。用以将被测量的变化转变为模拟量的相应变化，如热电偶、热电阻。

（2）变送单元。用以将检测元件测量的信号加以放大，并转换为统一的标准信号，如温度变送器把热电偶测得的毫伏信号转变为 0～10mA 的电流信号（DDZ-2）或 4-20mA 电流信号（DDZ-3）。

（3）调节单元。包括输入电路、自激调制放大器、PID 运算反馈电路等。由变送器过来的输入信号与给定值进行比较（即相减）所得的偏差信号，经电压放大功率放大后输出，PID 运算反馈电路可实现预定的调节规律。

（4）执行机构。包括伺服电机、各种调节阀等，用以代替人来操控阀门，完成调节任务。

7.4 计算机控制系统一般由哪些基本单元组成？

计算机控制系统一般由以下基本单元组成：

（1）检测单元。用以将被测量的变化转变为模拟量的相应变化，如热电偶、热电阻。

（2）变送单元。用以将检测元件测量的信号加以放大，并转换为统一的标准信号。

（3）A/D 转换器。用以将模拟信号转换为计算机可以识别的数字信号。

（4）计算机。包括 CPU、存储器、各种输入与输出模块、键盘、显示器、打印机、报警器等，可同时对多种信息实现复杂先进的控制算法。

（5）D/A 转换器。用以将数字信号转换为模拟信号输出。

（6）执行机构。用以代替人来操控阀门，完成调节任务。

7.5 什么是调节作用规律？基本调节作用规律有哪些？

调节器的输出信号和它的输入信号-偏差之间的关系称为调节器的特性，或称为调节器的调节作用规律。基本调节作用规律有：位式调节规律、比例调节规律（P 调节）、积分调节规律（I 调节）、微分调节规律（D 调节）、比例积分微分调节规律（PID 调节）。随着计算机在生产过程自动化领域的广泛应用，计算机除了可以实现以上各种调节规律外，又发展了模糊调节规律。计算机把智能模糊控制和智能 PID 控制构成混合控制体制，克服了窑炉温度控制滞后和惯性大的困难，提高了自动调节质量。

7.6 什么是比例调节规律？它有什么特点？

比例调节规律是指调节器的输出 ΔP 与被调量偏差 e 的大小成比例关系，即

$$\Delta P = K_c e$$

式中，K_c 为调节器的放大倍数，它越小，则调节作用越弱；它越大，则调节作用越强。

比例调节规律的主要特点如下：

（1）调节器的输出与输入量的偏差同步动作，无时间延迟，因此对克服干扰有效，能较快使系统得到稳定。

（2）系统在达到平衡时，被调量回不到原来的定值，也就是说，比例调节规律有余差，故也称有差调节。

7.7 什么是积分调节规律？积分调节为什么可以消除余差？

积分调节规律是指调节器的输出 ΔP 与它的输入（即被调量偏差 e）对时间的积分成比例关系，其数学表达式：

$$\Delta P = K_I \int_0^t e\,\mathrm{d}t = \frac{1}{T_I} \int_0^t e\,\mathrm{d}t$$

式中，K_I 为积分调节器的放大系数；T_I 为积分时间。

由于积分调节器的输出不仅取决于偏差的大小，而且取决于偏差存在的时间，即使只有很小的偏差，但经过较长的时间，积分调节器仍会有较大的输出，直到偏差彻底消除，即 $e = 0$ 时，调节器的输出才停止变化，故积分调节可以消除余差。

7.8 什么是微分调节？它有什么特点？

微分调节规律是指调节器的输出 ΔP 与它的输入（即被调量偏差 e）对时间的微分成比例关系。其数学表达式：

$$\Delta P = T_d \frac{\mathrm{d}e}{\mathrm{d}t}$$

式中，$\dfrac{\mathrm{d}e}{\mathrm{d}t}$ 为偏差的变化速度；T_d 为微分时间。

微分调节的特点是当有阶跃信号输入时，由于 e 对 t 导数为 ∞，因此，理想微分调节器在信号刚输入的瞬间，其输出为无限大，但又立即消失，即调节器的输出立即变为 0。可见，单纯的微分调节器是没有实际使用价值的；但微分调节和其他调节方式联合使用时，就会加快调节过程，使被调量能够很快地稳定下来。

7.9　比例积分微分调节规律有什么特点？性能参数有哪些？

比例积分微分调节规律（PID 调节）是指调节器输入阶跃偏差信号时，由于微分作用使其输出先作飞跃，然后逐渐下降到比例作用，接着，积分作用又使其逐渐上升。比例调节是基本的调节作用，微分调节在过程前期起主要作用，有利于加快调节过程；积分调节在过程后期起主要作用，有利于消除余差。比例积分微分调节的调节质量较好，在自动调节系统中用得较广。

比例积分微分调节器的性能参数有比例度、积分时间、微分时间（或微分增益）。

7.10　调节系统过度过程的优劣有哪些指标衡量？调节器为什么需要整定？工程上有哪三种整定方法？

衡量调节系统过度过程的优劣的指标主要有：最大偏差值、超调量、衰减比以及余差等。

一个调节系统过度过程的优劣，与调节对象的特性、干扰形式和大小、调节器的参数都有着密切的关系。对于一个确定的调节系统（包括设备和操作工艺条件基本不变），调节对象的特性、干扰形式和大小都是已经确定的，一般不能够人为改变。因此，为了获得好的调节质量，就必须对调节器的参数（例如比例积分微分调节器的比例度、积分时间、微分时间）进行整定。

调节器参数的工程整定方法主要有三种：

（1）经验凑试法。适用于各种调节系统，但必须有较丰富的实践经验才能掌握。

（2）临界比例度法。适用于一般流量、压力、温度自动调节系统，但比例度很小的系统不适用。

（3）衰减曲线法。对干扰频繁、记录曲线不规则且呈锯齿形的系统不适用。

7.11　如何用经验凑试法整定窑温自控系统？

先将调节器的比例度、积分时间、微分时间三个参数设置在基本合理的数值上，对窑温自控系统一般可取 $\delta = 20\% \sim 60\%$，$T_i = 3 \sim 10\mathrm{min}$，$T_d = 0.5 \sim 3\mathrm{min}$（用经验凑试法时的经验数据，对流量自调系统：$\delta = 40\% \sim 100\%$，$T_i = 0.1 \sim 1\mathrm{min}$；对压力自调系统：$\delta = 30\% \sim 70\%$，$T_i = 0.4 \sim 3\mathrm{min}$；对液位自调系统：$\delta = 20\% \sim 80\%$，$T_i = 1 \sim 5\mathrm{min}$）。改变给定值以施加干扰，在记录仪上观察过程曲线的形状，按一定顺序进行凑试。一种方法是先凑试比例度到满意为止。然后加入积分作用，同时将 δ 值提高 20%，以消除余差，加入微分作用，以提高调解质量。另一种方法是按上述数值先定一个积分时间参数，如果需要微分作用，可以按 $T_d = 1/3 \sim 1/4T_i$，逐步引入微分作用，最后再对 δ 进行试凑，整定比例度到满意为止，实

践证明 δ 减少，可以用增加 T_i 的办法补偿，基本上不影响调节质量。

7.12 如何用临界比例度法整定调节器？

用临界比例度法整定调节器的参数，过程如下：

（1）先将调节器变为纯比例作用（即将积分时间放到最大位置，微分时间置于零）；

（2）加入阶跃干扰，从大到小逐渐改变调节器的比例度，就会得到一个临界震荡过程曲线，这时的比例度称为临界比例度 δ_k，由过程曲线求出临界周期 T_k，记下 δ_k 和 T_k。

（3）按经验公式确定调节器的各参数。

对比例调节：比例度 $=2\delta_k$；

对比例积分调节：比例度 $=2.2\delta_k$，积分时间 $=0.85T_k$；

对比例微分调节：比例度 $=1.8\delta_k$，微分时间 $=0.1T_k$；

对比例积分微分调节：比例度 $=1.7\delta_k$，积分时间 $=0.5T_k$；微分时间 $=0.125T_k$。

7.13 什么是串级调节系统？以隧道窑烧成带温度作为主参数，以燃烧室温度作为副参数的串级温度自动调节系统，是如何克服干扰的？

采用两个调节器串联工作，主调节器的输出作为副调节器的给定值，通过副调节器操纵执行器，达到控制一个被调参数的目的，这样的调节系统称为串级调节系统。

下面简要分析以隧道窑烧成带温度作为主参数，以燃烧室温度为副参数的串级温度自动调节系统，是如何克服干扰的。

隧道窑的干扰来自很多方面，主要有：（1）燃料流量；（2）燃料发热量；（3）助燃空气量；（4）进车速度；（5）预热带温度；（6）排烟机的抽力等。

其中（1）~（3）项干扰首先影响副调节参数——燃烧室温度，使其发生变化，然后影响到主调节参数——烧成带温度，并使其发生变化。而（4）~（6）项干扰则直接影响主调节参数——烧成带温度。当（1）~（3）项干扰发生时，例如燃料流量减少，引起（1）~（3）项副调节参数——燃烧室温度降低，副调节器立即做出响应，输出信号开大燃料阀门，使燃烧室温度回升，结果主调节参数——烧成带温度受到1的影响很小，当（4）~（6）项干扰发生时，例如进车速度加快了，引起烧成带温度下降，主调节器对偏差信号运算后，发出的指令并不直接作用到执行器，而是加到副调节器，改变其给定值，使副调节器的输出信号控制执行器，开大燃料阀门，使烧成带温度恢复到给定值。

7.14 什么是比值调节系统？它有哪些基本类型？

凡是两个以上的参数，保持一定比值关系的调节系统称为比值调节系统，其调节对象大多是管道流量。比值调节系统有四种基本类型：开环比值调节系统；单闭环比值调节系统；双闭环比值调节系统；串级比值调节系统。

7.15 什么是开环比值调节系统？它有什么优缺点？

开环比值调节系统是最简单的比值调节，它以一种物料作为主动物料（例如助燃空气），另一种作为从动物料（例如燃气）。当主动物料受到扰动，流量发生变化时，发出测量信号，送到比值调节器，比值调节器对测量信号与给定值比较后，发出调节信号控制安装在从动物料管道上的调节阀，使从动物料的流量跟上主动物料的流量变化，保持其比值不变。由于测量信号取自主动物料，调节信号送到从动物料，所以是开环系统。

这种系统的优点是结构简单、使用仪表较少，目前在燃烧调节中，作为燃气、空气开环比值调节系统应用较广，缺点是要求从动物料流量比较稳定，否则达不到比值要求。

7.16 以煤气作为主动流量，助燃空气作为从动流量的单闭环比值调节系统是如何构成的？它是如何克服干扰的？

以煤气作为主动流量，助燃空气作为从动流量的单闭环比值调节系统由主测量变送器（煤气流量变送器）、从测量变送器（空气流量变送器）、主调节器（比值器）、从调节器、调节阀组成，它的系统如图7-1所示。

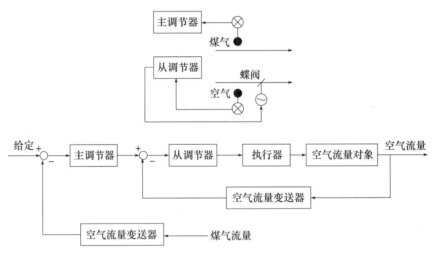

图7-1 单闭环比值调节系统

当煤气流量（主动量）不变，设空气流量（从动量）受到干扰发生变化时，从调节器输出调节信号，通过执行器调节空气流量，使其恢复到原给定值（属于单闭环定值调节），于是，煤气与空气的比值关系也得到恢复；当煤气流量（主动量）受到干扰发生变化时，主动调节器的输出随之发生变化，由于主动调节器的输出直接作为从动调节器的给定值，因此，从动调节器输出信号变化，操纵阀门动作，改变空气流量，使其跟从煤气流量的变化，保持二者的比例关系。

7.17 为什么隧道窑和辊道窑的烧嘴燃烧调节适宜采用均压阀燃气空气比值调节系统？它的结构如何？它是如何实现比例调节作用的？

隧道窑和辊道窑的烧嘴燃烧调节，对稳定烧成制度和保证完全燃烧有重要作用。但烧嘴燃烧调节的困难之一是烧嘴数量多，自动调节的投资大；困难之二是每个烧嘴的流量小，测量有一定难度。而均压阀燃气、空气比值调节系统基本满足燃气、空气比值调节的要求，而且具有简单实用、投资少等优点。

均压阀燃气空气比值调节系统属于开环比值调节系统，一般以空气作为主动物料，压力信号取自空气管道调节阀后至烧嘴之间的管道上，作为自励式比值调节器的均压阀则安装在燃气管道上。

均压阀的结构如下：主薄膜将均压阀分为上下两个部分，主薄膜的下部连着副薄膜和阀芯，全部重量经过位于主薄膜上部的拉力弹簧和可调螺栓挂在阀顶的支承板上。调整可调螺栓，可以使阀芯上下移动，改变流通阻力，调节流量大小。副薄膜将均压阀的下部空间分为上下两部分，上部通过毛细孔与阀后空间相通，因此可以抵消作用在阀芯上的压力，起到减少调节余差的作用。空气压力信号送到主薄膜上部空间，平衡时，空气在主薄膜上产生的总压力与可动系统的总重量之和等于弹簧的拉力。

由于空气管道调节阀后至烧嘴的阻力系数可以认为是恒定的，因此空气流量的变化与其压力的变化有确定关系。当空气压力变化时（例如增大），均压阀的主薄膜将带动阀芯下移，使阀门的开度增大，因此，燃气的流量随着增加。由于弹簧的拉力与阀芯的位移成正比，当向上的拉力与向下的压力平衡时，燃气的流量将不再增加，并能够维持燃气与空气的比值基本不变。当燃烧室表压为 1000Pa 时，比值调节的精度可达 ±2.5%，完全可以满足工程需要。

7.18 DTL-121 型调节器如何进行手动-自动切换？

DTL-121 型调节器属于 DDZ-2 型仪表中的调节单元。在仪表的面板上有手动-自动切换开关、偏差指示表、手操拨盘、输出指示表和内给定拨盘。

具体操作如下：将手动-自动切换开关置于手动位置，拨动手操拨盘可使调节器输出一个电流信号直接到执行器去，输出信号的大小可由输出指示表显示出来（给定值已预先给定）。若需要有手动转为自动时，首先观察偏差指针是否指向正中位置，若已经指在正中位置，说明调节系统已经达到正常，即可将手动-自动切换开关拨到"自动"位置，然后将手操拨盘读数拨到零。由于有自动跟踪装置作用，自动输出的电流能自动跟踪手动输出电流，实现无扰动切换。

当需要从自动切换到手动时，应首先调整手操拨盘，使拨盘上的指示值与输出指示表指示值等，然后再将切换开关拨到手动，以实现无扰动切换。

7.19 DTL-3110 型调节器如何进行软手动-硬手动-自动的相互切换？

DTL-3110 型调节器属于 DDZ-3 型仪表中的调节单元。在仪表的面板上有硬手动-软手动-自动切换开关、垂直安装的双针指示表（给定针为黑色，输入针为红色）、硬手动操作杆（与输出指针、阀位指示器等在一个表中）、软手动板键、外给定指示灯和内给定拨盘。

软手动-硬手动-自动的相互切换的原则是：凡是切换到硬手动，都要先进行平衡，移动硬手动操作杆使其与输出值对齐，其他切换操作都是　步直接切换。

具体操作过程如下：启动时，先用软手动操作，切换开关置于"软手动"，用内给定轮给出给定值，操作软手动板键，使双针指示表输入信号（红针）尽量接近给定值（黑针）。

从"软手动"切换为"硬手动"：必须先进行平衡，然后再切换。把切换开关置于"硬手动"后，拨动硬手动操作杆即可进行硬手动操作。从"硬手动"切换为"软手动"可一步完成。

从软（或硬）手动操作切换为"自动"的方法：软（或硬）手动操作达到平衡后，可以从"手动"切换为"自动"。

从"自动"切换为"软手动"的方法：可以直接切换。

从"自动"切换为"硬手动"的方法：先调整硬手动操作杆，使操作杆与自动的输出值一致（对齐），然后再切换。

7.20 电动执行器有什么作用？常用的电动执行器有哪些种类？

电动执行器接受调节器的输出信号，把它转变为执行器输出轴的角位移或直行位移，以推动调节器机构（阀门），执行调节任务。

电动执行器有角行程型（DKJ型），直行程型（DKZ型）和简易式直行程型（ZDA型）等。

7.21 DKJ型电动执行器的工作原理如何？

DKJ型电动执行器包括伺服放大器和执行机构两个独立部分。从调节器来的0～10mA控制信号电流，输入到伺服放大器，与执行机构的位置反馈信号比较，两者的差值经伺服放大器放大后，控制执行机构内的伺服电机正转或反转，伺服电机是高转速小力矩，再经减速器减速后就得到低转速大力矩，减速器的输出轴带动执行机构的曲柄转动，转动角度为0～90°，用以改变阀门或闸板的开度。与此同时，减速器的输出轴还带动位置发信器，输出0～10Am直流电流，作为位置反馈信号。

7.22 目前计算机控制系统有哪几种类型？它们各有什么特点？

目前计算机控制系统可分为四种类型：

（1）集中式控制系统

是用一台计算机控制、监视整个生产过程。优点是控制功能集中，便于信息的分析及管理，缺点是可靠性差和软件开发工作量大，而且调试困难。

（2）分散式控制系统

是用一台智能仪（或工控机）控制一台设备或一个被调参数，整个生产过程往往需要若干个智能仪分散工作，实现各自的控制功能。其主要优点是系统可靠性提高，缺点是难以实现对生产过程的最优控制。

（3）集散型控制系统

是二级计算机控制系统。下位机由若干台独立的微型计算机组成，它们独立完成各自的控制功能，上位机负责各台微机之间的数据通信及整个系统的操作管理。

（4）分布式控制系统

是集散型控制系统向更高层次的发展，各台微机形成共享数据库的处理系统，实现了生产过程的集中操作管理和分散控制功能。

7.23 隧道窑和辊道窑的测控系统的主要任务是什么？测量控制参数主要有哪些？

隧道窑和辊道窑测控系统的主要任务是保证烧成制度的温度的稳定。测量控制参数主要有温度、压力、流量和气氛。

（1）温度的测控

包括烧成温度的测控和窑系统温度的控制，其中烧成温度测控的目的是保证温度曲线的稳定，它是温度测控的重点，测点设置较多，一般在预热带不少于 6 点（车位）、烧成带不少于 4 点（车位），冷却带不少于 4 点（车位）。测点数确定与窑的长度和对温度控制所要求的精度相关。窑越长，对温度控制要求的精度越高，设置的测点也越多，有的窑多达 20 多个测点。窑系统温度的测控包括重柴油温度、煤气温度（一般只作测量显示，不作控制）、抽出热风温度（一般只作测量显示，不作控制）、排烟温度（一般只作测量显示，不作控制）、排烟机前温度、热风机前温度、热交换器前后温度等。

（2）压力的测控

包括窑头（预热带负压较大处）负压的测控，排烟机前负压的测控，急冷风管压力，搅拌气幕风管压力、燃油或燃气总管压力、支管压力、烧嘴前压力的测控，雾化介质压力的测控，助燃风总管及支管压力等。其中燃气压力、助燃空气压力、排烟机前负压力设置异常（超限）报警信号。

（3）流量的测控

包括燃气或燃油流量的测量、记录与累积，燃气或燃油与助燃空气的比值调节等。

（4）气氛检测

一般氧化烧成的窑炉，检测烧成带及其前后一个车位的含氧量（采用氧化锆传感器），对还原烧成的窑炉，应检测强还原车位的 CO 含量，氧化气幕前和烧成带后部的 O_2 含量。

7.24 隧道窑集散型控制系统上位机与下位机各有哪些基本作用？

隧道窑集散型系统上位机的基本任务：显示与打印生产参数与热工参数；存储当前与历史生产参数与热工参数；打印故障报告；修改下位机的程序及有关设定值；系统报警。

隧道窑集散型系统下位机的基本任务：负责对窑系统温度、压力、气氛等参数进行检测控制；通过窑头控制柜对窑车和拖车位置进行检测及操作运行；通过窑尾控制柜对窑车和拖车位置进行检测及操作运行；与上位机交换信息；事故状态下手动操作。

7.25 工控机的日常维护要点有哪些？

工控机的日常维护要点主要有：对系统构成的主要文件应及时备份；防治感染计算机病毒，保证系统能稳定运转；电源要稳定，最好设有备用电源；接地电阻应该符合规定，一般小于 5Ω，注意防尘，保证工控机和控制室的清洁卫生；计算机和控制室的温度不要出现过大波动，最好由计算机监测；控制系统防止周围出现强磁场干扰。

7.26 氧化锆氧量计（探测器）利用什么原理测定烟气中的氧含量？

氧化锆是由正 4 价的锆与负 2 价的氧结合生成的金属氧化物材料，当掺杂少量的 CaO 或 Y_2O_3，晶体中会产生一些氧离子空穴，这种含有氧离子空穴的氧化锆材料在 600~800℃ 时，对氧离子有良好的传导作用，利用氧化锆材料的这一性能，可以制成氧浓差电池。即在掺杂了的氧化锆材料两侧，各烧结一层多孔铂电极作为电池极板，将它置于两侧含氧量不同的气体中，其中一种气体为被测气体（例如烟气），另一侧气体为参比气体。在 600~1200℃ 温度下，铂电极上就会产生电势，该电势成为氧浓差电势，处于含氧量高的气体一侧电极带正电，含氧量低的一侧电极带负电。氧浓差电势的大小与氧含量之差有确定的函数关系，若作为参比的一侧通入空气，则氧浓差电势即可反映被测气体中氧含量的大小。

7.27 氧化锆氧量计（探测器）直插定温式测量系统由哪些部分组成？各有什么作用？

氧化锆氧量计（探测器）直插定温式测量系统由五部分组成：

（1）测氧探头。内装有氧化锆管、K型热电偶和加热电阻丝，使用时插入被测烟道中。

（2）空气泵。用于向氧化锆管内送入参比空气。

（3）电源控制器。其作用有两个：一是将氧化锆管产生的氧浓差电势信号转化为 0 ~ 10mA 标准信号送至显示仪或计算机；另一个作用是接受探头内热电偶产生的热电势，经过恒温控制线路板，晶闸管输出加热电流，送到探头内的加热电阻丝，以保持氧化锆管温度恒定。

（4）显示仪表。接受电源控制器送出的氧浓差电势信号，进行显示。

（5）变压器。将220V交流电转变为110V交流电，向仪表供电。

7.28 使用氧化锆氧量计（探测器）应注意哪些问题？

使用氧化锆氧量计（探测器）应注意以下问题：

（1）应保持恒定的温度，一般应保持在800℃左右，低于600℃时，输出灵敏度下降；过高时（1200℃），在铂电极催化作用下，烟气中的氧容易与可燃物质化合，造成含氧量下降。因此，若不能恒温，必须采取补偿措施。

（2）氧化锆管应致密，不能有裂纹，否则，氧气会直接漏过，造成氧含量下降。

（3）氧化锆管内外两侧气体应该不断流动更新，否则，会造成氧含量下降。

（4）氧化锆管输出的氧浓差电势与含氧量的关系非线性，若用作调节信号，必须进行线性化处理。

（5）参比气体与被测气体的压力应该基本相等，只有这样，两种气体的氧分压之比才能够代表氧浓度之比。

（6）使用一段时间，应清理氧化锆管表面积灰，防止污染。

7.29 DH-6 氧化锆氧量计如何使用？

将探头按照要求安装到旁路烟道的中心，仪表各部分接好线，检查电源控制器各个插板位置是否正确后，开启电源；将参比气体出口螺钉和垫圈（在探头接线盒内）去除；调节针型阀，使参比气体流量计指示为15L/h；当探头恒温达到给定温度时，加热电压将降到30 ~ 50V，通过电热偶检查恒温温度正常即可使用。

7.30 对辊道窑速控系统有哪些要求？

对辊道窑速控系统要求如下：

（1）能进行分区速度测量和控制，并保证相邻两区的传动速度递增，即 $V_{i+1} > V$。

（2）通过调节传动电机的电流频率能自由调节烧成周期。

（3）通过故障传感器，能对辊子停转进行报警，从而可以减少故障损失。

（4）能进行手动辊子正转和反转控制，若某段传动系统因出现故障停止转动，则其前面各段（从制品入窑算起）自动停转，而后面各段继续转动，直到其上的制品全部出窑为止。

（5）能够通过监控器显示传动系统的工作状态。

（6）有备用发电机接口，不正常情况下具有摆动功能。

7.31 长地轴传动系统如何进行速度控制？这种方式主要有什么优缺点？

长地轴传动系统是由一台电磁离合调速电机，带动一条长轴转动，在长轴的不同位置上安装链轮，通过链轮与减速系统连接，经减速后带动全窑的辊子转动。改变调速电机的转速，即可调节辊道的运动速度，减速系统能保证相邻两区的传动速度递增。这种速控系统的优点是结构简单投资少，缺点是自动化程度太低，不能监控、显示传动系统的工作状态，不能在出现故障时作"进-停-退-停-进"动作等，故已经逐步淘汰。

7.32 常用的转速传感器有哪几种？

常用的转速传感器有光电转速传感器、磁性转速传感器和测速发电机转速传感器三种。

（1）光电转速传感器。利用光源发射的光束照射到安装在被测转轴上的光码盘，在光码盘的表面上有一些呈辐射状的反光及不反光条纹，光敏管在放射光作用下，电阻发生交替变化，通过放大和转换电路，变换为与转速乘以比例的电信号。

（2）磁性转速传感器。在被测速的转轴上安装一个导磁材料制作的齿轮，磁性转速传感器的头部对准齿轮的齿端，并于齿顶保持约 1mm 的间隙，当转轴转动时，磁性转速传感器内的铁心交替与齿轮的齿顶和齿间相对，从而使磁性转速传感器内的感应线圈产生脉冲电压信号，信号频率与转速成正比，通过计数器电路可以显示转速。

7.33 什么是仪表和仪器？

仪表和仪器没有严格的界限，一般把主要用于控制工业生产过程的称"仪表"。把主要用于实验室科学实验的称为"仪器"。在仪表、仪器中，把带有测量标尺显示的，简称为"仪"；把不带显示或虽有显示，但不居主要地位或不反映计量精度的，简称为"器"。在"仪"和"器"的前面，常冠以功用或动作的性质，如温度测量仪、气体成分分析仪、料浆流量调节器、金属探测器等。有时把带有标尺的成套测量（计量）仪表，简称为"表"和"计"。其中对圆形标尺指针指示的，尽量照顾习惯叫"表"，其余的一律叫作"计"。"表"和"计"的前面都冠以用途，如水表，γ 射线物位计等。

7.34 什么是工业自动化？

利用各种检测仪表、控制装置、计算机及执行机构等，对工业生产过程进行自动测量、检测、计算、控制、监视的综合技术。工业自动化是生产机械化的更高阶段，是工业现代化的标志之一。工业自动化按其任务、规模及采用手段分为三种：

（1）局部自动化：指工序和车间的单机、机组及单元操作过程自动化。一般采用常规仪表及控制装置实现工艺过程和工艺设备的自动调节与控制，以保证生产正常操作与安全运行。

（2）综合自动化：指车间或分厂的整个生产过程采用计算机和自动控制装置，实现集中检测、调度与控制，是生产过程处于某种含义的最佳状态（如产量最大、效率最高、消耗最少等），即实现最优控制。包括自动开停机、事故自动报警处理等。

（3）企业管理自动化：指在车间、分厂实现计算机综合控制基础上，利用中、小型计算机对整个工厂及联合企业进行生产计划自动编制、生产调度与企业管理。通常是采用多台计算机组成分级控制系统。

7.35 什么是工业自动化仪表？

工业自动化仪表简称"工业仪表"或"自动化仪表"。工业生产过程实现自动化，对工艺操作、产量、质量等有关参数进行测量、转换、计算、显示、报警、调节、控制所提供的全部仪表的总称。从信息论的观点看，包括信息的获得（检测仪表）、传递（传输线和中间传输装置），处理（调节、控制、计算装置）和执行（执行器）。从检测控制的参数看，主要指热工量、机械量以及与工业流程有关的部分成分量和电子量。如温度、压力、压差、流量、料位、质量、成分含量、机械尺寸等，显然将这些仪表叫"热工仪表"是不合适的。"热工（测量）仪表"，从它在发展过程中的内容看，只能说是工业自动化仪表的一个组成部分。随着生产规模的扩大和自动化程度的提高，工业自动化仪表的内容逐渐趋向于整个系统的综合要求来考虑，发展到采用大规模集成电路的微处理机、彩色图像显示及数据通信系统相结合的新型电子控制系统。这种综合系统把模拟技术与数字技术结合起来，实现高度集中控制，提高了可靠性。

什么是检测仪表？

对工业生产过程和设备转运的各种状态进行检查、测量的仪表总称。是工业自动化的前哨或侦察兵，相对于人的耳目。要检测的大多数是物理量（热工量、机械量、电量、一部分成分量），也有化学量（成分量），它是利用各种物理化学原理把被测量（温度、压力、流量、料位、力、气压、液压等）。利用检测仪带有显示装置（指针、标尺）把被检测的参数直接显示出来。

什么是显示仪表？

显示仪表是把来自敏感元件、传感器、变送器等所检测的各种被测参数显示出来供人观察使用的仪表和装置。包括：指示、记录、计算、模拟与数字显示等。显示仪表是指仪表类型，将其称为"二次仪表"是不确切的。广义地说，现代控制系统中的显示仪表和装置，是供人和机器联系用的。在自动检测仪表中，只对被测参数指示的称指示仪表，多用于对生产安全和产品的产、质量无特别重要关系，但又须观察了解某些参数变化的场合，或用于人工操作的生产环境中。凡能将被测参数自动记录的仪表称记录仪表，它不仅可以观察被测参数瞬值，而且可将被测参数变化情况记录下来，以便分析研究改进生产现状。大多数记录仪表是以笔绘曲线或打点记录。

7.36 什么是传感器？

传感器又称敏感元件、检测元件。指利用某些物质固有的物理特性，直接把各种被测参数（多为非电量）转换为电量的元件或装置。其输出的电信号一般要经过特殊的处理或输入特殊的检测仪表中。如压力传感器、电容/电压传感器等。其中某些较简单的，例如热电偶、热电阻等称为检测元件。

7.37 什么是转换器？

转换器又称变换器。检查某一参数时，须将检测出的信号或量值转换成相应的电信号或变换成同样范围的电平，以利于传递和指示、记录和调节，完成这一功能的专职称为转换器或变换器。广义上说，凡是能把一种性质的量变换成另外一种性质的量的仪表（或单元、基元、部件、元件）都可称为转换器或变换器。例如交流转直流变换器，电压/电流变换器，频率-电压、电流变换器。有少数能够独立使用的单元，其主要作用是转换讯号形式的，在命名中加上"转换器"字样，如模/数与数/模转换器，电气与气电转换器。

7.38 什么是变送器？

变送器是能将检测各种被测参数的敏感元件所输出的信号变换成适合单元组合仪表或遥测数据传输设备要求的电讯号，再送到显示仪表、调制器或调节器中去的单元器件。例如温度变送器、压力变送器及流量变送器等。变送器本身不能单独使用，它必须与显示仪表、调节器、计算机联接，才能实现就地控制、遥测与遥控。

7.39 什么是传送器？

在显示、调节等仪表上加装的电动或气动讯号远传装置。传送器不是单独的仪表，而是通用性的附加装置。如滑线变阻式、电磁感应式等传送器。常用的差动变压器则是将传送器与转换器做成一体。

7.40 什么是工业电视？

工业电视指用来远距离监视工业生产过程关键岗位的闭路（有线）电视装置。配合检查仪表、模拟流程盘、自动调节器、控制操作开关、电子计算机及对讲机等，实现生产过程集中调度管理和自动控制。闭路电视系统主要包括摄像机、监控器、监视器及传输电缆。监视器和控制器装载集中控制室，可远距离调节摄像机光圈、焦距和镜头角度。利用工业电视远距离监视控制，可以减少操作人员，减轻劳动强度，实现生产过程自动化。

7.41 什么是荷重传感器？

荷重传感器又称测力传感器或压头。常用的电阻应变片或传感器是把一组应变片（4片、8片或16片）黏贴在一个合金钢弹性物体上，使之变形时（拉或压），应变片电阻值发生变化。通过调节桥路输出电信号，即可代表荷重大小。在各种电子秤、地中衡等荷重测量装置中均可使用。其优点是能完成机械称量装置难以实现的测量及微小量测量；可进行高速变化的动态测量；可破坏性测量，不影响被检测物体的状态。按照所用元件不同分为电阻应变片式、压磁式及差动变压器式荷重传感器。其中，电阻应变式系利用应变片随荷重作用而变形，引起电阻值变化的原理，其特点是精度高、线性度好。压磁式系利用铁磁体的磁压力效应，随荷重作用产生应变使磁变化的原理，其特点是输出功率大、坚固可靠，但精度和线性误差稍大，不适合50kg以下的测量。差动变压器式系利用可动铁芯和差动线圈，在荷重作用下使铁芯位移而产生感应电势变化，其特点是输出功率大，灵敏度高，但精度和线性较差。

7.42 什么是料斗电子秤？

料斗电子秤是一种断续式自动计量物料质量的装置。主要由料斗及其卸料机构、荷重传感器、电子测量装置和显示、计算仪表及控制装置等组成。通常将三个荷重传感器均匀安装于料斗下部，承受整个料斗质量。当料斗空时，测量显示仪表调零，而料斗有料时，随着料量的变化，荷重传感器所承受的压力也相应变化，因而输出了与料斗中物料质量成比例的电讯号。料斗电子秤不仅可用于称量一种物料，而且可用于几种物料自动控制定量配料。其优点是计量精度高、结构简单、维护使用方便、可实现远传和自动控制。缺点是不能连续计量、不能用于黏湿性物料。

7.43　什么是自动调节？

为了使生产过程或某台机械设备正常运行，必须要求决定工作状态的某些参数保持某个规定或满足一定的函数关系（按某种规律变化）。凡采用检测仪表、调节器、执行器、调节阀等在无人直接参与下实现使参数达到规定值或按某种规律变化的操作称为自动调节。自动调节是自动化技术的主要组成部分，是自动化的基础。在工业生产过程中，常需对某些重要工艺参数实现自动检测和调节。

7.44　什么是自动控制？

自动控制是指在无人直接操作的情况下，利用自动装置对控制信号进行检测、变换、传递和计算，并用来控制被控制对象（生产过程或机械设备），使被控对象达到预定的运动状态或具有所要求的控制功能。

7.45　什么是在线控制？

在线控制又称联机控制，指自动控制装置（控制计算机、控制器）通过检查仪表和执行机构与被控设备串联连接，实施控制和操作，代替操作人员对生产设备的监视、控制和操作，成为生产线上不可缺少的组成部分。当自动控制装置发生故障时，切换为人工手动控制，以使生产继续进行。

7.46　什么是离线控制？

离线控制又称脱机控制。指自动控制装置（控制计算机、控制器）并不直接与工艺生产线上被控设备串联连接，而是作为生产线以外的操作控制指导。例如，控制计算机可以根据各种参数信息变化和对象用数学模型计算出最佳操作控制量，提供操作人员手动控制的运行标准，或作为调节器最佳整定值，由调节器维持最佳运行工况。当自动控制装置故障时，生产过程仍可照常进行不受影响。

7.47　什么是局部控制？

局部控制又称就地控制（或机旁控制）。将工艺设备或机组的拖动电动机及其他字段操作设备的启动按钮、停止按钮和电气开关控制箱就地安装在电动机附近，在任何时候均可进行单机分散操作。对于新安装的设备试机，以及维护检修开停机均可进行机旁控制。

7.48　什么是集中控制？

将连续生产线上工艺设备开停按钮、进行状态显示装置、参数检测仪表、工艺流程模拟图、事故报警装置及紧急停机开关等全部集中安置在操作控制盘上，进行集中控制和操作，称为集中控制。通常分为工序、车间及全厂集中控制。

7.49 什么是中央控制室？

在现代化自动化工厂，将全厂工艺设备或机组的开停按钮、运行状态显示装置、工艺参数指示记录仪表、事故报警、工艺流程模拟图等全部集中于中央控制室，进行高度自动化的远距离操作控制和监视。通常在中央控制室装有操作控制台、仪表盘、电子计算机、工艺电视监视器、大屏幕显示器等自动化设备。

7.50 什么是顺序控制？

顺序控制是一种能使系统安装实现规定好的时间或逻辑的顺序进行工作的控制方式。实现这种控制方式的装置称为顺序控制器。顺序控制方式既可是预先确定好的各阶段应进行的控制动作，按次序逐个进行，如按车间或工序自动开停生产设备或机组，也可以根据前阶段的结果，选择下一步应执行的动作并转入下一阶段，还可以是上述两种方式的组合。砖瓦厂中原料输送、破碎、粉碎、筛分、搅拌等工序可采用顺序控制。

7.51 什么是遥控？

遥控是对被控对象进行的远距离控制。综合采用自控技术和通信技术来达到远距离控制及监测。根据被控对象的控制状态，将遥控分为遥调和遥控。遥调是只对被控对象工作状态的调整进行远距离控制（如电动机转速控制、管道中介质流量控制）；遥控是使被控对象做单一的或两种极限动作的远距离控制（如电动机启停、电闸开与关）。感觉控制信号的传输和变换，分为有线遥控和无线遥控。

7.52 什么是自动保护装置？

当生产过程中某些参数超出运行数值时能自动发出警报，并自动采取措施，避免机械设备或工艺过程发生事故，或限制故障扩大的自动装置。例如，泵发生故障，自动保护装置感到压力的变化，立即断开故障设备或接入备用设备。采用自动连锁装置，可使生产过程中不致因错误操作而发生事故，同时能自动调节、自动操作等避免错误地接通或断开。例如压缩机工作时，如果冷却水量太少或润滑油不足，自动连锁装置起作用，使压缩机自动停机，以防止机器损坏。同时，自动保护装置也应备有良好的自动信号装置，报告装置是否存在毛病等。自动保护装置是安全生产的一项重要措施。

7.53 什么是自动讯号装置？

自动讯号装置指能自动预告工艺过程或生产设备将处于危险状态，自动发出声光讯号装置。

7.54 什么是事故讯号装置？

事故讯号装置能自动预报哪些工艺将要遭受破坏，自动报告哪种设备已发生故障以及自动保护装置是否切断故障设备，如皮带输送机断带、双轴搅拌机的绞刀断裂等报警器。通常将声响讯号和灯光讯号一起使用。

7.55 什么是预告讯号装置?

自动讯号装置的一种。能自动报告工艺过程已处于危险状态,如果情况继续恶化,必将导致事故。如皮带输送机的皮带跑偏,通常用声响或灯光讯号报告操作人员引起注意。

7.56 什么是继电器?

继电器又称电力替续器。输入量(如电压、电流、温度、压力等)达到预定数值时,接通或切断被控制的回路,对设备起控制或保护作用。应用很广,种类繁多,如电压继电器、电流继电器、温度继电器、时间继电器等。按结构可分为有触点继电器和无触点继电器。

7.57 什么是温度传感器?

温度传感器能直接感受被测温度的变化并转换成为电信号传送出去的温度检测元件,如热电偶、热电阻、热敏电阻、辐射高温计和光电高温计的检测部件等。由于它们大都输出一个随温度而变化的电信号(电势或电阻),故便于与电子式显示控制仪表相配用。

7.58 什么是砖瓦焙烧的自动控制系统?

砖瓦焙烧自动控制系统俗称"电脑烧砖"。即将分布于焙烧窑各部位的温度和压力通过传感器检测其参数输入到计算机,计算机经过数据信号放大、数据采集和数据处理,把实际焙烧曲线和设定焙烧曲线进行对比,输送到液晶屏显示出来,找出差距,以便调节,使实际焙烧曲线和设定焙烧曲线相接近或相一致。

克服差距的主要手段有:

(1)调节配用风机变频器的频率,借以调节其风量。

(2)调节外燃料量。

①气体和液体燃料

高速调温燃烧器为计算机控制技术提供了保证,使燃料燃烧由一般静态燃烧变为动态燃烧,在动态燃烧中燃烧器是在计算机控制之下,把常规均匀连续供给燃料变为非均匀供给燃料,使燃烧器的流量与窑内温度场处于动态变化之中,使窑内各点的温度控制自如。

②固体煤燃料

最好粉碎成粉。成都利马采用"磨煤喷粉机",赣州天力采用"螺旋给粉机",均能自动调节喷射量。如采用人工添加块煤,通过自动控制调节风机风量,并同时提示需外投煤量。

该自动控制系统既适用于隧道窑,也适用于轮窑和干燥窑。

控制系统的主要技术性能:

(1)使用环境: $-10 \sim 60$℃,防水、防尘、防腐。

(2)供电电源:(220 ± 60)V(具有高压保护和防雷)。

(3)检测指标:

①检测温度范围:$0 \sim 1200$℃,检测精度:± 1℃;

②检测压力范围：-250～+250Pa，检测精度：±1%；

③检测频率范围：0～50Hz，检测精度：±1%。

④具有当时和历史记录温度、压力显示功能。

⑤可设定理想焙烧曲线和干燥曲线。

⑥具有互联网远程焙烧和干燥信息传送。

7.59 什么是窑炉运转系统?

窑炉运转系统由PLC独立的控制站组成，每个控制站功能相同。可以对窑车、窑门及运转设备进行集中控制，并根据窑内热工制度制定窑车、窑门的运转程序。PLC可编程控制器安装程序控制电拖车、步进机、牵引机以及其他运转设备连锁控制，提高了设备运行的可靠性，避免了人为因素造成的误操作。

7.60 什么是窑温控制系统?

窑温控制系统是为了实现自动焙烧而设计的，以减少人为干预，利用先进的组态软件，设计出自动焙烧监控程序，实时温度显示、温度焙烧曲线显示、可查询温度记录、过火砖报警和欠火砖报警、产量自动计数、年月日产量统计报表自动显示。系统可自动设定标准、自动调节变频风机、自动温控，并可实现大屏幕显示实时产量。

7.61 什么是皮托管?

皮托管是利用安装在流体运动方向上的两根直管产生的压差来测量液体或气体的流速和流量的检出元件，它是流量测量仪表中最简单的一种。是18世纪法国物理学家H·皮托所发明。

7.62 什么是伺服电机?

伺服电机又称执行电机，在自动控制系统中，用作执行元件，它把所收到的电信号转换成电机轴上的角位移或角速度输出，分为直流伺服电机和交流伺服电机两大类。其主要特点是，当信号电源为零时，无自转现象，转速随着转矩的增加而匀速下降，伺服电机内部的转子是永磁铁，驱动器控制的U/V/W三相电形成电磁场，转子在此磁场的作用下转动，同时电机自带的编码器反馈信号给驱动器，驱动器根据反馈值与目标值进行比较，调整转子转动的角度。伺服电机的精度决定于编码器的精度（线数）。

7.63 什么是变频器?

变频器是利用半导体器件的通断作用将工频电源变化成另一频率电源的电能控制装置。通俗地说，它是一种能改变施加于交流电动机的电源频率值和电压值的调速装置。

变频器是现代最先进的一种异步电动机调速装置，能实现软启动、软停机、无级调速以及特殊要求的增、减速特性等，具有显著的节电效果。它具有过载、过压、欠压、短路、接地等保护功能，具有各种预警、预报信息和状态信息及诊断功能，便于调试和监控，可用于恒转矩、平方转矩和恒功率等各项负载。

变频器可输出0～400Hz频率，特别是当用于变负载工况的风机、搅拌机、挤出机和泵等上时，节能效果尤为显著，一般可节电 20% ~ 30%。调速装置费用可在 1 ~ 3 年回收。变频器用于节能场合，一般使用频率为 0 ~ 50Hz，具体多大频率有设备类型、工况条件等决定。

用变频器作软启动器，能减小电动机启动电流，避免负载设备受到大的冲击，特别适用于重载启动或满载启动的机械设备。

7.64 什么是软启动？

软启动是一种集电动机软启动、软停机、轻载节能和多种保护功能于一体的新颖笼型异步电动机控制装置。软启动器具有无冲击电流、恒流启动、可自由地无级调压至最佳启动电流及节能等优点。

软启动器是目前最先进、最流行的电动机启动器。

软启动器实际上是一个调压器，只改变输出电压，并没有改变频率。这一点与变频器不同。

7.65 什么是衰减比？

在衰减震荡中，两个相邻同方向幅值之比称为衰减比。前一幅值是分子，后一幅值是分母。衰减比是衡量稳定性的指标。若衰减比小于 1:1，则震荡为扩散的，系统为不稳定的；为保证足够稳定幅度，衰减比以 4:1 至 10:1 为宜。

7.66 什么是调节器？

将生产过程参数的测量值与给定值进行比较，得出偏差后根据一定的调节规律产生输出信号推动执行器消除偏差量，使该参数保持在给定值附近或按预定规律变化的控制器。

7.67 什么是变送器？

工业上普通需要测量各类电量与非电物理量，例如电流、电压、功率、频率、温度、质量、位置、压力、转速、角度等，都需要转换成可接收的直流模拟量电信号才能传输到几百米外的控制室或显示设备上。这种将被测物理量转换成可传输直流电信号的设备称为变送器。工业上通常分为电量变送器（常见型号如：GP/FP 系列、S_3/N_3 系列、STM_3 系列等）和非电量变送器。

第八部分　环　境　保　护

8.1　砖瓦工业为什么要治理污染物排放？

在地球引领的作用下，大量气体聚集在地球周围，形成了大气层。大气层的气体密度随离地面高度的增加而变得越来越稀薄，对人类及生物生存起重要作用的是接近地球表面的一层大气层，即对流层。其顶部距离地面 10 ～ 16km，它维护着整个人类及生物的生存。

空气污染就是由于自然的或人为的原因而向大气中排放大量的废气、烟尘等有害物质，破坏自然生态系统，危害人类和其他生物的健康。

随着人类经济活动和生产的迅速发展，给地空气污染的程度都在不断加重，空气污染已经成为人类健康的隐形杀手。

我国的砖瓦企业达 5 万家左右，除了极少数采用洁净气体燃料焙烧制品外，绝大部分厂家均采用煤炭等固体燃料焙烧制品，这些燃料在燃烧时往往要排放出大量污染物。

2010 年砖瓦工业（注意：不仅指普通烧结砖瓦）主要污染物排放总量及占全国的比例见表 8-1 所示。

2010 年砖瓦工业主要污染物排放总量及占全国的比例　　　表 8-1

污染物名称	砖瓦污染物排放量	全国废气排放总量	砖瓦所占比例（%）
废气（亿 m^3）	38673	51968	7.4
烟尘（万 t/年）	91.6	829.1	11
二氧化硫（万 t/年）	177.0	2185.1	8.1
工业粉尘（万 t/年）	11.1	448.7	2.5
氮氧化物（万 t/年）	61.9	1852.4	3.3
氟化物（万 t/年）	32.6	—	—

注：氟化物缺少检测统计数据，是根据土壤中氟化物的平均含氟量为 453mg/kg 按普通实心砖每块重 2.5kg 和空心砖重为实心砖的 70% 计算得到。

由表 8-1 可以看出，砖瓦工业向大气排放的污染物占全国废气排放总量的比例是比较高的。

8.2　砖瓦企业如何做好防尘工作？

砖瓦企业做好防尘工作的好处：可以改善卫生条件，保护操作工人身体健康；能够回收粉尘，节约原材料；有利于安全生产；减少设备磨损，从而延长设备使用寿命。

砖瓦企业防尘方法一般有：

（1）生产工艺上采取措施，有些工序可改干法作业为湿法作业，可使粉尘大大减少。

（2）尽可能对破碎、粉碎、筛分和搅拌等设备进行整体或局部密封，阻止粉尘外溢。

（3）对产尘工序进行收尘，选择适当的收尘设备。

（4）淘汰和改造排放粉尘量大的设备和工艺。

（5）加强管理，制定清洁生产的规章制度，创建清洁生产的环境。

8.3 什么是粉尘？收尘设备有哪些？什么是收尘效率？

原料在输送、粉碎、筛分及制品焙烧过程中，所产生的处于悬浮状态的微细颗粒，统称为粉尘。一般称 $40\mu m$ 以上的颗粒为粗粉，$10\sim40\mu m$ 的为细粉，$10\mu m$ 以下的为微粉，$1\mu m$ 以下的为烟。单位体积含尘气体中的粉尘量称为含尘浓度，常以质量浓度表示（g/Nm^3）。

含尘气体中粉尘的分离和收集的过程称为收尘。收尘不仅可消除公害，而且往往把这种细颗粒原料回收直接用于制品生产。用以收集粉尘的设备称为收尘设备（又称除尘器）。收尘设备的种类很多：①重力除尘：靠重力的作用使气流中的尘粒分离，如沉降室；②惯性除尘：靠气流运动方向改变时的惯性力使尘粒分离，如旋风收尘器；③过滤除尘：利用过滤的方法使气流中的尘粒分离，如袋式收尘器；④电收尘：靠电场作用使尘粒分离，如电收尘器。

收尘效率是收尘设备的主要技术指标。有两种表示方法：

①总收尘效率：从气体中分离的粉尘与原含有粉尘量的比率。设进收尘器的气体含尘浓度为 C_1，出收尘器的气体含尘浓度为 C_2，则总收尘效率：

$$\eta = \frac{C_1 - C_2}{C_1} \times 100\%$$

②部分收尘效率：又称分散度效率。指通过收尘器的气体，某一定粒径的粉尘量与原气体中含同一粒径的粉尘量之比。对不同粒径的粉尘，部分收尘效率是不同的。以总收尘效率和部分收尘效率同时评定收尘设备的性能，才能得到较全面的结论。

8.4 什么是PM2.5？

PM2.5 是指大气中直径小于或等于 $2.5\mu m$ 的颗粒物，也称为可入肺颗粒物。它的直径还不到人的头发丝粗细的 1/2。虽然 PM2.5 只是地球大气成分中含量很少的组分，但它对空气质量和能见度等有重要的影响。与较大的大气颗粒物相比，PM2.5 粒径小，富含大量的有毒、有害物质且在大气中停留的时间长、输送距离远，因而对人体健康和大气环境质量的影响更大。2012 年 2 月，国务院同意发布新修订的中华人民共和国国家标准 GB 3095—2012《环境空气质量标准》，增加了 PM2.5 监测指标。

环境空气中空气动力学当量直径小于或等于 $10\mu m$ 的颗粒物（PM10），称可吸入颗粒物；而环境空气中空气动力学当量直径小于或等于 $2.5\mu m$ 的颗粒物，称细颗粒物。

2012 年 1 月 10 日北京出现大雾天，官方首次公布 PM10 最高浓度。

8.5 排放烟气中有哪些有害物质？

随烟气排放出的有害物质有 SO_2、SO_3、HF、NO_x、HCl、CO 及粉尘。SO_2、SO_3 主要来自于原材料中的硫化物和硫酸盐。HF 主要来自于原材料中的伊利石、蒙脱石、云母、萤石（CaF_2）矿物等。粉尘主要来自于煤的燃烧过程。根据国家有关规定，如果烟气中的 SO_2、HF 及粉尘超标时，烟气必须经过净化后才能排放。另外，如坯体中含有碳酸盐物质时，在

预热带烟气中的 SO_2、SO_3 随烟气经过坯垛时会与其反应生成硫酸盐，会导致产品在出窑后泛霜。如果将含 SO_2、SO_3 的高温烟气直接抽出用于干燥时，则会形成严重的泛白和泛霜。

8.6 什么是烟气脱硫？

从燃烧烟气中除去二氧化硫的过程称为烟气脱硫。有干法和湿法两大类。干法有活性氧化锰吸收、活性炭吸附和催化氧化等。脱硫后排气温度高，有利于扩散，但投资大，实际应用不多。湿法是当前采用的主要方法，有钠钙双碱法和亚硫酸钾（钠）、氨、碱液、氧化镁和有机溶剂等吸收法。目前，砖瓦厂用得较多的是钠钙双碱法。

8.7 常用生产设备的除尘抽风量是多少？

常用生产设备的除尘抽风量参考指标如表 8-2 所示。

常用生产设备的除尘抽风量参考指标　　　　　　表 8-2

设备类型	生产设备名称及规格	抽风部位	抽风量（m³/h）	备注
破碎和粉碎设备	颚式破碎机 $\phi 400 \times 600$ $\phi 600 \times 900$	上部给料口密闭罩上	1000 ~ 1500	大设备比小设备抽风量要大；经长溜槽给料比经篦板给料抽风量要大
	双齿辊式破碎机 2PGC $\phi 450 \times 500$ 2PGC $\phi 600 \times 750$ 2PGC $\phi 900 \times 900$	上部给料口密闭罩上	1500 ~ 2000 2500 ~ 3000 3500 ~ 4000	
	锤式破碎机 $\phi 800 \times 600$ $\phi 1000 \times 800$ $\phi 1100 \times 1000$ $\phi 1300 \times 1600$	卸料溜管末端	5000 ~ 10000	
	反击式破碎机 $\phi 1000 \times 700$ $\phi 1250 \times 1000$	卸料溜管末端	5000 ~ 8000	
	笼型粉碎机 $\phi 1000$ $\phi 1350$ $\phi 1600$	卸料溜管末端	5000 ~ 8000	
筛分设备	振动筛 1250×2500 1500×3000 1500×4000	密闭罩上部	局部　整体　大容积 5000　3800　2800 6000　4500　3500 7000　5500　4500	抽风量随密闭方式不同而异，局部密闭最大，整体密闭次之，大容积密闭最小
	回转筛 S 418：$\phi_1 1770$、$\phi_2 630$、$L 1000$ S 4112：$\phi_1 1000$，$\phi_2 780$，$L 1400$ CM 237：$\phi_1 1100$，$\phi_2 780$，$L 3500$	密闭罩上部	局部　整体　大容积 2500　1700　1000 3000　2500　1500 4500　3500　2500	
搅拌	双轴搅拌机	密闭罩上	1500	

续表

设备类型	生产设备名称及规格	抽风部位	抽风量（m³/h）	备注
输送设备	斗式提升机	外壳底部	①1000②1400③1700	表列数据是物料由粉碎机进料 当由其他设备进料时，可适当减小风量 ①斗宽为小于300mm ②斗宽为300～400mm ③斗宽为400～500mm
	螺旋输送机	受料处	400～600	
	胶带输送机 B500、B650、B800 落差＜2m 落差2～3m 落差＞3m	受料处	1200～1600 1600～2000 2000～2500	抽风量与溜管倾角有关，倾角增大，抽风量应相应增大 表中数据为溜管倾角50°时的抽风量
	胶带输送机与破碎、粉碎机受料处 颚式破碎机 双齿辊式破碎机 锤式破碎机 反击式破碎机	受料处	2000～2500 2000～2500 2500～3000 2000～2500	
给料配料设备	板式给料机 轻型、中型	下部受料设备的密闭罩上	1500～2500	物料落差为200～500mm 大设备比小设备抽风量要大；落差大比落差小抽风量要大
	圆盘给料机 φ600、φ800、φ1000、φ1300、φ1500、φ2000	下部受料设备的密闭罩上下料口与受料设备整体密闭罩的上部	400～3000	物料落差为200～500mm 大设备比小设备抽风量大；落差大比落差小抽风量大
	胶带给料机 B400×2500 B400×3000	下部受料设备的密闭罩上	500～1000	物料落差为200～500mm 大设备比小设备抽风量大；落差大比落差小抽风量大
	电磁振动给料机 DZ₁、DZ₂、DZ₃、DZ₄、DZ₅	下部受料设备的密闭罩上	500～1500	物料落差为200～500mm 大设备比小设备抽风量大；落差大比落差小抽风量大
	槽式（往复式）给料机 400×400 600×500	下部受料设备的密闭罩上	600～1200	物料落差为200～500mm 大设备比小设备抽风量大；落差大比落差小抽风量大

除尘系统与净化设备选型：

1）除尘系统设计一般要求

①一个除尘系统一般不要超过5个除尘点，各除尘点应适当集中，不要过于分散，管道不宜过长。

②除尘点密闭罩上吸气口的风速一般为0.4～3.0m/s。物料为粗料时，可取风速为1.5～3.0m/s；物料为细料时，可取风速为0.7～1.5m/s。

③密闭罩既应严密又应在维修时便于拆卸。

④除尘系统风管内采用风速如表8-3所示。

除尘系统风管内采用风速

表8-3

粉尘来源	空气流速（m/s）	
	垂直管段	水平管段
黏土、页岩、煤矸石	13	16
煤粉	11	13
粉煤灰	10	12

⑤风管应尽量设计成垂直的或倾斜的，风管与水平所成的倾斜角应不小于所排粉尘的自然降落倾斜角。排除一般粉尘不得小于45°。在特殊情况下允许水平敷设，但水平风管的长度不得超过10m，以免堵塞。

⑥支管应在主管的侧面或上面连接，三通管的夹角应不大于30°，一般为15°。

⑦弯管的曲率半径 R 应符合下列规定：当管径 $d < 100mm$ 时，$R > 3d$；$d = 100 \sim 160mm$ 时，$R > 2.5d$；$d > 160mm$ 时，$R > 2d$。

⑧风管的最小直径对于细小颗粒的粉尘不小于80mm；对于较粗颗粒粉尘不小于100mm；对于粗颗粒粉尘不小于130mm。

2）净化设备（除尘器）选型

①空气所必须净化的程度：粉尘颗粒的大小及颗粒所占的百分数；净化空气温度和湿度；粉尘的特性（黏性、吸水性）；粉尘的回收价值；维护操作要求。

②净化除尘的分级：主要捕集粒度在100μm以上的粗粉尘，可进行粗净化；主要捕集粒度在10～100μm以内的粉尘，可进行中净化；主要捕集粒度在10μm以下的粉尘或有回收价值的粉尘，可进行精净化。

③脉冲布袋除尘器的类型及性能如表8-4所示。

脉冲布袋除尘器的类型及性能

表8-4

净化设备名称及型号	适用净化等级	处理风量（m³/h）	净化效能		适用粉尘特征
			初含尘量（g/m³）	净化程度（%）	
PPC 32-4		9200			
PPC 32-5		11500			
PPC 32-6		13800			
PPC 64-4	中、精净化	18400	0.2～10	≈99	干的非纤维粉尘
PPC 64-5		23000			
PPC 64-6		27600			
PPC 96-5		34600			
PPC 96-6		41500			

④砖瓦厂大多选用脉冲布袋除尘器，如某煤矸石砖厂的一个年产6000万标块砖的生产车间，采用了一台PPC 96-6型脉冲布袋除尘器，较为有效地收取了破碎、筛分、搅拌等生产环节的粉尘。某页岩砖厂经验：分散收尘比集中收尘好，管道长了阻力大，尤其是转弯处易堵塞。收尘器离收尘点越近越好，否则清理管道工作量大。该厂采用PPW32-3气箱脉冲袋式收尘器（3室，每室32袋，5.5kW），分3个点（用3套），较好。另外，亦可采用泡

沫除尘、干式或湿式离心除尘、水浴除尘及喷淋除尘等。在美国多采用电收尘。

8.8 旋风收尘器的工作原理是什么？使用中应注意哪些问题？

旋风收尘器的工作原理是：含尘气体在通风机的抽吸作用下，由进气管从切线方向进入圆柱形的筒体内，作回转运动而产生离心力，尘粒由于密度大，从气流中分离出来，被甩向筒壁，并汇聚于筒体下部的锥形体内，被净化的气体则从位于筒体中心的排气管（又称溢流管）排出。

旋风收尘器在使用中应注意：

（1）定期排出锥形筒体内积存的粉尘，不要使其堆积过多。

（2）旋风收尘器内部处于负压状态，应注意密封，一旦外界空气漏入，将大大降低收尘效率。

（3）旋风收尘器的收尘效率与风速大小有关，因此风速应控制在设计范围内，不应变化过大。

（4）旋风收尘器一般用钢板制作，如用于烟气净化时，应采取防腐蚀措施。

（5）在正常情况下，旋风收尘器的气流阻力为700～800Pa，若出现阻力过大，则可能有堵塞或漏风现象，应及时检查处理。旋风收尘器结构简单，在理想条件下的收尘效率可达90%，在多级收尘系统中一般用于第一级收尘。

8.9 旋风收尘器的旋风筒直径与净化能力的关系如何？

旋风收尘器的旋风筒直径与净化能力的大致关系如表8-5所示。

旋风筒直径与净化能力的关系 　　　　　　　　　　　　　　　　表8-5

旋风筒直径（mm）	净化能力（m³/h）
400	13500
450	17400
500	21000
550	24500
600	28000
650	31500
700	35000
750	38700
800	43000

8.10 袋式收尘器的工作原理是什么？使用中应注意哪些问题？

袋式收尘器是利用含尘气体通过布袋而被过滤，达到净化气体的目的。

袋式收尘器的清灰方式有：机械振打、人工振打、脉冲喷吹、气环反吹等。

过去用得较多的是机械振打，但这种做法易损坏布袋，现已被脉冲喷吹所取代。脉冲袋式收尘器利用压缩空气喷吹进行清灰，不仅延长了布袋使用寿命，而且由于清灰周期较短，过滤风速可以提高，从而提高了布袋的单位面积的净化能力。但采用这种清灰方式须配置空气压缩机。

袋式收尘器在使用中应注意：

（1）进气温度有限制。当采用棉织品布袋时，不应超过 60～65℃；当采用毛织品布袋时，不应超过 80～90℃；当采用尼龙织品或玻璃纤维布袋时，可达 120℃ 左右。

（2）袋式收尘器的工作温度应高于气体露点5℃。如低于露点，布袋将被润湿，造成粉尘堵塞布袋孔隙，增大气流阻力。

（3）布袋损坏后，要及时更换。

8.11 什么是湿式收尘器？它有哪些优点？使用中应注意哪些问题？

湿式收尘器是利用水洗涤含尘气体，达到净化气体的目的。湿式收尘器的种类很多，常用的是湿壁收尘器和泡沫收尘器。

上述两种收尘器的优点：收尘效率高，泡沫收尘器可达 99%；回收的细粉便于利用。缺点：水的消耗量大，一般均循环利用，为此须设置较大的沉淀池；在用于烟气收尘时，由于硫酸腐蚀，需要安装防腐层，在水池内加入碱性添加剂等办法，以延长设备的使用寿命。

湿式收尘器在使用中应注意：

（1）经常检查湿壁收尘器喷嘴，防止其堵塞。

（2）加强密封。

（3）泡沫收尘器的操作程序：启动时，先开水阀，后开风阀；关闭时，先关风阀，后关水阀。

8.12 泡沫收尘器的工作原理是什么？它的主要技术性能如何？

泡沫收尘器是靠水的泡沫层的过滤作用，使气体净化的设备。收尘器用多孔筛板分隔为上下两室。筛板上的小孔为$\phi 2 \sim \phi 8mm$。水从外壳一侧的进水槽送到筛板上，一部分水流到对侧，经溢流堰流出。另一部分水则穿过筛孔向下滴漏，由器底排出。含尘气体由筛板底部进入，穿过筛孔与液体相接触形成无数的泡沫。尘粒为水膜所截留，跟随溢流或泄漏水而排出。气体被净化后由外壳顶部逸出。泡沫收尘器的结构简单，管理操作方便，收尘效率高（可达99%），但耗水量较大。

泡沫收尘器的主要技术性能如表8-6所示。

泡沫收尘器的主要技术性能   表 8-6

直径（mm）	净化能力（m³/h）	流体阻力（Pa）	耗水量（t/h）
$\phi 500$	1000～2500		0.25～0.50
$\phi 600$	2000～4500		0.50～1.10
$\phi 800$	4000～6500	700 1000	1.00～1.60
$\phi 900$	6000～8500		1.50～2.10
$\phi 1000$	8000～11000		2.00～2.70
$\phi 1100$	10000～14000		2.50～3.50

8.13 沉降室的工作原理是什么？使用中应注意哪些问题？

沉降室在多级除尘系统中一般用作第一级，以除去较大的颗粒。沉降室是利用重力沉降的原理工作的。使用中应注意：

（1）控制好含尘气体的流速，流速过大时，除尘效果下降。

（2）注意沉降室的密封，沉降室一般体积较大，门孔处极易漏风，一旦漏风，将影响粉尘的沉降效果。

（3）及时清除沉积的粉尘。

8.14 GMCS32 型和 GMCS64 型及 GMCS96 型气箱式脉冲布袋收尘器的类型及性能如何？

GMCS32 型和 GMCS64 型气箱式脉冲布袋收尘器的类型及性能如表 8-7 所示。

GMCS32 型和 GMCS64 型气箱式脉冲布袋收尘器的类型及性能　　表 8-7

净化设备名称及型号	处理风量（m³/h）	过滤风速（m/s）	总过滤面积（m²）	净过滤面积（m²）	收尘器室数（个）	滤袋总数（个）	收尘器阻力（Pa）	净化效能	
								初含尘量（g/m³）	净化程度（%）
GMCS32-3	6900		93	62	3	96			
GMCS32-4	8930		124	93	4	128			
GMCS32-5	11160		155	124	5	160			
GMCS32-6	13390		186	155	6	192			
GMCS64-4	17800	1.2～2.0	248	186	4	256	1470～1770	0.2～1.0	≈99
GMCS64-5	22300		310	248	5	320			
GMCS64-6	26700		372	310	6	384			
GMCS64-7	31200		434	372	7	448			
GMCS64-8	35700		496	434	8	512			

GMCS96 型气箱式脉冲布袋收尘器的类型及性能如表 8-8 所示。

GMCS96 型气箱式脉冲布袋收尘器的类型及性能　　表 8-8

净化设备名称及型号	处理风量（m³/h）	过滤风速（m/s）	总过滤面积（m²）	净过滤面积（m²）	收尘器室数（个）	滤袋总数（个）	收尘器阻力（Pa）	净化效能	
								初含尘量（g/m³）	净化程度（%）
GMCS96-4	26800		372	279	4	384			
GMCS96-5	33400		465	372	5	480			
GMCS96-6	40100		557	465	6	576			
GMCS96-7	46800		650	557	7	672			
GMCS96-8	53510		774	657	8	768			
GMCS96-9	60100	1.2～2.0	836	744	9	864	1470～1770	<1.3	≈99
GMCS96-2×5	67250		934	856	10	960			
GMCS96-2×6	80700		1121	1028	12	1152			
GMCS96-2×7	94100		1308	1215	14	1344			
GMCS96-2×8	107600		1494	1401	16	1536			
GMCS96-2×9	121000		1681	1588	18	1728			
GMCS96-2×10	134500		1868	1775	20	1920			

8.15 烟气脱硫的类型有哪些？

烟气脱硫类型按脱硫剂的形态可分为湿法、干法以及介于两者之间的半干法类型。

运行实践表明，湿式石灰-石膏法是运行最可靠的技术，烟气的脱硫率可达90%以上；炉内喷钙和管道喷射等干法工艺，脱硫率一般为50%～70%；半干法工艺的喷雾干燥法脱硫率一般为70%～95%，脱硫能耗较低，但存在喷雾嘴容易堵塞模式等问题；海水脱硫工艺利用天然海水为吸收剂，工艺简单，投资和运行费用较低，适于沿海地区；电子束辐照法利用高能电子束照射产生的光化学反应，用氨作为吸收剂，生产硫氨等混合肥料，脱硫率约为80%，脱硫脱硝同时完成，但其应用受吸收剂来源的限制。

就目前情况来讲，砖瓦窑炉烟气脱硫宜采用湿法，脱硫和除尘同时进行。

烟气脱硫技术应用存在的问题：（1）运行成本高；（2）硫磺资源缺乏，但天然石膏资源丰富，存在脱硫产出物无出路，不得不作为固体废物抛弃，造成新的污染。

8.16 钙基固硫剂的固硫机理是什么？

钙基固硫剂是指主要成分为含钙化合物的固硫剂，常见的石灰石、石灰、消石灰、电石渣和白云石等。它们来源广、价格低，因而成为目前使用最广泛的固硫剂。钙基固硫剂在煤燃烧过程中主要有四类反应：

（1）热解反应

$$CaCO_3 \longrightarrow CaO + CO_2$$
$$Ca(OH)_2 \longrightarrow CaO + H_2O$$

（2）合成反应

$$Ca(OH)_2 + SO_2 \longrightarrow CaSO_3 + H_2O$$
$$CaO + SO_2 \longrightarrow CaSO_3$$

（3）中间产物的氧化和歧化反应

$$2CaSO_3 + O_2 \longrightarrow 2CaSO_4$$
$$4CaCO_3 + O_2 \longrightarrow CaS + 3CaSO_4$$

（4）固硫产物在高温下分解

$$CaSO_3 \longrightarrow CaO_4 + SO_2$$
$$CaSO_4 \longrightarrow CaS + SO_2 + O_2$$

反应中O又同CO和H_2反应，生成二氧化碳和水蒸气。

8.17 石灰石-石膏湿法烟气脱硫系统由哪些单元构成？及如何运作？

将石灰石根据要求磨成一定粒度的粉状，同时还应该控制石灰石的纯度在90%以上，以保持石灰石的反应活性，然后将石灰石粉送入浆池，加水制备成固体质量分数为10%～15%的浆液。

吸收氧化系统可以分为三大部分：吸收塔、除雾器和氧化槽。吸收塔是烟气脱硫系统的核心装置，要求气液接触面积大、气体的吸收反应良好、压力损失小而且适用于大容量的烟气处理，吸收塔的主要种类有喷淋塔、填料塔、双回路塔和喷射鼓泡塔等。砖瓦窑炉烟气脱硫多用于喷淋塔。除雾器一般设置在塔的顶部或塔出口弯道后的平直烟道上，另外还要设置冲洗水装置以定期冲洗除雾器。氧化槽主要用于接受和储存脱硫剂，溶解石灰石。鼓风氧化 $CaSO_3$，结晶生产石膏。在塔底设置浆池，利用大容积浆池完成石膏的结晶过程，就地强制氧化。

安装脱硫风机的原因是脱硫系统的阻力仅靠窑炉的排烟风机难以克服，在一般情况下，应安装助推风机，也就是脱硫风机。

8.18 石灰石-石膏湿法烟气脱硫中 SO_2 的吸收机理是什么?

当石灰石溶于水，产生 OH^-，而气相中的二氧化硫在水中被吸收，就发生如下反应:

$$SO_2(g) + H_2O \longrightarrow SO_2(I) + H_2O$$

$$SO_2(I) + H_2O \longrightarrow H^+ + HSO_3^- \longrightarrow 2H^+ + SO_3^{2-}$$

由于反应中 H^+ 被 OH^- 中和，反应向右进行，向系统中送入空气，则生成的二氧化碳被带走，反应如下:

$$CaCO_3 \longrightarrow Ca_2^+ + CO_3^{2-}$$

$$CO_3^{2-} + H_2O \longrightarrow OH^- + HCO_3^{-3} \longrightarrow 2OH^- + CO_2(I)$$

$$CO_2(I) + H_2O \longrightarrow CO_2(g) + H_2O$$

同时由于送入空气，空气中的氧气与 HSO_3^- 和 SO_3^{2-} 离子反应，生成石膏沉淀:

$$HCO_3^- + \frac{1}{2}O_2 \longrightarrow SO_4^{2-} + H^+$$

$$SO_3^{2+} + \frac{1}{2}O_2 \longrightarrow SO_4^{2-}$$

$$Ca^{2+} + SO_4^{2-} \longrightarrow CaSO_4$$

这样就完成了整个脱硫反应。

8.19 石灰石-石膏湿法烟气脱硫工艺如何?

石灰石-石膏湿法脱硫工艺是以石灰石（或石灰）做吸收剂洗涤烟气中的二氧化硫，生成亚磷酸钙，再与氧气进行反应，最后生成石膏，从而脱除二氧化硫，起到的净化烟气的目的。整个反应过程均在吸收塔内完成，其主要工艺流程如下:

窑炉排烟风机出口的烟气，由脱硫增压风机升压送入吸收塔。

当吸收塔采用的是喷淋塔时，吸收塔上部为吸收区，该区布置有喷淋层。循环泵将石灰石（或石灰）浆液、亚硫酸钙或石膏混合浆液送入喷嘴雾化，经雾化的浆液自上而下通过吸收塔二氧化硫吸收区，与气流接触产生化学反应，生产亚硫酸钙后流入吸收塔下部的反应槽，由风机送入空气，亚硫酸钙氧化成硫酸钙（二水石膏）。

脱硫净化后的烟气经除雾器去除液滴后至吸收塔顶烟囱排出。

8.20 石灰石-石膏湿法烟气脱硫工艺中为什么要增压风机?

增压风机用于克服整个脱硫系统设备的阻力，是保证脱硫系统运行的重要设备。

已经建成的老砖窑炉在增设脱硫装置时，另加增压风机，以免因脱硫装置阻力而破坏了既定的窑炉热工制度；尚未建成的新砖窑炉的排烟风机和脱硫装置增压风机金额合并设置。

8.21 石灰石（石膏）烟气脱硫系统中，如何确定浆液循环池容量？

石灰石（石膏）烟气脱硫系统的最重要特点之一是需要设置浆液循环池，循环池是一个接受脱硫系统排液的容器，并起着增加反应时间的作用。$CaSO_3$、$CaSO_4$ 及其他硅酸盐沉淀，应使其产生在循环池中而不是在吸收塔中，这一点很重要，因为固体物在吸收塔中沉淀就会阻塞和阻碍系统运行。

在石灰石和石灰法系统中，发生在循环池的反应式如下：

（1）石灰石法系统

$$CaCO_3 + Ca(HSO_3)_2 + 3H_2O \longrightarrow 2CaSO_3 \cdot 2H_2O + CO_2$$

$$CaCO_3 + Ca(HSO_3)_2 + 3H_2O + O_2 \longrightarrow 2CaSO_4 \cdot 2H_2O + CO_2$$

（2）石灰法系统

$$CaO + Ca(HSO_3)_2 + 3H_2O \longrightarrow 2CaCO_3 \cdot 2H_2O$$

$$CaO + Ca(HSO_3)_2 + 3H_2O + O_2 \longrightarrow 2CaCO_4 \cdot 2H_2O + CO_2$$

有关试验说明，$CaCO_3$ 和 $CaCO_4$ 通常在循环池内大致按 22.5：77.5 的摩尔比共沉淀为固溶体，$CaSO_3$ 和 $CaSO_4$ 在循环池内的这种共沉淀，对脱硫系统的无垢运行是必不可少的。石灰石法系统脱硫剂在循环池内停留的时间为 10min 左右，而在石灰系统的停留时间为 5min 左右。由于停留时间的不同，石灰系统的循环池容积比石灰石系统的循环池容积小许多，容积大小取决于处理烟气量、化学过量比、液气比及在循环池内停留的时间。

8.22 石灰石-石膏湿法烟气脱硫工艺中管道和设备结垢堵塞的原因是什么？措施有哪些？

结垢堵塞的原因主要有：

（1）溶液或浆料中水分蒸发，导致固体沉积；

（2）$Ca(OH)_2$ 或 $CaCO_3$ 结晶析出，造成结垢；

（3）$Ca(OH)_2$ 或 $CaCO_4$ 从容易中结晶析出，石膏晶种沉淀在设备表面并生长而造成结垢。

除此之外，在操作中出现的人为因素也不能忽视，例如没有严格按操作规程加入的钙质脱硫剂过量，或将含尘多的烟气没经过严格除尘就进入吸收塔脱硫等。另一种原因是烟气中的 O_2 和 $CaCO_3$ 氧化成 $CaCO_4$（石膏），并是石膏过饱和。

防治结垢堵塞的措施有：

（1）在工艺操作上，控制吸收液中水分蒸发速度和蒸发量。

（2）适当控制料浆的 pH 值。因为随着 pH 值的升高（料浆的碱性增强），$CaSO_3$ 溶解度明显下降，所以料浆的 pH 值越低越不容易结垢。但是，如果 pH 值过低（料浆的酸性强），溶液中就有较多 $CaSO_3$，易使石灰石粒子表面钝化而抑制了吸收反应的进行，并且 pH 值过低还容易腐蚀设备。故浆液的 pH 值应该控制在 5.8 ~ 6.2 之间。

（3）溶液中易于结晶的物质不能过饱和，保持溶液中有一定的晶种。

（4）对于难溶的钙质吸收剂要采用较小的浓度和较大的液气比，如石灰石浆液的浓度一般控制小于 15%。

（5）严格除尘，控制烟气中的尘含量。

（6）设计时，尽量使吸收塔持液量大，气液相之间相对速度高，有较大的气液接触面积，内部构件少，压力降小。另外，还要选择表面光滑、不易腐蚀的材料制作吸收塔。

（7）使用添加剂也是防止设备结垢的有效方法。目前使用的添加剂有 $CaCl_2$、$Mg(OH)_2$、己二酸等。

如果是由于烟气中的氧气将 $CaSO_3$ 氧化成为 $CaSO_4$（石膏），是石膏过饱和而引起阻塞的话，其控制措施是通过强制氧化和抑制氧化的调节手段，既要将全部 $CaSO_3$ 的氧化成为 $CaSO_4$，又要使其在非饱和状态下形成结晶，有效地控制结垢。

8.23 按有关《砖瓦工业大气污染物排放限值》规定，基准含氧量为 **18%** 时的颗粒物排放限值为 **≤30mg/m³**，则不同实测烟气中含氧量的颗粒物排放限值是多少？

不同实测烟气中含氧量的颗粒物排放限值见表8-9。

不同含氧量的颗粒物排放限量 表8-9

序号	实测烟气中含氧量（%）	过量空气系数 α	颗粒物排放限值（mg/m²）
1	15	3.5	≤180
2	15.2	3.6207	≤177.6316
3	15.4	3.75	≤175.3247
4	15.6	3.8889	≤173.0769
5	15.8	4.0385	≤170.8861
6	16	4.2	≤168.7750
7	16.2	4.375	≤166.6665
8	16.4	4.5652	≤164.6342
9	16.6	4.7227	≤162.7143
10	16.8	5	≤160.7143
11	17	5.25	≤158.8236
12	17.2	5.5263	≤156.9768
13	17.4	5.8333	≤155.1724
14	17.6	6.1765	≤153.4091
15	17.8	6.5625	≤151.6854
16	18	7	≤150
17	18.2	7.5	≤148.3517
18	18.4	8.0769	≤146.7392
19	18.6	8.75	≤145.1613
20	18.8	9.5455	≤143.6170
21	19	10.5	≤142.1053
22	19.2	11.667	≤140.6250
23	19.4	13.125	≤139.1755
24	19.6	15	≤137.7526
25	19.8	17.5	≤136.3636
26	20	21	≤135

8.24 按有关《砖瓦工业大气污染物排放限值》规定，基准含氧量为 **18%** 时的二氧化碳排放限值为 **≤150mg/m³**，则不同实测烟气中含氧量的二氧化硫排放限值是多少？

不同实测烟气中含氧量的二氧化硫排放限值见表 8-10 所示。

不同含氧量的二氧化硫排放限值 表 8-10

序号	实测烟气中含氧量（%）	过量空气系数 α	二氧化硫排放限值（mg/m²）
1	15	3.5	≤36
2	15.2	3.6207	≤35.5263
3	15.4	3.75	≤35.0649
4	15.6	3.8889	≤34.6154
5	15.8	4.0385	≤34.1772
6	16	4.2	≤33.7500
7	16.2	4.375	≤33.3333
8	16.4	4.5652	≤32.9268
9	16.6	4.7227	≤32.5301
10	16.8	5	≤32.1429
11	17	5.25	≤31.7647
12	17.2	5.5263	≤31.3953
13	17.4	5.8333	≤31.0345
14	17.6	6.1765	≤30.6818
15	17.8	6.5625	≤30.3371
16	18	7	≤30
17	18.2	7.5	≤29.6703
18	18.4	8.0769	≤29.3478
19	18.6	8.75	≤29.0323
20	18.8	9.5455	≤28.7234
21	19	10.5	≤28.4211
22	19.2	11.667	≤28.1250
23	19.4	13.125	≤27.8351
24	19.6	15	≤27.5510
25	19.8	17.5	≤27.2727
26	20	21	≤27

8.25 按有关《砖瓦工业大气污染物排放限值》规定，基准含氧量为 **18%** 时的氮氧化物排放限值为 **≤200mg/m³**，则不同实测烟气中含氧量的氮氧化物排放限值是多少？

不同实测烟气中含氧量的氮氧化物排放限值见表 8-11。

不同含氧量的氮氧化物排放限值   表 8-11

序号	实测烟气中含氧量（%）	过量空气系数 α	氟化物排放限值（mg/m²，以 NO₂ 计）
1	15	3.5	≤240
2	15.2	3.6207	≤236.8421
3	15.4	3.75	≤233.7662
4	15.6	3.8889	≤230.7692
5	15.8	4.0385	≤227.8481
6	16	4.2	≤225
7	16.2	4.375	≤222.2222
8	16.4	4.5652	≤219.5122
9	16.6	4.7227	≤216.8675
10	16.8	5	≤214.2857
11	17	5.25	≤211.7647
12	17.2	5.5263	≤209.3023
13	17.4	5.8333	≤206.8966
14	17.6	6.1765	≤204.5454
15	17.8	6.5625	≤202.2472
16	18	7	≤200
17	18.2	7.5	≤197.8025
18	18.4	8.0769	≤195.6522
19	18.6	8.75	≤193.5494
20	18.8	9.5455	≤191.4894
21	19	10.5	≤189.4737
22	19.2	11.667	≤187.5000
23	19.4	13.125	≤185.5670
24	19.6	15	≤183.6735
25	19.8	17.5	≤181.1818
26	20	21	

8.26 按有关《砖瓦工业大气污染物排放限值》规定，基准含氧量为 **18%** 时的氟化物排放限值为 **≤3mg/m³**，则不同实测烟气中含氧量的氟化物排放限值是多少？

不同实测烟气中含氧量的氟化物排放限值见表 8-12。

不同含氧量的氟化物排放限值   表 8-12

序号	实测烟气中含氧量（%）	过量空气系数 α	氮氧化物排放限值（mg/m²，以 NO₂ 计）
1	15	3.5	≤3.6
2	15.2	3.6207	≤3.5526
3	15.4	3.75	≤3.5065

序号	实测烟气中含氧量（%）	过量空气系数 α	氮氧化物排放限值（mg/m^2，以 NO_2 计）
4	15.6	3.8889	≤3.4615
5	15.8	4.0385	≤3.4177
6	16	4.2	≤3.3750
7	16.2	4.375	≤3.3333
8	16.4	4.5652	≤3.2927
9	16.6	4.7227	≤3.2530
10	16.8	5	≤3.2143
11	17	5.25	≤3.1395
12	17.2	5.5263	≤3.1035
13	17.4	5.8333	≤3.0682
14	17.6	6.1765	≤3.0337
15	17.8	6.5625	≤3
16	18	7	≤2.9670
17	18.2	7.5	≤2.9348
18	18.4	8.0769	≤2.9032
19	18.6	8.75	≤2.8723
20	18.8	9.5455	≤2.8421
21	19	10.5	≤2.8125
22	19.2	11.667	≤2.7835
23	19.4	13.125	≤2.7551
24	19.6	15	≤2.7273
25	19.8	17.5	≤2.7

8.27　原煤中的硫以哪些形式存在?

主要以黄铁矿（FeS_2）的形式存在，其次为有机硫化物和硫酸盐（$CaSO_4$）。

黄铁矿的硫和有机硫化物的硫称为"可燃硫"或"可挥发硫"，它们参与燃烧。只有硫酸盐中的硫不能燃烧，但在高温下会分解出 SO_3、SO_2 等。

"可挥发硫"随烟气一起排出会污染空气。

8.28　二氧化硫（SO_2）的危害有哪些?

二氧化硫是一种无色具有强烈刺激气味的气体，易被湿润的粘膜表面吸收生成亚硫酸、硫酸。对眼及呼吸道粘膜有强烈的刺激作用。大量吸入可引起肺水肿、喉水肿、声带痉挛而致窒息。轻度中毒时，发生流泪、畏光、咳嗽，咽、喉灼痛等；严重中毒可在数小时内发生肺水肿；极高浓度吸入可引起反射性声门痉挛而致窒息。长期接触还会使人的免疫力下降、抗病能力变弱。

二氧化硫在氧化剂、光的作用下，能产生硫酸盐气溶胶，能使人致病，甚至死亡。研究表明，当硫酸盐浓度为 $100\mu m/m^3$ 左右时，每减少10%的浓度能使死亡减少0.5%。

二氧化硫还能与大气中的浮尘黏附，当人呼吸时吸入带有二氧化硫的浮尘，会使二氧化硫的毒性增强。在高浓度二氧化硫环境中，对植物会带来极大危害，叶片表面产生坏死斑甚至叶片直接枯萎脱落；在低浓度二氧化硫环境中，植物的生长机能受到影响，造成产量下降，品质变坏。

二氧化硫对金属特别是对钢材的腐蚀特别显著，据统计，工业发达国家每年因金属腐蚀造成的直接损失约占全部国民经济总量的2%～4%。

8.29 二氧化硫（SO_2）的形成原因是什么？

二氧化硫主要形成于燃料的燃烧。当燃料中的硫在燃烧过程中与氧发生反应，主要产物就是 SO_2 和 SO_3，实际上，无论是烧氧化焰还是还原焰，SO_3 的生成量都很小。在还原状态下，还有其他形式的硫化物生成，如一氧化硫（SO）及其二聚物（SO）$_2$，少量一氧化二硫（S_2O）等。由于这些硫氧化物的化学反应能力强，所以在各种氧化反应中仅以中间产物的形式出现。

燃料燃烧时，过剩空气系数大于1，则全部生成二氧化硫；过剩空气小于1，有机硫主要生成二氧化硫，另外，还有少量的S、H_2S、SO等。在完全燃烧时，约有0.5%～2.0%的二氧化硫进一步氧化生成 SO_3。

8.30 酸雨形成的原因是什么？酸雨的危害有哪些？

酸雨通常是指酸碱度指数的pH值低于5.6的酸性降雨。我国酸雨的化学特征是pH值低，有的地区平均降雨的pH低于4.0，硫酸根、铵和钙离子浓度高于欧美国家，而硝酸根浓度低于欧美国家。在我国，酸性降雨中，硫酸根和硝酸根的比例大致是6.4:1，属于硫酸性酸雨。这种情况表明，降雨呈酸性的主要原因是大量 SO_2 的排放，因此，对于我国实际情况而言，控制 SO_2 的排放是控制酸雨污染的主要途径。

酸雨危害是多方面的，对人体健康、生态系统和建筑设施都有直接和潜在的危害。酸雨可使儿童免疫力下降，慢性咽炎、支气管哮喘发病率增加，同时可使老人眼部、呼吸道患病率增加。酸雨还可使农作物大幅度减产，特别是小麦、大豆、蔬菜很容易受到酸雨危害，导致蛋白质含量和产量下降。酸雨对森林和其他植物危害也较大，可使其他植物叶子枯黄、病虫害增加，造成大面积死亡。酸雨对森林的影响在很大程度上是通过对土壤的物理化学性质的恶化作用造成的。在酸雨的作用下，土壤中的营养元素钾、钠、钙、镁会释放出来，被雨水溶解，带走。所以长期的酸雨会使土壤中大量的营养元素被破坏，造成土壤中营养元素的严重不足，从而使土壤变得贫瘠。此外，酸雨能使土壤中的铝从稳定态中释放出来，使活性铝的增加而有机络合态铝减少。土壤中的活性铝的增加，严重地抑制林木的生长。

8.31 我国控制酸雨的措施有哪些？

在借鉴各国酸雨和 SO_2 污染控制经验的同时，结合我国的国情，原国家环保总局提出了一下重点措施：（1）把酸雨和 SO_2 污染防治工作纳入国民经济和社会发展计划；（2）从源头抓起，调整能源结构，优化能源质量，提高能源利用率，减少燃煤产生的 SO_2；（3）抓好

工业 SO_2 排放治理工作；（4）紧抓研究开发适合国情的 SO_2 治理技术和设备；（5）加强环境管理，强化环保执法。

8.32 煤中硫存在的形态有哪些?

（1）无机硫

煤中无机硫来自矿物中各种含硫化合物，包括硫铁矿和硫酸盐矿，其中以黄铁矿硫（FeS_2）为主，还有白铁矿（FeS_2）、砷黄铁矿（$FeAsS_2$）、黄铜矿（$CuFeS_2$）、石膏（$CaSO_4 \cdot 2H_2O$）、绿矾（$FeSO_4 \cdot 7H_2O$）、方铅（PnS）、闪锌矿（ZnS）等。

（2）有机硫

有机硫的化学结构较复杂，目前还未完全了解煤中有机硫的化学成分。不过大体上可以测定出煤中有机硫以五种结构的官能团存在于其中；①硫醇类 R-SH；②硫化物或硫醚类 R-S-R′；③含噻吩环的芳香体系；④硫醌类；⑤二硫化物 RSSR′ 或硫蒽类。

煤中硫根据是否可燃，又分为可燃硫和不可燃硫。有机硫、硫铁矿硫和单质硫都能在空气中燃烧，都是可燃硫。硫酸盐硫不能在空气中燃烧，是不可燃硫。

煤中各种形态硫的总和称为全硫，即硫酸盐硫、硫铁矿硫、单质硫和有机硫的总和。

我国产的煤中主要含硫的形式是黄铁矿和有机硫，硫酸钙和硫酸镁的含量比较低。因而燃煤中二氧化硫在达到800℃之前几乎全部释放出来，二氧化硫释放曲线的峰值一般出现在600℃以下。

8.33 脱硫工艺的评价原则有哪些?

脱硫工艺的评价原则主要包括：（1）脱硫效率，SO_2 排放浓度和排放量必须满足国家和当地的环保法规，并且在进行少量的技术升级后有进一步提高脱硫效率的能力，以适应今后更为严格的环保要求；（2）技术成熟、运行可靠、经济合理；（3）脱硫装置布置合理，占地面积较少；（4）吸收剂、水和能源消耗少，运行维护费用较低；（5）吸收剂有可靠的来源，且质优价廉；（6）对脱硫装置能够很好地防止腐蚀、结垢；（7）脱硫副产品、脱硫废水能得到合理的利用或处置；（8）对风机等设备的影响尽可能少；（9）脱硫工程建设投资尽可能省。

8.34 烟气脱硫设备的腐蚀机理是什么?

窑炉排除的烟气中含有一定量的水蒸气，另外还含有灰分和 SO_2、NO_X、HCl 和烟雾等各种腐蚀性成分，例如 SO_2、NO_X、HCl 和盐雾等。由于在烟气脱硫过程中难免有酸碱交替的过程，设备较易腐蚀，因而防腐要求比较严格，脱硫设备的腐蚀主要有四种原因：

（1）化学腐蚀。化学腐蚀是烟道的气体腐蚀性物质与钢铁发生化学反应，使设备被腐蚀，这其中的酸性腐蚀起主要作用。其反应方程式为：

$$Fe + SO_2 + H_2O \longrightarrow FeSO_3 + H_2$$
$$Fe + SO_2 + O_2 \longrightarrow FeSO_4$$
$$2HCl + Fe \longrightarrow FeCl + H_2$$

（2）电化学腐蚀。金属表面有水和电解质时，表面发生电化学反应，导致设备中的金属逐渐被腐蚀。其方程式为：

$$Fe \longrightarrow Fe^{2+} + 2e^-$$
$$Fe^{2+} + 8FeO \cdot OH + 2e^- \longrightarrow 3Fe_3O_4 + 4H_2O$$

（3）结晶腐蚀。在烟气脱硫过程中，由于生成了可溶性硫酸盐或亚硫酸盐，当液相渗入表面防腐层的毛细孔内，设备停用时，在自然干燥下生成结晶盐，产生体积膨胀，使防腐层产生内力而破坏，特别在干湿交替作用下，腐蚀会加剧。

（4）磨损腐蚀。烟气脱硫过程中，固体脱硫剂及烟气中的粉尘与设备表面不断摩擦，使其磨损，因而不断地"更新表面"，材料逐渐变薄，腐蚀加剧。

8.35 烟气脱硫设备的环境腐蚀因素及影响有哪些？

烟气脱硫设备的环境腐蚀因素及影响主要有环境温度、固体物质作用、设备基体结构等。

环境温度影响是各种烟气脱硫装置共同存在的问题。温度对设备衬里的影响主要有：（1）温度不同则选择的材料也不同，如果选择不合适的材料将会造成较大损失；（2）衬里材料和设备基体在温度作用下产生不同的膨胀值，因而会导致两者粘结处产生热应力，影响衬里使用寿命；（3）温度使材料物理化学性能下降，从而降低衬里材料的耐磨性和抗应力破坏能力，加速材料的老化进程；（4）在温度的作用下，衬里内施工形成的缺陷如气泡、微裂纹等受热应力作用为介质渗透提供了条件。

固体物料对设备的影响主要体现在当其以浆液态从塔顶落下的过程中冲刷衬里表面，如果衬里凹凸不平，则会进一步加剧磨损。

设备基体结构的影响主要是由于烟气脱硫设备大多是平板焊接结构，为保证衬里防腐蚀质量，设计和现场制作安装时，必须要注意焊接和按照安装要求进行，避免影响设备的防腐性能。

8.36 什么是颗粒物污染？

空气中颗粒物的粒径一般小于$100\mu m$，我们将空气中粒径小于等于$100\mu m$的颗粒物统称为总悬浮颗粒物。其中粒径小于等于$10\mu m$的颗粒物，称之PM10；粒径小于等于$2.5\mu m$的颗粒物，称之PM2.5，又称细粒子。PM10因为能够被人体呼吸系统吸入，所以又称可吸入颗粒物。PM2.5因为粒径小，进入人体呼吸道的部位较深，所以又叫可入肺颗粒物。

PM10和PM2.5在空气中滞留时间长，对人体健康和大气能见度的影响都很大。尤其被人吸入后，会累积在呼吸系统中，降低心肺功能，引发许多疾病。所以PM10和PM2.5是表征环境空气质量的两个主要污染物指标。

PM2.5的组成非常复杂，是各种各样固体细颗粒和液滴的"大杂烩"，化学成分高达上百种。主要成分是有机物、硫酸盐、硝酸盐、铵盐、碳及铅、砷、汞等重金属的化合物。PM2.5多数是燃烧的产物。

粒径$10\mu m$以上的颗粒物，会被挡在鼻孔的外面；粒径在$2.5 \sim 10\mu m$之间的颗粒物，能够进入上呼吸道，但部分可通过痰液等排出体外，另外也会被鼻腔内部的绒毛阻挡，对人体健康危害相对较小；粒径在$2.5\mu m$以下的细颗粒物，也就是常说的PM2.5，不易被阻挡，被吸入人体后直接进入支气管，干扰肺部的气体交换，引发哮喘、支气管炎和心血管等疾病。另外，PM2.5还可成为病毒和细菌的载体，为呼吸道传染病的传播推波助澜。

以页岩和煤矸石为原料的砖瓦厂，在粉碎、筛分、输送过程中要产生大量粒径小于$100\mu m$的颗粒物。在焙烧窑和干燥室排放的废弃中夹带有大量粒径小于2.5μ（PM2.5）的细粒子。

做好除尘工作的好处：（1）改善卫生条件，保护操作人身体健康；（2）粉尘是生产砖瓦的好原料，回收粉尘可以节省原料，提高产品质量；（3）有利于安全生产；（4）减少设备磨损，从而延长了设备的使用寿命。

8.37 什么是氮氧化物污染?

正常大气成分中，氮约占大气总量的79%。氮作为单个游离原子具有很高的反应活性。但在大气中大量存在的是化学性质稳定的氮分子。对人体健康有害的主要是氮与氧相结合的各种形式的化合物，包括一氧化二氮（N_2O）、一氧化氮（NO）、二氧化氮（NO_2）、三氧化二氮（N_2O_3）、四氧化二氮（N_2O_4）和五氧化二氮（N_2O_5）等。

当氮氧化物进入肺泡中，因肺泡的表面湿度增加，反应加快，在肺泡内约可阻留80%，一部分变为四氧化二氮（N_2O_4）。四氧化二氮（N_2O_4）均能与呼吸道黏膜的水分作用生成亚硝酸盐和硝酸，对肺组织产生强烈的刺激和腐蚀作用，从而增加毛细血管和肺泡壁的通透性，引起肺水肿。亚硝酸盐进入血液后还可引起血管扩张，血压下降，并可与血红蛋白作用生成高铁血红蛋白，引起组织缺氧。高浓度的一氧化氮也可以使血液中的氧和血红蛋白变为高铁血红蛋白，引起组织缺氧。

氮氧化物由于参与光化学烟雾和酸雨的形成而危害性更大。

常说的氮氧化物主要有一氧化二氮（N_2O）、一氧化氮（NO）组成。氮氧化物除了一氧化二氮（N_2O）外，大部分都比较活跃，容易参与复杂的化学反应。一氧化二氮（N_2O）还是很强的温室气体。

氮氧化物都具有不同程度的毒性。二氧化氮是一种棕红色、易溶于水且具有刺激性气味的气体。吸入二氧化氮可能对肺组织产生强烈的刺激和腐蚀作用。长期处于二氧化氮污染的环境中，会导致神经衰弱，引发一些慢性呼吸道疾病。

氮氧化物与空气中的水结合能转化成硝酸，硝酸是酸雨的成因之一。氮氧化物和挥发性有机物一起再阳光作用下会生成臭氧（O_3），造成光化学烟雾。

应该说明的是，臭氧有两个特点，一是能够吸收紫外光，二是具有很强的氧化性。臭氧在从地面到70km的高空中都有分布。

"好"的臭氧在距地面20~40km的上空，臭氧浓度相对较高，形成一层臭氧层，这个臭氧层使地球地面紫外线减少，从而保护了地球生物免受太阳紫外线辐射的伤害，故这些臭氧被认为是"好"的臭氧。

"坏"的臭氧是指对流层内的臭氧。由于臭氧具有很强的氧化性，直接接触对人类和动植物都有害，吸入臭氧会导致胸痛、咳嗽、咽炎，还会加重支气管炎、肺气肿和哮喘等。多要这些靠近地面的臭氧被称为"坏"的臭氧。这部分臭氧不是人们直接排放的，二是氮氧化物、挥发性有机物等在阳光下发生复杂的光化学反应产生的。

8.38 什么是氟化物污染?

原料中的氟化物主要来源于萤石(又名氟石),即氟化钙(CaF_2),其次来源于伊利石、蒙脱石、云母等矿物(氟元素常与伊利石、蒙脱石、云母等矿物结合在一起)。在烧结砖瓦原料中的氟含量约为0.03%～0.15%。氟约在400℃温度下开始缓慢逸出,至大约900℃以上时以较高的浓度逸出。在坯体中能够永久性滞留的氟的量则取决于原料的烧结特性,例如在800℃以上的保温时间、坯体的气孔率以及窑炉内气氛中水蒸气的含量等。能够早期玻化的原料,在坯体中可滞留大量的氟。缓慢的加热速率、高温下较长的保温时间及较高的烧成温度,都将会促使氟达到更高的扩散速率。微孔砖、高孔洞率的砖或砌块、窑内高水蒸气含量、烟气中高含量SO_3、SO_2同样会促使氟的逸出。但原料中的碳酸盐则增强了坯体中氟的结合能力,减少了氟的扩散。

烟气中的氟化物主要是氟化氢(HF),它常以二分子状态存在(H_2F_2),其蒸汽具有十分强烈的腐蚀性和毒性。它的水溶液能侵蚀玻璃。氟化氢对人体的危害比二氧化硫大29倍,对植物的危害比二氧化硫大10～100倍。

8.39 什么是重金属及二噁英污染?

有些砖瓦厂采用工业废渣(如污水处理厂的污泥等)作原料,往往含有一定量的重金属,造成重金属污染。

化学上把体积密度大于5g/cm³的金属称之重金属,其中对人体危害较大的有铅、汞、砷、镉、铊等。

大气中的重金属主要从两个途径影响人的健康,一种是通过呼吸直接进入人体,另一种是大气沉降污染土壤和水体,被动植物吸收而在生物体内富集,通过实物链最终进入人体。

重金属污染是一种积累性的慢性污染,具有隐蔽性、不可逆转性和长期性。重金属不能被生物降解,相反却能在食物链中积累。重金属在人体内和蛋白质及各种酸发生强烈作用,使它们失去活性;也可以在人体的某些器官中聚集,超过人体所能承受的限度而导致人体中毒。

重金属对人体生长发育有较为明显的不良影响,即使是低浓度的铅污染,也可能与青少年的智力障碍、行为失调有关。

还有一种致癌危险物质——二噁英的产生(有机物质在加热期间生产,但在超过850℃时才会分解),是目前窑炉无法处理的。

8.40 如何减排生产过程中的颗粒物?

首先应从工艺控制入手采取合理的措施,如密闭、回收等,如仍不能达标排放,必须增加高效除尘设施。除尘的方法较多,由于布式除尘对细粉尘捕集效率高,故常被砖瓦企业采用。

8.41 如何减排烟气中的污染物?

首先应该努力降低原、燃料中的含硫量,如烟气排放仍不达标,则应安装脱硫装置。脱硫的方法有干法、半干法、湿法多种,砖瓦企业宜采用湿法,这种方法可同时脱硫,脱氟和除尘。

另外，控制氮氧化物排放。目前，烧结砖瓦企业排放中的氮氧化物一般未超标，故均未采取脱硝措施。但环保政策日益严格。生产耐火砖等焙烧温度高的窑应该研究低氮燃烧技术，改进焙烧工艺，降低高温热力型氮氧化物，降低过量空气系数，严格控制氮氧化物的产生与排放量。

控制氟化物排放的办法：

首先要选择含氟量低的原料。湿法脱硫可同时脱氟。另外，可以尝试其他减少氟排放量的方法，如固氟或改进焙烧工艺。

8.42 如何减少无组织排放？

颗粒物：对产尘点可以采取湿法作用、封闭产尘点、对原燃料进行覆盖等措施，以减少颗粒物无组织排放。加强生产管理是关键。

二氧化硫和氟化物主要是干燥室（烟气作介质）焙烧窑放出的。做好对干燥室和焙烧窑的密封可控制二氧化硫和氟化物无组织排放，使烟气全部通过排气筒集中排放。

轮窑投煤孔、闸阀和门都很多，故易产生漏气点多，废气无组织排放难以避免。应尽量不采用轮窑焙烧制品。

应该指出的是，降低干燥室和焙烧窑热能消耗，可减少污染物的生成量。节能同时可减排。

8.43 钠钙双碱法脱硫技术原理是什么？

钠钙双碱法脱硫是用钠碱液做吸收剂，在脱硫塔内直接与 SO_2 反应，在塔外通过钙碱进行置换后，重新获得钠碱，获得再生的钠碱再进入脱硫塔内与 SO_2 反应。钠碱在脱硫系统内循环使用，只需要定期少量补充。

8.44 钠钙双碱法脱硫反应方程式是什么？

钠钙双碱法脱硫反应方程式如下：
（1）钠碱与 SO_2 间的吸收硫反应
$$2NaOH + SO_2 \longrightarrow NaSO_3 + H_2O$$
$$Na_2SO_3 + SO_2 + H_2O \longrightarrow 2NaHSO_3$$
（2）亚硫酸（氢）钠的氧化副反应
$$Na_2SO_3 + \frac{1}{2}O_2 \longrightarrow Na_2SO_4$$
$$NaHSO_3 + \frac{1}{2}O_2 \longrightarrow NaHSO_4$$
（3）钠碱的再生反应
$$Ca(OH)_2 + Na_2SO_3 \longrightarrow 2NaOH + CaSO_3$$
$$Ca(OH)_2 + 2NaHSO_3 \longrightarrow NaSO_3 + CaSO_3 \cdot \frac{1}{2}H_2O + 3/2\ H_2O$$
（4）亚硫酸钙的氧化反应
$$CaSO_3 + \frac{1}{2}O_2 \longrightarrow CaSO_3$$

8.45 如何控制和治理砖瓦工业大气污染物排放？

（1）无组织排放控制措施

砖瓦厂无组织排放控制内容表现为：

①原料、燃料控制

a. 煤矿石等原料储存于储库、堆棚中，或设置不低于堆存物高度1.1倍的围挡，并采取洒水覆盖等控制措施。

b. 黏土、页岩等堆场设置不低于堆存物料高度1.1倍的围挡或采取覆盖等措施。

c. 粉状物料转运应密闭输送，其他物料转运应在产尘点设置集气罩，并配备除尘措施。

d. 原料陈化应在封闭储库中运行。

②破碎及制备控制

e. 各种原料、燃料的破碎筛分过程应在封闭厂房中进行，配备除尘设施。

f. 页岩、煤矸石、煤等破碎筛分应在设备进出料口等产尘点设置集气罩，并配备除尘设施。

g. 配料及混料过程产尘点应设置集尘罩，并配备除尘设施。

③干燥和焙烧控制

h. 干燥室、焙烧窑应有组织收集、经污染治理措施处理后通过排气筒排放，加强干燥室和焙烧室的密封，保证进出车端生产时没有烟气外溢。

i. 窑顶外加煤应密闭储存，窑顶投煤孔不操作时应及时关闭。

j. 窑车表面结构保持整洁，码放砖坯前进行维护清扫，防止粉尘带入室内。

④除尘灰控制

k. 除尘器应设置密闭灰仓并及时卸灰，除尘灰不落地。

l. 如采用车辆运输，在除尘灰装车过程中应使用加湿系统，并对运输车辆进行覆盖，除尘灰输送返回原料系统。

⑤厂区道路、原料、燃料堆场路面应硬化，并定期清扫，洒水保持清洁。

（2）烟气治理措施

当前砖厂焙烧窑烟气脱硫较多的采用钠钙双碱法。钠钙双碱法脱硫工艺如图8-1所示。

为了使砖瓦窑烟气能高效、精准脱硫，应做到以下几点：

①认真测定和合理确定基本参数

这些参数的获得可以为正确选择脱硫工艺及设备打下基础，参数包括：

a. 烟气的流量，Nm^3/h；

b. 烟气中含硫量，mg/Nm^3；

c. 烟气中含尘量，mg/Nm^3；

d. 烟气的温度不宜超过制作脱硫塔（吸收塔）有机材料的最高耐热温度，一般为小于90℃。如烟气温度过高，应对其进行水冷却；

e. 控制烟气在塔内吸收 SO_2 区段的停留时间不小于3s；

f. 控制烟气在塔内流速为 3~3.5m/s；

g. 确定塔的内径，m；

h. 确定塔在吸收 SO_2 区段的高度，m；

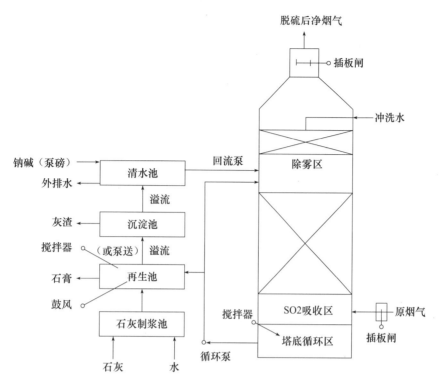

脱硫后净烟气

插板闸

冲洗水

钠碱（泵磅） → 清水池

外排水

溢流

灰渣 ← 沉淀池

搅拌器

（或泵送） 溢流

石膏 ← 再生池

鼓风

石灰制浆池

石灰　水

回流泵

除雾区

SO2吸收区

搅拌器

塔底循环区

循环泵

原烟气

插板闸

图 8-1　钠钙双碱法脱硫工艺示意图

注：1. 清水池亦称碱水池；

　　2. 沉淀池亦称循环池、回水池；

　　3. 再生池亦称反应池、置换池、搅拌池；

　　4. 石灰制浆池。

i. 确定塔的顶端距地平面的高度为大于等于 15m（塔顶应预留污染物排放检测孔）；

j. 确定钠碱与水的质量比（固液比）为：10：90 ~ 15：85；

k. 确定钠碱吸收剂（液）与烟气比（液气比）为 5L/m³；

l. 确定塔内钠碱吸收剂（液）喷淋层数为 3 ~ 4 层；

m. 确定塔内钠碱吸收剂（液）喷淋雾滴大小，在烟气流速不大的情况下，雾滴应适当小些，以利于增加钠碱雾滴与烟气接触面积，从而提高吸收 SO_2 效率。但在烟气流速较大的情况下，过小的雾滴又会随气流带出塔外，不但会造成钠碱损失，而且会污染周边环境；雾滴应该力求分布均匀。

n. 确定喷淋雾滴覆盖率为 200% ~ 300%；

o. 控制经 NaOH 吸收剂吸收 SO_2 后的循环液 pH 值为 5 ~ 8；

p. 控制经再生后的 NaOH 溶液返回塔的 pH 值为 9 ~ 11（保持较高的碱性环境，以便对 SO_2 有较高的吸收率）；

q. 确定石灰脱硫剂的有关参数；有效氧化钙含量最好大于 75%，最低不小于 60%；如用石灰石粉做脱硫剂，碳酸钙含量最好大于 90%。石灰浆液细度为 200 目筛余小于 10%，钙硫比大于 1。在再生池中 $CaSO_3$ 氧化成 $CaSO_4$ 时间为大于等于 2h；

r. 塔内的除雾器应设置便于维修的冲洗装置，并定期冲洗，以免出现堵塞。经除雾器除雾后，塔出口烟气中雾滴的浓度要求：小于 $75mg/m^3$；

s. 石灰存储仓中石灰的存储量大于等于7d。

②应"量身定做"脱硫塔

脱硫塔是脱硫系统的核心，塔内由 SO_2 吸收区、浆液循环系统、除雾区、冲洗系统等组成。其规格尺寸和内部结构做法是有讲究的，是和脱硫效率及脱硫成本密切相关系的。

就塔的规格尺寸和内部结构而言，应通过烟气流量及在吸收区既定的停留时间等参数经计算和全面分析优化后确定。不要随意购置一台不合适的塔，更不要为了节省费用，购置内径过小，吸收区过短的塔。这样做的结果是不但吸收 SO_2 效率低，而且会使 NaOH 溶液随气流带到外界，增加脱硫成本。

制塔材料也有讲究，尤其是烟气入口处材料，应耐腐蚀、耐磨损、耐烟气的温度。与脱硫后的湿烟气接触的烟道和烟囱应采取防腐措施，并设置疏水装置。

每条窑宜独立配置一台塔，不要两条窑或多条窑共用一台塔，以免两股过多股烟气在塔内"顶牛"，增加动力消耗和降低塔的运行效率。

应该特别指出的是，循环泵是脱硫系统的主要动力消耗设备，应选择能效高、故障少、质量好的循环泵，以保证其长期稳定运行，并要有备用。为减少颗粒状物料对泵体磨损，在泵的入口处应安装过滤网。

③合理建设各种池子

池子是脱硫系统不可分割的重要组成部分。池子设计的容量、数量、材质、布置等应根据生产规模、防腐要求及相关联情况确定。池子包括：

a. 清水池（亦称碱水池）一般设 1~2 个，用于容纳从沉淀池上层溢流来的清液，和钠碱泵补充来的新鲜 NaOH 溶液。二者混合后，通过回流泵送到塔内喷淋层的最上面一层（如喷淋层数为3层，则下面两层是由循环泵从塔底循环区抽送来的部分循环液，还有部分循环液分流至再生池）。

b. 沉淀池（也称循环池、回水池），应设置 2 个，并有足够容量，轮换使用。用于容纳再生池溢流来的经再生后的 NaOH 溶液。NaOH 溶液在该池停留时间为 5~10min，停留时间不宜过短，并应及时清除池底灰渣，以免导致 $CaSO_3$ 部分被氧化的 $CaSO_4$ 沉淀不完全，灰渣沉淀不彻底，溢流到清水池进入脱硫塔区，造成结垢。其下层沉淀的泥浆用砂浆泵送至真空过滤机进行固液分离，并将含有 NaOH 溶液的液体泵送回沉淀池循环使用。

c. 再生池（亦称反应池、置换池、搅拌池），应设 2 个，轮换使用。该池用于 $NaSO_3$、$NaHSO_3$ 与 $Ca(OH)_2$ 进行置换反应，产生 $CaSO_4$ 并使 NaOH 得以再生后的溶液溢流至沉淀池，重复使用。再生池在鼓风机和搅拌机的作用下（供氧），使 $CaSO_3$ 和氧气进行反应，生产 $CaSO_4$（石膏）副产品。

注意事项：反应时间为2h；初始 pH 值适宜范围为 5.0~5.5；适宜反应温度为 50℃左右；搅拌强度宜为 450r/min 左右；曝气量既不宜过小，也不宜过多。以产生足够气泡，使气液充分接触为准。为了使 $CaSO_3$ 彻底氧化成 $CaSO_4$，在此期间应保持氧硫摩尔比大于等于1.5，以避免出现未氧化的 $CaSO_3$ 溶液流到沉淀池，再流入清水池，再送入脱硫塔，在塔内氧化成 $CaSO_4$ 沉淀，从而堵塞管道，固体含量低些则有利于提高 $CaSO_3$ 氧化效率，一般选择固体含量 8%~10%。

副产品固体沉淀物中的主要成分是 $CaSO_4$（石膏），另外还有石灰中不能参与脱硫反应的杂质，以及 Na_2SO_3 被氧化 Na_2SO_4 沉淀等。一般情况下，副产品中 $CaSO_4$（石膏）量约为 80%。应安排好副产品（石膏）的合理利用。

d. 石灰制浆池一般设 1~2 个，用于容纳石灰浆液，其容积应满足 8h 用量。

石灰制浆池应采取可靠的防腐措施，装设防沉积装置，如加装浆液式搅拌器等。石灰浆液管道上应该有排空和停运后的冲洗设施。

④设置自动控制和在线监测系统

对脱硫装置实行全方位的自动控制。主要内容包括：吸收剂的浓度、pH 值、液位，循环泵的电流，烟气的温度和流量，各种物料消耗量等。

多套脱硫装置宜合用一套自动控制系统进行集中控制。

在线监测：脱硫装置的入口和出口烟道应按固定污染源排气中颗粒物测定与气态污染物采样方法 GB/T16157 等要求合理设置检测孔，并配套建立永久性检测采样平台。

在线检测数据以每小时一次的频率上传到各级环保局网站，大家可以从环保局网站公开信息查看到实施在线检测数据。在线检测设施已成为各级环境管理部门实施环境监管的重要手段。因而在砖瓦窑脱硫系统设计中，应高度重视在线检测能够长期、稳定运行。

⑤注意事项

a. 应采取自动加"药"，不采取人工加"药"。由于生产中的种种原因，砖瓦窑的焙烧制度需经常调整，因而烟气流量也随之有所变化。如采取人工凭感觉加"药"，往往造成加入的"药"量与烟气流量不匹配，甚至出现较大误差。为了使加"药"量准确无误，应采取自动加"药"。

b. 应样按照既定的"固液比"配制吸收液，不要为了节省钠碱，随便降低吸收液中的 NaOH 含量（浓度），更不要采取纯水喷淋。

c. 选择烟气送往脱硫塔的风机，应能足以克服脱硫系统的阻力，防止对脱硫系统的阻力估计不足；选择的风机的风量、风压、动力偏小，则烟气输送不畅，造成砖瓦窑生产能力下降，脱硫系统不能正常运转。

d. 按烟气的流量及在吸收区既定的停留时间确定塔的规格尺寸。避免出现为了节省购置费用，选择了内径和高度偏小的塔体，导致烟气在塔内流速偏快，在吸收区停留时间偏短。其不良结果是：吸收 SO_2 效率下降；排至塔外经净化过的烟气中含有大量 NaHO 溶液，必然造成经济损失和对周围环境的碱污染。

e. 防止除雾器及有关管道堵塞。出现堵塞会造成系统阻力增大，使得脱硫工作无法正常运行，也牵连到砖瓦窑难以按照正常的温度和压力制度焙烧，故要求除雾器定时冲洗，有关管道保持畅通。

f. 池子的容积和数量要足够。池子是脱硫系统的重要组成部分。如果池子的容量偏小数量不足，池子的作用无法正常发挥，甚至造成互相介入和干扰，必然导致脱硫成本上升，脱硫效率下降。

g. 应及时清除池中的脱硫渣。池中的脱硫渣堆积较多而不能及时清除，也就缩小了池子的有效工作容积，并将造成进入塔内的吸收液杂质增多，纯度下降，其不良后果是：降低了 SO_2 的吸收率；易对系统造成堵塞。

h. 不要用有效 CaO 过低的石灰做脱硫剂，如果石灰的有效 CaO 含量过低，这就意味着其杂质含量较高。杂质不但不能参与脱硫反应，还会阻碍脱硫反应。其结果是，不但降低脱硫效率，而且降低脱硫副产品（石膏）的纯度。

i. 努力减少物料消耗，以降低脱硫成本。

8.46 第一类水污染物污染当量值是多少？

第一类水污染物污染当量值见表8-13所示。

第一类水污染物污染当量值 　　　　　　　　　　　　　　表8-13

污染物	污染当量值（kg）
总汞	0.0005
总镉	0.005
总铬	0.40
六价铬	0.02
总砷	0.02
总铅	0.025
总镍	0.025
苯并芘	0.0000003
总铍	0.01
总银	0.02

8.47 大气污染当量值是多少？

大气污染当量值见表8-14所示。

大气污染当量值 　　　　　　　　　　　　　　　　　　表8-14

污染物	污染物当量值（kg）	污染物	污染物当量值（kg）	污染物	污染物当量值（kg）
1. 二氧化硫	0.95	16. 镉及其化合物	0.03	31. 苯胺类	0.21
2. 氮氧化物	0.95	17. 铍及其化合物	0.0004	32. 氯苯类	0.72
3. 一氧化碳	16.7	18. 镍及其化合物	0.13	33. 硝基苯	0.17
4. 氯气	0.34	19. 锡及其化合物	0.27	34. 丙烯腈	0.22
5. 氯化氢	10.75	20. 烟尘	2.18	35. 氯乙烯	0.55
6. 氟化物	0.87	21. 苯	0.05	36. 光气	0.04
7. 氰化氢	0.005	22. 甲苯	0.18	37. 硫化氢	0.29
8. 硫酸雾	0.6	23. 二甲苯	0.27	38. 氨	9.09
9. 铬酸雾	0.0007	24. 苯并芘	0.000002	39. 三甲胺	0.32
10. 汞及化合物	0.0001	25. 甲醛	0.09	40. 甲硫醇	0.04
11. 一般性粉尘	4	26. 乙醛	0.45	41. 甲硫醚	0.28
12. 石棉尘	0.53	27. 丙烯醛	0.06	42. 二甲二硫	0.28
13. 玻璃棉尘	2.13	28. 甲醇	0.67	43. 苯乙烯	25
14. 碳黑尘	0.59	29. 酚类	0.35	44. 二硫化碳	20
15. 铝及其化合物	0.02	30. 沥青烟	0.19		

第九部分　燃　　料

9.1　什么是燃料？工业上应用最广泛的燃料有哪些？

用以产生热量或动力的可燃性物质称燃料。工业上应用最广泛的是以碳、氢为主要成分的燃料。其分类如图9-1所示。

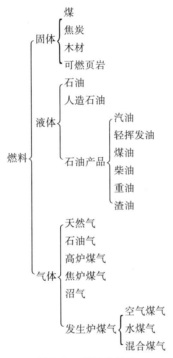

图9-1　燃料的分类

按其来源又分为天然燃料和加工燃料两种。天然燃料属一次能源，即未经人工加工和转换的天然能源，如矿物燃料（石油、天然气和煤等）和植物燃料（木柴等）；加工燃料属二次能源，是经人工加工、转换而获得的能源，如焦炭、重油、柴油、发生炉煤气等。

9.2　什么是固体燃料？

固体燃料就是用以产生热量或动力的固体可燃物质，大多是含碳物质或碳氢化合物，天然的有煤、木材、可燃页岩（油页岩）等。经过加工的有焦炭、木炭等。

液体燃料就是用以产生热量或动力的液体可燃物质，主要是碳氢化合物或其混合物。如石油精炼后的分馏产物：汽油、煤油、柴油、重油等，灰分极少。发热量高达 418000kJ/kg（10000kCal/kg）。火焰辐射强，便于运输，燃烧时便于自动调节。

气体燃料是用以产生热量或动力的气体可燃物质。其主要成分：可燃性的一氧化碳、氢、碳氢化合物及不可燃的二氧化碳、水汽、氮等。气体燃料有天然气、石油气、高炉煤气、焦炉煤气、沼气等。不含灰分,便于输送机质控。可利用劣质燃料制得。

9.3 煤是怎样生成的?

在一定的地质时代曾有过湿热的气候条件,植物生长茂盛,特别是低洼的沼泽地带最有利于植物的生长和繁殖。在湖沼和海湾地带,死亡的植物遗体堆积在水底,在缺氧的条件下,由于细菌的活动,使植物体腐烂分解,有机体中的氢、氧、氮等元素逐渐减少,碳的含量相对增加,逐渐变成泥炭。在泥炭里还可看出树枝、树叶等植物体的碎片。

泥炭层形成后,如果地壳下降,在泥炭层上面出现更多的泥沙沉积,泥炭便被埋在地下,完全封闭起来,细菌活动逐渐停止。泥炭在地下温度升高、压力增大的环境里,放出大量的挥发性物质和水分,含碳量相对提高,体积压缩逐渐形成褐煤。

褐煤埋在地下较深的位置,在高温、高压条件下,继续发生变化,不断失去水分和挥发物质,含碳量进一步提高,逐渐变成烟煤。

烟煤再进一步变化即成为无烟煤。

由此可见,煤的生成是一个不断失去水分和挥发物质、不断增加含碳量的过程,这个过程称碳化过程。

无烟煤含碳量95%以上;烟煤含碳量75%~95%;褐煤含碳量70%以上;泥煤含碳量50%左右。

煤的干馏:把煤放在密闭的设备里,在隔绝空气条件下加热的过程叫煤的干馏。煤的主要成分是碳,还有氢、氧、氮和少量的硫等。当不断地把煤加热到1000℃左右时,煤的内部就会发生复杂的化学过程,生成煤气、氨和煤焦油等气态和液态物质,以及银灰色的固体焦炭。

9.4 煤的元素组成有哪些?各有什么作用?

煤的元素组成有碳、氢、氧、氮、硫、灰分和水分。

碳是燃料热能的主要来源,碳燃烧生成二氧化碳。在煤中碳的含量为50%~99%,燃料中的碳一般是与氧、氢、氮、硫等组成各种复杂的有机化合物,受热后分解,再与助燃空气中的氧化合而燃烧。

氢燃烧时虽能放出大量热能,但其含量少,且只有与碳、硫化合的"可燃氢"才能燃烧。固体燃料含氢量少,一般不超过4%~5%。

氧本身不能燃烧,如其含量多,则降低了燃料的发热量,无烟煤中氧的含量仅为1%~2%,泥煤中含量可高达40%。

氮是一种惰性物质,不参与燃烧。它在高温下能与氧形成氮氧化物NO_x,对环境造成污染。煤中含氮量一般为0.5%~2.5%。

硫在燃料中可以三种形式存在:有机硫、黄铁矿硫和硫酸盐硫。前两者可以燃烧,后者不能燃烧。因硫酸盐硫在我国煤中含量很少,故一般以全硫代表可燃硫。硫合成硫酸,造成排烟设备金属构件的腐蚀。

灰分是不可燃烧的物质,如硅酸盐、硫酸盐等形成的固态残余物称灰分。灰分越多,则燃料的发热量越低。含灰分高的煤属低质煤或劣质煤,煤中灰分一般为5%~35%,劣质煤中可高达 40% ~ 50% 。

水分不仅不能燃烧，且汽化时要吸收大量的热。煤中水分含量波动很大，为 4% ~ 35% 。

9.5 什么是固定碳？

在煤炭工业中，指挥发物逸出后所剩余的可燃碳质。在煤或焦炭中固定碳的含量用质量百分数表示，即由样品的质量减去水分、挥发物和灰分的质量，或由干样的质量减去挥发物和灰分的质量而得。固定碳的含量是煤的分类以及煤和焦炭等的质量指标之一。一般挥发物愈少，固定碳就愈多。

9.6 什么是"标准煤"？

煤炭因其品种和品质不同，其发热量也不同。市场上供应的实物煤，1kg 的发热量大多在 20900 ~ 27170kJ 之间，而 1kg 标准煤的低发热量为 29260kJ（7000kPa）。为了实际使用和便于统一比较或统计方便，常按实物煤的发热量将其换算成为标准煤。换算的方法是用实物煤的发热量除以标准煤的发热量。如某厂生产中消耗的实物煤为 100t，其发热量为 20900kJ/kg，换算成标准煤为 20900/29260 × 100 = 71.43t（标准煤）。在英语中，"标准煤"称为"煤当量"（coal equivalent）。

9.7 什么是泥煤？

炭化程度最小的煤。由沼泽地区繁殖的植物，因地壳缓慢下沉，逐渐积成厚层，埋没在水底或泥沙中，受着细菌作用，发生化学变化而成。褐色或黑色，含水量很大，含碳量在 50% 以下，还含有人量的碳水化合物。

9.8 什么是焦炭？

固体燃料的一种。由煤等经干馏而得的固体物。主要成分是固定碳，挥发物很少。燃烧时无烟。发热量约为 25080 ~ 31350kJ/kg（6000 ~ 7500kCal/kg）。银白色或灰黑色，有金属光泽，坚硬多孔，气孔率约 40% 。

9.9 什么是燃料的燃烧？

燃料和空气中的氧进行激烈的氧化反应，发出光和热的过程。燃烧有完全燃烧和不完全燃烧之分。完全燃烧是燃料中的碳全部生成二氧化碳的情况，不完全燃烧是部分碳生成一氧化碳的情况。

9.10 燃料燃烧时的产物有哪些？

燃料燃烧时所产生的高温状态的气体产物有：二氧化碳（煤的主要成分是 C，燃烧后产物多为 CO_2）、水蒸气（天然气的主要成分是 CH_4，燃烧后产物多为 H_2O）、二氧化硫、氮、氧、一氧化碳等。经与制品热交换后温度降低，叫烟气。

9.11 1kg 的标准煤，完全燃烧后排放出多少二氧化碳？

已知：1 摩尔的碳原子质量为 12g，1 摩尔的氧分子质量为 32g，1 摩尔的二氧化碳分子质量为44g，在标准状态下，1摩尔的任何气体的体积都是22.4L（0.0224m³），1kg纯碳完全燃烧成二氧化碳发出的热量是34004kJ（8135kcal）。

则：（1）1kg纯碳完全燃烧后生成二氧化碳为：$\frac{44}{12}=3.67$（kg），其摩尔数为$\frac{3670g}{44g/摩尔}=$83.41摩尔，在标准状态下的体积为：$0.0224m^3/mol×83.41mol=1.87m^3$。

（2）1kg标准煤的发热量是29260kJ（7000kcal），如果标准煤中的可燃物全是碳，则它的含碳量为：$\frac{29260kJ}{33649kJ}=0.87$（kg），这些碳完全燃烧后排放出的二氧化碳为$3.67×0.87=$3.19（kg），其摩尔数为：$\frac{3190g}{44g/mol}=72.5mol$。

在标准状态下的体积为：$0.0224m^3/mol×72.5mol=1.624m^3$。

（3）由于煤中往往含有一定量的H_2、S等可燃物，实际1kg标准煤完全燃烧排放出的二氧化碳平均为：2.69kg，其摩尔数为：$\frac{2690g}{44g/mol}=61.14/mol$，在标准状态下的体积为：$0.0224m^3/摩尔×61.14摩尔=1.37m^3$。

9.12 什么是烧砖瓦的煤耗？怎样计算？

通常规定应用低位发热量等于7000kcal/kg（$Q_{DW}^y=7000kcal/kg$）的煤为标准煤。

烧制每万块砖（瓦）所消耗的标准煤的数量称之为烧砖的煤耗。如果焙烧时用的煤$Q_{DW}^y≠7000kcal/kg$时，必须将实际用煤量折算成标准煤消耗量。折算的方法是，首先求出实际煤的发热量同标准煤发热量的比值，这一比值称为热当量；第二用实际的消耗量乘上它的热当量即等于标准煤的消耗量——煤耗。

倘若不制定统一的标准（低位发热量7000kcal/kg的标准煤），煤质不同的各厂之间无法比较煤耗。例如，甲地某厂烧成每万块砖消耗3000kg（甲地煤$Q_{DW}^y=6000kcal/kg$）；乙地某厂烧成每万块砖消耗2800kg（乙地煤$Q_{DW}^y=6800kcal/kg$）。表面上看乙地某厂比甲地的耗煤少，然而换算成标准煤消耗量后发现结论恰恰相反：

甲地某厂：$3000×\frac{6000}{7000}=3000×0.857=2571kg$（标准煤）

乙地某厂：$2800×\frac{6800}{7000}=2800×0.972=2722kg$（标准煤）

9.13 哪些燃料可以用来烧砖瓦？应该怎样选择？

实践证明，凡是燃料几乎都可以用来烧砖瓦。因为砖瓦的烧成温度一般在950～1100℃之间，而这样的温度在砖瓦窑中是比较容易获得的。

根据国内外砖瓦技术文献的报道，下述燃料可以烧制砖瓦：

煤炭：烟煤、无烟煤、褐煤、泥煤、石煤等；

草：稻草、山草、稻壳、树叶、麦壳、竹叶、棉秆、棉铃壳、菜籽壳等；

柴：各种木柴（我国援助加纳砖厂的隧道窑是用木柴作燃料）；

工业废料：煤矸石、粉煤灰、炉渣、烟道灰、锯末、焦炭末、甘蔗渣、沥青渣、油页岩等；

气体燃料：天然气、液化石油气、沼气等；

液体燃料：重油等（我国援助几内亚砖厂的隧道窑是用重油作燃料）；

电。

选择燃料的原则是：

（1）尽量利用工业废料，不用高发热量优质燃料，少用煤炭。内燃砖瓦工艺是一种充分利用废料制砖瓦的好工艺。

（2）就地取材，减少运输费用。

（3）来源充足，保证生产供给。

9.14 固体有机硫的发热量是多少？

摩尔硫原子（32g）：$S + O_2 = SO_2 + 296.6kJ/mol$（7kcal/mol）。

1kg 固体有机硫的发热量为：$\dfrac{1000g \times 296.6kJ}{32g} = 9268.75kJ$（2217.4kcal）。

其着火温度 363℃。（亦说 250℃）

9.15 煤的挥发分含量对燃烧性能有什么影响？

挥发分的多少直接影响到煤燃烧时火焰的长短和着火的难易。挥发分越多，火焰越长，着火也越容易。无烟煤和烟煤两者相比较：无烟煤挥发分较少，在 8% 以下，不适合用于砖瓦窑炉；烟煤挥发分较多，在 10% ~40%，较适合作为砖瓦窑炉的燃料。

9.16 什么是褐煤？什么是石煤？

褐煤是碳化程度较小的煤。呈褐色，无光泽。挥发分含量高（占可燃物的 40% 以上），含碳少，含氧多，自然含水率高，灰分变动大，发热量较泥煤高，为 8360 ~ 16720kJ/kg（2000 ~4000kcal/kg）。易风化、自燃。

石煤是一种劣质煤。外观与岩石相似。通常含碳量 10% ~30%，灰分在 45% 以上，发热量 3344 ~ 10450kJ/kg（800 ~2500kcal/kg）。

9.17 什么是烟煤？

烟煤碳化程度较深，呈灰黑至黑色，稍有金属光泽。挥发物含量较高（占可燃物的 10% ~40%），较坚硬，一般均具有一定的粘结性，根据此特点有些烟煤可炼焦。着火温度 400 ~500℃。发热量 20900 ~ 31350kJ/kg（5000 ~7500kcal/kg），燃烧火焰长，可广泛用于砖瓦燃料。

9.18 什么是无烟煤？

无烟煤又称硬煤、白煤。是一种碳化程度最深、形成年代最久的煤，黑色，致密，坚硬，有金属光泽。着火温度 600 ~700℃。含碳量高（一般占可燃物的 90% 以上），挥发分仅占可燃物的 2% ~8%，发热量 25080 ~32604kJ/kg（6000 ~7800kcal/kg），燃烧火焰短。

9.19 什么是焦炭？

焦炭是一种固体人工燃料，系烟煤经过高温干馏而成。呈银色或暗灰色，坚硬而多孔，主要成分是碳,含有少量的挥发分、硫分、灰分。发热量为 25080 ~ 31350kJ/kg（6000 ~ 7500kcal/kg）。

9.20 什么是挥发分?

煤在一定条件下干馏时,分解逸出的气体。用质量百分比表示。实验室中是取 1g 煤样置于有盖的坩埚中,在 850℃ 下加热 7min,由失去的质量中减去水分即得。挥发分的成分主要是可燃性的氢、甲烷、一氧化碳及其他碳氢化合物。挥发分含量高的煤,其燃烧火焰较长。

9.21 什么是灰分?

将煤样在空气中完全燃尽所残留的不可燃烧的组分。常用质量百分比表示。测定方法是将煤样在测定挥发分后,将坩埚盖打开,继续加热,致使全部炭烧掉,剩下的残渣即为灰分的质量。灰分在煤中是惰性物质,会降低煤的发热量。

9.22 什么是生物质?什么是生物质燃料?

生物质是指利用大气、水、土地等通过光合作用而产生的各种有机体,即一切有生命的可以生长的有机物质。

广义概念的生物质包括所有的植物、微生物以及动物产生的废弃物。有代表性的生物质如农作物、农作物废弃物、木材、木材废弃物和动物粪便。

狭义概念的生物质是指农林业生产过程中除粮食、果实以外的秸秆、树木等木质纤维素（简称木质素）、农产品加工业下脚料、农林废弃物及畜牧业生产过程中的禽畜粪便和废弃物等物质。

生物质燃料是指将生物质材料作为燃料燃烧,一般主要是农林废弃物（秸秆、锯末、甘蔗渣、稻糠等）,主要区别于石化燃料。在目前的国家政策和环保标准中,直接燃烧生物质属于高污染燃料。生物质燃料的应用,实际是将农林废弃物作为原材料,经过粉碎、混合、挤压、烘干等工艺,制成各种成型（块状、颗粒状）的、可直接燃烧的一种新型清洁燃料。生物质燃料有秸秆、稻壳、稻草、花生壳、玉米芯、油茶壳、棉籽壳等以及"三剩物"（森林三剩物,即采伐剩余物、造材剩余物、加工剩余物）经过加工生产的块状环保新能源。

生物质颗粒作为一种新型的颗粒燃料以及特有的优势赢得了广泛的认可。与传统的燃料相比,不仅具有经济优势,也具有环保效益,完全符合可持续发展的要求。首先,由于形状为颗粒,压缩了体积,节省了存储空间,也便于运输,减少了运输成本。其次,燃烧效益高,易于燃尽,残留的碳量少。与煤相比,挥发分含量高燃点低,易点燃;密度提高,能量密度大,燃烧持续时间大幅度增加,可以直接在燃煤锅炉上应用。

除此之外,生物质颗粒燃烧时有害气体成分含量极低,排放的有害气体少,具有环保效益。而且燃烧后的灰还可以作为钾肥直接使用,节省开支。

9.23 什么是生物质气化?什么是生物质炭化?

生物质气化是在一定的热力学条件下,借助于空气部分（或者氧气）、水蒸气的作用,使生物质的高聚物发生热解、氧化、还原重整反应，最终转化为一氧化碳，氢气和低分子烃类等可燃气体的过程。

生物质气化的原理，气化和燃烧都是有机物与氧发生反应。其区别在于，燃烧过程中氧气是足量或过量的，燃烧后的产物是二氧化碳和水等不可再燃的烟气，并放出大量的反应热，即燃烧主要是将生物质的化学能转化为热能；而生物质气化是在一定条件下，只提供有限氧的情况下，使生物质发生不完全燃烧，生成一氧化碳、氢气和低分子烃等可燃气体。

生物质气化炉是气化反应的主要设备。生物质气化技术的多样性决定了其应用类型的多样性。在不同地区选用不同的工艺路线来决定如何使用生物质燃气是非常重要的。生物质气化技术的基本应用方式主要有以下四个方面：供热、供气、发电和化学品合成。生物质气化供热是指生物质经过气化炉气化后，生成的生物质燃气送入下一级燃烧器中燃烧，为终端用户提供热能。

生物质炭化是指将生物质通过一定的工艺加工、化学反应生成产品及副产品的过程。生物质在无空气等氧化气氛情形下发生的不完全热降解，以生成炭，并且可冷凝液体等的过程。

生物质制气技术是利用锯末、树枝、玉米芯及农作物秸秆等各种农业废弃物，经粉碎后通过烘干系统、上料系统连续加入裂解炉，在炉内依次完成烘干、裂解炭化，最终产生生物粗燃气、炭粉；粗燃气炭化分离可得生物燃气、木焦油、木醋液。

裂解炉采用自动流水线方式，一边进料一边出炭粉，生产中根据粉碎后的原材料水分含量大小，控制上料机，使原材料能依次烘干、炭化，达到成品。进行中调节燃烧机控制裂解温度，使成炭品质稳定。同时，对生产过程中产生的裂解气进行净化回收，收集起来供客户使用。

生物质炭化制气技术克服了以往技术的弊端，具有原材料来源稳定可靠、生产规模及产品方案过程合理、采用的生产技术工艺设备及加工工艺技术成熟可靠、项目财务投资回收期短，经济效益明显，市场利润大等优点；还是国家大力推广和产业政策扶持的项目，并具有良好的发展前景。相信在不久的将来，生物质燃料和生物质气化炭化产品会逐渐取代传统的窑炉焙烧燃料，为我国建材行业多元化清洁能源战略做出杰出贡献。

9.24 为什么说生物质燃料将成为砖瓦窑的能源优先选择？

现今国内砖瓦焙烧窑炉分为两种，隧道窑和轮窑。无论哪种窑炉，砖瓦焙烧燃料均为矿物燃料，由于天然气成本较高，主要以煤炭作为燃料。

随着能源消耗的迅速增长，矿物燃料资源储量的有限性、不可再生性，特别是矿物能源利用多带来的严重的环境污染，使得人们越来越重视可再生清洁能源的开发利用。在各种可再生能源资源中，生物质能是地球上唯一能够固定碳的清洁可再生能源。由生物质转换为生物质燃料所采用的技术为生物质热化学转换技术，包括直接燃烧、气化、热裂解和液化，除了能够直接提供热能外，还能以连续的工艺和工程的生产方式，将低品位的生物质转换为高品质的易储存、易运输、能量密度高且具有商业价值的固态、液态及气态燃料，以及热能、电能等能源产品。因此，生物质热化学转换技术和产品具有极大的潜在市场。

生物质能的高效开放利用，对解决能源，生态环境问题将起到十分积极的作用，是我国发展多元化清洁能源战略的重要组成部分。自20世纪70年代以来，世界各国尤其是经济发达国家都对此高度重视，积极开展生物质应用技术的研究，并取得许多研究成果，达到工业化应用规模。

为响应国家节能减排政策的号召，砖瓦焙烧传统能源由煤炭向天然气及生物质燃料转换。鉴于天然气成本因素，故可以断言，生物质燃料这个新能源在不久的将来定会成为砖瓦窑能源的有限选择。

9.25 如何向窑内也添加生物质燃料？

向窑内添加生物质燃料的设备是烧结机。该设备用电子控制固态生物质燃料的使用量，并使空气具有相应的使用量，可以保证最佳燃烧效果。

将生物质燃料喷射到窑内的是一种固态燃料喷嘴，喷嘴可以使气体和颗粒物紊流进入窑内。喷嘴和烧结机是用管道连接。先将燃料粉碎至 5mm 以下，再以人工、半自动或全自动加入烧结机。固定式烧结机可以用于隧道窑，活动式烧结机可以用于轮窑。

一般烧结机每个喷嘴最大固体燃料加入量为 $1.5m^3/h$。燃料的热值具体数量取决于含水率，但保持一定的含水率可以减少扬尘和利于运输。

砖窑采用生物质燃料，可以减少二氧化碳排放。

9.26 什么是油页岩（可燃页岩）？

油页岩是一种含有可燃性有机质的黏土岩或泥灰岩。色淡褐到深褐，能按层分裂成薄片，发热量一般不超过 12540kJ/kg（3000kCal/kg），含有大量挥发分。

9.27 什么是重油？重油分为哪些牌号？

重油是原油在蒸馏塔内蒸馏时，残存的残渣油的总称。重油中除含有各种液体碳氢化合物和溶于其中的固体碳氢化合物外，还含有少量的硫化物、氧化物、氮化物、水分和机械杂质。各地重油的元素组成的平均范围是：C 含量 85%～86%；H 含量 10%～13%；N+O 含量 0.5%～1%；S 含量 0.2%～1%。

我国根据 50℃ 的黏度，将重油分为五种牌号：20 号、60 号、100 号、200 号、250 号。牌号越高，黏度越大，流动性越差，燃烧前需要加热的温度越高。

9.28 油品的相对密度（比重）有什么意义？什么是油品的比热容？油品的比热容有什么意义？

油品的相对密度是指它在 20℃ 时的密度与纯净水在 4℃ 时的密度之比。如已知油的相对密度和体积，就可算出它的质量。由于商界液体燃料一般是以体积计算的，而油品的发热量则是与质量成正比，因此相对密度是一个重要的经济核算指标。重油的相对密度约为 0.92～0.98，随温度升高略有减小。由于油的相对密度略小于水，因此，储油罐内一般采用自然沉降法排除油中的水分。油的相对密度越大，其氢的含量越少，高位发热量偏低，需要加热的温度上升。

比热容是单位质量的油品温度升高（或降低）1℃ 所吸收（或放出）的热量。比热容关系到加热油品时所需要消耗的热量。对于必须加热到一定温度才能使用的油品（如重油），比热容是一项重要数据。重油在 20～100℃ 范围内的平均比热容为 1.8～2.1kJ/（kg·℃）。

也可以用下式计算重油的平均比热容：

$$C = 2.02 + 0.00322(t_m - 100) [kJ/(kg \cdot ℃)]$$

式中　t_m——重油的平均温度（℃）。

已知重油的比热容后，可以按下式计算对其加热需要消耗的热量（kJ）：

$$Q = CM(t_2 - t_1)$$

式中　M——重油的质量（kg）；

t_2，t_1——重油在加热后和加热前的温度（℃）。

9.29　什么是油品的闪点、燃点和着火温度？它们对燃烧有什么意义？

当燃油被加热时，表面上开始有油蒸气产生，加热温度越高，油蒸汽的浓度也越大，到一定的温度时，若火源移近并掠过油面时，刚好发生闪火（短暂的蓝色闪光），此时的温度称闪点。由于测定闪点的装置有开口型和闭口型两种，故所测得的闪点也分开口闪点和闭口闪点两种。通常给出的是开口闪点，闭口闪点略低于开口闪点。

闪点过高的油品，燃烧器点火困难；闪点过低的油品，贮存和使用容易出现火灾。一般规定开式油罐的加热温度必须低于闪点 4~10℃。国产轻柴油的闭口闪点规定不小于 60℃，国产重柴油的闭口闪点规定不小于 65℃，国产 20 号、60 号、100 号、200 号重油的开口闪点规定依次为不小于 80℃、100℃、120℃、130℃。

在测定闪点时，蓝色闪光只是短暂的，延续时间不超过 3s，撤离火源立即熄灭不再继续燃烧；若闪火时间超过 5s，脱离火源能继续燃烧，称之为燃点。加热燃油到即使不接近火源，也能自燃着火的温度，称之为着火温度。重油的着火温度一般为 350~550℃，如果窑炉内温度低于这一界限，燃烧将不稳定，容易熄火。为了稳定燃烧，实际上窑炉内的温度高于着火温度很多。

9.30　为什么要脱除重油中所含的机械水？

重油中通常混有一定量的机械水，使用前应在储油罐内加热至一定的温度，并静置一段时间后使水沉于罐底，然后将其脱除。重油中的机械水使燃烧不稳定，会降低燃烧温度，增大燃烧热损失。因此应脱除重油中所含的机械水。

9.31　煤和柴草的贮存与保管应注意些什么？

（1）煤的贮存

煤贮存时，因受到环境的作用会发生风化、发热、自燃等变化。风化和发热的结果是使碳含量减少，发热量降低，所以应尽量避免。

堆存煤的地面，应事先平整、捣固并保持干燥。煤堆成截顶角锥体。应注意煤堆的挡风和遮雨。为避免自燃，煤堆不可太厚，泥煤堆厚度应小于 2m，褐煤堆的应小于 1.5m。

（2）柴草的贮存

我国南方地区有些砖瓦厂采用杂木、山草、稻草、甘蔗渣、柴草等作燃料。柴草的特点是着火温度低（一般为 250~300℃），挥发分很多（有的高达 85%），因而火焰长，灰分少（不大于 1.5%~2.0%），没有硫化物，并且灰分难熔。柴草含水率波动很大，潮湿的柴草含水率达 50%~60%，风干的柴草含水率约为 20%。

根据柴草的来源不同，其运输工具可为木船、汽车、板车、自行车等。

柴草发热量大致为：松柴 12120～12960kJ/kg；其他木柴 10450～12120kJ/kg；山草 9610～10450kJ/kg；稻草 7940～8780kJ/kg。

下面对堆场的两个重大问题——防火和排水，提出如下要求：

（1）柴草垛的大小

晒干或风干后的柴草，一般均码成垛。大垛受雨水浸蚀少、占地少，但码、拆费工多，且对防火不利（如万一发生火灾，损失较大）；小垛受雨水浸蚀多、占地大，但利于码、拆和防火。一般采用大小垛结合，准备长期贮存的码成大垛，急用的码成小垛。

大垛尺寸约为：长×宽×高 = 10×8×12（m）

小垛尺寸约为：长×宽×高 = 7×5×8（m）

最大的垛能贮存 350000kg 以上。

由于稻草燃点很低，草垛内部受压发热易自燃（广东番禺某砖厂曾因稻草垛自燃损失数万公斤），一般垛高控制在 2.5m 左右。

（2）堆场和窑的相对位置

为了避免排烟火花吹入堆场，堆场应设在窑的上风向，并和窑相隔一定的距离。但为了减少柴草从堆场到窑的运输工作量，距离也不宜过大。这个距离究竟多少合适，要根据柴草种类、烟气逸火情况和其他具体条件综合考虑，下面提供一些参考数据：

稻草垛与窑距离不小于40m；

山草垛与窑距离不小于30m；

木材垛与窑距离不小于15m；

如多种柴草混码，应选最大距离。

（3）垛与垛的间距

为了避免意外火灾的蔓延和利于排水通风，以及码、拆运输方便，垛与垛之间应有一定距离。垛距大固然好，但往往场地有限不可能很大。一般要求垛与垛之间净空不能小于 2.5m（包括排水沟），为了防火和运输方便，主通道宽不要小于 4m，最好为 4.5m。主通道宽度太小，车辆运行较困难。

（4）柴草垛的码法

①将垛顶部码成一定坡度，以便雨天流水，且在垛顶覆盖一层草帘，以免雨水浸湿垛的内部。

②大垛可采取搭配码垛（即码混合垛）。将各种木材码于垛的下部，将山草、稻草等码于垛的上部。这样的优点是：稳定；下部空隙大，通风好，且有利于排水；不至于由于下部受压发热而导致自燃。缺点是增加码、拆麻烦。

③将稻草、山草等易燃柴草码于水池边、灭火器附近及堆场偏僻处。

④对于锯劈加工成符合入窑尺寸的木材，如其较干燥可采用堆码形式，如其较潮湿可采用周码形式（即把规格材码成圆圈）。有的厂根据要求，将木材加工成大致规格为 0.4×0.015×0.020（m），选其中潮湿的周码成 φ2m 圆圈，每码 1m 高在直径上留两个孔，以便搭桥站人码、拆，最高码 4m。这种形式的优点是易于干燥；缺点是码、拆麻烦。

⑤浸过水的柴草需晒干后码垛，否则将会引起垛内腐烂造成损失，且潮湿柴草也无法入

窑；青色柴草可直接码垛，经久会自然枯萎风干。

（5）堆场的附属设施

①堆场最好设于河边。如条件不允许，一定要设有足够的灭火设施，如池塘、灭火器、灭火桶、水缸和河砂等。

广东枫溪某砖厂堆场面积 40 亩，可容约 600 万 kg 柴草，其灭火设施有：池塘 2 个（容水量共约 $150m^3$）、灭火器 11 个、灭火桶 140 个、水缸 16 个、河砂若干堆。

②场内设有足够的排水沟。

③堆场四周宜多植树木，以防外界火苗飞入。

④一般情况下堆场可不设围墙，即使设围墙也不宜太高，最好为花格围墙，以免影响通风。广东枫溪某砖厂堆场设有 2.5m 高的实心砖砌围墙，通风不够理想。

（6）堆场管理

堆场管理极为重要。要制定值班制度，严禁易产生火花的运输机械驶入堆场，严禁在堆场内吸烟，严禁将易燃品带入堆场。

9.32 和固体燃料相比，液体燃料有哪些优点？

液体燃料的优点是：发热量高，达 39710 ~ 41800kJ/kg（9500 ~ 10000kcal/kg）；燃烧温度高；火焰辐射强；可用管道运输；由于是液态及灰分少（＜0.3%），燃烧装置容易机械化和自动化。

9.33 使用重油乳化剂有哪些优点？对重油乳化剂有哪些质量要求？

使用重油乳化剂主要有以下优点：

（1）节油，平均节油 8% 左右。

（2）使重油燃烧较完全，有害烟气排放浓度下降 7% 以上。

对重油乳化剂的质量要求如下：

（1）亲水、亲油性强，乳化速度快，用量少，对乳化器无特殊要求；

（2）掺水比大，一般掺水比可达 15%；

（3）用其制备的乳化重油具有高度的品质稳定性，可长期存放，在运输和燃烧过程中不破乳、不分层；

（4）无毒性，使用方便。

9.34 重油在管路中运行，回油阀门起什么作用？

（1）通过调节回油量，改变烧嘴前的油压力，从而调节了燃烧量。与调节进油压力相比，回油量大，有利于稳定总管油压，当调节系统中的某一个烧嘴时，对其他烧嘴的影响小。

（2）烧嘴在点火前，需要打开回油阀，开动油泵进行大循环。

9.35 油过滤器起什么作用？

燃料油本身灰分很少，但在转运过程中往往会混入一些固体杂质，因此使用前需过滤。油过滤器的作用是除去油中的固体杂质（如纤维、砂石等）。油在使用前进行过滤，可防止堵塞油路、烧嘴、油量表及造成油泵故障。

9.36 重油管路为什么要用蒸汽伴管加热？

重油管路通常采用蒸汽伴管加热，其主要原因是：
（1）当气温较低时，重油在流动过程中温度会下降，黏度提高，流动困难；
（2）重油的凝固点高，在流动过程中若温度降到凝固点以下就会造成油路堵塞。
用蒸汽伴管加热，可以避免因油温下降引起的上述故障。

9.37 重油管路用蒸汽扫线的目的是什么？

所谓蒸汽扫线就是用蒸汽吹扫整个重油管路。其目的是：
（1）用蒸汽扫线可预热油管，保证油路运行畅通；
（2）在油路停止运行前，用蒸汽吹扫管路，可以吹出残油，防止残油凝固在管路内。

9.38 开式油罐内，重油加热温度是不是越高越好？为什么？

在开式油罐内，重油加热温度应低于油品闪点。油温加热过高的坏处是：
（1）有发生火灾的危险；
（2）产生大量有毒蒸汽，从而污染环境；
（3）容易出现冒罐；
（4）浪费能源。

9.39 什么是柴油？我国把柴油分为哪些牌号？

柴油是石油炼制的产品，一般含碳约85.5%～86.5%，含氢13.5%～14.5%，还含有少量的硫、氧、氮的有机化合物等。

柴油分轻柴油和重柴油两类，轻柴油的密度和黏度均低于重柴油，20℃时，轻柴油的密度为740～900kg/m³，重柴油为900～950kg/m³。

国产轻柴油根据凝固点高低分为五个牌号：10号、0号、-10号、-20号、-35号，其凝固点依次不高于10℃、0℃、-10℃、-20℃、-35℃。

9.40 砖厂的燃油隧道窑有何实例？

某砖厂隧道窑内宽为4.6m。因纯净油价格较贵，故采用各种废油作燃料。其简要工艺流程如图9-2所示。

9.41 什么是气体燃料？

能产生热量的用作燃料的气体。种类很多，天然的有天然气、沼气等，人造的有经固体燃料干馏得到的焦炉气、煤气，经固体燃料气化得到的发生炉煤气，经石油加工得到的石油气，经高炉炼铁产生的高炉煤气等。

9.42 气体燃料的组成有什么特点？

与固体、液体燃料不同，气体燃料的特点是：

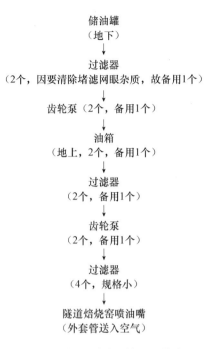

储油罐
（地下）
↓
过滤器
（2个，因要清除堵滤网眼杂质，故备用1个）
↓
齿轮泵（2个，备用1个）
↓
油箱
（地上，2个，备用1个）
↓
过滤器
（2个，备用1个）
↓
齿轮泵
（2个，备用1个）
↓
过滤器
（4个，规格小）
↓
隧道焙烧窑喷油嘴
（外套管送入空气）

图9-2　燃油隧道窑简要工艺流程

说明：

1. 侧墙喷油嘴离窑车顶面高0.5m，每车位各设1个；

2. 相对的窑顶面，每车位设3个；

3. 共计每车位设4个喷油嘴，全窑设4个车位，总计16个喷油嘴；

4. 喷在坯垛与坯垛间隙中，切忌喷在坯体上，以免烧成瘤子砖；

5. 送入窑内的油和风量可调。

（1）它是由某些具有独立化学特性的简单化合物混合组成，其中可燃组分主要有CO、H_2、CH_4、C_mH_n等，不可燃组分有N_2、CO_2、H_2O、O_2等。

（2）它的组成分析较容易，且能得出准确结果，这是了解气体燃料特性的最重要和最基本的方法。

气体燃料组成的分析方法有化学吸收法、物理分析法、色谱分析法和质谱分析法等。其中化学吸收法用得较普遍，它是用不同的化学溶液顺序吸收气体燃料中的各个组分，可直接根据体积的差数，求出各个组分含量，并以体积分数表示。

在实际生产中气体燃料成分的表示方法有湿成分和干成分两种。湿成分为含有水汽的实际成分；干成分为不含水汽的成分。

天然气是多种气态烃类的混合物，其中主要是甲烷CH_4，可占80%～90%。发热量一般为33440～37620kJ/m³（8000～9000kcal/m³）。

相同情况下比较，天然气产生的CO_2量最少，因为它具有较高的发热量和较低的含碳量。矿物油的CO_2排放量是天然气的1.4～1.5倍；褐煤的CO_2排放量是天然气的4.0～5.2倍。

9.43　气体燃料的优点有哪些？

与固体燃料甚至与液体燃料比较，气体燃料的优点：（1）能产生高温，容易调节温度制度，容易控制窑内气氛，没有灰分（或灰分极少），能保证被焙烧制品的纯净；（2）在操作上，减少劳动力，减轻劳动强度，很容易全部机械化和自动化；（3）热利用率高，国外先进的燃气隧道窑，燃料消耗仅为 872KJ/kg 产品（208.6kCal/kg 产品）。并可使用劣质燃料；（4）操作场所空气清洁，劳动条件好。

9.44 气体燃料燃烧过程分为哪三个阶段？影响气体燃料燃烧的主要因素是什么？

气体燃料燃烧过程大致可分为三个阶段，即：（1）气体燃料与空气混合；（2）着火；（3）燃烧。

在这三个阶段中，混合过程比较缓慢，故混合速度和混合的完全程度对燃烧的快慢和燃烧完全程度起着决定作用。另外，具有稳定的火源是保证稳定燃烧的必要条件。

9.45 什么是天然气？

天然气又名天然煤气。是蕴藏在地壳内的可燃气体。主要有烃类组成，通常含有 85% 作用的甲烷。发热量高，一般为 31350～37620kJ/Nm^3（7500～9000kcal/Nm^3），便于运输及控制。

9.46 什么是石油气？

从油井中伴随石油而逸出的其他或炼制石油的副产品。其成分包括甲烷、乙烷、丙烷、丁烷和少量丙烯、丁烯等。液化石油气是石油气的一种，是将石油气中主要成分甲烷分离，其他成分液化所得的产品，石油气发热量高达 31350～37620kJ/nm^3（7500～9000kcal/Nm^3），便于运输。

9.47 什么是高炉煤气？

高炉炼铁过程中产生的一种煤气。含有 25%～28% 的一氧化碳和少量的氢，大量的氮和二氧化碳。发热量低，一般为 3344～4180kJ/nm^3（800～1000kcal/Nm^3），燃烧温度不高。

9.48 什么是焦炉煤气？

焦炉煤气又名焦炉气。煤在炼焦炉中进行干馏所产生的煤气。主要成分是氢、甲烷和一氧化碳，也含少量的乙烷、乙烯、氮和二氧化碳等。发热量较高，一般为 16720～18810kJ/nm^3（4000～4500kcal/Nm^3）。

9.49 什么是发生炉煤气？

发生炉煤气是气体燃料的一种。由固体燃料在煤气发生炉中与空气或空气和蒸汽作用而制得。其主要成分为一氧化碳、氢、二氧化碳及较多的氮。只通过空气制得的煤气为空气煤气，发热量低，一般为 4180～4598kJ/nm^3（1000～1100kcal/Nm^3）；通过空气和蒸汽混合物而制成的煤气为混合煤气，发热量较高，一般为 5016～6688kJ/Nm^3（1200～1600kcal/Nm^3）。

9.50 什么是水煤气？

由水蒸气和炽热的无烟煤或焦炭，在煤气发生炉中作用而产生的煤气。主要成分是氢一氧化碳和少量的二氧化碳。发热量较高，一般为 10032～11286kJ/nm³（2400～2700kcal/Nm³）。

9.51 我国采用天然气燃料焙烧砖瓦进展如何?

天然气的热值高，一般为 35530kJ/nm³（8500kcal/Nm³）左右，燃烧的废气中含有害物质很少，被人们称之"绿色能源"。

近几年，我国采用天然气燃料焙烧砖瓦的企业逐步增多。湖南长沙某高新建材有限公司是其中的一个。该公司的天然气烧砖隧道窑采用了美国某国际窑炉技术公司的设计方案，包含隧道干燥窑一条，多烧嘴隧道天然气焙烧窑一条，HMI 自动化控制系统一套，采用一次码烧工艺，将干燥窑和焙烧窑分开，二者的热工制度互不干扰。该窑的配套设备自动化程度高，操控灵活方便，生产出的产品质量高。

焙烧窑有三个空间，窑顶夹层、主窑道和车底检查坑道。

各个空间的压力曲线是通过安装在各处的多个压力变送器实时监测，再通过 HMI 系统调整相关风机的变频器功率、风闸开启大小，以维持各区域的压力平衡，确保焙烧窑烧成制度的稳定。

焙烧窑的烧嘴有两种：一种安装在窑体前端两侧，数量少、功率高；另一种安装在窑顶，位于窑体中段，数量多，分布密集，功率稍低。通过烧嘴立体式布置，从不同部位给制品加热升温，并使窑道各横断面上下左右稳定均匀一致。两种烧嘴共计 172 组，连接每个烧嘴的空气管路和天然气管路配有电磁阀，调节灵活可靠。焙烧方式采用脉动式，所谓脉动式就是让火焰像脉搏跳动一样忽强忽弱地周期性变化，即一会儿采用大流量、高强度燃烧，一会儿又采用小流量、低强度燃烧，燃烧器可以设置成三种运行模式：过量空气模式、部分过量空气模式和两种气按一定比率模式。

窑的运行过程由 HMI 自动化系统控制。系统包含数据服务器、操作与控制软件系统、PLC 模块等。其中，应用程序用于控制干燥窑和焙烧窑的工作进程，设置了几十组 PID 回路，便于全方位监视和控制，并可以变化设置参数调整工作状态，使之依照预设工艺参数工作。由于 HMI/SCADA 应用运行在 WINDOWS 工作站，该系统可以通过网络远程连接工厂计算机系统，故可以实现无人值守的全自动化作业。

HMI 自动控制系统的特点：

（1）实时全方位监控和显示窑炉运行状态；

（2）安全可靠，遇有故障，程序自动停止并立即报警；

（3）PLC 提供了窑炉控制参数的全面可调整性，操作简单、可视；

（4）人机互动控制界面（HMI）软件保证了窑炉的正常运行监控和最大的生产效率。

焙烧窑分成 24 个独立区域，每个区域均安装热电偶测量温度，通过自动化控制系统，能随时调整各区域的温度，使之与设定温度一致。

自动化控制系统专门设计了一个安全控制程序，在安全控制程序中设置了十几个条件，以确保天然气的安全使用。当任何一个调节不满足时，系统将会关闭天然气总阀，切断天然气的供应。

安全控制程序的十几个条件包括：天然气和助燃空气的压力、流量是否符合要求；焙烧窑道燃烧烟气抽离速率是否满足要求；各区域温度是否在安全范围等。窑内任何对天然气燃烧状态产生影响的因素都受到监控，一旦出现异常，立即停止送入天然气，杜绝一切事故发生。

9.52 什么是沼气?

沼气是有机物质在厌氧条件下，经过微生物的发酵作用而生成的一种可燃气体。由于这种气体最先是在沼泽中发现的，所以称为沼气。人畜粪便、秸秆、污水等各种有机物在密闭的沼气池内，在厌氧（没有氧气）条件下发酵，即被种类繁多的沼气发酵微生物分解转化，从而产生沼气。沼气是一种混合气体，可以燃烧。沼气是有机物经微生物厌氧消化而产生的可燃性气体。

沼气是多种气体的混合物，一般含甲烷50%～70%，其余为二氧化碳和少量的氮、氢和硫化氢等。其特性与天然气相似。空气中如含有8.6%～20.8%（按体积计）的沼气时，就会形成爆炸性的混合气体。

9.53 内燃料需经过怎样的制备才能达到使用要求?

砖瓦工艺要求掺入原料内的燃料颗粒直径必须小于3mm。内燃料颗粒太粗不仅影响生产过程（例如加速挤出机的磨损、切坯钢丝折断），而且使产品外观质量下降，还不容易在焙烧时燃尽，导致燃料消耗增加及产品性能恶化。

这样，一些原来是块状的内燃料要经破碎才可使用。所谓破碎就是用机械的方法施加外力，克服物料分子间的内聚力而将其分裂的操作。凡将大块物料分裂成小块，一般称为破碎；将小块物料粉碎成细粉一般称为粉碎。

9.54 内燃料在坯体内部燃烧的特点是什么?

燃料掺入坯体后，虽然氧气很难达到坯体内部，但是发生了比自由燃烧还要快的燃烧反应。

内燃料的燃烧过程是这样的，氧气由坯体的气孔进入坯体内部，与坯体内部的燃料发生燃烧反应，然后燃烧产物再由坯体内逸出。在较低温度下，氧气进入坯体的速度大于燃烧反应的速度。随着温度的升高，燃烧反应的速度比氧气进入坯体的速度增加得更快，因此，到了一定的温度，燃烧的速度就主要由氧气进入坯体的速度来确定。

影响内燃料的燃烧速度和燃烧完全程度的因素主要有：坯体的厚度和孔隙率；内燃料的性质及其在原料中的浓度；原料的化学组成；焙烧的温度制度等。在焙烧掺有内燃料的坯体时，坯体温度较高的表面层发生吸热反应$CO_2 + C = 2CO$，而在低温的内部这个反应向相反的方向进行，即一氧化碳分解为二氧化碳和碳。在分压差的作用下，一氧化碳从坯体表面层向坯体内部扩散，即由高温区域向低温区域扩散。在坯体内一氧化碳分解为自由碳和二氧化碳。二氧化碳又向相反方向扩散，即由坯体内的低温区域向坯体表面的高温区域扩散。在高温的表面层，二氧化碳与碳反应又生成一氧化碳。由于这一双向作用的结果，碳由外表面移到了坯体的内层。在坯体的内层，碳的浓度增加而形成了强的还原性气氛。在其他条件相同时，燃料中的碳向坯体内迁移的数量取决于坯体的厚度、坯体的温度梯度和气体的扩散阻力。

内燃料的燃烧首先在坯体表面进行。由外向内逐渐燃尽，燃料燃尽区域向内部的移动速度与这区域到坯体表面的距离成反比，燃尽过程所需的时间与坯体厚度的平方成正比。在坯体厚度不变时，坯体的孔隙率决定了坯体中气体的逸出速度。

窑内气体的组成和运动速度，影响坯体表面和内部的氧气及可燃气的浓度差和相向扩散的速度。过剩空气系数越大，燃料的燃尽速度也越大。在过剩空气系数 $\alpha = 5$ 时，燃尽所需的时间比 $\alpha = 1$ 时缩短了 2/3。

燃料开始燃烧的温度和燃料的浓度相同时，坯体的孔隙率依掺入原料的燃料的性质而变。在原料中，增加燃料的浓度（内掺量），对于燃烧速度有双重作用。一方面，燃烧所需要的向坯体内扩散的氧气量与燃料的数量成正比增长。这样，当其他条件相同时，就得延长燃烧时间。另一方面，随着燃料的燃尽，坯体孔隙率增加，从而降低了扩散阻力。综合两方面的因素，燃烧速度随着燃料浓度的增长而加快。

坯体中铁的化合物和硫酸盐对于燃料的影响是，随着含铁量的增加，坯体在氧化性介质和还原性介质中软化温度的差变大。因此，当造成坯体内层还原性气氛燃料燃烧时，能使氧化铁的副作用减少。因为碳酸盐分解的结果增加了坯体的孔隙率。坯体内的碳酸盐在加热时，分解放出二氧化碳，二氧化碳与燃料中的碳反应造成更多的由坯体内部向表层移动的一氧化碳，这加快了燃料的燃烧反应。燃料的燃烧速度随着焙烧温度的升高很快提高到某一确定的界限，而后提高得很慢。在提高温度时，燃烧速度是由于燃烧反应的加速、原料孔隙率的增加、气体扩散速度的加速而增长，直到开始出现液相为止。随着坯体的烧结，燃烧变慢，并最后完全停止。因此焙烧温度制度应这样建立，以使在坯体开始烧结前就将燃料燃尽。

用高挥发分的燃料作为内燃料时，焙烧制品的热耗比用它外燃时热耗要小得多。因为具有 40% 挥发分的褐煤在自由燃烧时，温度达 300～350℃时，坯体中内燃料的低温无焰燃烧已经开始。此时，从褐煤中逸出的挥发分仅占其热值的 4%。另外，在无焰燃烧快要开始时，在坯体表面的窑内气体温度已达到或超过了挥发分自由燃烧时的着火温度。因此，即便挥发分在坯体内来不及燃烧从内部逸出，也能在周围的炉气中燃烧。

9.55 燃料的完全燃烧与不完全燃烧有何区别？

燃料燃烧时，空气供应充分，燃料中的可燃物完全氧化，燃烧烟气中没有一氧化碳（CO）、烧后煤灰中没有未燃尽的燃料，燃料的热能全部发挥出来，叫作燃料的完全燃烧；如果燃烧烟气中有一氧化碳（CO）等可燃物或煤灰中有未燃尽的燃料，燃料的热量没有全部发挥出来，叫作燃料的不完全燃烧。

燃料的不完全燃烧有化学和机械不完全燃烧：

（1）燃料的化学不完全燃烧

燃料的化学不完全燃烧是燃料在燃烧时空气供应不足，致使燃烧反应不完全。制品焙烧时是否有化学不完全燃烧情况，可以从排出的烟气颜色来辨别：如烟气颜色深黑，则为不完全燃烧；如烟气颜色过淡，则过量空气过多；如颜色淡褐，则表示燃烧良好。碳的燃烧反应（1kg 纯碳）：

$$C + \frac{1}{2}O_2 \longrightarrow CO + 10442kJ(2498kcal)$$

$$C + O_2 \longrightarrow CO_2 + 34004kJ(8135kcal)$$

从上述燃烧反应看出，碳的不完全燃烧生成一氧化碳（CO），热值仅为完全燃烧生成二氧化碳（CO_2）的30.7%。

（2）燃料的机械不完全燃烧

砖瓦焙烧时，由于码窑形式不合适，投煤操作不当，煤的颗粒过大致使投在窑内的煤未能充分散开，过多地在窑底堆积。或者由于坯垛温度尚未达到煤的着火温度以上，过早过多地投煤焙烧，煤不能起燃着火，在窑底堆积起来。这些积煤越堆越高，空气进不到内部，不能燃烧，就变成煤焦（二煤），直接造成燃料的浪费。

9.56　燃料完全燃烧的基本条件有哪些？

（1）要有较高的温度

燃料在窑内依靠炽热的坯垛、气体加热，当温度提高到其燃点以上时，开始燃烧，燃烧时放出的大量热量反过来又加热坯体和气体，因此，窑内的温度越高，则燃料加热升温越快，着火起燃时间越短，燃烧的速度就越快。鉴于上述原因，所以焙烧窑焙烧带前段温度低，燃烧缓慢，焙烧带后段温度高，燃烧很快。

（2）要有充足的空气

在高温条件下，燃料燃烧速度的快慢，主要由空气中氧分子对燃料中可燃物的氧化反应速度和反应生成气体向外（通过气膜层）扩散的速度来决定。空气供应充足时，燃料中可燃物和氧分子的接触机会增多，氧化反应速度自然加快；同时由于气体流速加快，也加快了氧化产物向外扩散的速度。所以，在不降低燃烧温度的前提下，窑内空气供应越充分，燃料的燃烧速度就越快。

（3）要有足够的燃烧时间

燃料完全燃烧要有一定的时间作保证，尤其是大块煤，更需较长的燃烧时间。因为固体燃料的燃烧是从表面开始逐渐向内部深入的，燃料的块度越大，燃尽的时间就越长。如果将大块煤细碎加工，则其表面积就大大增加，煤与空气的接触机会亦大大增加，燃料的完全燃烧时间就大大缩短。

9.57　加速燃料燃烧的措施有哪些？

（1）燃料的含水率过高时，入窑后先经烘干后才能升温，水分汽化需消耗大量的热量，燃料的着火时间长，此外潮湿的煤易成团结块，入窑时难以散开，因此与空气的接触机会较少，煤的燃烧速度也较慢。故对燃料的含水率要严加控制，可设存煤棚堆放，防止雨天将其淋湿，含水率过大的煤宜经晾干或烘干后使用。

（2）窑内用煤应先过筛，筛出大块料，块煤必须粉碎，以增大其与空气的接触面积，从而既能加快煤在窑内的燃烧速度，又能减少积焦和黑砖。

（3）选择合适的码窑形式，投煤应做到勤添少添，看火投煤。全外燃砖要求1.5min巡回加煤一次，加煤量分段规定为：800~900℃区段加0.1~0.2kg，900℃至最高温度区段加0.2~0.3kg。随着内燃程度的提高，外投煤量应酌减。如一次投煤量过大，投煤间隔时间很长，势必造成初加煤时氧气不足，燃烧不畅，而在长期间隔中又不能保持火度平稳上升。投入窑内的煤不应全部落在窑底，也不应落得太少，落到窑底的燃料最适宜量为10%。如有用加煤器取代人工投煤的，由于加煤器加煤很均匀，和人工投煤相比，可节省燃料20%左右。

（4）三个班的烧窑工操作应一致，以保持火行速度的均衡。否则，将造成火度忽高忽低，忽快忽慢，不但浪费燃料，而且产品质量不稳定，产量不高。

（5）在保证正常焙烧温度的前提下，可适当增大过剩空气量，以增大焙烧带氧气量，加快氧化进程。

（6）内燃砖的内燃料需和由气孔渗入内部的氧气接触才能进行燃烧。焙烧时如果升温过急，坯体表面过早的烧结玻化，堵塞气孔通道，氧气内渗困难，内燃料的燃烧就很困难，甚至中止燃烧。所以，在焙烧内燃砖（尤其是高内燃砖）时，焙烧带前段不宜升温太快，避免砖坯表面玻化，以便坯内有较多的氧气供应。但最终在焙烧带中后段，要保持高温焙烧，使内燃料完全燃尽，减少成品的黑心和压花。这就是所谓的"低温长烧"技术，实际上"低温长烧"是相对于"高温短烧"而言的。

（7）空心砖由于具有孔洞，内燃料容易与氧气接触，故把实心砖改为空心砖亦能加快内燃料的燃烧速度，尤其高内燃砖更应空心化。

9.58 对内燃料有哪些技术要求？

内燃焙烧是节约优质燃料、降低能耗（重庆渝恒砖厂实践证明：1kg 内燃料起到 2kg 外燃料作用）和提高砖瓦质量的有效措施。内燃料在坯体中，不仅通过燃烧放出热量，而且在高温条件下，与黏土反应生成硅酸盐矿物，提高了制品质量。对内燃料要求如下：

（1）尽量采用工业废料，如：炉渣、粉煤灰、煤矸石、石煤、谷壳和锯末等。

（2）对含高挥发分的燃料（如优质烟煤），一般不宜作内燃料。因挥发分往往在进入焙烧带以前就已从砖坯中逸出，不能在焙烧中充分利用其发热量。另外，由于大量挥发分的逸出，极易使制品出现酥松和裂纹。

（3）内燃料的发热量，一般以 6270 ~ 12540kJ/kg（1500 ~ 3000kcal/kg）为宜。对高塑性的原料，可选用低发热量内燃料；反之，对低塑性的原料，则应选用发热量较高的内燃料。

（4）内燃料的发热量不得波动过大，否则应分类堆放，搭配使用。

（5）内燃料的粒度，应与制品对原料粒度要求相匹配，不宜过粗，以免影响产品质量。

（6）内燃料不应含有影响制品质量的有害物质，如石灰石、酸、碱、可溶性盐类等。

（7）内燃料掺入原料后的混合料含水率不得超过坯体成型水分。

（8）内燃掺配程度：一般认为做砖时可掺到 80% 左右，乃至全内燃。因瓦的抗渗水性能要求高，故应少掺些。

9.59 怎样计算内燃料掺配量？

根据实践经验，在不抽余热的情况下，烧成一块普通砖的热耗为 2290 ~ 3344kJ（550 ~ 800kcal）；在抽余热的情况下则为 3553 ~ 4598kJ（850 ~ 1100kcal）。

内燃料掺入量可按下式计算：

$$G = \frac{B}{Q} \times \frac{100}{100 - W}$$

式中　G——每块砖坯内燃料掺入量（kg/块）；

　　　B——每块砖坯内燃料发出的热量（kJ/块或 kcal/块）；

Q——内燃料的发热量（kJ/kg 或 kcal/kg）；

W——内燃料的相对含水率（%）。

例：设一块普通砖烧成（同时抽余热）总耗热量为 4180kJ（1000kcal），内燃程度为85%，即每块砖坯内掺入内燃料发出的热量为 1000kcal×85% =850kcal。设内燃料发热量为8360kJ/kg（2000kcal/kg），相对含水率为10%，求每块砖坯内燃料掺入量。

解：
$$G = \frac{B}{Q} \times \frac{100}{100 - W} = \frac{850\text{kcal/块}}{2000\text{kcal/kg}} \times \frac{100}{100 - 10} = 0.472\text{kg/块}。$$

9.60 内燃烧砖应抓好哪些关键?

（1）内燃料的掺配：采取内燃烧砖时，掺配工作是重要的一环。在理论计算和小批量试烧确定内燃程度后，内燃料的掺配量正确与否将影响烧成热耗、焙烧速度、产品质量等主要指标，严重时会使焙烧无法进行。为确保内燃料掺配正确，应做到以下几点：

①固定内燃料品种并通过化验及时掌握发热量，必要时可分类堆放，搭配使用。

②固定掺配量。

③固定掺配设备（工具）和人员。

（2）码窑车：由于内燃坯体内已含有燃料，根据横断面气体流量和散热的特点，坯垛由密到稀应为：边、底、顶、中，从而使横断面各部热量均匀；在有条件时，还可在不同部位码放不同内燃掺量的坯体，实现差热焙烧。

（3）焙烧：因内燃烧砖系坯体自身发热，火度变化快，故必须严格执行焙烧责任制，看火投煤，小量勤添，并经常了解坯体干湿和内燃程度，做到心中有数。在一般情况下可采用 U 形投煤法（两侧多投，中部少投或不投）。

（4）加强科学管理。

9.61 燃料燃烧过程分成哪两个阶段? 要使燃烧阶段正常进行必须有哪些条件?

燃烧过程可分成着火和燃烧两个阶段。

（1）着火阶段

在这一阶段内，燃料在空气中缓慢氧化，氧化时产生的热量很少，完全散失到周围大气中去，而不能提高自身的温度。需要外界热量将燃料加热，当燃料被加热到某一温度时，就会发生猛烈的氧化反应，发出火光并放出大量热量。这个温度叫作着火温度。着火温度以前的燃烧过程叫作着火阶段。各种燃料的着火温度如表9-1 所示。

各种燃料的着火温度　　　　　　　　　　　　　　表 9-1

燃料种类	着火温度（℃）	燃料种类	着火温度（℃）
木柴	250～350	重油	500～600
泥煤	220～300	煤油	500～580
褐煤	250～450	高炉煤气	500～800
烟煤	400～500	焦炉煤气	400～550
无烟煤	600～750	发生炉煤气	500～750
焦炭	700～800	天然煤气	500～750

（2）燃烧阶段

燃料在超过着火温度以后，开始发生猛烈的氧化反应，放出大量热量，这时向周围散失的热量少于燃料放出的热量。因此使燃料的温度升高，并能预热未达到着火温度的燃料，最后温度达到稳定，使燃烧过程不断地进行，这个温度叫作燃烧温度。着火温度以后的燃烧过程叫作燃烧阶段。

要使燃烧阶段正常进行，必须有三个条件：

①有可燃物；

②有足够的空气量；

③燃烧温度在着火温度以上。

9.62 什么是燃料的热值、高位热值、低位热值？

热值又称发热量。

$1kg$ 固体、液体燃料或 $1m^3$ 气体燃料在完全燃烧后，冷却到燃料原来的温度，所放出的热量叫作燃料的热值，用 kJ/kg（$kcal/kg$）或 kJ/m^3（$kcal/m^3$）表示。它是表示燃料质量的重要指标之一。可用量热计测定，或由燃料组成计算求出，也可根据经验公式估算。

热值又有高热值和低热值之分。

（1）高热值

$1kg$ 或 $1m^3$ 燃料完全燃烧后，冷却到燃料原来的温度，其中的水蒸气冷凝为 $0℃$ 的水，所放出的热量叫高热值。

（2）低热值

$1kg$ 或 $1m^3$ 燃料完全燃烧后，燃烧产物冷却到燃料原来的温度，其中的水蒸气冷却为 $20℃$ 的水蒸气，所放出的热量叫低热值。

高热值与低热值的区别是 $0℃$ 的水和 $20℃$ 的水蒸气的热量之差。它们的差值为：

$$Q_{高} - Q_{低} = 2508 \times \frac{w_{H_2O} + 9w_H}{100} \quad （kJ/kg）$$

式中　w_{H_2O}——燃料中水分的百分含量；

　　　w_H——燃料中氢的百分含量。

9.63 燃料完全燃烧所需的空气量和生成的烟气量如何计算？

燃料燃烧所需的理论空气量可以通过燃料的化学组成计算求得：

设 $1kg$ 燃料中含有碳、氢、硫、氧为 $\frac{C}{100}kg$、$\frac{H}{100}kg$、$\frac{S}{100}kg$、$\frac{O}{100}kg$，它完全燃烧时需要氧气量为：

$$V_{氧} = 1.86 \times \frac{C}{100} + 5.6 \times \frac{H}{100} + 0.697 \times \frac{S}{100} - 0.697 \times \frac{O}{100} \quad （Nm^3）$$

含这些氧气的空气量为：

$$V_{空} = V_{氧} \times \frac{100}{21} = \left[1.86 \times \frac{C}{100} + 5.6 \times \frac{H}{100} + 0.697 \left(\frac{S}{100} - \frac{O}{100} \right) \right] \frac{100}{21}$$

$$V_{空} = 0.089C + 0.266H + 0.033(S - O) \quad （Nm^3）$$

上式计算出的是1kg燃料燃烧所需的理论空气量。

为了保证燃料的完全燃烧，空气的实际需要量比理论需要量多。多出的那一部分空气叫做过剩空气。实际供给的空气量和理论空气量的比值叫作过剩空气系数，以 α 表示。

$$\alpha = \frac{实际供给空气量}{理论空气量}$$

过剩空气系数可以由测得的烟气成分计算求得。

完全燃烧时：

$$\alpha = \frac{21}{21 - 79\dfrac{O_2}{N_2}}$$

不完全燃烧时：

$$\alpha = \frac{21}{21 - 79\left(\dfrac{O_2 - 0.5CO}{N_2}\right)}$$

式中 O_2、N_2、CO——烟气中氧气、氮气、一氧化碳的百分含量。

在砖瓦生成中，不需要十分准确地计算燃料燃烧的空气需要量及烟气生成量。因此可按下面各式近似计算求得。

理论空气消耗量：

固体燃料——煤（kJ/kg）

$$V_{空} = 0.24 \times \frac{Q_{低}}{1000} + 0.5 \quad (Nm^3/kg)$$

液体燃料——重油（kJ/kg）

$$V_{空} = 0.2 \times \frac{Q_{低}}{1000} + 2 \quad (Nm^3/kg)$$

气体燃料——煤气（kJ/Nm³）

当 $Q_{低} < 12540kJ/Nm^3$（3000kcal/Nm³）时

$$V_{空} = 0.21 \times \frac{Q_{低}}{1000} \quad (Nm^3/Nm^3)$$

当 $Q_{低} > 12540kJ/Nm^3$（3000kcal/Nm³）时

$$V_{空} = 0.26 \times \frac{Q_{低}}{1000} - 0.25 \quad (Nm^3/Nm^3)$$

理论烟气生成量：

固体燃料——煤（kJ/kg）

$$V_{烟} = 0.21 \times \frac{Q_{低}}{1000} + 1.65 \quad (Nm^3/kg)$$

液体燃料——重油（kJ/kg）

$$V_{烟} = 0.266 \times \frac{Q_{低}}{1000} \quad (Nm^3/kg)$$

气体燃料——煤气（kJ/Nm³）

当 $Q_{低} < 12540kJ/Nm^3$（3000kcal/Nm³）时

$$V_{烟} = 0.173 \times \frac{Q_{低}}{1000} + 1.0 \quad (Nm^3/Nm^3)$$

当 $Q_{低} > 12540kJ/Nm^3$（3000kcal/Nm³）时

$$V_{烟} = 0.27 \times \frac{Q_{低}}{1000} + 0.25 \quad (Nm^3/Nm^3)$$

对于实际烟气生成量可按下式计算：

$$V_{烟}^{实} = V_{烟}^{理} + (\alpha - 1)V_{空} \quad (Nm^3/kg)$$

此外还可以通过查表9-2，按煤的热量查出煤燃烧所需的空气量和烟气生成量。

煤燃烧时所需的理论空气量及烟气生成理　　　　表9-2

煤的发热量	名称	单位	过剩空气系数															
			1	1.5	2	2.5	3	3.5	4	4.5	5	5.5	6	6.5	7	7.5	8	8.5
2090KJ/kg	空气量		1.00	1.50	2.00	2.50	3.00	3.50	4.00	4.50	5.00	5.50	6.00	6.50	7.00	7.50	8.00	8.50
(500kCal/kg)	烟气量		2.08	2.58	3.08	3.58	4.08	4.58	5.08	5.58	6.08	6.58	7.08	7.58	8.08	8.58	9.08	9.58
4180KJ/kg	空气量		1.50	2.25	3.00	3.75	4.50	5.25	6.00	6.75	7.50	8.25	9.00	9.75	10.50	11.25	12.00	12.75
(1000kCal/kg)	烟气量		2.53	3.28	4.03	4.78	5.53	6.28	7.03	7.78	8.53	9.28	10.03	10.78	11.53	12.28	13.03	13.78
6270KJ/kg	空气量		2.00	3.00	4.00	5.00	6.00	7.00	8.00	9.00	10.00	11.00	12.00	13.00	14.00	15.00	16.00	17.00
(1500kCal/kg)	烟气量		2.97	3.97	4.97	5.97	6.97	7.97	8.97	9.97	10.97	11.97	12.97	13.97	14.97	15.97	16.97	17.97
8360KJ/kg	空气量		2.51	3.77	5.02	6.28	7.53	8.79	10.04	11.30	12.55	13.81	15.06	16.32	17.57	18.83	20.08	21.34
(2000kCal/kg)	烟气量		3.41	4.67	5.92	7.18	8.43	9.69	10.94	12.20	13.45	14.71	15.96	17.22	18.47	19.73	20.98	22.24
10450KJ/kg	空气量		3.01	4.52	6.02	7.53	9.03	10.54	12.04	13.55	15.05	16.56	18.06	19.57	21.07	22.58	24.08	25.59
(2500kCal/kg)	烟气量		3.84	5.35	6.85	8.36	9.86	11.37	12.87	14.38	15.88	17.39	18.89	20.40	21.90	23.41	24.91	26.42
12540KJ/kg	空气量		3.51	5.27	7.02	8.78	10.53	12.29	14.04	15.80	17.55	19.31	21.06	22.82	24.57	26.33	28.08	29.84
(3000kCal/kg)	烟气量		4.28	6.04	7.79	9.55	11.30	13.06	14.81	16.57	18.32	20.08	21.83	23.59	25.34	27.10	28.85	30.61
14630KJ/kg	空气量		4.01	6.02	8.02	10.03	12.03	14.04	16.04	18.05	20.05	22.06	24.06	26.07	28.07	30.08	32.08	34.09
(3500kCal/kg)	烟气量		4.72	6.73	8.73	10.74	12.74	14.75	16.75	18.76	20.76	22.77	24.77	26.78	28.78	30.79	32.79	34.80
16720KJ/kg	空气量	Nm³/kg	4.51	6.77	9.02	11.28	13.53	15.79	18.04	20.30	22.55	24.81	27.06	29.32	31.57	33.83	36.08	38.34
(4000kCal/kg)	烟气量		5.16	7.42	9.67	11.93	14.18	16.44	18.69	20.95	23.20	25.46	27.71	29.97	32.22	34.48	36.73	38.99
18810KJ/kg	空气量		5.01	7.52	10.02	12.53	15.03	17.54	20.04	22.55	25.05	27.56	30.06	32.57	35.07	37.58	40.08	42.59
(4500kCal/kg)	烟气量		5.60	8.11	10.62	13.12	15.62	18.13	20.63	23.14	25.64	28.15	30.65	33.16	35.66	38.17	40.67	43.18
20900KJ/kg	空气量		5.51	8.27	11.02	13.78	16.53	19.29	22.04	24.80	27.55	30.31	33.06	35.82	38.57	41.33	44.08	46.84
(5000kCal/kg)	烟气量		6.04	8.80	11.55	14.31	17.06	19.82	22.57	25.33	28.08	30.84	33.59	36.35	39.10	41.86	44.61	47.37
22990KJ/kg	空气量		6.01	9.02	12.02	15.03	18.03	21.04	24.04	27.25	30.05	33.06	36.06	39.07	42.07	45.08	48.08	51.09
(5500kCal/kg)	烟气量		6.48	9.49	12.49	15.50	18.50	21.51	24.51	27.52	30.52	33.53	36.53	39.54	42.54	45.55	48.55	51.56
25080KJ/kg	空气量		6.52	9.78	13.04	16.30	19.56	22.82	26.08	29.34	32.60	35.86	39.12	42.38	45.64	48.90	52.16	55.42
(6000kCal/kg)	烟气量		6.92	10.18	13.44	16.70	19.96	23.22	26.48	29.74	33.00	36.26	39.52	42.78	46.04	49.30	52.56	55.82
27170KJ/kg	空气量		7.02	10.53	14.04	17.55	21.06	24.57	28.08	31.59	35.10	38.61	42.12	45.63	49.14	52.65	56.16	59.67
(6500kCal/kg)	烟气量		7.36	10.87	14.38	17.89	21.40	24.91	28.42	31.93	35.44	38.95	42.46	45.97	49.48	52.99	56.50	60.01
29260KJ/kg	空气量		7.52	11.28	15.04	18.80	22.56	26.32	30.08	33.84	37.60	41.36	45.12	48.88	52.64	56.40	60.16	63.92
(7000kCal/kg)	烟气量		7.79	11.55	15.31	19.07	22.83	26.59	30.35	34.11	37.87	41.63	45.39	49.15	52.91	56.67	60.43	64.19
31350KJ/kg	空气量		8.02	12.03	16.04	20.05	24.06	28.07	32.08	36.09	40.10	44.11	48.12	52.13	56.14	60.15	64.16	68.17
(7500kCal/kg)	烟气量		8.23	12.24	16.25	20.26	24.27	28.28	32.29	36.30	40.31	44.32	48.33	52.34	56.35	60.36	64.37	68.38

气体燃料和空气非常容易混合，所以气体燃料燃烧时，α值可以小一些；液体燃料燃烧时虽然要雾化成微小的颗粒，但比气体分子还大得多，故其燃烧时的α值应比气体燃料的大；固体燃料和空气的接触更差，故它的α值最大。α的较合适的取值是：气体燃料为1.02～1.20；液体燃料为1.1～1.3；固体燃料为1.3～1.7。

如果α值太小，燃料在窑内得不到足够的助燃空气而不能完全燃烧，会造成部分燃料的浪费。如有些厂的外投煤炉渣中还残存着2090～7524kJ/kg（500～1800kcal/kg）的发热量；有些厂内燃砖内部未烧透，"黑心"很重，往往每块砖还残存627kJ（150kcal）或更高的发热量。均属此类情况。

如α值太大，多余的空气又将带走大量热量。不少砖瓦厂的焙烧窑在焙烧带的过剩空气系数α高达3～4，如将α降为2～3，一个年产2000万块普通砖的窑，每年就可以节省标煤60t左右。

有些厂的焙烧窑α值已很大，但由于空气未能和燃料充分接触，燃料仍不能完全燃烧。这样，就得承担两部分热损失：一部分是多余空气带走的热量，另一部分是燃料未能完全燃烧而损失的热量。因此，往往要消耗更多的燃料。

9.64 什么是挤出机？什么是双级真实挤出机？

挤出机是连续挤出泥条的塑性成型设备。泥料进入受料箱后，由螺旋绞刀推向前进，并通过机头和机口压实挤出，使之具有规定断面的泥条。泥缸直径一般为$\phi 300 \sim \phi 700$。

双级真空挤出机是带双轴搅拌机（或单轴搅拌机）和真空室的连续挤出泥条的塑性成型设备。泥料经搅拌机挤出段的挤压绞刀压实并形成密封，在真空室内由密封刀切成薄片，进行真空排气后落入挤出机挤出成型。有平行组装和垂直组装两种形式。

9.65 煤的元素分析和工业分析分别包括哪些项目？煤的成分有哪五种表示方法？

为了了解煤的成分，需要对煤的试样进行分析。通常有两种分析方法：元素分析和工业分析。元素分析法提供煤的主要元素的百分数，如碳、氢、氮、氧、硫等。这种分析方法对于精确地进行燃烧计算来说是必要的。但工业分析法能够更好地反映煤的燃烧状况，且分析手续较简单，因而砖瓦厂应掌握工业分析资料。

工业分析包括下列项目：①水分；②挥发分；③固定碳；④灰分。四项总量为100%。在四项总量以外，还测定硫分，作为单独的百分数提出。

煤中水分是指机械地混入的水，它包括游离水分（又称外在水分，W_{wz}）和附着水分（又称内在水分，W_{nz}）两部分，不包括化合水。水分不仅不能燃烧，而且汽化时吸收大量热量，所以不希望煤中含水率太高，但是必须指出由于水蒸气高温分解后的产物是燃烧的激化剂，故含少量水对燃烧过程也有一定好处。

煤的挥发分和固定碳为煤的可燃成分。

煤的灰分是煤燃烧后生成的废渣。

煤所含的硫分主要是二硫化铁（即黄铁矿FeS_2），还有少量有机硫化物和硫酸盐。二硫化铁的硫和有机硫化物的硫参加燃烧过程，称为"可挥发硫"或"可燃硫"。硫酸盐的硫不能燃烧。

但通常将煤的硫分全部考虑为可燃成分。虽然煤中大部分硫在燃烧时放出热量，但由于它对金属腐蚀作用大，且对人体、农作物等有伤害，故还是希望硫的含量越少越好。

煤的成分可以有五种表示方法：

应用基——按煤样送到分析室时的状态进行分析所得的结果。它最接近于实际应用中煤的状态，故名"应用基"。代号为"y"。

分析基——煤样在分析室内按规定条件先经空气干燥后再进行分析所得的结果。空气干燥只除去煤的外在水分，但试样中仍含有内在水分。代号为"f"。

干燥基——煤的成分按不含任何水分的干燥煤来表示的分析结果。代号为"g"。

可燃基——煤的成分按不含水分和灰分来表示的分析结果。代号为"r"。

有机基——煤的成分按不含水分和矿物质（灰分和硫分）来表示的分析结果。代号为"j"。

煤的实际成分及其不同的表示方法如图9-3所示。

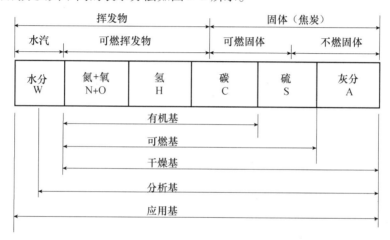

图9-3 煤的实际成分

煤的各种成分的换算如表9-3所示。

煤的各种成分的换算 表9-3

已知的燃料成分	换算的燃料成分				
	应用基	分析基	干燥基	可燃基	有机基
应用基	1	$\dfrac{100-W^f}{100-W^y}$	$\dfrac{100}{100-W^y}$	$\dfrac{100}{100-W^y-A^y}$	$\dfrac{100}{100-W^y-A^y-S^y}$
分析基	$\dfrac{100-W^y}{100-W^f}$	1	$\dfrac{100}{100-W^f}$	$\dfrac{100}{100-W^f-A^f}$	$\dfrac{100}{100-W^f-A^f-S^f}$
干燥基	$\dfrac{100-W^y}{100}$	$\dfrac{100-W^f}{100}$	1	$\dfrac{100}{100-A^y}$	$\dfrac{100}{100-A^g-S^g}$
可燃基	$\dfrac{100-W^y-A^y}{100}$	$\dfrac{100-W^f-A^f}{100}$	$\dfrac{100-A^y}{100}$	1	$\dfrac{100}{100-S^r}$
有机基	$\dfrac{100-W^y-A^y-S^y}{100}$	$\dfrac{100-W^f-A^f-S^f}{100}$	$\dfrac{100-A^g-S^g}{100}$	$\dfrac{100-S^r}{100}$	1

9.66 燃烧与灭火的条件有哪些?

燃烧是一种剧烈的氧化反应,在反应过程中发热发光。燃烧的条件是:

(1) 必须具有可以燃烧的物质;

(2) 可燃物必须与氧气或其他氧化剂充分接触;

(3) 使可燃物与氧气达到可燃物燃烧时所需的最低温度——着火温度。

使燃烧着的物质熄灭的条件是:

(1) 使可燃物与氧气脱离接触;

(2) 使燃烧着的物质温度降到该物质的着火温度以下。

9.67 碳的燃烧速度主要取决于哪两个因素?为了使窑内的外投煤加速燃烧,可采取哪些措施?

碳的燃烧速度主要取决于:①氧化反应的速度;②气体扩散的速度。在低温时(700℃以下),因氧化反应的速度很慢,燃烧速度主要取决于氧化反应速度。在高温时(900℃以上),氧化反应所需的时间极短,燃烧速度主要取决于气体扩散速度。这时减少扩散层阻力,提高气流速度能迅速增加燃烧速度。

增加空气中氧的浓度,能提高燃烧温度,加速燃烧过程。

燃料越细碎,燃料与空气的混合程度越好,则燃烧越快。

为了使窑内的外投煤加速燃烧,可采取以下措施:①在允许焙烧温度范围内,适当提高焙烧温度并保持焙烧温度的稳定。②适当加大过剩空气系数,以使氧的含量增加。但如过剩空气系数太大,则会降低焙烧温度和造成热损失太大。③燃料要适当细碎。但太细又会被烟气带走,增加煤耗。

意大利 Brede 公司生产出一种"液体煤悬浮燃料"。它是由70%煤、29%水和1%添加剂组成,经过粉碎、搅拌,固体颗粒最终不大于12μm。这种燃料仅为柴油价格的56%,但发热量和柴油相同。

9.68 什么是可再生能源?烧结砖瓦行业中有利用潜力的可再生能源是什么?

可再生能源是指在自然界中可以不断再生,永续利用,对环境无害或危害极小的能源,具有自我恢复原有特性。主要包括风能、太阳能、水能、生物质能、地热能、海洋能等非化学能源。可再生能源具有资源分布广、利用潜力大、环境污染小、可永续利用等特点,是有利于人与自然和谐发展的重要能源。

烧结砖瓦行业中最具可利用价值的是生物质能(biomass energy),即以生物质为载体的能量。它直接或间接地来源于绿色植物的光合作用,可转化为常规的固态、液态和气态燃料,取之不尽、用之不竭,是一种可再生能源,同时也是唯一一种可再生的碳资源。简单说来就是生物质燃料,例如木材、农作物秸秆、柴草、可燃烧的其他生物质(农产品和食品加工过程的残渣等)以及用生物质产生的沼气等。

9.69 能源的当量值和等价值有什么区别？它们各有哪些作用？

根据能量守恒和转换定律，任何形式的能量之间存在数量上的当量关系，称为能源的当量值；为获得一个单位的二次能源（如电能、压缩空气等），必须消耗一次能源量，称为能源的等价值。

能源的当量值是一个科学上的常数，一般不会发生变化；而能源的等价值会随着生产技术的提高在不同阶段有不同的数值。

例如：1kW·h 电能的当量值为 3600kJ 或 0.123kg 标煤，一般不会变化；而 1kW·h 电能的等价值在 1978 年为 12560kJ 或 0.429kg 标煤，到 1981 年已经下降到 11930kJ 或 0.407kg 标煤。

能源的当量值主要用于：能量平衡计算、窑炉（设备）热效率计算、能量利用率计算等。

能源的等价值主要用于：综合能耗计算、万元产值能耗计算、企业节能量计算、能耗水平考核等。

9.70 单位产品热能消耗准入值是多少？单位产品热能消耗先进值是多少？

按国家标准《烧结墙体材料单位产品能源消耗限额》GB 30526—2014 规定，单位产品热能消耗准入值见表 9-4；单位热能消耗先进值见表 9-5。

单位产品热能消耗准入值 表 9-4

分类	煤耗（kgce/t）	热能消耗	
		kJ/kg 成品	kcal/kg 成品
烧结多孔砖和多孔砌块	≤45.1	≤1319.6	≤315.7
烧结空心砖和空心砌块	≤46.5	≤1360.6	≤325.5
烧结保温砖和保温砌块	≤48	≤1404.5	≤336.0
烧结空心制品	≤43.5	≤1272.8	≤304.5

单位热能消耗先进值 表 9-5

分类	煤耗（kgce/t）	热能消耗	
		kJ/kg 成品	kcal/kg 成品
烧结多孔砖和多孔砌块	≤43.7	≤1278.7	≤305.9
烧结空心砖和空心砌块	≤44.5	≤1302.1	≤311.5
烧结保温砖和保温砌块	≤46.6	≤1363.5	≤326.2
烧结空心制品	≤41.3	≤1208.4	≤289.1

9.71 各种能源如何折标准煤？

各种能源折标准煤参考系数见表 9-6。

各种能源如何折标准煤参考系数 表 9-6

能源名称		平均低位发热量	折标准煤系数
原油		41868kJ/kg	1.4286kgce/kg
燃料油		41868kJ/kg	1.4286kgce/kg
汽油		43124kJ/kg	1.4714kgce/kg
煤油		43124kJ/kg	1.4714kgce/kg
柴油		42705kJ/kg	1.4571kgce/kg
煤焦油		33494kJ/kg	1.1429kgce/kg
粗苯		41816kJ/kg	1.4286kgce/kg
液化石油气		50241kJ/kg	1.7143kgce/kg
炼厂干气		46055kJ/kg	1.5714kgce/kg
油田天然气		38979kJ/m³	1.3300kgce/m³
气田天然气		35588kJ/m³	1.2143kgce/m³
煤矿瓦斯气		14654~16747kJ/m³	0.5000~0.5714kgce/m³
焦炉煤气		18003kJ/m³	0.6143kgce/m³
其他煤气	发生炉煤气	5234kJ/m³	0.1786kgce/m³
	重油催化裂解煤气	19259kJ/m³	0.6571kgce/m³
	重油热裂解煤气	35588kJ/m³	1.2413kgce/m³
	焦炭制气	16329kJ/m³	0.5571kgce/m³
	压力汽化煤气	15072kJ/m³	0.5143kgce/m³
	水煤气	10467kJ/m³	0.3571kgce/m³
电力（当量）		3601kJ/kW·h	0.1229kgce/kW·h
氢气（标况）		10802kJ/m³	0.3686kgce/m³
热力（当量）			0.03412kgce/MJ

9.72 耗能工质如何折算热量及折算标准煤?

耗能工质平均折算热量及折算标准煤参考系数见表 9-7。

耗能工质平均折算热量及折算标准煤参考系数 表 9-7

能耗工质名称	平均低位发热量	折标准煤系数
外购水	2.51MJ/t	0.0857kgec/t
软水	14.23MJ/t	0.4857kgec/t
除氧水	28.45MJ/t	0.9714kgec/t
压缩空气（标况）	1.17MJ/m³	0.0400kgec/m³
鼓风（标况）	0.88MJ/m³	0.0300kgec/m³
氧气（标况）	11.72MJ/m³	0.4000kgec/m³
氮气（标况）	19.66MJ/m³	0.6714kgec/m³
二氧化碳（标况）	6.28MJ/m³	0.2143kgec/m³
蒸汽（低压）	3765.6MJ/t	128.6kgec/t

9.73 硫的种类如何划分？

硫的种类可按图 9-4 划分。

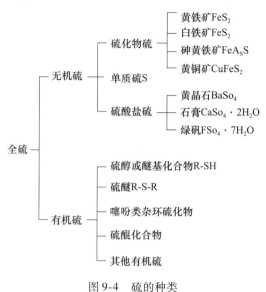

图 9-4　硫的种类

9.74 焙烧砖瓦的燃料发展方向是什么？

我国当前砖厂普遍采用固体燃料。但总的发展方向是采用气体燃料，采用气体燃料能改善劳动条件，便于自动控制，提高产品质量，使出窑制品温度很低，减少污染（但不能内燃烧砖）；液体燃料代替固体燃料也是一个趋势；电气烧窑的最大优点是能够准确调节烧成温度，提高产品质量，但电价较高。国外有一种叫作"部分电气隧道窑"，主要靠加在坯内的 85% ~90% 的内燃料发出的热量焙烧，在焙烧带设电阻器发出 10% ~15% 的热量辅助焙烧。

第十部分　机械设备

10.1　为什么要进行日常设备维护？维护工作包括哪些内容？

无论是运转的机械设备，还是静止不动的窑炉，只有做好日常维护，才能保证它们的正常运转，并且提高它们的使用寿命。这对于提高产品质量和产量，提高砖瓦生产企业的经济效益是十分重要的。

设备维护主要包括以下四个方面：润滑、清洁、油漆、经常巡回检查，发现设备可能出现的故障应及时处理。

10.2　什么是码坯机？

码坯机是在窑车（或干燥车）上将砖坯按预定形式码成坯垛的专用设备。由分坯台（存坯台）、码坯机和动力站三大部分组成。切好的砖坯在分坯台上按码坯要求排列，由码坯夹具夹起，码到窑车（或干燥车）上，分坯动作也可由码坯机完成。传动方式分：液压、气动、机械三种。液压驱动系统通常由油缸、阀、油泵和油箱等组成；气压驱动系统通常由气缸、气阀、空压机和储气罐等组成；机械（电机）驱动系统通常由电动机、传动机构等组成。采用液压传动的机构较为简单、工作平稳，便于自动程序控制，但其不足之处是动作迟缓；采用气动的动作快捷，能耗较低，当前使用较普遍。

10.3　液压码坯机的维护要点有哪些？

①所有滚动轴承和带有干油杯的轴承均采用黄油润滑，其余皆用机油润滑。
②开机前要检查各润滑点必须润滑良好。
③检查各紧固件有无松动现象。
④注意观察液压、气动系统压力表的读数，如果超过正常值应停机检查处理。
⑤油箱的温度不得超过60℃。
⑥注意液压、气动系统有无渗漏。
⑦保持液压油的清洁。
⑧防止液压系统混入空气，否则要排除之。
⑨在冬季外界气温低时，应该开开停停，往复几次使油温上升，油压装置运转灵活后，再进入正式运转。
⑩要备有足够的易损件。

10.4　影响液压油质量的因素有哪些？

（1）水：如果油中水分含量超标，应更换之。否则，不但会损坏轴承，还会使钢件生锈；加速油的氧化，和添加剂起作用产生黏性胶质，影响阀等零件的工作；减少滤油器的有效工作面积，使滤芯堵塞。

（2）氧化：一般液压油的工作温度为 30～60℃，液压油的使用寿命与其工作温度密切相关。当油温低于 60℃时，油的氧化进程缓慢，之后每增加 10℃，氧化速度增加约一倍。氧气和油中的碳氢化合物进行反应，油色变黑，黏度上升，甚至产生沉淀物，极易堵塞元件中的控制油道，使滚动轴承、阀芯、液压泵的活塞等磨损加剧。

（3）固体颗粒：固体颗粒不但会加快运动部件的磨损，而且易卡在阀芯使之控制失灵，影响系统的正常运转。

（4）空气：空气的混入会引起振动、噪声和油温升高，降低了油的润滑性，加剧部件的损坏。

10.5　如何合理使用液压油？

（1）使液压油长期处于低于它开始氧化的温度下工作；
（2）在贮存、运输和加油过程中，应防止其受到污染；
（3）对油进行定期抽样检验，并建立定期换油制度；
（4）油箱的容积尽可能大些，以利于系统的散热；
（5）系统应保持良好的密封性能，以免出现泄漏。

10.6　什么是机器人？

机器人是自动执行工作的机器装置，它既可以接受人的指挥，又可以运行预先编排的程序，还可以根据人工智能技术制定的原则纲领行动，其任务是协助或取代人的工作。

机器人一词源自 robot，在捷克语中是"苦力"的意思。如今，robot 一词的含义是：一种用以模拟人类活动并从事人类工作的机器人。

古往今来，人们一直梦想制造永远不知疲劳、永远不会违抗的机器人。

世界上第一台"工业机械人"是 ABB 公司于 1969 年发明的。

20 世纪 60 年代，砖瓦厂的最繁重的劳动工序之一：码坯，由人工码坯逐渐过渡到机械码坯，实现码坯方式的第一次跨越式进步。

但由于码坯机机构庞杂、占地面积大、机械零件繁多，相应带来故障概率高、维修量大的缺点。它受运行轨道和位置的限制，动作方式和范围、抓取摆放方式和范围限制，给生产线的布置和调整造成很大的局限性。

由码坯机到工业机器人，是码坯方式的第二次跨越式进步，是由机械化生产方式进入现代化生产方式。

"工业机器人"绝不是"传统机械手"的改良。"机械手"是无脑的，靠液压、气动或机械式的简单动作控制，"工业机器人"则是靠"电脑"的逻辑控制，它将各运动轴的控制和动作用高技术控制系统固定在一起，让各工作零部件之间的协调动作达到最优化、最可靠，双 360°空间无处不及，在运动幅度所能覆盖的各个点准确到位和定位，动作的速度、力度、灵敏度适宜和可调可控，具有高度的多功能和柔性。

我国的山东淄博功力机械公司、山东矿机迈科建材机械公司、双鸭山东方墙材工业公司、杭州萧山协和砖瓦机械公司、山东济南金牛砖瓦机械公司、重庆信奇建材机械公司和开封欧帕自动化有限公司等已能制造出质量优良的智能机械手，且在一些砖瓦生产线中得以成功应用。以此为基础，在不久的将来定会出现"心灵手巧"的机器人进行装、卸坯体和成品等的繁重工作。

走向现代化的中国砖瓦工业，使用机器人将是不容置疑的发展方向。

鉴于机器人的运动灵活性大，西欧的发展趋势是大量使用机器人码坯。原来需要一系列设备才能完成的动作，现在仅需一个单臂机器人就可以完成。原来庞大的码坯机组、卸坯机组、包装机组，正在由机器人取代之。某生产线就用了16台机器人。但使用机器人必须高度重视：①与其配合的运转设备的准确定位和运转的可靠性；②培养高素质的管理人员，特别要培养懂得机器人性能和操作规程的技术人员。

四川省南充市华远建材有限公司采用山东迈科公司的两台机器人码窑车，其驱动系统采用机电一体化设计，所有轴都是数字化交流伺服电机驱动，交流伺服驱动系统有过载、过流、缺相、超差等各种保护，性能安全可靠。能够高速、精确、稳定地运行，并易于维护。机器人运行的轨迹十分精确，重复定位精度小于0.35mm。

切忌机器人承重量过载运行，一旦损坏难以修复。

10.7 机器人码坯与人工码坯主要差别有哪些？

（1）机器人码坯误差小，因而坯垛中的空隙通风阻力小，且坯垛稳定性好；人工码坯误差大，坯垛中的空隙通风阻力大，且坯垛稳定性差。

（2）机器人码坯可节省大量劳动强度大的码坯工。

（3）人工码坯比机器人码坯灵活性好，根据需要可随时调整坯垛稀密程度，必要时可码角度不同的斜坯。

10.8 码坯机与机器人有哪些不同之处？

（1）产量

码坯机是采用多个夹具工作，夹具数量越多，夹取坯体数量就越多，产量也越高。目前，国内码坯机多采用6个夹具，以KP1（240×115×90）的砖坯为例，每个夹具可以夹取48块KP1砖坯，码坯机工作一次的产量是288块，工作一个周期约为1min，其年产量为1.2亿（折普通砖）左右。

机器人是按工作荷载分类的，通常使用的有250kg、300kg、450kg和500kg。不同荷载的机器人的工作周期也不一样，允许荷载轻的工作周期快一些，允许荷载重的工作周期慢一些。一般来说，荷载250kg、300kg的机器人工作周期为5次/min，450、500kg的机器人工作周期为4次/min。由于受工作荷载的限制，只能带一套夹具，最多夹48块KP1（240×115×90）的砖坯，即机器人的产量为48块/次×4次/min＝192块/min的KP1砖坯，其年产量约为8000万块（折普通砖）。如要求产量更高，则需增加机器人及相应配套设备。

（2）对窑车的要求

码坯机夹取坯体后，桥式滑车在轨道上移动将坯体运送到窑车上。对窑车宽度没有什么要求，从2.5m到9.2m宽的都有相匹配的码坯机。如果工艺设计合理，一台码坯机可以对应多台窑车码坯。

机器人是靠转臂颚的旋转工作的，对其臂展是有要求的。目前国内使用的机器人的臂展不超过 3.2m，因而要求窑车的宽度在 5.8m 以下。如果窑车的宽度超过 5.8m，就必须使用两台机器人才能码满窑车。

（3）产品的规格尺寸

在产品的规格尺寸变化时，由于码坯机的夹具多，技改难度较大，需要的时间较长。

机器人由于只有一套夹具，改变夹具结构的工作难度远远小于码坯机。但切忌机器人荷载超重。

（4）维修与保养

码坯机外形大，运动件多，需要注油、检修的部位也多，出现故障的几率大于机器人。但是，码坯机的零部件基本上都属于通用件，出现故障容易判断，零件的采购和更换较容易。

机器人除了注油和常规检查外，无故障工作期限可高达几万小时。但由于砖瓦行业技术力量有限，机器人一旦出现故障，依靠自身能力进行维修是不可能的，故只能等待设备制造厂家解决。

（5）对配套系统

码坯机和机器人都是用作码坯的，它们是生产线的组成部分。泥条经挤出机挤出后，经过切条、切坯成坯体，再经过编组等工序，形成与干燥、焙烧相适应的坯体方阵，最后由码坯机或机器人将这个坯体方阵码放到窑车上。

生产中出现废坯是难以完全避免的。对于使用码坯机的生产线来讲，废坯对生产的连续性影响不大，可以由生产工对废坯进行清理。

对于使用机器人的生产线来讲，由于机器人的运行速度快，一旦废坯进入其工作范围，为了确保安全，生产工不可能对废坯进行清理，这就要求输送设备储存坯体的位置要足够大，否则只能停机清理。

（6）对设备标高和厂房的要求

为了充分发挥机器人的臂展，使其能够拥有更大的工作平面，一般工艺设计都采取将窑车从编组机和机器人下方通过，机器人位于编组机与码坯位置之间。因而，要求挤出机部分的安装标高随之要高。而码坯机没有这方面的限制。

就厂房高度而言，码坯机的高度与码的坯垛高度有关，码的坯垛越高，所匹配的码坯机也越高。从 KP1（240×115×90）砖坯卧码 16 层为例，码坯机的高度达 7m 左右，故要求码坯机工作的位置留有较高的厂房高度。而机器人的工作高度相对小一些，在同样情况下，厂房高度有 4m 左右即可。

10.9 真空挤出机空载试机要求有哪些？

（1）运转时应无异常声响和振动；

（2）离合器应接合平稳，分离彻底，灵活可靠；

（3）润滑部位应不漏油；

（4）轴承温升应不大于 35℃，最高温度应不超过 70℃；

（5）浮动轴结构空载试机时应将浮动部分卸掉；

（6）连续运转时间不少于 2h。

10.10 挤出机的操作和维修要点有哪些？

未使用过的新挤出机，安装完毕后，首先应进行全面检查。

（1）检查所有的紧固件是否已经紧固。

（2）检查所有的润滑点是否已装有足够的润滑油或润滑脂。

（3）对油池或减速箱，首先应进行清洗，并检查有无杂物、金属屑等落入池中或箱中，然后按规定的润滑油牌号或数量，注入池中或箱中。

（4）挤出机的传动系统采用油泵进行强制润滑时，应检查油泵的旋转方向是否符合规定要求，油的压力及循环是否良好。

（5）检查主电机和真空泵电机的旋转方向正确与否。

（6）检查各三角皮带的紧张程度是否一致。

（7）检查离合器的调整螺母位置是否合适，离合器的开闭及操纵是否灵活。若使用气动离合器，应检查气源气压、供气量及通过减压阀的减压气压是否符合规定要求。

（8）检查水管、汽管及真空室的密封情况是否良好，阀门启闭是否灵活可靠。

（9）检查整个设备电气接地是否良好。

上述检查完毕，并确定无误时，方可进行下列操作：

（1）合上离合器，用手转动皮带轮，使挤出主轴转动4～5转，以检查有无杂物落入设备内部，以及内部有无卡阻现象。

（2）对真空挤出机，采用同样方法检查搅拌部分。

（3）上述部分检查无误后，打开离合器，方可启动主电机。若挤出机采用油泵强制润滑，应先启动润滑油泵，再启动主电机。待主电机转速正常后，合上离合器，并令整个设备空运转2h。

（4）空运转期间应检查机器各部分运载是否正常，有无不正常声响，各轴承部位有无不正常温升现象，并分别测量主电机的空载电流。发现异常现象时，应立即停机并予以排除。

（5）为便于新挤出机的出料，在加入原料前，可在加料处倒入适量的水。对于真空挤出机，此时可将真空室的检查门打开，在不启动真空泵的情况下，开始加入原料。

（6）原料到达机头，并开始向外挤出时，打开离合器，停止给料。然后装上机口，关上真空室检查门。

（7）启动真空泵。当真空泵为水环式时，启动真空泵前应先将真空泵的供水阀打开，并调节至所规定的流量。

（8）合上离合器，同时从加料处均匀加入原料，挤出开始。

（9）经过8h负荷运行后，应检查所有紧固件是否出现松动，以确保真空度和避免设备出现故障。

（10）在上述时间内，定期测量主电机的电压、电流值；并检查各轴承部位及电气元件的温升；真空室各处密封是否良好，记录真空度；所有运动部位及离合器有无不正常现象；强制润滑油的压力及循环是否良好。如有异常现象应停机排除。

（11）挤出机开始给料后的100h内，其给料量应不超过额定产量的60%，以保证机器有足够的跑合时间。

（12）挤出机需要停机时，首先应停止给料，关闭真空挤出机搅拌部分的供水、供气阀门。待挤出机的机口不再继续出料时方可打开离合器，关闭真空泵及真空泵供水阀门，继而关闭主电机及润滑油泵电机。

（13）挤出机需要较长时间停机时，应于停机后立即将泥缸、机头、机口内的原料清干净。

进行过空、重负荷试机或正在使用的挤出机，其操作程序如下：

（1）启动主电机前，应对需要添加润滑油的部位添加润滑油，并检查紧固件的紧固情况是否良好，离合器是否脱开。

（2）将原存于机口前端已经趋近于干涸的原料清理干净。

（3）启动主电机，当主电机转速达到正常时，方可合上离合器。对采用油泵强制润滑的挤出机，启动主电机前，应首先启动油泵电机，然后才可启动主机。

（4）从挤出机加料处均匀地加入原料。

（5）挤出机机口尚未挤出泥条前，应将挤出机以后的设备分别启动待命。

（6）挤出机的机口开始挤出泥条时，打开水环式真空泵的供水阀门，启动真空泵，挤出开始。根据需要开启和调剂真空挤出机搅拌部分的供水、供汽阀门。

（7）停机时，首先停止供应原料、关闭真空挤出机的供水、供汽阀门。待挤出机机口不再继续向外挤出泥条时，方可打开离合器，关闭真空泵、真空泵供水阀门、主电机及润滑油泵电机。

（8）挤出机需要较长时间停机时，应于停机后将泥缸、机头、机口内的泥料清理干净。对短期停机者，应保护好机口前端的泥料，不使泥料水分过分散失变硬。

（9）注意事项：①严禁在未打开离合器的情况下启动主电机；②严禁在未启动润滑油泵电机时启动主电机；③离合器的闭合应平稳、无冲击，严禁离合器在打滑状态下作较长时间的运转；④给料应均匀，严禁设备超负荷运转；⑤严禁让金属块和卵石等硬物随原料进入设备；⑥严禁人体接触任何运转中的零件，严禁在机器运转时用手、脚或其他工具在原料入口处捣弄原料；⑦对水环式真空泵，在运转过程中应保证水有一定的流量通过真空泵，并使水温不超过15℃。

挤出机的定期维修，是保证挤出机能长期正常运转，并延长其使用寿命的关键。因此，应根据挤出机的使用情况，如设备质量、原料性质及班次等定期进行大、中、小修。此外日常的维修也很重要。关于大、中、小修，应视工厂的具体情况而定，也和设备本身的结构、质量有关，很难作出统一的规定。但是对于日常维修，有以下共同点：

（1）对所有紧固件应定期检查，不得有松动现象。

（2）对所有润滑点，应按说明书规定的润滑油牌号，定期加油润滑。

（3）对采用集中润滑或油池润滑的润滑油，应按说明书规定的时间和润滑油牌号进行更换。对滤油器和油池、油箱进行清洗，并定期检查油位是否符合要求。

（4）三角皮带应始终保持正常的张紧程度，当三角皮带使用到一定期限后应进行更换。更换时不应只更换个别三角皮带，而应全组进行更换。新三角皮带的周长应选择一致，以保证张紧后各三角皮带的张紧程度基本相同。

（5）对于采用机械结合的离合器，由于接合过程中摩擦片的磨损，应及时进行调整，以保证摩擦离合器的接合力符合要求。

（6）螺旋绞刀和搅拌刀磨损达到规定限度时，应及时进行修补或更换。

（7）由于外来硬物进入机器内，造成机件损坏时，应由加料口逐段查找外来硬物及破碎的零件。同时还应找出由此造成的其他强度被削弱或变形的零件，并彻底予以更换。

（8）对机器其他易损件，应按其磨损程度定期更换，以保证设备运转正常。

（9）在真空挤出机中，真空室与真空泵的连接管道上装有过滤器，该过滤器应定期进行清理，以免影响对泥料的真空处理。

10.11 真空挤出机负载试机要求有哪些？

（1）运转时应无异常声响和振动；

（2）离合器应接合平稳，分离彻底，灵活可靠；

（3）润滑部位应不漏油；

（4）电气控制装置应安全可靠；

（5）挤出压力、真空度和生产能力应符合设计要求；

（6）轴承温升应不大于45℃，最高温度应不超过80℃；

（7）连续运转时间不少于2h。

10.12 常用真空泵的主要技术性能如何？

真实泵是抽真空系统的关键设备。

（1）水环式真空泵

水环式真空泵的外壳为圆形，其中有一装有叶片的偏心叶轮。泵内充水约到一半容积高度，当叶轮旋转时形成水环。水环具有水封作用，由于具有偏心距，此水环将叶片封着而使叶片之间形成许多大小不等的小室，在旋转的前半期，这些小室就逐渐增大，将外部的气体通过吸入孔吸进增大的小室；当旋转后半周时，小室逐渐减小，气体被压缩从排气孔排出。该种泵构造简单，没有阀门，很少堵塞，但不适于抽吸含尘气体。

2SK系列双级水环式真空泵的主要技术性能如表10-1所示。

2SK 系列双级水环式真空泵主要技术性能   表 10-1

型号	抽气速率（m³/h）	极限真空度		电机功率（kW）	转速（r/min）	供水量（L/min）
		MPa	mmHg			
2SK-1.5	90	−0.096	−725	5.5	1440	15
2SK-3	180	−0.097	−730	7.5	1440	25
2SK-6	360	−0.098	−735	15	1440	35
2SK-12	720	−0.098	−735	22	970	50
2SK-20	1200	−0.098	−735	45	740	80

（2）MH-2系列油封式滑阀真空泵（简称油环泵）

该真空泵采用严密油封，可靠耐用，通过水油双重冷却，以确保泵高效率长时间运转。和水环泵相比，它只需消耗较小的功率就可以达到较大的抽气速率和较高的真空度。且在泵的吸气口设置了缓冲过滤器，较彻底地过滤被抽气体中的杂物，改善了泵的工作条件，延长了泵的使用寿命；在泵的排气端设计了离心油气分离器，大大降低了润滑油的消耗，因而，使得泵在消耗较小的功率的同时保持低油耗。

MH-2 系列油封式滑阀真空泵的主要技术性能如表 10-2 所示。

MH-2 系列油封式滑阀真空泵主要技术性能　　　　　　　　　　表 10-2

型号	抽气速率 （m³/h）	极限真空度		电机功率 （kW）	转速 （r/min）	冷却方式
		MPa	mmHg			
MH-2/50	180			3	400	
MH-2/80	280			4	400	
MH-2/100	360	-0.098	-735	5.5	400	水油双重冷却， 温升≤40℃
MH-2/150	540			7.5	400	
MH-2/200	720			11	450	

重庆益顺页岩砖厂曾在 50/45-3.0 型挤出机配用过水环式真空泵和油环泵。该厂经验：①水环泵配用电机为 15kW，油环泵配用电机为 5.5kW。在同样情况下，油环泵省电。②水环泵必须用清洁的自来水或井水，如用含杂质的水，泵的外壳很快磨穿，且基本不能修复（该厂曾用了含杂质的水，20 个月外壳即磨穿，曾用专门的粘铁胶补过，最多还能用 80d 即报废）。③油环泵耗油量极少，只随气抽出挥发一些，每月耗油仅 5~6kg（机油）。④油环泵只要泵内有洁净的油，轴承不坏，使用寿命很长。

10.13　水环式真空泵的主要故障及消除方法有哪些？

水环式真空泵的主要故障及消除方法如表 10-3 所示。

水环式真空泵的主要故障及消除方法　　　　　　　　　　表 10-3

故障	故障原因	消除方法
抽气量不够 或真空度降低	挤出机的真空室、抽气管路及各个接头漏气	杜绝漏气
	①工作水量不足，形不成水环；②供水阀开启度不够或泵体水道堵塞	①增大供水量，保持水箱或水池的水面不低于真空泵轴的中线；②增大供水阀开启度或疏通泵体水道
	工作水温过高	补充新冷却水或增加循环水冷却装置，以降低工作水温度
	叶轮与侧盖或壳体的间隙过大	更换垫片，更换磨损件，以调整间隙
轴承过热	轴承缺润滑脂或润滑脂变质	添加润滑脂或更换新润滑脂
	泵轴和电机轴不同心或泵轴弯曲变形	使泵轴和电机轴同心或矫正已弯曲变形的泵轴
真空泵启动 困难	泵轴弯曲变形，转动部件产生摩擦	矫正已弯曲变形的泵轴，或拆开泵体排除变形
	泵长期停用，其内部零件生锈	用机油润滑后，拆下电机风扇罩，转动风扇叶，使之灵活转动
	工作水中含有钙、镁等碳酸盐类物质，造成泵体内结垢	结垢不严重时可用草酸溶液等浸泡除之；结垢严重时需解体除垢，重点清除叶轮及分配板（或分配器）上的水垢

故障	故障原因	消除方法
运行时出现异常声音和振动	泵轴和电机轴不同心或泵轴弯曲变形	使泵轴和电机轴同心或矫正已变形的泵轴
	转动部件产生摩擦	排除摩擦
	地脚螺栓或泵壳螺栓松动	紧固松动的螺栓
	管道存在较大应力	在进口或出口处加以支撑，以减少或消除应力
泵体、叶轮磨损快	原料颗粒被吸入泵内	在真空室与真空泵之间增设除尘罐（或过滤器）

10.14　砖瓦原料的主要运输设备有哪些？它们的使用性能如何？

（1）推土机

推土机是由在履带式拖拉机前面装上推土用的铲板及其调节设备组成。推土机推送塑性不高的块状料（如页岩、煤矸石），还能同时起到碾碎作用，广泛用于砖瓦厂。推土机的推送距离以 15～20m 较为合适，一般要求不超过 50m。推运距离太长，土会从铲板两侧大量流失，效率显著下降。因此它不宜作长距离推运，有些砖瓦厂采用推土机接力推运法解决较长运距问题。如推土机在疏松的煤矸石等原料堆上作业，应注意安全，谨防推土机由堆上甩落下来。推运块状原料的推土机动力不宜小于 55kW（75 马力），凡采用 39.7kW（54 马力）和 44kW（60 马力）的砖瓦厂均感力量不足。

东方红 75 型（60 型、54 型）推土机前横梁（水箱座）系铸铁件，由于轴孔部分受力较大常发生轴孔开裂甚至断裂脱落的事故。湖南省衡阳地区建材二厂采取将前横梁改为钢板焊接的箱形构件，结构简单、轻巧，寿命比原来提高了 5～10 倍。其主要做法是：

①用圆钢车成轴孔支承；

②用 12mm 厚的钢板焊成箱形结构的梁体；

③用 24mm 厚的钢板加工两侧定位板；

④用芯轴穿好轴孔支承，在固定后与梁体和定位板焊成一体（注意防止焊接变形）；

⑤以轴孔为基准，划线后用刨床加工各平面；

⑥钻孔及攻丝。

（2）无级绳

无级绳运输是首尾两端结成封闭形的沿一方向连续运输的方式，矿车用挂钩装置挂在钢丝绳上一起运行。

无级绳首部有导向轮和绞车等装置；尾部有导向轮和拉紧装置；中部及转弯处有地滚和立滚托住钢丝绳，以防其触地、跑偏。

无级绳运输具有结构简单、操作检修方便、连续性好、投资少、上马快、能适应多变气候和复杂地形等优点。

由于矿车在运行中需摘挂钩，所以钢丝绳移动速度不宜太快，一般为0.6～1.0m/s。钢丝绳上矿车与矿山之间需保持 25m 以上的间距，以保证安全摘挂。

无级绳的运输能力可达 1000～1500t/（台·班）。

一般技术要求：

①线路坡度一般不大于15°，最多不大于18°；

②矿车容积1.2m³左右；

③车场线路上应设自溜坡度；

④弯道内角应大于120°；

⑤线路平曲线半径要大于40m。

重庆二砖厂和山西大同古店砖厂均采用了无级绳运输。重庆二砖厂采用的无级绳运输距离为480m，钢丝绳直径为18.5mm（绳总质量约2t），电机功率为40kW。地滚和立滚磨损快，需经常更换；钢丝绳一般4~6个月更换一次。

从使用情况来看，无级绳运距以不超过1km为宜。且应尽量做到：

①直线运输，少转弯。因转弯钢丝绳受力大，磨损快。

②力争平地运输，少陡坡，以免在爬坡时发生矿车自脱事故。

（3）重力卷

重力卷运输是一种不需要动力的运输方式，它是利用重车下放带动空车上提的双端斜坡提升装置。

重庆二砖厂采用了重力卷运输页岩块料。从使用情况来看，重力卷适用于线路坡度为6°~25°，一般用于15°~22°较好。在线路上有变坡时以上部坡度大，下部坡度小为宜，相邻坡度差在5°左右，有利于启动和制动。矿车容积一般为0.5~0.7m³。下放最大速度可达5~7m/s，推荐用2~4.5m/s。

（4）卷扬机绳索牵引

运距一般在50m以下，每次牵引0.5~0.7m³矿车3~5辆。卷扬机的结构由电动机、减速装置、离合器、传动机构、卷筒、绳索、托辊和滑轮等组成。卷扬机牵引的优点是设备简单，使用方便，一次投资省。其缺点是钢丝绳损耗大，运距受一定限制，需操作人员比其他机械运输稍多。电动机功率按线路坡度、每次牵引的车数等决定，一般采用4.5~20kW不等；钢丝绳直径一般为12~16mm；卷扬机速度100~120m/min。轨道可由固定段和活动段组成。

（5）机车牵引

①电机车牵引

有的砖瓦厂在一条200m长的运输线上使用，效果较好。电机车是由一台7kW直流发电机供电。机车内装2.2kW电动机一台，电压45V，电流由架空导线输入，行速约180m/min，每次牵引0.5m³的矿车5辆。使用两台电机车，可供班产8万块普通实心砖的原料需要。

②内燃机车牵引

有的砖瓦厂采用23.5kW（32马力）和29.4kW（40马力）内燃机车运原料，每次牵引1.5t V型矿车6辆，运距1km，每辆机车可保证供应班产8万块普通实心砖的原料需要，每辆机车每班耗用柴油15kg。有的砖厂采用汽油内燃机车牵引，发动机功率为88.2kW（120马力），每次牵引1m³ V型矿车20辆，运距3000m，运输能力为30m³/（台·h），可供班产12万块普通实心砖的原料需要。

采用机车牵引的优点是运输效率较高，且不受运距限制；缺点是投资大，维护保养较复杂，动力消耗大，对铁道要求较高。

电机车比内燃机车构造简单、造价便宜、操作维修方便，故应优先采用。无电地区可采用内燃机车。

（6）自溜

自溜运输是利用矿车本身重力，沿轨道自动滑行的一种运输方式，其特点是：

①需要设备少，仅需矿车、轻轨（8～15kg/m）和高差补偿器（爬车器）等；

②矿车运行速度一般达2～4m/s；

③一般情况，基建投资和生产经营费都低于其他运输；

④自溜运输通常作为运输系统中的一个环节，它可以单辆矿车自溜运行，也可几辆矿车组成车组自溜滑行。

自溜运输的坡度一般为8°～25°。

自溜运输具有投资少、上马快的优点，有条件的砖瓦厂用得较多。目前自溜运输采用的矿车装载量一般在2t以下。

（7）人力窄轨

人力窄轨运输可作为配合其他运输方式（如自溜运输、卷扬机运输等）的一种辅助性运输方式，或作为生产初期的一种过渡性措施。其运输距离不宜过长（一般在300m以内），所用矿车也不宜过大（一般载重在2t以内）。

多辆矿车同时运行时，一般矿车与矿车间距为30m左右，当线路为小于10‰的下坡道时，其间距不宜小于10m；当线路为大于10‰的下坡道时，其间距不宜小于30m。在较大坡度上运行，为保证安全，矿车必须装设可靠的制动装置，并应经常检查。

（8）胶带输送机

胶带输送机主要由两个卷筒及卷绕在卷筒上的闭合胶带组成。其中一个卷筒由电机驱动，利用可调整的摩擦力将胶带带动，从而将载在胶带上的物料从一端运到另一端。分为槽形和平行两种。可以水平运输也可以倾斜度不超过30°向上或向下运送物料（砖瓦厂常用的倾斜角为17°左右）。胶带输送机主要包括：胶带、托架、滚筒、滚轮、传动装置、张紧装置、加料装置和卸料装置等，是砖瓦厂应用最广泛的运输设备，不仅可以运输小块物料、细料和含有一定水分的泥料，而且能运输成品。

原料集中、块度不大于100mm（否则大块料易碰撞上托辊而落下地来）、运距在200m以内可采用胶带输送机运输（运距较长可采用每条45～55m长的多条输送机接力运输）。

胶带输送机运输的优点是连续运转，具有很高的生产能力，安装及维修方便，动力消耗少，成本低，操作安全。缺点是不宜运输大块物料和随着运距增大而投资增大。

（9）装载机

装载机运输虽然耗用柴油，费用偏高；但它灵活、方便，被砖瓦厂广泛采用。

根据桂林页岩砖厂使用的ZL50C型装载机情况来看，用它运输原料块度不大于100mm、运距不超过50m效果较好。块度太大则铲挖困难。

装载机向一个方向运距为20m时的生产能力如表10-4所示。

表 10-4

装载机运距为 20m 时的生产能力

物料名称	装载机斗容积（m³）				
	0.7	1.1	1.5	2.0	2.6
	生产能力（m³/h）				
泥和砂	78	100	135	166	200
黑土	66	92	115	145	173
湿的黏性泥	55	80	101	128	154
干的黏性泥	36	46	70	95	118
爆破后的硬质页岩	28	36	61	82	103

（10）汽车

汽车运输具有爬陡坡（10% ~ 15%）和通过较小曲线半径（10 ~ 15m）的特点。对于运距较长（0.5 ~ 3km）、开采年限较短、矿山分散的砖瓦厂，采用汽车运输易做到投资少、投产快。辽宁葫芦岛砖厂的页岩原料运距为 7km，采用了自卸汽车运输。重庆川维粉煤灰页岩砖厂的页岩原料运距为 3.5km，亦采用了自卸汽车运输。

（11）火车

火车运输费用明显低于汽车运输。运距长而取料集中的砖瓦厂可采用该运输方法。辽宁阜新砖厂等煤矸石原料就是采用了火车运输。

（12）水路

靠江河湖泊的砖瓦厂可采用水路运输。驳船的容量依据水道的宽窄深浅而定，如原上海浦南砖瓦厂在黄浦江大河道上采挖淤泥，每条船容量为 60t，全厂有 30 条船（配两条挖泥船）；原上海崇明砖瓦厂在小河道上采挖淤泥，每条船容量为 10 ~ 15t，船队一次运回淤泥 250t，每天运两次，共计 500t；上海川沙棱桥砖瓦厂采用黄浦江进入人工开的小支流河道上的淤泥，船的容量均小于 10t；山东金巨砖厂在微山湖上采挖淤泥，运泥驳船较大，其容量达 200 ~ 300t，全厂计 8 条。

水路运输的特点是能力大、能耗少、费用低。湖南洞庭湖地区的一些砖瓦厂的实践证明：水路运输费用仅为陆路运输费用的 1/4 左右。

（13）空气输送斜槽（简称斜槽）

斜槽可输送含水率不大于 5% 的粉煤灰。其斜度越大，则物料流动越快，输送量越大；斜度小则有利于工艺布置。输送干灰的斜槽斜度以采用 6% 左右较合适。输送距离以不超过 50m 为宜。

斜槽的特点是无转动零件。它的主要优点是磨损小、易维修、耗电省、无噪声、密闭好、构造简单、操作安全可靠、易于改变输送方向和多点喂、卸料等；其缺点是布置有斜度要求，当输送量过低时，往往不能顺利输送。

（14）气力输送

有的厂采用气力输送干粉煤灰。其优点是布置简单灵活，密闭性能好，易于机械化，检修维护工作量小，单位运距设备质量轻，土建工程量小；其缺点是耗电量较大。

气力输送一般运距为 500 ~ 600m。

10.15 胶带输送机最大允许倾角如何?

胶带输送机最大允许倾角如表 10-5 所示。

胶带输送机最大允许倾角

表 10-5

物料名称	最大允许倾角(°)	物料名称	最大允许倾角(°)
湿土	23	原煤	18
粉状干黏土、页岩、煤矸石	22	干砂	15
干松泥土、块煤	20	干粉煤灰	14

10.16 胶带输送机的优缺点有哪些?

胶带输送机是砖瓦工业中广泛应用的一种运输设备。它既能运输细粉状料,又能运输块状料,既能运输湿状料,又能运输干状料。它的优点是:

(1) 因属连续运输,且动作圆滑稳定,故噪声较小;

(2) 运输量大;

(3) 各部位摩擦阻力小,故动力消耗小,运输效率高;

(4) 可短距离运输,也可长达 300~400m,甚至更长;

(5) 在机体全长中,任何部位都可以进料和出料;

(6) 运输过程中产尘少;

(7) 该设备的按照和经常性维护保养较容易。

其缺点是:

(1) 购置费用较高,从经济角度看,短距离运输或运输量较小时采用该设备不太合适;

(2) 倾斜运输时,允许坡度较小,一般要求不超过 17°~18°;

(3) 只能作直线运输,如要改变方向需数台设备"接力"布置。

10.17 操作胶带输送机应注意哪些问题?

(1) 应尽量降低落料高度,防止大块料砸坏输送胶带。当输送大块硬质原料时,可在加料斗底部与胶带之间设一块倾斜的钢板,使料先落在钢板上,再溜到胶带上,以减小物料的冲力。

(2) 胶带输送机应在空载下启动,应在物料全部卸完后停机。

(3) 在胶带输送机运行过程中应经常观察减速器、电动滚筒的油位指示器,定期加润滑油。

(4) 清扫器、卸料器、导料槽的橡胶板磨损后应及时更换。

(5) 定期清理粘结在托辊和滚筒上的物料。

(6) 尽量降低粉尘污染。

10.18 胶带输送机的主要故障及消除方法有哪些?

胶带输送机的主要故障及消除方法如表 10-6 所示。

胶带输送机的主要故障及消除方法

表 10-6

故障	故障原因	消除方法
胶带跑偏	1. 胶带质量差，本身弯曲	通过张紧装置给胶带一定的预拉力
	2. 胶带接头不正	重作接头，确保两端头中心线在一条直线上
	3. 机架安装不正，中心线不在一条直线上或机架横向不平，一边高，一边低	校正机架
	4. 托辊或各辊轴线和胶带不垂直	调整辊轴支点位置，调整张紧滚筒
	5. 胶带清扫不干净，辊筒粘泥造成辊筒半径不等	调整或改进清扫装置，避免受料斗漏料
	6. 槽形托辊运行阻力不一致	更换运转不灵活的托辊
	7. 送至受料斗的泥料不在胶带中心	调整受料斗位置
	8. 受料时，物料从一侧冲击胶带，给胶带以横向推力	增设挡料板，使料垂直落下
	9. 受料斗两边的密封胶带条，对输送胶带的压力不一致	调整两边密封胶带条，使之对输送胶带的压力一致
主动滚筒打滑	1. 胶带和滚筒之间的摩擦力不够大	调节张紧装置增大张紧力；抬高主动滚筒附近下托辊，增加胶带包角；主动滚筒表面包橡胶覆面，以增大摩擦系数；胶带受料均匀，不要忽多忽少
	2. 胶带跑偏，致使胶带和机架摩擦，阻力加大	纠正跑偏
	3. 托辊运转不灵活，使胶带运行阻力增加	维修托辊
	4. 料斗密封胶带条对胶带压力太大，输送机挡土板和胶带间隙太小，挡土板和胶带有摩擦	适当调整料斗密封胶带条对胶带的压力和两侧挡土板与胶带的间隙
	5. 机器超载	减少供料，并力求使供料均匀
噪声太大	1. 开式齿轮传动时，两齿轮中心距不正确或齿轮磨损	调整两齿轮中心距；齿轮单面磨损时，调换方向使用；更换齿轮
	2. 减速机传动时，机箱缺油或齿轮磨损	向减速机注油或修理减速机
	3. 托辊轴承缺油或进入污物使轴承损坏	清洗、加油或更换轴承；更换托辊
胶带撕裂	1. 跑偏后和机架摩擦	调整跑偏，撕裂部分用铁丝或尼龙线缝合
	2. 接头不牢	改进接头做法，重做接头
运行时物料向下滚动	1. 输送机倾斜角过大	校正倾斜角，使其不超过 18°
	2. 胶带运行速度过快	速度应在 1～1.5m/s 范围内选取
胶带磨损剧烈	1. 料斗密封胶带条对胶带压力太大，挡料板和胶带间隙小	调整料斗密封胶带条及挡料板和胶带的间隙
	2. 托辊运转不灵活或不转动，胶带对托辊形成滑动摩擦	维修或更换托辊
	3. 完全依赖胶带两边的立辊来防止胶带跑偏，使立辊长期和胶带接触，加剧胶带两边磨损	避免胶带跑偏，尽量采用回转式调心托辊

10.19 空气输送斜槽的优、缺点如何？它的输送能力如何？

空气输送斜槽适用于输送粉煤灰、煤粉等易流态化的粉状物料，对粒度大、含水率高、流态化性能差的物料不宜选用。

空气输送斜槽的优点是：无转动部件、无噪声、操作管理方便、设备质量轻、电耗少、设备简单、输送能力大、容易改变输送方向等；其缺点是输送物料种类受限制，它只能在一定斜度向下输送，不能向上输送。

空气输送斜槽的透气层可采用多孔板或多层帆布。

空气输送斜槽的斜度一般为 4%~6%。

空气输送斜槽输送粉煤灰时的输送能力如表 10-7 所示。

空气输送斜槽输送粉煤灰时的能力 表 10-7

帆布斜槽		多孔板斜槽			
斜槽宽度（mm）	输送能力（m³/h）斜度6%	斜槽宽度（mm）	不同斜度的输送能力		
			4%	5%	6%
250	30	250	40	50	—
315	60	400	80	100	120
400	120	500	120	150	—
500	200	600	160	200	—

使用斜槽应注意的问题：

1. 斜槽所需的风压一般为 2000~2500Pa（200~250mmH₂O），因此，一般中、高压通风机已能满足要求；

2. 如斜槽较长时，应分别从多处送入压缩空气，且在槽的下部装一些特殊闸板，使其分为干若个独立送风系统，以便必要时可以只开放几处送风而其他部分停止送风；

3. 压缩空气必须清洁、干燥，因此压缩空气要用各种过滤设备使其净化，否则不仅会缩短多孔极的使用寿命，而且使操作情况恶化。

10.20 什么是气力输送？气力输送有哪些种类？

气力输送是将粉状或粒状物料悬浮于空气中，利用空气的速度能量进行输送。可分为压送式、吸送式和脉冲式等种类。

（1）压送式

是工作压力高于大气压的输送。压力高于 0.1~0.7MPa 的称为高压式；低于 0.1MPa 的称为低压式。前者适用于输送量大，输送距离较远的场合，后者则相反。

（2）吸送式

输送压力低于大气压的空气输送。根据负压高低分为：低于 -0.05MPa 的为高真空式；高于 -0.05MPa 的为低真空式。这一类型的气力输送适用于车、船散装粉料的短距离卸载。

（3）吸送-压送混合式

它包括两个过程，即将物料负压抽吸至集料仓内，然后再用压送式将物料输送至更远的储库。这两个过程可同时接续运行，但互不相通。

· 410 ·

（4）脉冲式

又称压差输送。物料从料仓均匀地排入输料管时，由一定压力的脉冲空气流（由脉冲控制器控制进气阀的启闭）将物料截切成一定长度而又互不相通的柱塞段。管道内料、气相间，利用空气的压力能低压输送。对含水率较高、塑性较高的粉粒状料亦能输送。

气力输送物料的过程中，既不使物料沉落于管道底部，又能使气流流顺利地通过，这时的气流速度称为输送风速。物料的输送风速高于其悬浮速度，原则上即可顺利运行。但实际上由于颗粒之间、颗粒与管道壁之间的摩擦和冲撞作用，必须取高于悬浮速度几倍的风速才能正常输送。

粉状物料气力输送的优点是：布置简单灵活、检修维护工作量小、设备质量较轻、土建工程量较少等。缺点是：耗电量较大。

气力输送要求的工作压力如表10-8所示。

气力输送要求的压力   表10-8

输送距离（m）	要求压力（MPa）
<100	0.25
100～200	0.30
200～300	0.35
300～700	0.40
700～800	0.45

10.21　什么是斗式提升机？

斗式提升机是垂直方向提升粉料或小块物料的连续输送机。用链条或胶带作牵引件，料斗按一定距离固定在牵引件上。料斗的填充是在提升机下部喂入，提升到上部后绕过提升轮，在出口处卸料。卸料方式为重力式和离心式。重力式是靠物料自重卸出斗外；离心式则靠绕过提升轮时的离心力甩出。这种输送机安装占用地面小。其缺点是安装较难，磨损较大；提升含有8.5%以上水分的黏性物料易黏糊料斗。

10.22　斗式提升机的技术性能如何？

HL型斗式提升机的技术性能如表10-9所示。

HL型斗式提升机的技术性能   表10-9

提升机型号		HL300		HL400	
		S制法	Q制法	S制法	Q制法
输送能力（m³/h）		28	16	47.2	30
料斗	容积（L）	5.2	4.4	10.5	10
	斗距（mm）	500	500	600	600
运行部分（料斗、链条）质量（kg/m）		24.8	24	29.2	28.3
传动轴链轮转速（r/min）		37.5	37.5	37.5	37.5
料斗运行速度（m/s）		1.25	1.25	1.25	1.25
输送物料最大块度（mm）		40	40	50	50

说明：1. 牵引构件为环链。

2. S制法为深斗，充满系数 $\varphi=0.6$；Q制法为浅斗，充满系数 $\varphi=0.4$。

3. 含水率较高的塑性料易粘环链，如致使环链折断掉落，使之复原较费力。

D 型斗式提升机的技术性能如表 10-10 所示。

D 型斗式提升机的技术性能 表 10-10

提升机型号		D160		D250		D350		D450	
		S 制法	Q 制法	S 制法	Q 制法	S 制法	Q 制法	S 制法	Q 制法
输送能力（m³/h）		8.0	3.1	21.6	11.8	42	25	69.5	48
料斗	容积（L）	1.1	0.65	3.2	2.6	7.8	7.0	15.0	14.5
	斗距（mm）	300	300	400	400	500	500	640	640
带料斗的胶带每米质量（kg/m）		4.72	3.8	10.2	9.4	13.9	12.1	21.3	21.3
料斗运动速度（m/s）		1.0	1.0	1.25	1.25	1.25	1.25	1.25	1.25
驱动链轮轴转数（r/min）		47.5	47.5	47.5	47.5	47.5	47.5	37.5	37.5
输送物料最大块度（mm）		25	25	35	35	45	45	55	55

说明：1. 牵引构件为胶带。
　　　2. S 制法为深斗，充满系数 $\varphi = 0.6$；Q 制法为浅斗，充满系数 $\varphi = 0.4$。
　　　3. 含水率大于 8.5% 的塑性粉料易粘斗，如不及时清除会降低输送能力，浅斗比深斗较易清除粘斗物料。
　　　4. 清除粘斗物料不宜猛击斗，以防牵引胶带撕裂。

10.23　GX 型螺旋输送机的输送能力如何？

螺旋输送机可用来输送干粉煤灰等粉状或粒状物料，常作水平或小于 20° 倾角布置。

GX 型螺旋输送机的螺旋直径从 150~600mm，共有 7 种规格。长度从 3~70m，每隔 0.5m 为一档。

GX 型螺旋输送机的最大输送能力如表 10-11 所示。

GX 型螺旋输送机的最大输送能力 表 10-11

螺旋直径（mm）	螺旋轴最大转数（r/min）	最大输送能力（t/h）	
		煤粉	干粉煤灰
150	190	4.5	3.8
200	150	8.5	6.4
250	150	16.5	12.4.
300	120	23.3	17.5
400	120	54.0	40.5
500	90	79.0	59.3
600	90	139.0	104.3

说明：干粉煤灰的堆积密度取 0.6t/m³。

10.24　给（配）料机起什么作用？它分哪些类型？

为了保证破碎、粉碎等设备具有较高的生产能力和合格的产品质量，均匀、定量地给料是必要的。当按比例同时处理多组分物料时，给料机应按规定配料量进行给料，此时给料机又可称为配料机。

根据给料或配料时对物料衡量方法的不同，给料机可以分为：按容积给料机和按质量给料机。

根据给料或配料操作的连续性，给料机可以分为：连续给料机和间歇给料机。

根据主要结构形式的不同，给料机有箱式给料机、板式给料机、圆盘给料机、胶带给料机、电磁振动给料机、槽式给料机和皮带电子秤等。

值得一提的是，给（配）料机的上方必须设有足够容料量的仓（斗），才能保持长期均匀给料。否则，只能作为一个短输送机使用。

10.25 什么是箱式给料机？

箱式给料机是一种均匀给料的设备。有胶带式和链板式两种。它又分连续运动式和间歇运动式。由电机通过传动机构，使胶带（或链板）作连续（或间歇）运动而达到均匀给料。物料贮存在胶带（或链板）面上的料箱内。通过调节料箱闸板的高度或胶带（或链板）运行速度改变给料量。

10.26 箱式给料机的主要技术性能如何？

箱式给料机具有箱体容积大、构造简单、调节给料量方便、能输送含水率较高的原料等特点，它被广泛地用于砖瓦厂对各种原料的给料和配料。但当用于给、配块状硬物料时，必须取消其拨料棒；当用于给配经陈化后的料，由于这种料已近成型水分、塑性高，故其上方受料槽应尽量与胶带面夹角大些，否则极易形成"料拱"，而不能顺利给、配料。

箱式给料机的主要技术性能如表 10-12 所示。

箱式给料机的主要技术性能　　　表 10-12

设备名称及规格	胶带（链板）移动速度（m/s）	适用原料种类	输送物料块度（mm）	产量（m³/h）	电机功率（kW）
B600×4300（胶带）	0.011		≤150	15~30	7.5
B800×5000（胶带）	0.011 0.022 0.032	黏土、页岩、煤矸石、粉煤灰	≤200	11~16 20~34 33~50	7.5
B1000×6000（胶带）	0.011 0.022 0.032		≤250	13~20 27~40 40~60	7.5
B1320×5500（链板）	0.006 0.012 0.024	黏土、页岩、煤矸石	≤300（但不适用粉状料）	6~11 10~22 20~45	7.5

600 和 800 箱式给料机应防止其胶带跑偏：胶带是由驱动滚筒驱动的，尾轮的作用是使胶带有足够的张紧力。而增面轮是为增大胶带与驱动滚筒的包角而设置的。若驱动滚筒、尾轮、增面轮的轴线不平行，就会使胶带跑偏。

另外，驱动滚筒、尾轮及增面轮两端外径有一定锥度，如它们的轴向位置相差太大，也会引起胶带跑偏。

胶带紧边下面的承重滚子很多，它们的作用是不容忽视的。如果它们的轴线与驱动滚筒轴线不平行，胶带负载后，它们就会起作用，使胶带跑偏。

注意上述三个方面，并进行必要的调节，就可以防止胶带跑偏。

10.27 箱式给料机的操作要点有哪些?

(1) 开机前应检查各部位螺栓有无松动,各润滑点的润滑油是否加充足,运动部件转动是否灵活,附近有无闲人。

(2) 开机前先开动下道工序的设备(如胶带输送机等),以免造成料的堆积或堵塞。

(3) 因给料机的胶带运行速度很慢,跑偏较难被人发觉,因此在试机及投产初期应有专人监视胶带跑偏(监视时间一般不少于2h),在正常生产中每班也应检查1~2次,发现跑偏立即调整。

(4) 给料机的产量必须与下道工序相适应,严禁供过于求,依靠时开时停来调节产量的现象发生。当产量与后道工序不相适应时,可通过调节闸板高度、调节棘爪行程解决,必要时也可改变皮带轮的大小来改变主轴转速。

(5) 每班停机前应尽量把原料卸空,在计划检修前应将周围场地的原料用空,以确保检查和修理的进行。

(6) 由于给料机在使用中机上物料堆积过多,临时安排检修相当困难,因此必须做好定期维护和计划检修工作。一般每年至少应彻底检修一次。

10.28 箱式(链板)给料机的常见故障及消除方法有哪些?

箱式(链板)给料机的常见故障及消除方法如表10-13所示。

箱式(链板)给料机的常见故障及消除方法 表 10-13

故障	故障原因	消除方法
巴氏合金瓦过热	轴与轴瓦之间的间隙太小,配合太紧	适当加大间隙
	轴与轴瓦之间无润滑油	加润滑油
偏心与偏心套卡死	偏心与偏心套配合太小	适当加大间隙
	偏心与偏心套之间缺油	加润滑油
启动后链板不动	主动棘爪磨损,棘轮不能作圆周运动	适当焊长棘爪,使棘轮圆周运动转角距离最大
	两对大、小齿轮磨损	更换磨损的齿轮
	传动轴折断	更换断轴
	上、中、下跑道及主动链有异物阻碍	排除阻碍的异物
链板在主动轮下有堆积	链板过松	1. 卸掉一块链板、链环 2. 加长尾轴的调节架
链板行走偏于一侧	安装的水平度不好	调整使之保持水平
	制造精度和装配精度较差	提高制造和装配精度
	链板、链环局部拉伤,出现一侧紧、一侧松的现象	将严重变形的链板、链环更新,轻微变形者校直再用
	中辊、边辊与跑道有严重磨损,润滑不好	更新辊子和跑道,加润滑油
给料箱前端物料阻力大	弧形刮板的角度过直,与链板接触处过高	校正弧形板角度,刮土部位要尽量向链板靠拢
	拨料棒磨短	焊长拨料棒
链板行走,物料不动	链板与物料摩擦,使链板工作表面磨得太光滑	增加链板工作表面的阻力
箱侧板有阻料现象	箱侧板有外涨现象,上口小于下口	把外涨部位的箱侧板复原,上口与下口距离一样
	链板运行方向不正	调整链板运行方向

10.29 板式给料机的主要技术性能如何？

极式给料机属于结构较复杂的给料机。他可以承受很大的压力和冲击力，能进入大块物料，可靠性高。他主要用于破碎机的给料用。

板式给料机分轻型（QBG型）、中型（HBG型）、重型（ZBG型）三种，砖瓦厂常采用轻型和中型两种。

轻型和中型板式给料机，它作为破碎车间的贮料仓或料斗向输送设备或破碎设备的给料。该给料设备可水平或倾斜安装，最大倾斜角向上可达20°。在倾斜安装时，传动装置应作水平安装，以防止因倾斜而有碍润滑。该设备的偏心盘的偏心距可在24～140mm之间调整，变更给料速度，可调节生产量。

板式给料机的给料能力均较大，如原料块度大，则难以降低其产量（因原料块度大，如欲缩小栏板间距或降低闸板，容易卡料），所以在要求减少给料量时，该设备实际上往往被迫间歇给料。

如原料中粉料多，由于板式给料机链板连接处易卡料而造成底部漏料现象严重，如在原料进板式给料机前，先经溜筛，将小块料筛下，直接送往粉碎工段，则既可减轻破碎机的负担，又可减少给料机的漏料。

板式给料机的主要技术性能如表10-14所示。

板式给料机的主要技术性能　　　　表10-14

设备名称及规格		链板移动速度（m/s）	适用原料种类	输送物料块度（mm）	产量（m³/h）	电机功率（kW）
轻型	B500	0.1 / 0.16		≤200	16～36 / 25～75	5.5 / 7.5
	B650	0.1 / 0.16		≤250	21～42 / 33～68	5.5 / 7.5
	B800	0.16		≤300	42～109	7.5
中型	800×2200	0.025～0.15	中硬和硬质页岩及煤矸石（不适用粉状料）	≤300	35～231	5.5 / 7.5
	800×4000					
	1000×1600			≤350	50～300	5.5 / 7.5 / 7.5
	1000×2200					
	1000×3000					
	1200×1800					
	1200×2200					
	1200×2600					
	1200×3000			≤400	80～535	7.5
	1200×4000					
	1200×4500					
	1200×4600					

10.30 圆盘给料机的主要技术性能如何?

圆盘给料机分吊式和座式两种,适用于粒度不大于 50mm 的物料,对潮湿而黏性大的物料,由于在下料管口容易堵塞,故不宜使用。它的优点是:构造简单、制造容易、体形紧凑、调整方便,但给料量一般有 5% 左右的误差。给料量的大小,可由移动刮板的位置、调节圆盘的转速和升降下料管外套筒的高度三种方法来调节。

吊式圆盘给料机的主要技术性能如表 10-15 所示。座式圆盘给料机技术性能如表 10-16 所示。

吊式圆盘给料机的主要技术性能　　　　　　　　　表 10-15

设备规格	转速(r/min)		输送页岩、煤矸石			输送粉煤灰产量(t/h)	电机功率(kW)
	最高	最低	块度(mm)	含水率(%)	产量(t/h)		
ϕ600	8	2			≤3.9	≤1.0	1.1
ϕ800	8	2	≤50	≤9	≤7.65	≤2.0	1.1
ϕ1000	7.5	1.9			≤16.7	≤4.5	1.5
ϕ1300	6.5	1.6			≤27.9	≤7.5	3

座式圆盘给料机的主要技术性能　　　　　　　　　表 10-16

设备名称	转速(r/min)	输送页岩、煤矸石			输送粉煤灰产量(t/h)	电机功率(kW)
		块度(mm)	含水率(%)	产量(t/h)		
ϕ1000	6.5			≤13	≤3.5	3
ϕ1500	6.5	≤50	≤9	≤30	≤8	7.5
ϕ2000	4.7			≤80	≤21.5	10
ϕ2500	4.72			≤120	≤32	17

10.31 胶带给料机的主要技术性能如何?

胶带给料机一般用于粒度较小或粉状的物料,在砖瓦厂中常用于内燃料的配料。使用时可装置于小的料仓、料斗下面,但不能承受较大的料柱压力。

胶带给料机的主要技术性能如表 10-17 所示。

胶带给料机的主要技术性能　　　　　　　　　表 10-17

设备规格	胶带移动速度(m/s)	输送物料种类	产量(m³/h)	电机功率(kW)
B400×2500	0.007		0.50	1.1
	0.011		0.80	
	0.014		1.00	
	0.018	干粉煤灰	1.28	
B500×2660	0.022		1.95	2.2
	0.032		2.85	
	0.043		3.85	
	0.054		4.85	

10.32 电磁振动给料机的主要技术性能如何?

电磁振动给料机是一种连续的定量给料设备。其给料量的大小是通过调整料槽的振幅和料槽倾角来实现的。料槽向下倾斜 10° 可比水平时的给料量增加 30% 以上。一般倾角为 10°~15°，因倾角增大，物料的滑动量增加，从而加快了料槽的磨损。料槽也可向上倾斜，但每升高 1°，给料量约下降 2%。电磁振动给料机的主要优点有：

①结构简单，无旋转件，不用加润滑油，使用维护方便，质量轻，给料比较均匀；

②给料量与电压成正比，容易调节，便于实现给料量的自动控制；

③给料粒度范围大，可为 0~50mm；

④由于物料呈跳跃输送，不在料槽表面滑动，故料槽的磨损极小；

⑤占地面积及高差要求小，在料仓出料时有松散物料的作用；

⑥可以输送低于 300℃ 的灼热物料。

它的主要缺点有：

①第一次安装时调整较困难；

②在输送黏性物料时，容易堵塞进料口和粘底板，因此，带有较大黏性湿粉状的物料不宜选用。如电压电流常波动，会造成给料量的不均。

电磁振动给料机的主要技术性能如表 10-18 所示。

电磁振动给料机的主要技术性能　　　　　　表 10-18

设备型号	槽体尺寸 （mm）	适用原料 种类	输送物料块度 （mm）	产量（m³/h）		电机功率 （kW）
				水平放置	下斜 10°	
DZ$_1$	600×200×100			≤5	≤7.2	0.06
DZ$_2$	800×300×120	页岩、煤矸石及粉煤灰（含水率≤8%）	≤50	≤10	≤14.5	0.15
DZ$_3$	1000×400×150			≤25	≤36.3	0.20
DZ$_4$	1100×500×200			≤50	≤72.5	0.45
DZ$_5$	1200×700×250			≤100	≤145	0.65

10.33 槽式给料机的主要技术性能如何？

槽式给料机是靠往复运动所产生的惯性力达到给料目的的。从表面看，给料是不连续的，但由于单位时间往复运动次数较多（一般为 30~60 次/min），实际上给料是较均匀的。该设备对入料的块度和给料量波动范围都有较大的适应性，能用于粉状物料，但更适用于中等块度的物料。

槽式给料机的主要技术性能如表 10-19 所示。

槽式给料机的主要技术性能　　　　　　表 10-19

设备型号	往复次数 （次/min）	行程（mm）	槽子板 下倾角	适用物料种类	输送物料块度 （mm）	产量 （t/h）	电机功率 （kW）
400×400	18.8	12 10 20	5°	页岩、煤矸石	≤100	2.5~3 10 20	1.1
600×500	38.9	30 40 50	0°		≤200	30 40 50	4

10.34 如何计算槽式给料机的给料能力？

槽式给料机的给料量可以用改变偏心距（改变槽的往复行程）的方法来调节。给料能力 Q 可按下式计算：

$$Q = 60BhSn\gamma\varphi$$

式中，Q 为给料量，t/h；B 为给料机槽的宽度，m；h 为卸料仓口至给料机槽底距离，m；S 为槽的行程，m；n 为槽的冲程数，次/mm；γ 为物料表观密度，t/m³；φ 为填充系数，0.65~0.70。

10.35 什么是螺旋给料机？它的主要技术性能如何？

螺旋给料机的构造与螺旋输送机相仿。主要用于干粉状物料的给料。根据给料量的大小，又有单管与双管给料机之分。给料量的调节是靠驱动装置的变速来实现的，一般多采用变速电机。螺旋给料机的长度是由其进料口至出料口之间的距离而定。

SIW 系列双管螺旋给料机的主要技术性能如表 10-20 所示。

SIW 系列双管螺旋给料机的主要技术性能　　　　表 10-20

规格（mm）		转速（r/min）	生产能力（m³/h）	电机功率（kW）	设备质量（kg）
螺旋直径	进出料口中心距				
ϕ125	1500	20~80	2~5	1.1	758
ϕ125	2500	20~80	2~5	1.5	857
ϕ150	1500	26~79	5~10	1.5	760
ϕ150	2500	26~79	5~10	2.2	886
ϕ175	1500	25~80	6~16	2.2	1091
ϕ175	2500	25~80	6~16	3	1247
ϕ200	1500	25~80	8~25	3	1070
ϕ200	2500	25~80	8~25	5.5	1205
ϕ2500	2500	20~65	11~34	7.5	2077
ϕ300	3000	20~65	20~64	13	2260

单管螺旋给料机的主要技术性能如表 10-21 所示。

单管螺旋给料机的主要技术性能　　　　表 10-21

规格（mm）		转速（r/min）	生产能力（m³/h）	电机功率（kW）	设备质量（kg）
螺旋直径	进出料口中心距				
ϕ150	1500	42	4.8	1.1	141
ϕ175	1500	8.7~26	1~3	1~3	990
		17~50.86	1.95~5.8		
ϕ200	750	4.7~17	0.5~2	1.5	646

注：有的厂将 ϕ150mm×1500mm 的单管螺旋给料机安装在提升机出料口下面，由提升机带动。

10.36 什么是叶轮给料机？它的主要技术性能如何？

叶轮给料机分弹性叶轮给料机和刚性叶轮给料机两种。弹性叶轮给料机是用硬橡胶或弹簧钢板固定在转子上，因而回转腔内密封性能好，对均匀给料较有保证，适用于配料给料用；刚性叶轮给料机的叶片与转子铸成一个整体，一般用于对密闭及均匀给料要求不高的地方，适于料仓卸料用。弹性叶轮给料机的叶片是切线方向的，其旋转方向是定向的；刚性叶轮给料机的叶片方向是径向的，其旋转方向是可逆的。无论是弹性叶轮给料机或刚性叶轮给料机，都只适用于干燥粉状或小颗粒状的物料。

弹性叶轮给料机的主要技术性能如表 10-22 所示。

弹性叶轮给料机的主要技术性能　　　　　　　　　表 10-22

规格（mm）	最大生产能力（m³/h）	最高转速（r/min）	电机功率（kW）	设备质量（kg）
φ125×95	0.35		1	53
φ130×100	0.7		1	52.3
φ160×310	2.3		1	276
φ200×230	3.5		1	140
φ200×230	3.6	20	1	168
φ280×480	11		1.6	495
φ280×480	11		1.6	380
φ300×500	17		2.2	400
φ500×790	66.8		4.2	574

刚性叶轮给料机的主要技术性能如表 10-23 所示。

刚性叶轮给料机的主要技术性能　　　　　　　　　表 10-23

规格（mm）	生产能力（m³/h）	叶轮转速（r/min）	传动方式	电机功率（kW）	设备质量（kg）
φ200×200	4	20	链轮	1	66
	7	31	直联		
φ200×300	6	20	链轮	1	76
	10	31	直联		
φ300×300	15	20	链轮	1	155
	23	31	直联		
φ300×400	20	20	链轮	1.6	174
	31	31	直联		
φ400×400	35	20	链轮	2.6	224
	53	31	直联		
φ400×500	43	20	链轮	2.6	260
	67	31	直联		
φ500×500	68	20	链轮	4.2	550
	106	31	直联		

10.37　什么是电子秤？什么是皮带电子秤？

电子秤是用来称量物体质量的一种电子式衡器。一般都有荷重传感器和显示装置两部分。电子秤的荷重传感器大多由电阻应变片或半导体应变片与一个合金钢弹性体构成的"压头"。当物体质量作用在"压头"上时，利用荷重的拉力或压力，使应变片阻值发生变化，从而使应变片接成的测量桥路平衡受到破坏，电桥就会输出信号。该信号即代表了物体的质量。质量可用模拟式或数字式仪表显示。电子秤有起重吊车式电子秤、料斗式电子秤和皮带式电子秤等。

皮带电子秤指装于皮带喂料机和长皮带输送机上的电子计量秤。用来按质量自动连续配料和输送物料量的自动连续计量。称量部分主要由荷重和测速传感器、电子放大器、显示仪表及比例积算器等组成。皮带机上连续通过的物料量，经荷重传感器变换为电信号，表示单位皮带长度上的物料质量 q（kg/m）。同时，用速度传感器将皮带速度 V（m/s）也变换为电信号，该二信号输入电子放大器相乘，得到了瞬时物料量 $Q = qV$（kg/s），用显示仪表指示记录。再用比例积算器进行累计，得到单位时间内通过皮带机的物料总质量（t/h）。在长皮带输送机电子秤上，采用速度传感器作为电力系统网频波动或皮带打滑的速度反馈补偿。在短皮带喂料电子秤上可不用速度传感器。但为了补偿因网频波动引起的速度变动，也可采用频率/电压转换器作速度反馈补偿环节，以提高计量精度。皮带电子秤结构简单，运转可靠，计量精度可达1%以上。便于集中管理和自动控制。已广泛应用于砖瓦厂的原料和内燃料的配料。

使用皮带电子秤自动配内燃料系统注意事项：

（1）对内燃料准确化验，为所配内燃料提供比较准确的发热量。

（2）原料给料机及皮带电子秤、内燃料给料机及皮带电子秤、混合料受料胶带输送机应连锁启动和停止。

（3）配料电脑控制系统应能自动调节。

（4）准确测定原料和内燃料的含水率，尽量减少配料误差。

（5）保持配料系统的环境卫生，减少粉尘对准确配料的影响。

10.38 什么是破碎理论？

研究有关破碎过程所需能量的理论。由于破碎过程非常复杂，能量的消耗涉及一系列难以准确计量的因素（料块的物理机械性能、破碎方法等），至今尚无完整的理论体系。

10.39 什么是固体物料的破碎？什么是破碎比？

用外力（机械力、水力或电力等）克服固体物料各质点间的内聚力，使大块变为小块的过程叫破碎。常用的破碎方法是以机械力对物料进行挤压、弯折、劈裂和冲击等使物料碎裂。

原料破碎前的平均直径 $D_均$ 与破碎后的平均直径 $d_均$ 的比值，称为破碎比，又叫平均破碎比，以 $i_均$ 表示，$i_均 = \dfrac{D_均}{d_均}$。为简化计算，也可以物料破碎前的最大进料口尺寸 $D_{最大}$ 与破碎后的最大出料口尺寸 $d_{最大}$ 的比值作为破碎比，又叫公称破碎比，以 $i_{公称}$ 表示，$i_{公称} = \dfrac{D_{最大}}{d_{最大}}$。破碎比表示物料粒度在破碎过程中缩小的程度，是破碎机在选型时计算生产能力和动力消耗等的主要依据。但选型时应注意公称破碎比的数值比平均破碎比约低 10% ~ 30% 。

颚式破碎机的破碎比为 4 ~ 7 ；反击式破碎机的破碎比为 20 左右；锤式破碎机的破碎比为 10 ~ 50 。

破碎比是评定破碎设备效能的一项重要指标，是确定破碎工艺流程和设备选型的重要依据。

10.40　砖瓦厂常用的破碎设备有哪些？

对于不同的原料以及要求不同的颗粒级配，就要采用不同的破碎设备。砖瓦厂最常用的破碎设备如表 10-24 所示。

常用的破碎设备

表 10-24

项目	干法或半干法	湿法
粗碎	颚式破碎机、双齿辊破碎机、反击式破碎机	对辊机、双齿辊破碎机
中碎	干碾机、湿碾机、筛式捏合机、反击式破碎机、锤式破碎机、笼型粉碎机	湿碾机、筛式捏合机、对辊机
细碎	锤式破碎机、笼型粉碎机、球磨机、悬辊式磨机	细碎对辊机

10.41　什么是单斗挖掘机？在单斗挖掘机上安装液压破碎锤时如何使用？

单斗挖掘机是利用单个铲斗挖掘土壤或矿石的自行式挖掘机械。由工作装置、转台和行走装置等组成。作业时，铲斗挖掘满斗后转向卸料点卸料，空斗返转挖掘点进行周期作业。广泛应用于砖瓦厂的矿山挖掘黏土和页岩原料中。

单斗挖掘机种类繁多，按铲斗与悬臂连接方式可分为刚性连接的机械铲和挠性连接的绳斗铲。前者又分为正铲、反铲和刨铲，后者又分为索斗铲和抓斗铲。按挖掘动力设备的种类可分为电力的、柴油的和柴油 - 电力的。按行走装置类型可分为履带式、步行式和轮胎式。

常用的斗容量为 0.5m^3、1.0m^3 和 1.5m^3。

液压破碎锤主要用于采矿中，对大块料进行二次破碎，页岩砖瓦厂亦用于页岩原料的开采。

液压破碎锤的正确使用方法：

（1）仔细阅读液压破碎锤的操作手册，防止损坏液压破碎锤和挖掘机，并有效地操作它们。

（2）操作前检查螺栓和连接头是否松动，以及液压管路是否有泄漏现象。

（3）不要用液压破碎锤在坚硬的岩石上啄洞。

（4）不得在液压缸的活塞杆全伸或全缩状况下操作破碎锤。

（5）当液压软管出现激烈振动时应停止破碎锤的操作，并检查蓄能器的压力。

（6）防止挖掘机的动臂与破碎锤的钻头之间出现干涉现象。

（7）除钻头外，不要把破碎锤浸入水中。

（8）不得将破碎锤作起吊器具用。

（9）不得在挖掘机履带侧操作破碎锤。

（10）液压破碎锤与液压挖掘机或其他工程建设机械安装连接时，其主机液压系统的工作压力和流量必须符合液压破碎锤的技术参数要求，液压破碎锤的"P"口与主机高压油路连接，"A"口与主机回油路连接。

（11）液压破碎锤工作时的最佳液压油温度为50~60℃，最高不得超过80℃。否则，应减轻液压破碎锤的负载。

（12）液压破碎锤使用的工作介质，通常可以与主机液压系统用油一致。一般地区推荐使用YB-N46或YB-N68抗磨液压油，寒冷地区使用YC-N46或YC-N68低温液压油。

（13）钎杆柄部与缸体导向套之间必须用钙基润滑脂或复合钙基润滑脂进行润滑，且每台班加注一次。

（14）液压破碎锤工作时必须先将钎杆压在岩石上，并保持一定压力后才开动破碎锤，不允许在悬空状态下启动。

（15）不允许把液压破碎锤当撬杠使用，以免折断钎杆。

（16）使用时液压破碎锤及钎杆应垂直于工作面，以不产生径向力为原则。

（17）被破碎原料已出现破裂或开始产生裂纹时应立即停止破碎锤的冲击，以免出现有害的"空打"。

10.42 什么是多斗挖掘机？多斗挖掘机的操作和维修要点有哪些？

多斗挖掘机是挖掘一、二级黏土或挖掘经陈化库陈化后泥料的设备。由挖掘、行走、升降、输送等机构组成。在设备行走过程中，固定在链条上的多个小容量铲斗连续回转，将黏土或泥料挖入斗内，再倒到胶带机上送走。当挖掘一个行程后，斗杆下降一定距离，以保证铲斗有一定的挖掘深度。多斗挖掘机倾角可达50°，挖掘深度为2.5~12m，产量为20~80m³/h。按挖掘方向分，有上向式、下向式和两向式三种。按行走方式分，有履带式和轨道式两种。砖瓦厂用于陈化库中的多斗挖掘机一般为轨道式。

多斗挖掘机以刨削的形式将原材料切成碎片，并能使不同层的原材料得到很好的均化。

国外有在多斗挖掘机上安装喷水嘴用于矿山原料采挖的，趁在原料挖成薄碎片时先将待挖原料湿润，以利其疏松。

其操作和维修要点：

（1）多斗挖掘机必须经常进行维修。特别是对各啮合点、摩擦部位各润滑点要经常检查清理，加润滑油（脂），以保证设备正常良好的运转。

（2）经常检查各运动部位工作是否正常。

（3）经常检查紧固件有无松动现象，发现松动及时拧紧。

10.43 液压多斗挖掘机的主要故障和消除方法有哪些？

液压多斗挖掘机的主要故障和消除方法如表10-25所示。

液压多斗挖掘机的主要故障和消除方法　　　　表 10-25

故障	故障原因	消除方法
传动链松动	磨损或连接处螺栓松动	调节张紧链轮处的调节丝杆，使链子松紧适当
断链子	链子和上下轨摩擦，链板连接销轴严重磨损	修复或更换
斗链卡死	链子过松造成链子在上下轨道上卡住	调节张紧链轮到适当位置
料斗漏料	料斗边部磨损过大	在料斗边部设计铲牙，可大大减少边部磨损
料斗粘底，容积变小	粉料湿度大，塑性高	经常检查，及时清除

10.44　颚式破碎机的主要技术性能如何？它的主要故障及消除方法有哪些？

颚式破碎机采用的是挤压法破碎，可作为粗、中碎破碎设备，适宜破碎的物料为含水率 <10% 的中硬、硬质页岩和煤矸石等，其破碎比为 4~6。

颚式破碎机的构造简单、检查和维修方便。其缺点是运转时摆动性大，对基础要求高；且进料口的除尘措施较难处理。

烧结砖瓦厂通常采用复摆式颚式破碎机。

（1）技术性能

PEF 复摆式颚式破碎机主要技术性能如表 10-26 所示。

颚式破碎机主要技术性能　　　　表 10-26

设备型号	原料种类	原料含水率（%）	进料块度（mm）	出料粒度（mm）	产量（t/h）	电机功率（kW）	设备质量（kg）
PEF250×400	中硬、硬质的页岩、煤矸石	<10	<200	<60	10	15	2800
PEF400×600			<320	<100	30	30	6500
PEF600×900			<480	<100	60	80	17600
PEF600×900			<450	<150	65	80	17625

注：1. 进料块度不应大于设备加料口尺寸的 80%~85%，以免卡住加料口而不下料。所以在该设备选型时，不应仅按要求的产量确定，还要从加料口能否满足进料块度的要求考虑。
2. 如果该设备的下一台设备是胶带输送机，则在两设备之间应设缓冲装置（如设一斜溜槽），不让物料直接冲击胶带，否则易伤害胶带。
3. 软质及含水率较高的中硬页岩和煤矸石易粘颚板，不宜采用该设备破碎。
4. 重庆市的一些页岩砖厂在颚板粘得严重时，撒些干坯粉在颚板上，稍有好转。

（2）易损件

主要易损件使用寿命如表 10-27 所示。

主要易损件使用寿命　　　　表 10-27

原料种类		使用寿命（h）		
		固定颚板	活动颚板	弹簧
页岩	中硬	5200~5600	5200~5600	1660~2150
	硬质	3000~3400	3000~3400	800~1380
煤矸石	陈矸	5600~6400	5600~6400	1920~2400
	新矸	2800~3200	2800~3200	720~1200

（3）故障及消除方法

颚式破碎机的主要故障及消除方法如表10-28所示。

表10-28

颚式破碎机的主要故障及消除方法

故障	故障原因	消除方法
剧烈的响声后动颚停止摆动，飞轮继续旋转，拉紧弹簧松弛	破碎室中进入不能破碎的物料或其他原因使推力板损坏	旋出拉杆螺母，取下拉杆弹簧，将动颚挂起，换上新的推力板
衬板抖动并发出撞击声	衬板固定螺栓松动	拧紧衬板固定螺栓，如果防松弹簧的弹力不足，则更换弹簧
	衬板固定螺栓断裂	更换衬板固定螺栓
飞轮旋转，但破碎停止，推力板从支座中脱出	拉紧弹簧或拉杆断裂	更换损坏的零件
经破碎后的出料块度增大	衬板下部严重磨损	调节出料口的调节装置以减小出料口宽度，将衬板上下调头使用或更换衬板
推力板支座中发出撞击声或其他不正常声音	拉紧弹簧紧度不够或断裂	拧紧或更换弹簧
	推力板支座磨损或松动	更换推力板支座
	推力板头部磨损严重	更换推力板
	出料口宽度调节装置调得不均匀，造成推力板左右受力不一致	重新调节出料口宽度调节装置
轴承温度超过60℃	轴承盖过紧	用垫片调节轴承盖的松紧度
	三角皮带张力过大	调整三角皮带的张力
	润滑油量不足	供给较多的润滑油
	油槽堵塞	清洗油槽
	润滑油污染	更换润滑油

日本制造的简摆颚式破碎机，其动颚轴承采用了含油性合成树脂。有的国家用卡普纶（锦纶）代替青铜套。

10.45 颚式破碎机的操作和维修要点有哪些？

（1）开车前准备工作

①检查颚板、轴承、连杆、推力板、拉杆弹簧、皮带轮及皮带等主要部件是否完好；紧固螺栓等连接件有无松动；保护装置是否完整；运转件附近有无障碍物等；破碎腔有无物料。

②检查辅助设备：给料机、胶带输送、电器设备、信号装置是否完好。

③偏心点是否处在偏心轴回转中心线的最上部。

④检查储油箱的润滑油量是否充足。冬季用油应预热到15～20℃。

⑤所有冷却水装置应畅通并预先启动。

⑥做好准备工作，与相邻岗位联系好后即可开机。

（2）启动与正常运转

①做好准备工作后，启动油泵向各润滑部位供油，待回油管有回油、油压表达到正常工作压力值时，启动主电机，启动电流高峰值经30s降到工作电流值后，即可开动给料设备。

②给料时，应根据料块大小和设备运转情况，均匀给料。如料块大、破碎机中物料较多，喂料量就要适当减少，相反应增加喂料量。一般破碎腔中物料高度不要超过破碎腔高度的2/3。进入破碎机料块尺寸最好不超过进料口宽度的0.5~0.6倍，这时生产效率最高。如料块过大，生产能力将明显降低，甚至发生堵塞，因此大块料应打碎后再喂入。

③严防金属物进入破碎机，以避免设备事故。当发现有金属物通过时，要立即通知输送岗位及时剔出，防止引起下道工序的设备事故。

④当电器设备自动跳闸时，在未查明原因时，严禁强行继续启动。

⑤设备正常运转时，要严格执行岗位巡回检查制度，发现问题及时处理。对运转件、轴承温度、润滑系统等更应该详细检查。

⑥轴承（或轴瓦）温度超过规定值，加大给油量还降不下来时，应根据情况减少或停止给料，而后停机检查。

⑦发生机械及人身事故要立即停机。要经常保持岗位及设备清洁，减少设备磨损。

（3）停机时注意事项

①停机顺序与开机顺序相反，先停给料机，物料全部破碎排出后停破碎机，然后再停输送设备。

②停机后再停供油系统及冷却水系统，短时间停机，冷却水可不停。冬季停冷却水系统后，还要放掉轴承中的剩余循环水。

③建立设备档案，做好操作维修记录。

④建立健全操作规程与设备检修制度，并严格遵守，确保人身安全与设备正常运转。

图10-1（a）为颚式破碎机下料管垂直布置，易击伤受料胶带机，正确做法如图10-1（b）所示，下料管带斜角布置。

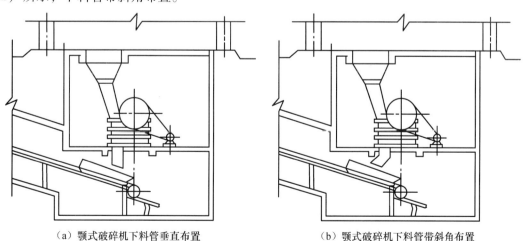

（a）颚式破碎机下料管垂直布置　　　　（b）颚式破碎机下料管带斜角布置

图10-1　颚式破碎机下料管布置

10.46 圆锥破碎机的主要技术性能如何？

圆锥破碎机可用作硬质页岩和煤矸石的中碎和粉碎。它有三种类型：（1）标准型圆锥破碎机；（2）中型圆锥破碎机；（3）短头圆锥破碎机。其区别在于进口宽度与出口调整范围不同。有的砖厂采用了 PYD-900、PYD-1200 短头圆锥破碎机。

采用美国技术的西蒙斯细型圆锥破碎机具有良好的破碎性能，但价格较高。

短头圆锥破碎机和西蒙斯细型圆锥破碎机的主要技术性能如表 10-29 所示。

短头和西蒙斯圆锥破碎机的主要技术性能   表 10-29

设备型号		原料种类	原料含水率（%）	进料块度（mm）	出料粒度（mm）	产量（t/h）	电机功率（kW）	设备质量（kg）
短头	PYD900	中硬页岩、煤矸石	<8.5	40	3~13	15~50	55	10050
	PYD1200			50	3~15	18~105	110	25700
西蒙斯	PYS-D0603			—	3~13	9~36	22	4580
	PYS-D0904			—	3~13	27~90	75	10530

10.47 反击式破碎机的主要技术性能如何？

反击式破碎机是利用高速冲击作用将大块物料破碎成小块的一种破碎机。机体由机壳、反击板和高速运转的转子，转子上对称地安装有 3~8 块用耐磨金属板做成的打击板（板锤）所组成。当大块物料喂入破碎机时，物料首先受到打击板的高速打击使之破碎，接着物料抛射到反击板上，进一步受冲击破碎，同时，还有物料自相撞击破碎，使其具有破碎效率高，破碎比大，电耗低的优点。破碎比一般为 20 左右，最大为 50~60。其缺点是打击板易磨损，破碎颗粒不均匀，常含有大块。机内装一个转子的称单转子反击式破碎机；机内装两个转子的称双转子反击式破碎机，双转子又可分同向（转动）与反向（转动）两种，前者出料粒度细而均匀，后者产量大。

（1）技术性能

主要技术性能如表 10-30 所示。

反击式破碎机的主要技术性能   表 10-30

设备型号	原料种类	原料含水率（%）	进料粒度（mm）	出料粒度（mm）	产量（t/h）	电机功率（kW）	设备质量（kg）
φ500×400	中硬页岩或煤矸石	<11	<100	<10	4	7.5	1350
φ1000×700				<30	15	37	5600
φ1250×1000			<250	<50	40	95	11500
φ1600×1400				<50	70	155	35600

（2）页岩经破碎后的颗粒分析举例

广西桂林页岩砖厂使用 φ1250×1000 反击式破碎机出料颗粒分析如表 10-31 所示。

φ1250×1000 反击式破碎机出料颗粒分析　　　表 10-31

φ1250×1000 反击式破碎机出料颗粒分析　　　表 10-31

原料普氏硬度系数	原料含水率（%）	进料块度（mm）	出料颗粒分析（%）							
			>5mm	5~3mm	3~1mm	1~0.5mm	0.5~0.25mm	0.25~0.15mm	0.15~0.1mm	<0.1mm
2.5	10.73 7.85	<250	43.20 59.42	12.56 15.36	9.20 8.97	13.23 8.75	6.58 2.62	6.53 2.36	4.68 1.50	4.02 1.02

10.48　电子秤的主要故障及消除方法有哪些？

电子秤的主要故障及消除方法见表 10-32 所示。

电子秤的主要故障及消除方法　　　表 10-32

主要故障	故障原因	消除方法
接通电源后，二次仪表不工作	1. 开关有毛病 2. 保险丝烧断	1. 检修开关 2. 检查电源电压、更换保险丝
灵敏度突然下降	1. 6N9 电子管未罩好 2. 6N7 功率管损坏 3. 接地部分接地不良	1. 将 6N9 电子管罩好 2. 更换 6N7 功率管 3. 检查并焊接接地部分
灵敏度完全丧失	1. 6N9 或 6N7 损坏 2. 电机断线	1. 检查各级电压，更换管子 2. 检查电机线路
指针在平衡位抖动	1. 灵敏度太高 2. 电位器及滑线电阻不清洁，接触不良	1. 调整电位器 R_7 2. 用酒精清洗不清洁处
指针接近平衡位时，移动很慢	1. 灵敏度太低 2. 测量桥路上滑线电阻不清洁 3. 机械部分不灵活 4. 传感器及其接线与地短路	1. 调整电位器 R_7，适调 R_{14} 2. 用酒精清洗 3. 检修、加油 4. 检查、处理
指针停不住	1. 电子放大器输入端极性接错 2. 传感器接地短路	1. 对调接线端 2. 检查、处理
不能调零	1. 零点定盘物摘掉 2. 银珠脱落 3. 各滑线电阻和触点不洁 4. 6N9 或 6N7 损坏 5. 调零机断线 6. 传感器质量问题 7. R_{TS} 各段间绝缘不良	1. 挂上 2. 按上 3. 清洁 4. 更换 5. 检修 6. 重新处理 7. 加强绝缘
指针不动作	传感器断线	检查并接好

10.49　反击式破碎机的操作和维修要点有哪些？

（1）开机前的检查

①要认真检查紧固件是否松动，易磨损件是否需要更换，安全罩是否完整。

②根据物料的物理性能和对出料粒度的要求，调整好打击板与反击板之间的间隙。如果有特殊需要可改变转子转速。

③检查各润滑系统、冷却系统是否好用。

（2）开、停机及运转中的注意事项

①开机启动顺序：收尘设备→运输设备→反击式破碎机→给料机。先进行空机运转，检查确定无异常现象后再给料。

②给料要均匀，防止超过规定的大块料喂入，严防金属块喂入。

③经常检查润滑系统与冷却系统工作情况，并注意各轴瓦及电机轴承的温度。如超过规定值，应及时处理。

④经常注意出料粒度是否合适，如超过规定范围应及时调整。

⑤注意设备密闭及车间的收尘工作。

⑥注意机体上的螺栓有无松动，如发现松动应停机修理。严禁运转中进行修理或打开检查门检查。

⑦停机时，应先停给料机，待机体内物料被破碎完后停电机，然后再停输送设备及收尘设备。且在停机后应及时检查各紧固螺栓，检查打击板、反击板的磨损情况。

（3）主要易损件使用寿命

主要易损件使用寿命如表10-33所示。

主要易损件使用寿命 表10-33

原料种类	使用寿命（班）	
	打击板	反击板
新煤矸石	250~320	430~500
陈煤矸石	680~750	1050~1100
中硬页岩	320~450	500~650

10.50　辊式破碎机的主要技术性能如何？

物料从两个相对旋转的圆辊夹缝中通过，主要受连续的挤压作用，但也带有磨削作用。齿形辊面的还有劈裂作用。

辊式破碎机构造简单、紧凑、轻便、可靠，其破碎后的物料粒度较小，但过粉碎程度小，可以处理黏性物料。其特点是光面辊式破碎机易出大片状料，其破碎比较小（破碎比为8~20，而齿辊机破碎比更小，仅为2~6），产量也较小。齿辊的牙齿易磨损和折断，不适用于破碎坚质料；且齿缝中易粘料，也不宜破碎含水率高的黏性料。

辊式破碎机破碎软质和潮湿物料，或要求产品粒度较细时，可用较快的转速，并可使两辊差速对转。破碎硬的干物料，而又不要求粒度过细时，可采用较低的转速，否则粉尘和细料较多。

（1）双齿辊式破碎机

常用的ZPGC型双齿辊式破碎机的主要技术性能如表10-34所示。

ZP 型双齿辊式破碎机的主要技术性能 表 10-34

设备型号	原料种类	原料含水率 （%）	进料块度 （mm）	出料粒度 （mm）	产量 （m³/h）	电机功率 （kW）	设备质量 （kg）
450×500	中硬页岩、 煤矸石	≥9	≥100	25	25	7.5	3765
				50	35		
			≥200	75	45	11	
				100	55		
600×750	中硬页岩、 煤矸石	≥9	≥300	50	60	21	6712
				75	80		
			≥600	100	100		
				125	125		
900×900			≥800	100	125	30	13270
				125	150		
				150	180		
900×1200			≥800	60	100	37	14490
				80	160		
				100	200		
				125	240		

注：根据重庆市第二砖瓦厂的经验，如原料含水率偏高，双齿辊式破碎机易粘齿，清齿一般以人工凿剔。如采取设备上安装刮刀刮除，刀刃应离齿20mm左右，以免发生碰齿现象。刮刀可用12mm厚的钢板制作，使用8~12个月换一次。

（2）普通对辊机

常用的普通对辊机的主要技术性能如表 10-35 所示。

普通对辊机的主要技术性能 表 10-35

设备型号	原料种类	进料块度 （mm）	原料含水率 （%）	出料粒度 （mm）	产量 （m³/h）	电机功率 （kW）	设备质量 （kg）
φ600×500	黏土或软 质页岩	<40	17~23	3~5	11~18	7.5/10	2000
φ700×500		<45			14~22	22	3050
φ800×500		<50			20~28	22/30	—
φ1000×700		<70			25~32	30/37	—

某砖厂普通对辊机的辊套材料为 ZG45 钢，生产 100 万块砖坯，磨损 1.5mm；改用中锰球墨铸铁辊套（经热处理后，其表面硬度达 HRC45 以上），生产 100 万块砖坯，磨损仅为 0.5mm，耐磨程度是 ZG45 钢的 3 倍（辊套厚度为 35mm）。

图 10-2 为光面辊式破碎机与进、出料胶带机正确布置。如进料胶带机转90°，则加大辊面局部磨损；如出料胶带机转90°，则下料管易蓬料。

（3）细碎对辊机

细碎对辊机是砖瓦工业中用得较普遍的设备，尤其是对塑性料加工时，最末一道的细碎设备，至今还没有一种设备能够替代它。由于砖厂的规模越来越大，要求破碎的细度越来越细，因此细碎对辊机正在不断改进以满足高产量、高效率、高精度的要求。

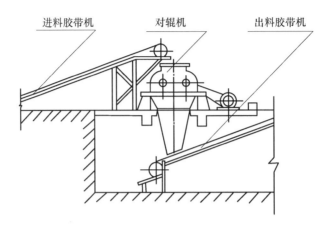

进料胶带机　　　对辊机　　　出料胶带机

图 10-2　光面辊式破碎机与胶带布置示意

细碎对辊机与普通初碎对辊机在结构上并没有严格区别。一般可以这样来区分：细碎对辊机的辊隙一般在 1mm 左右，而初碎对辊机的辊隙一般在 3mm 以上。细碎对辊机的破碎比，一般只用到 1:3 最多不超过 1:4，特殊情况下只用 1:2。而初碎对辊机一般采用到 1:10，最大用到 1:12。因为细碎对辊机的辊隙窄，所以要满足与初碎对辊机相同的产量，细碎对辊机必须加大直径或加快转速，或者既加大直径又加快转速的方法，即加大辊子的线速度的办法。细碎对辊机的辊径已达到 1350mm 的，而直径为 1000mm 的细碎对辊机已很普遍。高速细碎对辊机的辊速已达 1000r/min。再一个不同点是初碎对辊机的一对辊子线速度是不相等的，而细碎对辊机的辊速一般应是相同的。

要保证细碎对辊机的辊隙不变，就要解决好对辊机的磨损问题，一般采用以下措施：

采用耐磨含铬铸铁，含铬量 12% ~ 22%，钼 1.5% ~ 3%，碳 2.4% ~ 3%，硬度可达 HRC62，还有采用含镍、铬的特种铸铁以及高级合金钢作辊套材料的。

均匀喂料是克服辊套不均匀磨损最有效的措施。具体方法是采用比辊套宽度大 200 ~ 400mm 的加宽的给料装置，并在下料端增设收缩挡板，使落入对辊机的料层在全宽上基本一致。实践证明，采用这种措施，对辊机的磨损可降低 30%，节约能量 40%。再一个方法是增设辊面整修装置。这种办法在国外已普遍采用。有直接装在对辊机的，也有移动的专用整修机。整修机采用磨削整修。

南京鑫翔建材厂的细碎对辊机，为了控制较细的出料粒度，每隔 4 ~ 5 天打磨辊面一次。

常用的细碎对辊机主要技术性能如表 10-36 所示。国外几种细碎对辊机主要技术性能如表 10-37 所示。

常用的细碎对辊机主要技术性能　　　　　　　　　　　　　　　　表 10-36

设备型号	原料种类	原料含水率（%）	进料粒度（mm）	出料粒度（mm）	产量（m³/h）	电机功率（kW）	设备质量（kg）
$\phi 800 \times 600$	黏土或软质页岩	17 ~ 23	< 10	< 3	24	18.5/22	8000
$\phi 800 \times 800$				< 3	45	37/45	12700
$\phi 1000 \times 700$				< 2	20 ~ 30	37/45	14050
$\phi 1200 \times 600$				< 2	35 ~ 45	45/55	15400
$\phi 1200 \times 1000$				< 1.2	35 ~ 45	90/110	25500
$\phi 1200 \times 1200$				< 1.2	35 ~ 45	90/110	28500

国外几种细碎对辊机主要技术性能   表 10-37

设备型号	原料种类	原料含水率（%）	进料粒度（mm）	出料粒度（mm）	产量（m³/h）	电机功率（kW）
$\phi 500 \times 500$			<1.5	<0.6	16	37
$\phi 1000 \times 650$			<3	<1	18	50/90
$\phi 1350 \times 900$	黏土或软质页岩	17～23	<2	<0.5	20	110/160
$\phi 850 \times 800$			<1.5	<0.5	18	37
$\phi 1100 \times 1000$			<3	<1	20	55/75

（4）除石对辊机

除石对辊机主要用于剔除原料中的石块等杂质，同时破碎原料。它是由一个带螺旋槽的辊筒和一个光辊组成。当这对辊筒相向转动时，由于转速不同，使泥料中的石块沿螺旋槽向辊筒的宽度方向水平移动，从机侧被清理出去。螺旋槽辊在加工瘠性料时能很好地工作，但在处理黏性料时，会发生粘辊现象。它可清除大多数 30mm 以上的较大石块，30mm 以下的小石块不易清除掉。

除石对辊机的主要技术性能如表 10-38 所示，其除石效率如表 10-39 所示。

$\phi 550 \times 800$ 除石对辊机主要技术性能   表 10-38

辊筒规格（mm）		$\phi 550 \times 800$
转速（r/min）	光辊	232
	螺旋槽辊	208
辊筒间隙（mm）		3～5
电机功率（kW）	光辊	22
	螺旋槽辊	17
外形尺寸（mm）	长	2700
	宽	2050
	高	950
设备质量（kg）		5610

$\phi 550 \times 800$ 除石对辊机的除石效率   表 10-39

泥料含水率（%）	石块粒度（mm）	除石效率（%）	产量（除石后的原料）（m³/h）	备注
<18～23	20～30	9.2	30	重庆市建筑材料设计研究院技术人员实测
	30～35	54.7		
	35～40	71.6		
	40～50	96.5		
	50～160	100		

意大利"邦乔尼"公司的 22LR 及 23LR 型除石机的主要技术参数如表 10-40 所示。

22LR 及 23LR 型除石机的主要技术参数　　　　　　　表 10-40

参　数	22LR 型	23LR 型
辊子尺寸（mm）	$\phi 500 \times 600$	$\phi 600 \times 700$
传动皮带轮尺寸（mm）	$\phi 1000 \times 190$	$\phi 1200 \times 200$
固定皮带轮和游动带轮：尺寸(mm)	$\phi 900 \times 160$	$\phi 1000 \times 180$
动力（马力）	18～22	20～30
设备质量（kg）	2200	3200

（5）过滤对辊机

过滤对辊机的主要功能是排除混杂在原料中的草根、石子及其他杂质。与此同时，它又把破碎、混合、均化与过滤等功能综合在一起，起到一机多用的效果。加之其结构简单、造价低廉、使用效果好，故国外砖瓦厂广泛采用。

过滤对辊机可处理中等硬度原料，要求原料含水率≥18%。

工作原理：原料进入两个相对旋转的辊子中，并被辊子的压力压入和通过辊圈上的孔洞形成均匀的料块，然后由装在辊圈内侧的刮板刮入下料斗。不能通过孔洞的各种杂质（如草根、石子等）将使两个辊子中的一个活动辊子外移，使两辊之间缝隙增大，杂质便通过辊子间隙落到下面的胶带输送机上运走排除。杂质排除后，活动辊子又靠弹簧的作用恢复到原位。

辊子上分布着数千个 $\phi 15$ 的孔。如 $\phi 1600 \times 600$ 的辊子，沿辊圈的宽度方向每排有 20 个孔，每个辊圈约有 3400 个孔。孔呈外小内大的形式，以利物料通过。两辊子上的孔相互交错排列。

辊子的材料采用特种耐磨钢制成，在孔的周围及内壁用耐磨焊条焊一圈，以延长辊圈的使用寿命。

如用该设备代替轮碾机，产量可增加一倍，而设备自身质量仅为轮碾机的 1/2，加之其结构简单，使用效果较好，造价较低，因此有较强的竞争力。该设备适用于含水率较高、含砂量较低的泥料。

意大利生产的过滤对辊机的主要技术性能如表 10-41 所示。

意大利生产的过滤对辊机的主要技术性能　　　　　　　表 10-41

设备型号	辊子规格（mm）	产量（m³/h）	电机功率（kW）	设备质量（kg）
FR1500	$\phi 1500 \times 600$	40～60	45	11500
FR1500-S	$\phi 1500 \times 700$	50～65	60	12200
FR1800	$\phi 1800 \times 700$	60～75	75	21000
FR1800-S	$\phi 1800 \times 800$	70～90	90	23000
FR2000	$\phi 2000 \times 800$	90～120	90	29500
FR2000-S	$\phi 2000 \times 1000$	100～150	118	31500
145FC	$\phi 1450 \times 500$	—	37	10000
182FC	$\phi 1600 \times 600$	—	45	13200

（6）主要易损件使用寿命

主要易损件使用寿命如表10-42所示。

辊式破碎机主要易损件使用寿命　　　　　　　　　表10-42

原料种类	使用寿命（班）	
	弹簧	堆焊辊齿相隔时间
中硬页岩	560～680	16～35

10.51　细碎对辊机空载试机要求有哪些？

（1）运转时应无异常声响和振动；

（2）润滑部位应不漏油；

（3）轴承温升不大于35℃，最高应不超过70℃。

10.52　细碎对辊机负载试机要求有哪些？

（1）运转时应无异常声响和振动；

（2）润滑部位应不漏油；

（3）两辊工作间隙、生产能力应符合设计要求；

（4）轴承升温应不大于45℃，最高温度应不超过80℃。

10.53　细碎对辊机的主要故障及消除方法有哪些？

细碎刘辊机的主要故障及消除方法如表10-43所示。

细碎对辊机的主要故障及消除方法　　　　　　　　　表10-43

故障	故障原因	消除方法
设备在运转中产生剧烈振动	转子不平衡	重新配平辊筒及大皮带轮
	辊筒轴不同心或弯曲	更换或校直辊筒轴
	机架地脚螺栓或轴承座连接螺栓松动	拧紧松动螺栓
	滚动轴承外圈与轴承座配合太松	更换轴承座
设备启动不起来	电机或降压启动器有问题	检修或更换电机、降压启动器
	转子有摩擦、卡阻、碰撞等现象	检查或处理转子中有摩擦、卡阻、碰撞的部位
	三角带过松、打滑	调整电机位置，使其加大与主轴的中心距离，拉紧三角带
	锥套未调紧	调紧锥套
轴承温度超过60℃	轴颈内圈与轴颈配合太松，有相对运动，摩擦生热	修理轴颈，使之达到设计要求的尺寸公差和光洁度
	轴承外圈与轴承座配合太紧，使轴承外圈变形，增加阻力，轴承滚动不灵活，造成轴承发热	修理轴承座孔，使之达到设计要求的尺寸公差和光洁度，轴承盖上的紧固螺母不要拧得过紧
	润滑油脂不足或不干净	清洗轴承，加足干净油脂
	主轴弯曲，使轴承受力不均匀	调直或更换主轴

故障	故障原因	消除方法
喂不进料	辊筒间隙过小	调整辊筒间隙
	进料过于集中	使进料分布均匀
	进料粒度过大	控制进料粒度
电流不稳定,忽高忽低	进料量时多时少,时断时续	调整给料设备,使其均匀连续进料
电流逐渐升高,隔一段时间要停一会进料	进料量偏多	适当减少进料量,使其电流稳定
机壳内有异常响声	有铁块或坚硬杂物进入机壳内	立即停机,打开检查门,取出铁块或坚硬杂物,并检查除铁装置是否灵敏可靠
产量低,电流大	物料含水率太高	降低物料含水率
	刮板与辊筒间隙过大	调整间隙,使其能起刮泥作用
电机突然跳闸	轴承损坏	更换轴承
	进料量突然增加很多	调整给料设备,调整给料量
电机轴承发热	三角带过紧,轴承受力过大	调整电机位置,使三角带松紧合适
	轴承内润滑油脂不足或轴承磨损严重	加足润滑油脂或更换轴承
三角带断裂	各条三角带受力不均	选配三角带内圈周长一样
	三角带老化	更换三角带
	两个带轮轴线不平行	将带轮轴线调整平行
活动辊窜动过大	弹簧过于松弛	调整弹簧
	有硬块进入机内	消除硬块
	较大的进料粒度过多	控制进料粒度

细碎对辊机对其结构、辊子的轴承和辊套材料都有严格要求。除了辊子在高速(圆周速率大于25m/s)转动下必须保持动平衡外,辊套的耐磨性能也十分重要。目前辊套多采用含有 Ni、Cr、Mo 等元素的合金钢冷硬铸造制成。

10.54 过滤对辊机的操作和维修要点有哪些?

(1)运行操作规程

①检查电源电压是否正确。

②各润滑点注入黄油,减速机油杯内应充满润滑油。

③两辊间隙保持5mm,用手盘动联轴节,检查能否自由转动。当阻力较大时,要排除存在的故障,如侧封板与辊子接触太紧等。

④将刮板和辊圈内侧的距离调至5mm。

⑤检查辊子和废料胶带输送机的驱动电机的转动是否灵活。

⑥开动废料胶带输送机。

⑦启动本设备。

应该注意，当排除杂质时，会有一些原料损失，因而要逐渐调节弹簧的预加荷载，使其达到最佳的预定状态。设备开始运行 20d 后，可将辊间隙减至最小，以减小动力消耗和减少原料的损失。

（2）维修要点

①维修必须有规则进行，每运行 30d 必须检查一次衬套的磨损，每 60 天检查一次侧封板的磨损。

②调整和更换刮板及侧封板。维修时也可用特种焊条对上述部件进行补焊。

③调整弹簧。

④润滑及注油。对于齿轮减速机每运行 200h，要注油一次。其他按所要求部位定期检查和注入黄油。

10.55　对辊机的操作要点有哪些？

（1）开机前应检查各部位螺栓有无松动，各润滑点的润滑油是否加充足，运动部件转动是否灵活，附近有无闲人。

（2）开机前先开动下道工序的设备（如胶带输送机等），以免造成料的堆积或堵塞。

（3）空机启动，待辊子转速正常后再下料，下料速度要均匀。严禁在辊子间卡有物料的情况下带负荷启动，以免烧坏电机。

（4）经对辊机破碎后的原料，应达到所要求的细度，为此可采取以下措施：

①控制进料粒度，一般来说对辊机的辊子直径应不小于破碎前原料粒径的 9 倍。

②原料含水率不应过高，一般应控制在 15% 以下，否则容易粘辊，影响破碎的效率和效果。

③加料要均匀，不可突然加料过多，原料最好能落在整个辊子的宽度上，以减少辊子的不均匀磨损。

④应保持辊子既定较小的间隙，发现超过时要及时修复或更换辊子。

⑤必要时可采用两台或多台对辊机（用胶带输送机）串联，由粗碎过渡到细碎，以充分保证破碎质量。

（5）避免金属等杂物落入机内，一旦发生时要及时停机处理，严禁在转动的对辊机内往外拉物。

（6）经常注意电机和轴承温度、振动和声音是否正常，发现问题及时停机检查处理。

（7）停机前应首先停止加料，待机内物料全部卸空后方可停机。

10.56　锤式破碎机的主要技术性能如何？它的主要故障及消除方法有哪些？

锤式破碎机是利用冲击力破碎物料的机械。物料在高速旋转锤头的冲击下被破碎，然后通过箅条卸出。它是破碎比为 10～50。破碎效率高。电耗较低，但零部件（如锤头、箅条）易磨损。

（1）主要技术性能

锤式破碎机主要技术性能如表 10-44 所示。

锤式破碎机主要技术性能 表 10-44

设备型号	原料种类	原料含水率（%）	进料块度（mm）	出料粒度（mm）	产量（m³/h）	电机功率（kW）	设备质量（kg）
$\phi 600 \times 400$			<80		9	18.5	1200
$\phi 800 \times 600$			<80		20	45	2540
$\phi 800 \times 800$			<80		28	75	—
$\phi 900 \times 400$			<80		20	45	—
$\phi 900 \times 600$			<80		28	75	—
$\phi 900 \times 800$			<80		32	90	—
$\phi 900 \times 900$	中硬页岩或煤矸石	<8.5	<80	≤3	30	75	—
$\phi 1000 \times 800$			<80		35	90	5070
$\phi 1000 \times 1200$			<80		42	110	—
$\phi 1100 \times 1000$			<90		50	132	—
$\phi 1200 \times 1200$			<100		53	132	—
$\phi 1300 \times 1200$			<120		60	160	19500
$\phi 1300 \times 1300$			<120		90	250	30500
$\phi 1300 \times 1400$			<120		65	180	31800

西班牙的一些砖厂的锤式破碎机设内加热系统，可粉碎含水率达 18% 的黏土。

（2）故障及消除方法

锤式破碎机的主要故障及消除方法如表 10-45 所示。

锤式破碎机的主要故障及消除方法 表 10-45

故障	故障原因	消除方法
起动后机器强烈振动	转子不平衡，锤头的重量不均等	调配锤头的重量，使每排锤头的重量与对面一排的重量相等
在破碎机中有敲击声	衬板、筛条、轴承松动，圆盘破坏，锤头碰到衬板箅条	检查衬板、筛条的固定情况，检查锤头与箅条的间隙，将松动零件上紧，磨损零件更换
轴承过热	润滑油不足或脏污，冷却水不足，或轴承损坏	检查润滑和冷却系统，更换润滑油、修理或更换轴承
出料粒度过大，不合格	锤头与箅条间隙过大，锤头和箅条磨损过甚，转子转速过低	调整锤头与箅条的间隙，更换锤头或箅条，适当提高转子的转速
在已破碎的物料中有大块	箅条有损坏，箅条有的被堵塞，物料跳到箅条外面	检查修理箅条，清除堵塞箅条的物料，并找出堵塞箅条的原因
转子的转速降低甚至停止转动	给料不均，机器有周期性过负荷，传动皮带过松，箅条被物料堵塞	消除给料不均匀的原因，张紧传动皮带，消除堵塞箅条的物料

（3）主要易损件使用寿命

主要易损件使用寿命如表 10-46 所示。

锤式破碎机主要易损件使用寿命 表 10-46

原料种类	使用寿命（班）		
	锤头		篦板
	白口铁质	高锰钢质	厚 10mm 钢板
新煤矸石	10 ~ 15	40 ~ 70	120 ~ 150
陈煤矸石	23 ~ 28	100 ~ 140	170 ~ 200
中硬页岩	25 ~ 30	120 ~ 150	150 ~ 210

有些厂将锤式破碎机底部篦板取消，用作打黏土和粉煤灰混合料，混合效果尚可；有些厂将锤式破碎机的锤头改为弹簧钢板，称作"刀式粉碎机"，专门用作打黏土和粉煤灰混合料，混合效果甚佳。

10.57 锤式破碎机的操作和维修要点有哪些？

（1）开、停机之前均需与本机有关的机构岗位取得联系，否则不得开、停机，以防事故发生。

（2）要空机启动，停机前要卸空物料后方可停机。

（3）设备运转中，要经常检查各种紧固螺栓有无松动；检查各润滑件的润滑情况，防止轴承温度过高；检查供料情况，防止金属块等杂物喂入破碎机内；检查出料粒度是否合格。发现问题应及时处理。

（4）利用停机时间及时检查锤头、衬板、篦条等磨损情况，发现问题及时处理。

10.58 笼型粉碎机的主要技术性能如何？

笼型粉碎机是利用两个转子以同一速度的相反方向转动，使安装在转子上的钢棒将物料打碎的设备。

（1）技术性能

笼型粉碎机的主要技术性能如表 10-47 所示。

笼型粉碎机的主要技术性能 表 10-47

设备型号	原料种类	原料含水率（%）	进料块度（mm）	出料粒度（mm）	产量（t/h）	电机功率（kW）	设备质量（kg）
∮1000	中硬页岩或煤矸石	<9	<80	<3 的约占 70%	10	13/20	3630
∮1350			<90		11.5	18.5/30	4950
∮1600			<100		15	30/37	6290

注：有的厂将 ∮1600 笼型粉碎机的电机功率增大至 37kW 和 45kW，产量提高了 30%。

（2）页岩经粉碎后的颗粒分析举例

重庆二砖厂使用的 ∮1600 笼型粉碎机出料颗粒分析如表 10-48 所示。

∮1600 笼型粉碎机出料颗粒分析 表 10-48

原料普氏硬度系数	原料含水率（%）	进料块度（mm）	出料颗粒分析（%）						
			>5mm	5 ~ 3mm	3 ~ 2mm	2 ~ 1mm	1 ~ 0.5mm	0.5 ~ 0.1mm	<0.1mm
2.5 ~ 3	<9	<100	12.4	9.4	7.7	11.2	9.8	29.3	20.2

通常笼型粉碎机为双边驱动。将双边驱动改为单边驱动的笼型粉碎机，其特点：可破碎含水率较高的原料（＜11%）；可兼作多种原料的混合设备；拆、装和维修比双边驱动的方便。

（3）主要易损件使用寿命

笼型粉碎机的主要易损件是打料棒。应定期检查打料棒的磨损情况，及时进行堆焊或更换。否则一旦折断，将会损坏整台设备。

φ1600笼型粉碎机的打料棒一般为φ40mm圆钢（或边长为40mm的方钢）。打料棒磨损速度外层较快，内层较慢。同一根打料棒又以靠近进料口一端磨损慢，远离进料口一端磨损快（因惯性力的原因，致使进入设备的物料比较集中在远离进料口的一边）。打料棒的固定多数采用铆接，也有采用螺栓连接的，螺栓连接便于打料棒的更换，采用此法固定应注意螺母上紧方向和笼转方向一致。贵州省都匀市页岩砖厂每根打料棒上了两个螺母，并使螺母与打料棒点焊固定牢靠，以防螺母松动。笼型粉碎机主要易损件使用寿命如表10-49所示。

笼型粉碎机主要易损件使用寿命 表10-49

原料种类		打料棒材质	换一次外层打料棒可打料量（t）
页岩	中硬	普通碳素钢	1000～1500
		低锰钢	4000～5000
	硬质	普通碳素钢	800～1300
		低锰钢	3000～4000
煤矸石	新矸	普通碳素钢	800～1300
		低锰钢	3000～4000
	陈矸	普通碳素钢	2000～2400
		低锰钢	6000～7000

笼型机对应提升机布置如图10-3所示。

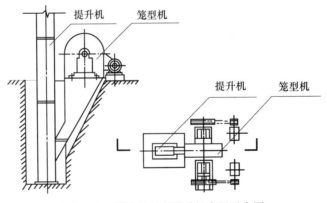

图10-3 笼型机对应提升机布置示意图

10.59 轮碾机的工作原理是什么？

轮碾机是利用辊轮的重力，在压、碾碎物料的同时起到拌和作用。其结构主要由辊轮和碾盘组成。轮碾机工作时，物料由碾盘中心部位送入，在刮板的推力或自身离心力作用下进入辊轮下方碾压。承受多次碾压后，合乎粒度要求的颗粒从碾盘周边的筛孔漏下，粗大颗粒则返回辊轮下方碾压。

轮碾机兼有破碎和拌和两项功能，因此，原料质量较差，或对原料处理质量要求较高时，常采用轮碾机。

该设备的缺点是比较笨重、动力大和投资大。

10.60 轮碾机的主要技术性能如何？

轮碾机至今为止仍是砖瓦工业中使用最广的破碎设备。前几年，虽曾有一种倾向，拟用其他的设备来代替轮碾机，以便减少一次投资。但经多年实践比较，特别是对混有莫氏硬度为 7 ~ 8 级的硬石的黏土料破碎，至今还没有一台理想的设备能替代它。因此，像欧洲均喜欢采用轮碾机作为主要的中碎设备。

当然，轮碾机的结构也在不断改进。一种新型的液压传动的轮碾机已经在市场上出现。它的特点是液压马达直接装设在碾轮上，这样可以取消一整套机械传动机构及其笨重的大门架。据介绍，碾轮尺寸为 $\phi 2000 \times 700$ 的液压轮碾机，与同类型的机械传动的轮碾机相比，质量可以减轻 16t，因此价格也随之可以大大降低。

德国"汉德尔"公司 HSS 型 $\phi 2000$ 液压轮碾机可用于破碎莫氏硬度等级低于 5 的干料或半干、半湿料。进料粒度（mm）为 $100 \times 150 \times 250$，当筛孔直径（mm）为 12×40 或 8×30 时（椭圆孔），小时产量为 $30 \sim 40 \mathrm{m}^3$，单位功能消耗为 $0.38 \sim 0.65 \mathrm{kW \cdot h/m^3}$。

机械传动的轮碾机也向大型化发展，以适应高产量的需要。砖瓦厂的湿碾机的主要技术性能如表 10-50 所示。意大利"邦乔尼"公司的 30M 型和 33M 型轮碾机的主要技术性能如表 10-51 所示。

湿碾机主要技术性能 表 10-50

设备型号	原料种类	原料含水率 （%）	进料块度 （mm）	出料粒度 （mm）	产量 （t/h）	电机功率 （kW）	设备质量 （kg）
$\phi 2800$	中硬页岩、煤矸石和黏土	$16 \sim 20$	< 20	孔为 40×14	13	30	24240
				孔为 50×22	20		
				边出	30	$55 + 4$	28000
$\phi 3600$				孔为 45×20	30	55	36000
$\phi 4000$				边出	40	$75 + 4$	34000
$\phi 4200$				孔为 45×20	40	75	40000

30M 型和 33M 型轮碾机主要技术性能 表 10-51

型号		30M	33M
大碾轮尺寸（mm）		$\phi 1800 \times 450$	$\phi 2000 \times 550$
碾盘尺寸（mm）		$\phi 3260$	$\phi 3900$
小碾轮尺寸（mm）		$\phi 1600 \times 500$	$\phi 1800 \times 600$
产量（m³）	筛孔为 8×40（mm）	19	21
	筛孔为 10×40（mm）	25	28
	筛孔为 12×40（mm）	30	35
大碾轮质量（kg）		5700	9000
小碾轮质量（kg）		4400	7000
设备质量（kg）		30000	45000
电机功率（kW）		37	55

10.61 轮碾机的操作和维修要点有哪些？

（1）开机前的准备工作

①检查设备零件装配是否完整，各处连接螺栓是否紧固；

②检查各润滑部位是否有足够的油量；

③安全罩是否完好；

④合上离合器用手盘动三角皮带使轮碾机转动 2~3 转，观察有无障碍。

（2）开机程序

①启动电机；

②合上离合器；

③设备运转正常后开始给料。

（3）停机程序

①停止给料；

②拉开离合器；

③关闭电机。

（4）日常维修

①保持各润滑点的良好润滑；

②经常注意各部位连接螺栓、碾轮碾圈之木楔、碾轮轴末端的止推块及紧固螺栓、开口销等有无松动；

③注意调整离合器使其作用灵活可靠；

④随时注意滚动轴承、滑动轴承的温升不超过规定范围；

⑤经常注意电机的负荷及电流变化情况；

⑥注意刮板的工作，在任何情况下都不允许与底面摩擦；

⑦检查并调整三角皮带的张紧程度。

（5）定期检查

①内、外多空板、刮板等易损件应根据磨损情况进行修理和更换；

②清洗各部件的污秽物。

10.62 筛式捏合机的主要技术性能如何?

RKD 型筛式捏合机,是德国"汉德尔"公司在 20 世纪 70 年代生产的新型破碎机。它能破碎莫氏硬度等级为 4 以下的页岩(个别混杂物的硬度可以到 7),物料的含水率可达 40%(适宜的破碎含水率为 0~20%),最大进料块度边长可达 1000mm,破碎比可达 40,破碎后的粒度小于 2mm 的约占 60%~70%,动力消耗为 1~2.7kW·h/t,产量约为 70m³/(台·h)。

在筛式捏合机的两个半圆槽形机腔内装有两个相对旋转的转子。在每个转子上都装有两个相互对称的破碎颚板,颚板面上装有硬质耐磨材料堆焊成的破碎板,其硬度可达 HB700。

原料进入机腔内,先受到旋转的转子冲击作用,当原料被破碎到一定粒度后,就被旋转的破碎颚板带到下面,通过破碎板与下面筛板之间的挤压、研磨而最终被挤压出筛孔,达到要求的破碎粒度。正确选择筛孔、转子结构、转子转速以及破碎板的安装角度,是提高该机产量及质量的关键。

根据原料的性质及不同含水率,可用三种不同形式的转子。

普通转子:具有圆柱体状的破碎颚板呈螺旋线曲面,适用于破碎较湿的塑性料。

高效转子:适用于一般半硬塑的泥料,产量较高。

搅拌转子:转子间有较大的空腔,能破碎大块泥料,并起强烈的搅拌作用,适用破碎块状页岩或较干的泥料,但产量较低。

筛式捏合机综合了破碎、搅拌、捏合的多种制备过程,在某种程度上它具有粗碎、中碎以及和轮碾类似的效能。

该设备除了具有破碎功能外,还能对物料起到混合搅拌和净化作用。

根据南京鑫翔建材厂使用该设备的情况看,它对泥料的处理效果比双轴搅拌挤出机好。

意大利生产的筛式捏合机主要技术性能如表 10-52 所示。德国生产的筛式捏合机主要技术性能如表 10-53 所示。

意大利生产的筛式捏合机主要技术性能 表 10-52

设备型号	原料种类	原料含水率 (%)	进料块度 (mm)	出料粒度 (mm)	产量 (t/h)	电机功率 (kW)	设备质量 (kg)
3MSR φ1905×1200	中硬页岩、 煤矸石	16~20	<20	孔为 20×8 孔为 20×10	20 25	75+4	13200

德国生产的筛式捏合机主要技术性能 表 10-53

设备型号	原料种类	原料含水率 (%)	进料块度 (mm)	出料粒度 (mm)	产量 (t/h)	电机功率 (kW)	设备质量 (kg)
SR1500 φ1500×1030	中硬页岩、 煤矸石	16~20	<20	孔为 20×8	20	45+4	9100
SR1500S φ1500×1030					20	75+4	11000
SR1900 φ1900×1030					45	45+4	10100
SR1900S φ1900×1030					45	75+4	15000

10.63 球磨机的主要技术性能如何？

球磨机是一种细粉磨设备，由一个水平的圆筒体及内装钢球而组成。当筒体旋转时所产生的离心力和摩擦力，将球和物料提升到一定高度，然后自由抛落，使球和物料发生冲击和石升磨作用而将物料加工成细粉。

球磨机按其长度与直径之比可分为：①<2 的为短磨，俗称球磨；②≥2，<4 的为中长磨；③≥4 的为长磨。中长磨和长磨通常也称为管磨。另外，还分闭路和开路两种。所谓闭路是被磨物料经过磨机后，进入选粉机分选出合格细料及不合格粗料，然后将粗料再回流入磨机进行重新粉磨；所谓开路是被磨物料一次通过磨机即全部成为合格细料。砖瓦厂常用较长的开路管磨机，由于这种磨机筒体较长，可使物料在磨机中被粉磨的时间较长，出料细度较高。

管磨机的主要技术性能如表 10-54 所示。

管磨机的主要技术性能 表 10-54

设备型号	原料种类	原料含水率（%）	进料块度（mm）	出料粒度（mm）	产量（t/h）	电机功率（kW）	设备质量（不包括传动装置）（kg）
$\phi 1500 \times 5700$			<100 <10		7.5 12.5	160	—
$\phi 1830 \times 6120$			<100 <10		10 17	210	—
$\phi 2000 \times 9000$	中硬页岩、煤矸石	<3	<100 <10	<2	17 28	380	59000
$\phi 2000 \times 11000$			<100 <10		23 40	500	72000
$\phi 2200 \times 12000$			<100 <10		36 56	800	73800
$\phi 2400 \times 12000$			<100 <10		27 40	800	130000

球磨机的最大优点是粉碎比大，出料细，扬尘少；其缺点是产量低，电耗高，要求原料的含水率很低（如含水率大于3%，即有包球糊衬板现象，产量明显下降）。它可用作硬度较大、塑性较差的煤矸石粉碎。

提高球磨机生产能力的办法有：①在其前面增设中碎设备（如反击式破碎机、锤式破碎机等），以减小进入球磨机物料的块度；②在其前面增设烘干设备，或直接向球磨机内通热风，以减少进入球磨机物料的含水率，避免包球现象。

重庆市永荣煤矸石砖厂的煤矸石原料含水率约为9%，在经 PEF400×600 颚式破碎机后的块度一般不大于100mm，以后的工序曾采用过如下三种做法：①将该料进入$\phi 1.83m \times 6.12m$球磨机（共2台，1台使用，1台备用。电机功率为210kW，工作电流为300A，装球量为17.5t，耗钢量为0.013t/万块）粉磨，球磨机产量为7~8t/h；②在颚式破碎机和球磨机之间增设一台$\phi 1000 \times 800$锤式破碎机，使进入球磨机的块度控制在10mm以下，球磨机的产量增至 11t/h；③在球磨机前再增设一台 $\phi 2.4m \times 18m$ 烘干机，并可同时在球磨机内通热风，使进入球磨机物料的含水率保持在 3% 左右时，产量又猛增至 17t/h，但采取烘干措施同时也增加了煤耗。经球磨后原料颗粒度如表 10-55 所示。

经球磨后的煤矸石粒度 　　　　　　　　　　表 10-55

颗粒度（mm）	2.5~1.2	1.2~0.6	0.6~0.3	0.3~0.15	0.15~0.076	<0.076
占比例（%）	1.02	1.87	13.39	19.65	18.47	45.6

重庆市磨心坡煤矸石砖厂的煤矸石原料经粗碎后粒度 <60mm，含水率为 7%，进入 1 台 $\phi 1.5m \times 5.7m$ 球磨机粉磨，电机功率为 160kW，工作电流为 170A，装球量为 11.5t，耗钢量为 0.02t/万块。经粉磨后颗粒度均为 8 目以下，产量 3t/h。该厂认为：①如原料含水率高，极易包球，产量低，应控制原料含水率不超过 3%；②球磨机能粉磨普氏硬度系数高达 5~6 的原料，并能生产出质量上乘的空心制品；③由于原料含水率高达 7%，故球磨机电耗较高，达 970 kW·h/万块砖。页岩、煤矸石等硬度较大的原料经反击式破碎机、锤式破碎机、笼型粉碎机等破、粉碎后，往往有一部分密度较大、含水率较低的筛余料，如将这些筛余料再返回原破、粉碎机，其效率很差。如将这些筛余料专用球磨机（或雷蒙磨）粉碎，较为理想。

10.64 　什么是球磨机的临界转速、一般工作转速和最佳工作转速？

当球磨机回转时，达到一定转速后，由于离心力的作用，球（棒或锻）沿筒体壁和磨一起回转，不再发生抛落和冲击运动，这时磨机的转速称为临界转速。由于临界转速冲定着磨机失去和获得粉磨作用的界限，因此它是球磨机的重要理论组成部分。一般临界转速计算公式如下：

$$n_c = 42.4/\sqrt{D}$$

式中，n_c 为临界转速，r/min；D 为球磨机内径，m。

最佳工作转速是使研磨体获得最大粉碎功时的转速，其计算公式为：

$$n = 32/\sqrt{D}$$

式中，n 为最佳临界转速，r/min；D 为球磨机内径，m。

球磨机的工作转速与其直径的平方根成反比，一般工作转速为临界转速的 65%~85%。

10.65 　什么是高效滚式破碎机？

实际上应归纳于连续出料的短磨，即球磨。适用于塑性较差、硬度较大的原料粉碎。

例1：某煤矸石砖厂的原料塑性指数为 5，较差。破、粉碎工艺为：500×700 颚式破碎机→$\phi 1100 \times 1000$ 锤式破碎机→回转筛。经筛分的回料进入一台 $\phi 2.6 \times 3.7m$ 连续出料的球磨机。球磨机的动力为 250kW，出料粒度均小于 1mm，其中 0.5mm 以下的约占 85%，产量为 30t/h，维护工作量小，每年只需更换一次箅板。

例2：某煤矸石砖厂的原料塑性指数为 5.4，也较差。采用与例 1 类似的破、粉碎工艺。经筛分后的回料进入一台 $\phi 2.6 \times 4.2m$ 连续出料的球磨机。球磨机的动力为 315kW，出料粒度均小于 2.5mm，其中小于 0.5mm 的约占 75%，0.25mm 以下的占 65%，产量为 65t/h。

10.66　对球磨机的试运转要求有哪些?

磨机的试运转,是磨机安装的最后一个环节也是一项比较复杂的工作。试运转过程可能会出现多方面的技术问题,如设计、制作、安装等,这些问题一经发现,必须妥善解决,否则将影响设备正常运转。

(1) 试运转的时间

1) 单机空磨试运转 8~12h。

2) 装入钢球 1/3,并加入少量物料连续运转 8h 以上。

3) 负荷联动试运转 24h 以上。

4) 试生产 250h 以上。

(2) 磨机试运转前的检查

1) 车间及设备周围要清理干净。

2) 检查基础是否有下沉以及是否有裂纹。

3) 检查地脚螺栓及轴承螺栓有无松动现象,如有松动则应予以拧紧。

4) 主轴承、传动轴承,要清洗干净,并装足润滑油。

5) 检查主轴承的水冷却装置是否漏水、冷却水是否畅通。

(3) 试运转的方法及注意事项

1) 开动电机前,用人工盘磨 2~3 转,检查有无阻碍运转的地方,磨机转向应正确(小齿轮向上挑大齿轮),而后才能开机。

2) 开机后检查主轴承及传动轴承振动情况、齿轮啮合声音等。

3) 主轴承及传动轴承,每隔 10 分钟进行一次温度检查。

4) 检查各部螺栓是否有松动现象。

(4) 磨机验收质量标准

1) 主轴承及磨体

①振动量不超过 0.10~0.15mm;

②轴瓦温度不超过 55℃;

③磨体窜动量,除应有的膨胀量外不得超过 1~2mm;

④冷却水出口温度不超过 35℃;

⑤大牙轮的轴向摆动量不超过 0.5~1.0mm;

⑥电动机电流不允许超过设计时额定电流。

2) 传动轴及其轴承

①小牙轮的跳动量不得超过 (0.03~0.04) 模数;

②轴承振动量不得超过 0.15~0.20mm;

③轴承温度不得超过 60℃;

④传动轴窜动量不得超过 0.5mm。

10.67　球磨机的使用和维修的要点有哪些?

(1) 球磨机使用和修理的重要性

机械设备是为生产服务的,设备是否能长期运转,是否能发挥出它应有的能力,固然与设计、制造、安装有密切关系，但是正确的使用，适当的检修和维护也是保证设备正常运转的重要因素。

设备维护的目的有两个：一是保证其正常运转，从而保证和提高作业台时。二是延长设备的服务年限，以便充分有效地利用设备。

（2）日常使用和修理的主要内容和方法

1）使用

①启动

在开机之前须进行下列检查和准备工作：

a. 新安装或检修后未经试机的磨机，在启动之前须将皮带盘转动 2~3 转，以免发生碰撞事故。

b. 检查各部紧固螺栓、齿轮、联轴节、减速机等紧固和传动件的装配情况。

c. 检查磨机供给各润滑点（如主轴承、传动轴、减速机和齿轮等）的润滑装置是否可靠，油质、油量、油温等是否合乎要求。

d. 检查各种电气连锁装置和音响信号是否正常好用。

e. 检查与磨机关联的设备是否正常。

f. 检查安全保护装置是否齐全。

在上述检查正常的前提下，可按下列步骤启动磨机：开动润滑装置油泵并检查油压，油压应为 $0.5~1.5kg/cm^2$。冷却水压力稍低于油压（一般要低于 $0.25~0.5kg/cm^2$），以免水渗漏到油里。当润滑装置工作正常以后再以顺序开动磨机、出料输送机和给料机，一般磨机开动 2~3min，便可给料生产。

②运转

给料以后，磨机在有载运转中，操作人员须遵守下列各项规定：

a. 不加料磨机不能长时间运转（一般不能超过 15min），以免损坏衬板和消耗钢球。

b. 操作人员应精心调节控制给料量、出料颗粒度以及研磨体的合理级配，以保证产品的产量和质量。

c. 经常保证各润滑点有足够和清洁的润滑油，主轴承的温度不应超过 60℃，有水冷装置的主轴承应保证供水。

d. 经常检查磨内衬板的磨损情况，衬板磨穿或破裂，应及时更换，以免损伤筒体。

③停机

正常情况下停机，应首先通知各有关岗位，停机顺序应是先停给料机，停止给料后，磨机还需转 10~15min，使已经喂入的物料磨完再停机，对下次启动有利。

如发生突然事故停机必须立即停止给料，切断电机和其他机组电源。

当设备所处环境温度低于 0℃ 时，停机以后应将轴瓦内的冷却水全部排除，以免冻裂轴承。

2）维修

对磨机的维修是一件经常性的工作，应把磨机的操作和维修密切结合起来，维修工作的好坏直接影响到磨机的运转率和磨机的寿命。

为了缩短磨机的停机时间，必须及时检查和有计划地更换已损坏或有缺陷的零部件。因此，需要制定出检修计划，以便按生产及维修计划储备足够的易损零件，达到定期及时地进行计划检修。根据检修工作量一般可分为：小修、中修和大修。

①小修

小修周期一般定为 1 个月左右（遇有特殊情况可随时进行），检修内容主要包括以下几点：

a. 对油泵、滤油器、润滑管路进行检查、清洗并更换润滑油；

b. 对设备上各部螺栓进行检查，填补和拧紧；

c. 对磨机大、小传动齿轮进行检查，每次检查记录磨损情况，对已经磨损的小齿轮进行更换和修复；

d. 检查联轴节，并更换弹性胶圈和其他零件；

e. 更换筒体衬板；

f. 检查和修补进料管和出料管；

g. 检查给料机、动力系统和附属设备。

②中修

中修的周期一般定为 4~6 个月，检修内容主要包括以下几点：

a. 全部小修的项目；

b. 检查和更换进料管、出料管及给料机；

c. 修复传动大齿轮。

③大修

大修周期一般定为 2~4 年，检修内容主要包括以下几点：

a. 全部中、小修的项目；

b. 修理更换主轴承及大齿轮；

c. 对筒体进行检查、修理或更换；

d. 修复和更换磨机进、出料端盖；

e. 对基础进行修理、重新安装找正，进行二次灌浆。

10.68 球磨机的主要故障和消除方法有哪些？

球磨机的主要故障和消除方法如表 10-56 所示。

球磨机的主要故障和消除方法   表 10-56

故障	故障原因	消除方法
轴承发热	短轴或轴承安装不正	检查短轴和轴承，重新找正和找平
	润滑油油质不合格或混有杂物	清洗轴承，更换润滑油
	油环不工作，润滑油中断	修理或更换油环，更换润滑油
球磨机振动	齿轮啮合不良或过度磨损	调整齿轮啮合间隙或更换齿轮
	地脚螺栓松动或断裂；轴承座固定螺栓松动或断裂	拧紧或更换螺栓
	传动轴轴承过度磨损	修理或更换轴承

续表

故障	故障原因	消除方法
突然发出强烈振动和撞击声	齿轮啮合间隙中掉入铁质杂物	清除杂物
	小齿轮轴窜动	修理或更新轴承
	齿轮轮齿折断	修理或更换损坏了的齿轮
	地脚螺栓松动或断裂；轴承座固定螺栓松动或断裂	拧紧或更换螺栓
端盖与筒体连接处漏料	连接螺栓松动或断裂	拧紧或更换螺栓

10.69 悬辊式磨机（雷蒙磨）的工作原理是什么？

悬辊式磨机（雷蒙磨）由主机、分析器、风机、成品旋风分离器、微粉旋风分离器及风管等组成。其中主机由机架、进风蜗壳、铲刀、磨辊、磨环、罩壳组成。

该设备工作时，将需要粉碎的物料从机罩侧面的进料斗加入主机内，依靠悬挂在主机梅花架上的磨辊装置，绕着垂直轴线公转，同时机体本身自转，由于旋转时离心力的作用，磨辊向外摆动，紧紧压在磨环上，使铲刀铲起物料送到磨辊与磨环之间，磨辊的滚动碾压使物料粉碎。

该设备的风选过程：物料被研磨后，被风机吹入置于研磨室上方的分析器进行分选，粗的物料又落入研磨室重磨，细度合格的随风流进入旋风收集器，收集后的细粉经出粉口排出，即为成品。风路是循环的，风流由大旋风收集器上端的回风管回入风机，且在负压状态下流动。

该设备比球磨机效率高、电耗低、占地面积小、一次性投资少。磨辊在离心力的作用下紧紧地辗压在磨环上，因此磨辊、磨环的磨损不影响成品的产量和细度，磨辊和磨环使用周期长。该设备的风选气流是在风机—蜗壳—旋风分离器—风机内循环流动作业的，所以粉尘较少。

10.70 悬辊式磨机（雷蒙磨）的主要技术性能如何？

悬辊式磨机亦称坏辊式磨机或雷蒙磨，其主要技术性能如表10-57所示。

悬辊式磨机（雷蒙磨）的主要技术性能　　　　　　　　　　　　表 10-57

设备型号	原料种类	原料含水率（%）	进料块度（mm）	出料粒度（mm）	产量（t/h）	电机功率（kW）	设备质量（kg）
3R2714	中硬页岩、煤矸石	<3	<30	<0.154	1.8	22+5（风机）	4500（主机）
				<0.125	1.5		
4R3216			<35	<0.154	3.6	30+30（风机）	6000（主机）
				<0.125	3.0		
5R4018			<40	<0.154	7.2	75+55（风机）	18400（主机）
				<0.125	6.0		

经河北秦皇岛晨砻砖厂、河南焦作煜鹏煤矸石砖厂和北京西六里屯砖瓦厂的页岩瓦车间使用情况看，效率较好。该设备可用于粉碎密度较大、含水率较低的筛余料。

浙江临安陶土厂的经验：原料含水率大于3%时应通热风，经通热风的原料含水率允许达9%。

某厂的辊子和磨环均为中碳钢浇铸（如用锰钢浇铸耐磨，但浇铸后加工困难），该厂三班生产，辊子一个月一换，磨环三个月一换，如不及时更换，不但产量下降，而且设备振动大。

10.71 悬辊式磨机（雷蒙磨）的主要故障及消除方法有哪些？

悬辊式磨机（雷蒙磨）的主要故障及消除方法如表10-58所示。

悬辊式磨机（雷蒙磨）的主要故障及消除方法　　　　表 10-58

故障	故障原因	消除方法
生产能力降低	刮板磨损严重，物料不能铲起撒到磨环上	更换刮板
	刮板尾部安装得过高，物料不能撒到辊子正前方的磨环上被粉碎，而是越过辊子顶部落回到底盘上	重新安装刮板，调整尾部高度
	辊子磨损过多或表面磨成凹槽	更换辊子
	进料块度过大	减小进料块度
	出料粒度过小，原因是旋风分离器底流管闸门关闭不严或管道损坏，造成大量漏气；或者是通风机进风管闸门开度太小，导致磨机的气流速度降低	检修闸门和管道；把通风机进风管闸门开度加大
磨机电机的电流增大	进料过多	减少进料量
	磨辊轴承损坏，辊子不能自转；主轴轴承损坏；电机轴承损坏或转子与定子相碰	检修损坏部分
	底盘上有铁块	清除底盘上铁块
磨机响声增大	进料过少	增加进料量
	进料过多造成塞机，不能正常运转	停止进料，停料后如不能自行恢复正常运转，则应对设备进行清理
进料口处粉尘外溢	旋风分离器底流管闸门关闭不严或管道破损造成大量漏气	检修闸门和管道
	溢流管上的袋式收尘器堵塞	清理袋式收尘器

10.72 什么是立式磨？

立式磨由分离器、磨辊、磨盘、加压装置、立式减速机、电动机和壳体等组成。电动机通过立式减速机带动磨盘转动，物料从进料口落到磨盘中央，同时热风从进风口进入磨盘内，在离心力的作用下，物料向磨盘边缘移动，经过磨盘上的环形槽时受到磨辊的碾压而粉碎，粉碎后的物料在磨盘边缘被风环处的高速气流带起，在风环的导向作用下，较大的颗粒直接落到磨盘上重新粉磨，气流中的物料经过分离器时，在旋转转子的作用下，粗粉回到磨盘重新粉磨，合格的细粉随气流一起出磨，收入到收尘装置中。含有水分的物料在悬浮状态下与热气体充分接触，瞬间被烘干，不会产生糊磨现象。

立式磨粉磨效率高、产量大、烘干能力强。在粉磨含水率较大的物料时，通过控制进风温度，可使物料瞬间烘干，利于物料的粉磨，立式磨可粉磨含水率高达 15% 的物料。立式磨本身带有提升设备和选粉机，出磨含尘气体可直接由高浓度袋式收尘器收集，故工艺简单、布局紧凑、扬尘少。

立式磨常用于石粉厂（粉碎石灰石作电厂烟气脱硫）和水泥行业粉磨生料。2008 年新疆城建集团下属的页岩砖厂首先将立式磨用于烧结砖瓦行业用于粉碎页岩。该厂的立式磨的主要技术性能如表 10-59 所示。立式磨系统配套设备的主要技术性能如表 10-60 所示。

立式磨的主要技术性能　　　　　　　　　　　　　　　　表 10-59

设备型号	使用原料	入磨风温（℃）	出磨风温（℃）	出磨原料水分（%）	进料块度（mm）	出料粒度（mm）	产量（t/h）
HRM17/22	页岩	<350	80~90	<3	<50	<1	>80

立式磨系统配套设备的主要技术性能　　　　　　　　　　表 10-60

设备名称	规格型号	技术性能		
板链斗式提升机	NE100	斗宽 400mm	上下轮中心距 13400mm	输送能力 120t/h
锁风喂料器	SW100×100A	转子转速 9.125r/min	热风温度 <300℃	输送能力 120m³/h
立式排风机	HM180/100A	风量 18000m³/h	风压 10000Pa	工作温度 90℃
气箱脉冲袋式收尘器	FDP128-2×12	风量 18000m³/h	过滤面积 3825m²	入口温度 ≤120℃

10.73 振动磨的工作原理及特点是什么？

1. 振动磨的工作原理

在其筒体内装填研磨介质及需要研磨的物料，筒体中央有一偏心重块，磨机主轴在电机的带动下，以 1500~3000r/min 作高速转动，由于偏心重块产生离心力，使筒体振动，于是研磨体就以冲击和滑动研磨方式将物料磨细。

2. 振动磨的工作特点

（1）振动频率很高，因此，物料在单位时间内受到的冲击与研磨的次数较多，故其细磨效果显著。

（2）研磨介质的磨损小。

（3）筒体不作旋转运动，动负荷小。

（4）可以干法操作，亦可湿法操作；可以间歇运行，亦可连续运行。

（5）研磨较硬的物料效果更佳。

10.74 振动磨的主要技术性能如何？

部分振动磨的主要技术性能如表 10-61 所示。

部分振动磨的主要技术性能 表 10-61

主要性能	型号			
	HF200	2MZ-800	5M-1000	2MZGW-1200
有效容积（L）	200	800	1000	1200
振动频率（Hz）	24.5	16.3	24.5	16.3
振幅（mm）	3～4.5	7	0～6	10.38
振动加速度（g）	7～10	—	7～10	—
电机功率（kW）	22	55	75	120
设备总质量（kg）	2000	—	5000	—

10.75 流能磨的工作原理及特点是什么？

流能磨又称气流粉碎机。其工作原理：利用压力约为 0.6MPa 的压缩空气从喷嘴高速喷射所形成的湍流，使物料互相撞击、摩擦、剪切，而被高度粉碎。其工作特点：（1）适于大量、连续的超细磨，粉碎细度可达到 0.001mm；（2）没有机械运动部分，不易发生故障；（3）结构简单、维修方便。

10.76 原料的筛分设备有哪些？它们的使用性能如何？

筛分设备是将颗粒大小不同的物料分成几种级别的机械设备。主要由筛面和带动筛面运动的转动设备组成。按筛面结构分：有格筛、板筛和编织筛。按运动方式分：有固定筛、摇动筛、振动筛和回转筛。

过去砖瓦厂大多采用自定中心振动筛，其次是回转筛。自定中心振动筛比同样筛网面积的回转筛产量、筛分效率高。但噪声大、对基础的振动大。

自定中心振动筛的主要使用性能如表 10-62 所示。回转筛的主要使用性能如表 10-63 所示。

自定中心振动筛的主要使用性能 表 10-62

型号	筛网有效面积（m²）	倾角20°时的产量（t/h）						电机功率（kW）
		物料含水率（%）						
		8			9			
		筛孔尺寸（mm）						
		2.0	2.5	3.0	2.0	2.5	3.0	
SZZ₁1250×2500	3.1	7.5	10	14	6.5	8.5	11.5	5.5
SZZ₁1500×3000	4.5	9	12	17	8	10.5	14	10
SZZ₁1500×4000	6.0	11	14.5	20.5	10	13	18	11

注：1. 物料为经笼型粉碎机粉碎后的页岩；
2. 产量是指大于筛孔的料含量为30%的筛下料；
3. 物料含水率大于9%时堵塞筛孔（尤其是筛孔偏小时）严重；
4. 表中列出的SZZ₁型为单层筛，还有一种SZZ₂型双层筛。如将双层筛作为单层使用，其产量可以提高，在上层筛网的保护下，可使下层筛网使用寿命延长。入筛分有塑性、含水率较高的物料，则应将下层筛网去掉作为单层使用。

回转筛的主要使用性能　　　表 10-63

型号	大端直径（mm）	小端直径（mm）	长度（mm）	产量（t/h）						电机功率（kW）
				物料含水率（%）						
				8			9			
				筛孔尺寸（mm）						
				2	2.5	3	2	2.5	3	
S418	770	630	1000	3.3	4.3	5.8	2.7	3.5	4.5	2.2
S4112	1000	780	1400	4.3	5.6	7.5	3.5	4.5	5.9	3.0
SM237	1100	780	3500	6.5	8.5	11.5	5.5	7.0	9.0	4.5
重庆信奇型	1400	1200	4500	10.0	13.0	17.5	8.5	10.5	13.5	5.5
重庆龙筑宏发型	1800	1800	5000	12.0	15.5	21.0	10.0	12.5	16.0	5.5
乐山泰辉型	2000	1800	5500	25.0	28.0	40.0	20.5	20.0	31.0	7.5
重庆茂恒型	2000	1900	8000	35.0	42.0	60.0	30.0	38.0	45.0	11
重庆春来型	2800	2800	6000	50	60	85	40	50	60	17

注：1. 回转筛的筛面与水平应呈 4°～9°的倾角，使物料在筒内以合理的速度下滑；
　　2. 回转筛的主要特点是转速低（10～30r/min）、运转平稳、无振动力和噪声；但工作面积仅为整个筛面面积的 1/6～1/8，筛分效率较低。

有些厂也采用共振筛。共振筛的优点是产量比同面积的自定中心振动筛高约 20%，筛分效率提高 15%～20%，筛网可水平放置，工艺布置紧凑，基础受动负荷很小；缺点是设备质量比一般筛大。

几种共振筛的主要技术性能如表 10-64 所示。

共振筛的主要技术性能　　　表 10-64

型号	SZG1000×2500		SZG1500×3000		2SZG1200×3000
筛网安装角度	0°	10°	0°	10°	0°
筛网面积（m²）	2.5		4.5		3.6
筛网层数（层）	1		1		2
振动频率（次/min）	750～850		750～850		650～800
双振幅（mm）	10～20		14～22		13～7
电机功率（kW）	4		7.5		5.5
质量（t）	2.243	2.230	3.908	3.934	11.80

随着大于筛孔料含量的变化，筛分效率亦有所变化，它们大致的关系如表 10-65所示。

大于筛孔料含量与筛分效率的关系　　　表 10-65

大于筛孔的料含量（%）	筛子产量为小于筛孔料的（%）	大于筛孔的料含量（%）	筛子产量为小于筛孔料的（%）
0	99	60	60
10	98	65	53.5
20	96.5	70	46.5
30	94.5	75	39.5
35	89.5	80	32
40	84	85	24.5
45	78.5	90	16.5
50	72.5	95	8.5
55	66.5	100	0

由表 10-65 可见，随着大于筛孔料的增加，混在筛上料的小于筛孔的细料的百分数也将有所增加，即筛分效率下降。

根据重庆二砖厂实测数据：ϕ1600 笼型粉碎机粉碎后的页岩（页岩含水率为 5.4%，普氏硬度系数为 3），过 1500×4000 的自定中心振动筛（筛孔 3mm，筛子倾角 20°）时的筛分效率为 95%（即小于 3mm 的细料中，有 95% 是筛下料，还有 5% 混在粗料中作回料处理）。

国外现代化砖厂的原料筛分设备通常采用电热振动筛。英国荷雷公司砖厂振动筛网经电加热后，原料粘堵筛孔的现象有所减轻。

有些页岩砖厂采用了固定溜筛，一般溜筛规格为：长 3.5～5.5m，宽 1.2～1.5m。它的主要优点有：①不用动力；②工作时对基础无振动；③由于采用的筛孔较大，筛网钢丝较粗，故筛网既不易堵，亦不易坏（令人满意的是，由于溜角较大，一般为 43°～50°，故筛下料并不粗）；④可以随时调整溜角。当原料含水率偏低时，筛分时较流畅，可将溜角调大些。它的主要缺点是筛分效率较低，比振动筛的筛分效率约低 15%～25%。

近十几年来，不少砖瓦厂采用高频筛，其特点是：

（1）筛箱及外部结构不参振，筛网高频振动：频率 50Hz，振幅 0～3mm 可调，振动强度大（8～10 倍重力加速度），处理能力大，不易堵孔，筛分效率高。

（2）筛网振动采用计算机集控，具有瞬时强振动，能随时清理筛网，防止堵孔。

（3）采用密封设计，防止粉尘污染。

（4）整机采用隔振弹簧支承，无动载，无需特制基础，随意摆放。

（5）功耗低：筛分面积为 8.4m² 筛机，电机仅配 2.1kW。

（6）适用于入料水分 <10% 的筛分。

高频筛的主要技术性能如表 10-66 所示。

高频筛的主要技术性能

表 10-66

型号	筛面规格			单位面积产量［t/(m²·h)］					产量［t/(台·h)］				电机功率（kW）
	宽（m）	长（m）	面积(m²)	0.5mm	1mm	2mm	3mm	4mm	1mm	2mm	3mm	4mm	
MVS1030	1	3	3						6～9	9～12	12～15	18～24	0.90
MVS2030	2	3	6						12～18	18～24	24～30	36～48	1.80
MVS1035	1	3.5	3.5	0.5～1	2～3	3～4	4～5	6～8	7～11	11～24	14～18	21～28	1.05
MVS2035	2	3.5	7						14～21	21～28	28～35	42～56	2.10
MVS1235	1.2	3.5	4.2						8～13	13～17	17～21	25～34	1.05
MVS2435	2.4	3.5	8.4						17～25	25～34	34～42	50～67	2.10

10.77 双轴搅拌机的工作原理是什么？它的主要技术性能如何？什么是水分自动控制设备？

双轴搅拌机是连续作业的搅拌机，通常用以制备砖瓦混合料。机槽内设有双轴，轴上按螺旋推进方向安设搅拌叶片，两轴的旋转方向相反。物料靠搅拌叶片旋转时的搅动并向前推移。物料搅拌的均匀程度和停留时间主要取决于叶片与轴线的角度和轴的转速。物料从搅拌机一端的上方进料，另一端机槽下开口卸料。在进料端稍后安设水管加湿。两轴之间，机槽底部设有蒸汽管以便加热混合料。

双轴搅拌机的主要技术性能如表 10-67 所示。

双轴搅拌机的主要技术性能　　　　　　　表 10-67

名称	设备型号		备注
	DW302	DW301	
生产能力（m³/h）	20 ~ 25	25	进出口中心距为 3000mm 的双轴搅拌机为在 DW301 型基础上修改加长；其动力为 37（或 45）kW
进出料口中心距（mm）	2000	2400	
搅拌轴转速（r/min）	50	31.3	
搅拌刀回转直径（mm）	420	480	
搅拌刀导程（mm）	332	320	
外形尺寸（mm）	4855 × 1300 × 1010	6500 × 1475 × 1488	
电机功率（kW）	30	30（或 37）	
设备质量（kg）	3000	5460	

水分加入的多少，直接关系到产品的质量、产量和能耗的大小。对搅拌机用水量的控制基本上有三种方法，即微电流法（如给料机电机电流的微小变化）、电阻法和超声波法。

美国亚特兰大新北砖厂的双轴搅拌机可调速。

10.78　搅拌挤出机的工作原理是什么？

搅拌挤出机与搅拌机的不同之处为：在设备出口处增加了螺旋挤压和切割分片装置。原料进入到搅拌挤出机中先进行搅拌混合，再输送到螺旋挤压段由螺旋绞刀挤压密实并切片输出。该设备比搅拌机多了挤压细碎功能，使得原料更加均化密实。

10.79　双轴搅拌机的操作和维修要点有哪些？

（1）水、蒸汽管路应畅通且无渗漏现象。

（2）开机时需待电机达到正常转速后，再使离合器工作，并开始给料。停机时应先停止给料，再使离合器停止工作，然后关闭电机。

（3）设备长期停止工作时，必须将搅拌箱内的泥料清除干净。

（4）按期更换减速机内的润滑油，并应经常检查油池油面。

（5）各滚动轴承处要定期加油。

（6）定期检查搅拌箱及搅拌轴部分，并及时对已磨损的衬板及搅拌刀叶片进行修补或更换。

10.80　单轴搅拌挤出机和双轴搅拌挤出机的主要技术性能如何？

单轴搅拌挤出机的主要技术性能如表 10-68 所示。双轴搅拌挤出机的主要技术性能如表 10-69 所示。

单轴搅拌挤出机的主要技术性能 表 10-68

名称	设备型号
产量（m³/h）	20～25
搅刀转径（mm）	400
搅刀转速（r/min）	39
搅刀螺距（mm）	320
外形尺寸（mm）	6300×1470×1140
电机功率（kW）	45
设备质量（kg）	4900

双轴搅拌挤出机的主要技术性能 表 10-69

规格型号	绞刀回转直径（mm）	进出料口中心距（mm）	搅刀转速（r/min）	产量（m³/h）	电机功率（kW）
SJ240	ϕ470	2400	31	30	55
SJ300	ϕ510	3000	30	35	75

10.81 什么是净化机？XW129 型净化机的主要技术性能如何？

净化机是消除泥料中砾石、礓石和草根等杂质的专用设备。在带筛孔的泥缸有绞刀推进泥料，使泥料受压由筛孔挤出，大于筛孔的杂质被推往泥缸端头存渣处，定时排除。生产能力主要取决于泥缸直径和筛孔大小。

黑龙江省双鸭山长胜砖厂的黏土原料中含一些小石子，采用一台动力为 75kW 的净化机，其四周布满长条型出泥孔，孔宽 12mm，孔与孔之间的壁厚为 10mm，端头储存石子，一天打开一次端头门将石子清除。

XW129 型净化机的主要技术性能如表 10-70 所示。

XW129 型净化机的主要技术性能 表 10-70

名称	参数
出料孔径（mm）	5～8
产量（m³/h）	15～20
泥缸直径（mm）	510
主轴转速（r/min）	20
打泥板转速（r/min）	32
打泥板转径（mm）	294
外形尺寸（mm）	4510×2000×950
电机功率（kW）	45
设备质量（kg）	5610

注：净化机不但起到净化泥料作用，而且起到高效练泥作用。

10.82 净化机的操作和维修要点有哪些？

（1）设备启动前必须检查各紧固螺栓是否拧紧，并对各润滑点加适量润滑油。

（2）启动电机前必须打开离合器。

（3）停机时应先停止给料，待泥缸内原料基本挤出后方可停机。

（4）根据原料中杂质含量的比例，定期打开蓄料缸盖，清除杂质。

（5）调整离合器上的调整盘，以保证各摩擦片有足够的压力。

（6）各润滑点要及时加油。

（7）定期检查主轴轴端根工作是否正常，并及时予以调整或更换。

（8）定期检查绞刀和搅拌刀，并按磨损程度进行修理或更换。

（9）定期检查篦子板并及时予以更换。

10.83 如何利用旧挤出机改做净化机?

广东省某砖厂采用的自制净化机构造简单。它用钢板卷焊成一圆筒，筒的一端以螺栓与普通挤出机的泥缸出泥口相接，筒的另一端在一块具有圆形小孔的钢板上开有ϕ15mm 小孔，共为 290 个，通过挤出机的泥料即从这些小孔逼出，石块等杂质积聚于端头钢板处。该厂与之相匹配的挤出机泥缸直径为 420mm，电机功率 55kW，净泥能力 5t/h。

有的砖厂泥料中无杂质，将该设备筒体的四周和端头开若干个较大的长条形孔，让泥料通过这些孔挤出，以达到较好的练泥效果，故又将该设备称为"练泥机"。

10.84 液压顶车机常见故障及消除方法有哪些?

液压顶车机常见故障及消除方法如表 10-71 所示。

液压顶车机常见故障及消除方法　　　　　　　　　表 10-71

故障	故障原因	消除方法
窑车顶不到位或挂块不着	液压顶车机安装位置不当	调整液压顶车机安装位置
	行程开关安装位置不当	调整行程开关安装位置
顶部动窑车	窑车倒坯	清理倒坯
	无压力或压力不足	调整压力
无压力或压力不足	电磁溢流阀被杂物堵塞或损坏	清洗或更换新面
	吸油滤油器堵塞	清洗或更换新滤油器
	管线泄漏	处理泄漏管线
	油泵损坏	更换新油泵
	液压油量不足	添加同型号液压油
	电液换向阀内泄	更换新电液换向阀
	油缸活塞密封失效产生内泄	更换活塞密封
多次（4次以上）才能将窑车顶到位	液压顶车挂块相互排列位置不当	重新排列顶车挂块相互位置
	液压顶车选型不当	选择正确液压顶车机型号
油缸行走速度降低	吸油滤油器堵塞	清洗或更换新滤油器
	管线有泄漏	处理泄漏管线
	油泵磨损产生内泄	更换新油泵
	电液换向阀内泄严重	更换新电液换向阀

故障	故障原因	消除方法
从高压侧到低压侧的漏损引起温度过高	安全压力调整得太高	调整正确
	安全阀性能不好	用性能好的安全阀代替
	阀的工作不好，密封损坏	更换密封
	油的黏度过低	改用制造厂推荐的油
当系统不需要压力油时，而油仍在溢流，阀的设定压力下溢回油箱引起油温过高	卸荷回路的动作不良	检查处理回路系统
	由于污染或零件缺陷产生通气系统	清洁或修理
	安全压力调整太低	将其调整正确
油温过高	通风不良或环境温度高	改善通风条件或强制水冷
	电液换向阀内泄严重	更换新电液换向阀

10.85 如何计算推车机所需要的推力？

推车机的作用是将装载制品的窑车，按规定的推车速度由隧道窑的入口向前推进一个车位。

推车机所需的最大推力 F，按下式计算：

$$F = MgnfK$$

式中，F 为所需输出的最大推力，N；M 为平均每辆窑车载满制品的总重量，kg；g 为重力加速度，m/s^2；n 为窑内容纳车辆数量；f 为综合阻力系数，包括砂封阻力、轨道摩擦阻力、窑车转动部分及推出机阻力，一般为 $0.02 \sim 0.03$；K 为安全系数，一般取 1.2。

考虑输油管路的压力损失，按上式计算的最大推力尚需增加 $400 \sim 500 kPa$。

10.86 常用除铁器的种类有哪些？

除铁器包括永磁除铁器、电磁除铁器和磁滚筒等，用以吸除原料中混入的铁磁性金属，保护设备安全运行，提高产品质量。下面将主要产品作简要介绍。

（1）RCYB 系列悬挂式永磁除铁器：免维护、寿命长、无能耗、安装简单、使用方便。适用于连续工作、含铁较少的场合。

（2）RCT 系列永磁铁滚筒：内部采用高性能强永磁材料作励磁，具有磁场强、寿命长、除铁净、无能耗、适用于连续工作、无故障等特点。与胶带输送机配套使用，可代替主动轮或从动轮，兼有除铁功能，连续工作，自动排铁。

（3）RCYB-T 系列强磁板式永磁除铁器：采用超强稀土合金为磁系，计算机模拟磁路设计，磁场强、吸力大、无能耗、免维护，运行可靠，除铁干净。

（4）RCD（Y）系列电磁（永磁）自卸式除铁器：内部分别采用油冷、自冷、风冷或永磁铁式结构，用于物料含铁较多的场合，自动卸铁、高效率。

（5）RCDE 系列油冷式电磁铁除铁器：内部励磁线圈采用油浸式冷却、高性能外置散热管，散热快，温升低。具有防尘、防雨、耐腐蚀、寿命长等特点。

（6）RCDB 系列悬挂式电磁除铁器：自冷式全密闭结构，计算机模拟磁路设计，吸力强、透磁深度大，用于输送物料中，清除 $0.1 \sim 3.5 kg$ 的铁磁性物质。

（7）GJT 系列金属探测仪：采用新颖数字移相及相关金属探测技术，性能稳定，探测灵敏度高，抗干扰能力强，安装于胶带输送机中部，对原料内混入的金属物质进行探测，自动报警并停止胶带输送机运行或驱动相关执行机构。

10.87 常用切条机和切坯机的主要技术性能如何？

（1）DW502 切条机的主要技术性能如表 10-72 所示。

DW502 切条机的主要技术性能

表 10-72

名称	参数
切割长度（mm）	1000
送条速度（m/s）	1.25
外形尺寸（mm）	2000 × 554 × 1154
电机功率（kW）	1.5
设备质量（kg）	200

（2）DW501 切坯机的主要技术性能如表 10-73 所示。

DW501 切坯机的主要技术性能

表 10-73

名称	参数
推头最高往返次数（次）	33
推头行程（mm）	425
每次切坯块数（块）	17
推坯样板规格（mm）	1100 × 315
电机功率（kW）	3
设备质量（kg）	942

（3）开封欧帕自动化有限公司生产的切条机、切坯机、滚花机介绍如下：

1）自动垂直切条机：无泥头，因而增产、节电 7%～15%，省操作工，减少无工磨损。

2）超级大切坯机：智控防偏，永不斜，泥条自动准确到位，配防断钢丝设置。

3）自动切条切坯系统：与自动化生产线配套，实现无人操作。适合软塑、半硬塑和硬塑成型的标砖坯体、空心砖坯体和砌块坯体的无人操作切条切坯。

4）四面滚花机（泥条表面滚花纹）：置于切条机尾端，其主要作用：①减少码坯时造成坯体粘连；②减少制品焙烧时造成的压花；③校正泥条偏斜；④对不良泥条整形，减少表面瑕疵；⑤使制品更美观，提高制品档次；⑥砌筑时，使制品与灰浆结合更牢固。

10.88 通风机的种类有哪些？什么是风量、风压？

常用的有离心通风机和轴流通风机。

离心通风机按其所产生的压力分为三种：①压力在 1000Pa 以下的称低压通风机；②压力在 1000～2000Pa 的称中压通风机；③压力在 2000～10000Pa 的称高压通风机。砖瓦坯体的人工干燥所需风机的压力都小于 2000Pa，故所使用的风机全是中、低压离心通风机。

轴流通风机，当叶轮的叶片数目多，叶片形状短而阔，则风压较高。当叶片数目少，叶片形状细而长，则风压较低。按其产生的风压不同分为：①低压轴流通风机，压力在500Pa以下；②高压轴流通风机，压力在500Pa以上。

风量是单位时间内流过风机的气体量，即通风机送入干燥室的气体量。用符号Q表示，单位为m^3/h、m^3/min、m^3/s。

由于气体的体积是热胀冷缩的，为了便于分析、说明问题，常将实际状况下的风量换算成标准状况（即0℃、一个大气压）下的风量。

$$Q_0 = Q_t \times \frac{273}{273 + t}$$

式中　Q_0——气体在标准状态时的风量（Nm^3/h）；

　　　Q_t——气体在实际温度t时的风量（m^3/h）。

风压是气体流过通风机时所具有的全部压力称为气体的全压，用符号H表示。单位为Pa。气体的全压由两部分组成：一部分是用来克服气体在风道内的阻力所需要的能量称为静压，用$H_{静}$表示；另一部分是使气体在风道内产生运动所需的能量称为动压，用$H_{动}$表示。即：

$$H = H_{静} + H_{动}$$

10.89　离心通风机的构造及工作原理是什么？轴流通风机的工作原理是什么？

离心通风机主要由叶轮、螺形机壳、轮毂与机轴、吸气口、排气口、轴承和轴承座、皮带轮或联轴器、电机、机座等组成。

电机通过皮带与皮带轮或联轴器与风机的轴相连，电机通电后，即通过风机的轴带动叶轮旋转。叶轮安装在螺形机壳内。机壳内的空气即被叶轮带动旋转，空气在惯性的作用下被甩向四周，汇集到螺形机壳中，空气在螺形机壳流向排气口的过程中，截面不断扩大，速度变慢，压力增大后以一定压力从排气口压出。当叶轮中的空气被排出后，叶轮中心形成一定的真空度，吸气口外的空气在大气压力作用下被吸入叶轮，叶轮不断旋转，空气就不断被吸入和压出。显然，离心通风机是通过叶轮的旋转，将能量传递给空气，从而达到输送空气的目的。

离心式通风机出风口位置如图10-4所示。

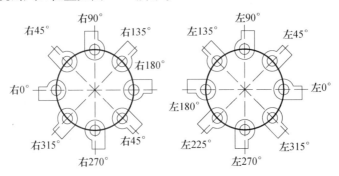

图10-4　离心式通风机出风口位置

轴流通风机是利用固定在轴上的叶轮旋转时产生的轴向推力来输送气体的。

意大利干燥室内的风机具有耐热防潮、防腐蚀等特点，可长期在干燥室内湿热条件下工作。这类风机均为轴流风机，叶片由铝合金或耐热钢制成。为使风机的电机具有防潮防腐的性能，在制造中采用了特殊的方法，如小功率电机采用大功率机壳，在机壳内填保温绝缘材料，同时将电机内的定子和转子绕组涂以特殊防潮材料。

10.90　通风机的转速与风量、全压、功率之间是怎样的比例关系？

当介质密度不变时，改变通风机的转速 n，则有以下基本关系：

$$\frac{Q_1}{Q_2} = \frac{n_1}{n_2}　　　\text{风量比等于转速比}$$

$$\frac{H_1}{H_2} = \frac{n_1^2}{n_2^2}　　　\text{全压比等于转速平方比}$$

$$\frac{N_1}{N_2} = \frac{n_1^3}{n_2^3}　　　\text{功率比等于转速立方比}$$

10.91　对运转中的排烟风机，操作工应检查哪些事项？

应检查的事项主要有：
（1）风机电流是否正常；
（2）润滑油是否正常；
（3）冷却水温度是否过高；
（4）风机的振动是否正常，紧固件有无松脱现象；
（5）烟气入口温度是否正常。

10.92　干燥室和隧道窑所用的风机为什么应采用变频调速技术？

过去，风机用挡板调节风量，通过人为增加阻力的办法达到调节的目的。如某厂的风机挡板只开了一半，实际用风量比风机的送风能力小得多，而电机却保持以额定转速运行，浪费了大量电能。

须知，风机的风量 Q 与转速 n 成正比，风压 H 与转速 n 的平方成正比，轴功率 N 与转速 n 的立方成正比。当风机转速降低时，风量减少，其电流输入功率即降低。如转速降到 80% 时，风量也降到 80%，风压降到 80% ×80% =64%，轴功率降到 80% ×80% ×80% = 51%。由于电机的转速与频率成正比关系，故风机配置变频器采用变频调速技术的好处：可随意调速，从而节约大量电能；风机挡板全开，减少了风机的振动和轴承磨损；对电流的过压、过流等起保护功能，可实现电机的软启动和软制动，从而大大延长设备的使用寿命。例如湖北某砖厂的内宽 3.3m 并列式一次码烧隧道窑，送热离心通风机为 69235m³/h、1285Pa，变频器调为 37.2Hz；排潮离心通风机为 77900m³/h、747Pa，变频器调为 38.8Hz(变频器可调区段为 0～50Hz)，效果较好。又如某砖厂在所有风机配置变频器后，烧成一块砖的风机的电耗降至 40%。

变频是利用某种非线性电路的作用，改变电磁波的振荡频率。

10.93   隧道干燥室用齿条式推车机的操作和维修要点有哪些?

（1）齿条式推车机工作时在轨道上行走，四个车轮应与轨面接触。

（2）齿条式推车机在使用中，传动部分各零件工作应正常、无冲击和较大噪声；滑动轴承温升不得超过70℃；钩子部分的起落应灵活；推杆回到起始位置，钩子升起后，才能推动推车机行走。

（3）必须经常在润滑点注入润滑油；减速机内要保持一定的油面高度，并在开始两个月换油一次，以后每半年换一次。

（4）必须经常保持齿条式推车机的清洁；工作时不要推动超过最大允许推力之荷重；经常检查行程开关等电气系统。

（5）根据生产班制，建立定期的大、中、小检修制度；检查易损件的磨损情况，并及时修理和更换。

10.94   对窑炉附属设施有哪些要求?

（1）窑炉附属设施包括窑门、窑车、窑炉运转设备（包括步进机、码坯定位机、牵引机、顶车机、托车等）、风机、通风管道、燃烧系统和控制系统，应按设计进行制作、安装。

（2）窑车应有制作模具方可批量加工，钢架高度尺寸误差±2mm，长、宽误差±2mm，对角线±3.5mm。窑车应运转灵活、形状平整、焊接牢固，不得扭曲。

（3）窑车异形耐火材料砌筑时应留膨胀缝。砌筑后窑车高度误差±3mm，长、宽误差−5~0mm，对角线±6mm。

（4）窑门安装后门与门框单边间隙为5mm，窑门升降速度100~160mm/s。

（5）窑门安装后应尺寸准确，开启灵活，不允许有碰擦、卡壳等现象。窑门应涂刷耐热漆。

（6）热风管道应作保温隔热处理，并设膨胀节。

（7）附属设备基础宜与窑炉基础同时施工，同时砌筑各孔道、通风口、构件、预埋件，确定砌体膨胀间隙，并预留膨胀缝。

10.95   窑车用电托车的操作和维修要点有哪些?

（1）电托车启动前必须首先发出声响信号。

（2）将电托车开到工作位置，并使电托车上的轨道与地面上的轨道对准，此时方能进行推拉操作。

（3）电托车需待推杆完全复位后以及窑车全部进入或全部脱离电托车后方能运行。

（4）根据推拉操作需要，应及时准确地转动推块位置。

（5）当利用推车机将窑车从电托车上推入隧道窑内时，必须使推块处于顺向状态。严禁推块反向时推动窑车。

（6）必须保持电托车坑道的清洁，并及时对各润滑点润滑。

（7）经常检查各紧固件有无松动现象，行程开关是否灵敏可靠，电气线路是否绝缘良好。

（8）电托车严禁超载运行。

（9）根据使用情况，建立定期的大、中、小检修制度。

10.96 隧道窑用螺旋推车机的操作和维修要点有哪些？

（1）螺旋推车机应安装在合格的基础及矫正好的轨道上，四个车轮均应与轨面接触，且转动灵活。

（2）浮动联轴器与丝杆轴装配时，必须保证设计要求的同心度。

（3）丝杆和车架的装配应旋合自如，车架运行轻便。

（4）根据试车情况，确定行程开关的正确位置，严防螺母脱离丝杆。

（5）必须确认电托车上的窑车轨道与地面上的窑车轨道对准后，方可启动推车机。

（6）设备运行必须平稳，不得有杂声和异响，行程开关要灵敏可靠。

（7）当发现推车机电机电流过大时，需查明原因，排除故障后方可继续使用。

（8）必须对各润滑点保持一定的润滑油量。

（9）根据实际生产情况建立大、中、小检修制度。检查各部位的轴承，作必要的清洗和更换；检查三角皮带的松紧程度，易损件磨损情况，作必要的更换；对丝杆螺纹作必要的清洗。

10.97 隧道窑用液压顶车机的操作和维修要点有哪些？

（1）油缸、油箱及所有输油管路使用前均需严格用油冲洗。

（2）向油缸内送油时，应先将其两端的排气阀打开，待排气阀中有油喷出时方可关闭。

（3）油缸压力试验时，需在试验压力下，保压5min，各密封处不得有漏油现象。

（4）试压后，应进行空负荷运行，往复次数不少于10次，运行时应平稳无卡阻。

（5）工作油温不低于15℃，不高于60℃。

（6）需按窑车确保进入窑门后（窑门可关闭）的适当位置，并在推车机推头允许的行程范围内，安设限位开关。

（7）需待电托车停稳并对准窑轨道后方可开动推车机。

（8）经常保持推车机的清洁和给所有转动、滚动部位注以润滑油。

（9）经常检查各密封部位是否漏油，并定期更换工作介质。

（10）不允许推动超过推车机最大允许推力的荷载。

（11）根据生产情况建立大、中、小检修制度。

10.98 空气压缩机的种类有哪些？

空气压缩机简称空压机，是使空气压缩以提高其压力的机器。分容积型和速度型两种。容积型空压机是将空气体积缩小，以提高其压力；速度型空压机是使气体分子得到很高的速度，然后又让它停滞下来，使动能转化为位能，即使速度能转化为压力。其分类如图10-5所示。

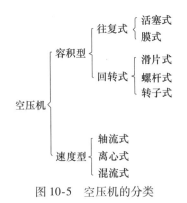

图 10-5　空压机的分类

（1）活塞式空压机

应用最广的一种空压机。空气的压缩依靠气缸内往复运动的活塞来产生。以排气终压来分类，有低压（3～10 大气压）、中压（10～100 大气压）和高压（100～1000 大气压）；以生产能力来分类，有微型（$1m^3$/min 以下）、小型（$10m^3$/min 以下）、中型（10～$100m^3$/min）和大型（$100m^3$/min 以上）；以气缸位置来分类，有卧式、立式和角式。

（2）滑片式空压机

气缸为圆筒形，内有偏心安置的转子，转子上有若干径向的滑片槽，槽内装滑片。当转子转动时，滑片在离心力的作用下，紧压在气缸的内壁，使滑片间的容积产生变化而将吸入的空气压缩。滑片式空压机主要用于低压（<10 大气压），其容量为 10～$100m^3$/min。

（3）螺杆式空压机

气缸成 8 字形，内装阳转子（或称阳螺杆）和阴转子（或称阴螺杆）。当转子旋转时，转子凹槽与气缸内壁所构成的空间容积不断变化，从而实现空气的吸气、压缩和排出。螺杆式空压机属低压范畴（<10 大气压），其容量为 10～$100m^3$/min。

（4）离心式空压机

速度型空压机的一种，又称涡轮空压机。其工作原理是利用空气的速度能转变为压能。离心式空压机为低、中压，其容量为 100～$1000m^3$/min，属大容量。

（5）空气过滤器

用以截留进入空压机前空气中的灰尘和杂物，以净化空气和降低机器的磨损。过滤层可用织物、金属或油。一般要求经过滤后空气的含尘量小于 $10mg/m^3$，而阻力不大于 $30mmH_2O$（300Pa）。

（6）油水分离器

又称液气分离器。利用重力分离压缩空气中所含的油和水分，使压缩空气得到初步的净化。

（7）贮气罐

又称风包或气包。为活塞式空压机配备的贮存压缩空气的容器。它具有稳定压缩空气管道中的压力和缓冲排出周期性脉冲气流的作用，并可进一步分离空气中的油和水。

10.99　常用的空气压缩机的主要技术性能如何？

往复活塞式 L 型空气压缩机的技术性能如表 10-74 所示。

L 型空气压缩机的技术性能　　表 10-74

排气量（m³/min）	10	21.5	44	60	100	15	20	55
排气压力（MPa）	0.8	0.8	0.8	0.7	0.8	0.3	0.35	0.45
排气温度（℃）	≤160	≤160	≤16	—	—	≤160	≤160	≤160
冷却水耗量（m³/h）	2.4	4	8.5	14.4	25	3.6	4.8	6.5
润滑油耗量（g/h）	70	105	150	195	255	88	105	—
电机功率（kW）	75	132	250	350	550	75	95	250
贮气罐 容积（m³）	1.2	2.5	4.6	8.5	12.7	5	1.2 或 5	4.6
贮气罐 外形（mm）	φ800×2445	φ1100×3460	φ1300×4100	φ1500×5340	φ1800×5620	φ1400×2880	—	φ1300×4100
后冷却器 冷却水耗量（m³/h）	1.2	2	—	—	—	—	—	6
后冷却器 外形（mm）	φ330×1150	质量277kg	质量180kg	—	质量700kg			

说明：表中所列的是固定式空气压缩机。

部分移动式空气压缩机的技术性能如表 10-75 所示。

部分移动式空气压缩机的技术性能　　表 10-75

项目	YH-10/7 型（滑片式）	LGY20-10/7 型（螺杆式）	YW-9/7-1 型（活塞式）	2VY-12/7 型（活塞式）
排气量（m³/min）	10	10	9	12
排气压力（MPa）	0.7	0.7	0.7	0.7
排气温度（℃）	≤110	<120	<180	≤180
外形尺寸（长×宽×高）（mm）	3380×1780×1920	3590×1800×1760	3560×2150×2440	3800×1700×1950
压缩机润滑油耗量（g/h）	—	<150	—	120
冷却方式	风冷			
柴油机功率（马力）	120	120	94	120
备注	柴油发动机通过联轴节直联传动，机组安装在拖车上	本机组由柴油发动机、空气压缩机、贮气罐、空气过滤器及冷却器等组成，均装于同一拖车上	可用柴油机为动力，亦可用电机为动力	由柴油机通过离心式离合器传动机组成一体安装在拖车上

10.100　如何使用空气压缩机？

由于烧结砖瓦厂各用气点要求的压力不同，常采用两种不同压力（0.3MPa 和 0.45MPa）。多数采用往复活塞式空气压缩机供气，个别厂采用回转滑片式或回转透平式。

空气压缩机可以集中设置在压缩空气站内，亦可分散设置在用气点附近。分散设置时可以做到专机专用，便于就近管理，且压力和风量损失较少，用电较省；但须选用不同规格的空气压缩机以适应不同用气点的需求。集中供气的优点是：空气压缩机的出气可以互相调剂，互为备用，且便于集中维护检修；但供气距离较远，管道较长，损耗较多。

往复活塞式空气压缩机按其气缸配置形式可分为 L 型、V 型和 W 型等数种。排气量为 $3 \sim 10 m^3/min$ 的活塞式压缩机多为 V 型和 W 型；排气量为 $10 \sim 100 m^3/min$ 的压缩机为 L 型。L 型压缩机的系列较全，运转较平稳，在烧结砖瓦厂用得较多。

L 型系列空气压缩机的 I 级气缸垂直配置，II 级气缸水平配置。压缩机工作时，自由状态的空气经过空气过滤器吸入 I 级气缸，被压缩到 $0.18 \sim 0.22 MPa$ 压力后排入中间冷却器冷却，然后吸入 II 级缸，再压缩至额定压力（约 $0.8 MPa$），最后排入贮气罐。由 II 级缸排出的气体，如果需要，也可送入后冷却器，经过再冷却后进入贮气罐内。压缩机的压力使用范围一般为 $0.4 \sim 0.8 MPa$。

L 型系列压缩机用水进行冷却。冷却水由进水总管进入中间冷却器，排出后分别进入 I 、II 级气缸的水套内，然后由总排水管排出。

L 型系列压缩机的操纵控制机构由顶开吸气阀、压力调节器、安全阀以及仪表、自动控制、自动保护系统等组成。当用气减少，压缩机排气压力升高时，压力调节器自动将气缸上的吸气阀顶开一部分，此时压缩机的排气量可减少 50%。若气压继续升高，则吸气阀全部被顶开，压缩机进入无负荷运转。

在贮气罐及中间冷却器上分别装设安全阀，以保障设备安全生产。在油泵上设有回油阀，当油压超过 $0.5 MPa$ 时回油阀开启，以保证润滑系统的安全。当油压、水压低于 $0.05 MPa$，以及 I 、II 级排气温度高于 $160℃$ 时发出声、光信号，并即时停机。

10.101 空气压缩机的常见故障及消除方法有哪些？

空气压缩机的常见故障及消除方法如表 10-76 所示。

空气压缩机的常见故障及消除方法　　　　　　　　　　　　　　　表 10-76

故　障	故障原因	消除方法
抽气量不足	滤清器积垢堵塞；吸气管太长，管径太小，阻力大	清洗或更换滤清器；减小吸气管长度，增大吸气管直径
	气缸、活塞、活塞环磨损量超标，使相关部件间隙增大，导致气缸大量泄漏	更换活塞环等磨损量超标件
	填料函密封不严，造成漏气；活塞杆与填料函中心未对准，导致填料函磨损、拉伤	修整填料函；调整活塞杆，使其与填料函中心一致，并在填料函处加注润滑油，起到润滑、密封、冷却作用
	阀座与阀片间卡入杂物，关闭不严；阀片翘曲，或阀座与阀片严重磨损，导致阀座与阀片接触不严	修复或更换吸、排气阀
	气阀弹簧力过大，使阀片开启迟缓；气阀弹簧力过小，使阀片关闭不及时	重新选择气阀弹簧，使弹簧力与气体压力匹配
	阀盖压紧力过小，压得过松；阀盖压紧力过大，压得太紧，使阀罩变形、损坏	调整气阀的压紧力，使阀罩松紧合适

故　障	故障原因	消除方法
排气温度过高	开机前未向冷却系统供水，或冷却水阀门开度小，导致冷却水供应不足；或运转中冷却水突然中断，冷却不力	开机前应先打开冷却水进水阀门，调节阀门开度；空压机运转中，随时检查冷却水供应情况，如供量不足，应开大进水阀门以增大其流量；如冷却水突然中断，应立即停机，绝不可向灼热的气缸直接通入冷却水
	冷却水温过高，导致系统冷却能力降低，排气温度升高	降低进口冷却水温度，或增大冷却水流量，要求出水温度不大于40℃，进、出水口温差不超过15℃
	冷却水质差，导致冷却水系统的冷却水一侧结垢严重，或集聚大量悬浮物，使传热恶化，同时还缩小了冷却水的流通截面积，甚至将冷却水通道堵死，使冷却效率大大下降	向冷却系统提供符合质量要求的冷却水，定期或根据结垢程度及悬浮物集聚程度清理冷却系统冷却水一侧的结垢和悬浮物，如冷却系统使用循环水，则水应经过软化处理，同时要保持水池的清洁并定期清理
	带有水压继电器的空压机，水压继电器的动作压力过低，或水压继电器失灵，造成冷却水量不足	将水压继电器的动作压力调整到规定值，如水压继电器失灵，则应修理或更换
	冷却器的冷却水一侧中间隔板损坏，使冷却水量减少	修理或更换已损坏的隔板
	冷却器中压缩空气一侧的油垢太多，导致冷却效率降低	定期或根据油垢沾污程度清理冷却器压缩空气一侧
	列管散热片式冷却器芯子的散热片与管子接触处脱开，导致散热能力下降	重新浸锡
异常声响	活塞与气缸盖间的间隙过小，二者产生撞击	调节活塞行程，增大活塞与气缸间的距离
	活塞杆与活塞连接螺母松动或脱扣，螺母防松开口销松动，造成活塞运动时晃动	拧紧活塞杆上的螺母，装好防松垫或开口销
	曲轴连杆机构和气缸中心线不重合，活塞撞击气缸壁	重新安装曲轴连杆机构，使曲轴连杆、活塞与气缸中心线重合
	气缸垫破损或润滑油带水，致使气缸内积水，活塞运动时搅动水	更换气缸垫，更换纯净的润滑油
	气缸中掉入金属碎片或其他坚硬物体	拆卸缸盖，取出异物
	润滑油太少，引起活塞和气缸干摩擦	使注油器向气缸正常供油
	吸、排气阀片折断，弹簧松软或损坏	更换阀片，更换弹簧
振动强烈	基础强度差，吸振能力差	提高基础强度和吸振能力
	安装时垫铁位置放置不当，导致机体底面、垫铁与基础表面接触不良，引起地脚螺栓松动	重新安装设备，保证机体底面、垫片与基础表面良好接触
	电机与传动轴的联轴器同轴度误差大，产生较大的惯性力	调整电机轴位置，提高电机轴与空压机传动轴的同轴度
	带轮安装不正，端面与轴线不垂直	重新安装带轮，确保带轮端面与传动轴的垂直度达到要求
	滚动轴承磨损严重，运动精度低	检修或更换滚动轴承
	气流速度和压力骤变，产生脉冲	在缓冲容器的进、出口法兰处增设节流孔板，以降低气流脉冲值

故　障	故障原因	消除方法
轴承过热	轴承间隙过小，运转不灵活	调整轴承间隙，使其径向间隙和轴向间隙保持在合适的范围
	轴承与轴颈贴合不均匀，产生相对运动	重新安装轴承，保证轴承与轴颈贴合均匀，不产生相对运动
	轴承偏斜或曲轴弯曲，导致轴承变形，元件变形，运转不畅	调整轴承安装位置或修理曲轴，使轴承和曲轴对中，轴承端面和曲轴垂直
	润滑油黏度太小，不能形成有效的润滑油膜，轴承发生干摩擦	选择合适的润滑油，提高润滑油的黏度，使其较容易形成润滑油膜
	油路堵塞，或油泵有故障造成断油，轴承得不到有效润滑	排除油泵故障，疏通油路

10.102　什么是砂泵？

砂泵又名砂浆泵。是一种输送含固体颗粒浆体的离心泵。固体颗粒的含量，即浆体浓度一般不超过65%。主要由泵体、叶轮、护板及传动装置组成。泵体、叶轮等的主要部件，常用耐磨铸铁或其他耐磨材料制成。主要用于输送砂浆、泥浆、粉煤灰浆等。

10.103　什么是自润滑轴承？

自润滑轴承是一种高温粉末冶金轴承，轴承自身具有固体润滑性能，如用于窑车，无须加油润滑，在400℃以下可以正常工作。

10.104　为什么必须对机器进行日常润滑？对设备进行润滑的一般技术要求有哪些？

机器在运转中，作相对运动的零部件的接触表面必然要发生摩擦，从而导致这些零部件的磨损。有资料介绍：80%左右的报废零部件是由于磨损过度造成的。摩擦要消耗能量，据估计，世界上总能量的$1/3 \sim 1/2$消耗在摩擦上，其中大部分是无用的摩擦。为了减少摩擦，最好的方法是进行合理的润滑。此外，润滑还可以起到冲洗杂质、降低工作温度、防锈、减振、密封等作用，从而提高了机器的运转效率，延长了机器的使用寿命。

对设备进行润滑的一般技术要求：

（1）设备各部位必须清洗干净后方能进行润滑；

（2）润滑油料应经过化验符合规定要求后，方可用于设备润滑；

（3）每次所加润滑油量，应达到规定的油标位置；

（4）当需要两种油料混合使用时，应按规定比例配合好后，再使用；

（5）液压系统的油料，必须保持清洁，不得使用再生油料。

10.105　什么是润滑剂？常用的润滑剂有哪些？

凡能够起润滑作用，降低作相对运动零部件接触表面之间摩擦阻力的介质，通称润滑剂。常用的润滑剂有：润滑油、润滑脂以及固体润滑剂等。

10.106　如何做好设备管理？

做好设备管理，须从以下几点进行：

（1）推行全员设备管理，使设备管理建立在广泛的群众基础上。

（2）建立设备的台账、卡片，并由专人管理，做到账、卡、物相符。设备的使用说明书、合格证、质量证明书、结构图及维修记录等应保存完好并归档。

（3）建立完善的设备管理制度、维修保养制度和完好标准。设备应有专人负责，定期维护保养。

（4）加强设备的日常维护与巡回检查。检查内容包括所有生产设备（也包括干燥、焙烧热工设备）及其管路系统外观是否清洁、完整，是否存在腐蚀现象；是否存在振动与噪声；相关的显示仪表指示是否正常；各种附件是否完好；基础是否牢固等。

10.107 如何做好生产安全管理？

做好生产安全管理，需要从以下几点进行：

（1）操作人员的安全技术培训

培训内容包括工艺流程、设备结构及工作原理、岗位操作规程、设备的日常维修及养护知识、消防器材的使用及保养知识等。

（2）建立各岗位的安全生产责任制度和设备巡回检查制度等。

（3）建立符合生产工艺要求的各类原始记录。包括交接班记录、中心控制系统运行记录和巡检记录等，并切实执行之。

（4）建立事故应急抢险救援预案。预案应对抢险救援的组织、分工、报警和各种事故的处置方法等，做详细明确的规定。

（5）加强对安全设施和重点设备的日常维护和巡回检查。干粉灭火器、各种报警设施要定期检测、检修，确保其完好有效。

（6）日常的安全检查与考核。通过检查与考核，规范操作行为，杜绝违章，克服麻痹思想。

附　　录

物料自然堆积角

附表 1

物料名称	自然堆积角（°）		堆积密度（t/m³）	备注
	动安息角	静安息角		
细烟煤粒	30	45	0.5 ~ 0.7	
干无烟煤	30	45	0.85 ~ 0.95	
干炉灰	40	50	0.6 ~ 0.7	
煤渣	35	45	0.85 ~ 1	
干褐煤	35	50	0.6 ~ 0.8	
块状褐煤	35	50	0.7 ~ 0.8	
湿块状泥煤	40	50	0.55 ~ 0.65	
干块状泥煤	35	50	0.33 ~ 0.41	干排灰
煤灰	30	45	0.6 ~ 0.7	
粉煤灰	30	45	0.55 ~ 0.65	
小块煤矸石	40	50	1.2 ~ 1.5	
粉状煤矸石	35	45	1 ~ 1.3	
小块黏土	40	50	1.2 ~ 1.4	
干细砂	40	45	1.4 ~ 1.65	
湿细砂	35	45	1.8 ~ 2.1	

常用量的单位换算表

量的名称	习用非法定单位制单位		法定单位制单位		单位换算关系
	名称	符号	名称	符号	
力、重力	千克力 吨力 吨力每平方米	kgf tf tf/m²	牛顿 千牛顿 千帕斯卡	N kN kPa	1kgf = 9.80665N 1tf = 9.80665kN 1tf/m² = 9.80665kPa
压强、压力 （用于流体）	标准大气压 工程大气压 千克力每平方米 毫米水柱 毫米汞柱 巴	atm at kgf/m² mmH₂O mmHg bar	帕斯卡 帕斯卡 帕斯卡 帕斯卡 帕斯卡 帕斯卡	Pa Pa Pa Pa Pa Pa	1atm = 101325Pa 1at = 98066.5Pa 1kgf/m² = 9.80665Pa 1mmH₂O = 9.80665Pa （按水的密度为1g/cm³ 计） 1mmHg = 133.322Pa 1bar = 10⁵Pa
应力、材料、强度 动力黏度	千克力每平方毫米 千克力每平方厘米 吨力每平方米 千克力秒每平方米 帕 千克力米 千瓦小时	kgf/mm² kgf/cm² tf/m² kgf·s/m² P kgf·m kW·h	兆帕斯卡 兆帕斯卡 千帕斯卡 帕斯卡秒 帕斯卡秒 焦耳 兆焦耳	MPa MPa kPa Pa·s Pa·s J MJ	1kgf/mm² = 9.80665MPa 1kgf/cm² = 0.0980665MPa 1tf/m² = 9.80665kPa 1kgf·s/m² = 9.80665Pa·s 1P = 0.1Pa·s 1kgf·m = 9.80665J 1kW·h = 3.6MJ
功、能、热	国际蒸汽表卡 热化学卡 立方厘米标准大气压 千克力米每秒	cal calth cm³·atm kgf·m/s	焦耳 焦耳 焦耳 瓦特	J J J W	1cal = 4.1868J 1calth = 4.184J 1cm³·atm = 0.101325J 1kgf·m/s = 9.80665W
功率	千卡每小时 米制马力	kcal/h	瓦特 瓦特	W W	1kcal/h = 1.163W 1 米制马力 = 735.499W
发热量	千卡每立方米 千卡每公斤	kcal/m³ kcal/kg	千焦耳每立方米 千焦耳每公斤	kJ/m³ kJ/kg	1kcal/m³ = 4.1868kJ/m³ 1kcal/kg = 4.1868kJ/kg
热负荷	千卡每小时	kcal/h	瓦特	W	1kcal/h = 1.163W
导热系数 （热导率）	千卡每米小时摄氏度	kcal/(m·h·℃)	瓦特每米开尔文	W/(m·K)	1kcal/(m·h·℃) = 1.163W/（m·K）
传热系数 热阻率	千卡每平方米小时摄氏度 米小时摄氏度每千卡	kcal/(m²·h·℃) m·h·℃/kcal	瓦特每平方米开尔文 米开尔文每瓦特	W/(m²·K) m·K/W	1kcal/（m²·h·℃） = 1.163W/(m²·K) 1m·h·℃/kcal = (1/1.163)m·K/W

不同地质年代产生的代表性沉积物一览表

代（界）	纪（系）	继续时间（百万年）	符号	各代纪内形成的最主要岩石
太古代 元古代	不分 不分	多于1500	A_1 A_2	花岗岩、花岗片麻岩、石英岩、页岩、大理岩
古生代	寒武纪 志留纪 泥盆纪 石炭纪 二叠纪	90 85 40 75 40	Cm S D C P	黏土、砾岩、砂岩、少量的石灰岩 石灰岩、砂岩、砾岩、黏土、石膏 石灰岩、白云岩、黏土、石油和煤 厚层石灰岩、石英砂岩、黏土、煤、石油 红色黏土、泥灰岩、石灰质砂岩、石膏、硬石膏、炭
中生代	三叠纪 侏罗纪 白垩纪	25 25 60	T J Cr	砂、砂岩、黏土、泥灰岩、石膏、石灰岩 黏土、页岩、砂、砂岩、砾岩、石灰岩 黏土质页岩、黏土、白垩、石灰岩、砂、泥灰岩、砂岩、砾岩、煤
新生代	第三纪 第四纪	55 1.02	1. 新第三纪 N 2. 古第三纪 Pg Q	砂、黏土、砂岩、石灰岩、砾岩、石油 冰碛的与复堆的黏土和砂质黏土、砾、砂、黄土、腐藻煤岩、泥炭

我国土壤中的黏土矿物分布　　　　附表4

区划	地理位置	主要黏土矿物
伊利石区	新疆、内蒙古高原西部、柴达木盆地和青藏高原大部	以伊利石为主，其次是蒙脱石和绿泥石
伊利石—蒙脱石区	内蒙古高原东部、大小兴安岭、长白山地区和东北平原大部	伊利石和蒙脱石
伊利石—蛭石（或绿泥石）区	青藏高原东部边缘山地、黄土高原和华北平原等广大地区	伊利石、绿泥石、蛭石和蒙脱石
伊利石—蛭石—高岭石区	秦岭山地和长江中下游平原	伊利石、蛭石和高岭石
蛭石、高岭石区	四川盆地、云贵高原横断山脉南端和喜马拉雅山东南端等地	蛭石和高岭石为主，其次是伊利石和蒙脱石
高岭石—伊利石区	浙江、福建、湖南、江西的大部和广东、广西的北部	黏土矿物以结晶差的高岭石为主，其次是伊利石和蛭石
高岭石区	云南、广西南部、福建、广东的东南沿海、南海诸岛和台湾等地区	高岭石为主，其次是伊利石

几种设备的噪声源强度 附表5

序号	设备名称	噪声强度 dB（A）
1	颚（辊）式破碎机	95～102
2	锤式破碎机	90～105
3	真空泵	75～90
4	空压机	80～105
5	风机	90～110

隧道窑和轮窑发明简史

附表 6

1751 年	1765 年	1840 年	1867 年	1874 年	1877 年	1880 年
有人提出焙烧带固定不动,而制品移动的焙烧工艺,出现了隧道窑雏形设想	法国人格林提出设计隧道窑,但未建成隧道窑	1840 年前,H. 乔得和 M. 霍拉建成隧道窑	德国人霍夫曼首创轮窑,故轮窑又称"霍夫曼窑"	建成隧道窑的 H. 乔得和 M. 霍拉获普鲁士专利	布克正式设计第一条隧道窑	采用砂封技术,正式使用隧道窑

常用物料比热容和导热系数（在空气相对湿度为100%时）　附表7

物料名称	体积密度（kg/m³）	比热容（KJ/kg·k）	导热系数（w/m·k）	物料名称	体积密度（kg/m³）	比热容（KJ/kg·k）	导热系数（w/m·k）
烧结普通砖	1750	0.88	0.81	泡沫混凝土	500（千）	0.75	0.16
水泥	1600	1.13	0.30	轻质混凝土	1200	0.75	0.52
湿土	1700	2.00	0.69	X0气混凝土	500（千）	0.79	0.12
干土	1500	0.88	0.14	X0气混凝土	700（千）	0.79	0.16
石膏	1650	0.75	0.29	石材	2400	—	2.3
高炉矿渣	550	0.75	0.16	玻璃	2500	0.67	0.74
煤渣	800~1000	0.75	0.22~0.29	矿物棉	200	0.92	0.05
湿砂	1650	2.1	1.13	稻草	320	1.50	0.09
干砂	1500	0.79	0.33	木屑	300	2.50	0.13
粉煤灰	500~700	0.75	—	橡胶	1200	1.38	0.16
消石灰	500~700	1.13	—	瓷器	2400	1.09	1.04
石灰	800~1100	0.79	—	钢	7900	0.46	45.36
水泥砂浆	1800	0.84	0.93	铸铁（生铁）	7220	0.50	62.80
钢筋混凝土	2400	0.84	1.55	铝	2670	0.92	203.53
碎石混凝土	2200	0.84	1.28	铜	8800	0.38	383.79

参考文献

［1］ 赵镇魁. 烧结砖瓦生产技术 350 问［M］. 北京：中国建材工业出版社，2010.

［2］ 西北工业建筑设计院. 烧结砖瓦厂工艺设计［M］. 北京：中国建筑工业出版社，1980.

［3］ 湛轩业. 矿物学与烧结砖瓦生产. 北京：中国砖瓦工业协会，2007.

［4］ 湛轩业等. 现代砖瓦——烧结砖瓦产品与可持续发展建筑的对话［M］. 北京：中国建材工业出版社，2009.

［5］ 马恩普，汤伟立. 烧结砖瓦工业机械设备［M］. 武汉：武汉工业大学出版社，1989.

［6］ 赵镇魁. 烧结页岩砖［M］. 北京：中国建筑工业出版社，1980.

［7］ 赵镇魁. 烧结砖瓦生产技术［M］. 重庆：重庆出版社，1991.

［8］ 殷念祖等. 烧结砖瓦工艺［M］. 北京：中国建筑工业出版社，1983.

［9］ 北京市建筑材料工业学校等. 建材机械与设备［M］. 北京：中国建筑工业出版社，1985.

［10］ 姜金宁. 硅酸盐工业热工过程及设备［M］. 北京：冶金工业出版社，2006.

［11］ 殷念祖. 轮窑烧砖瓦百答［M］. 北京：中国建筑工业出版社，1984.

［12］ 霍曼琳等. 建筑材料学［M］. 重庆：重庆大学出版社，2009.

［13］ 林振武等. 砖瓦岗位培训教材汇编［J］. 砖瓦杂志社，1991.

［14］ 张长海. 陶瓷生产工艺知识问答［M］. 北京：化学工业出版社，2008.

［15］ 赵镇魁. 烧结砖瓦工艺及实用技术［M］. 北京：中国建材工业出版社，2012.

［16］ 赵镇魁. 烧结砖瓦生产技术一本通［M］. 北京：中国建材工业出版社，2012.

［17］《砖瓦》杂志.

［18］《砖瓦世界》杂志.

河南亚新窑炉有限公司

　　河南亚新窑炉有限公司，是全国墙材科技信息网副理事长单位，是集烧结砖生产、烧结砖窑炉设计研发、窑炉自动化智能化运行、窑炉施工、移动窑炉及装配式窑炉的装备制作、烧结砖生产线工艺必要的特殊配套设备改进研发生产、新材料新技术新装备推广的复合型集团企业。

　　由国内有实践经验的专家组成的顾问团队，指导研发工作。

　　取得国际质量体系、环境评价体系、安全健康体系认证。

　　拥有脱硫除尘环保设施制造的许可资质。

亚新产品　各种规格砌筑隧道窑、装配式隧道窑、移动式隧道窑

单位地址：河南省商丘市睢县产业集聚区

通讯联系：15836869651

河南亚新窑炉有限公司

行业创新　窑炉顶部无风机

　　多年来，河南亚新窑炉有限公司坚持"**创新促进步、质量求生存、诚信拓市场**"企业理念。在不断创新的努力下赢得了国内外墙材用户的赞誉，赢得了墙材界专家和同行的认可，在技术工艺和市场占有率等方面都走在了行业同类型窑炉企业的前列。成立河南省**节能环保隧道窑工程技术研究中心**，先后取得最佳窑炉创新、技术创新、科技创新、高新技术企业、节能环保推广产品、质量诚信双优示范单位等众多荣誉称号。